机械设计与智造宝典丛书

Creo 3.0 实例宝典

北京兆迪科技有限公司 编著

机 械 工 业 出 版 社

本书是系统、全面学习 Creo 3.0 软件的实例宝典类书籍。本书以 Creo 3.0 中文版为蓝本进行编写，内容包括二维草图设计实例、零件设计实例、曲面设计实例、参数化设计齿轮实例、装配设计实例、自顶向下设计实例、ISDX 曲面造型实例、钣金设计实例、模型的外观设置与渲染实例、运动仿真及动画实例、管道与电缆设计实例、模具设计实例以及数控加工实例等，选用的实例都是生产一线实际应用中的例子，经典而实用。

　　本书实例的安排次序采用由浅入深、循序渐进的原则。在内容上，针对每一个实例先进行概述，说明该实例的特点、操作技巧及重点掌握内容和要用到的操作命令，使读者对它有一个整体概念，学习也更有针对性，然后是实例的详细操作步骤；在写作方式上，本书紧贴 Creo 3.0 的实际操作界面，采用软件中真实的对话框、操控板、按钮等进行讲解，使初学者能够直观、准确地操作软件进行学习，提高学习效率。

　　本书是根据北京兆迪科技有限公司给国内外几十家不同行业的著名公司（含国外独资和合资公司）编写的培训教案整理而成的，具有很强的实用性和广泛的适用性。本书附带 1 张多媒体 DVD 学习光盘，制作了教学视频并进行了详细的语音讲解；另外，光盘中还包含本书所有的素材文件和已完成的范例文件。

　　本书可作为机械工程设计人员的 Creo 3.0 自学教程和参考书籍，也可供大专院校机械类专业师生教学参考。

图书在版编目（CIP）数据

Creo 3.0 实例宝典/北京兆迪科技有限公司编著. —2 版. —北京：机械工业出版社，2017.2

　　（机械设计与智造宝典丛书）

　ISBN 978-7-111-55658-9

　Ⅰ．①C… Ⅱ．①北… Ⅲ．①机械设计—计算机辅助设计—应用软件　Ⅳ．①TH122

中国版本图书馆 CIP 数据核字（2017）第 302992 号

机械工业出版社（北京市百万庄大街 22 号　邮政编码：100037）
策划编辑：丁　锋　责任编辑：丁　锋
责任校对：陈延翔　封面设计：张　静
责任印制：李　飞
北京铭成印刷有限公司印刷
2017 年 4 月第 2 版第 1 次印刷
184mm×260 mm　·39.25 印张　·725 千字
0001—3000 册
标准书号：ISBN 978-7-111-55658-9
　　　　　ISBN 978-7-89386-094-2（光盘）
定价：99.90 元（含 1DVD）

凡购本书，如有缺页、倒页、脱页，由本社发行部调换

电话服务　　　　　　　　　　　网络服务
服务咨询热线：010-88361066　机工官网：www.cmpbook.com
读者购书热线：010-68326294　机工官博：weibo.com/cmp1952
　　　　　　　010-88379203　金书网：www.golden-book.com
封面无防伪标均为盗版　　教育服务网：www.cmpedu.com

前　　言

Creo 是由美国 PTC 公司最新推出的一套博大精深的机械三维 CAD/CAM/CAE 参数化软件系统，整合了 PTC 公司的三个软件，即 Pro/ENGINEER 的参数化技术、CoCreate 的直接建模技术和 ProductView 的三维可视化技术。作为 PTC 闪电计划中的一员，Creo 具备互操作性、开放、易用三大特点。Creo 内容涵盖了产品从概念设计、工业造型设计、三维模型设计、分析计算、动态模拟与仿真、工程图输出，到生产加工成产品的全过程，其中还包含了大量的电缆及管道布线、模具设计与分析等实用模块，应用范围涉及航空航天、汽车、机械、数控（NC）加工以及电子等诸多领域。Creo 3.0 是美国 PTC 公司目前推出的最新的版本，它构建于 Creo 2.0 成熟技术之上，新增了许多功能，使其技术水准又上了一个新的台阶。

本书是系统、全面学习 Creo 3.0 软件的实例宝典类书籍，具有以下特点：

- 内容丰富，本书的实例几乎涵盖了 Creo 3.0 所有模块。

- 讲解详细，条理清晰，图文并茂，保证自学的读者能够独立学习书中的内容。

- 写法独特，采用 Creo 3.0 软件中真实的对话框、按钮和图标等进行讲解，使初学者能够直观、准确地操作软件，从而大大提高学习效率。

- 附加值高，本书附带 1 张多媒体 DVD 学习光盘，制作了教学视频并进行了详细的语音讲解；另外，光盘还包含本书所有的素材文件和已完成的范例文件，可以帮助读者轻松、高效地学习。

本书由北京兆迪科技有限公司编著，参加编写的人员有詹友刚、王焕田、刘静、雷保珍、刘海起、魏俊岭、任慧华、詹路、冯元超、刘江波、周涛、段进敏、赵枫、邵为龙、侯俊飞、龙宇、施志杰、詹棋、高政、孙润、李倩倩、黄红霞、尹泉、李行、詹超、尹佩文、赵磊、王晓萍、陈淑童、周攀、吴伟、王海波、高策、冯华超、周思思、黄光辉、党辉、冯峰、詹聪、平迪、管璇、王平、李友荣。本书已经多次校对，如有疏漏之处，恳请广大读者予以指正。

电子邮箱：zhanygjames@163.com　　咨询电话：010-82176248，010-82176249。

编　者

本 书 导 读

为了能更好地学习本书的内容，请您仔细阅读下面的内容。

写作环境

本书使用的操作系统为 64 位的 Windows 7，系统主题采用 Windows 经典主题。

本书采用的写作蓝本是 Creo 3.0 中文版，对 Creo 3.0 英文版本同样适用。

光盘使用

为方便读者练习，特将本书所有素材文件、已完成的实例文件、配置文件和视频语音讲解文件等放入随书附带的光盘中，读者在学习过程中可以打开相应素材文件进行操作和练习。

本书附多媒体 DVD 光盘 1 张，建议读者在学习本书前，将光盘中的所有文件复制到计算机硬盘的 D 盘中。在 D 盘上 creoins3 目录下共有三个子目录。

（1）Creo3.0_system_file 子目录：包含系统配置文件。

（2）work 子目录：包含本书的全部已完成的实例文件。

（3）video 子目录：包含本书讲解中的视频录像文件（含语音讲解）。读者学习时，可在该子目录中按顺序查找所需的视频文件。

光盘中带有"ok"扩展名的文件或文件夹表示已完成的范例。

相比于老版本的软件，Creo 3.0 在功能、界面和操作上变化极小，经过简单的设置后，几乎与老版本完全一样（书中已介绍设置方法）。因此，对于软件新老版本操作完全相同的内容部分，光盘中仍然使用老版本的视频讲解，对于绝大部分读者而言，并不影响软件的学习。

本书约定

- 本书中有关鼠标操作的简略表述说明如下：
  - ☑ 单击：将鼠标指针移至某位置处，然后按一下鼠标的左键。
  - ☑ 双击：将鼠标指针移至某位置处，然后连续快速地按两次鼠标的左键。
  - ☑ 右击：将鼠标指针移至某位置处，然后按一下鼠标的右键。
  - ☑ 单击中键：将鼠标指针移至某位置处，然后按一下鼠标的中键。
  - ☑ 滚动中键：只是滚动鼠标的中键，而不能按中键。
  - ☑ 选择（选取）某对象：将鼠标指针移至某对象上，单击以选取该对象。
  - ☑ 移动某对象：将鼠标指针移至某对象上，然后按下鼠标的左键不放，同时移动鼠标，将该对象移动到指定的位置后再松开鼠标的左键。

● 本书中的操作步骤分为 Task、Stage 和 Step 三个级别，说明如下：

☑ 对于一般的软件操作，每个操作步骤以 Step 字符开始。

☑ 每个 Step 操作视其复杂程度，其下面可含有多级子操作，例如 Step1 下可能包含（1）、（2）、（3）等子操作，（1）子操作下可能包含①、②、③等子操作，子操作①下可能包含 a）、b）、c）等子操作。

☑ 如果操作较复杂，需要几个大的操作步骤才能完成，则每个大的操作冠以 Stage1、Stage2、Stage3 等，Stage 级别的操作下再分 Step1、Step2、Step3 等操作。

☑ 对于多个任务的操作，则每个任务冠以 Task1、Task2、Task3 等，每个 Task 操作下则可包含 Stage 和 Step 级别的操作。

● 由于已建议读者将随书光盘中的所有文件复制到计算机硬盘的 D 盘中，书中在要求设置工作目录或打开光盘文件时，所述的路径均以"D:\"开始。

软件设置

● 设置 Creo 系统配置文件 config.pro：将 D:\ creoins1\Creo3.0_system_file\下的 config.pro 复制至 Creo 安装目录的\text 目录下。假设 Creo 3.0 的安装目录为 C:\Program Files\PTC\Creo 3.0，则应将上述文件复制到 C:\Program Files\PTC\Creo 3.0\Common Files\F000\text 目录下。退出 Creo，然后再重新启动 Creo，config.pro 文件中的设置将生效。

● 设置 Creo 界面配置文件 creo_parametric_customization.ui： 选择"文件"下拉菜单中的 文件▼ ➡ 选项 命令，系统弹出"Creo Parametric 选项"对话框；在"Creo Parametric 选项"对话框中单击 自定义功能区 区域，单击 导入/导出(P) ▼ 按钮，在弹出的快捷菜单中选择 导入自定义文件 选项，系统弹出"打开"对话框。选中 D:\ creoins1\ Creo3.0_system_file\文件夹中的 creo_parametric_customization.ui 文件，单击 打开 ▼ 按钮，然后单击 导入所有自定义 按钮。

技术支持

本书是根据北京兆迪科技有限公司给国内外一些著名公司（含国外独资和合资公司）编写的培训教案整理而成的，具有很强的实用性。该公司专门从事 CAD/CAM/CAE 技术的研究、开发、咨询及产品设计与制造服务，并提供 Creo、ANSYS、Adams 等软件的专业培训及技术咨询，读者在学习本书的过程中如果遇到问题，可通过访问该公司的网站 http://www.zalldy.com 来获得技术支持。咨询电话：010-82176248，010-82176249。

目　　录

第 1 章

二维草图设计实例

本章主要包含如下内容：

- 实例 01　二维草图设计 01
- 实例 02　二维草图设计 02
- 实例 03　二维草图设计 03
- 实例 04　二维草图设计 04
- 实例 05　二维草图设计 05

实例 01　二维草图设计 01

实例概述：

本实例详细介绍了草图的绘制、编辑和标注的一般过程，通过本实例的学习，要重点掌握相切约束、相等约束和对称约束的使用方法及技巧。本实例所绘制的草图如图 1.1 所示，其绘制过程如下。

Stage1．新建一个草绘文件

Step1. 选择下拉菜单 **文件▾** ➡ **新建(N)** 命令（或单击"新建"按钮 📄）。

Step2. 系统弹出"新建"对话框，在该对话框中选中 ◉ **草绘** 单选项；在 **名称** 后的文本框中输入草图名 spsk1；单击 **确定** 按钮，即进入草绘环境。

Stage2．绘图前的必要设置

Step1. 设置栅格。

（1）在 **草绘** 选项卡中单击 **栅格** 按钮。

（2）此时系统弹出"栅格设置"对话框，在 **间距:** 选项组中选中 ◉ **静态** 单选项，然后在 **X:** 和 **Y:** 文本框中输入间距值 10；单击 **确定** 按钮，结束栅格设置。

Step2. 在"视图"工具条中单击"草绘显示过滤器"按钮，在系统弹出的菜单中选中 ☑ **显示栅格** 复选框，可以在图形区中显示栅格。

Step3. 此时，绘图区中的每一个栅格表示 10 个单位。为了便于查看和操作图形，可以滚动鼠标中键滚轮，调整栅格到合适的大小（图 1.2）。单击"草绘显示过滤器"按钮，在系统弹出的菜单中取消选中 ☐ **显示栅格** 复选框，将栅格的显示关闭。

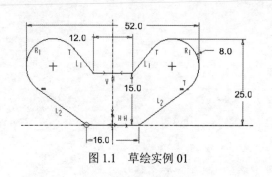

图 1.1　草绘实例 01

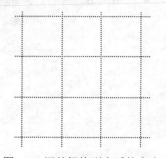

图 1.2　调整栅格到合适的大小

Stage3．创建草图以勾勒出图形的大概形状

Step1. 确认 ☐ **显示尺寸** 复选框处于未被选中的状态（即不显示尺寸）。

Step2. 单击 草绘 区域中的 中心线 按钮，绘制图 1.3 所示的一条竖直的中心线。

Step3. 单击 线 节点下的 线链 命令，绘制图 1.4 所示的图形。

Step4. 单击 弧 命令，在图 1.4 所示的基础上绘制出图 1.5 所示的图形。

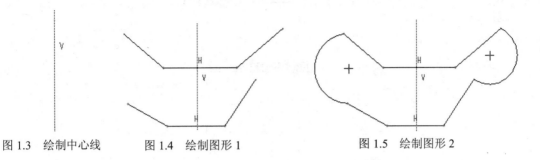

图 1.3　绘制中心线　　　　图 1.4　绘制图形 1　　　　图 1.5　绘制图形 2

Stage4．为草图创建约束

Step1. 确认 按钮中的 ✔ 显示约束 复选框处于选中状态。

Step2. 添加相切约束。单击 草绘 功能选项卡 约束 区域中的 按钮，然后选取图 1.6a 所示的边 1 和边 2；完成操作后，图形如图 1.6b 所示。

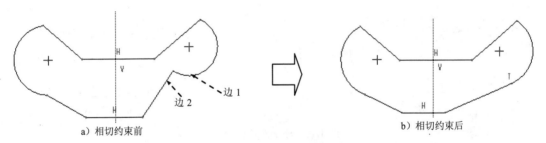

a）相切约束前　　　　　　　　　　b）相切约束后

图 1.6　添加相切约束

Step3. 参照 Step2 的方法添加图 1.7 所示的相切约束。

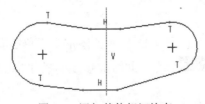

图 1.7　添加其他相切约束

Step4. 添加相等约束。单击 约束 区域中的"相等"按钮 ，然后选取图 1.8a 所示的直线 1 和直线 2；完成操作后，图形如图 1.8b 所示。

Step5. 参照 Step4 的方法添加图 1.9 所示的相等约束。

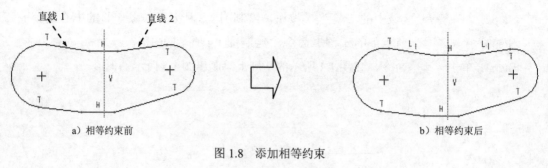

图 1.8　添加相等约束

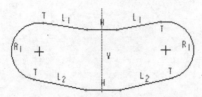

图 1.9　添加其他相等约束

Step6. 添加对称约束。单击 约束 ▼ 区域中的"对称"按钮 ⊣‡⊢ ，然后依次选取图 1.10a 所示的端点 1、端点 2 和竖直中心线；完成操作后，图形如图 1.10b 所示。

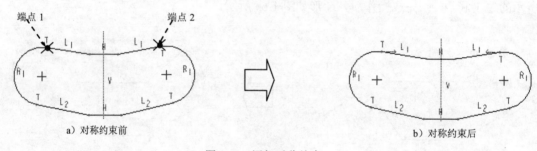

图 1.10　添加对称约束

Stage5．调整草图尺寸

Step1. 确认 ☑ 显示尺寸 复选框处于选中状态，打开尺寸显示。移动尺寸至合适的位置，如图 1.11 所示。

Step2. 锁定有用的尺寸标注。在图 1.11 所示的图形中，单击有用的尺寸，然后右击，在系统弹出的快捷菜单中选择 锁定 命令。此时被锁定的尺寸将以橘黄色显示，结果如图 1.12 所示。

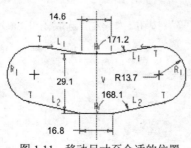

图 1.11　移动尺寸至合适的位置

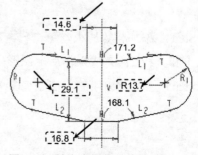

图 1.12　锁定有用的尺寸标注

Step3. 添加水平尺寸标识。单击 尺寸 ▾ 区域中的"法向"按钮 ↔ ，在图 1.13 所示的图形中，依次单击圆弧 1 和圆弧 2，中键单击位置 1 放置尺寸。

Step4. 参照上步的方法添加图 1.14 所示的另外一个尺寸"32.6"。

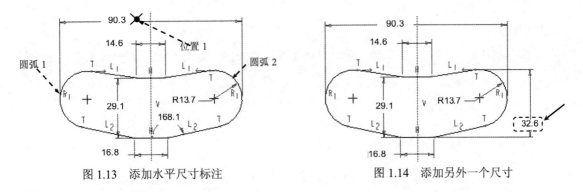

图 1.13　添加水平尺寸标注　　　　　　图 1.14　添加另外一个尺寸

Step5. 修改尺寸至最终尺寸。

（1）在图 1.15a 所示的图形中，双击要修改的尺寸"32.6"，然后在系统弹出的文本框中输入正确的尺寸值"25.0"，并按 Enter 键。

（2）用同样的方法修改其余的尺寸值，使图形最终变成图 1.15b 所示的图形。

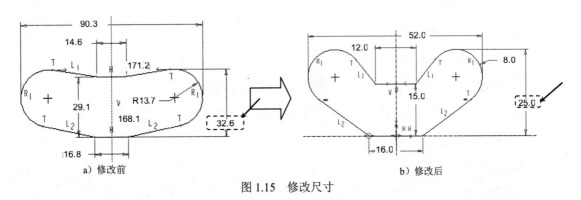

a）修改前　　　　　　　　　　　　　　b）修改后

图 1.15　修改尺寸

Step6. 保存草图文件。

实例 02　二维草图设计 02

实例概述：

本实例从新建一个草图开始，详细介绍了草图的绘制、编辑和标注的一般过程。通过本实例的学习，要重点掌握草图修剪、镜像命令的使用和技巧。本实例所绘制的草图如图 2.1 所示，其绘制过程如下。

Stage1. 新建一个草绘文件

Step1. 选择下拉菜单 文件▾ ➡️ 新建(N) 命令（或单击"新建"按钮 🗋）。

Step2. 系统弹出"新建"对话框，在该对话框中选中 ◉ 草绘 单选项；在 名称 后的文本框中输入草图名 spsk2；单击 确定 按钮，即进入草绘环境。

Stage2. 绘图前的必要设置

Step1. 设置栅格。

（1）在 草绘 选项卡中单击 栅格 按钮。

（2）此时系统弹出"栅格设置"对话框，在 间距: 选项组中选中 ◉ 静态 单选项，然后在 X: 和 Y: 文本框中输入间距值 1；单击 确定 按钮，结束栅格设置。

Step2. 在"视图"工具条中单击"草绘显示过滤器"按钮 📖，在系统弹出的菜单中选中 ☑ 显示栅格 复选框，可以在图形区中显示栅格。

Step3. 此时，绘图区中的每一个栅格表示 1 个单位。为了便于查看和操作图形，可以滚动鼠标中键滚轮，调整栅格到合适的大小（图 2.2）。单击"草绘显示过滤器"按钮 📖，在系统弹出的菜单中取消选中 □ 显示栅格 复选框，将栅格的显示关闭。

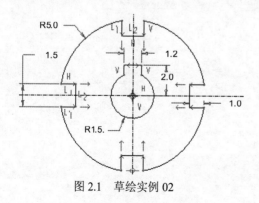

图 2.1　草绘实例 02

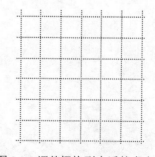

图 2.2　调整栅格到合适的大小

Stage3．创建草图以勾勒出图形的大概形状

Step1. 确认 □ 显示尺寸 复选框处于未被选中的状态，不显示尺寸。

Step2. 单击 草绘 区域中的 中心线 按钮，绘制图 2.3 所示的两条中心线。

Step3. 单击 圆 节点下的 圆心和点 命令，绘制图 2.4 所示的 2 个圆。

Step4. 单击 矩形 命令，在图 2.4 所示的基础上绘制出图 2.5 所示的图形。

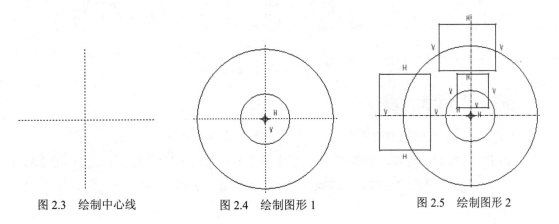

图 2.3　绘制中心线　　　　图 2.4　绘制图形 1　　　　图 2.5　绘制图形 2

Stage4．编辑草图

Step1. 编辑草图前的准备工作。

（1）确认 按钮中的 □ 显示尺寸 复选框处于取消选中状态（即尺寸显示关闭）。

（2）确认 按钮中的 □ 显示约束 复选框处于取消选中状态（即约束显示关闭）。

Step2. 修剪草图。

（1）单击 草绘 功能选项卡 编辑 区域中的"删除段"按钮 。

（2）按住鼠标左键并拖动，绘制图 2.6a 所示的路径，与此路径相交的部分将被剪掉，如图 2.6b 所示。

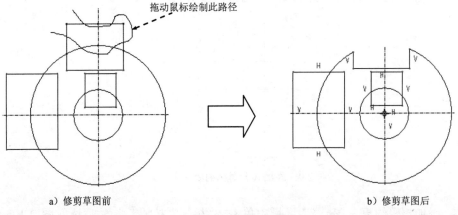

a）修剪草图前　　　　　　　　　　　　　b）修剪草图后

图 2.6　修剪草图

Step3. 参照 Step2 的方法修剪草图，如图 2.7 所示。

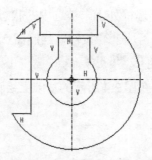

图 2.7　修剪完成后的草图

Stage5. 为草图创建约束

Step1. 确认 ▦ 按钮中的 ☑ ┴⁄ 显示约束 复选框处于选中状态。

Step2. 添加对称约束。单击 约束 ▾ 区域中的"对称"按钮 ⟣，然后依次选取图 2.8a 所示的点 1、点 2 和竖直中心线；完成操作后，图形如图 2.8b 所示。

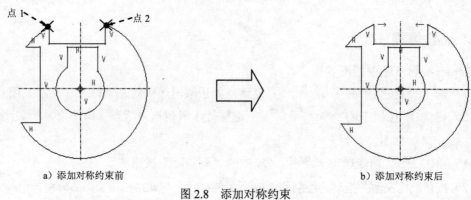

a）添加对称约束前　　　　　　　　　　　b）添加对称约束后

图 2.8　添加对称约束

Step3. 参照 Step2 的方法添加其余对称约束，如图 2.9 所示。

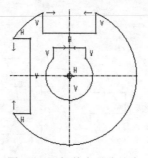

图 2.9　添加其余对称约束

Step4. 添加相等约束。在 约束 ▾ 区域中单击 "相等"按钮 ＝，然后选取图 2.10a 所示的边 1 和边 2；完成操作后，图形如图 2.10b 所示。

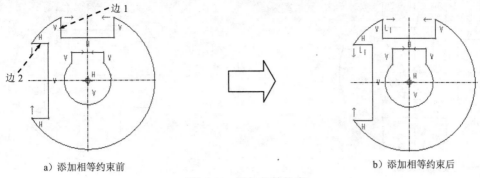

　　　　a）添加相等约束前　　　　　　　　　　　　　　b）添加相等约束后

图 2.10　添加相等约束

Step5. 参照 Step4 的方法添加其余的相等约束，如图 2.11 所示。

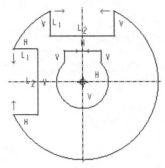

图 2.11　添加其余相等约束

Step6. 镜像图元 1。

（1）按住 Ctrl 键，选取图 2.12a 所示的边 1、边 2、边 3。

（2）单击 草绘 功能选项卡 编辑 区域中的 按钮。

（3）选取水平中心线为镜像中心线，完成后结果如图 2.12b 所示。

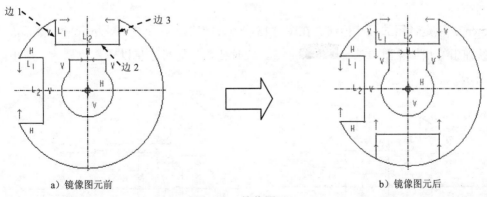

　　　　a）镜像图元前　　　　　　　　　　　　　　　　b）镜像图元后

图 2.12　镜像图元 1

　　Step7. 镜像图元 2。按住 Ctrl 键，选取图 2.13a 所示的边 1、边 2、边 3；然后单击 按钮，选取竖直中心线为镜像中心线，完成后结果如图 2.13b 所示。

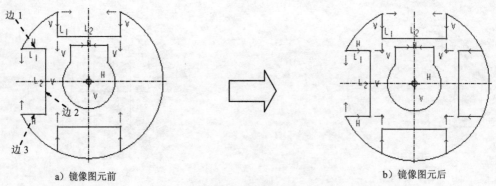

a）镜像图元前   b）镜像图元后

图 2.13　镜像图元 2

Step8. 参照 Stage4 中修剪草图的方法，将图 2.14a 所示的图形进行修剪，完成后如图 2.14b 所示。

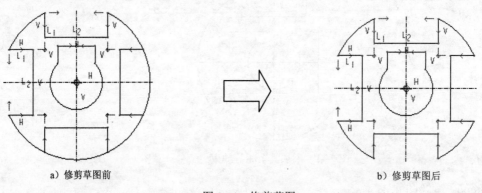

a）修剪草图前   b）修剪草图后

图 2.14　修剪草图

Stage6. 调整草图尺寸

Step1. 确认 ☑ ⊢⊣ 显示尺寸 处于选中状态，打开尺寸显示。移动尺寸至合适的位置，如图 2.15 所示。

Step2. 锁定有用的尺寸标注。在图 2.15 所示的图形中，单击有用的尺寸，然后右击，在系统弹出的快捷菜单中选择 锁定 命令。此时被锁定的尺寸将以橘黄色显示，结果如图 2.16 所示。

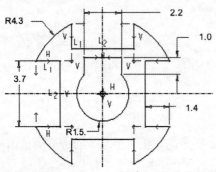
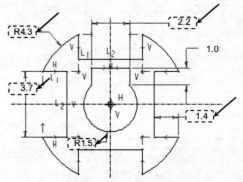

图 2.15　移动尺寸至合适的位置　　　　图 2.16　锁定有用的尺寸标注

Step3. 添加距离标注。单击 尺寸 ▾ 区域中的"法向"按钮 ↔，在图 2.17 所示的图形中，依次单击边 1 和水平中心线，中键单击位置 1 放置尺寸，创建距离尺寸。

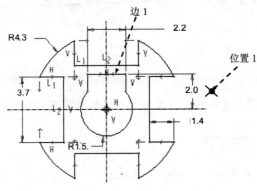

图 2.17　添加距离标注

Step4. 修改尺寸至最终尺寸。

（1）在图 2.18a 所示的图形中，双击要修改的尺寸"2.2"，然后在系统弹出的文本框中输入正确的尺寸值"1.2"，并按 Enter 键。

（2）用同样的方法修改其余的尺寸值，使图形最终变成图 2.18b 所示的图形。

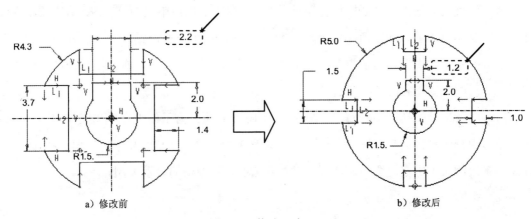

图 2.18　修改尺寸

Step5. 保存草图文件。

实例 03　二维草图设计 03

实例概述：

　　在本实例中，要重点掌握尺寸锁定功能的使用方法和技巧，对于较复杂的草图，在创建新尺寸前，需对有用的尺寸进行锁定。本实例所绘制的草图如图 3.1 所示，其绘制过程如下。

Stage1.　新建一个草绘文件

　　Step1. 选择下拉菜单 文件▼ ➡ 新建 命令（或单击"新建"按钮 ）。

　　Step2. 系统弹出"新建"对话框，在该对话框中选中 草绘 单选项；在 名称 后的文本框中输入草图名 spsk3；单击 确定 按钮，进入草绘环境。

Stage2.　绘图前的必要设置

　　Step1. 在 草绘 选项卡中单击 栅格 按钮。

　　Step2. 此时系统弹出"栅格设置"对话框，在 间距: 选项组中选中 静态 单选项，然后在 X: 和 Y: 文本框中输入间距值 10；单击 确定 按钮，结束栅格设置。

　　Step3. 在"视图"工具条中单击"草绘显示过滤器"按钮 ，在系统弹出的菜单中选中 显示栅格 复选框，可以在图形区中显示栅格。

　　Step4. 此时，绘图区中的每一个栅格表示 10 个单位。为了便于查看和操作图形，可以滚动鼠标中键滚轮，调整栅格到合适的大小（图 3.2）。单击"草绘显示过滤器"按钮 ，在系统弹出的菜单中取消选中 显示栅格 复选框，将栅格的显示关闭。

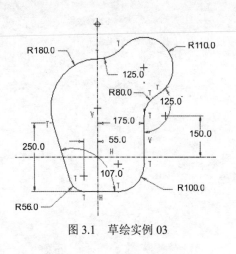

图 3.1　草绘实例 03

图 3.2　调整栅格到合适的大小

Stage3．创建草图以勾勒出图形的大概形状

Step1．确认 □ ⟦⟧ 显示尺寸 复选框处于未被选中状态（即不显示尺寸）。

Step2．单击 草绘 区域中的 ⟦⟧ 中心线 ▼ 按钮，绘制图 3.3 所示的中心线。

Step3．单击 ⟦⟧ 线 ▼ 节点下的 ⟦⟧ 线链 命令，绘制图 3.4 所示的图形。

Step4．单击 ⟦⟧ 弧 ▼ 命令，在图 3.4 所示的基础上绘制出图 3.5 所示的图形。

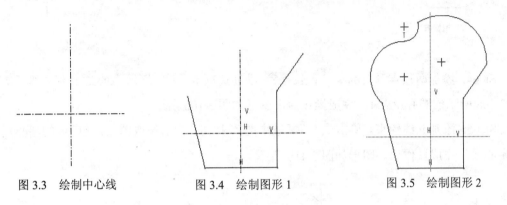

图 3.3　绘制中心线　　　　图 3.4　绘制图形 1　　　　图 3.5　绘制图形 2

Step5．单击 ⟦⟧ 圆角 ▼ 节点下的 ⟦⟧ 圆形 命令，分别选取图 3.6a 所示的边 1 和边 2，完成操作后，图形如图 3.6b 所示。

Step6．参照 Step5 的方法创建另外两个圆角，如图 3.7 所示。

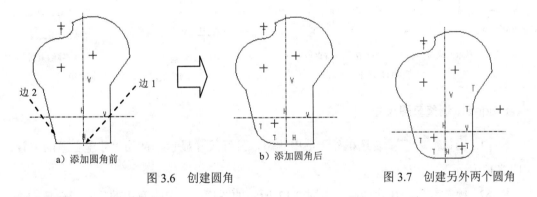

a）添加圆角前　　　　　　b）添加圆角后

图 3.6　创建圆角　　　　　　　　图 3.7　创建另外两个圆角

Stage4．为草图创建约束

Step1．确认 ✓ ⟦⟧ 显示约束 复选框处于选中状态。

Step2．添加相切约束。单击 草绘 功能选项卡 约束 ▼ 区域中的 ⟦⟧ 按钮，然后选取图 3.8a 所示的边 1 和边 2，完成操作后，图形如图 3.8b 所示。

Step3．参照 Step2 的方法添加其余的相切约束，如图 3.9 所示。

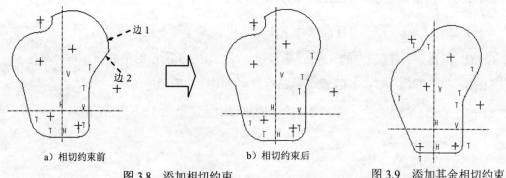

a）相切约束前   b）相切约束后   图 3.9   添加其余相切约束

图 3.8   添加相切约束

Step4．添加两顶点垂直约束。单击 草绘 功能选项卡 约束 ▾ 区域中的 ╋ 按钮，然后选取图 3.10a 所示的圆心及点 1，完成操作后，图形如图 3.10b 所示。

Step5．添加共线约束。单击 约束 ▾ 区域中的 ⊙ 按钮，然后选取图 3.11a 所示的圆心及竖直中心线，完成操作后，图形如图 3.11b 所示。

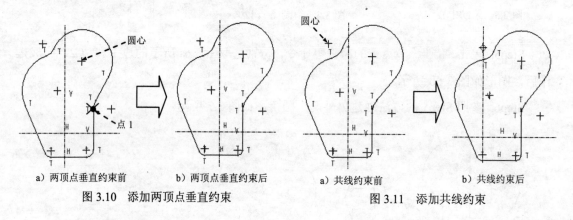

a）两顶点垂直约束前   b）两顶点垂直约束后   a）共线约束前   b）共线约束后

图 3.10   添加两顶点垂直约束   图 3.11   添加共线约束

Stage5．调整草图尺寸

Step1．确认 ☑ 显示尺寸 复选框处于选中状态，打开尺寸显示。移动尺寸至合适的位置，如图 3.12 所示。

Step2．锁定有用的尺寸标注。在图 3.12 所示的图形中，单击有用的尺寸，然后右击，在系统弹出的快捷菜单中选择 锁定 命令。此时被锁定的尺寸将以橘黄色显示，结果如图 3.13 所示。

Step3．添加角度标注。单击 尺寸 ▾ 区域中的"法向"按钮 ↔，在图 3.14 所示的图形中，依次单击边 1 和边 2，中键单击位置 1 放置尺寸，创建角度尺寸。

Step4．参照 Step3 的方法添加图 3.15 所示的另外两个尺寸"230.6"和"550.3"。

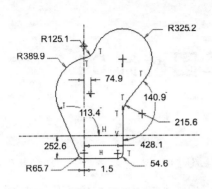

图 3.12　移动尺寸至合适的位置

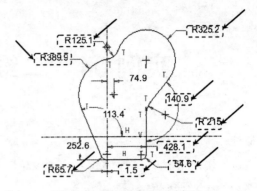

图 3.13　锁定有用的尺寸标注

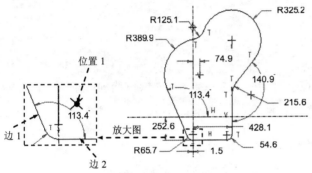

图 3.14　添加角度标注

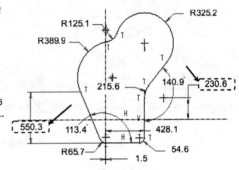

图 3.15　添加另外两个尺寸

Step5. 修改尺寸至最终尺寸。

（1）在图 3.16a 所示的图形中，双击要修改的尺寸"230.6"，然后在系统弹出的文本框中输入正确的尺寸值"150.0"，并按 Enter 键。

（2）用同样的方法修改其余的尺寸值，使图形最终变成图 3.16b 所示的图形。

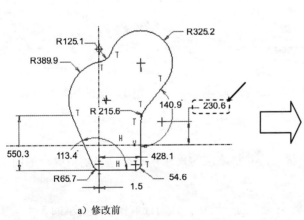

a）修改前

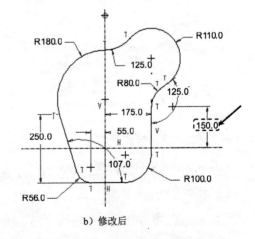

b）修改后

图 3.16　修改尺寸

Step6. 保存草图文件。

实例 04   二维草图设计 04

实例概述：

通过本实例的学习，要重点掌握中心线的操作方法及技巧，在绘制一些较复杂的草图时，可多绘制一条或多条中心线，以便更好、更快地调整草图。本实例所绘制的草图如图 4.1 所示，其绘制过程如下。

Stage1. 新建一个草绘文件

Step1. 单击"新建"按钮 ⬚。

Step2. 系统弹出"新建"对话框，在该对话框中选中 ◉ ▦ 草绘 单选项；在 名称 后的文本框中输入草图名 spsk4；单击 确定 按钮，即进入草绘环境。

Stage2. 创建草图以勾勒出图形的大概形状

Step1. 确认 ☐ 显示尺寸 复选框处于未被选中状态（即尺寸显示关闭）。

Step2. 单击 草绘 区域中的 中心线 ▾ 按钮，绘制图 4.2 所示的中心线。

Step3. 单击 ∧ 线 ▾ 节点下的 ∧ 线链 命令，绘制图 4.3 所示的大概形状。

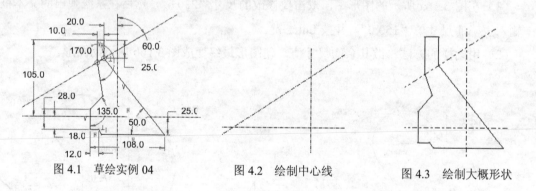

图 4.1   草绘实例 04   图 4.2   绘制中心线   图 4.3   绘制大概形状

Stage3. 修改尺寸

Step1. 确认 ☑ 显示尺寸 复选框处于选中状态，并将草图的尺寸移动至适当的位置，如图 4.4 所示。

Step2. 将符合设计意图的"弱"尺寸转换为"强"尺寸。分别选取图 4.5 所示的 5 个尺寸，右击，在系统弹出的快捷菜单中选择 强(S) 命令。

Step3. 改变标注方式，满足设计意图。添加图 4.6 所示的新尺寸。

注意：图中还有一个垂直约束。

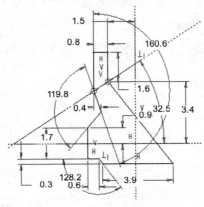

图 4.4　尺寸位置调整后

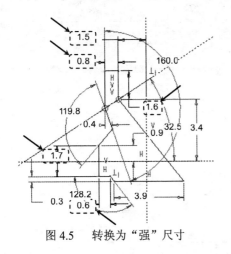

图 4.5　转换为"强"尺寸

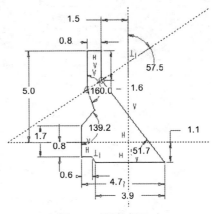

图 4.6　添加新尺寸

Step4. 缩放草图。选取整个草绘截面，然后单击 草绘 功能选项卡 编辑 区域中的 🔄 按钮，在系统弹出的"旋转调整大小"对话框中输入比例值 10，单击 ✔ 按钮关闭操控板。

Step5. 添加图 4.7b 所示的新尺寸。

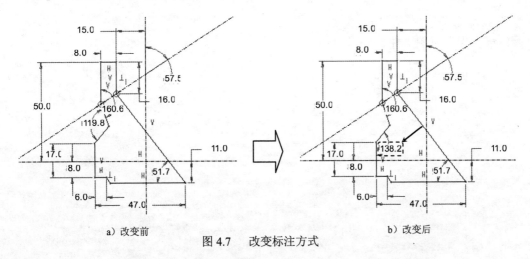

a）改变前　　　　　　　　　　　　　　　　b）改变后

图 4.7　改变标注方式

Step6. 将尺寸修改为设计要求的尺寸。

（1）在图 4.8a 所示的图形中，双击要修改的尺寸"57.5"，然后在系统弹出的文本框中输入正确的尺寸值"60.0"，并按 Enter 键确认。

（2）用相同的方法修改其他的尺寸，使图形最终变成图 4.9 所示的图形。

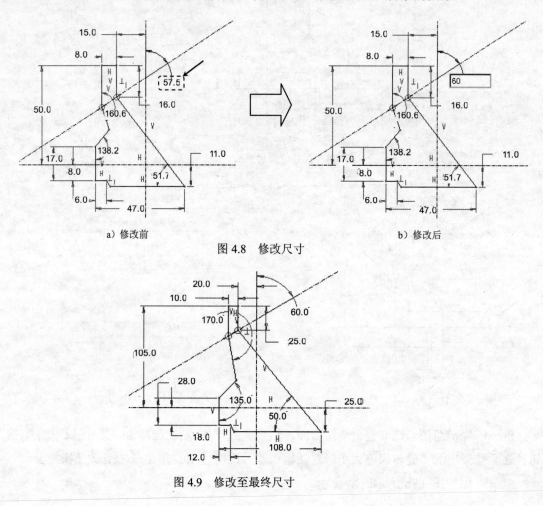

a）修改前   b）修改后

图 4.8　修改尺寸

图 4.9　修改至最终尺寸

Step7. 保存草图文件。

实例 05　二维草图设计 05

实例概述：

　　本实例主要讲解了一个比较复杂草图的创建过程，在创建草图时，首先需要注意绘制草图大概轮廓时的顺序，其次要尽量避免系统自动捕捉到的不必要约束。如果初次绘制的轮廓与目标草图轮廓相差很多，则要拖动最初轮廓到与目标轮廓较接近的形状。本实例所绘制的草图如图 5.1 所示，其绘制过程如下。

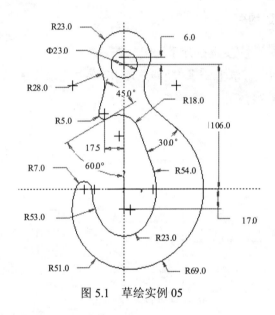

图 5.1　草绘实例 05

Stage1．新建一个草绘文件

Step1．单击"新建"按钮 ▢ 。

Step2．系统弹出"新建"对话框，在该对话框中选中 ◉ ▦ 草绘 单选项；在 名称 后的文本框中输入草图名 spsk5；单击 **确定** 按钮，即进入草绘环境。

Stage2．创建草图以勾勒出图形的大概形状

Step1．确认 ▢ 显示尺寸 复选框处于未被选中状态（即尺寸显示关闭）。

Step2．单击 草绘 区域中的 中心线 ▾ 按钮，绘制图 5.2 所示的中心线。

Step3．单击 ⌒弧 ▾ 命令，在图 5.2 所示的基础上绘制出图 5.3 所示的图形。

Step4．单击 ∧线 ▾ 节点下的 ∧线链 命令，绘制图 5.4 所示的图形。

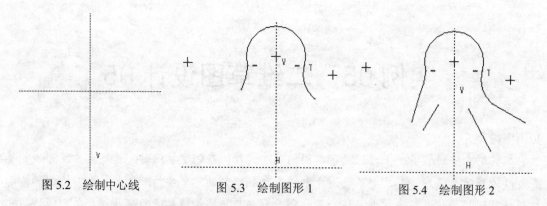

图 5.2　绘制中心线　　　　　图 5.3　绘制图形 1　　　　　图 5.4　绘制图形 2

Step5. 单击 ⌒弧▾ 命令，在图 5.4 所示的基础上绘制出图 5.5 所示的图形。

Stage3．为草图创建约束

Step1. 确认 ☑ ⊥∠ 显示约束 复选框处于选中状态。

Step2. 添加相切约束 1。单击 草绘 功能选项卡 约束▾ 区域中的 ♀ 按钮，选取图 5.6a 所示的圆弧 1、圆弧 2，完成操作后，图形如图 5.6b 所示。

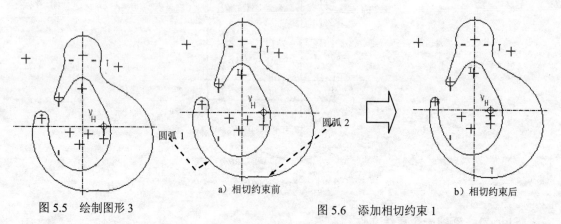

a）相切约束前　　　　　　　　　　　　　b）相切约束后

图 5.5　绘制图形 3　　　　　　　　　　　图 5.6　添加相切约束 1

Step3. 添加相切约束 2。单击 草绘 功能选项卡 约束▾ 区域中的 ♀ 按钮，选取图 5.7a 所示的直线 1、圆弧 3，完成操作后，图形如图 5.7b 所示。

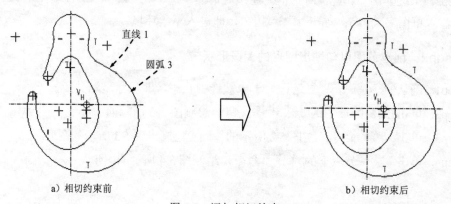

a）相切约束前　　　　　　　　　　　　　b）相切约束后

图 5.7　添加相切约束 2

Step4. 参照上步的方法创建图 5.8 所示的其余相切约束。

Step5. 添加共线约束 1。单击 约束 ▼ 区域中的 ⊙ 按钮，然后选取图 5.9a 所示的圆心和竖直中心线，完成操作后，图形如图 5.9b 所示。

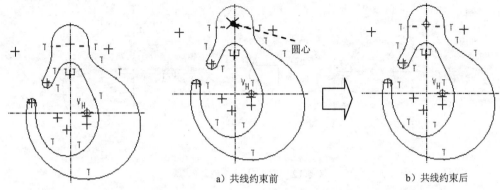

图 5.8　添加其余相切约束　　　　　　图 5.9　添加共线约束 1

Step6. 添加共线约束 2。单击 约束 ▼ 区域中的 ⊙ 按钮，然后选取图 5.10a 所示的圆心和竖直中心线，完成操作后，图形如图 5.10b 所示。

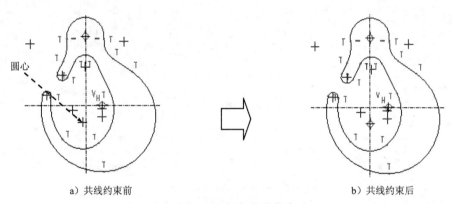

a）共线约束前　　　　　　　　　　　　　b）共线约束后

图 5.10　添加共线约束 2

Step7. 添加共线约束 3。单击 约束 ▼ 区域中的 ⊙ 按钮，然后选取图 5.11a 所示的圆心和水平中心线，完成操作后，图形如图 5.11b 所示。

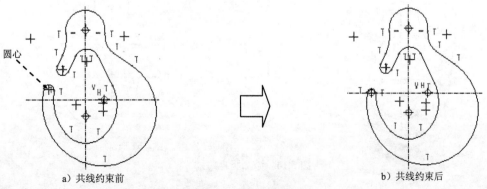

a）共线约束前　　　　　　　　　　　　　b）共线约束后

图 5.11　添加共线约束 3

Step8. 添加共线约束 4。单击 约束 ▼ 区域中的 按钮，然后选取图 5.12a 所示的圆心和水平中心线。完成操作后，图形如图 5.12b 所示。

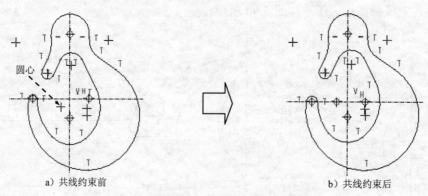

a) 共线约束前　　　　　　　　　　　　　b) 共线约束后

图 5.12　添加共线约束 4

Step9. 添加共线约束 5。单击 约束 ▼ 区域中的 按钮，然后选取图 5.13a 所示的圆心和竖直中心线以及圆心和水平中心线，完成操作后，图形如图 5.13b 所示。

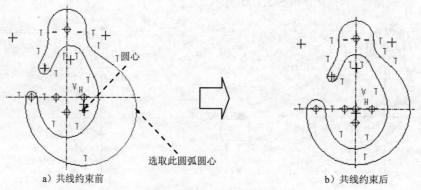

a) 共线约束前　　　　　　　　　　　　　b) 共线约束后

图 5.13　添加共线约束 5

Step10. 添加竖直约束。单击 草绘 功能选项卡 约束 ▼ 区域中的 ＋ 按钮，然后选取图 5.14a 所示的点 1 和圆心，完成操作后，图形如图 5.14b 所示。

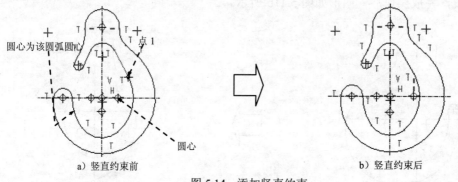

a) 竖直约束前　　　　　　　　　　　　　b) 竖直约束后

图 5.14　添加竖直约束

Step11. 添加相等约束。单击 约束 ▾ 区域中的"相等"按钮 ꞊ ，然后选取图 5.15a 所示的圆角 1 和圆角 2，完成操作后，图形如图 5.15b 所示。

Step12. 单击 ⭕ 圆 ▾ 节点下的 ⭕ 圆心和点 命令，将圆心约束到与图 5.16 所示的中心线重合，绘制图 5.17 所示的圆。

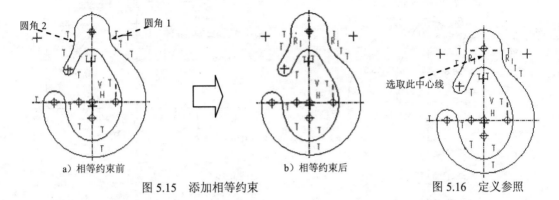

　　a）相等约束前　　　　　　　　　b）相等约束后

图 5.15　添加相等约束　　　　　　　　　　　图 5.16　定义参照

Stage4. 调整草图轮廓

在草图中选中一些关键点（如直线端点、圆心等）可以对图形进行拖动，使草图轮廓尽量接近想要得到的最终轮廓，如图 5.18 所示。

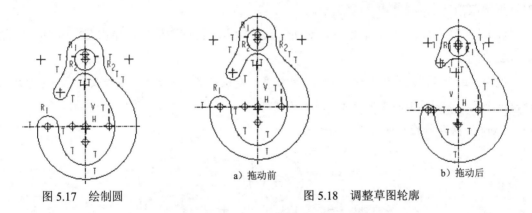

　　a）拖动前　　　　　　　　　　　　　　b）拖动后

图 5.17　绘制圆　　　　　　　图 5.18　调整草图轮廓

注意：有些尺寸如果无法进行修改，可以通过拖拽草图的方法将这些尺寸调整到适当的位置，然后进行尺寸修改。

Stage5. 调整草图尺寸

Step1. 确认 ☑ ↔ 显示尺寸 复选框处于选中状态，打开尺寸显示。移动尺寸至合适的位置，如图 5.19 所示。

Step2. 将有用的尺寸改为强尺寸。单击有用的尺寸，然后右击，在系统弹出的快捷菜单中选择 强(S) 命令，此时弱尺寸被加强，加强后的尺寸系统不能自动删除。

Step3. 添加竖直标注。单击"标注"按钮 ↔ ，在图 5.20 所示的图形中，依次单击水平中心线和点 1，中键单击位置 1 放置尺寸，创建竖直尺寸。

Step4. 参照 Step3 的方法添加图 5.20 所示的另外一个尺寸"1.0"。

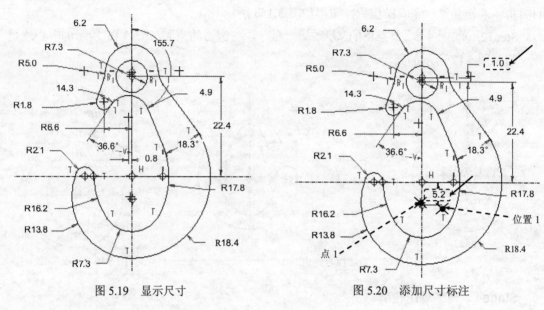

图 5.19 显示尺寸   图 5.20 添加尺寸标注

Step5. 修改尺寸至最终尺寸。

（1）用框选的方法选中图形中的所有尺寸，单击 ⤴修改 命令，在系统弹出的"修改尺寸"对话框中取消选中 □ 重新生成(R) 复选框。

（2）在"修改尺寸"对话框中，对所有尺寸输入正确的数值后，单击 ✔ 按钮，草图如 5.21 所示。

说明： 由于草图尺寸的变化较大且尺寸较多，建议读者通过上述方法修改尺寸，若每次只修改一个尺寸，则草图的变化较大，不利于调整。

Step6. 保存草绘文件。

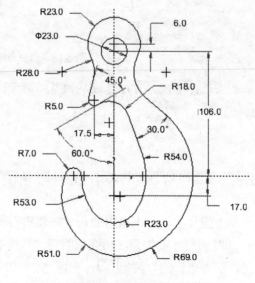

图 5.21 修改尺寸

第 2 章

零件设计实例

本章主要包含如下内容：

实例06 塑料旋钮

实例概述：

本实例主要讲解了一款简单的塑料旋钮的设计过程，在该零件的设计过程中运用了拉伸、旋转、阵列等命令，需要读者注意的是创建拉伸特征草绘时的方法和技巧。零件模型及模型树如图 6.1 所示。

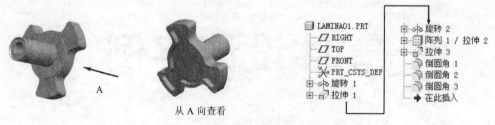

图 6.1 零件模型及模型树

Step1. 新建零件模型。选择下拉菜单 文件 ▾ ➡️ 新建(N) 命令，系统弹出"新建"对话框，在 类型 选项组中选中 ⦿ □ 零件 单选项，在 名称 文本框中输入文件名称 LAMINA01，取消选中 □ 使用默认模板 复选框，单击 确定 按钮，在系统弹出的"新文件选项"对话框的 模板 选项组中选择 mmns_part_solid 模板，单击 确定 按钮，系统进入建模环境。

Step2. 创建图 6.2 所示的零件旋转特征 1。

（1）单击 模型 功能选项卡 形状 ▾ 区域中的"旋转"按钮 ◈ 旋转。

（2）绘制截面草图。在图形区右击，从弹出的快捷菜单中选择 定义内部草绘... 命令；选取 FRONT 基准平面为草绘平面，RIGHT 基准平面为参考平面，方向为 右；单击 草绘 按钮，绘制图 6.3 所示的旋转中心线和截面草图。

（3）定义旋转属性。在操控板中选择旋转类型为 ⊥，在角度文本框中输入角度值 360.0，并按 Enter 键。

（4）在操控板中单击 ∞ 按钮，预览所创建的特征；单击 ✔ 按钮，完成特征创建。

图 6.2 旋转 1

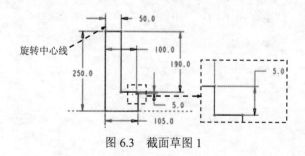

图 6.3 截面草图 1

Step3. 创建图 6.4 所示的"移除材料"拉伸特征 1。

（1）单击 模型 功能选项卡 形状 ▼ 区域中的"拉伸"按钮 拉伸 ；确认"移除材料"按钮 被按下。

（2）绘制截面草图。在图形区右击，从弹出的快捷菜单中选择 定义内部草绘... 命令；选取图 6.5 所示的面为草绘平面，RIGHT 基准平面为参考平面，方向为 右 ；单击 草绘 按钮，绘制图 6.6 所示的截面草图。

（3）定义拉伸属性。在操控板中选择拉伸类型为 ，输入深度值 190.0。

（4）在操控板中单击 按钮，预览所创建的特征；单击 按钮，完成特征创建。

选取该面为草绘平面

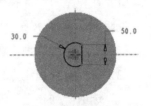

图 6.4　拉伸 1　　　　　　　图 6.5　定义草绘平面　　　　　　图 6.6　截面草图 2

Step4. 创建图 6.7 所示的"移除材料"旋转特征 2。

（1）单击 模型 功能选项卡 形状 ▼ 区域中的 旋转 按钮，确认"移除材料"按钮 被按下。

（2）绘制截面草图。在图形区右击，从弹出的快捷菜单中选择 定义内部草绘... 命令；选取 RIGHT 基准平面为草绘平面，TOP 基准平面为参考平面，方向为 上 ；单击 草绘 按钮，绘制图 6.8 所示的旋转中心线和截面草图。

（3）定义旋转属性。在操控板中选择旋转类型为 ，在角度文本框中输入角度值 360.0。

（4）在操控板中单击"完成"按钮 ，完成旋转特征 2 的创建。

放大图

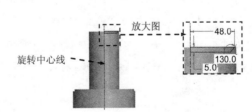
放大图
旋转中心线

图 6.7　旋转 2　　　　　　　　　　　图 6.8　截面草图 3

Step5. 创建图 6.9 所示的拉伸特征 2。

（1）单击 模型 功能选项卡 形状 ▼ 区域中的 拉伸 按钮。

（2）绘制截面草图。在图形区右击，从弹出的快捷菜单中选择 定义内部草绘... 命令；选取 TOP 基准平面为草绘平面，RIGHT 基准平面为参考平面，方向为 右 ；单击 草绘 按钮，绘制图 6.10 所示的截面草图。

（3）定义拉伸属性。在操控板中选择拉伸类型为 ，输入深度值 55.0。

（4）在操控板中单击"完成"按钮 ，完成拉伸特征 2 的创建。

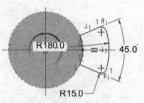

图 6.9　拉伸 2　　　　　　　　　　图 6.10　截面草图 4

Step6. 创建图 6.11 所示的阵列特征 1。

（1）在模型树中选择 [拉伸 2]，右击，在弹出的快捷菜单中选择 阵列... 命令。

说明：或单击 [模型] 功能选项卡 [编辑▼] 区域中的"阵列"按钮 [⊞]。

（2）定义阵列类型。在操控板的 [选项] 选项卡的下拉列表中选择 [一般] 选项。

（3）选择阵列控制方式。在操控板中的阵列控制方式下拉列表中选择 [轴] 选项。

（4）选取阵列参考。选取图 6.11a 所示的基准轴 A_1 为阵列参照。

（5）设置阵列参数值。输入阵列成员间的角度值为 120，输入阵列个数值为 3.0。

（6）在操控板中单击 [✓] 按钮，完成阵列特征 1 的创建。

a）阵列前　　　　　　　　　　　　　　b）阵列后

图 6.11　阵列 1

Step7. 创建图 6.12 所示的"移除材料"拉伸特征 3。在操控板中单击 [拉伸] 按钮，确认"移除材料"按钮 [⏚] 被按下；选取 TOP 基准平面为草绘平面，RIGHT 基准平面为参考平面，方向为 [下]；单击 [草绘] 按钮，绘制图 6.13 所示的截面草图。在操控板中定义拉伸类型为 [⊥]，输入深度值 20.0；单击 [%] 按钮调整拉伸方向；单击 [✓] 按钮，完成拉伸特征 3 的创建。

　　　　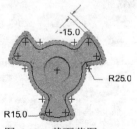

图 6.12　拉伸 3　　　　　　　　图 6.13　截面草图 5

Step8. 创建图 6.14b 所示的倒圆角特征 1。单击 [模型] 功能选项卡 [工程▼] 区域中的

倒圆角 ▼ 按钮；按住 Ctrl 键，选取图 6.14a 所示的 6 条边线为倒圆角的边线，输入圆角半径值 25.0。

a）倒圆角前　　　　　　　　　　　　b）倒圆角后

图 6.14　倒圆角 1

Step9. 创建图 6.15b 所示的倒圆角特征 2。单击 模型 功能选项卡 工程 ▼ 区域中的 倒圆角 ▼ 按钮；按住 Ctrl 键，选取图 6.15 a 所示的两条边链为倒圆角的边线，输入圆角半径值 2.0。

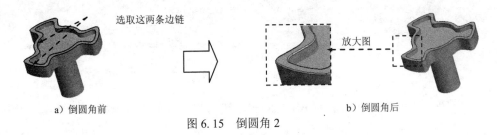

选取这两条边链

放大图

a）倒圆角前　　　　　　　　　　　　b）倒圆角后

图 6.15　倒圆角 2

Step10. 创建图 6.16b 所示的倒圆角特征 3。按住 Ctrl 键，选取图 6.16a 所示的一条边链为倒圆角的边线，圆角半径值 2.0。

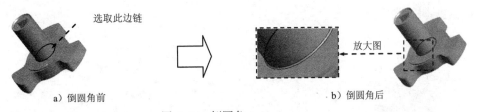

选取此边链

放大图

a）倒圆角前　　　　　　　　　　　b）倒圆角后

图 6.16　倒圆角 3

Step11. 保存零件模型文件。单击快速工具栏中的 💾 按钮（或选择下拉菜单 文件 ▼ ➡ 💾保存⑤ 命令），系统弹出"保存对象"对话框，文件名 LAMINA01 自动出现在 模型名称 文本框中，单击"保存对象"对话框中的 确定 按钮。

实例07　烟　灰　缸

实例概述：

　　本实例介绍了一个烟灰缸的设计过程，该设计过程主要运用了实体建模的一些基础命令，包括实体拉伸、拔模、倒圆角、阵列、抽壳等，其中拉伸 1 特征中草图的绘制有一定的技巧，需要读者用心体会。零件模型及模型树如图 7.1 所示。

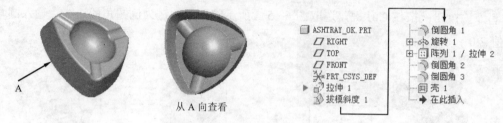

从 A 向查看

图 7.1　零件模型及模型树

　　Step1. 新建零件模型并命名为 ASHTRAY，选用 `mmns_part_solid` 零件模板。

　　Step2. 创建图 7.2 所示的拉伸特征 1。在操控板中单击"拉伸"按钮 `拉伸`；选取 FRONT 基准平面为草绘平面，选取 RIGHT 基准平面为参考平面，方向为 `左`；单击 `草绘` 按钮，绘制图 7.3 所示的截面草图；在操控板中选择拉伸类型为 `⊥`，输入深度值 30.0；单击 `√` 按钮，完成拉伸特征 1 的创建。

图 7.2　拉伸 1　　　　　　　　　　　　　图 7.3　截面草图 1

　　Step3. 创建图 7.4b 所示的拔模特征 1。单击 `模型` 功能选项卡 `工程 ▾` 区域中的 `拔模 ▾` 按钮；按住 Ctrl 键，选取图 7.5 所示模型三个侧面为要拔模的面，单击 `⬛` 图标后的 `● 单击此处添加项` 字符；选取图 7.5 所示的模型表面为拔模枢轴平面，拔模方向如图 7.5 所示。在拔模角度文本框中输入拔模角度值 10.0。单击 `√` 按钮，完成拔模特征 1 的创建。

　　Step4. 创建图 7.6b 所示的倒圆角特征 1。单击 `模型` 功能选项卡 `工程 ▾` 区域中的 `倒圆角 ▾` 按钮，选取图 7.6a 所示的边线为倒圆角的边线；输入倒圆角半径值 20.0。

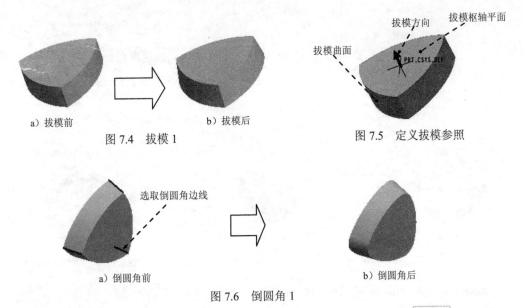

图 7.4 拔模 1

图 7.5 定义拔模参照

图 7.6 倒圆角 1

Step5. 创建图 7.7a 所示的旋转特征 1。在操控板中单击"旋转"按钮 中 旋转；然后按下"移除材料"按钮 ；选取 TOP 基准平面为草绘平面，RIGHT 基准平面为参考平面，方向为 上；单击 草绘 按钮，绘制图 7.7b 所示的截面草图（包括中心线）；在操控板中选择旋转类型为 ，在角度文本框中输入角度值 360.0；单击 ✓ 按钮，完成旋转特征 1 的创建。

a）实体旋转特征 1

b）截面草图 2

图 7.7 旋转 1

说明： 在绘制该草图时，圆弧的圆心必须与旋转中心轴线重合，否则会出现尖点现象。

Step6. 创建图 7.8 所示的拉伸特征 2。在操控板中单击"拉伸"按钮 拉伸；在操控板中按下"移除材料"按钮 ；选取 TOP 基准平面为草绘平面，选取 RIGHT 基准平面为参考平面，方向为 右；单击 草绘 按钮，绘制图 7.9 所示的截面草图；在操控板中选择拉伸类型为 非 穿透，单击 按钮，使其拉伸方向为系统默认方向的反方向；单击 ✓ 按钮，完成拉伸特征 2 的创建。

Step7. 创建图 7.10 所示的阵列特征 1。在模型树中选取"拉伸 2"特征后右击，在系统弹出的快捷菜单中选择 阵列… 命令；在操控板的 选项 选项卡的下拉列表中选择 一般 选项；在操控板中选择 轴 选项；在图 7.11 所示的模型中选择基准轴 A_1；输入阵列的个数值 3.0，并按 Enter 键；输入角度增量值 120.0，并按 Enter 键；单击 ✓ 按钮，完成阵列特征 1 的创建。

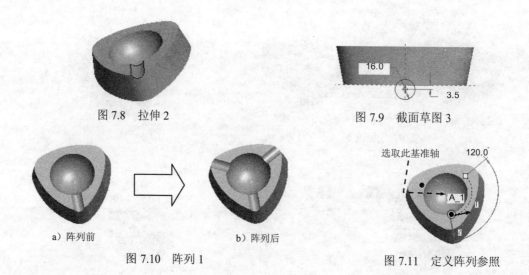

图 7.8   拉伸 2   图 7.9   截面草图 3

a）阵列前   b）阵列后

图 7.10   阵列 1   图 7.11   定义阵列参照

Step8. 创建图 7.12 所示的倒圆角特征 2。选取图 7.12 所示的边线为倒圆角的边线；输入倒圆角半径值 3.0。

Step9. 创建图 7.13 所示的倒圆角特征 3。选取图 7.13 所示的边线为倒圆角的边线；输入倒圆角半径值 3.0。

图 7.12   倒圆角 2   图 7.13   倒圆角 3

Step10. 创建图 7.14b 所示的抽壳特征 1。单击 模型 功能选项卡 工程 ▼ 区域中的"壳"按钮 回壳，选取图 7.14a 所示的面为移除面，在 厚度 文本框中输入壁厚值 2.5；单击 ✔ 按钮，完成抽壳特征 1 的创建。

a）抽壳前   b）抽壳后

图 7.14   壳 1

Step11. 保存零件模型。

实例 08　托　　架

实例概述：

　　本实例主要讲述托架的设计过程，运用了如下命令：拉伸、筋肋、孔和镜像等。其中需要注意的是筋肋特征的创建过程及其技巧。零件模型及模型树如图 8.1 所示。

图 8.1　零件模型及模型树

　　Step1. 新建零件模型。新建一个零件模型，命名为 BRACKET，选用 `mmns_part_solid` 零件模板。

　　Step2. 创建图 8.2 所示的拉伸特征 1。在操控板中单击"拉伸"按钮 ⬜拉伸；选取 FRONT 基准平面为草绘平面，选取 RIGHT 基准平面为参考平面，方向为 右；单击 草绘 按钮，绘制图 8.3 所示的截面草图；在操控板中选择拉伸类型为 ⬒，输入深度值 5.5；单击 ✔ 按钮，完成拉伸特征 1 的创建。

　　Step3. 创建图 8.4 所示的拉伸特征 2。在操控板中单击"拉伸"按钮 ⬜拉伸；选取 FRONT 基准平面为草绘平面，选取 RIGHT 基准平面为参考平面，方向为 右；单击 草绘 按钮，绘制图 8.5 所示的截面草图；在操控板中选择拉伸类型为 ⬒，输入深度值 4.0；完成拉伸特征 2 的创建。

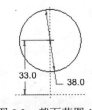

图 8.2　拉伸 1　　　　　图 8.3　截面草图 1　　　　　图 8.4　拉伸 2　　　　　图 8.5　截面草图 2

　　Step4. 创建图 8.6 所示的拉伸特征 3。在操控板中单击"拉伸"按钮 ⬜拉伸；选取 FRONT 基准平面为草绘平面，选取 RIGHT 基准平面为参考平面，方向为 右；单击 草绘 按钮，绘制图 8.7 所示的截面草图；在操控板中选择拉伸类型为 ▣，输入深度值 20.0；单击 ▣ 按钮调整拉伸方向；单击 ✔ 按钮，完成拉伸特征 3 的创建。

　　Step5. 创建图 8.8 所示的轮廓筋特征 1。单击 模型 功能选项卡 工程 ▾ 区域 📐筋 ▾ 下的 📐轮廓筋 按钮；选取 RIGHT 基准平面为草绘平面，TOP 基准平面为参考平面，方向为 上；单击 草绘 按钮，绘制图 8.9 所示的截面草图；在图形区单击箭头调整筋的生成方向指向实体侧，采用系统默认的加厚方向，在厚度文本框中输入筋的厚度值 5.0；单击 ✔ 按钮，完成轮廓筋特征 1 的创建。

　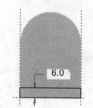　　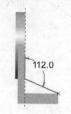

　　图 8.6　拉伸 3　　　　图 8.7　截面草图 3　　　图 8.8　筋 1　　　　图 8.9　截面草图 4

　　Step6. 创建图 8.10 所示的拉伸特征 4。在操控板中单击"拉伸"按钮 ▣拉伸；然后按下"移除材料"按钮 ▣；选取 FRONT 基准平面为草绘平面，选取 RIGHT 基准平面为参考平面，方向为 右；单击 草绘 按钮，绘制图 8.11 所示的截面草图；在操控板中选择拉伸类型为 ▣，输入深度值 2.5；单击 ▣ 按钮调整拉伸方向；单击 ✔ 按钮，完成拉伸特征 4 的创建。

　　Step7. 创建图 8.12 所示的拉伸特征 5。在操控板中单击"拉伸"按钮 ▣拉伸；在操控板中按下"移除材料"按钮 ▣；选取 FRONT 基准平面为草绘平面，选取 RIGHT 基准平面为参考平面，方向为 右；单击 草绘 按钮，绘制图 8.13 所示的截面草图；在操控板中选择拉伸类型为 ▣，单击 ▣ 按钮调整拉伸方向；单击 ✔ 按钮，完成拉伸特征 5 的创建。

　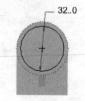　　

　　图 8.10　拉伸 4　　　图 8.11　截面草图 5　　　图 8.12　拉伸 5　　　图 8.13　截面草图 6

　　Step8. 创建图 8.14 所示的拉伸特征 6。在操控板中单击"拉伸"按钮 ▣拉伸；在操控板中按下"移除材料"按钮 ▣；选取 FRONT 基准平面为草绘平面，选取 RIGHT 基准平面为参考平面，方向为 右；单击 草绘 按钮，绘制图 8.15 所示的截面草图；在操控板中选择拉伸类型为 ▣，单击 ▣ 按钮调整拉伸方向；单击 ✔ 按钮，完成拉伸特征 6 的创建。

　　Step9. 创建图 8.16b 所示的阵列特征 1。在模型树中选取"拉伸 6"特征后右击，在系统弹出的快捷菜单中选择 阵列... 命令；在操控板的 选项 选项卡的下拉列表中选择 一般 选项；在操控板中选择 轴 选项；在模型中选择基准轴 A_1；在操控板中输入阵列的个数值 4.0 和角度增量值 90.0，并按 Enter 键；单击 ✔ 按钮，完成阵列特征 1 的创建。

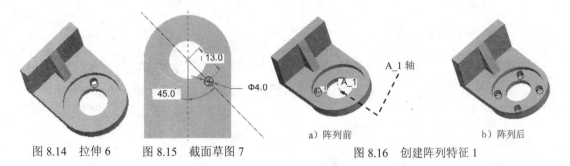

图 8.14 拉伸 6   图 8.15 截面草图 7   a）阵列前   b）阵列后

图 8.16 创建阵列特征 1

Step10. 创建图 8.17 所示的孔特征 1。单击 模型 功能选项卡 工程 ▾ 区域中的 孔 按钮；选取图 8.18 所示的模型表面为主参考；选择放置类型为线型；孔的定位尺寸如图 8.18 所示；在操控板中单击"螺孔"按钮 ，选择 ISO 螺纹标准，螺钉尺寸选择 M6×1，深度类型 ，确认"添加沉孔"按钮 被按下；单击 形状 按钮，在弹出的界面中分别输入数值 2.0 和 11.2，选中"全螺纹"单选项；在操控板中单击 ✔ 按钮，完成孔特征 1 的创建。

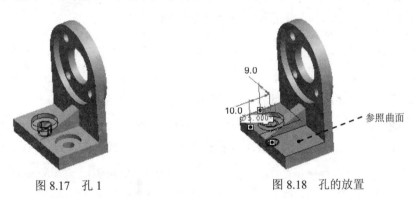

图 8.17 孔 1   图 8.18 孔的放置

Step11. 创建图 8.19 所示的镜像特征 1。选取上一步创建的孔 1 特征，单击 模型 功能选项卡 编辑 ▾ 区域中的"镜像"按钮 ；选取 RIGHT 基准平面为镜像平面；单击 ✔ 按钮，完成镜像特征 1 的创建。

a）镜像前   b）镜像后

图 8.19 镜像 1

Step12. 保存零件模型。

实例09　塑料挂钩

实例概述:

　　本实例讲解了一个普通的塑料挂钩的设计过程,运用了简单建模的一些常用命令,如拉伸、镜像和筋等命令,其中筋特征的运用很巧妙。零件模型及模型树如图 9.1 所示。

图 9.1　零件模型及模型树

Step1. 新建零件模型。新建一个零件模型,命名为 TOP_DRAY,并选用 `mmns_part_solid` 零件模板。

Step2. 创建图 9.2 所示的拉伸特征 1。在操控板中单击"拉伸"按钮 `拉伸`;选取 FRONT 基准平面为草绘平面,选取 RIGHT 基准平面为参考平面,方向为 `右`;单击 `草绘` 按钮,绘制图 9.3 所示的截面草图;在操控板中选择拉伸类型为 `日`,输入深度值 16.0,再单击 `口`(即加厚草绘)按钮并输入厚度值 1.5,单击两次 `%` 按钮;单击 `✓` 按钮,完成拉伸特征 1 的创建。

图 9.2　拉伸 1　　　　　　　　　　　图 9.3　截面草图 1

Step3. 创建图 9.4 所示的拉伸特征 2。在操控板中单击"拉伸"按钮 `拉伸`;在操控板中按下"移除材料"按钮 `口`;选取 RIGHT 基准平面为草绘平面,选取 TOP 基准平面为参考平面,方向为 `上`;单击 `草绘` 按钮,绘制图 9.5 所示的截面草图;在操控板中选择拉伸类型为；单击 ✔ 按钮，完成拉伸特征 2 的创建。

 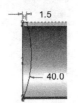

图 9.4　拉伸 2　　　　　　　　　　　　图 9.5　截面草图 2

　　Step4. 创建图 9.6b 所示的镜像特征 1。在图形区中选取图 9.6a 所示的特征；选取 FRONT 基准平面为镜像平面；单击 ✔ 按钮，完成镜像特征 1 的创建。

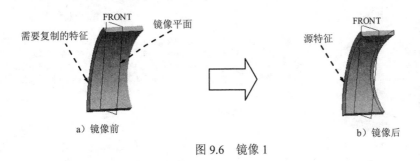

图 9.6　镜像 1

　　Step5. 创建图 9.7 所示的拉伸特征 3。在操控板中单击"拉伸"按钮 ⬚拉伸；选取 FRONT 基准平面为草绘平面，选取 RIGHT 基准平面为参考平面，方向为 右；单击 草绘 按钮，绘制图 9.8 所示的截面草图；在操控板中选择拉伸类型为 ⬚，输入深度值 24.0；单击 ✔ 按钮，完成拉伸特征 3 的创建。

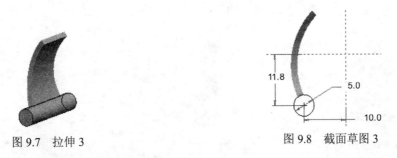

图 9.7　拉伸 3　　　　　　　　　　　　图 9.8　截面草图 3

　　Step6. 创建图 9.9 所示的拉伸特征 4。在操控板中单击"拉伸"按钮 ⬚拉伸；选取 FRONT 基准平面为草绘平面，选取 RIGHT 基准平面为参考平面，方向为 右；单击 草绘 按钮，绘制图 9.10 所示的截面草图；在操控板中选择拉伸类型为 ⬚，输入深度值 20.0；单击 ✔ 按钮，完成拉伸特征 4 的创建。

图 9.9　拉伸 4

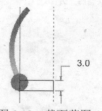

图 9.10　截面草图 4

　　Step7. 创建图 9.11 所示的拉伸特征 5。在操控板中单击"拉伸"按钮 ⬚拉伸；选取 FRONT 基准平面为草绘平面，选取 RIGHT 基准平面为参考平面，方向为 右；单击 草绘 按钮，绘制图 9.12 所示的截面草图；在操控板中选择拉伸类型为 ⬚，输入深度值 16.0；单击 ✔ 按钮，完成拉伸特征 5 的创建。

图 9.11　拉伸 5

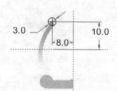

图 9.12　截面草图 5

　　Step8. 创建图 9.13 所示的轮廓筋特征 1。单击 模型 功能选项卡 工程 ▾ 区域 筋 ▾ 下的 轮廓筋 按钮。选取 FRONT 基准平面为草绘平面，选取 RIGHT 基准平面为参考平面，方向为 右；单击 草绘 按钮，选取图 9.14 所示的曲面为草绘参照，绘制图 9.15 所示的截面草图。在图形区单击箭头调整筋的生成方向指向实体侧，采用系统默认的加厚方向，在厚度文本框中输入筋的厚度值 2.0。单击 ✔ 按钮，完成轮廓筋特征 1 的创建。

图 9.13　轮廓筋 1

图 9.14　定义草绘参照

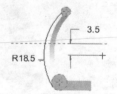

图 9.15　截面草图 6

　　Step9. 创建图 9.16 所示的拉伸特征 6。在操控板中单击"拉伸"按钮 ⬚拉伸；在操控板中按下"移除材料"按钮 ⬚；选取图 9.17 所示的平面为草绘平面，选取 RIGHT 基准面为参考平面，方向为 右；单击 草绘 按钮，绘制图 9.18 所示的截面草图；在操控板中选择拉伸类型为 ⬚，输入深度值 1.0；单击 ✔ 按钮，完成拉伸特征 6 的创建。

图 9.16　拉伸 6

图 9.17　定义草绘平面 1

图 9.18　截面草图 7

Step10. 创建图 9.19b 所示的镜像特征 2。在图形区中选取图 9.19a 所示的特征；选取 FRONT 基准平面为镜像平面；单击 ✔ 按钮，完成镜像特征 2 的创建。

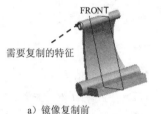
a）镜像复制前

b）镜像复制后

图 9.19　镜像 2

Step11. 创建图 9.20 所示的拉伸特征 7。在操控板中单击"拉伸"按钮 ▭拉伸；在操控板中按下"移除材料"按钮 ◿；选取图 9.21 所示的平面为草绘平面，选取 RIGHT 基准面为参照平面，方向为 右；单击 草绘 按钮，绘制图 9.22 所示的截面草图；在操控板中选择拉伸类型为 ⊥，输入深度值 5.0；单击 ✔ 按钮，完成拉伸特征 7 的创建。

图 9.20　拉伸 7

图 9.21　定义草绘平面 2

图 9.22　截面草图 8

Step12. 创建图 9.23b 所示的镜像特征 3。在图形区中选取图 9.23a 所示的特征；选取 FRONT 基准平面为镜像平面；单击 ✔ 按钮，完成镜像特征 3 的创建。

a）镜像复制前

b）镜像复制后

图 9.23　镜像 3

Step13. 创建倒圆角特征 1。单击 模型 功能选项卡 工程 ▼ 区域中的 🔾 倒圆角 ▼ 按钮；选取图 9.24 所示的边线为倒圆角的边线；在倒圆角半径文本框中输入值 0.5。

Step14. 创建倒圆角特征 2。单击 模型 功能选项卡 工程 ▼ 区域中的 🔾 倒圆角 ▼ 按钮；选取图 9.25 所示的边线为倒圆角的边线；在倒圆角半径文本框中输入值 0.2。

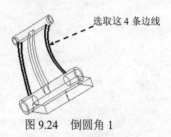

图 9.24 倒圆角 1

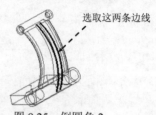

图 9.25 倒圆角 2

Step15. 创建倒圆角特征 3。单击 模型 功能选项卡 工程 ▼ 区域中的 🔾 倒圆角 ▼ 按钮；选取图 9.26 所示的边线为倒圆角的边线；在倒圆角半径文本框中输入值 0.5。

Step16. 创建倒圆角特征 4。单击 模型 功能选项卡 工程 ▼ 区域中的 🔾 倒圆角 ▼ 按钮；选取图 9.27 所示的边线为倒圆角的边线；在倒圆角半径文本框中输入值 0.2。

Step17. 创建倒角特征 1。单击 模型 功能选项卡 工程 ▼ 区域中的 🔾 倒角 ▼ 按钮；选取图 9.28 所示的两条边线为倒角的边线；输入倒角值 0.3。

图 9.26 倒圆角 3

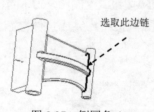

图 9.27 倒圆角 4

图 9.28 倒角 1

Step18. 创建图 9.29b 所示的镜像特征 4。在图形区中选取图 9.29a 所示的特征；选取 RIGHT 基准平面为镜像平面；单击 ✔ 按钮，完成镜像特征 4 的创建。

a）镜像前

b）镜像后

图 9.29 镜像 4

Step19. 创建图 9.30 所示的旋转特征 1。在操控板中单击"旋转"按钮 ❖ 旋转；在操控板中按下"移除材料"按钮 🔾；选取 FRONT 基准面为草绘平面，选取 RIGHT 基准平面为参考平面，方向为 右；单击 草绘 按钮，选取图 9.31 所示的面为草绘参照，绘制图 9.32 所示的截面草图（包括中心线）；在操控板中选择旋转类型为 土，在角度文本框中输入角度值 360.0；单击 ✓ 按钮，完成旋转特征 1 的创建。

图 9.30　旋转 1

图 9.31　定义草绘参照平面

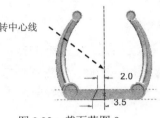

图 9.32　截面草图 9

　　Step20. 创建倒圆角特征 5。单击 模型 功能选项卡 工程 ▼ 区域中的 倒圆角 ▼ 按钮；选取图 9.33 所示的边线为倒圆角的边线；在倒圆角半径文本框中输入值 0.5。

　　Step21. 创建倒圆角特征 6。单击 模型 功能选项卡 工程 ▼ 区域中的 倒圆角 ▼ 按钮；选取图 9.34 所示的边线为倒圆角的边线；在倒圆角半径文本框中输入值 0.5。

图 9.33　倒圆角 5

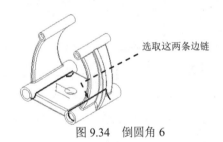

图 9.34　倒圆角 6

　　Step22. 保存零件模型。

实例 10　泵　　盖

实例概述：

　　本实例介绍了一个普通泵盖的设计过程，主要运用了实体建模的一些常用命令，包括实体拉伸、倒角、倒圆角、阵列、镜像等，其中阵列特征所使用的"曲线"阵列方式运用得很巧妙，此处需要读者注意。零件模型及模型树如图 10.1 所示。

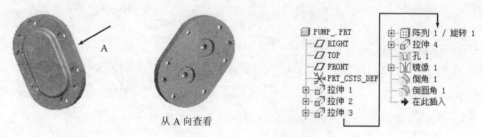

图 10.1　零件模型及模型树

　　Step1. 新建零件模型。新建一个零件模型，命名为 PUMP，选用 `mmns_part_solid` 模板。

　　Step2. 创建图 10.2 所示的拉伸特征 1。在操控板中单击"拉伸"按钮 拉伸；选取 FRONT 基准平面为草绘平面，选取 RIGHT 基准平面为参考平面，方向为 右；单击 草绘 按钮，绘制图 10.3 所示的截面草图；在操控板中选择拉伸类型为 ，输入深度值 10.0；单击 按钮，完成拉伸特征 1 的创建。

图 10.2　拉伸 1

图 10.3　截面草图 1

　　Step3. 创建图 10.4 所示的拉伸特征 2。在操控板中单击"拉伸"按钮 拉伸；选取图 10.5 所示的平面为草绘平面，选取 RIGHT 基准面为参照平面，方向为 右；单击 草绘 按钮，绘制图 10.6 所示的截面草图；在操控板中选择拉伸类型为 ，输入深度值 8.0；单击 按钮，完成拉伸特征 2 的创建。

　　Step4. 创建图 10.7 所示的拉伸特征 3。在操控板中单击"拉伸"按钮 拉伸；在操控板中按下"移除材料"按钮 ；选取图 10.8 所示的平面为草绘平面，选取 RIGHT 基准面为参考平面，方向为 右；单击 草绘 按钮，绘制图 10.9 所示的截面草图；在操控板中选择拉

伸类型为 ；单击 按钮，完成拉伸特征 3 的创建。

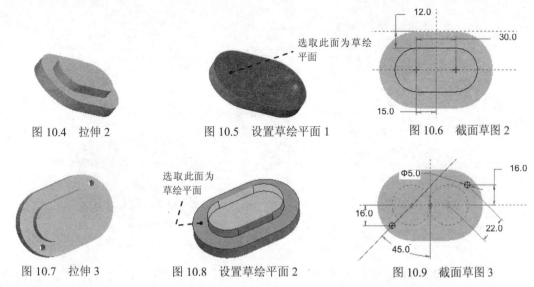

图 10.4 拉伸 2   图 10.5 设置草绘平面 1   图 10.6 截面草图 2

图 10.7 拉伸 3   图 10.8 设置草绘平面 2   图 10.9 截面草图 3

Step5. 创建图 10.10a 所示的旋转特征 1。在操控板中单击"旋转"按钮 旋转；在操控板中按下"移除材料"按钮 ；选取 TOP 基准平面为草绘平面，选取 RIGHT 基准平面为参考平面，方向为 ；单击 草绘 按钮，绘制图 10.10b 所示的截面草图（包括中心线）；在操控板中选择旋转类型为 ，在角度文本框中输入角度值 360.0；单击 按钮，完成旋转特征 1 的创建。

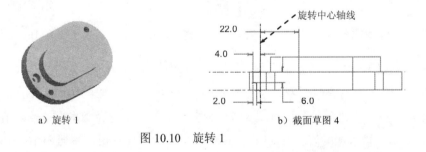

a）旋转 1   b）截面草图 4

图 10.10 旋转 1

Step6. 创建图 10.11b 所示的阵列特征 1。在模型树中选取"旋转 1"特征后右击，在系统弹出的快捷菜单中选择 阵列... 命令；在操控板的 选项 选项卡的下拉列表中选择 一般 选项；在"操控板中选择 曲线 选项；在操控板的 参考 选项卡中单击 定义... 按钮，选取图 10.12 所示的平面为草绘平面，选取 RIGHT 基准面为参考平面，方向为 左；单击 草绘 按钮，绘制图 10.13 所示的截面草图；在操控板的 后输入值 6；单击 按钮，完成阵列特征 1 的创建。

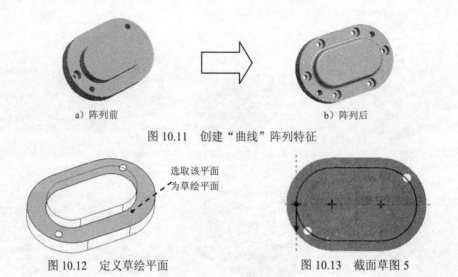

a）阵列前　　　　　　　　　　　　　　b）阵列后

图 10.11　创建"曲线"阵列特征

选取该平面
为草绘平面

图 10.12　定义草绘平面　　　　　　　　图 10.13　截面草图 5

Step7. 创建图 10.14 所示的拉伸特征 4。在操控板中单击"拉伸"按钮 ⬚拉伸；在操控板中按下"移除材料"按钮 ⬚；选取图 10.15 所示的平面为草绘平面，选取 RIGHT 基准平面为参考平面，方向为 左；单击 草绘 按钮，绘制图 10.16 所示的截面草图；在操控板中选择拉伸类型为 ⬚，输入深度值 5.0；单击 ✔ 按钮，完成拉伸特征 4 的创建。

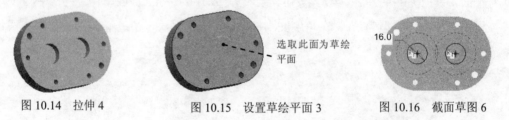

选取此面为草绘
平面

16.0

图 10.14　拉伸 4　　　　　图 10.15　设置草绘平面 3　　　　　图 10.16　截面草图 6

Step8. 创建图 10.17 所示的孔特征 1。单击 模型 功能选项卡 工程 ▾ 区域中的 孔 按钮；选取图 10.18 所示的模型表面为主参考；按住 Ctrl 键，选取图 10.18 所示的轴线为次参考；在操控板中单击"简单孔"按钮 ⬚，类型选择 ∨，在直径文本框中输入值 6.0；选择拉伸类型为 ⬚，输入深度值 9.7；在操控板中，单击 形状 按钮，按照图 10.19 所示的"形状"界面中的参数设置来定义孔的形状；在操控板中单击 ✔ 按钮，完成孔特征 1 的创建。

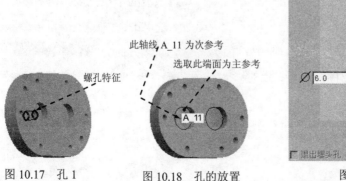

此轴线 A_11 为次参考

选取此端面为主参考

螺孔特征

A_11

⬚ 盲孔

○ 肩
● 尖

9.7

Ø 6.0

120.0

☐ 退出埋头孔。

图 10.17　孔 1　　　　　图 10.18　孔的放置　　　　　图 10.19　螺孔参数设置

Step9. 创建图 10.20b 所示的镜像特征 1。在图形区中选取图 10.20a 所示的特征；选取 RIGHT 基准平面为镜像平面；单击 ✅ 按钮，完成镜像特征 1 的创建。

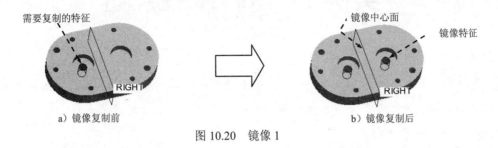

图 10.20　镜像 1

Step10. 创建倒角特征 1。选取图 10.21b 所示的两条边线为倒角的边线；输入倒角值 0.5。

Step11. 创建倒圆角特征 1。选取图 10.22 所示的边线为倒圆角的边线；输入倒圆角半径值 2.0。

图 10.21　倒角 1　　　　　　　　　　图 10.22　倒圆角 1

Step12. 保存零件模型。

实例 11　排 水 旋 钮

实例概述:

　　本实例讲解了日常生活中常见的洗衣机排水旋钮的设计过程,本实例中运用了简单的曲面建模命令,如边界混合、实体化等,对于曲面的建模方法需要读者仔细体会。零件模型及模型树如图 11.1 所示。

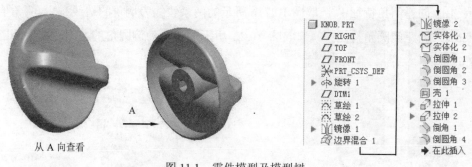

图 11.1　零件模型及模型树

Step1. 新建零件模型。新建一个零件模型,命名为 KNOB,并选用 `mmns_part_solid` 零件模板。

Step2. 创建图 11.2 所示的旋转特征 1。在操控板中单击"旋转"按钮 旋转；选取 RIGHT 基准平面为草绘平面,选取 TOP 基准平面为参考平面,方向为 左；单击 草绘 按钮,绘制图 11.3 所示的截面草图(包括中心线);在操控板中选择旋转类型为 ,在角度文本框中输入角度值 360.0;单击 按钮,完成旋转特征 1 的创建。

Step3. 创建图 11.4 所示的基准平面特征 1。单击 模型 功能选项卡 基准 ▾ 区域中的"平面"按钮 ,在模型树中选取 RIGHT 基准平面为偏距参考面,在对话框中输入偏移距离值 35.0,单击对话框中的 确定 按钮。

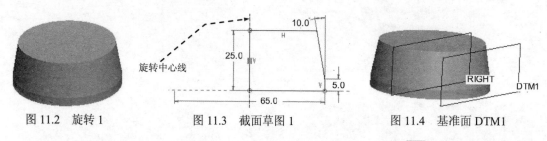

图 11.2　旋转 1　　　　　　　　图 11.3　截面草图 1　　　　　　　图 11.4　基准面 DTM1

Step4. 创建图 11.5 所示的草图 1。在操控板中单击"草绘"按钮 ；选取 RIGHT 基准

平面作为草绘平面，选取 TOP 基准平面为参考平面，方向为 ^左，单击 草绘 按钮，绘制图
11.5 所示的草图。

Step5. 创建图 11.6 所示的草图 2。在操控板中单击"草绘"按钮 ；选取 DTM1 基准
平面作为草绘平面，选取 TOP 基准平面为参考平面，方向为 ^左，单击 草绘 按钮，绘制图
11.6 所示的草图。

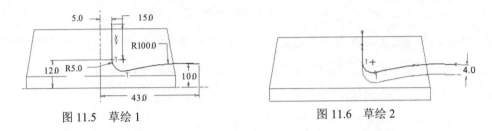

　　图 11.5　草绘 1　　　　　　　　　　　　　图 11.6　草绘 2

Step6. 创建图 11.7 所示的镜像特征 1。在图形区中选取图 11.7a 所示的特征；选取 RIGHT
基准平面为镜像平面；单击 ✔ 按钮，完成镜像特征 1 的创建。

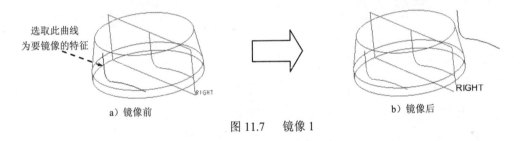

　　a）镜像前　　　　　　　　　　　　　　　　　　b）镜像后

图 11.7　　镜像 1

Step7. 创建图 11.8 所示的边界混合曲面 1。单击"边界混合"按钮 ；按住 Ctrl 键，
依次选取图 11.9 所示基准曲线 1、基准曲线 2 和基准曲线 3 为第一方向边界曲线；单击 ✔ 按
钮，完成边界混合曲面 1 的创建。

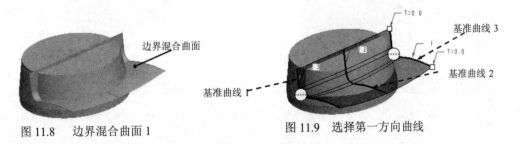

　图 11.8　　边界混合曲面 1　　　　　　　　图 11.9　　选择第一方向曲线

Step8. 创建图 11.10 所示的镜像特征 2。在图形区中选取图 11.10a 所示的特征；选取
TOP 基准平面为镜像平面；单击 ✔ 按钮，完成镜像特征 2 的创建。

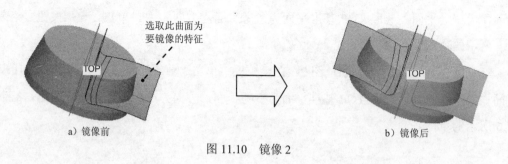

a) 镜像前   b) 镜像后

图 11.10　镜像 2

Step9. 创建图 11.11b 所示的曲面实体化 1。选取图 11.11a 所示的曲面为实体化的对象；单击 实体化 按钮，按下"移除材料"按钮；调整图形区中的箭头使其指向要移除的实体；如图 11.11a 所示；单击按钮，完成曲面实体化 1 的创建。

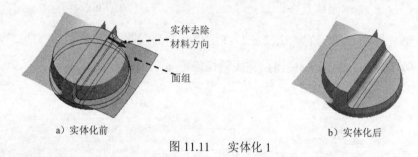

a) 实体化前   b) 实体化后

图 11.11　实体化 1

Step10. 创建图 11.12b 所示的曲面实体化 2。选取图 11.12a 所示的曲面为实体化的对象；单击 实体化 按钮，按下"移除材料"按钮；调整图形区中的箭头使其指向要移除的实体；单击按钮，完成曲面实体化 2 的创建。

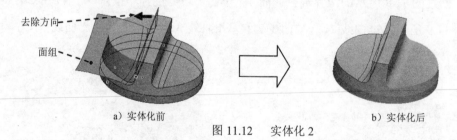

a) 实体化前   b) 实体化后

图 11.12　实体化 2

Step11. 创建图 11.13b 所示的倒圆角特征 1。单击 模型 功能选项卡 工程 ▾ 区域中的 倒圆角 ▾ 按钮，选取图 11.13a 所示的边线为倒圆角的边线；输入倒圆角半径值 12.0。

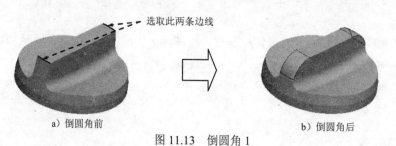

a) 倒圆角前   b) 倒圆角后

图 11.13　倒圆角 1

Step12. 创建图 11.14b 所示的倒圆角特征 2。单击 模型 功能选项卡 工程 ▼ 区域中的 倒圆角 ▼ 按钮，选取图 11.14a 所示的边线为倒圆角的边线；输入倒圆角半径值 2.0。

选取这两条边链

a）倒圆角前   图 11.14   倒圆角 2   b）倒圆角后

Step13. 创建图 11.15b 所示的倒圆角特征 3。单击 模型 功能选项卡 工程 ▼ 区域中的 倒圆角 ▼ 按钮，选取图 11.15a 所示的边线为倒圆角的边线；输入倒圆角半径值 15.0。

选取此边链

a）倒圆角前   图 11.15   倒圆角 3   b）倒圆角后

Step14. 创建图 12.16b 所示的抽壳特征 1。单击 模型 功能选项卡 工程 ▼ 区域中的"壳"按钮 回壳，选取图 12.16a 所示的面为移除面，在 厚度 文本框中输入壁厚值 2.0；单击 ✔ 按钮，完成抽壳特征 1 的创建。

要去除的面

a）抽壳前   图 11.16   壳 1   b）抽壳后

Step15. 创建图 11.17 所示的拉伸特征 1。在操控板中单击"拉伸"按钮 拉伸；选取 FRONT 基准平面为草绘平面，选取 RIGHT 基准平面为参考平面，方向为 上；单击 草绘 按钮，绘制图 11.18 所示的截面草图；在操控板中选择拉伸类型为 ⊥⊥，单击图 11.19 所示的面为拉伸至此面相交；单击 ✔ 按钮，完成拉伸特征 1 的创建。

Step16. 创建图 11.20 所示的拉伸特征 2。在操控板中单击"拉伸"按钮 拉伸；在操控板中按下"移除材料"按钮 ；选取图 11.21 所示的模型表面为草绘平面，选取 RIGHT 基准平面为参考平面，方向为 上；单击 草绘 按钮，绘制图 11.22 所示的截面草图；在操控板

中选择拉伸类型为 ⊥，输入深度值 5.0；单击 ✔ 按钮，完成拉伸特征 2 的创建。

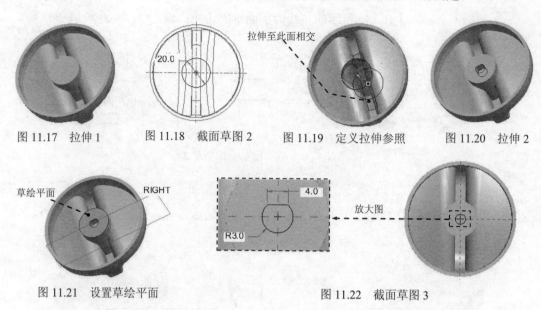

图 11.17   拉伸 1   图 11.18   截面草图 2   图 11.19   定义拉伸参照   图 11.20   拉伸 2

图 11.21   设置草绘平面   图 11.22   截面草图 3

Step17. 创建图 11.23b 所示的倒角特征 1。选取图 11.23a 所示的两条边线为倒角的边线；输入倒角值 0.5。

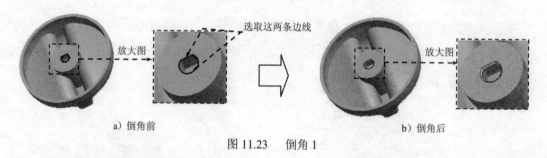

a）倒角前   b）倒角后

图 11.23   倒角 1

Step18. 创建图 11.24b 所示的倒圆角特征 4。单击 模型 功能选项卡 工程 ▼ 区域中的 🔘 倒圆角 ▼ 按钮，选取图 11.24a 所示的边线为倒圆角的边线；输入倒圆角半径值 1.0。

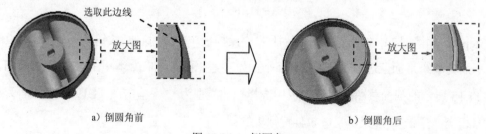

a）倒圆角前   b）倒圆角后

图 11.24   倒圆角 4

Step19. 保存零件模型文件。

实例 12　塑料垫片

实例概述：

在本实例的设计过程中，镜像特征的运用较为巧妙，在创建"镜像"特征时，可根据需要创建"组"特征，在镜像时应注意镜像基准面的选择。零件模型及模型树如图 12.1 所示。

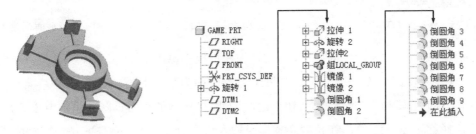

图 12.1　零件模型及模型树

Step1. 新建零件模型。新建一个零件模型，命名为 GAME，并选用 mmns_part_solid 零件模板。

Step2. 创建图 12.2 所示的旋转特征 1。在操控板中单击"旋转"按钮 旋转；选取 FRONT 基准平面为草绘平面，选取 RIGHT 基准平面为参考平面，方向为 右；单击 草绘 按钮，绘制图 12.3 所示的截面草图（包括中心线）；在操控板中选择旋转类型为 ，在角度文本框中输入角度值 360.0；单击 按钮，完成旋转特征 1 的创建。

Step3. 创建图 12.4 所示的基准平面特征 1。单击 模型 功能选项卡 基准 ▾ 区域中的"平面"按钮 ，在模型树中选取 TOP 基准平面为偏距参考面，在对话框中输入偏移距离值 6.0；单击对话框中的 确定 按钮。

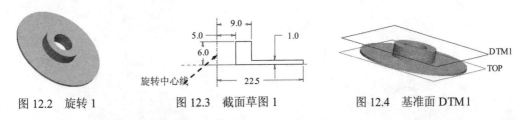

图 12.2　旋转 1　　　　　图 12.3　截面草图 1　　　　　图 12.4　基准面 DTM1

Step4. 创建图 12.5 所示的基准平面特征 2。单击 模型 功能选项卡 基准 ▾ 区域中的"平面"按钮 ，在模型树中选取 RIGHT 基准平面为偏距参考面，按住 Ctrl 键选取基准轴 A_1，在 旋转 文本框中输入值 30.0，单击对话框中的 确定 按钮。

Step5. 创建图 12.6 所示的拉伸特征 1。在操控板中单击"拉伸"按钮 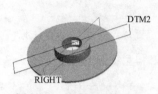拉伸；在操控板中按下"移除材料"按钮 ；选取 DTM1 基准平面为草绘平面，选取 RIGHT 基准平面为参考平面，方向为 右；单击 草绘 按钮，绘制图 12.7 所示的截面草图；在操控板中选择拉伸类型为 ，输入深度值 2.0；单击 ✔ 按钮，完成拉伸特征 1 的创建。

图 12.5　基准面 DTM2

图 12.6　拉伸 1

图 12.7　截面草图 2

Step6. 创建图 12.8 所示的旋转特征 2。在操控板中单击"旋转"按钮 旋转；在操控板中按下"移除材料"按钮 ；选取 RIGHT 基准平面为草绘平面，选取 TOP 基准平面为参考平面，方向为 下；单击 草绘 按钮，绘制图 12.9 所示的截面草图（包括中心线）；在操控板中选择旋转类型为 ，在角度文本框中输入角度值 360.0；单击 ✔ 按钮，完成旋转特征 2 的创建。

图 12.8　旋转 2

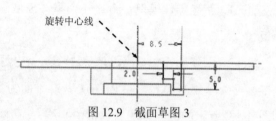

图 12.9　截面草图 3

Step7. 创建图 12.10 所示的拉伸特征 2。在操控板中单击"拉伸"按钮 拉伸；在操控板中按下"移除材料"按钮 ；选取 TOP 基准平面为草绘平面，选取 RIGHT 基准平面为参考平面，方向为 右；单击 草绘 按钮，绘制图 12.11 所示的截面草图；在操控板中选择拉伸类型为 ，单击 按钮调整拉伸方向；单击 ✔ 按钮，完成拉伸特征 2 的创建。

图 12.10　拉伸 2

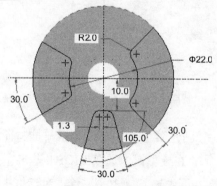

图 12.11　截面草图 4

Step8. 创建图 12.12 所示的拉伸特征 3。在操控板中单击“拉伸”按钮 拉伸；选取 DTM2 基准平面为草绘平面，选取 TOP 基准平面为参考平面，方向为 上；单击 草绘 按钮，绘制图 12.13 所示的截面草图；在操控板中选择拉伸类型为 ⊟，输入深度值 5.0；单击 ✓ 按钮，完成拉伸特征 3 的创建。

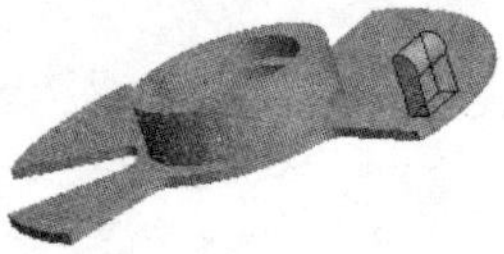

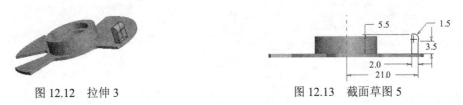

图 12.12　拉伸 3

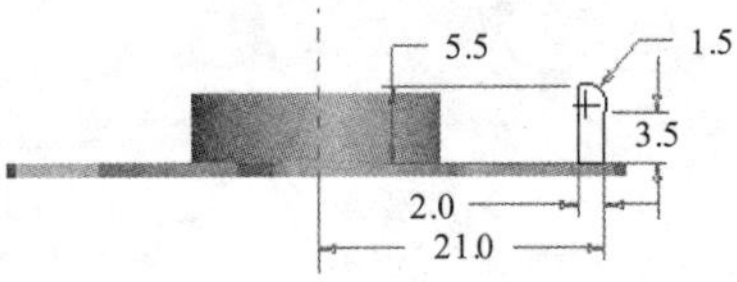

图 12.13　截面草图 5

Step9. 创建图 12.14 所示的轮廓筋特征 1。单击 模型 功能选项卡 工程 ▾ 区域 筋 ▾ 下的 轮廓筋 按钮；选取 DTM2 基准平面为草绘平面，选取 TOP 基准平面为参考平面，方向为 上；单击 草绘 按钮，绘制图 12.15 所示的截面草图；在图形区单击箭头调整筋的生成方向指向实体侧，采用系统默认的加厚方向，在厚度文本框中输入筋的厚度值 0.5；单击 ✓ 按钮，完成轮廓筋特征 1 的创建。

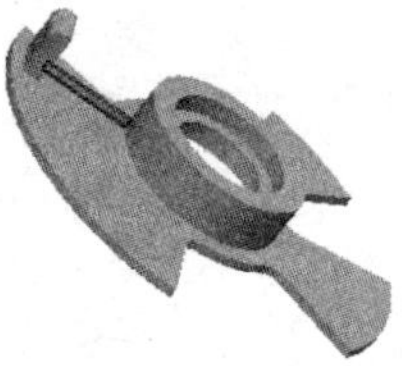

图 12.14　筋 1

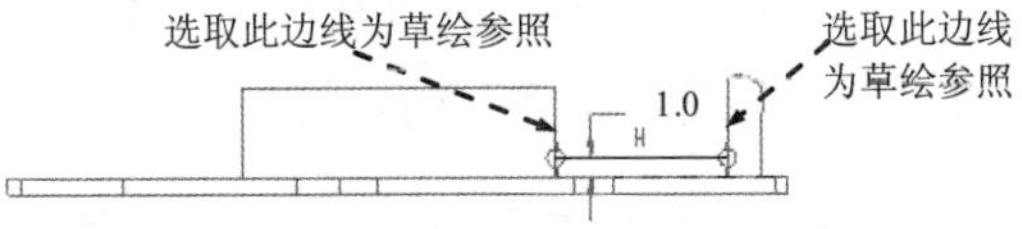

图 12.15　截面草图 6

Step10. 创建图 12.16 所示的镜像特征 1。按住 Ctrl 键，在模型树中选取 Step8、Step9 所创建的“拉伸 3”和“筋 1”后右击，在弹出的快捷菜单中选择 组 命令，即可创建 组LOCAL_GROUP；单击 模型 功能选项卡 编辑 ▾ 区域中的“镜像”按钮 ⊪，选取 RIGHT 基准面为镜像平面，单击 ✓ 按钮，完成镜像特征 1 的创建。

Step11. 创建图 12.17 所示的镜像特征 2。按住 Ctrl 键，在模型树中选取所创建的 组LOCAL_GROUP 和 ⊪ 镜像 1，单击 模型 功能选项卡 编辑 ▾ 区域中的“镜像”按钮 ⊪，选取 FRONT 基准面为镜像平面，单击 ✓ 按钮，完成镜像特征 2 的创建。

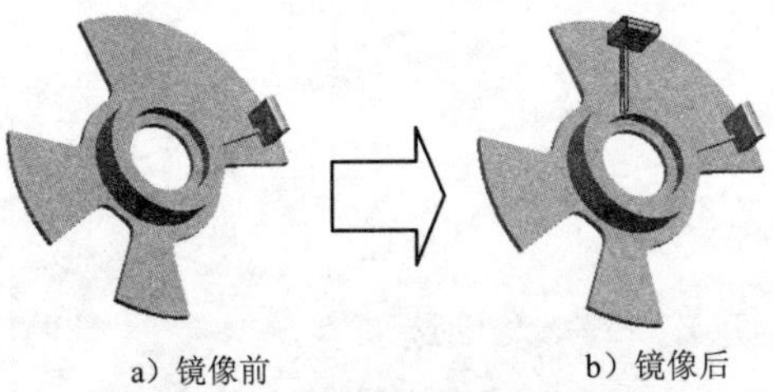

a）镜像前　b）镜像后

图 12.16　镜像 1

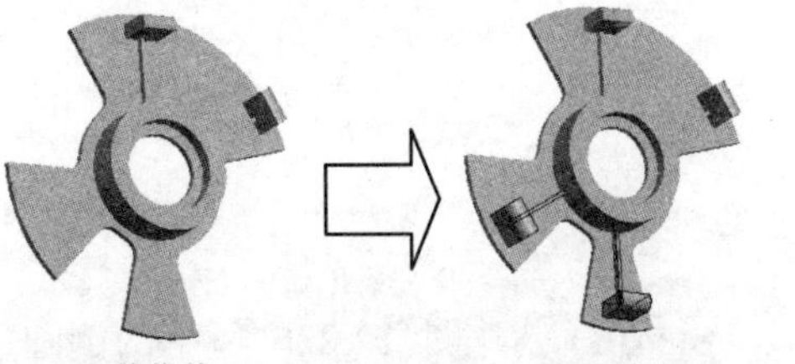

a）镜像前　b）镜像后

图 12.17　镜像 2

Step12. 创建图 12.18b 所示的倒圆角特征 1。单击 模型 功能选项卡 工程 ▼ 区域中的 倒圆角 ▼ 按钮，选取图 12.18a 所示的边线为倒圆角的边线；输入倒圆角半径值 0.5。

图 12.18 倒圆角 1

Step13. 创建图 12.19b 所示的倒圆角特征 2。单击 模型 功能选项卡 工程 ▼ 区域中的 倒圆角 ▼ 按钮，选取图 12.19a 所示的边链为倒圆角的边线；输入倒圆角半径值 0.5。

图 12.19 倒圆角 2

Step14. 创建图 12.20b 所示的倒圆角特征 3。单击 模型 功能选项卡 工程 ▼ 区域中的 倒圆角 ▼ 按钮，选取图 12.20a 所示的边链为倒圆角的边线；输入倒圆角半径值 0.5。

图 12.20 倒圆角 3

Step15. 创建图 12.21b 所示的倒圆角特征 4。单击 模型 功能选项卡 工程 ▼ 区域中的 倒圆角 ▼ 按钮，选取图 12.21a 所示的边链为倒圆角的边线；输入倒圆角半径值 0.5。

图 12.21 倒圆角 4

Step16. 创建图 12.22b 所示的倒圆角特征 5。单击 模型 功能选项卡 工程 ▼ 区域中的 倒圆角 ▼ 按钮，选取图 12.22a 所示的边线为倒圆角的边线；输入倒圆角半径值 0.5。

a）倒圆角前　　　　　　　　b）倒圆角后

图 12.22　倒圆角 5

Step17. 创建图 12.23b 所示的倒圆角特征 6。单击 模型 功能选项卡 工程 ▼ 区域中的 倒圆角 ▼ 按钮，选取图 12.23a 所示的边线为倒圆角的边线；输入倒圆角半径值 0.5。

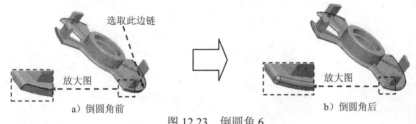

a）倒圆角前　　　　　　　　b）倒圆角后

图 12.23　倒圆角 6

Step18. 创建图 12.24b 所示的倒圆角特征 7。单击 模型 功能选项卡 工程 ▼ 区域中的 倒圆角 ▼ 按钮，选取图 12.24a 所示的边线为倒圆角的边线；输入倒圆角半径值 0.2。

a）倒圆角前　　　　　　　　b）倒圆角后

图 12.24　倒圆角 7

Step19. 创建倒圆角特征 8。单击 模型 功能选项卡 工程 ▼ 区域中的 倒圆角 ▼ 按钮，选取图 12.25 所示的边线为倒圆角的边线；输入倒圆角半径值 0.1。

Step20. 创建倒圆角特征 9。单击 模型 功能选项卡 工程 ▼ 区域中的 倒圆角 ▼ 按钮，选取图 12.26 所示的边线为倒圆角的边线；输入倒圆角半径值 0.1。

图 12.25　选取倒圆角 8 的边线

图 12.26　选取倒圆角 9 的边线

Step21. 保存零件模型文件。

实例 13　削笔刀盒

实例概述:

本实例是一个普通的削笔刀盒,主要运用了实体建模的一些常用命令,包括实体拉伸、拉伸切削、倒圆角、抽壳等,其中需要读者注意倒圆角的顺序及抽壳命令的创建过程。零件模型及模型树如图 13.1 所示。

图 13.1　零件模型及模型树

Step1. 新建零件模型。新建一个零件模型,命名为 SHARPENER_BOX,选用 `mmns_part_solid` 零件模板。

Step2. 创建图 13.2 所示的拉伸特征 1。在操控板中单击"拉伸"按钮 ⬜拉伸;选取 FRONT 基准平面为草绘平面,选取 RIGHT 基准平面为参考平面,方向为 右;单击 草绘 按钮,绘制图 13.3 所示的截面草图;在操控板中选择拉伸类型为 ⬒,输入深度值 40.0;单击 ✔ 按钮,完成拉伸特征 1 的创建。

Step3. 创建图 13.4 所示的拉伸特征 2。在操控板中单击"拉伸"按钮 ⬜拉伸;在操控板中按下"移除材料"按钮 ⬜;选取图 13.5 所示的平面为草绘平面,方向为 上;单击 草绘 按钮,绘制图 13.6 所示的截面草图;在操控板中选择拉伸类型为 ⬒,输入深度值 52.0;单击 ✔ 按钮,完成拉伸特征 2 的创建。

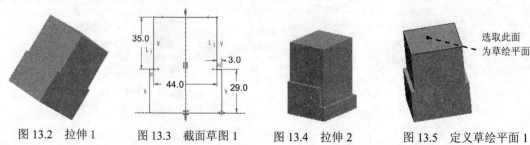

图 13.2　拉伸 1　　　　图 13.3　截面草图 1　　　　图 13.4　拉伸 2　　　　图 13.5　定义草绘平面 1

Step4. 创建图 13.7 所示的拉伸特征 3。在操控板中单击"拉伸"按钮 🔲 拉伸；在操控板中按下"移除材料"按钮 ☑；选取图 13.8 所示的平面为草绘平面，方向为 上 ；单击 草绘 按钮，绘制图 13.9 所示的截面草图；在操控板中选择拉伸类型为 ⬆️，输入深度值 55.0；单击 ✔ 按钮，完成拉伸特征 3 的创建。

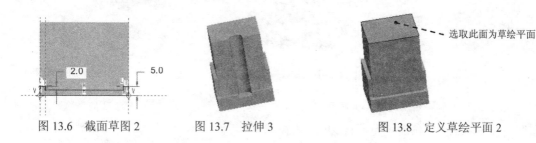

图 13.6　截面草图 2　　　　图 13.7　拉伸 3　　　　图 13.8　定义草绘平面 2

Step5. 创建图 13.10b 所示的拔模特征 1。单击 模型 功能选项卡 工程 ▾ 区域中的 🗐 拔模 ▾ 按钮；选取图 13.11 所示的模型表面为拔模曲面，选取图 13.11 所示的模型表面为拔模枢轴平面，单击 ✗ 按钮，采用系统默认相反的拔模方向，在拔模角度文本框中输入拔模角度值 10.0；单击 ✔ 按钮，完成拔模特征 1 的创建。

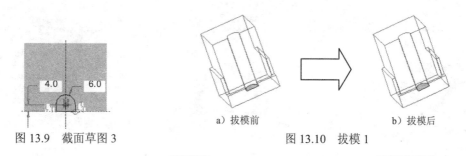

图 13.9　截面草图 3　　　　a）拔模前　　　　b）拔模后

图 13.10　拔模 1

Step6. 创建倒圆角特征 1。单击 模型 功能选项卡 工程 ▾ 区域中的 🗐 倒圆角 ▾ 按钮，选取图 13.12 所示的边线为倒圆角的边线；输入倒圆角半径值 2.0。

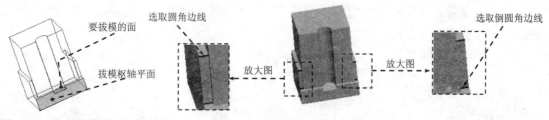

图 13.11　定义拔模面和枢轴平面　　　　图 13.12　选取倒圆角边线 1

Step7. 创建倒圆角特征 2。单击 模型 功能选项卡 工程 ▾ 区域中的 🗐 倒圆角 ▾ 按钮，选取图 13.13 所示的边线为倒圆角的边线；输入倒圆角半径值 0.5。

Step8. 创建倒圆角特征 3。单击 模型 功能选项卡 工程 ▾ 区域中的 🗐 倒圆角 ▾ 按钮，选取图 13.14 所示的边线为倒圆角的边线；输入倒圆角半径值 3.0。

Step9. 创建倒圆角特征 4。单击 模型 功能选项卡 工程 ▼ 区域中的 倒圆角 ▼ 按钮，选取图 13.15 所示的边线为倒圆角的边线；输入倒圆角半径值 2.0。

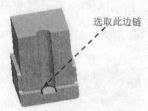

图 13.13　选取倒圆角边线 2　　　图 13.14　选取倒圆角边线 3　　　图 13.15　选取倒圆角边线 4

Step10. 创建倒圆角特征 5。单击 模型 功能选项卡 工程 ▼ 区域中的 倒圆角 ▼ 按钮，选取图 13.16 所示的边线为倒圆角的边线；输入倒圆角半径值 2.0。

Step11. 创建倒圆角特征 6。单击 模型 功能选项卡 工程 ▼ 区域中的 倒圆角 ▼ 按钮，选取图 13.17 所示的边线为倒圆角的边线；输入倒圆角半径值 2.5。

Step12. 创建倒圆角特征 7。单击 模型 功能选项卡 工程 ▼ 区域中的 倒圆角 ▼ 按钮，选取图 13.18 所示的边线为倒圆角的边线；输入倒圆角半径值 5.0。

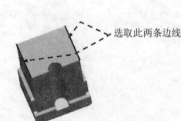

图 13.16　选取倒圆角边线 5　　　图 13.17　选取倒圆角边线 6　　　图 13.18　选取倒圆角边线 7

Step13. 创建倒圆角特征 8。单击 模型 功能选项卡 工程 ▼ 区域中的 倒圆角 ▼ 按钮，选取图 13.19 所示的边线为倒圆角的边线；输入倒圆角半径值 1.0。

Step14. 创建图 13.20b 所示的抽壳特征 1。单击 模型 功能选项卡 工程 ▼ 区域中的 "壳" 按钮 回壳；选取图 13.20a 所示的面为移除面，在 厚度 文本框中输入壁厚值 1.2；单击 ✔ 按钮，完成抽壳特征 1 的创建。

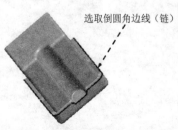

a）抽壳前　　　　　　　b）抽壳后

图 13.19　选取倒圆角边线 8　　　　　　图 13.20　壳 1

Step15. 保存零件模型。

实例 14 盒 子

实例概述：

本实例主要运用了拉伸、抽壳、阵列和孔等命令，在进行"阵列"特征时读者要注意选择恰当的阵列方式，此外在绘制拉伸截面草图的过程中要选取合适的草绘参照，以便简化草图的绘制。零件模型及模型树如图 14.1 所示。

图 14.1 零件模型及模型树

Step1. 新建零件模型。新建一个零件模型，命名为 BOX，并选用  模板。

Step2. 创建图 14.2 所示的拉伸特征 1。在操控板中单击"拉伸"按钮 拉伸；选取 FRONT 基准平面为草绘平面，选取 RIGHT 基准平面为参考平面，方向为 右；单击 草绘 按钮，绘制图 14.3 所示的截面草图；在操控板中选择拉伸类型为 ，输入深度值 30.0；单击 按钮，完成拉伸特征 1 的创建。

图 14.2 拉伸 1

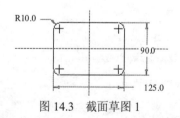

图 14.3 截面草图 1

Step3. 创建图 14.4b 所示的抽壳特征 1。单击 模型 功能选项卡 工程 ▼ 区域中的"壳"按钮 回壳；选取图 14.4a 所示的面为移除面，在 厚度 文本框中输入壁厚值 10.0；单击 按钮，完成抽壳特征 1 的创建。

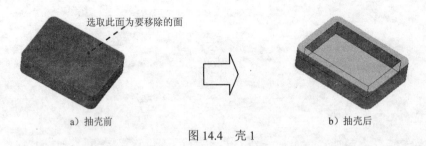

选取此面为要移除的面

a）抽壳前   b）抽壳后

图 14.4   壳 1

Step4. 创建图 14.5 所示的拉伸特征 2。在操控板中单击"拉伸"按钮 🔲 拉伸；在操控板中按下"移除材料"按钮 🔲；选取图 14.5a 所示的模型表面为草绘平面，选取 RIGHT 基准面为参考平面，方向为 右；单击 草绘 按钮，绘制图 14.6 所示的截面草图；在操控板中选择拉伸类型为 ᚐ，输入深度值 27.0；单击 ✔ 按钮，完成拉伸特征 2 的创建。

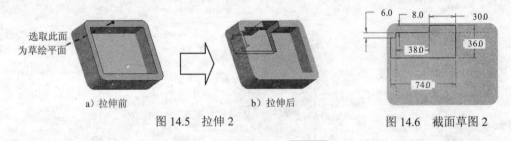

选取此面为草绘平面

a）拉伸前   b）拉伸后

图 14.5   拉伸 2

6.0   8.0   30.0

38.0   36.0

74.0

图 14.6   截面草图 2

Step5. 创建图 14.7b 所示的抽壳特征 2。单击 模型 功能选项卡 工程 ▾ 区域中的"壳"按钮 回壳；选取图 14.7a 所示的面（图 14.7a 所示的上表面及各侧面）为移除面，在 厚度 文本框中输入壁厚值 3.0；单击 ✔ 按钮，完成抽壳特征 2 的创建。

选取要移除的面

a）抽壳前   b）抽壳后

图 14.7   壳 2

Step6. 创建图 14.8 所示的拉伸特征 3。在操控板中单击"拉伸"按钮 🔲 拉伸；在操控板中按下"移除材料"按钮 🔲；选取 FRONT 基准平面为草绘平面，选取 RIGHT 基准平面为参考平面，方向为 右；单击 草绘 按钮，绘制图 14.9 所示的截面草图；在操控板中选择拉伸类型为 ᚐ，单击 ⤢ 按钮；单击 ✔ 按钮，完成拉伸特征 3 的创建。

Step7. 创建图 14.10 所示的拉伸特征 4。在操控板中单击"拉伸"按钮 🔲 拉伸；在操控板中按下"移除材料"按钮 🔲；选取 FRONT 基准平面为草绘平面，选取 RIGHT 基准平面为参考平面，方向为 右；单击 草绘 按钮，绘制图 14.11 所示的截面草图；在操控板中选择拉伸类型为 ᚐ，输入深度值 29.0，单击 ⤢ 按钮；单击 ✔ 按钮，完成拉伸特征 4 的创建。

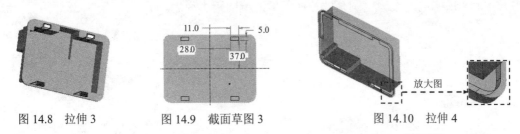

图 14.8 拉伸 3　　　　图 14.9 截面草图 3　　　　图 14.10 拉伸 4

Step8. 创建图 14.12 所示的拉伸特征 5。在操控板中单击"拉伸"按钮 拉伸；选取图 14.13 所示的模型表面为草绘平面，选取 RIGHT 基准平面为参考平面，方向为 右；单击 草绘 按钮，绘制图 14.14 所示的截面草图；在操控板中选择拉伸类型为 ⊥，输入深度值 3.0，单击 ✗ 按钮调整拉伸方向；单击 ✔ 按钮，完成拉伸特征 5 的创建。

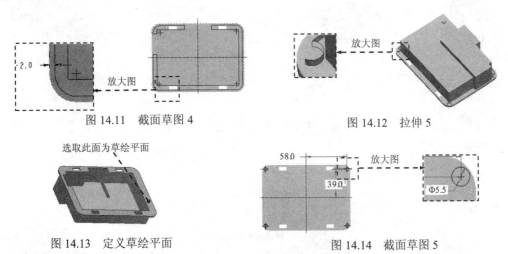

图 14.11 截面草图 4　　　　图 14.12 拉伸 5

图 14.13 定义草绘平面　　　　图 14.14 截面草图 5

Step9. 创建图 14.15b 所示的倒圆角特征 1。单击 模型 功能选项卡 工程 ▾ 区域中的 倒圆角 ▾ 按钮，选取图 14.15a 所示的边线为倒圆角的边线；输入倒圆角半径值 4.0。

Step10. 创建倒圆角特征 2。单击 模型 功能选项卡 工程 ▾ 区域中的 倒圆角 ▾ 按钮，选取图 14.16 所示的边线为倒圆角的边线；输入倒圆角半径值 4.0。

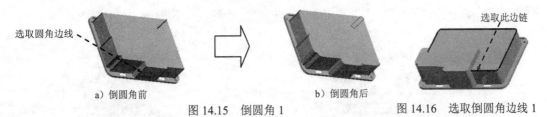

a) 倒圆角前　　　　b) 倒圆角后

图 14.15 倒圆角 1　　　　图 14.16 选取倒圆角边线 1

Step11. 创建倒圆角特征 3。单击 模型 功能选项卡 工程 ▾ 区域中的 倒圆角 ▾ 按钮，选取图 14.17 所示的边线为倒圆角的边线；输入倒圆角半径值 4.0。

Step12. 创建倒圆角特征 4。单击 模型 功能选项卡 工程 ▾ 区域中的 倒圆角 ▾ 按钮，选取图 14.18 所示的边线为倒圆角的边线；输入倒圆角半径值 4.0。

图 14.17　选取倒圆角边线 2　　　　　　图 14.18　选取倒圆角边线 3

Step13. 创建图 14.19b 所示的倒圆角特征 5。单击 模型 功能选项卡 工程 ▼ 区域中的 倒圆角 ▼ 按钮，选取图 14.19a 所示的边线为倒圆角的边线；输入倒圆角半径值 2.0。

a）倒圆角前　　　　　　　　　　　　　　　　b）倒圆角后

图 14.19　倒圆角 5

Step14. 创建图 14.20 所示的拉伸特征 6。在操控板中单击"拉伸"按钮 拉伸；在操控板中按下"移除材料"按钮 ；选取图 14.21 所示的平面为草绘平面和参照平面，方向为 上 ；单击 草绘 按钮，绘制图 14.22 所示的截面草图；在操控板中选择拉伸类型为 ，输入深度值 10.0；单击 ✔ 按钮，完成拉伸特征 6 的创建。

  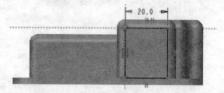

图 14.20　拉伸 6　　　图 14.21　定义草绘平面和参照平面　　　图 14.22　截面草图 6

Step15. 创建图 14.23b 所示的倒圆角特征 6。单击 模型 功能选项卡 工程 ▼ 区域中的 倒圆角 ▼ 按钮，选取图 14.23a 所示的边线为倒圆角的边线；输入倒圆角半径值 2.0。

a）倒圆角前　　　　　　　　　　　　　　　　b）倒圆角后

图 14.23　倒圆角 6

Step16. 创建图 14.24 所示的孔特征 1。单击 模型 功能选项卡 工程 ▼ 区域中的 孔 按钮；按住 Ctrl 键，选取图 14.25 所示的面和基准轴 A_3 为主参照；在操控板中单击 按钮，再单击"深加沉头孔"按钮 ；单击 **形状** 按钮，按照图 14.26 所示的"形状"界面中的参数设置来定义孔的形状；在操控板的 ⌀ 文本框中输入直径值 3.0；选取深度类型 ⊥，输入深度值 10.0；在操控板中单击 ✓ 按钮，完成孔特征 1 的创建。

图 14.24　孔 1　　　　　　　图 14.25　定义孔的放置参照

选取此面为参照

放大图

选取该圆柱面对应的轴 A_3 为参照

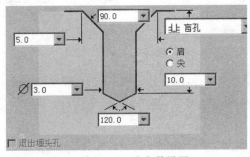

图 14.26　孔参数设置

Step17. 创建图 14.27b 所示的镜像特征 1。在模型树中选取 Step16 创建的特征 **孔 1**，单击 **模型** 功能选项卡 **编辑 ▾** 区域中的"镜像"按钮，选取 RIGHT 基准平面为镜像平面，单击 ✓ 按钮，完成镜像特征 1 的创建。

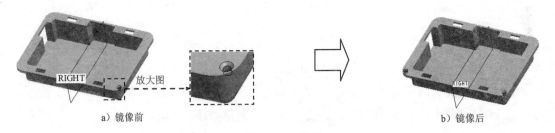

RIGHT　　　放大图

a）镜像前　　　　　　　　　　　　　　　　　　　b）镜像后

图 14.27　镜像 1

Step18. 创建图 14.28b 所示的镜像特征 2。在模型树中单击 **孔 1** 和 **镜像 1**，单击 **模型** 功能选项卡 **编辑 ▾** 区域中的"镜像"按钮，选取 TOP 基准平面为镜像平面，单击 ✓ 按钮，完成镜像特征 2 的创建。

Step19. 创建倒圆角特征 7。单击 **模型** 功能选项卡 **工程 ▾** 区域中的 **倒圆角 ▾** 按钮，选取图 14.29 所示的边线为倒圆角的边线；输入倒圆角半径值 1.5。

Step20. 创建图 14.30b 所示的倒圆角特征 8。单击 **模型** 功能选项卡 **工程 ▾** 区域中的 **倒圆角 ▾** 按钮，选取图 14.30a 所示的边线为倒圆角的边线；输入倒圆角半径值 1.0。

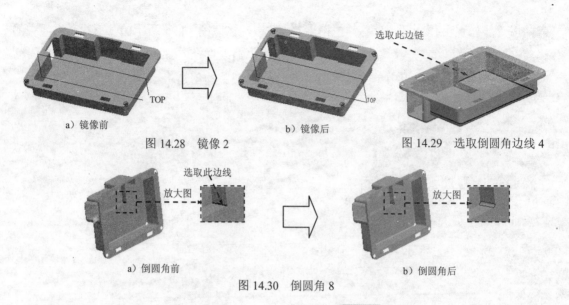

a）镜像前
图 14.28   镜像 2

b）镜像后

选取此边链
图 14.29   选取倒圆角边线 4

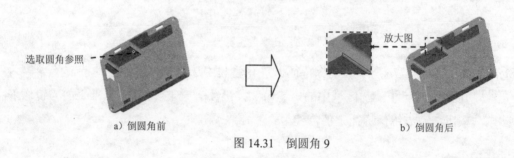

选取此边线
放大图
a）倒圆角前

放大图
b）倒圆角后

图 14.30   倒圆角 8

Step21. 创建图 14.31b 所示的倒圆角特征 9。单击 模型 功能选项卡 工程 ▼ 区域中的 ⌐ 倒圆角 ▼ 按钮，选取图 14.31a 所示的边线为倒圆角的边线；输入倒圆角半径值 1.0。

选取圆角参照
a）倒圆角前

放大图
b）倒圆角后

图 14.31   倒圆角 9

Step22. 创建倒圆角特征 10。单击 模型 功能选项卡 工程 ▼ 区域中的 ⌐ 倒圆角 ▼ 按钮，选取图 14.32 所示的边线为倒圆角的边线；输入倒圆角半径值 1.0。

Step23. 创建倒圆角特征 11。单击 模型 功能选项卡 工程 ▼ 区域中的 ⌐ 倒圆角 ▼ 按钮，选取图 14.33 所示的边线为倒圆角的边线；输入倒圆角半径值 1.0。

选取此边链

图 14.32   选取倒圆角边线 5

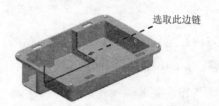

选取此边链

图 14.33   选取倒圆角边线 6

Step24. 保存零件模型文件。

实例 15　塑　料　凳

实例概述：

　　本实例详细讲解了一款塑料凳的设计过程，该设计过程运用了如下命令：实体拉伸、拔模、壳、阵列和倒圆角等。其中拔模的操作技巧性较强，需要读者用心体会。零件模型及模型树如图 15.1 所示。

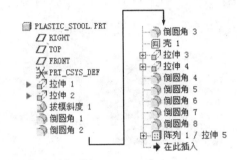

图 15.1　零件模型及模型树

　　Step1. 新建零件模型。新建一个零件模型，命名为 PLASTIC_STOOL。

　　Step2. 创建图 15.2 所示的拉伸特征 1。在操控板中单击"拉伸"按钮 ⬚ 拉伸；选取 FRONT 基准平面为草绘平面，选取 RIGHT 基准平面为参考平面，方向为 右；单击 草绘 按钮，绘制图 15.3 所示的截面草图；在操控板中选择拉伸类型为 ⬚，输入深度值 200.0；单击 ✔ 按钮，完成拉伸特征 1 的创建。

图 15.2　拉伸 1

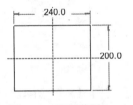

图 15.3　截面草图 1

　　Step3. 创建图 15.4 所示的拉伸特征 2。在操控板中单击"拉伸"按钮 ⬚ 拉伸；在操控板中按下"移除材料"按钮 ⬚；选取图 15.4 所示的模型表面为草绘平面，选取 RIGHT 基准平面为参考平面，方向为 右；单击 草绘 按钮，绘制图 15.5 所示的截面草图；在操控板中选择拉伸类型为 ⬚，输入深度值 190.0；单击 ✔ 按钮，完成拉伸特征 2 的创建。

图 15.4 拉伸 2

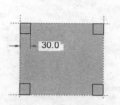

图 15.5 截面草图 2

Step4. 创建图15.6b所示的拔模特征1。单击 模型 功能选项卡 工程 ▾ 区域中的 ⚙拔模 ▾ 按钮；选取图15.6a所示的模型全部侧表面为拔模曲面，选取图15.6a所示的模型表面为拔模枢轴平面，拔模方向如图15.6a所示，在拔模角度文本框中输入拔模角度值2.0，单击 ⚃ 按钮；单击 ✔ 按钮，完成拔模特征1的创建。

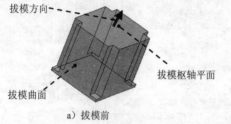

a）拔模前

b）拔模后

图 15.6 拔模 1

Step5. 创建图 15.7b 所示的倒圆角特征 1。单击 模型 功能选项卡 工程 ▾ 区域中的 ⚙倒圆角 ▾ 按钮，选取图15.7a所示的边线为倒圆角的边线；输入倒圆角半径值10.0。

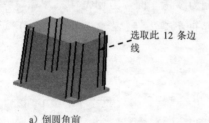

选取此 12 条边线

a）倒圆角前

b）倒圆角后

图 15.7 倒圆角 1

Step6. 创建图 15.8b 所示的倒圆角特征 2。单击 模型 功能选项卡 工程 ▾ 区域中的 ⚙倒圆角 ▾ 按钮，选取图15.8a所示的边线为倒圆角的边线；输入倒圆角半径值20.0。

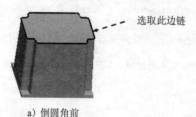

选取此边链

a）倒圆角前

b）倒圆角后

图 15.8 倒圆角 2

Step7. 创建图 15.9b 所示的倒圆角特征 3。单击 模型 功能选项卡 工程 ▼ 区域中的
倒圆角 ▼ 按钮，选取图 15.9a 所示的边线为倒圆角的边线；输入倒圆角半径值 20.0。

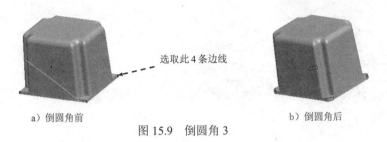

a）倒圆角前　　　　　　　　　　　　　　　b）倒圆角后

图 15.9　倒圆角 3

Step8. 创建图 15.10b 所示的抽壳特征 1。单击 模型 功能选项卡 工程 ▼ 区域中的"壳"
按钮 回壳，选取图 15.10a 所示的面为移除面，在 厚度 文本框中输入壁厚值 2.0；单击 ✔ 按
钮，完成抽壳特征 1 的创建。

a）　抽壳前　　　　　　　　　　　　　　　b）抽壳后

图 15.10　壳 1

Step9. 创建图 15.11 所示的拉伸特征 3。在操控板中单击"拉伸"按钮 拉伸；在操控板
中按下"移除材料"按钮 ；选取 TOP 基准平面为草绘平面，选取 RIGHT 基准平面为参考
平面，方向为 右；单击 草绘 按钮，绘制图 15.12 所示的截面草图，单击操控板中的 选项 按
钮，在"深度"界面中将 侧 1 的深度类型设置为 ╪ 穿透，将 侧 2 的深度类型也设置为 ╪ 穿透；
单击 ✔ 按钮，完成拉伸特征 3 的创建。

Step10. 创建图 15.13 所示的拉伸特征 4。在操控板中单击"拉伸"按钮 拉伸；在操控
板中按下"移除材料"按钮 ；选取 RIGHT 基准平面为草绘平面，选取 TOP 基准平面为参
考平面，方向为 右；单击 草绘 按钮，绘制图 15.14 所示的截面草图，单击操控板中的 选项
按钮，在"深度"界面中将 侧 1 和 侧 2 的深度类型均设置为 ╪ 穿透；单击 ✔ 按钮，完成拉伸
特征 4 的创建。

图 15.11　拉伸 3

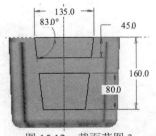

图 15.12　截面草图 3

图 15.13　拉伸 4

Step11. 创建图 15.15b 所示的倒圆角特征 4。单击 模型 功能选项卡 工程 ▾ 区域中的 倒圆角 ▾ 按钮，选取图 15.15a 所示的边线为倒圆角的边线；输入倒圆角半径值 3.0。

图 15.14　截面草图 4　　　　　a) 倒圆角前　　　　　图 15.15　倒圆角 4　　　　b) 倒圆角后

Step12. 创建图 15.16b 所示的倒圆角特征 5。单击 模型 功能选项卡 工程 ▾ 区域中的 倒圆角 ▾ 按钮，选取图 15.16a 所示的边线为倒圆角的边线；输入倒圆角半径值 15.0。

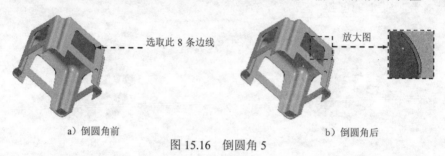

a) 倒圆角前　　　　　　　　　　　　　b) 倒圆角后

图 15.16　倒圆角 5

Step13. 创建图 15.17b 所示的倒圆角特征 6。单击 模型 功能选项卡 工程 ▾ 区域中的 倒圆角 ▾ 按钮，选取图 15.17a 所示的边线为倒圆角的边线；输入倒圆角半径值 15.0。

a) 倒圆角前　　　　　　　　　　　　　b) 倒圆角后

图 15.17　倒圆角 6

Step14. 创建图 15.18b 所示的倒圆角特征 7。单击 模型 功能选项卡 工程 ▾ 区域中的 倒圆角 ▾ 按钮，选取图 15.18a 所示的边线为倒圆角的边线；输入倒圆角半径值 10.0。

a) 倒圆角前　　　　　　　　　　　　　b) 倒圆角后

图 15.18　倒圆角 7

　　Step15. 创建图 15.19b 所示的倒圆角特征 8。单击 模型 功能选项卡 工程 ▼ 区域中的 ❄倒圆角 ▼ 按钮，选取图 15.19a 所示的边线为倒圆角的边线；输入倒圆角半径值 5.0。

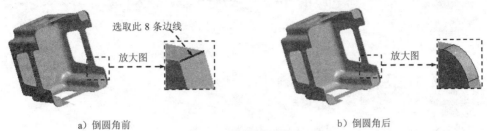

选取此 8 条边线　　　放大图　　　　　　　　　　　　　　放大图

a）倒圆角前　　　　　　　　　　　　　　　　　　　　b）倒圆角后

图 15.19　倒圆角 8

　　Step16. 创建图 15.20 所示的拉伸特征 5。在操控板中单击"拉伸"按钮 ▢拉伸；在操控板中按下"移除材料"按钮 ▱；选取 FRONT 基准平面为草绘平面，选取 RIGHT 基准平面为参考平面，方向为 右；单击 草绘 按钮，绘制图 15.21 所示的截面草图；在操控板中选择拉伸类型为 非，单击 ✕ 按钮；单击 ✔ 按钮，完成拉伸特征 5 的创建。

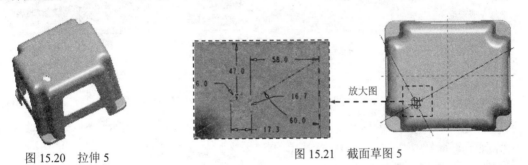

图 15.20　拉伸 5　　　　　　　　　　图 15.21　截面草图 5

　　Step17. 创建图 15.22 所示的阵列特征 1。选中上一步创建的"拉伸 5"特征，右击，在弹出的快捷菜单中选择 阵列... 命令；在操控板 选项 选项卡的下拉列表中选择 一般 选项，在阵列控制方式下拉列表中选择 方向 选项；选取 RIGHT 基准面为第一方向参照，在操控板中输入阵列个数值 5，设置增量（间距）值 34.0；单击第二方向参考后的文本框，选取 TOP 基准面为第二方向参照，在操控板中输入阵列个数值 4，设置增量（间距）值 32.0；单击 ✔ 按钮，完成阵列特征 1 的创建。

a）阵列前　　　　　　　　　　　　　　　　　　b）阵列后

图 15.22　阵列 1

　　Step18. 保存创建的文件。

实例 16 泵 箱

实例概述：

　　该零件在进行设计的过程中充分利用了"孔""阵列"和"镜像"等命令，在进行截面草图绘制的过程中，要注意草绘平面和参照平面的选择，此外还应注意草绘参照的选择。零件模型及模型树如图 16.1 所示。

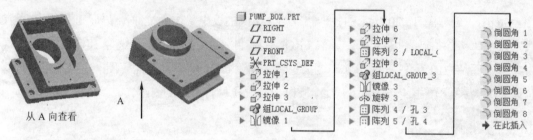

图 16.1　零件模型及模型树

Step1. 新建零件模型。新建一个零件模型，命名为 PUMP_BOX。

Step2. 创建图 16.2 所示的拉伸特征 1。在操控板中单击"拉伸"按钮 拉伸 ；选取 RIGHT 基准平面为草绘平面，选取 TOP 基准平面为参考平面，方向为左 ；单击 草绘 按钮，绘制图 16.3 所示的截面草图；在操控板中选择拉伸类型为 ，输入深度值 105.0；单击 ✔ 按钮，完成拉伸特征 1 的创建。

图 16.2　拉伸 1　　　　　　　　　　　图 16.3　截面草图 1

Step3. 创建图 16.4 所示的拉伸特征 2。在操控板中单击"拉伸"按钮 拉伸 ；在操控板中按下"移除材料"按钮 ；选取图 16.5 所示的面为草绘平面，选取 TOP 基准面为参考平面，方向为左 ；单击 草绘 按钮，绘制图 16.6 所示的截面草图；在操控板中选择拉伸类型为 ，输入深度值 90.0；单击 ✔ 按钮，完成拉伸特征 2 的创建。

  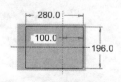

图 16.4　拉伸 2　　　　　图 16.5　定义草绘平面 1　　　　图 16.6　截面草图 2

Step4. 创建图 16.7 所示的拉伸特征 3。在操控板中单击"拉伸"按钮 ；在操控板中按下"移除材料"按钮 ；选取 FRONT 基准平面为草绘平面，选取 RIGHT 基准平面为参考平面，方向为 下 ；单击 草绘 按钮，绘制图 16.8 所示的截面草图；单击操控板中的 选项 按钮，在"深度"界面中将 侧1 和 侧2 的深度类型均设置为 穿透 ；单击 ✔ 按钮，完成拉伸特征 3 的创建。

图 16.7　拉伸 3

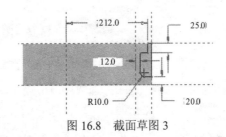

图 16.8　截面草图 3

Step5. 创建图 16.9 所示的拉伸特征 4。在操控板中单击"拉伸"按钮 ；选取图 16.10 所示的面为草绘平面，接受系统默认的参照平面，方向为 左 ；单击 草绘 按钮，绘制图 16.11 所示的截面草图；在操控板中选择拉伸类型为 ，输入深度值 30.0，单击 按钮调整拉伸方向；单击 ✔ 按钮，完成拉伸特征 4 的创建。

图 16.9　拉伸 4

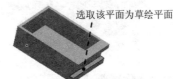

图 16.10　定义草绘平面 2

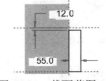

图 16.11　截面草图 4

Step6. 创建图 16.12 所示的孔特征 1。单击 模型 功能选项卡 工程 ▼ 区域中的 孔 按钮；在操控板中单击 按钮，再单击"创建剖面"按钮 ，进入草绘环境后，绘制图 16.13 所示的截面草图（包括中心线）；选取图 16.14 所示的面为孔的放置参照；单击 偏移参考 下的 • 单击此处添加... 字符，然后选取 TOP 基准面，设置为 偏移 ，在其文本框中输入偏距值 32.0；按住 Ctrl 键，选取图 16.14 所示的边线，设置为 偏移 ，在其文本框中输入偏距值 25.0；在操控板中单击 ✔ 按钮，完成孔特征 1 的创建。

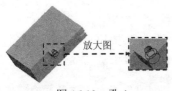

图 16.12　孔 1

图 16.13　截面草图 5

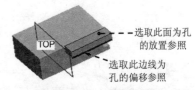

图 16.14　定义放置参照 1

Step7. 创建图 16.15 所示的阵列特征 1。在模型树中单击 Step6 创建的孔特征，右击，在弹出的快捷菜单中选择 阵列... 命令；在 选项 选项卡的下拉列表中选择 一般 选项，在操控

板中选择 方向 选项；选取 TOP 基准面为第一方向的参照，输入第一方向的成员数值 2；输入第一方向的整列成员之间的间距值 150.0；单击 ✓ 按钮，完成阵列特征 1 的创建。

a) 阵列前   b) 阵列后

图 16.15 阵列 1

Step8. 创建图 16.16 所示的拉伸特征 5。在操控板中单击"拉伸"按钮 □ 拉伸；在操控板中按下"移除材料"按钮 ⌀；选取图 16.17 所示的面为草绘平面，接受系统默认的参照平面，方向为 上；单击 草绘 按钮，绘制图 16.18 所示的截面草图；在操控板中选择拉伸类型为 非；单击 ✓ 按钮，完成拉伸特征 5 的创建。

图 16.16 拉伸 5   图 16.17 定义草绘平面 3   图 16.18 截面草图 6

Step9. 创建图 16.19 所示的镜像特征 1。按住 Ctrl 键，依次选取 Step5~Step8 中创建的特征，右击，在弹出的快捷菜单中选择 组 命令，所创建的特征即合并为 ▶ 组 LOCAL_GROUP ；单击创建的组，单击 模型 功能选项卡 编辑 ▼ 区域中的"镜像"按钮 ◁ ，选取 FRONT 基准平面为镜像平面，单击 ✓ 按钮，完成镜像特征 1 的创建。

a) 镜像前   a) 镜像后

图 16.19 镜像 1

Step10. 创建图 16.20 所示的拉伸特征 6。在操控板中单击"拉伸"按钮 □ 拉伸；选取图 16.21 所示的面为草绘平面，选取 TOP 基准面为参考平面，方向为 下；单击 草绘 按钮，绘制图 16.22 所示的截面草图；单击操控板中的 选项 按钮，在"深度"界面中将 侧 1 的深度类型设置为 ╧ 盲孔，输入深度值 18.0；将 侧 2 的深度类型设置为 ╧ 盲孔，输入深度值 55.0；单击 ✓ 按钮，完成拉伸特征 6 的创建。

图 16.20　拉伸 6

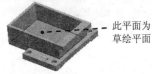
此平面为
草绘平面

图 16.21　定义草绘平面 4

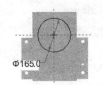
Φ165.0

图 16.22　截面草图 7

Step11. 创建图 16.23 所示的拉伸特征 7。在操控板中单击"拉伸"按钮 拉伸；在操控板中按下"移除材料"按钮 ⬜；选取图 16.24 所示的面为草绘平面，选取 TOP 基准面为参考平面，方向为 下；单击 草绘 按钮，绘制图 16.25 所示的截面草图，在操控板中选择拉伸类型为 ⬛ᵗ；单击 ✔ 按钮，完成拉伸特征 7 的创建。

图 16.23　拉伸 7

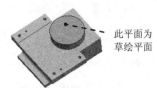
此平面为
草绘平面

图 16.24　定义草绘平面 5

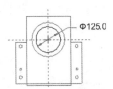
Φ125.0

图 16.25　截面草图 8

Step12. 创建图 16.26 所示的旋转特征 1。在操控板中单击"旋转"按钮 旋转；选取图 16.27 所示的草绘平面和参照平面，方向为 上；单击 草绘 按钮，绘制图 16.28 所示的截面草图（包括中心线）；在操控板中选择旋转类型为 ⬛，在角度文本框中输入角度值 360.0；单击 ✔ 按钮，完成旋转特征 1 的创建。

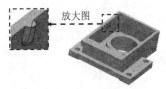
放大图

图 16.26　旋转 1

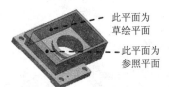
此平面为
草绘平面

此平面为
参照平面

图 16.27　定义草绘平面和参照平面 1

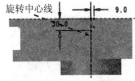
旋转中心线　　9.0

30.0

图 16.28　截面草图 9

Step13. 创建图 16.29 所示的镜像特征 2。选取 Step12 创建的实体旋转特征为镜像对象，选取 FRONT 基准平面为镜像平面，单击 ✔ 按钮，完成镜像特征 2 的创建。

a）镜像前

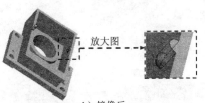
放大图

b）镜像后

图 16.29　镜像 2

Step14. 创建图 16.30 所示的阵列特征 2。按住 Ctrl 键，在模型树中单击选中 旋转 1 和 镜像 2，右击，在弹出的快捷菜单中选择 组 命令；单击创建的组特征，右击，在弹出

的快捷菜单中选择 阵列... 命令；在操控板选择 方向 选项，选取 TOP 基准面为第一方向的参照，输入第一方向的成员数值 2，输入第一方向的整列成员之间的间距值 105；单击 ✔ 按钮，完成阵列特征 2 的创建。

a）阵列前　　　　　　　　　　　　　　　b）阵列后

图 16.30　阵列 2

Step15. 创建图 16.31 所示的拉伸特征 8。在操控板中单击"拉伸"按钮 拉伸 ；选取图 16.32 所示的面为草绘平面，选取 TOP 基准平面为参考平面，方向为 下 ；单击 草绘 按钮，绘制图 16.33 所示的截面草图；在操控板中选择拉伸类型为 ⊥，输入深度值 15.0，单击 ╱ 按钮调整拉伸方向；单击 ✔ 按钮，完成拉伸特征 8 的创建。

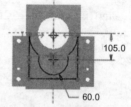

图 16.31　拉伸 8　　　　图 16.32　定义草绘平面 6　　　　图 16.33　截面草图 10

Step16. 创建图 16.34 所示的旋转特征 2。在操控板中单击"旋转"按钮 旋转 ；选取图 16.35 所示的面为草绘平面和参照平面，方向为 上 ；单击 草绘 按钮，绘制图 16.36 所示的截面草图（包括中心线）；在操控板中选择旋转类型为 ⊥，在角度文本框中输入角度值 90.0；单击 ✔ 按钮，完成旋转特征 2 的创建。

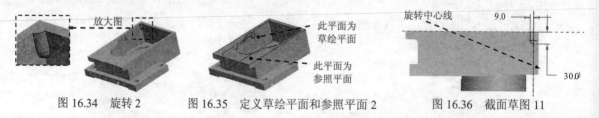

图 16.34　旋转 2　　　　图 16.35　定义草绘平面和参照平面 2　　　　图 16.36　截面草图 11

Step17. 创建图 16.37 所示的孔特征 2。单击 模型 功能选项卡 工程 ▼ 区域中的 孔 按钮；按住 Ctrl 键，选取图 16.38 所示的面和实体旋转特征 2 的圆柱面对应的基准轴 A_17 为主参照；在操控板中单击"螺孔"按钮 🔩 ，选择 ISO 螺纹标准，螺钉尺寸选择 M8×1；在操控板中单击 形状 按钮，在其界面中指定螺纹的深度值为 15.0，钻孔顶角的角度值为 118.0；选择深度类型 ⊥，输入深度值 18.0；在操控板中单击 ✔ 按钮，完成孔特征 2 的创建。

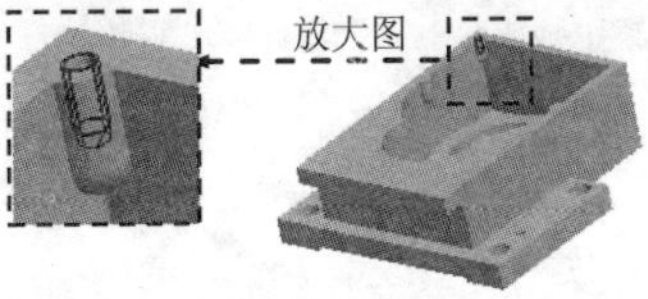

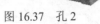

图 16.37 孔 2

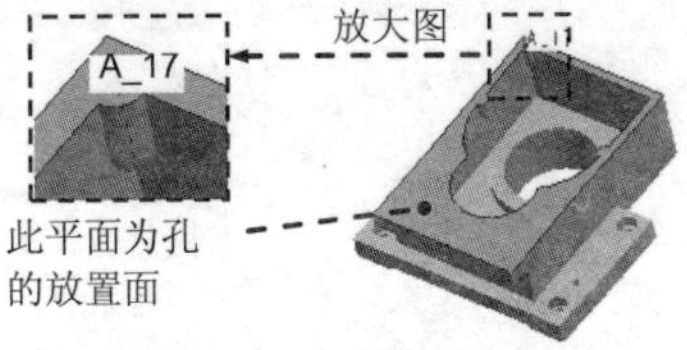

图 16.38 定义放置参照 2

Step18. 创建图 16.39 所示的阵列特征 3。在模型树中选中 Step17 创建的孔特征 2 为阵列对象并右击，在弹出的快捷菜单中选择阵列...命令；在操控板的选项选项卡的下拉列表中选择一般选项，在操控板中选择方向选项；选取图 16.40 所示的面为第一方向的参照，输入第一方向的成员数值 4，输入第一方向的整列成员之间的间距值 100.0；单击✓按钮，完成阵列特征 3 的创建。

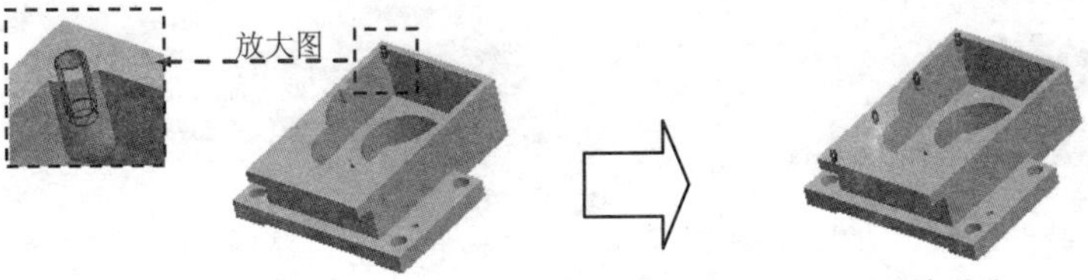

a）阵列前 b）阵列后

图 16.39 阵列 3

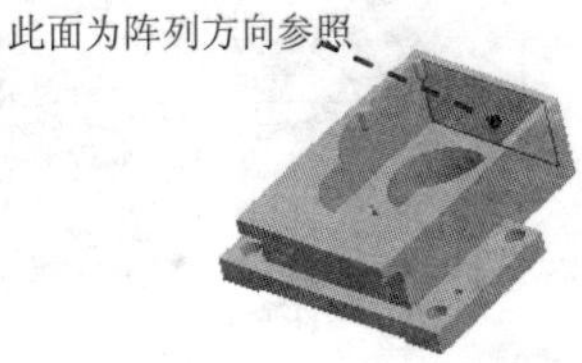

图 16.40 定义放置参照 3

Step19. 创建图 16.41 所示的镜像特征 3。将 Step16~ Step18 所创建的特征合并为“组”；单击模型功能选项卡编辑▾区域中的“镜像”按钮，选取 FRONT 基准平面为镜像平面，单击✓按钮，完成镜像特征 3 的创建。

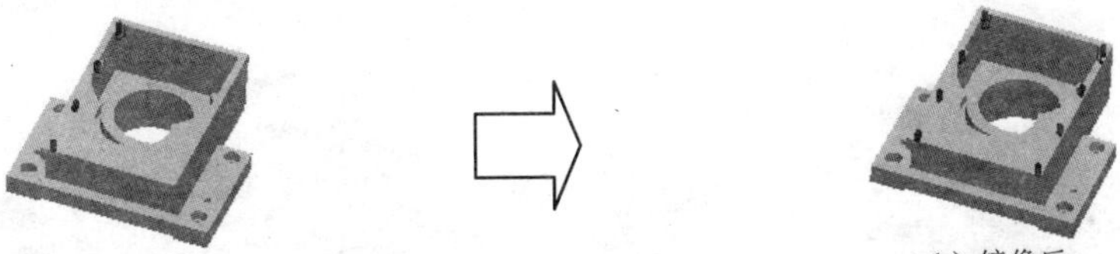

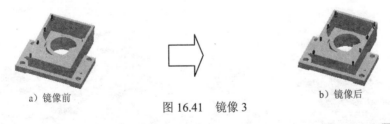

a）镜像前 b）镜像后

图 16.41 镜像 3

Step20. 创建图 16.42 所示的旋转特征 3。在操控板中单击“旋转”按钮旋转；选取图 16.43 所示的面为草绘平面和参照平面，方向为上；单击草绘按钮，绘制图 16.44 所示的截面草图（包括中心线）；在操控板中选择旋转类型为，在角度文本框中输入角度值 180.0；单击✓按钮，完成旋转特征 3 的创建。

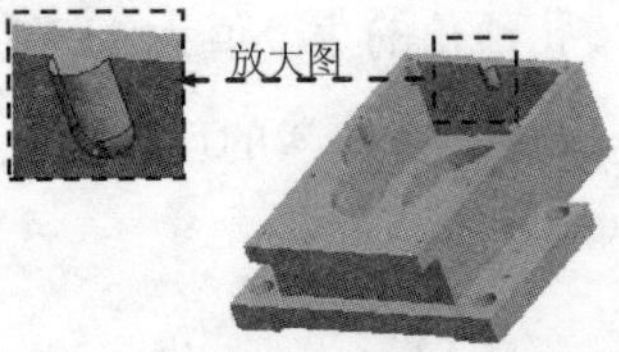

图 16.42 旋转 3

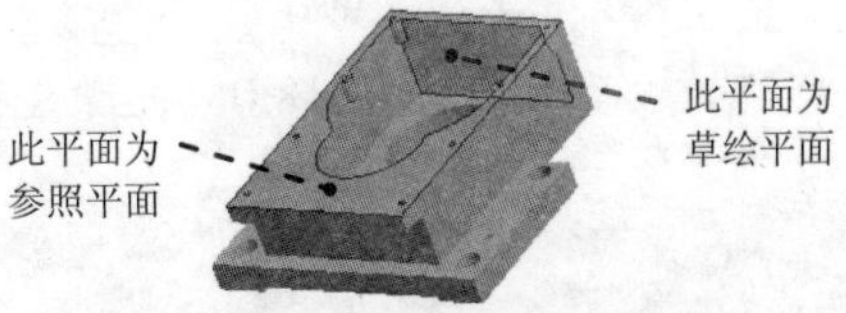

图 16.43 定义草绘平面和参照平面 3

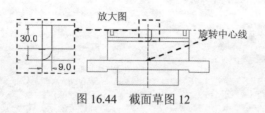

图 16.44　截面草图 12

Step21. 创建图 16.45 所示的孔特征 3。单击 **模型** 功能选项卡 **工程 ▼** 区域中的 **孔** 按钮；按住 Ctrl 键，选取图 16.46 所示的面和实体旋转特征 3 的圆柱面对应的基准轴为主参照；在操控板中单击"螺孔"按钮，选择 ISO 螺纹标准，螺钉尺寸选择 M8×1；在操控板中单击 **形状** 按钮，在其界面中指定螺纹的深度值为 15.0，钻孔顶角的角度值为 118.0；选择深度类型 ，输入深度值 18.0；在操控板中单击 ✔ 按钮，完成孔特征 3 的创建。

图 16.45　孔 3　　　　　　　　　图 16.46　定义放置参照 4

Step22. 创建图 16.47 所示的阵列特征 4。在模型树中选择 Step21 创建的孔特征 3 为阵列对象后右击，在弹出的快捷菜单中选择 **阵列…** 命令；在阵列控制方式下拉列表中选择 **方向** 选项，选 TOP 面为第一方向的参照，输入第一方向的成员数值 2，输入第一方向的整列成员之间的间距值 300.0；单击 ✔ 按钮，完成阵列特征 4 的创建。

a) 阵列前　　　　　　　　　　　　　　　　b) 阵列后

图 16.47　阵列 4

Step23. 创建图 16.48 所示的孔特征 4。单击 **模型** 功能选项卡 **工程 ▼** 区域中的 **孔** 按钮；在操控板中单击"螺孔"按钮，螺钉尺寸选择 M8×1，选取图 16.49 所示的面为孔的放置参照；单击 偏移参考 下的 **•单击此处添加…** 字符，然后选取 FRONT 基准面，设置为 **对齐**；按住 Ctrl 键，选取 TOP 基准面，设置为 **偏移**，在其文本框中输入偏距值 72.0；在操控板中单击 **形状** 按钮，在其界面中指定螺纹的深度值为 15.0，钻孔顶角的角度值为 118.0；选择深度类型 ，输入深度值 18.0；在操控板中单击 ✔ 按钮，完成孔特征 4 的创建。

图 16.48 孔 4

图 16.49 定义放置参照 5

Step24. 创建图 16.50b 所示的阵列特征 5。在模型树中选取"孔特征 4"特征后右击，在弹出的快捷菜单中选择 阵列... 命令；在操控板中选择 轴 选项；设置阵列个数值为 4，阵列角度值为 90.0；单击 ✔ 按钮，完成阵列特征 5 的创建。

a) 阵列前 b) 阵列后

图 16.50 阵列 5

Step25. 创建图 16.51b 所示的倒圆角特征 1。单击 模型 功能选项卡 工程 ▼ 区域中的 ⏧ 倒圆角 ▼ 按钮，选取图 16.51a 所示的边线为倒圆角的边线；输入倒圆角半径值 10.0。

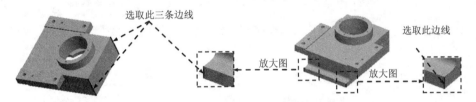

图 16.51 倒圆角 1

Step26. 创建倒圆角特征 2。单击 模型 功能选项卡 工程 ▼ 区域中的 ⏧ 倒圆角 ▼ 按钮，选取图 16.52 所示的边线为倒圆角的边线；输入倒圆角半径值 3.0。

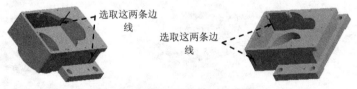

图 16.52 选取倒圆角 2 的边线

Step27. 创建倒圆角特征 3。单击 模型 功能选项卡 工程 ▼ 区域中的 ⏧ 倒圆角 ▼ 按钮，选取图 16.53 所示的边线为倒圆角的边线；输入倒圆角半径值 3.0。

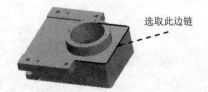

图 16.53 选取倒圆角 3 的边线

Step28. 创建倒圆角特征 4。单击 模型 功能选项卡 工程 ▼ 区域中的 倒圆角 ▼ 按钮，选取图 16.54 所示的边线为倒圆角的边线；输入倒圆角半径值 5.0。

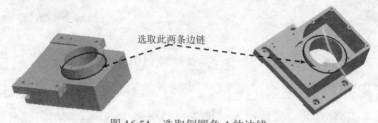

图 16.54　选取倒圆角 4 的边线

Step29. 创建倒圆角特征 5。选取图 16.55 所示的边线为倒圆角的边线；输入倒圆角半径值 10.0。

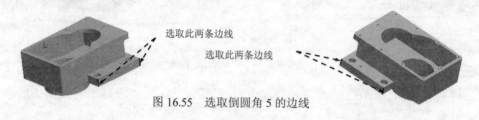

图 16.55　选取倒圆角 5 的边线

Step30. 创建倒圆角特征 6。选取图 16.56 所示的边线为倒圆角的边线；输入倒圆角半径值 3.0。

Step31. 创建倒圆角特征 7。选取图 16.57 所示的边线为倒圆角的边线；输入倒圆角半径值 5.0。

Step32. 创建倒圆角特征 8。选取图 16.58 所示的边线为倒圆角的边线；输入倒圆角半径值 2.0。

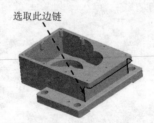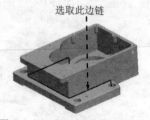

图 16.56　选取倒圆角 6 的边线　　图 16.57　选取倒圆角 7 的边线　　图 16.58　选取倒圆角 8 的边线

Step33. 保存零件模型文件。

实例 17　提　　手

实例概述：

　　本实例设计的零件具有对称性，因此在进行设计的过程中要充分利用"镜像"特征命令。下面介绍该零件的设计过程，零件模型及模型树如图 17.1 所示。

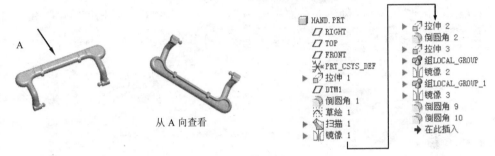

图 17.1　零件模型及模型树

　　Step1. 新建零件模型。新建一个零件模型，命名为 HAND。

　　Step2. 创建图 17.2 所示的拉伸特征 1。在操控板中单击"拉伸"按钮 ⬚拉伸；选取 TOP 基准平面为草绘平面，选取 RIGHT 基准平面为参考平面，方向为 右；单击 草绘 按钮，绘制图 17.3 所示的截面草图；在操控板中选择拉伸类型为 ⬚，输入深度值 8.0；单击 ✓ 按钮，完成拉伸特征 1 的创建。

　　Step3. 创建图 17.4 所示的基准平面特征 1。单击 模型 功能选项卡 基准 ▾ 区域中的"平面"按钮 ⬜，在模型树中选取 RIGHT 基准平面为偏距参考面，在对话框中输入偏移距离值为 46.0，单击对话框中的 确定 按钮。

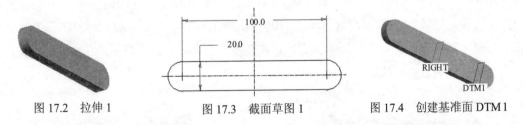

图 17.2　拉伸 1　　　　　　图 17.3　截面草图 1　　　　　　图 17.4　创建基准面 DTM 1

　　Step4. 创建图 17.5b 所示的倒圆角特征 1。单击 模型 功能选项卡 工程 ▾ 区域中的 🟠倒圆角 ▾ 按钮，按住 Ctrl 键，选取图 17.5a 所示的边线为倒圆角的边线；单击 集 选项，在其界面中单击 完全倒圆角 按钮。

　　Step5. 创建图 17.6 所示的草图 1。在操控板中单击"草绘"按钮 🗠；选取 DTM1 基准平面为草绘平面，选取 TOP 基准平面为参考平面，方向为 上，单击 草绘 按钮，绘制图

17.6 所示的草图。

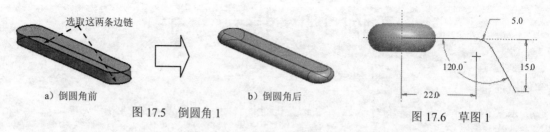

a）倒圆角前　　　　b）倒圆角后

图 17.5　倒圆角 1　　　　　　　　　图 17.6　草图 1

Step6. 创建图 17.7 所示的扫描特征 1。单击 模型 功能选项卡 形状 ▾ 区域中的 扫描 ▾ 按钮；在图形区选取 Step5 创建的草图 1 为扫描轨迹，在操控板中单击"创建或编辑扫描截面"按钮 📝，绘制图 17.8 所示的扫描截面草图；单击 ✔ 按钮，完成扫描特征 1 的创建。

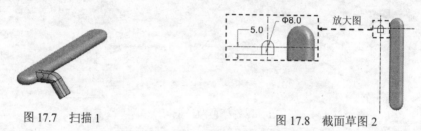

图 17.7　扫描 1　　　　　　　　　图 17.8　截面草图 2

Step7. 创建图 17.9 所示的镜像特征 1。在模型树中单击 Step6 创建的扫描特征 1，选取 RIGHT 基准平面为镜像平面，单击 ✔ 按钮，完成镜像特征 1 的创建。

a）镜像前　　　　　　b）镜像后

图 17.9　镜像 1

Step8. 创建图 17.10 所示的拉伸特征 2。在操控板中单击"拉伸"按钮 ⬜ 拉伸；在操控板中按下"移除材料"按钮 🔲；选取图 17.10 所示的面为草绘平面，选取 RIGHT 基准平面为参考平面，方向为 左；单击 草绘 按钮，绘制图 17.11 所示的截面草图；在操控板中选择拉伸类型为 ⨏⨉；单击 ✔ 按钮，完成拉伸特征 2 的创建。

图 17.10　拉伸 2　　　　　　　　　图 17.11　截面草图 3

Step9. 创建图 17.12b 所示的倒圆角特征 2。单击 模型 功能选项卡 工程 ▾ 区域中的 🔘 倒圆角 ▾ 按钮，按住 Ctrl 键，选取图 17.12a 所示的边线为倒圆角的边线；单击 集 选项，

在其界面中单击 完全倒圆角 按钮。

选取这两条边链

a）倒圆角前   b）倒圆角后

图 17.12 倒圆角 2

Step10. 创建图 17.13b 所示的拉伸特征 3。在操控板中单击"拉伸"按钮 拉伸 ；在操控板中按下"移除材料"按钮 ；选取图 17.13a 所示的面为草绘平面，选取 RIGHT 基准平面为参考平面，方向为 右 ；单击 草绘 按钮，绘制图 17.14 所示的截面草图（注：通过投影命令绘制此草图）；在操控板中选择拉伸类型为 止 ，输入深度值 3.0；单击 ✔ 按钮，完成拉伸特征 3 的创建。

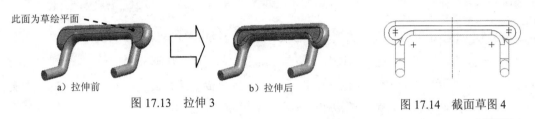

此面为草绘平面

a）拉伸前   b）拉伸后

图 17.13 拉伸 3   图 17.14 截面草图 4

Step11. 创建如图 17.15 所示的基准轴 A_1。在操控板中单击"基准轴"按钮 轴 ；选择图 17.16 所示的曲面为参照，将其约束类型设置为 穿过 ，单击对话框中的 确定 按钮。

此面为基准轴放置参照

图 17.15 创建基准轴 A_1   图 17.16 定义放置参照

Step12. 创建图 17.17 所示的拉伸特征 4。在操控板中单击"拉伸"按钮 拉伸 ；选取 DTM1 基准面为草绘平面，选取 TOP 基准平面为参考平面，方向为 上 ；单击 草绘 按钮，绘制图 17.18 所示的截面草图；在操控板中选择拉伸类型为 日 ，输入深度值 8.0；单击 ✔ 按钮，完成拉伸特征 4 的创建。

17.0

7.0

图 17.17 拉伸 4   图 17.18 截面草图 5

Step13. 创建图 17.19 所示的拉伸特征 5。在操控板中单击"拉伸"按钮 拉伸 ；选取 DTM1

基准面为草绘平面，选取 TOP 基准平面为参考平面，方向为 上；单击 草绘 按钮，绘制图 17.20 所示的截面草图；在操控板中选择拉伸类型为 日，输入深度值 10.0；单击 ✔ 按钮，完成拉伸特征 5 的创建。

Step14. 创建图 17.21 所示的基准平面特征 2。单击 模型 功能选项卡 基准 ▾ 区域中的 "平面" 按钮 ▱；选取图 17.21 所示的实体拉伸特征 5 的曲面对应的基准轴 A_2 为参照，设置为 穿过；按住 Ctrl 键，选取 TOP 基准平面为参照，设置为 平行；单击对话框中的 确定 按钮。

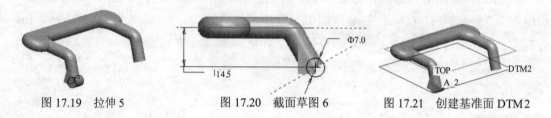

图 17.19　拉伸 5　　　　图 17.20　截面草图 6　　　　图 17.21　创建基准面 DTM2

Step15. 创建图 17.22 所示的旋转特征 1。在操控板中单击 "旋转" 按钮 ⼻ 旋转；选取 DTM2 基准面为草绘平面，选取 RIGHT 基准平面为参考平面，方向为 上；单击 草绘 按钮，绘制图 17.23 所示的截面草图（包括中心线）；在操控板中选择旋转类型为 ⊥，在角度文本框中输入角度值 360.0；单击 ✔ 按钮，完成旋转特征 1 的创建。

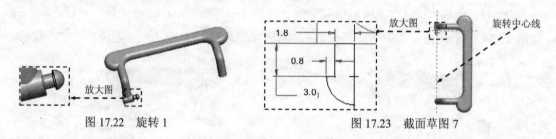

图 17.22　旋转 1　　　　　　图 17.23　截面草图 7

Step16. 创建倒圆角特征 3。选取图 17.24 所示的边线为倒圆角的边线；输入倒圆角半径值 0.5。

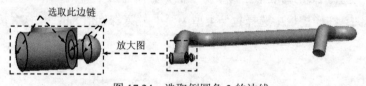

图 17.24　选取倒圆角 3 的边线

Step17. 创建倒圆角特征 4。选取图 17.25 所示的边线为倒圆角的边线；输入倒圆角半径值 0.5。

Step18. 创建倒圆角特征 5。选取图 17.26 所示的边线为倒圆角的边线；输入倒圆角半径值 1.0。

图 17.25 选取倒圆角 4 的边线

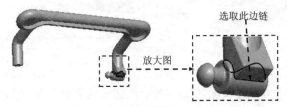

图 17.26 选取倒圆角 5 的边线

Step19. 创建图 17.27 所示的镜像特征 2。按住 Ctrl 键，分别选取 Step11~ Step18 中创建的特征，右击，在弹出的快捷菜单中选择 组 命令，所创建的特征即合并为 组LOCAL GROUP；单击创建的组，选取 RIGHT 基准平面为镜像平面，单击 ✓ 按钮，完成镜像特征 2 的创建。

a）镜像前　　　　　　　　　　　　　　　b）镜像后

图 17.27 镜像 2

Step20. 创建图 17.28 所示的拉伸特征 6。在操控板中单击"拉伸"按钮 拉伸；在操控板中按下"移除材料"按钮 ；选取 FRONT 基准平面为草绘平面，选取 RIGHT 基准平面为参考平面，方向为 右；单击 草绘 按钮，绘制图 17.29 所示的截面草图；在操控板中选择拉伸类型为 ，输入深度值 20.0；单击 ✓ 按钮，完成拉伸特征 6 的创建。

图 17.28 拉伸 6　　　　　　　　　　　图 17.29 截面草图 8

Step21. 创建图 17.30 所示的基准平面特征 3。单击 模型 功能选项卡 基准 ▼ 区域中的"平面"按钮 ；选取拉伸切削特征 6 圆柱面对应的基准轴 A_7 为放置参照，如图 17.30 所示，设置为 穿过；按住 Ctrl 键，选取 RIGHT 基准平面为放置参照，设置为 平行；单击对话框中的 确定 按钮。

Step22. 创建图 17.31 所示的拉伸特征 7。在操控板中单击"拉伸"按钮 拉伸；选取 DTM4

基准面为草绘平面，选取 TOP 基准平面为参考平面，方向为 上 ；单击 草绘 按钮，绘制图 17.32 所示的截面草图；在操控板中选择拉伸类型为 日，输入深度值 3.0；单击 ✔ 按钮，完成拉伸特征 7 的创建。

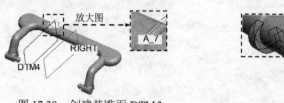

图 17.30 创建基准面 DTM3

图 17.31 拉伸 7

Step23. 创建倒圆角特征 6。选取图 17.33 所示的边线为倒圆角的边线；输入倒圆角半径值 0.5。

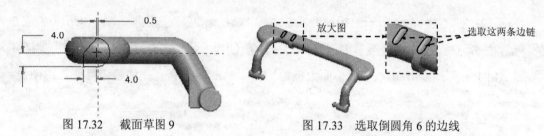

图 17.32 截面草图 9

图 17.33 选取倒圆角 6 的边线

Step24. 创建图 17.34b 所示的倒圆角特征 7。单击 模型 功能选项卡 工程 ▼ 区域中的 倒圆角 ▼ 按钮，选取图 17.34a 所示的边线为倒圆角的边线；输入倒圆角半径值 0.5。

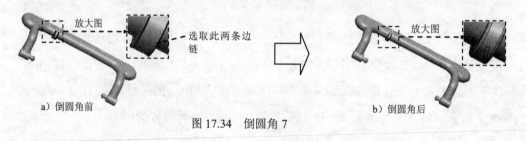

a）倒圆角前

b）倒圆角后

图 17.34 倒圆角 7

Step25. 创建倒圆角特征 8。选取图 17.35 所示的边线为倒圆角的边线；输入倒圆角半径值 0.5。

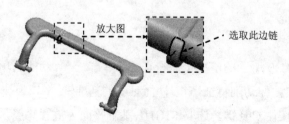

图 17.35 选取倒圆角 8 的边线

Step26. 创建图 17.36 所示的镜像特征 3。按住 Ctrl 键，在模型树中分别选取 Step20~Step25 所创建的特征，右击，在弹出的快捷菜单中选择 组 命令，所创建的特征即合并为 组LOCAL_GROUP_1；选取 RIGHT 基准平面为镜像平面，单击 ✔ 按钮，完成镜像特征 3 的创建。

　　　a）镜像前　　　　　　　　　　　　　　　　　b）镜像后

图 17.36　镜像 3

Step27. 创建倒圆角特征 9。选取图 17.37 所示的边线为倒圆角的边线；输入倒圆角半径值 0.5。

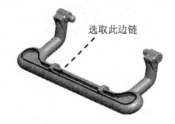

选取此边链

图 17.37　选取倒圆角 9 的边线

Step28. 创建图 17.38b 所示的倒圆角特征 10。选取图 17.38a 所示的边线为倒圆角的边线；输入倒圆角半径值 1.0。

选取此两条边线　　　　　　　　　　　放大图　　　　　　　　　　放大图

　　　a）倒圆角前　　　　　　　　　　　　　　　　　b）倒圆角后

图 17.38　倒圆角 10

Step29. 保存零件模型文件。

第3章

曲面设计实例

本章主要包含如下内容：

实例 18 肥 皂

实例概述:

　　本实例主要讲述了一款肥皂的创建过程, 在整个设计过程中运用了曲面拉伸、旋转、合并、扫描、倒圆角等命令。零件模型及模型树如图 18.1 所示。

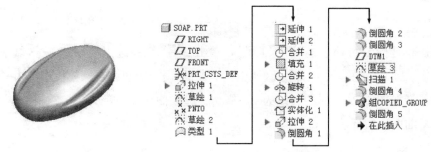

图 18.1 零件模型及模型树

　　Step1. 新建零件模型。新建一个零件模型, 命名为 SOAP。

　　Step2. 创建图 18.2 所示的拉伸曲面 1。在操控板中单击 "拉伸" 按钮 拉伸 , 按下操控板中的 "曲面类型" 按钮 ; 选取 TOP 基准平面为草绘平面, 选取 FIGHT 基准平面为参考平面, 方向为 右 ; 绘制图 18.3 所示的截面草图, 在操控板中定义拉伸类型为 , 输入深度值 18.0; 单击 按钮, 完成拉伸曲面 1 的创建。

图 18.2 拉伸 1　　　　　　　　　　图 18.3 截面草图 1

　　Step3. 创建图 18.4 所示的基准曲线 1。单击 "草绘" 按钮 ; 选取 RIGHT 基准平面为草绘面, 选取 TOP 基准平面为草绘参考平面, 方向为 上 ; 单击 草绘 按钮, 选取点 1 和点 2 为参照, 绘制图 18.5 所示的截面草图, 完成后单击按钮 。

图 18.4 基准曲线 1　　　　　　　　图 18.5 草绘 1

　　Step4. 创建图 18.6 所示的基准点 PNT0。单击 "创建基准点" 按钮 , 选择上一步创建的曲线 1 和 FRONT 基准面为参照，完成后单击 确定 按钮。

Step5. 创建图 18.7 所示的基准曲线 2。单击"草绘"按钮 ；选取 FRONT 基准平面为草绘面，选取 RIGHT 基准平面为草绘参考平面，方向为 右 ；单击 草绘 按钮，绘制图 18.8 所示的截面草图，完成后单击按钮 。

图 18.6　PNT0　　　　　图 18.7　基准曲线 2　　　　　图 18.8　草绘 2

Step6. 创建图 18.9 所示的 ISDX 曲面 1。单击 模型 功能选项卡 曲面▼ 区域中的 造型 按钮，单击 样式 功能选项卡 曲面 区域中的"曲面"按钮 ；在操控板中单击 参考 选项卡，首要栏选取图 18.9 所示的曲线为 2，横切栏选取曲线 1，单击 按钮；单击 按钮，退出 ISDX 曲面造型环境。

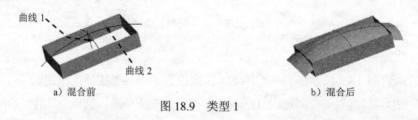

a）混合前　　　　　　　　　　　　　b）混合后

图 18.9　类型 1

Step7. 创建图 18.10 所示的曲面延伸 1。单击"智能"选取栏后面的按钮 ，选择 几何 选项，选取图 18.11 所示的边线为要延伸的参考；单击 延伸 按钮，输入延伸长度值 6.0；单击按钮 ，完成曲面延伸 1 的创建。

图 18.10　延伸 1　　　　　　　　　图 18.11　延伸参考边线

Step8. 创建图 18.12 所示的曲面延伸 2。具体操作步骤参见上一步。

图 18.12　延伸 2

Step9. 创建图 18.13 所示的曲面合并 1。按住 Ctrl 键，选取图 18.13a 所示的面组为合并对象；单击 合并 按钮，单击按钮 ✓，完成曲面合并 1 的创建。

延伸曲面

拉伸曲面

a) 合并前　　　　　　　　　　　　　　　　b) 合并后

图 18.13　合并 1

Step10. 创建图 18.14 所示的填充曲面 1。单击 填充 按钮；选取 TOP 基准平面为草绘平面，选取 RIGHT 基准平面为参考平面，方向为 上；绘制图 18.15 所示的截面草图；单击 ✓ 按钮，完成填充曲面 1 的创建。

平整曲面

图 18.14　填充 1　　　　　　　　　　　图 18.15　截面草图 2

Step11. 创建图 18.16 所示的曲面合并 2。按住 Ctrl 键，选取图 18.16 所示的填充 1 与合并 1，单击 合并 按钮，单击按钮 ✓，完成曲面合并 2 的创建。

Step12. 创建图 18.17 所示的旋转曲面 1。在操控板中单击"旋转"按钮 旋转，按下操控板中的"曲面类型"按钮 ；选取 FRONT 基准平面为草绘平面，选取 RIGHT 基准平面为参考平面，方向为 上；单击 草绘 按钮，绘制图 18.18 所示的截面草图（包括中心线）；在操控板中选择旋转类型为 ，在角度文本框中输入角度值 360.0；单击 ✓ 按钮，完成旋转曲面 1 的创建。

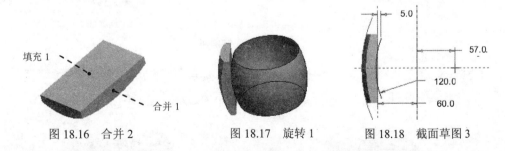

填充 1

合并 1

5.0

57.0

120.0

60.0

图 18.16　合并 2　　　　　图 18.17　旋转 1　　　　图 18.18　截面草图 3

Step13. 创建图 18.19 所示的曲面合并 3。按住 Ctrl 键，选取图 18.19 所示的合并 2 与旋转 1 特征，单击 合并 按钮，单击按钮 ✓，完成曲面合并 3 的创建。

说明：在合并操控板中分别单击两个 按钮，可以改变合并后曲面所保留的部分。

a）合并前

b）合并后

图 18.19　合并 3

Step14. 添加实体化特征 1。在"智能选取"栏中选择 [几何] 选项，然后选取上一步创建的合并曲面；单击 [实体化] 按钮，单击按钮 ✔，完成曲面实体化 1 的创建。

Step15. 创建图 18.20 所示的拉伸特征 2。在操控板中单击"拉伸"按钮 [拉伸]；在操控板中按下"移除材料"按钮 [△]；选取 TOP 基准平面为草绘平面，选取 RIGHT 基准平面为参考平面，方向为 [右]；单击 [草绘] 按钮，绘制图 18.21 所示的截面草图，单击 [✓] 按钮；在操控板中选择拉伸类型为 [⇟]，在操控板中单击最后面的 [✗] 按钮；单击 ✔ 按钮，完成拉伸特征 2 的创建。

图 18.20　拉伸 2

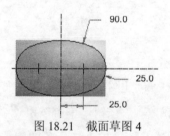
图 18.21　截面草图 4

Step16. 创建图 18.22b 所示的倒圆角特征 1。单击 [模型] 功能选项卡 [工程 ▼] 区域中的 [倒圆角 ▼] 按钮，选取图 18.22a 所示的边线为倒圆角的边线；输入倒圆角半径值 10.0。

要倒圆角边链

a）倒圆角前

b）倒圆角后

图 18.22　倒圆角 1

Step17. 创建图 18.23b 所示的倒圆角特征 2。单击 [模型] 功能选项卡 [工程 ▼] 区域中的 [倒圆角 ▼] 按钮，选取图 18.23a 所示的边线为倒圆角的边线；输入倒圆角半径值 5.0。

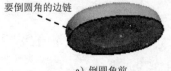
要倒圆角的边链

a）倒圆角前

b）倒圆角后

图 18.23　倒圆角 2

Step18. 创建图 18.24b 所示的倒圆角特征 3。单击 模型 功能选项卡 工程 ▼ 区域中的 ⑨倒圆角 ▼ 按钮，选取图 18.24a 所示的边线为倒圆角的边线；输入倒圆角半径值 10.0。

要倒圆角的边线

a）倒圆角前　　　　　　　　　　　　　　　　　　　b）倒圆角后

图 18.24　倒圆角 3

Step19. 创建图 18.25 所示的基准平面特征 1。单击 模型 功能选项卡 基准 ▼ 区域中的 "平面" 按钮 ▢，在模型树中选取 TOP 基准平面为偏距参考面，在对话框中输入偏移距离值为-20.0，单击对话框中的 确定 按钮。

Step20. 创建图 18.26 所示的草绘 3。在操控板中单击 "草绘" 按钮 ⚞；选取 DTM1 基准平面作为草绘平面，选取 RIGHT 基准平面为参考平面，方向为 上，单击 草绘 按钮，绘制图 18.27 所示的草图。

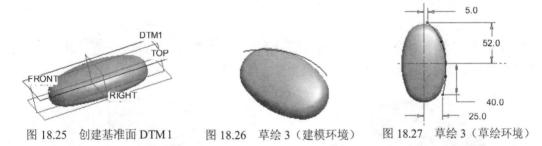

图 18.25　创建基准面 DTM1　　　图 18.26　草绘 3（建模环境）　　　图 18.27　草绘 3（草绘环境）

Step21. 创建图 18.28 所示的扫描特征 1。单击 模型 功能选项卡 形状 ▼ 区域中的 ⓛ扫描 ▼ 按钮；在操控板中按下 "移除材料" 按钮 ▱；选择图 18.29 所示的轨迹线，在操控板中单击 "创建或编辑扫描截面" 按钮 🖉，绘制图 18.30 所示的扫描截面草图；单击 ✔ 按钮，完成扫描特征 1 的创建。

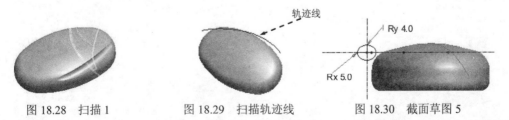

轨迹线

图 18.28　扫描 1　　　　　　图 18.29　扫描轨迹线　　　　　图 18.30　截面草图 5

Step22. 创建图 18.31b 所示的倒圆角特征 4。单击 模型 功能选项卡 工程 ▼ 区域中的 ⑨倒圆角 ▼ 按钮，选取图 18.31a 所示的边线为倒圆角的边线；输入倒圆角半径值 3.0。

a）倒圆角前　　　　　　　　　　　　　　　　b）倒圆角后

图 18.31　倒圆角 4

Step23. 创建图 18.32 所示的旋转复制特征 1。单击 模型 功能选项卡 操作 ▾ 区域中的 按钮，然后单击 ▾ 按钮中的 ▾，在弹出的菜单中选择 选择性粘贴 命令，在"选择性粘贴"对话框中选中 ☑ 从属副本 和 ☑ 对副本应用移动/旋转变换(A) 复选框，然后单击 确定(O) 按钮，单击"移动（复制）"操控板中的 按钮，选取 Y 轴为旋转轴线；在操控板的文本框中输入旋转角度值 180.0，并按 Enter 键；单击 ✔ 按钮，完成旋转复制操作。

a）旋转前　　　　　　　　　　　　　　　　b）旋转后

图 18.32　旋转复制特征 1

Step24. 创建图 18.33b 所示的倒圆角特征 5。单击 模型 功能选项卡 工程 ▾ 区域中的 倒圆角 ▾ 按钮，选取图 18.33a 所示的边线为倒圆角的边线；输入倒圆角半径值 3.0。

a）倒圆角前　　　　　　　　　　　　　　　　b）倒圆角后

图 18.33　倒圆角 5

Step25. 保存零件模型文件。

实例 19 笔 帽

实例概述：

本实例主要运用了"造型曲面""曲面投影""曲面填充""曲面合并"和"实体化"等命令，在设计此零件的过程中应注意基准面及基准点的创建，便于特征截面草图的绘制。零件模型及模型树如图 19.1 所示。

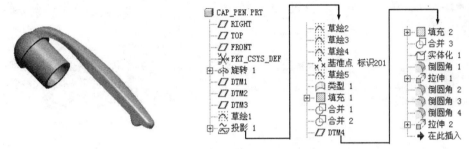

图 19.1 零件模型及模型树

Step1. 新建零件模型。新建一个零件模型，命名为 CAP_PEN。

Step2. 创建图 19.2 所示的旋转曲面 1。在操控板中单击"旋转"按钮 _中 旋转，按下操控板中的"曲面类型"按钮 ▢；选取 FRONT 基准平面为草绘平面，选取 RIGHT 基准平面为参考平面，方向为 右；单击 草绘 按钮，绘制图 19.3 所示的截面草图（包括中心线）；在操控板中选择旋转类型为 ⊥，在角度文本框中输入角度值 360.0；单击 ✓ 按钮，完成旋转曲面 1 的创建。

Step3. 创建图 19.4 所示的基准平面特征 1。单击"平面"按钮 ▱，在模型树中选取 TOP 基准平面为偏距参考面，向下偏移 3.0；单击对话框中的 确定 按钮。

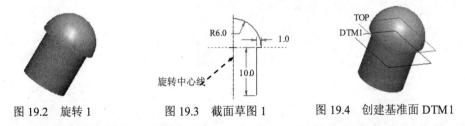

图 19.2 旋转 1　　　　图 19.3 截面草图 1　　　　图 19.4 创建基准面 DTM1

Step4. 创建图 19.5 所示的基准平面特征 2。单击"平面"按钮 ▱，在模型树中选取 DTM1 基准平面为偏距参考面，向下偏移 15.0；单击对话框中的 确定 按钮。

Step5. 创建图 19.5 所示的基准平面特征 3。单击"平面"按钮 ▱，在模型树中选取 DTM2 基准平面为偏距参考面，向下偏移 25.0；单击对话框中的 确定 按钮。

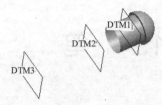

图 19.5　基准面 DTM2 和 DTM3

Step6. 创建图 19.6 所示的投影曲线——投影 1。单击"草绘"按钮 ；选取 FRONT 基准平面为草绘面，选取 TOP 基准平面为草绘参考平面，方向为 上 ；单击 草绘 按钮，绘制图 19.7 所示的截面草图，完成后单击按钮 ；选择创建的草绘 1，单击 模型 功能选项卡 编辑 ▾ 区域中的"投影" 按钮；选取图 19.8 所示的面为投影面，在操控板中单击"完成"按钮 。

图 19.6　投影 1

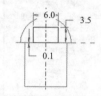

图 19.7　截面草图 2

图 19.8　选取投影面

Step7. 创建图 19.9 所示的基准曲线 2。单击"草绘"按钮 ；选取 DTM1 基准面为草绘平面，选取 RIGHT 基准面为参照平面，方向为 右 ；单击 草绘 按钮，绘制图 19.9 所示的截面草图，完成后单击按钮 。

Step8. 创建图 19.10 所示的基准曲线 3。单击"草绘"按钮 ；选取 DTM2 基准面为草绘平面，选取 RIGHT 基准面为参照平面，方向为 右 ；单击 草绘 按钮，绘制图 19.10 所示的截面草图，完成后单击按钮 。

Step9. 创建图 19.11 所示的基准曲线 4。单击"草绘"按钮 ；选取 DTM3 基准面为草绘平面，选取 RIGHT 基准面为参照平面，方向为 右 ；单击 草绘 按钮，绘制图 19.11 所示的截面草图，完成后单击按钮 。

图 19.9　基准曲线 2

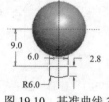

图 19.10　基准曲线 3

图 19.11　基准曲线 4

Step10. 创建基准点。

（1）创建图 19.12 所示的基准点 PNT0、PNT1。单击"创建基准点"按钮 ，按住 Ctrl 键，选择基准曲线 4 和基准平面 RIGHT 为参考，即可完成基准点 PNT0 的创建；在

"基准点"列表框中单击 新点 命令，按住 Ctrl 键，分别选取基准曲线 4 的边线和 FRONT 基准面为参考，即可完成基准点 PNT1 的创建。

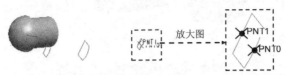

图 19.12　基准点 PNT0、PNT1

（2）创建图 19.13 所示的基准点 PNT2、PNT3。单击 新点 命令，按住 Ctrl 键，分别选取基准曲线 3 的边线和 RIGHT 基准面即可完成基准点 PNT2 的创建；单击 新点 命令，按住 Ctrl 键，分别选取基准曲线 3 的边线和 RIGHT 基准面即可完成基准点 PNT3 的创建。

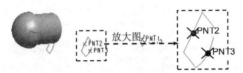

图 19.13　基准点 PNT2、PNT3

（3）参照上一步创建图 19.14 所示的基准点 PNT4、PNT5。按住 Ctrl 键，分别选取基准曲线 2 的边线和 RIGHT 基准面即可完成基准点 PNT4 的创建；按住 Ctrl 键，分别选取基准曲线 2 的边线和 RIGHT 基准面即可完成基准点 PNT5 的创建。

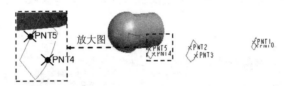

图 19.14　基准点 PNT4、PNT5

（4）参照上一步创建图 19.15 所示的基准点 PNT6、PNT7。按住 Ctrl 键，分别选取投影 1 的边线和 RIGHT 基准面即可完成基准点 PNT6 的创建；按住 Ctrl 键，分别选取投影 1 的边线和 RIGHT 基准面即可完成基准点 PNT7 的创建，完成后单击 确定 按钮。

Step11.　创建图 19.16 所示的基准曲线 5。单击"草绘"按钮 ；选取 RIGHT 基准平面为草绘面，选取 TOP 基准平面为草绘参考平面，方向为 右 ；单击 草绘 按钮，绘制图 19.16 所示的截面草图，完成后单击按钮 。

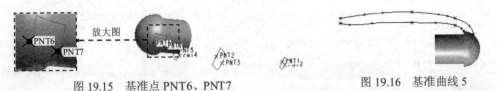

图 19.15　基准点 PNT6、PNT7　　　　　　　　　図 19.16　基准曲线 5

Step12. 创建图 19.17 所示的造型曲面特征 1。

图 19.17　造型曲面特征 1

（1）单击 模型 功能选项卡 曲面 ▾ 区域中的"造型"按钮 ☐ 造型 。

（2）单击 样式 功能选项卡 曲面 区域中的"曲面"按钮 ▨ ；在操控板中单击 参考 按钮，在 首要 的界面中选取图 19.18 所示的边线为主曲线，在 内部 的界面中按住 Ctrl 键依次选取图 19.19 所示的边线为链参照；单击操控板中的"确定"按钮 ✓ ，完成图 19.20 所示的曲面特征 1 的创建。

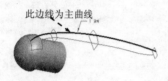
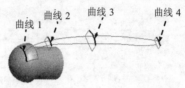

图 19.18　定义曲面的主曲线 1　　图 19.19　定义曲面的边界曲线链参照 1　　图 19.20　曲面特征 1

（3）单击 样式 功能选项卡 曲面 区域中的"曲面"按钮 ▨ ；在操控板中单击 参考 按钮，在 首要 的界面中选取图 19.21 所示的边线为主曲线，在 内部 的界面中按住 Ctrl 键依次选取图 19.22 所示的边线为链参照；单击操控板中的"确定"按钮 ✓ ，完成图 19.23 所示的曲面特征 2 的创建。

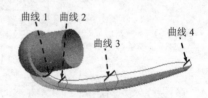

图 19.21　定义曲面的主曲线 2　　　　图 19.22　定义曲面的边界曲线链参照 2

图 19.23　曲面特征 2

（4）单击 样式 功能选项卡 曲面 区域中的"曲面"按钮 ▨ ；在操控板中单击 ▨ 后的 单击此处添加项目 命令，按住 Ctrl 键，选取图 19.24 所示的两条曲面边界为参照；单击操控板中的"确定"按钮 ✓ ，完成图 19.25 所示的曲面特征 3 的创建。

（5）单击 样式 功能选项卡 曲面 区域中的"曲面"按钮 ▨ ；在操控板中单击 ▨ 后的 单击此处添加项目 命令，按住 Ctrl 键，选取图 19.26 所示的两条曲面边界为参照；单击操控板中的"确定"按钮 ✔，完成图 19.27 所示的曲面特征 4 的创建。

图 19.24　设置曲面边界 1

图 19.25　曲面特征 3

图 19.26　设置曲面边界 2

图 19.27　曲面特征 4

（6）单击工具栏中的"造型特征完成"按钮 ✔，完成造型曲面的创建。

Step13. 创建图 19.28 所示的填充曲面 1。选取图 19.28 所示的曲线为参照，单击 ✔ 按钮，完成填充曲面 1 的创建。

Step14. 创建图 19.29 所示的曲面合并 1。按住 Ctrl 键，分别选取类型 1 和填充 1 为合并对象，单击 合并 按钮；单击按钮 ✔，完成曲面合并 1 的创建。

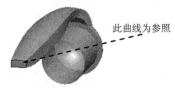

图 19.28　填充 1

图 19.29　合并 1

Step15. 创建图 19.30 所示的曲面合并 2。选取图 19.31 所示的面 1，按住 Ctrl 键，选取图 19.31 所示的面 2，单击 合并 按钮，单击第二个 ✕ 按钮；单击按钮 ✔，完成曲面合并 2 的创建。

图 19.30　合并 2

图 19.31　定义合并对象

Step16. 创建图 19.32 所示的基准平面特征 4。单击"平面"按钮 ▱，选取图 19.32 所示的边线为放置参照，将其设置为 穿过 ；单击对话框中的 确定 按钮。

Step17. 创建图 19.33 所示的填充曲面 2。单击 填充 按钮；选取 DTM4 基准面为草绘平面，选取 RIGHT 基准面为参照平面，方向为 上 ；绘制图 19.34 所示的截面草图；单击 ✔ 按钮，完成填充曲面 2 的创建。

图 19.32　基准面 DTM4

图 19.33　填充 2

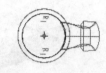

图 19.34　截面草图 3

Step18. 创建图 19.35 所示的曲面合并 3。分别选取填充 2 和合并 2 为合并对象，单击按钮 ✔，完成曲面合并 3 的创建。

Step19. 创建图 19.36 所示的曲面实体化 1。选取合并 3 的曲面为实体化对象，单击 实体化 按钮；单击按钮 ✔，完成曲面实体化 1 的创建。

图 19.35　合并 3

图 19.36　实体化 1

Step20. 创建倒圆角特征 1。单击 模型 功能选项卡 工程 ▾ 区域中的 倒圆角 ▾ 按钮，按住 Ctrl 键，选取图 19.37 所示的边线为倒圆角的边线；单击 集 选项，在其界面中单击 完全倒圆角 按钮。

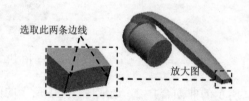

图 19.37　选取倒圆角 1 的边线

Step21. 创建图 19.38 所示的拉伸特征 1。在操控板中单击"拉伸"按钮 拉伸；选取 RIGHT 基准平面为草绘平面，选取 FRONT 基准平面为参考平面，方向为 上；单击 草绘 按钮，绘制图 19.39 所示的截面草图；在操控板中选择拉伸类型为 日，输入深度值 2.0；单击 ✔ 按钮，完成拉伸特征 1 的创建。

图 19.38　拉伸 1

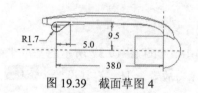

图 19.39　截面草图 4

Step22. 创建倒圆角特征 2。选取图 19.40 所示的边线为倒圆角的边线；输入倒圆角半径值 1.0。

Step23. 创建倒圆角特征 3。选取图 19.41 所示的边线为倒圆角的边线；输入倒圆角半径值 0.5。

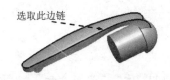

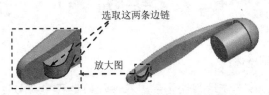

图 19.40　选取倒圆角 2 的边线　　　　　　图 19.41　选取倒圆角 3 的边线

Step24. 创建倒圆角特征 4。选取图 19.42 所示的边线为倒圆角的边线；输入倒圆角半径值 1.0。

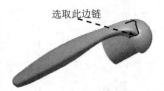

图 19.42　选取倒圆角 4 的边线

Step25. 创建图 19.43 所示的拉伸特征 2。在操控板中单击"拉伸"按钮 <kbd>拉伸</kbd>；在操控板中按下"移除材料"按钮 ；选取图 19.44 所示的面为草绘平面，选取 RIGHT 基准面为参照平面，方向为 上；单击 <kbd>草绘</kbd> 按钮，绘制图 19.45 所示的截面草图；在操控板中选择拉伸类型为 ，输入深度值 10.0，单击 按钮调整拉伸方向；单击 按钮，完成拉伸特征 2 的创建。

图 19.43　拉伸 2

此平面为草绘平面

图 19.44　定义草绘平面

8.0

图 19.45　截面草图 5

Step26. 保存零件模型文件。

实例20   插   头

实例概述:

该零件结构较复杂,在设计的过程中巧妙运用了"曲面填充""曲面合并""曲面实体化""阵列"和"拔模"等命令,此外还应注意基准面的创建以及拔模面的选择。下面介绍零件的设计过程,零件模型及模型树如图 20.1 所示。

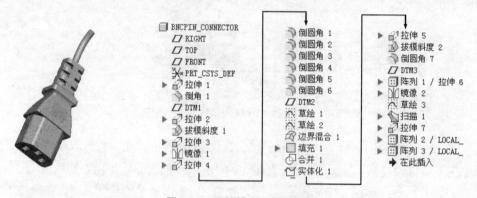

图 20.1   零件模型及模型树

Step1. 新建零件模型。新建一个零件模型,命名为 BNCPIN_CONNECTOR_PLUGS。

Step2. 创建图 20.2 所示的拉伸特征 1。在操控板中单击"拉伸"按钮 拉伸;选取 RIGHT 基准平面为草绘平面,选取 TOP 基准平面为参考平面,方向为 左;单击 草绘 按钮,绘制图 20.3 所示的截面草图;在操控板中选择拉伸类型为 ,输入深度值 20.0;单击 按钮,完成拉伸特征 1 的创建。

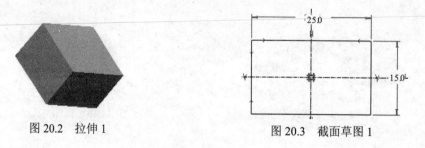

图 20.2   拉伸 1   图 20.3   截面草图 1

Step3. 创建图 20.4b 所示的倒角特征 1。选取图 20.4a 所示的两条边线为倒角的边线;输入倒角值 5.0。

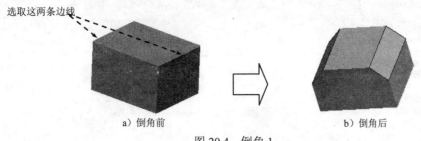

选取这两条边线

a）倒角前　　　　　　　　　　　b）倒角后

图 20.4　倒角 1

Step4. 创建图 20.5 所示的基准平面特征 1。单击 模型 功能选项卡 基准 ▼ 区域中的"平面"按钮 ⬜，选取图 20.5 所示的面为参照，在对话框中输入偏移距离值-20.0，单击对话框中的 确定 按钮。

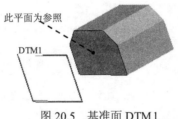

此平面为参照

DTM1

图 20.5　基准面 DTM 1

Step5. 创建图 20.6 所示的拉伸特征 2。在操控板中单击"拉伸"按钮 ⬜拉伸；选取图 20.7 所示的面为草绘平面，选取 TOP 基准平面为参考平面，方向为 左；单击 草绘 按钮，绘制图 20.8 所示的截面草图；在操控板中选择拉伸类型为 ⬚，选取基准面 DTM1 为拉伸边界；单击 ✓ 按钮，完成拉伸特征 2 的创建。

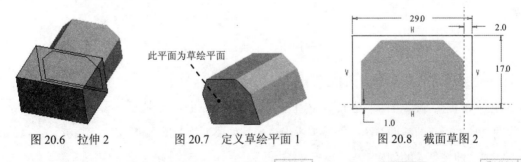

此平面为草绘平面

图 20.6　拉伸 2　　　　图 20.7　定义草绘平面 1　　　　图 20.8　截面草图 2

Step6. 创建图 20.9 所示的拔模特征 1。单击 模型 功能选项卡 工程 ▼ 区域中的 拔模 ▼ 按钮；选取图 20.10 所示的模型全部侧表面为拔模曲面，选取图 20.11 所示的模型表面为拔模枢轴平面，拔模方向如图 20.11 所示，在拔模角度文本框中输入拔模角度值 8.0；单击 ✓ 按钮，完成拔模特征 1 的创建。

Step7. 创建图 20.12 所示的拉伸特征 3。在操控板中单击"拉伸"按钮 ⬜拉伸；在操控板中按下"移除材料"按钮 ⬜；选取 FRONT 基准平面为草绘平面，选取 RIGHT 基准平面为参考平面，方向为 下；单击 草绘 按钮，绘制图 20.13 所示的截面草图；单击操控板中的 选项按钮，在"深度"界面中将 ^{侧1} 和 ^{侧2} 的深度类型均设置为 ^{非穿透}；单击 ✓ 按钮，完成拉伸特征 3 的创建。

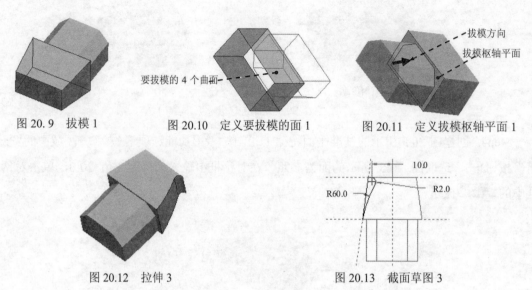

图 20.9　拔模 1　　　　图 20.10　定义要拔模的面 1　　　　图 20.11　定义拔模枢轴平面 1

图 20.12　拉伸 3　　　　　　　　　　图 20.13　截面草图 3

Step8. 创建图 20.14 所示的镜像特征 1。在模型树中单击 Step7 创建的特征拉伸 3，选取 TOP 基准平面为镜像平面，单击 ✓ 按钮，完成镜像特征 1 的创建。

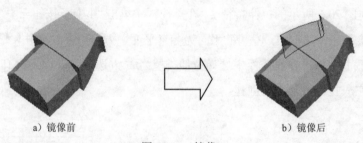

a) 镜像前　　　　　　　　　　　　　　b) 镜像后

图 20.14　镜像 1

Step9. 创建图 20.15 所示的拉伸特征 4。在操控板中单击"拉伸"按钮 ^{拉伸}；选取图 20.16 所示的面为草绘平面，选取 TOP 基准平面为参考平面，方向为 ^左；单击 ^{草绘} 按钮，绘制图 20.17 所示的截面草图；在操控板中选择拉伸类型为 [⊥]，输入深度值 3.0；单击 ✓ 按钮，完成拉伸特征 4 的创建。

图 20.15　拉伸 4　　　　图 20.16　定义草绘平面 2　　　　图 20.17　截面草图 4

Step10. 创建图 20.18b 所示的倒圆角特征 1。单击 ^{模型} 功能选项卡 ^{工程 ▾} 区域中的

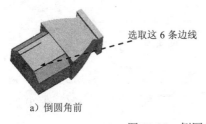 按钮，选取图 20.18a 所示的边线为倒圆角的边线；输入倒圆角半径值 3.0。

Step11. 创建倒圆角特征 2。选取图 20.19 所示的边线为倒圆角的边线；输入倒圆角半径值 3.0。

选取这 6 条边线

选取这两条边线

a）倒圆角前　　　　　　　　　　b）倒圆角后

图 20.18　倒圆角 1

图 20.19　选取倒圆角 2 的边线

Step12. 创建倒圆角特征 3。选取图 20.20 所示的边线为倒圆角的边线；输入倒圆角半径值 2.0。

Step13. 创建倒圆角特征 4。选取图 20.21 所示的边链为倒圆角的边线；输入倒圆角半径值 0.5。

选取此边链

选取这 4 条边线

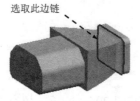

图 20.20　选取倒圆角 3 的边线　　　　　图 20.21　选取倒圆角 4 的边线

Step14. 创建倒圆角特征 5。选取图 20.22 所示的边链为倒圆角的边线；输入倒圆角半径值 2.0。

Step15. 创建倒圆角特征 6。选取图 20.23 所示的边链为倒圆角的边线；输入倒圆角半径值 0.5。

选取这 4 条边链

选取此边链

图 20.22　选取倒圆角 5 的边线　　　　　图 20.23　选取倒圆角 6 的边线

Step16. 创建图 20.24 所示的基准平面特征 2。单击 模型 功能选项卡 基准 ▼ 区域中的"平面"按钮 ▢，选取图 20.24 所示的面为放置参照，在对话框中输入偏移距离值 25.0，单击对话框中的 确定 按钮。

Step17. 创建图 20.25 所示的基准曲线 1。单击"草绘"按钮 ；选取图 20.26 所示的面为草绘平面，选取 TOP 基准平面为草绘参考平面，方向为 右 ；单击 草绘 按钮，绘制图

20.25 所示的截面草图, 完成后单击 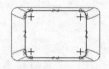 按钮。

图 20.24　基准平面 DTM2　　　　　　图 20.25　基准曲线 1

Step18. 创建图 25.27 所示的基准曲线 2。单击 "草绘" 按钮 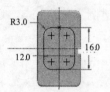; 选取 DTM2 基准面为草绘平面, 选取 TOP 基准平面为草绘参考平面, 方向为 上; 单击 草绘 按钮, 绘制图 20.27 所示的截面草图, 完成后单击 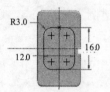 按钮。

图 20.26　定义草绘平面 3　　　　　　图 20.27　基准曲线 2

Step19. 创建图 20.28 所示的边界混合曲面 1。单击 "边界混合" 按钮 ; 按住 Ctrl 键, 依次选择草绘 1、草绘 2 为第一方向的边界曲线; 在操控板中单击 **控制点** 按钮, 在 拟合 下拉列表中选择 段至段 选项; 单击 按钮, 完成边界混合曲面 1 的创建。

Step20. 创建图 20.29 所示的填充曲面 1。单击 填充 按钮; 选择草绘 2 为参照, 单击 按钮, 完成填充曲面 1 的创建。

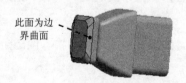

此面为边界曲面

此面为填充曲面 1

图 20.28　边界曲面 1　　　　　　图 20.29　填充 1

Step21. 创建图 20.30 所示的曲面合并 1。按住 Ctrl 键, 分别选取边界曲面 1 和填充曲面 1, 单击 合并 按钮; 单击按钮 , 完成曲面合并 1 的创建。

Step22. 创建图 20.31 所示的曲面实体化 1。选择合并 1 的曲面, 单击 实体化 按钮; 单击 按钮, 单击 按钮; 单击 按钮, 完成曲面实体化 1 的创建。

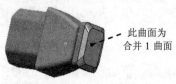

此曲面为合并 1 曲面

图 20.30　合并 1　　　　　　图 20.31　实体化 1

Step23. 创建图 20.32 所示的拉伸特征 5。在操控板中单击"拉伸"按钮  ；选取 DTM2 基准面为草绘平面，选取 TOP 基准平面为参考平面，方向为 上 ；单击 草绘 按钮，绘制图 20.33 所示的截面草图；在操控板中选择拉伸类型为 ，输入深度值 20.0；单击 按钮调整 拉伸方向；单击 按钮，完成拉伸特征 5 的创建。

图 20.32 拉伸 5

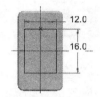

图 20.33 截面草图 5

Step24. 创建拔模特征 2。单击 模型 功能选项卡 工程 ▾ 区域中的 拔模 ▾ 按钮；选取 图 20.34 所示的模型全部侧表面为拔模曲面，选取图 20.35 所示的模型表面为拔模枢轴平面， 拔模方向如图 20.35 所示，在拔模角度文本框中输入拔模角度值 1.0；单击 按钮，完成拔 模特征 2 的创建。

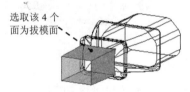

图 20.34 定义要拔模的面 2

图 20.35 定义拔模枢轴平面 2

Step25. 创建倒圆角特征 7。选取图 20.36 所示的边线为倒圆角的边线；输入倒圆角半 径值 3.0。

Step26. 创建倒圆角特征 8。选取图 20.37 所示的边线为倒圆角的边线；输入倒圆角半 径值 0.5。

图 20.36 选取倒圆角 7 的边线

图 20.37 选取倒圆角 8 的边线

Step27. 创建图 20.38 所示的基准平面特征 3。单击 模型 功能选项卡 基准 ▾ 区域中的 "平面"按钮 ，选取 DTM2 基准面为放置参照，在对话框中输入偏移距离值 2.0，单击对 话框中的 确定 按钮。

Step28. 创建图 20.39 所示的拉伸特征 6。在操控板中单击"拉伸"按钮 拉伸 ；在操控 板中按下"移除材料"按钮 ；选取 DTM3 基准面为草绘平面，选取 TOP 基准平面为参考平面，方向为 <img右>；单击 <img草绘> 按钮，绘制图 20.40 所示的截面草图；在操控板中选择拉伸类型为 ，输入深度值 3.0；单击 <img✔> 按钮，完成拉伸特征 6 的创建。

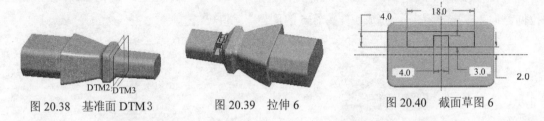

图 20.38　基准面 DTM 3　　　图 20.39　拉伸 6　　　图 20.40　截面草图 6

Step29. 创建图 20.41b 所示的阵列特征 1。在模型树中选取 Step28 创建的拉伸去除材料特征，右击，在弹出的快捷菜单中选择 <img阵列...> 命令；在阵列控制方式下拉列表中选择 <img方向> 选项；选取 DTM3 基准面为第一方向的参照，单击 按钮，指定第一方向的阵列个数值为 3.0，间距值为 6.0；单击 <img✔> 按钮，完成阵列特征 1 的创建。

a）阵列前　　　　　　　　　　　　　　b）阵列后

图 20.41　阵列 1

Step30. 创建图 20.42 所示的镜像特征 2。在模型树中选取 Step29 所创建的阵列特征，选取 FRONT 基准平面为镜像平面，单击 <img✔> 按钮，完成镜像特征 2 的创建。

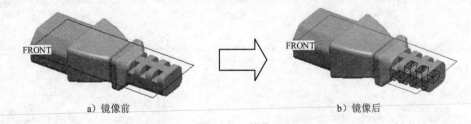

a）镜像前　　　　　　　　　　　　　　b）镜像后

图 20.42　镜像 2

Step31. 创建图 20.43 所示的草绘 3。在操控板中单击"草绘"按钮 ；选择 TOP 基准面作为草绘平面，选取 RIGHT 基准平面为参考平面，方向为 <img左>；单击 <img草绘> 按钮，绘制图 20.43 所示的草图。

Step32. 创建图 20.44 所示的扫描特征 1。单击 <img模型> 功能选项卡 <img形状 ▾> 区域中的 <img扫描 ▾> 按钮；在图形区选取 Step31 创建的草绘 3 为扫描轨迹，在操控板中单击"创建或编辑扫描截面"按钮 ，绘制图 20.45 所示的扫描截面草图；单击 <img✔> 按钮，完成扫描特征 1 的创建。

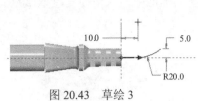

图 20.43 草绘 3

图 20.44 扫描特征 1

图 20.45 扫描截面草图

Step33. 创建图 20.46 所示的拉伸特征 7。在操控板中单击"拉伸"按钮 拉伸；在操控板中按下"移除材料"按钮；选取图 20.47 所示的面为草绘平面，选取 TOP 基准平面为参考平面，方向为 右；单击 草绘 按钮，绘制图 20.48 所示的截面草图；在操控板中选择拉伸类型为，输入深度值 8.0；单击 按钮，完成拉伸特征 7 的创建。

图 20.46 拉伸 7

图 20.47 定义草绘平面 4

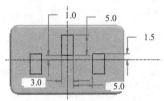

图 20.48 截面草图 7

Step34. 创建图 20.49 所示的拉伸特征 8。在操控板中单击"拉伸"按钮 拉伸；选取图 20.50 所示的面为草绘平面，选取 TOP 基准平面为参考平面，方向为 上；单击 草绘 按钮，绘制图 20.51 所示的截面草图；在操控板中选择拉伸类型为，输入深度值 0.1；单击 按钮，完成拉伸特征 8 的创建。

图 20.49 拉伸 8

图 20.50 定义草绘平面 5

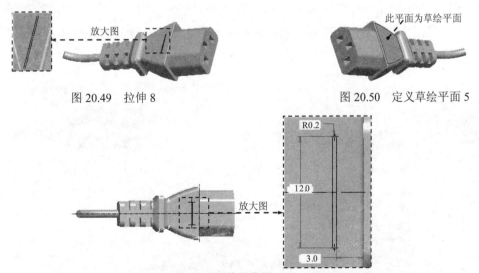

图 20.51 截面草图 8

Step35. 创建拔模特征 3。单击 模型 功能选项卡 工程 ▼ 区域中的 拔模 ▼ 按钮；选取图 20.52 所示的模型全部侧表面为拔模曲面，选取图 20.53 所示的模型表面为拔模枢轴平面，单击"反转角度以添加或去除材料"按钮 ，在拔模角度文本框中输入拔模角度值 20.0；单击 ✔ 按钮，完成拔模特征 3 的创建。

图 20.52　拔模 3

图 20.53　定义拔模枢轴平面 3

Step36. 创建图 20.54b 所示的阵列特征 2。按住 Ctrl 键，在模型树中选择 Step34、Step35 创建的实体拉伸特征和拔模特征，右击，在弹出的快捷菜单中选择 组 命令；在模型树中单击 组LOCAL_GROUP 特征，右击，在弹出的快捷菜单中选择 阵列... 命令；在操控板的阵列控制方式下拉列表中选择 尺寸 选项，单击 尺寸 选项卡，选取尺寸 4.0 为引导尺寸，在 方向1 区域的 增量 文本栏中输入增量值 1.0，在操控板中的第一方向阵列个数栏中输入值 10.0；单击 ✔ 按钮，完成阵列特征 2 的创建。

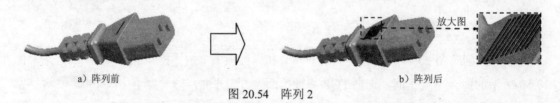

a）阵列前　　　　　　　　　　　　　　　　　　　　　b）阵列后

图 20.54　阵列 2

Step37. 创建图 20.55 所示的拉伸特征 9。在操控板中单击"拉伸"按钮 拉伸；选取图 20.56 所示的面为草绘平面，选取 TOP 基准平面为参考平面，方向为 上；单击 草绘 按钮，绘制图 20.57 所示的截面草图；在操控板中选择拉伸类型为 ⊥，输入深度值 0.1；单击 ✔ 按钮，完成拉伸特征 9 的创建。

图 20.55　拉伸 9　　　　　　　　　　　　　　　图 20.56　定义草绘平面 6

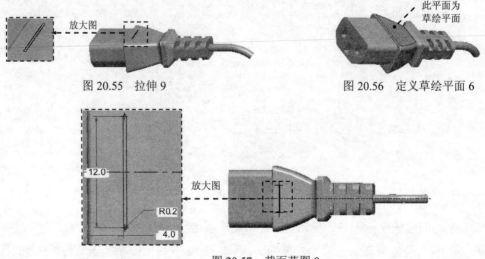

图 20.57　截面草图 9

Step38. 创建图 20.58 所示的拔模特征 4。单击 模型 功能选项卡 工程 ▼ 区域中的
⟂ 拔模 ▼ 按钮；按住 Ctrl 键，依次选取实体拉伸特征 9 四周的 4 个面为要拔模的曲面，选取
图 20.59 所示的模型表面为拔模枢轴平面，单击"反转角度以添加或去除材料"按钮 ⚏ ，
在拔模角度文本框中输入拔模角度值 20.0；单击 ✔ 按钮，完成拔模特征 4 的创建。

图 20.58　拔模 4　　　　　　　　　图 20.59　定义拔模枢轴平面 4

Step39. 创建图 20.60b 所示的阵列特征 3。按住 Ctrl 键，在模型树中选择 Step37、Step38
创建的实体拉伸特征和拔模特征，右击，在弹出的快捷菜单中选择 组 命令；在模型树中
单击 ⤷组LOCAL_GROUP 特征，右击，在弹出的快捷菜单中选择 阵列... 命令；在操控板的阵列控制
方式下拉列表中选择 尺寸 选项，单击 尺寸 选项卡，选取尺寸 3.0 为引导尺寸，在 方向1 区域
的 增量 文本栏中输入增量值 1.0，在操控板中的第一方向阵列个数栏中输入值 10.0；单击 ✔
按钮，完成阵列特征 3 的创建。

a）阵列前　　　　　　　　　　　　　　　　b）阵列后

图 20.60　阵列 3

Step40. 保存零件模型文件。

实例 21　曲面上创建文字

实例概述:

本实例介绍了在曲面上创建文字的一般方法,其操作过程是先在平面上创建草绘文字,然后将其印贴(包络)到曲面上,再利用曲面的"偏移"工具使曲面上的草绘文字凸起(当然也可以实现凹陷效果),最后利用"实体化"工具将文字变成实体。零件模型及模型树如图 21.1 所示。

Step1. 将工作目录设置至 D:\creoins1\work\ch03\ins21,打开零件模型文件 TEXT.PRT。

Step2. 创建图 21.2 所示的草绘文字。在操控板中单击"草绘"按钮 ⌒;选取 DTM1 基准平面为草绘平面,选取 RIGHT 基准平面为参考平面,方向为 右;在操控板中单击"文本"按钮 🅰 文本 ,在系统 ➡选择行的起点. 确定文本高度和方向. 的提示下,单击一点 A,作为起始点(图 21.3);在系统 ➡选择行的第二点. 确定文本高度和方向. 的提示下,单击另一点 B,作为终止点;在弹出的对话框的文本框中输入"北京兆迪"文本,单击 确定 按钮,进行尺寸标注,如图 21.3 所示。

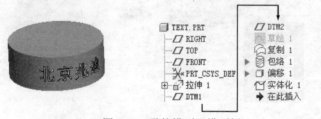

图 21.1　零件模型及模型树

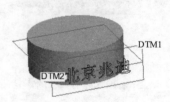

图 21.2　草绘文字

Step3. 复制模型表面。单击屏幕下部的"智能"选取栏中的 ▼ 按钮,选择"几何"选项,按住 Ctrl 键,选取图 21.4 所示的模型的外表面;单击 模型 功能选项卡 操作 ▼ 区域中的"复制"按钮 🗐,单击 模型 功能选项卡 操作 ▼ 区域中的"粘贴"按钮 📋 ▼,在"曲面:复制"操控板中单击 ✓ 按钮。

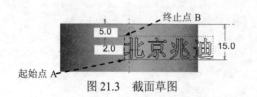

图 21.3　截面草图

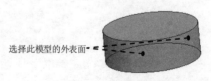

图 21.4　选取模型的外表面

Step4. 将文字印贴到面组上。单击 📇 包络 按钮,选取图 21.5 所示的草绘文字;在模型侧面上右击,在弹出的快捷菜单中选择 从列表中拾取 命令,然后在弹出的"从列表中拾取"

对话框中选择 面组:F9 选项，单击 确定 按钮（注意：如果在"从列表中拾取"对话框中选择 实体几何 选项，实体文字将无法创建），单击"完成"按钮 ✔ 。

　　Step5. 创建图 21.6 所示的文字偏移。单击"智能"选取栏中的 ▼ 按钮，选择"特征"选项；在模型的侧面右击，在弹出的快捷菜单中选择 从列表中拾取 命令，然后在"从列表中拾取"对话框中选择 F9(复制_1) 选项，单击 确定 按钮；单击 偏移 按钮，在操控板的偏移类型栏中选择"拔模偏移"选项 ；单击 选项 按钮，选择 垂直于曲面 选项，并选中 ◉ 曲面单选项与 ◉ 直 单选项；在绘图区右击，在弹出的快捷菜单中选择 定义内部草绘... 命令；选取 DTM1 基准平面为草绘平面，选取 RIGHT 基准平面为参考平面，方向为 右 ；利用"投影"命令创建偏移草图；选中"类型"对话框中的 ◉ 环(L) 单选项，选取图 21.7 所示的文字，在操控板中输入偏距值 2.0，斜角值 1.0，其方向垂直于实体表面向外，单击"完成"按钮 ✔ 。

图 21.5　文字印贴

图 21.6　文字偏移

　　Step6. 用面组替代模型表面。单击"智能"选取栏中的 ▼ 按钮，选择"特征"选项；在模型的侧面右击，在弹出的快捷菜单中选择 从列表中拾取 命令；在"从列表中拾取"对话框中选择 F9(复制_1) 选项，然后单击 确定 按钮；单击 实体化 按钮，在操控板中按下"实体"按钮 □ ，替代模型表面的方向是指向圆心，单击 ✔ 按钮。

　　Step7. 将面组替代模型的表面后，文字便变成实体文字，下面进行验证。选择下拉菜单 视图 ➡ 视图管理器 命令，在"视图管理器"对话框中单击 横截面 标签，然后双击 Xsec0001 。此时在模型中可以看到，图 21.8 所示的文字已完全被实体填充，表明文字已成功变成实体文字。

图 21.7　选取文字

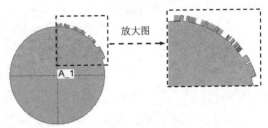

图 21.8　已变成实体文字

　　Step8. 保存零件模型。

实例 22   把   手

实例概述：

在设计该零件的过程中要充分利用创建的曲面，该零件的设计主要运用了"拉伸""镜像""偏移曲面"等特征命令。下面介绍该零件的设计过程，零件模型及模型树如图 22.1 所示。

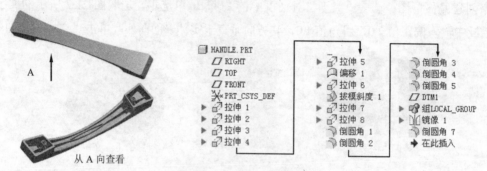

图 22.1   零件模型及模型树

Step1. 新建零件模型。新建一个零件模型，命名为 HANDLE。

Step2. 创建图 22.2 所示的拉伸特征 1。在操控板中单击"拉伸"按钮 ⬜拉伸 ；选取 FRONT 基准平面为草绘平面，选取 RIGHT 基准平面为参考平面，方向为 右 ；单击 草绘 按钮，绘制图 22.3 所示的截面草图；在操控板中选择拉伸类型为 ⊥，输入深度值 30.0；单击 ✓ 按钮，完成拉伸特征 1 的创建。

图 22.2   拉伸 1   图 22.3   截面草图 1

Step3. 创建图 22.4 所示的拉伸特征 2。在操控板中单击"拉伸"按钮 ⬜拉伸 ；在操控板中按下"移除材料"按钮 ⬜ ；选择图 22.5 所示的草绘平面和参照平面，方向为 上 ；单击 草绘 按钮，绘制图 22.6 所示的截面草图；在操控板中选择拉伸类型为 ⊥，输入深度值 55.0；单击 ✓ 按钮，完成拉伸特征 2 的创建。

图 22.4   拉伸 2   图 22.5   定义草绘平面 1   图 22.6   截面草图 2

　　Step4. 创建图 22.7 所示的拉伸特征 3。在操控板中单击"拉伸"按钮 ；按下操控板中的"曲面类型"按钮 ；选取 TOP 基准平面为草绘平面，选取 RIGHT 基准平面为参考平面，方向为 ；单击 草绘 按钮，绘制图 22.8 所示的截面草图；在操控板中定义拉伸类型为 ，输入深度值 55.0；单击 ✔ 按钮，完成拉伸特征 3 的创建。

图 22.7　拉伸 3

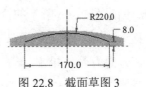

图 22.8　截面草图 3

　　Step5. 创建图 22.9 所示的拉伸特征 4。在操控板中单击"拉伸"按钮 ；在操控板中按下"移除材料"按钮 ；选取图 22.10 所示的面为草绘平面，选取 RIGHT 基准平面为参考平面，方向为 ；单击 草绘 按钮，绘制图 22.11 所示的截面草图；在操控板中选择拉伸类型为 ，选取图 22.10 所示的曲面为拉伸的边界；单击 ✔ 按钮，完成拉伸特征 4 的创建。

图 22.9　拉伸 4

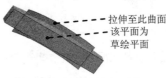

图 22.10　定义草绘平面 2

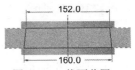

图 22.11　截面草图 4

　　Step6. 创建图 22.12 所示的拉伸特征 5。在操控板中单击"拉伸"按钮 ；在操控板中按下"移除材料"按钮 ；选取 FRONT 基准平面为草绘平面，选取 RIGHT 基准平面为参考平面，方向为 ；单击 草绘 按钮，绘制图 22.13 所示的截面草图；在操控板中选择拉伸类型为 ，输入深度值 55.0，单击 后的 按钮；单击 ✔ 按钮，完成拉伸特征 5 的创建。

图 22.12　拉伸 5

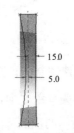

图 22.13　截面草图 5

　　Step7. 创建图 22.14 所示的偏移曲面 1。按住 Ctrl 键，选取图 22.15 所示的曲面为要偏移的曲面，单击 偏移 按钮，选择偏移"标准"类型 ，向下偏移距离值为 2.0；单击 ✔ 按钮，完偏移曲面 1 的创建。

图 22.14　偏移 1 　　　　　　　　　　　　　　　图 22.15　选取偏移面

Step8. 创建图 22.16 所示的拉伸特征 6。在操控板中单击"拉伸"按钮 拉伸；在操控板中按下"移除材料"按钮 ；选取图 22.17 所示的面为草绘平面，选取 RIGHT 基准平面为参考平面，方向为 右 ；单击 草绘 按钮，绘制图 22.18 所示的截面草图；在操控板中选择拉伸类型为 ，选择 Step7 创建的偏移曲面为拉伸的边界；单击 ✓ 按钮，完成拉伸特征 6 的创建。

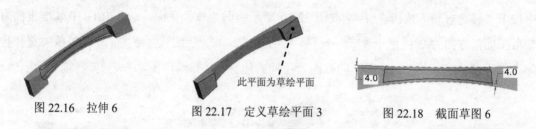

图 22.16　拉伸 6 　　　　　　　图 22.17　定义草绘平面 3 　　　　　　图 22.18　截面草图 6

Step9. 创建图 22.19 所示的拔模特征 1。单击 模型 功能选项卡 工程 ▼ 区域中的 拔模 ▼ 按钮；选取图 22.20 所示的面为拔模曲面，选取图 22.20 所示的模型表面为拔模枢轴平面，拔模方向如图 22.20 所示，在拔模角度文本框中输入拔模角度值 8.0，单击 按钮；单击 ✓ 按钮，完成拔模特征 1 的创建。

图 22.19　拔模 1 　　　　　　　　　　　　　　　图 22.20　定义拔模参照

Step10. 创建图 22.21 所示的拉伸特征 7。在操控板中单击"拉伸"按钮 拉伸 ；选取图 22.22 所示的面为草绘平面，选取 RIGHT 基准平面为参考平面，方向为 右 ；单击 草绘 按钮，绘制图 22.23 所示的截面草图，单击操控板中的 选项 按钮，在"深度"界面中将 侧 1 的深度类型设置为 ，选择 Step7 创建的偏移曲面为第一侧的拉伸边界；将 侧 2 的深度类型设置为 ，选择 Step4 创建的拉伸曲面为第二侧的拉伸边界；按下"加厚草绘"按钮 ，在其文本框中输入值 1.0；单击 ✓ 按钮，完成拉伸特征 7 的创建。

Step11. 创建图 22.24 所示的拉伸特征 8。在操控板中单击"拉伸"按钮 拉伸 ；选取图 22.25 所示的面为草绘平面，接受系统默认的参考平面及方向，绘制图 22.26 所示的截面草图；在操控板中选择拉伸类型为 ，单击操控板中的 选项 按钮，在"深度"界面中将侧1 的深度类型设置为 ，选择 Step7 创建的偏移曲面为第一侧的拉伸边界；将侧2 的深度类型设置为 ，选择 Step4 创建的拉伸曲面为第二侧的拉伸边界；按下"加厚草绘"按钮 ，在其文本框中输入值 1.0；单击 按钮，完成拉伸特征 8 的创建。

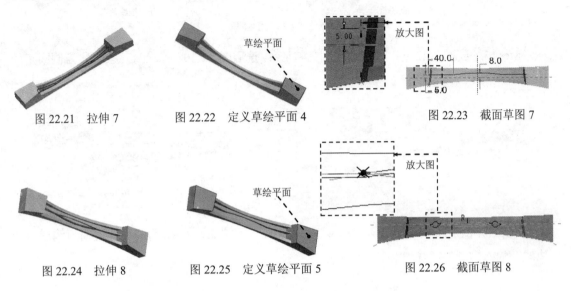

图 22.21　拉伸 7　　　　图 22.22　定义草绘平面 4　　　　图 22.23　截面草图 7

图 22.24　拉伸 8　　　　图 22.25　定义草绘平面 5　　　　图 22.26　截面草图 8

Step12. 创建图 22.27b 所示的倒圆角特征 1。选取图 22.27a 所示的两条边线为倒圆角的边线；输入倒圆角半径值 3.0。

a）倒圆角前　　　　　　　　　　　　　　　　　　　b）倒圆角后

图 22.27　倒圆角 1

Step13. 创建图 22.28b 所示的倒圆角特征 2。选取图 22.28a 所示的 6 条边线为倒圆角的边线；输入倒圆角半径值 2.0。

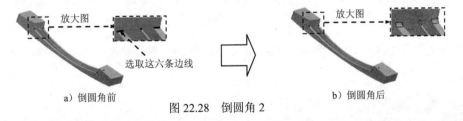

a）倒圆角前　　　　　　　　　　　　　　　　　　　b）倒圆角后

图 22.28　倒圆角 2

Step14. 创建图 22.29b 所示的倒圆角特征 3。选取图 22.29a 所示的两条边线为倒圆角的边线；输入倒圆角半径值 0.5。

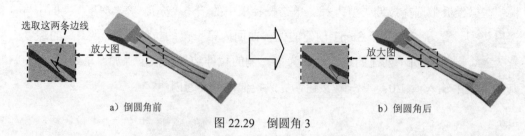

a）倒圆角前

b）倒圆角后

图 22.29　倒圆角 3

Step15. 创建图 22.30b 所示的倒圆角特征 4。选取图 22.30a 所示的三条边线为倒圆角的边线；输入倒圆角半径值 0.5。

a）倒圆角前

b）倒圆角后

图 22.30　倒圆角 4

Step16. 创建图 22.31b 所示的倒圆角特征 5。选取图 22.31a 所示的两条边线为倒圆角的边线；输入倒圆角半径值 2.0。

a）倒圆角前

b）倒圆角后

图 22.31　倒圆角 5

Step17. 创建图 22.32 所示的基准平面特征 1。单击 模型 功能选项卡 基准 ▾ 区域中的"平面"按钮 ▱，在模型树中选取 TOP 基准平面为偏距参考面，在对话框中输入偏移距离值 2.0，单击对话框中的 确定 按钮。

Step18. 创建图 22.33 所示的拉伸特征 9。在操控板中单击"拉伸"按钮 拉伸；在操控板中按下"移除材料"按钮 ▱；选取图 22.34 所示的面为草绘平面，选取 RIGHT 基准平面为参考平面，方向为 右；单击 草绘 按钮，绘制图 22.35 所示的截面草图；在操控板中选择拉伸类型为 ，选择 Step7 创建的偏移曲面为拉伸的边界；单击 ✓ 按钮，完成拉伸特征 9 的创建。

图 22.32　DTM1

图 22.33　拉伸 9

图 22.34　定义草绘平面 6

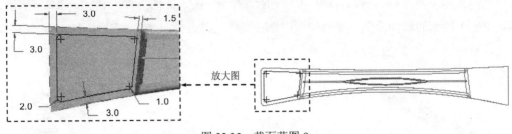

图 22.35　截面草图 9

Step19. 创建图 22.36 所示的拉伸特征 10。在操控板中单击"拉伸"按钮 拉伸；选取图 22.37 所示的面为草绘平面，选取 RIGHT 基准平面为参考平面，方向为 右；单击 草绘 按钮，绘制图 22.38 所示的截面草图；在操控板中选择拉伸类型为 ，选择 Step7 创建的偏移曲面为拉伸的边界；单击 按钮，完成拉伸特征 10 的创建。

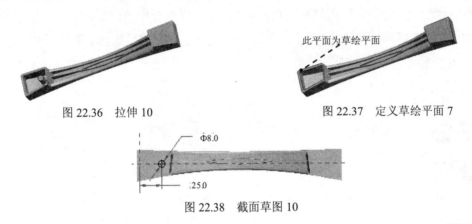

图 22.36　拉伸 10　　　　　　　　　　图 22.37　定义草绘平面 7

图 22.38　截面草图 10

Step20. 创建图 22.39 所示的拉伸特征 11。在操控板中单击"拉伸"按钮 拉伸；选取 DTM1 基准面为草绘平面，选取 RIGHT 基准平面为参考平面，方向为 右；单击 草绘 按钮，绘制图 22.40 所示的截面草图；在操控板中选择拉伸类型为 ，输入深度值 1.0；单击 按钮，完成拉伸特征 11 的创建。

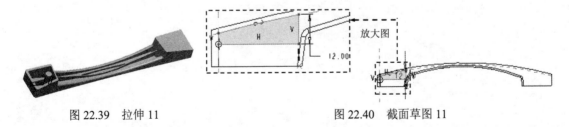

图 22.39　拉伸 11　　　　　　　　图 22.40　截面草图 11

Step21. 创建图 22.41 所示的基准平面特征 2。单击 模型 功能选项卡 基准 ▾ 区域中的"平面"按钮 ，在模型树中选取 RIGHT 基准平面为参考面，类型设置为平行，按住 Ctrl 键，选择图 22.41 所示的轴 A_1，单击对话框中的 确定 按钮。

Step22. 创建图 22.42 所示的拉伸特征 12。在操控板中单击"拉伸"按钮 拉伸；选取

DTM2 基准面为草绘平面，选取 TOP 基准平面为参考平面，方向为 上 ；单击 草绘 按钮，绘制图 22.43 所示的截面草图；在操控板中选择拉伸类型为 $\boxminus$ ，输入深度值 1.0；单击 ✔ 按钮，完成拉伸特征 12 的创建。

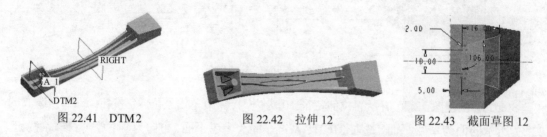

图 22.41　DTM2　　　　　　　　图 22.42　拉伸 12　　　　　　　图 22.43　截面草图 12

　　Step23. 创建图 22.44 所示的孔特征 1。单击 模型 功能选项卡 工程 ▼ 区域中的 孔 按钮；按住 Ctrl 键，选取图 22.45 所示的模型表面和轴线 A_1 为主参考；在操控板中单击"螺孔"按钮 ，选择 ISO 螺纹标准，螺钉尺寸选择 M5×.5；在操控板中单击 按钮；单击 形状 按钮，按照图 22.46 所示的"形状"界面中的参数设置来定义孔的形状；在操控板中单击 ✔ 按钮，完成孔特征 1 的创建。

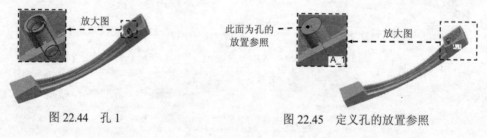

图 22.44　孔 1　　　　　　　　　　　　图 22.45　定义孔的放置参照

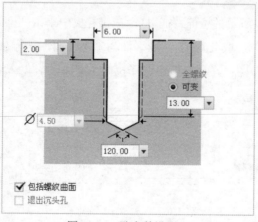

图 22.46　孔参数设置

　　Step24. 创建图 22.47b 所示的倒圆角特征 6。单击 模型 功能选项卡 工程 ▼ 区域中的 倒圆角 ▼ 按钮，选取图 22.47a 所示的边线为倒圆角的边线；输入倒圆角半径值 0.5。

图 22.47   倒圆角 6

Step25. 创建图 22.48 所示的镜像特征 1。按住 Ctrl 键，在模型树中分别选取 Step18~Step24 中创建的特征，右击，在弹出的快捷菜单中选择 组 命令；在模型树中单击 组 LOCAL_GROUP 特征，单击 模型 功能选项卡 编辑 ▾ 区域中的"镜像"按钮 ；选取 RIGHT 基准平面为镜像平面，单击 ✔ 按钮，完成镜像特征 1 的创建。

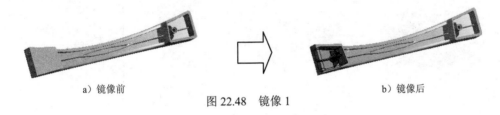

图 22.48   镜像 1

Step26. 创建倒圆角特征 7。选取图 22.49a 所示的边线为倒圆角的边线；输入倒圆角半径值 3.0。

图 22.49   倒圆角 7

Step27. 保存零件模型文件。

实例 23　香　皂　盒

实例概述:

　　本实例主要运用"拉伸""实体化""扫描""壳"等特征命令，在设计此零件的过程中应充分利用 "偏移曲面"命令。下面介绍该零件的设计过程，零件模型及模型树如图 23.1 所示。

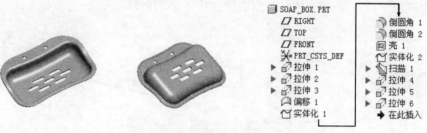

图 23.1　零件模型及模型树

Step1. 新建零件模型。新建一个零件模型，命名为 SOAP_BOX。

Step2. 创建图 23.2 所示的拉伸特征 1。在操控板中单击"拉伸"按钮 拉伸；选取 FRONT 基准平面为草绘平面，选取 RIGHT 基准平面为参考平面，方向为 右；单击 草绘 按钮，绘制图 23.3 所示的截面草图；在操控板中选择拉伸类型为 ，输入深度值 30.0；单击 按钮，完成拉伸特征 1 的创建。

图 23.2　拉伸 1

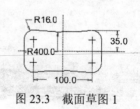

图 23.3　截面草图 1

　　Step3. 创建图 23.4 所示的拉伸特征 2。在操控板中单击"拉伸"按钮 拉伸；按下操控板中的"曲面类型"按钮 ；选取 RIGHT 基准平面为草绘平面，选取 TOP 基准平面为参考平面，方向为 右；绘制图 23.5 所示的截面草图；在操控板中定义拉伸类型为 ，输入深度值 150.0；单击 按钮，完成拉伸特征 2 的创建。

　　Step4. 创建图 23.6 所示的拉伸特征 3。在操控板中单击"拉伸"按钮 拉伸；选取图 23.7 所示的面为草绘平面，选取 RIGHT 基准平面为参考平面，方向为 右；单击 草绘 按钮，绘制图 23.8 所示的截面草图；在操控板中选择拉伸类型为 ，选择 Step3 创建的拉伸曲面为拉伸边界；单击 ✓ 按钮，完成拉伸特征 3 的创建。

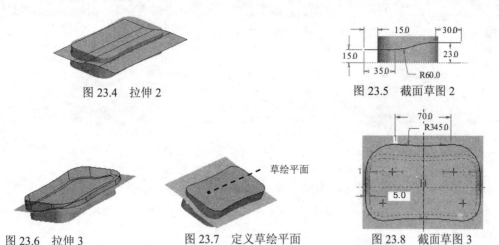

图 23.4　拉伸 2　　　　　图 23.5　截面草图 2

图 23.6　拉伸 3　　图 23.7　定义草绘平面　　图 23.8　截面草图 3

Step5. 创建图 23.9 所示的偏移曲面 1。选取 Step3 创建的拉伸曲面；单击 偏移 按钮，选择偏移"标准"类型 ▥，偏移距离值为 3.0，单击 % 按钮；单击 ✓ 按钮，完成偏移曲面 1 的创建。

Step6. 创建图 23.10 所示的曲面实体化 1。选取 Step5 创建的偏移曲面，单击 实体化 按钮；按下"移除材料"按钮 ▨，单击 % 按钮使切除方向反向；单击 ✓ 按钮，完成曲面实体化 1 的创建。

图 23.9　偏移 1　　　　　　图 23.10　实体化 1

Step7. 创建倒圆角特征 1。在模型树中单击 拉伸 2 ，右击，在弹出的快捷菜单中选择 隐藏 命令，则拉伸曲面被隐藏；选取图 23.11 所示的边线为倒圆角的边线；输入倒圆角半径值 12.0。

Step8. 创建倒圆角特征 2。选取图 23.12 所示的边线为倒圆角的边线；输入倒圆角半径值 4.0。

图 23.11　选取倒圆角 1 的边线　　　　图 23.12　选取倒圆角 2 的边线

Step9. 创建图 23.13b 所示的抽壳特征 1。单击 模型 功能选项卡 工程▼ 区域中的“壳”按钮 壳，选取图 23.13a 所示的面为移除面，在 厚度 文本框中输入壁厚值 2.0，单击 按钮调整加厚方向；单击 ✔ 按钮，完成抽壳特征 1 的创建。

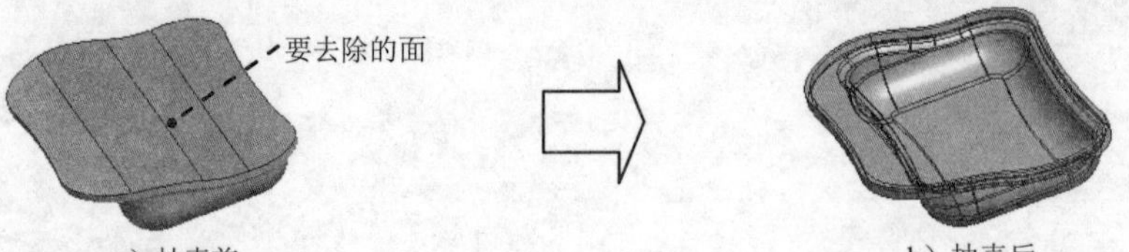

a）抽壳前　　b）抽壳后

图 23.13　壳 1

Step10. 创建图 23.14 所示的曲面实体化 2。选取 Step3 创建的拉伸曲面，单击 实体化 按钮，按下“移除材料”按钮，调整图形区中的箭头使其指向要保留的实体；单击 ✔ 按钮，完成曲面实体化 2 的创建。

Step11. 创建图 23.15 所示的扫描特征 1。单击 模型 功能选项卡 形状▼ 区域中的 扫描▼ 按钮；单击操控板中的 参考 按钮，再单击 细节... 按钮，选取图 23.16 所示的扫描轨迹，在操控板中单击“创建或编辑扫描截面”按钮，绘制图 23.17 所示的扫描截面草图（此处会根据选择第一条线段的不同草图而使方向不同）；单击 ✔ 按钮，完成扫描特征 1 的创建。

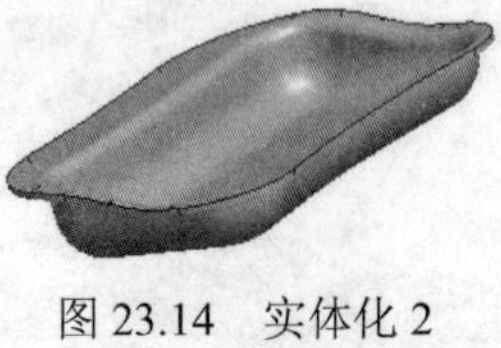

图 23.14　实体化 2

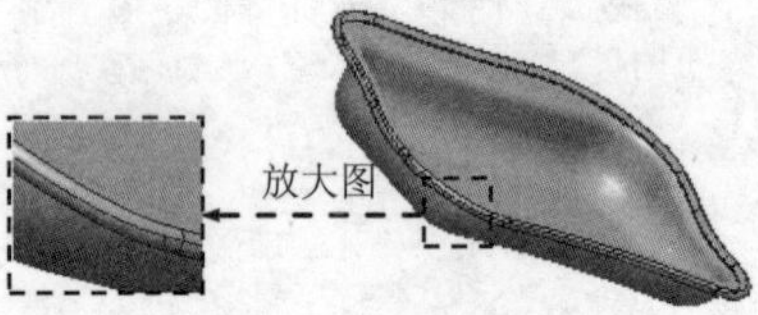

图 23.15　扫描 1

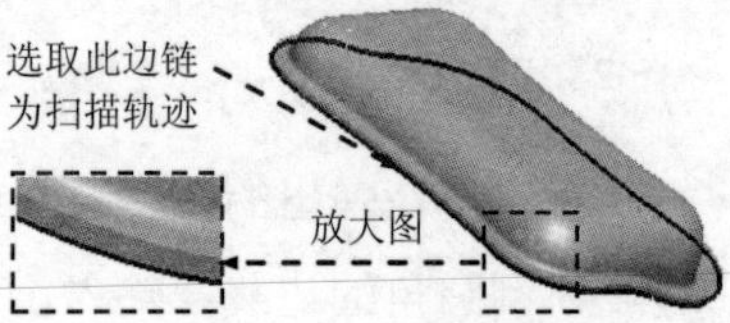

图 23.16　扫描轨迹

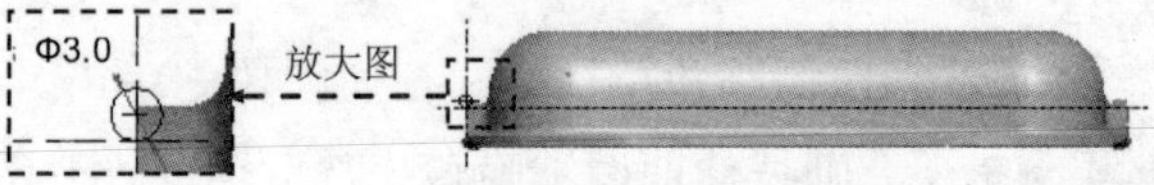

图 23.17　扫描截面草图

Step12. 创建图 23.18 所示的拉伸特征 4。在操控板中单击“拉伸”按钮 拉伸；在操控板中按下“移除材料”按钮；选取 FRONT 基准平面为草绘平面，选取 RIGHT 基准平面为参考平面，方向为 右；单击 草绘 按钮，绘制图 23.19 所示的截面草图；在操控板中选择拉伸类型为，单击 按钮；单击 ✔ 按钮，完成拉伸特征 4 的创建。

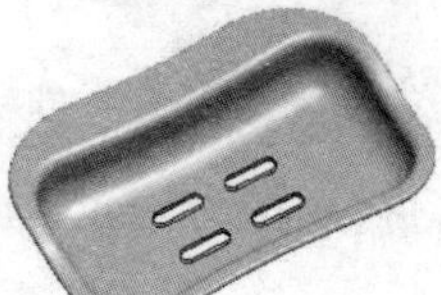

图 23.18　拉伸 4

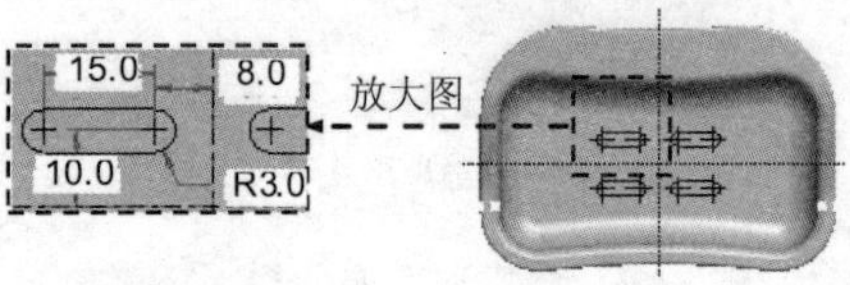

图 23.19　截面草图 4

Step13. 创建图 23.20 所示的拉伸特征 5。在操控板中单击"拉伸"按钮  ；在操控板中按下"移除材料"按钮 ；选取 FRONT 基准平面为草绘平面，选取 RIGHT 基准平面为参考平面，方向为 右 ；单击 草绘 按钮，绘制图 23.21 所示的截面草图；在操控板中选择拉伸类型为 ；单击 ✔ 按钮，完成拉伸特征 5 的创建。

图 23.20　拉伸 5

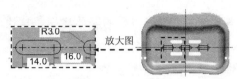

图 23.21　截面草图 5

Step14. 创建图 23.22 所示的拉伸特征 6。在操控板中单击"拉伸"按钮 ；在操控板中按下"移除材料"按钮 ；选取图 23.23 所示的面为草绘平面，接受默认的参照平面，方向为 左 ；单击 草绘 按钮，绘制图 23.24 所示的截面草图；在操控板中选择拉伸类型为 ；单击 ✔ 按钮，完成拉伸特征 6 的创建。

图 23.22　拉伸 6　　　　　图 23.23　设置草绘平面　　　　　图 23.24　截面草图 6

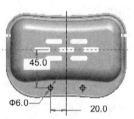

Step15. 保存零件模型文件。

实例 24　勺　　　子

实例概述：

　　本实例主要讲述勺子的实体建模，建模过程中包括基准点、基准面、边界混合、曲面合并、实体化和抽壳特征的创建。其中边界混合的操作技巧性较强，需要读者用心体会。零件模型及模型树如图 24.1 所示。

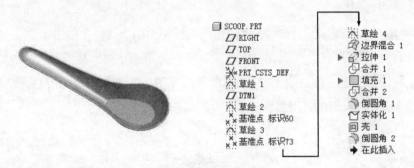

图 24.1　零件模型及模型树

　　Step1. 新建零件模型。新建一个零件模型，命名为 SCOOP。

　　Step2. 创建图 24.2 所示的草图 1。在操控板中单击"草绘"按钮⚊；选取 TOP 基准平面为草绘平面，选取 RIGHT 基准平面为参考平面，方向为 右，单击 草绘 按钮，绘制图 24.2 所示的草图。

　　Step3. 创建图 24.3 所示的基准平面特征 1。单击 模型 功能选项卡 基准 ▾ 区域中的"平面"按钮 ▱ ，在模型树中选取 TOP 基准平面为偏距参考面，在对话框中输入偏移距离值 25.0，单击对话框中的 确定 按钮。

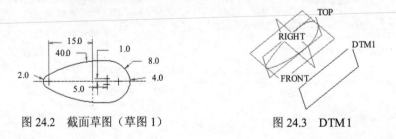

图 24.2　截面草图（草图 1）　　　　图 24.3　DTM1

　　Step4. 创建图 24.4 所示的草图 2。在操控板中单击"草绘"按钮⚊；选取 DTM1 基准平面为草绘平面，选取 RIGHT 基准平面为参考平面，方向为 右，单击 草绘 按钮，绘制图 24.4 所示的草图。

　　Step5. 创建图 24.5 所示的基准点——基准点 标识 60。单击"创建基准点"按钮 ✕✕点 ▾ ，

按 Ctrl 键选取模型上的基准曲线 1 和基准曲面 FRONT，该曲线上立即出现一个基准点
PNT0；单击 新点 按钮，按 Ctrl 键选取模型上的基准曲线 2 和基准曲面 FRONT，该曲线上
立即出现一个基准点 PNT1；单击 新点 按钮，按 Ctrl 键选取模型上的基准曲线 3 和基准曲
面 FRONT，该曲线上立即出现一个基准点 PNT2；单击 新点 按钮，按 Ctrl 键选取模型上的
基准曲线 4 和基准曲面 FRONT，该曲线上立即出现一个基准点 PNT3；在"基准点"对话
框中单击 确定 按钮。

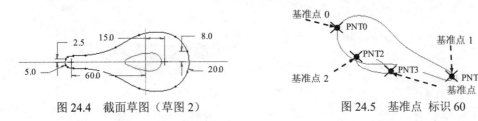

图 24.4　截面草图（草图 2）　　　　图 24.5　基准点 标识 60

Step6. 创建图 24.6 所示的草图 3。在操控板中单击"草绘"按钮 ；选取 FRONT 基
准平面为草绘平面，选取 RIGHT 基准平面为参考平面，方向为 右，单击 草绘 按钮，绘制
图 24.6 所示的草图。

Step7. 添加如图 24.7 所示的基准点——基准点 标识 73。单击"创建基准点"按钮
××点 ，按 Ctrl 键选取模型上的基准曲线 5 和基准曲面 RIGHT，该曲线上立即出现一个基
准点 PNT4；单击 新点 ，按 Ctrl 键选取模型上的基准曲线 6 和基准曲面 RIGHT，该曲线上
立即出现一个基准点 PNT5。

Step8. 创建图 24.8 所示的草图 4。在操控板中单击"草绘"按钮 ；选取 RIGHT 基
准平面为草绘平面，选取 TOP 基准平面为参考平面，方向为 上，单击 草绘 按钮，绘制图
24.8 所示的草图。

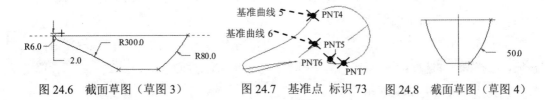

图 24.6　截面草图（草图 3）　　图 24.7　基准点 标识 73　图 24.8　截面草图（草图 4）

Step9. 创建图 24.9 所示的边界混合曲面 1。单击"边界混合"按钮 ；按住 Ctrl 键，
依次选取图 24.10 所示的草绘 1、草绘 2 为第一方向边界曲线；单击操控板中第二方向曲线
操作栏，按住 Ctrl 键，依次选取图 24.11 所示的边线 1、边线 2、边线 3 和边线 4 为第二方
向边界曲线；单击 按钮，完成边界混合曲面 1 的创建。

Step10. 创建图 24.12 所示的拉伸 1。在操控板中单击"拉伸"按钮 拉伸；按下操控板
中的"曲面类型"按钮 ；选取 FRONT 基准平面为草绘平面，选取 RIGHT 基准平面为参
考平面，方向为 右；绘制图 24.13 所示的截面草图；在操控板中定义拉伸类型为 ，输入

深度值 60.0；单击 ✔ 按钮，完成拉伸曲面 1 的创建。

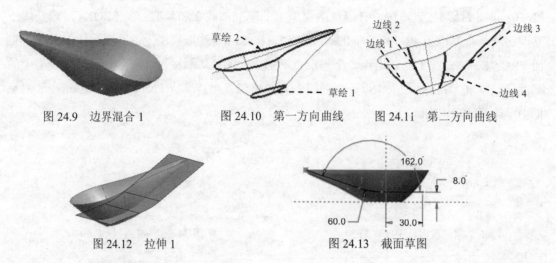

图 24.9　边界混合 1　　　图 24.10　第一方向曲线　　图 24.11　第二方向曲线

图 24.12　拉伸 1　　　　　　　图 24.13　截面草图

Step11. 创建图 24.14 所示的曲面合并 1。单击系统界面下部的"智能"选取栏后面的 ▼ 按钮，选择 面组 选项；按住 Ctrl 键，选取面组 1 与面组 2，单击 ⬜合并 按钮；单击 ✔ 按钮，完成曲面合并 1 的创建。

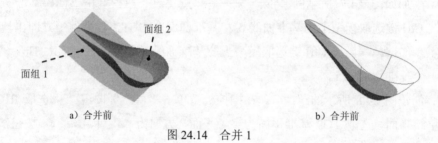

a) 合并前　　　　　　　　　　　　　b) 合并前

图 24.14　合并 1

Step12. 创建图 24.15 所示的填充曲面 1。单击 ⬜填充 按钮；选择草绘 1 为参照，单击 ✔ 按钮，完成填充曲面 1 的创建。

Step13. 创建图 24.16 所示的曲面合并 2。单击系统界面下部的"智能"选取栏后面的 ▼ 按钮，选择 面组 选项；按住 Ctrl 键，选取合并面组与填充面组，单击 ⬜合并 按钮；单击 ✔ 按钮，完成曲面合并 2 的创建。

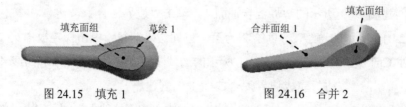

图 24.15　填充 1　　　　　　　　图 24.16　合并 2

Step14. 创建图 24.17b 所示的倒圆角特征 1。选取图 24.17a 所示的边线为倒圆角的边线；输入倒圆角半径值 1.0。

a）倒圆角前　　　　　　　　　　b）倒圆角后

图 24.17　倒圆角 1

Step15. 添加实体化曲面——实体化 1。选取合并 2，单击 ⬚ 实体化 按钮；单击 ✔ 按钮，完成曲面实体化 1 的创建。

Step16. 创建图 24.18b 所示的抽壳特征 1。单击 模型 功能选项卡 工程 ▾ 区域中的"壳"按钮 回壳 ；选取图 24.18a 所示的面为移除面，在 厚度 文本框中输入壁厚值 0.8；单击 ✔ 按钮，完成抽壳特征 1 的创建。

曲面 1　　曲面 2　　曲面 3

a）抽壳前　　　　　　　　　　b）抽壳后

图 24.18　壳 1

Step17. 创建图 24.19b 所示的倒圆角特征 2。单击 模型 功能选项卡 工程 ▾ 区域中的 ⬚ 倒圆角 ▾ 按钮；按住 Ctrl 键，选取图 24.19a 所示的边线为倒圆角的边线；单击 集 选项，在其界面中单击 完全倒圆角 按钮。

选取这两条边链

a）倒圆角前　　　　　　　　　　b）倒圆角后

图 24.19　倒圆角 2

Step18. 保存零件模型。

实例 25　　牙　　刷

实例概述：

　　本实例讲解了一款牙刷塑料部分的设计过程，本实例的创建方法技巧性较强，其中相交特征的创建过程是首次出现，而且填充阵列的操作性比较强，需要读者用心体会。零件模型及模型树如图 25.1 所示。

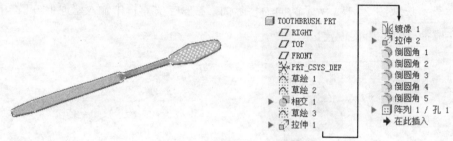

图 25.1　零件模型及模型树

　　Step1. 新建零件模型。新建一个零件模型，命名为 TOOTHBRUSH。

　　Step2. 创建图 25.2 所示的草绘 1。在操控板中单击"草绘"按钮 ；选取 RIGHT 基准平面作为草绘平面，选取 TOP 基准平面为参考平面，方向为 左 ；单击 草绘 按钮，绘制图 25.2 所示的草图。

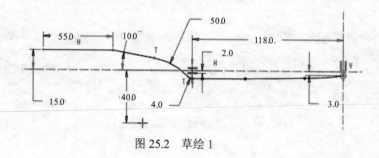

图 25.2　草绘 1

　　Step3. 创建图 25.3 所示的草绘 2。在操控板中单击"草绘"按钮 ；选取 FRONT 基准平面作为草绘平面，选取 RIGHT 基准平面为参考平面，方向为 上 ；单击 草绘 按钮，绘制图 25.3 所示的草图。

　　Step4. 创建相交曲线——相交 1。按住 Ctrl 键，选择模型树中的草绘 1 和草绘 2；单击"相交"按钮 ，单击"完成"按钮 。

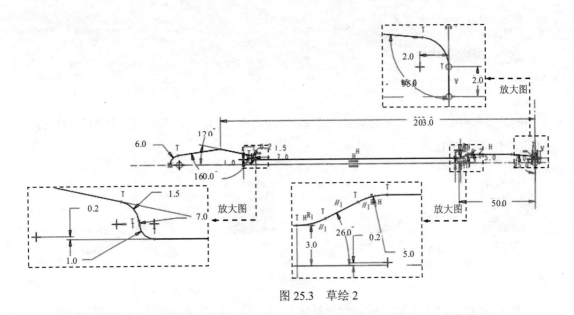

图 25.3 草绘 2

Step5. 创建图 25.4 所示的拉伸特征 1。在操控板中单击"拉伸"按钮 ⬚拉伸；选取 RIGHT 基准平面为草绘平面，选取 TOP 基准平面为参考平面，方向为 左；单击 草绘 按钮，绘制图 25.5 所示的截面草图；在操控板中选择拉伸类型为 ⯐，输入深度值 20.0；单击 ✔ 按钮，完成拉伸特征 1 的创建。

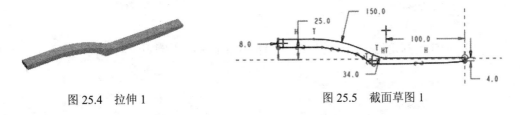

图 25.4 拉伸 1　　　　　　　　图 25.5 截面草图 1

Step6. 创建图 25.6 所示的镜像特征 1。选中模型树中的 ⬡相交 1 特征，选取 RIGHT 基准平面为镜像平面，单击 ✔ 按钮，完成镜像特征 1 的创建。

a）镜像前　　　　　　　　　　　　b）镜像后

图 25.6 镜像 1

Step7. 创建图 25.7 所示的拉伸特征 2。在操控板中单击"拉伸"按钮 ⬚拉伸；在操控板中按下"移除材料"按钮 ☑；选取 FRONT 基准平面为草绘平面，选取 RIGHT 基准平面为参考平面，方向为 下；单击 草绘 按钮，绘制图 25.8 所示的截面草图；在操控板中选择拉伸类型为 ⯐，输入深度值 50.0，单击 ⌐ 后的 ⤢ 按钮；单击 ✔ 按钮，完成拉伸特征 2 的创建。

图 25.7　拉伸 2　　　　　　　　　　　图 25.8　截面草图 2

Step8. 创建图 25.9b 所示的倒圆角特征 1。选取图 25.9a 所示的边线为倒圆角的边线；输入倒圆角半径值 10.0。

图 25.9　倒圆角 1

Step9. 创建图 25.10b 所示的倒圆角特征 2。选取图 25.10a 所示的边线为倒圆角的边线；输入倒圆角半径值 20.0。

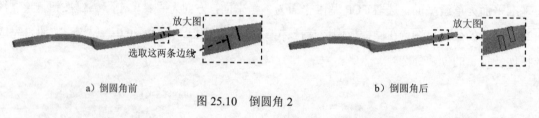

图 25.10　倒圆角 2

Step10. 创建倒圆角特征 3。选取图 25.11 所示的边线为倒圆角的边线；输入倒圆角半径值 1.5。

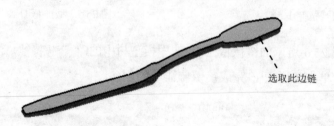

图 25.11　选取倒圆角 3 的边线

Step11. 创建图 25.12b 所示的倒圆角特征 4。选取图 25.12a 所示的边线为倒圆角的边线；输入倒圆角半径值 20.0。

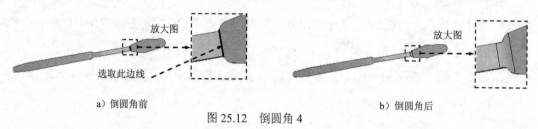

图 25.12　倒圆角 4

Step12. 创建图 25.13b 所示的倒圆角特征 5。选取图 25.13a 所示的边线为倒圆角的边线；输入倒圆角半径值 1.5。

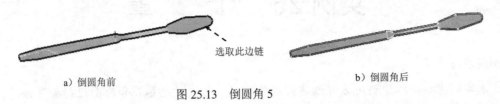

a) 倒圆角前　　　　　　　　　　　　　　　　b) 倒圆角后

图 25.13　倒圆角 5

Step13. 创建图 25.14 所示的孔特征 1。单击 模型 功能选项卡 工程 ▼ 区域中的 ⬤孔 按钮；选取图 25.14 所示的模型表面为主参考，选取 RIGHT 基准平面为孔的放置参照，与孔轴的约束类型为 对齐，选取图 25.14 所示的边线为参照，约束类型为 偏移，偏移距离值为 3.0；在操控板中按下孔类型按钮 ⊔，输入钻孔直径值 2.0，深度类型为 ⊥，输入深度值 3.0。

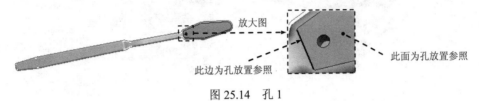

图 25.14　孔 1

Step14. 创建图 25.15b 所示的阵列特征 1。在模型树中选中 孔 1 特征，右击，在弹出的快捷菜单中选择 阵列… 命令；在操控板中选取以"填充"方式来控制阵列；在图形区右击，从弹出的快捷菜单中选择 定义内部草绘… 命令；选择图 25.16 所示的表面为草绘平面，接受系统默认的参照平面和方向，绘制图 25.17 所示的截面草图，在操控板中选取 方式；在 文本框中输入值 3.0，在 文本框中输入值 1.0，在 文本框中输入角度值 0.0；单击 按钮，完成阵列特征 1 的创建。

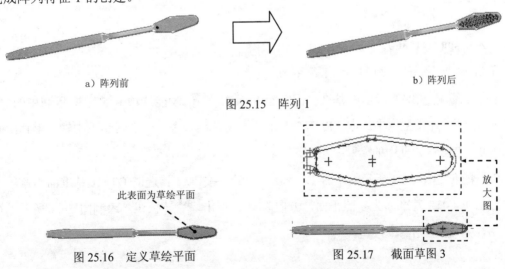

a) 阵列前　　　　　　　　　　　　　　　　b) 阵列后

图 25.15　阵列 1

图 25.16　定义草绘平面　　　　图 25.17　截面草图 3

Step15. 保存零件模型文件。

实例 26　灯　　罩

实例概述：

　　本实例主要介绍了利用方程创建曲线的特征，通过对边界混合曲面进行加厚操作，就实现了零件的实体特征，读者在绘制过程中应注意坐标系类型的选择。零件模型及模型树如图 26.1 所示。

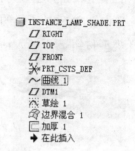

図 26.1　零件模型及模型树

Step1. 新建零件模型。新建一个零件模型，命名为 INSTANCE_LAMP_SHADE。

Step2. 创建图 26.2 所示的基准曲线 1。单击 模型 功能选项卡 基准 ▼ 下 ～曲线 后的 ～来自方程的曲线，坐标系类型选择 柱坐标 ；在模型树中单击选中 PRT_CSYS_DEF 坐标系，单击 方程… 按钮；在系统弹出的"方程"窗口中，输入螺旋曲线的方程组：

　　r=150

　　theta=t*360

　　z=9*sin(10*t*360)

单击 确定 按钮，完成后单击 ✔ 按钮。

Step3. 创建图 26.3 所示的基准平面特征 1。单击 模型 功能选项卡 基准 ▼ 区域中的"平面"按钮 ▱，在模型树中选取 FRONT 基准平面为偏距参考面，在对话框中输入偏移距离值 150.0，单击对话框中的 确定 按钮。

Step4. 创建图 26.4 所示的草图 1。单击"草绘"按钮 ▨；选取 DTM1 基准面为草绘平面，选取 RIGHT 基准面为参照平面，方向为 右；单击 草绘 按钮，绘制图 26.4 所示的截面草图，完成后单击 ✔ 按钮。

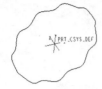

图 26.2 基准曲线 1

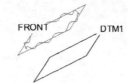

图 26.3 基准面 DTM 1

图 26.4 草图 1

Step5. 创建图 26.5 所示的边界混合曲面 1。单击"边界混合"按钮；按住 Ctrl 键不放，分别选取"基准曲线 1"和"草图 1"为第一方向的边界曲线；单击 按钮，完成边界混合曲面 1 的创建。

Step6. 创建图 26.6 所示的曲面加厚 1。选取"边界混合 1"为加厚对象，单击 按钮，输入厚度值 3.0；单击 按钮，完成加厚操作。

图 26.5 边界混合 1

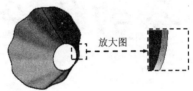

图 26.6 加厚 1

Step7. 保存零件模型文件。

第4章

参数化设计齿轮实例

本章主要包含如下内容:

实例 27　参数化设计圆柱齿轮

实例概述：

　　本实例将创建一个由用户参数通过关系式所控制的圆柱齿轮模型，使用的是一种典型的系列化产品的设计方法，它使产品的更新换代更加快捷、方便。零件模型及模型树如图 27.1 所示。

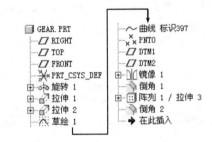

图 27.1　零件模型及模型树

　　Step1. 新建零件模型。新建一个零件模型，命名为 GEAR。

　　Step2. 创建齿轮的部分参数：齿轮模数——M，齿轮齿数——Z，齿轮厚度——WIDTH，齿轮压力角——PA。单击 **工具** 功能选项卡 模型意图 ▾ 区域中的"参数"按钮 **[ ]** 参数，设置图 27.2 所示的参数，单击 确定 按钮。

图 27.2　"参数"对话框

　　Step3. 创建图 27.3 所示的旋转特征 1。在操控板中单击"旋转"按钮 ⬩ 旋转；选取 FRONT 基准平面为草绘平面，选取 RIGHT 基准平面为参考平面，方向为 右；单击 草绘 按钮，绘制图 27.4a 所示的截面草图（包括中心线；外圆直径值可任意给出，此后将由关系式控制）；单击按钮 **工具** ➡ **d=关系** 命令，系统弹出"关系"对话框，草绘截面将变成如图 27.4b 所示的参数草绘。在"关系"对话框中输入关系式：

　　　Sd0=width

　　　Sd13=0.25*width

　　　Sd12=m*z+2.5*m

　　单击"参数"对话框中的"确定"按钮，单击"草绘完成"按钮 ✔。在操控板中选择旋转类型为 ⊥，在角度文本框中输入角度值 360.0；单击 ✔ 按钮，完成旋转特征 1 的创建。

　　说明：关系式中，Sd0、Sd13、Sd12 是本例中的三个尺寸值，读者可根据自己创建的草图进行修改。

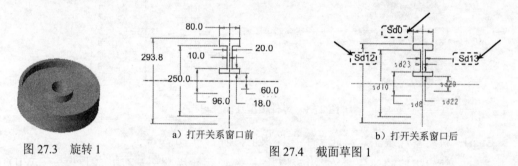

图 27.3　旋转 1　　　a) 打开关系窗口前　　　b) 打开关系窗口后

图 27.4　截面草图 1

　　Step4. 创建图 27.5 所示的拉伸特征 1。在操控板中单击"拉伸"按钮 ⬚ **拉伸**；在操控板中按下"移除材料"按钮 ⬚；选取 RIGHT 基准平面为草绘平面，选取 TOP 基准平面为参考平面，方向为 **左**；单击 **草绘** 按钮，绘制图 27.6 所示的截面草图；单击操控板中的 **选项** 按钮，在"深度"界面中将 **侧1** 与 **侧2** 的深度类型均设置为 ╪ **穿透**；单击 ✔ 按钮，完成拉伸特征 1 的创建。

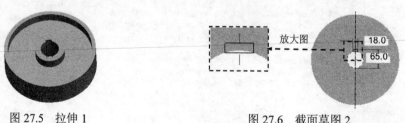

图 27.5　拉伸 1　　　　　放大图　　　图 27.6　截面草图 2

　　Step5. 创建图 27.7 所示的拉伸特征 2。在操控板中单击"拉伸"按钮 ⬚ **拉伸**；在操控板中按下"移除材料"按钮 ⬚；选取 RIGHT 基准平面为草绘平面，选取 TOP 基准平面为参考平面，方向为 **左**；单击 **草绘** 按钮，绘制图 27.8 所示的截面草图；单击操控板中的 **选项** 按钮，在"深度"界面中将 **侧1** 与 **侧2** 的深度类型均设置为 ╪ **穿透**；单击 ✔ 按钮，完成拉伸特征 2 的创建。

　　Step6. 创建图 27.9 所示的基准曲线 1。单击"草绘"按钮 ⌒；选取 RIGHT 基准平面为草绘面，选取 TOP 基准平面为草绘参考平面，方向为 下 ；单击 草绘 按钮，绘制图 27.9 所示的截面草图（直径值可任意给出，此后将由关系式控制），单击按钮 工具 ➡ d=关系 命令，系统弹出"关系"对话框，在其中输入关系式：

sd0=m*(z+2)

sd1=m*z

sd2=m*z*cos(pa)

sd3=m*z-2.5*m

db=sd2

完成后单击 ✓ 按钮。

图 27.7　拉伸 2

图 27.8　截面草图 3

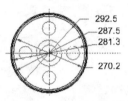

图 27.9　参数化草绘图形

Step7. 通过渐开线方程创建图 27.10 所示的曲线 1。单击 模型 功能选项卡 基准 ▼ 下的 ～曲线 按钮下的 ～来自方程的曲线 按钮；坐标系类型选择 笛卡尔 ，在系统 ➡选取坐标系。 提示下，在模型树中选取 PRT_CSYS_DEF 坐标系；单击 方程... 按钮，在系统弹出的"方程"窗口中，输入渐开线方程：

r=db/2

theta=t*60

x=0

y=r*cos(theta)+r*(theta*pi/180)*sin(theta)

z=r*sin(theta)-r*(theta*pi/180)*cos(theta)

单击 确定 按钮，完成后单击 ✓ 按钮。

Step8. 创建图 27.11 所示的基准点 PNT0。单击"创建基准点"按钮 ×点 ▼ ，按住 Ctrl 键，选择图 27.11 所示的曲线和分度圆曲线，该边线上立即出现一个基准点 PNT0，完成后单击 确定 按钮。

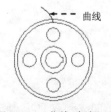

图 27.10　曲线　标识 397

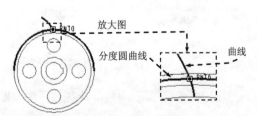

图 27.11　基准点 PNT0

Step9. 创建图 27.12 所示的基准平面特征 1。单击"平面"按钮 <kbd>□</kbd>，选择图 27.12 所示的 A_1 轴为参照，在对话框中选择约束类型为 **穿过**；按住 Ctrl 键，再选取 PNT0 为参照，在对话框中选择约束类型为 **穿过**；单击对话框中的 **确定** 按钮。

Step10. 创建图 27.13 所示的基准平面特征 2。单击"平面"按钮 <kbd>□</kbd>，选择图 27.13 所示的 A_1 轴为参照，在对话框中选择约束类型为 **穿过**；按住 Ctrl 键，再选取 DTM1 基准面为参照，在对话框中选择约束类型为 **偏移**，在旋转角度中输入值-0.7；单击对话框中的 **确定** 按钮。

图 27.12　基准面 DTM1　　　　　　图 27.13　基准面 DTM2

Step11. 创建图 27.14 所示的镜像特征 1。在图形区中选取图 27.14a 所示的镜像特征，选取 DTM2 基准平面为镜像平面，单击 <kbd>✔</kbd> 按钮，完成镜像特征 1 的创建。

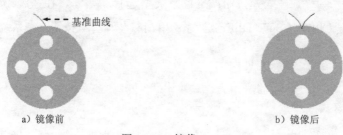

a）镜像前　　　　　　　　　　　　b）镜像后

图 27.14　镜像 1

Step12. 创建图 27.15b 所示的倒角特征 1。选取图 27.15a 所示的两条边线为倒角的边线；输入倒角值 2.0。

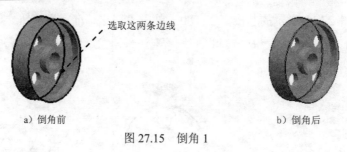

a）倒角前　　　　　　　　　　　　b）倒角后

图 27.15　倒角 1

Step13. 创建图 27.16 所示的拉伸特征 3。在操控板中单击"拉伸"按钮 <kbd>□拉伸</kbd>；在操控板中按下"移除材料"按钮 <kbd>□</kbd>；选取 RIGHT 基准平面为草绘平面，选取 TOP 基准平面为参考平面,方向为 左 ;单击 草绘 按钮,绘制图 27.17 所示的截面草图;单击操控板中的 选项 按钮,在"深度"界面中将 侧1 与 侧2 的深度类型均设置为 非 穿透 ;单击 ✔ 按钮,完成拉伸特征 3 的创建。

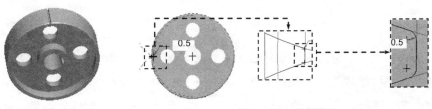

图 27.16　拉伸 3　　　　　　　　　图 27.17　截面草图 4

Step14. 创建图 27.18b 所示的阵列特征 1。在模型树中选中上步创建的拉伸特征右击,在弹出的快捷菜单中选择 阵列... 命令;在阵列控制方式下拉列表中选择 轴 选项,在模型中选择基准轴 A_1;在操控板中输入阵列的个数值 125 和旋转角度值 360/z,并按 Enter 键确认,阵列后如图 27.18b 所示;单击 ✔ 按钮,完成阵列特征 1 的创建。

a)阵列前　　　　　　　　　　　　　　　b)阵列后

图 27.18　阵列 1

Step15. 编辑参数关系。右击阵列的特征,在弹出的快捷菜单中选择 编辑 命令,单击 工具 ➡ d= 关系 命令,选中模型上产生的齿轮数(此时已是参数),在"关系"对话框中输入齿轮参数等于 Z,单击 确定 按钮完成参数的编辑。

Step16. 创建图 27.19b 所示的倒角特征 2。选取图 27.19a 所示的两条边线为倒角的边线;输入倒角值 2.0。

选取这两条
边线

放大图

a)倒角前　　　　　　　　　　　　　　b)倒角后

图 27.19　倒角 2

Step17. 通过改变 工具 ➡ d= 关系 中的齿数参数可以改变齿轮的齿数(120~130)。

Step18. 保存零件模型。

实例 28　参数化设计锥齿轮

实例概述：

　　本实例将创建一个由用户参数通过关系式控制的锥齿轮模型。首先创建用户参数，然后利用渐开线方程创建基准曲线，在基准曲线基础上创建拉伸曲面，再由拉伸曲面构建齿型槽轮廓，在旋转一特定角度后，通过扫描混合切削特征构造锥齿轮的齿型，最后再阵列。每一步创建的特征都由用户参数、关系式进行控制，这样最终的模型就是一个完全由用户参数控制的模型。通过编程的方法，将参数转化为输入提示，只要用户按提示输入模数、齿数、与之啮合的齿轮的齿数、齿宽，系统会马上生成符合要求的新产品。本实例较为复杂，希望读者通过本例加深理解参数化的设计方法。锥齿轮零件模型如图 28.1 所示。

　　Step1. 新建并命名零件的模型为 INSTANCE_C_S_GEAR。

　　Step2. 创建用户参数：齿轮模数——m，齿轮齿数——z，与之啮合的齿轮的齿数——z_am，齿轮压力角——angle，齿轮宽度——b，分度圆锥角——long，分度圆直径——d，齿顶圆直径——da，齿根圆直径——df，基圆直径——db。

　　（1）单击 工具 功能选项卡 模型意图 ▾ 区域中 () 参数 按钮。

　　（2）在 查找范围 选项组中，选择对象类型为 零件 ，然后单击 + 按钮。

　　（3）在 名称 栏中输入参数名 m，按 Enter 键；在 类型 栏中，选择参数类型为"实数"；在 值 栏中输入参数 m 的值 4，按 Enter 键。

　　（4）按同样方法创建用户参数 z，设置为"实数"，初始值为 50；创建用户参数 z_am，设置为"实数"，初始值为 40；创建用户参数 angle，设置为"实数"，初始值为 20；创建用户参数 b，设置为"实数"，初始值为 30；创建用户参数 long，设置为"实数"，初始值为 0；创建用户参数 d，设置为"实数"，初始值为 0；创建用户参数 da，设置为"实数"，初始值为 0；创建用户参数 df，设置为"实数"，初始值为 0；创建用户参数 db，设置为"实数"，初始值为 0。

　　（5）单击对话框中的 确定 按钮。

　　Step3. 在零件模型中创建关系。

　　（1）在零件模块中，单击 工具 功能选项卡 模型意图 ▾ 区域中 d= 关系 按钮。

　　（2）在对话框的关系编辑区，键入如下关系式：

long=atan(z/z_am)

d=m*z

da=d+2*m*cos(long)

df=d-2.4*m*cos(long)

db=d*cos(angle)

（3）单击对话框中的 确定 按钮。

Step4. 创建图 28.2 所示的一组基准曲线。在操控板中单击"草绘"按钮 ；选取 FRONT 基准平面为草绘平面，选取 RIGHT 基准平面为参考平面，方向为 右 ；单击 草绘 按钮，绘制图 28.3 所示的截面草图（直径值可任意给出，以后将由关系式控制）。

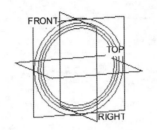

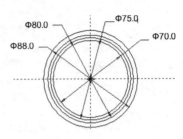

图 28.1　锥齿轮零件模型　　图 28.2　基准曲线（建模环境）　　图 28.3　基准曲线（草绘环境）

Step5. 在零件模型中创建关系。

（1）在零件模块中，单击 工具 功能选项卡 模型意图 区域中 d=关系 按钮，此时系统弹出"关系"对话框。

（2）选择上一步所绘制的一组基准曲线，此时系统显示出这组基准曲线的所有尺寸参数符号，如图 28.4 所示（单击 按钮，可以在模型尺寸值与名称之间进行切换）。

（3）在对话框的关系编辑区，键入如下关系式：

d0=df

d1=db

d2=d

d3=da

（4）单击对话框中的 确定 按钮。完成关系定义后，单击"重新生成"按钮 ，再生模型。

Step6. 通过渐开线方程创建图 28.5 所示的基准曲线。

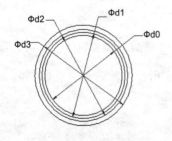

图 28.4　选取参数 1　　　　　　　图 28.5　创建基准曲线 1

（1）在 模型 功能选项卡 基准 ▾ 下拉菜单中选择 ～ 曲线 ▸ ➡ ～ 来自方程的曲线 命

令。

（2）在系统弹出的操控板中选取 PRT_CSYS_DEF 坐标系，并在 笛卡尔 ▼ 下拉列表中选择 笛卡尔 选项。

（3）单击操控板中的 方程... 按钮，在系统弹出的"方程"对话框中输入渐开线方程，结果如图 28.6 所示；单击对话框中的 确定 按钮，完成基准曲线的创建。

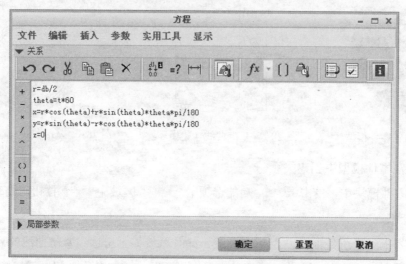

图 28.6　输入渐开线方程

Step7. 创建图 28.7 所示的拉伸曲面。在操控板中单击"拉伸"按钮 拉伸 ，按下操控板中的"曲面类型"按钮 ；选取 FRONT 基准平面为草绘平面，选取 RIGHT 基准平面为参考平面，方向为 右 ；单击 草绘 按钮，绘制图 28.8 所示的截面草图；在操控板中定义拉伸类型为 ，输入深度值 30.0（深度值可输入任意值，将来它由关系式定义）。

图 28.7　创建拉伸曲面 1　　　　图 28.8　截面草图 1

Step8. 在零件模型中创建关系。参考 Step5 的方法及图 28.9，创建上一步拉伸曲面的深度关系式 d4=b（由于尺寸符号会根据草绘情况不同有所变化，请读者在练习时多加注意）。

Step9. 延伸上一步创建的拉伸曲面，如图 28.10 所示。

（1）选取图 28.11 所示的边作为要延伸的边，单击 模型 功能选项卡 编辑 ▼ 区域中的 延伸 按钮。

图 28.9　选取参数 2

图 28.10　延伸曲面

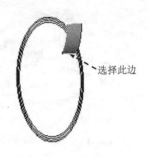
图 28.11　选取边线

（2）在操控板的 选项 界面的 方法 下拉列表中选择 相切 选项；在操控板中输入延伸距离值 10.0（此值可输入任意值，将来它由关系式定义）。

（3）单击"完成"按钮 ，完成延伸曲面的创建。

Step10. 在零件模型中创建关系。参考图 28.12，创建上一步延伸曲面的距离关系式 d5=d0/2。完成关系定义后，单击"重新生成"按钮 ，再生模型。

Step11. 创建图 28.13 所示的基准轴 A_1。选取 TOP 和 RIGHT 基准平面为参考，均设置为 穿过 。

Step12. 创建基准点 PNT0。单击 点 按钮，选取图 28.14 中的基准曲线和曲面为参考，完成后单击 确定 按钮。

图 28.12　选取参数 3

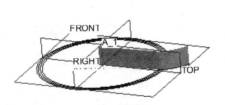
图 28.13　创建基准轴 A_1

图 28.14　创建基准点 PNT0

Step13. 创建图 28.15 所示的基准平面 DTM1。选取基准点 PNT0 和基准轴 A_1 为参考，均设置为 穿过 ，完成后单击 确定 按钮。

Step14. 创建图 28.16 所示的基准平面 DTM2。选取 DTM1 基准平面为参考，设置为 偏移 ，再选取基准轴 A_1 为参考，设置为 穿过 ，旋转角度值为 20.0（此值可输入任意值，将来它由关系式定义）；完成后单击 确定 按钮。

Step15. 在零件模型中创建关系。参考图 28.17，创建上一步基准平面的旋转角度关系式 d15=90/z，单击"重新生成"按钮 ，再生模型。

Step16. 创建图 28.18 所示的曲面的镜像。选取拉伸曲面为镜像源；单击 模型 功能选项卡 编辑 区域中的 镜像 按钮，选取 DTM2 基准平面为镜像平面；单击 按钮，完成镜像特征的创建。

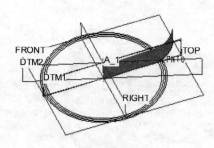

图 28.15　创建基准平面 DTM1

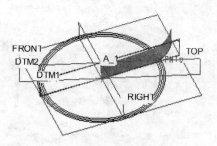

图 28.16　创建基准平面 DTM2

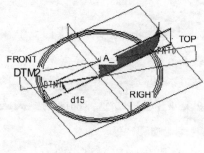

图 28.17　选取参数 4

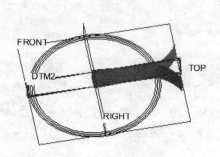

图 28.18　镜像曲面

Step17. 创建图 28.19 所示的拉伸曲面。在操控板中单击"拉伸"按钮 拉伸，按下操控板中的"曲面类型"按钮 ；选取 FRONT 基准平面为草绘平面，选取 RIGHT 基准平面为参考平面，方向为 上；单击 草绘 按钮，绘制图 28.20 所示的截面草图；定义拉伸类型为 ，输入深度值 30.0（深度值可输入任意值，将来它由关系式定义）。

图 28.19　创建拉伸曲面 2

图 28.20　截面草图 2

Step18. 在零件模型中创建关系。参考图 28.21，创建上一步拉伸曲面深度关系式 d16=b。

Step19. 创建图 28.22 所示的合并曲面。选取要合并的两个曲面，单击 模型 功能选项卡 编辑 ▼ 区域中的 合并 按钮，确认箭头方向为保留部分，如图 28.22a 所示；单击"完成"按钮 ✓。

图 28.21　选取参数 5

a）合并前

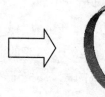

b）合并后

图 28.22　合并曲面 1

Step20. 继续合并曲面。将上一步合并的曲面与 Step17 创建的拉伸曲面进行合并，如图 28.23 所示。

Step21. 创建基准点 PNT1。单击 ⁑点▾ 按钮，选取图 28.24 所示的基准曲线和基准平面 DTM2 为参考，系统在它们的交点处创建一个基准点。

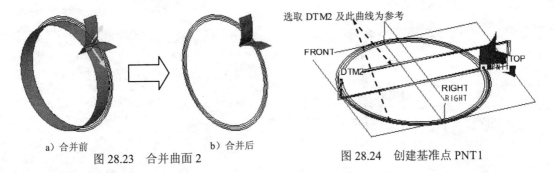

a）合并前   b）合并后
图 28.23 合并曲面 2   图 28.24 创建基准点 PNT1

Step22. 创建图 28.25 所示的基准轴 A_2。选取 PNT1 基准点为参考，设置为 穿过 ，再选取 DTM2 基准平面为参考，设置为 法向 ；单击 确定 按钮。

Step23. 创建图 28.26 所示的实体拉伸特征。在操控板中单击"拉伸"按钮 ⬦拉伸 ；选取 FRONT 基准平面为草绘平面，选取 RIGHT 基准平面为参考平面，方向为 上 ；单击 草绘 按钮，绘制图 28.27 所示的截面草图；定义拉伸类型为 ⬦ ，输入深度值 30.0（深度值可输入任意值，将来它由关系式定义）。

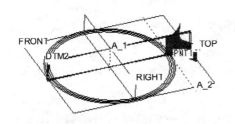

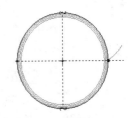

图 28.25 创建基准轴 A_2   图 28.26 创建拉伸特征   图 28.27 截面草图 3

Step24. 在零件模型中创建关系。参考图 28.28，创建上一步拉伸实体的深度关系式 d17=b。

Step25. 创建图 28.29 所示的拉伸曲面。在操控板中单击"拉伸"按钮 ⬦拉伸 ，按下操控板中的"曲面类型"按钮 ⬦ ；选取 FRONT 基准平面为草绘平面，选取 RIGHT 基准平面为参考平面，方向为 右 ；单击 草绘 按钮，绘制图 28.30 所示的截面草图；在操控板中定义拉伸类型为 ⬦ ，输入深度值 30.0（深度值可输入任意值，将来它由关系式定义）。

说明：图 28.30 所示的参考边线以最外侧的圆为参考对象。

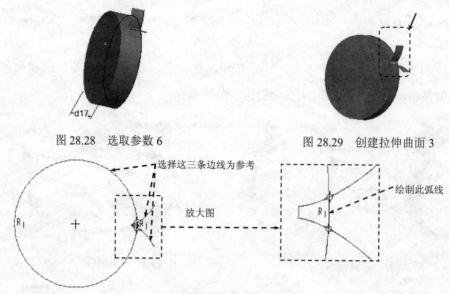

图 28.28　选取参数 6　　　　　　　　图 28.29　创建拉伸曲面 3

图 28.30　截面草图 4

Step26. 在零件模型中创建关系。参考图 **28.31**，创建上一步拉伸曲面中的深度关系式 d18=b。

Step27. 进行图 28.32 所示的曲面旋转复制操作。

（1）选取 Step20 所创建的合并曲面及 Step25 所创建的拉伸曲面为复制源。

（2）单击 **模型** 功能选项卡 **操作▼** 区域中的"复制"按钮，然后再单击该区域"粘贴" 节点下的 **选择性粘贴** 命令。

（3）在弹出的操控板中按下"相对选定参考旋转特征"按钮，选取基准轴 A_2 为参考轴。

（4）输入旋转角度值-20.0（此角度值可输入任意值，将来它由关系式定义），单击"完成"按钮。

Step28. 在零件模型中创建关系。参考图 **28.33** 创建上一步旋转曲面的角度关系式 d14=long。

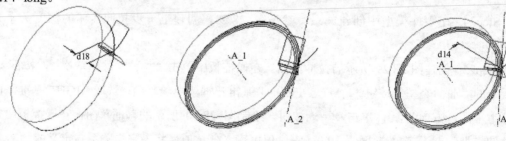

图 28.31　选取参数 7　　　　　图 28.32　复制曲面　　　　　图 28.33　选取参数 8

Step29. 创建图 28.34 所示的基准曲线。在操控板中单击"草绘"按钮；选取 DTM2 基准平面为草绘平面，选取 FRONT 基准平面为参考平面，方向为 **左**；单击 **草绘** 按钮，选取基准点 PNT1 及基准轴 A_1 为参考，绘制图 28.35 所示的截面草图（角度值可任意给出，以后将由关系式控制）。

Step30. 在零件模型中创建关系。参考图 28.36，创建上一步基准曲线的角度关系式 d15=long。

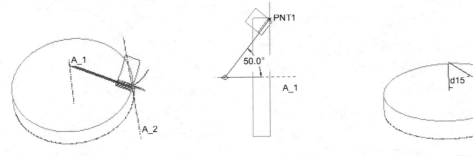

图 28.34　创建基准曲线 2　　　　　图 28.35　截面草图 5　　　　　图 28.36　选取参数 9

Step31. 创建图 28.37 所示的实体旋转特征。在操控板中单击"旋转"按钮 旋转；选取 DTM2 基准平面为草绘平面，选取 FRONT 基准平面为参考平面，方向为 下；单击 草绘 按钮，选取图 28.38 所示的三条边线及 A_1 轴为参考绘制特征截面（要绘出中心线）；选择旋转类型为 ，在角度文本框中输入角度值 360.0。

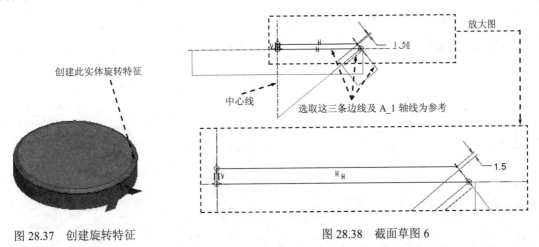

图 28.37　创建旋转特征　　　　　　　图 28.38　截面草图 6

Step32. 创建图 28.39 所示的扫描混合切削特征。

（1）单击 模型 功能选项卡 形状 ▼ 区域中的 扫描混合 按钮，确认"实体"按钮 和"移除材料"按钮 被按下。

（2）定义扫描轨迹：选取图 28.40 所示的曲线（即 Step29 所创建的基准曲线）为扫描的轨迹。

（3）创建扫描混合特征的第一个截面。

① 在"扫描混合"操控板中单击 截面 按钮，在弹出的界面中接受系统默认的设置。

② 定义第一个截面定向。单击 截面 X 轴方向 文本框中的 默认 字符，然后选取图 28.41 所示的基准轴 A_1，接受图 28.41 所示的箭头方向。

③ 定义截面的位置点。单击 `截面位置` 文本框中的 `开始` 字符，选取图 28.42 所示的轨迹的开始端点作为截面在轨迹线上的位置点。

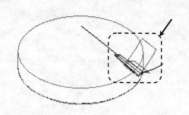

图 28.39　创建扫描混合切削特征

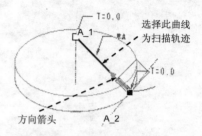

图 28.40　选取扫描轨迹

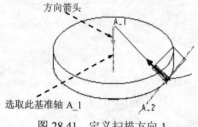

图 28.41　定义扫描方向 1

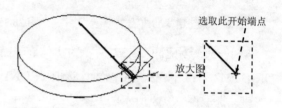

图 28.42　选取轨迹线的开始端点

④ 将"截面 1"的 `旋转` 角度值设置为 0.0。

⑤ 单击 `草绘` 按钮，进入草绘环境；绘制图 28.43 所示的截面，然后单击 ✔ 按钮。

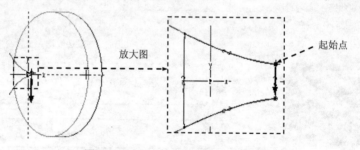

图 28.43　混合特征的第一个截面图形

（4）创建扫描混合特征的第二个截面。

① 在"截面"界面中单击 `插入` 按钮。

② 定义第二个截面定向。单击 `截面 X 轴方向` 文本框中的 `默认` 字符，选取图 28.44 所示的基准轴 A_1，接受图 28.44 所示的方向。

③ 定义截面的位置点。单击 `截面位置` 文本框中的 `开始` 字符，选取图 28.45 所示的轨迹线的结束端点作为截面在轨迹线上的位置点。

④ 在"截面"界面中，将"截面 2"的 `旋转` 角度值设置为 0.0。

⑤ 单击 `草绘` 按钮，系统进入草绘环境，绘制和标注图 28.46 所示的截面图形。

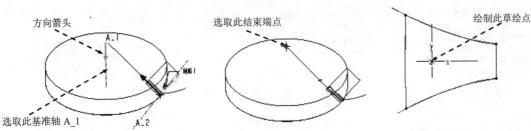

图 28.44　定义扫描方向 2　　　　图 28.45　选取轨迹线的结束端点　　　图 28.46　第二个截面图形

（5）单击"完成"按钮 ✔，完成扫描混合特征的创建。

Step33. 创建图 28.47 所示的旋转切削特征。在操控板中单击"旋转"按钮 ⊙ 旋转；单击"移除材料"按钮 ⬜；选取 DTM2 基准平面为草绘平面，选取 FRONT 基准平面为参考平面，方向为 下；单击 草绘 按钮，绘制图 28.48 所示的截面草图；旋转类型为 ⊥，旋转角度值为 360.0。

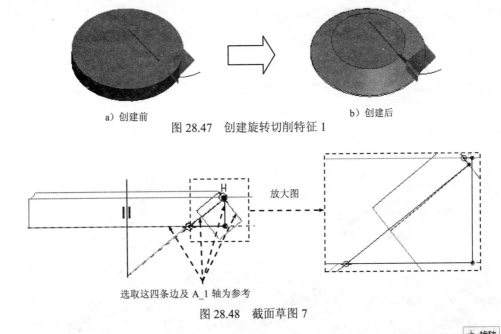

a）创建前　　　　　　　　　　　　　b）创建后

图 28.47　创建旋转切削特征 1

图 28.48　截面草图 7

Step34. 创建图 28.49 所示的旋转切削特征。在操控板中单击"旋转"按钮 ⊙ 旋转；单击"移除材料"按钮 ⬜；选取 DTM2 基准平面为草绘平面，选取 FRONT 基准平面为参考平面，方向为 下；单击 草绘 按钮，绘制图 28.50 所示的截面草图；旋转类型为 ⊥，旋转角度值为 360.0。

Step35. 创建图 28.51 所示的旋转复制特征。

（1）单击 模型 功能选项卡 操作▾ 节点下的 特征操作 命令。

（2）在弹出的菜单管理器对话框中，选择 Copy（复制） ➡ Move（移动） ➡ Select（选择） ➡ Dependent（从属） ➡ Done（完成）命令。

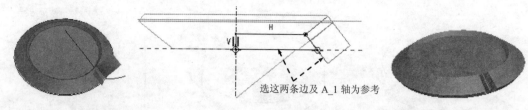

图 28.49　创建旋转切削特征 2　　　　　图 28.50　截面草图 8　　　　　图 28.51　复制特征

（3）选择 Step32 创建的扫描混合切削特征，然后选择 Done （完成) 命令。

（4）在 ▼ MOVE FEATURE (移动特征) 菜单中选择 Rotate (旋转) 命令。

（5）先选择 Csys (坐标系) 命令，再选取默认坐标系 PRT_CSYS_DEF 作为旋转方向参考。

（6）选择 Z axis (Z轴) 命令，以图 28.52 所示的方向为正方向；在 输入旋转角度 提示下，输入角度值 10.0（角度值可任意给出，以后将由关系式控制），然后选择 Done Move (完成移动) 命令。

（7）在 ▼ 组可变尺寸 菜单中选择 Done (完成) 命令。

（8）单击"组元素"对话框中的 确定 按钮。

Step36. 在零件模型中创建关系。参考 Step5 的方法及图 28.53，创建上一步旋转复制特征的角度关系式 d41=360/z。完成关系定义后，单击"重新生成"按钮 ，再生模型。

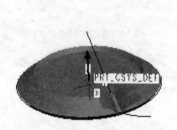

图 28.52　选取方向

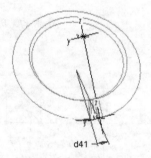

图 28.53　选取参数 10

Step37. 创建图 28.54 所示的特征阵列。

（1）在模型树中选中 Step35 创建的旋转复制特征，右击，在弹出的快捷菜单中选择 阵列... 命令。

（2）选取图 28.55 中的引导尺寸 7.2；在操控板中输入第一方向的角度增量值 7.2，输入第一方向的阵列个数值 40；单击"完成"按钮 。

注意：此处的角度增量值及阵列个数值都可随意输入，将来它们由关系式定义。

Step38. 在零件模型中创建关系。参考 Step5 的方法及图 28.56，创建上一步阵列的角度增量及阵列实例个数关系式：

d55=d41

P56=z-1

完成关系定义后，单击"重新生成"按钮。

图 28.54 阵列特征

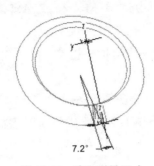

图 28.55 选取引导尺寸

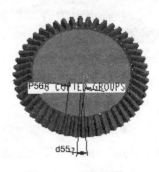

图 28.56 选取参数 11

Step39. 应用编程的方法进行参数的输入控制，以达到快速设计新产品的目的。

（1）单击 **工具** 功能选项卡 模型意图▼ 节点下的 程序 命令。

（2）在菜单管理器中选择 Edit Design（编辑设计） 命令，系统弹出"记事本"界面。

（3）如图 28.57 所示，在编辑器的 INPUT 和 END INPUT 语句之间加入以下内容：

图 28.57 输入程序

M NUMBER

"请输入标准直齿圆锥齿轮的模数："

Z NUMBER

"请输入标准直齿圆锥齿轮的齿数："

Z_AM NUMBER

"请输入与之啮合的标准直齿圆锥齿轮的齿数："

B NUMBER

"请输入标准直齿圆锥齿轮的齿宽："

（4）完成后存盘退出；在系统弹出的"确认"对话框中单击 是(Y) 按钮。

Step40. 验证程序设计效果。

（1）在完成上一步操作后，系统弹出 ▼ GET INPUT（得到输入）菜单，选择 Enter（输入）命令。

（2）在出现的输入菜单界面中选中 M、Z、Z_AM、B 这 4 个复选框，然后选择 Done Sel（完成选取）命令。

（3）在系统提示 请输入标准直齿圆锥齿轮的模数：[4.0000] 时，输入 2。

（4）在系统提示 请输入标准直齿圆锥齿轮的齿数：[50.0000] 时，输入 30。

（5）在系统提示 请输入与之啮合的标准直齿圆锥齿轮的齿数：[0.0000] 时，请输入 25。

（6）在系统提示 请输入标准直齿圆锥齿轮的齿宽：[30.0000] 时，输入 20。

Step41. 此时系统开始生成模型，新模型如图 28.58 所示。保存零件模型文件。

图 28.58　新模型

第 5 章

装配设计实例

本章主要包含如下内容:
- 实例 29 扣件
- 实例 30 儿童喂药器

实例 29   扣   件

29.1   实 例 概 述

本实例介绍了一个简单的扣件的设计过程。下面将通过介绍图 29.1.1 所示扣件的设计，来学习和掌握产品装配的一般过程，熟悉装配的操作流程。本实例先设计每个零部件，然后再进行装配，循序渐进，由浅入深。

图 29.1.1   装配模型

29.2   扣 件 上 盖

零件模型及模型树如图 29.2.1 所示。

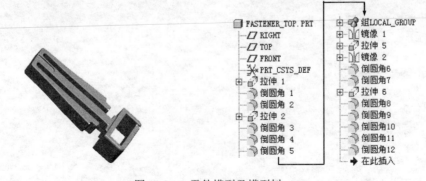

图 29.2.1   零件模型及模型树

Step1. 新建零件模型。新建一个零件模型，命名为 FASTENER_TOP。

Step2. 创建图 29.2.2 所示的拉伸特征 1。在操控板中单击"拉伸"按钮 ▱ 拉伸 ；选取 RIGHT

基准平面为草绘平面，选取 TOP 基准平面为参考平面，方向为 <kbd>左</kbd>；单击 <kbd>草绘</kbd> 按钮，绘制图 29.2.3 所示的截面草图；在操控板中选择拉伸类型为 <kbd>日</kbd>，输入深度值 5.0；单击 <kbd>匚</kbd>（即加厚草绘）按钮，输入加厚值为 1.0；单击 <kbd>✓</kbd> 按钮，完成拉伸特征 1 的创建。

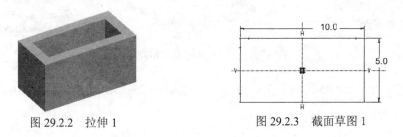

图 29.2.2　拉伸 1　　　　　　　　图 29.2.3　截面草图 1

Step3. 创建图 29.2.4b 所示的倒圆角特征 1。选取图 29.2.4a 所示的边线为倒圆角的边线；输入倒圆角半径值 1.0。

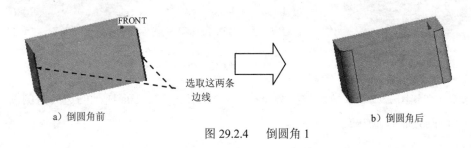

a）倒圆角前　　　　　　　　　　　　　　　　　b）倒圆角后

图 29.2.4　倒圆角 1

Step4. 创建图 29.2.5b 所示的倒圆角特征 2。选取图 29.2.5a 所示的边线为倒圆角的边线；输入倒圆角半径值 0.5。

a）倒圆角前　　　　　　　　　　　　　　　　　b）倒圆角后

图 29.2.5　倒圆角 2

Step5. 创建图 29.2.6 所示的拉伸特征 2。在操控板中单击"拉伸"按钮 <kbd>拉伸</kbd>；在操控板中按下"移除材料"按钮 <kbd>◢</kbd>；选取图 29.2.7 所示的面为草绘平面和参照平面，方向为 <kbd>下</kbd>；单击 <kbd>草绘</kbd> 按钮，绘制图 29.2.8 所示的截面草图；在操控板中选择拉伸类型为 <kbd>非</kbd>，单击 <kbd>╱</kbd> 按钮调整拉伸方向；单击 <kbd>✓</kbd> 按钮，完成拉伸特征 2 的创建。

图 29.2.6 　拉伸 2 　　　　　图 29.2.7 　定义草绘平面和参照平面 　　　　　图 29.2.8 　截面草图 2

Step6. 创建图 29.2.9b 所示的倒圆角特征 3。选取图 29.2.9a 所示的边线为倒圆角的边线；输入倒圆角半径值 0.2。

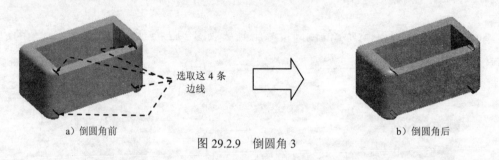

图 29.2.9 　倒圆角 3

Step7. 创建图 29.2.10b 所示的倒圆角特征 4。选取图 29.2.10a 所示的边线为倒圆角的边线；输入倒圆角半径值 0.2。

图 29.2.10 　倒圆角 4

Step8. 创建图 29.2.11b 所示的倒圆角特征 5。选取图 29.2.11a 所示的边线为倒圆角的边线；输入倒圆角半径值 0.2。

图 29.2.11 　倒圆角 5

Step9. 创建图 29.2.12 所示的拉伸特征 3。在操控板中单击"拉伸"按钮 [拉伸]；选取 RIGHT 基准平面为草绘平面，选取 TOP 基准平面为参考平面，方向为 [下]；单击 [草绘] 按钮，绘制 图 29.2.13 所示的截面草图；在操控板中选择拉伸类型为 [日]，输入深度值 3.0；单击 [✔] 按钮，完成拉伸特征 3 的创建。

图 29.2.12   拉伸 3

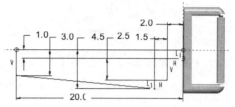
图 29.2.13   截面草图 3

Step10. 创建图 29.2.14 所示的拉伸特征 4。在操控板中单击"拉伸"按钮 [拉伸]；在操控板中按下"移除材料"按钮 [◢]；选取 RIGHT 基准平面为草绘平面，选取 TOP 基准平面为参考平面，方向为 [下]；单击 [草绘] 按钮，绘制图 29.2.15 所示的截面草图；在操控板中选择拉伸类型为 [日]，输入深度值 6.8；单击 [✔] 按钮，完成拉伸特征 4 的创建。

图 29.2.14   拉伸 4

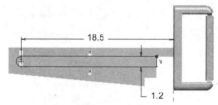
图 29.2.15   截面草图 4

Step11. 创建组。按住 Ctrl 键，在模型树中单击 Step9 和 Step10 所创建的拉伸特征，右击，在弹出的快捷菜单中选择 [组] 命令，所创建的特征即合并为 [组 LOCAL_GROUP]。

Step12. 创建图 29.2.16 所示的镜像特征 1。在模型树中单击 [组 LOCAL_GROUP]，选取 TOP 基准平面为镜像平面，单击 [✔] 按钮，完成镜像特征 1 的创建。

a）镜像前   b）镜像后
图 29.2.16   镜像 1

Step13. 创建图 29.2.17 所示的拉伸特征 5。在操控板中单击"拉伸"按钮 [拉伸]；在操控板中按下"移除材料"按钮 [◢]；选取图 29.2.17 所示的面为草绘平面，选取 TOP 基准平面为参考平面，方向为 [下]；单击 [草绘] 按钮，绘制图 29.2.18 所示的截面草图；在操控板中选择拉伸类型为![icon]，输入深度值 0.4；单击![icon]按钮，完成拉伸特征 5 的创建。

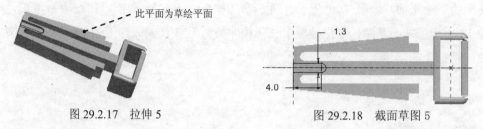

图 29.2.17　拉伸 5　　　　　　　　　　　图 29.2.18　截面草图 5

Step14. 创建图 29.2.19 所示的镜像特征 2。在模型树中单击 Step13 所创建的拉伸特征，选取 RIGHT 基准平面为镜像平面，单击![icon]按钮，完成镜像特征 2 的创建。

a）镜像前　　　　　　　　　　　　　　　　　　　　　b）镜像后

图 29.2.19　　镜像 2

Step15. 创建倒圆角特征 6。选取图 29.2.20 所示的边线为倒圆角的边线；输入倒圆角半径值 0.1。

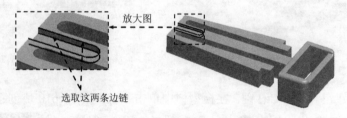

图 29.2.20　选取倒圆角 6 的边线

Step16. 创建倒圆角特征 7。选取图 29.2.21 所示的边线为倒圆角的边线；输入倒圆角半径值 0.1。

说明： 图 29.2.21 所示的倒圆角特征 7 与图 29.2.20 所示的倒圆角特征 6 是零件的两侧，不是同一处。

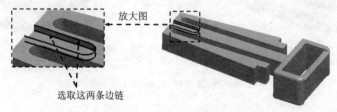

图 29.2.21　选取倒圆角 7 的边线

Step17. 创建图 29.2.22 所示的拉伸特征 6。在操控板中单击"拉伸"按钮![icon 拉伸]；选取图 29.2.22 所示的面为草绘平面和参照平面，方向为![icon 下]；单击![icon 草绘]按钮，绘制图 29.2.23

所示的截面草图；在操控板中选择拉伸类型为 ，输入深度值 0.5；单击 按钮，完成拉伸特征 6 的创建。

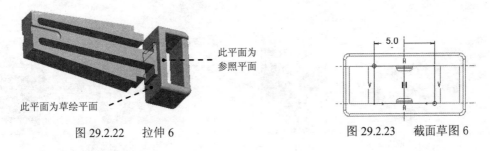

图 29.2.22　拉伸 6　　　　　　图 29.2.23　截面草图 6

Step18. 创建图 29.2.24b 所示的倒圆角特征 8。选取图 29.2.24a 所示的边线为倒圆角的边线；输入倒圆角半径值 0.3。

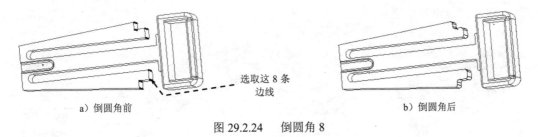

a）倒圆角前　　　　　　　　　　b）倒圆角后

图 29.2.24　倒圆角 8

Step19. 创建图 29.2.25b 所示的倒圆角特征 9。选取图 29.2.25a 所示的边线为倒圆角的边线；输入倒圆角半径值 0.5。

a）倒圆角前　　　　　　　　　　　　　b）倒圆角后

图 29.2.25　倒圆角 9

Step20. 创建图 29.2.26b 所示的倒圆角特征 10。选取图 29.2.26a 所示的边链为倒圆角的边线；输入倒圆角半径值 0.2。

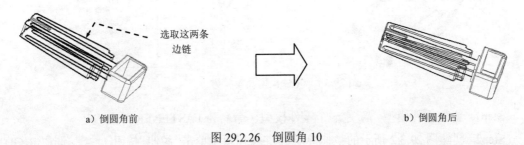

a）倒圆角前　　　　　　　　　　　　b）倒圆角后

图 29.2.26　倒圆角 10

Step21. 创建图 29.2.27b 所示的倒圆角特征 11。选取图 29.2.27a 所示的边链为倒圆角的边线；输入倒圆角半径值 0.1。

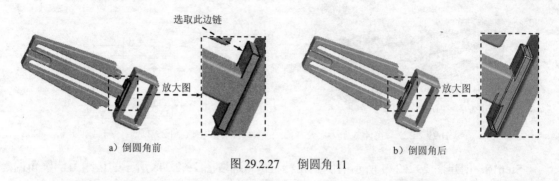

a）倒圆角前　　　　　　　　　　　　　b）倒圆角后

图 29.2.27　　倒圆角 11

Step22. 创建图 29.2.28b 所示的倒圆角特征 12。选取图 29.2.28a 所示的边线为倒圆角的边线；输入倒圆角半径值 0.2。

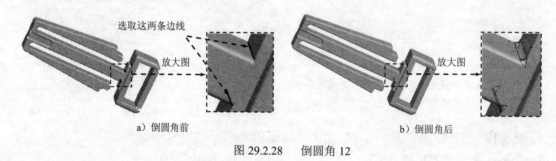

a）倒圆角前　　　　　　　　　　　　　b）倒圆角后

图 29.2.28　　倒圆角 12

Step23. 保存零件模型文件。

29.3　扣件下盖

零件模型及模型树如图 29.3.1 所示。

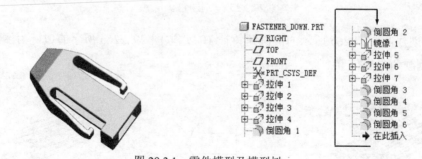

图 29.3.1　零件模型及模型树

Step1. 新建零件模型。新建一个零件模型，命名为 FASTENER_DOWN。

Step2. 创建图 29.3.2 所示的拉伸特征 1。在操控板中单击"拉伸"按钮 拉伸；选取 RIGHT

基准平面为草绘平面，选取 TOP 基准平面为参考平面，方向为 下 ；单击 草绘 按钮，绘制图 29.3.3 所示的截面草图；在操控板中选择拉伸类型为 日，输入深度值 6.0；单击 ✔ 按钮，完成拉伸特征 1 的创建。

图 29.3.2　拉伸 1

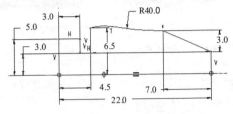

图 29.3.3　截面草图 1

Step3. 创建图 29.3.4 所示的拉伸特征 2。在操控板中单击"拉伸"按钮 拉伸 ；在操控板中按下"移除材料"按钮 ；选取 RIGHT 基准平面为草绘平面，选取 TOP 基准平面为参考平面，方向为 下 ；单击 草绘 按钮，绘制图 29.3.5 所示的截面草图；单击操控板中的 选项 按钮，在"深度"界面中将 侧1 与 侧2 的深度类型均设置为 穿透 ；单击 ✔ 按钮，完成拉伸特征 2 的创建。

图 29.3.4　拉伸 2

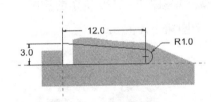

图 29.3.5　截面草图 2

Step4. 创建图 29.3.6 所示的拉伸特征 3。在操控板中单击"拉伸"按钮 拉伸 ；选取图 29.3.7 所示的面为草绘平面，采用默认的参照平面，方向为 下 ；单击 草绘 按钮，绘制图 29.3.8 所示的截面草图；在操控板中选择拉伸类型为 ，输入深度值 1.0；单击 ✔ 按钮，完成拉伸特征 3 的创建。

图 29.3.6　拉伸 3

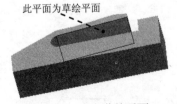

图 29.3.7　定义草绘平面

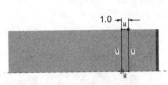

图 29.3.8　截面草图 3

Step5. 创建图 29.3.9 所示的拉伸特征 4。在操控板中单击"拉伸"按钮 拉伸 ；在操控板中按下"移除材料"按钮 ；选取图 29.3.10 所示平面为草绘平面和参照平面，方向为 底部 ；单击 草绘 按钮，绘制图 29.3.11 所示的截面草图；在操控板中选择拉伸类型为 ，单击 按钮调整拉伸方向；单击 ✔ 按钮，完成拉伸特征 4 的创建。

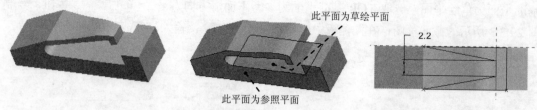

图 29.3.9　拉伸 4　　图 29.3.10　定义草绘平面和参照平面　　图 29.3.11　截面草图 4

Step6. 创建图 29.3.12b 所示的倒圆角特征 1。选取图 29.3.12a 所示的边线为倒圆角的边线；输入倒圆角半径值 0.3。

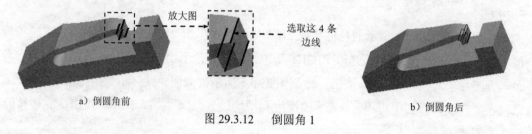

图 29.3.12　倒圆角 1

Step7. 创建图 29.3.13b 所示的倒圆角特征 2。选取图 29.3.13a 所示的边线为倒圆角的边线；输入倒圆角半径值 5.0。

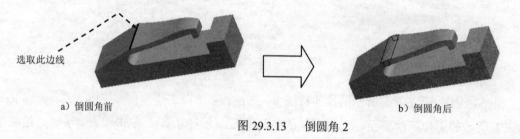

图 29.3.13　倒圆角 2

Step8. 创建图 29.3.14 所示的镜像特征 1。按住 Ctrl 键，在模型树中选取拉伸 1、拉伸 2、拉伸 3、拉伸 4、倒圆角 1 和倒圆角 2，选取 TOP 基准平面为镜像平面，单击 ✔ 按钮，完成镜像特征 1 的创建。

图 29.3.14　镜像 1

Step9. 创建图 29.3.15 所示的拉伸特征 5。在操控板中单击"拉伸"按钮 拉伸；在操控板中按下"移除材料"按钮 ；选取 RIGHT 基准平面为草绘平面，选取 TOP 基准平面为参考平面，方向为 上；单击 草绘 按钮，绘制图 29.3.16 所示的截面草图；在操控板中选择拉伸类型为 日，输入深度值 4.0；单击 ✔ 按钮，完成拉伸特征 5 的创建。

图 29.3.15　拉伸 5

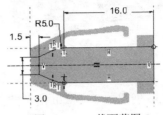

图 29.3.16　截面草图 5

Step10. 创建图 29.3.17 所示的拉伸特征 6。在操控板中单击"拉伸"按钮 拉伸；在操控板中按下"移除材料"按钮 ；选取 TOP 基准平面为草绘平面，选取 RIGHT 基准平面为参考平面，方向为 下；单击 草绘 按钮，绘制图 29.3.18 所示的截面草图；在操控板中选择拉伸类型为 日，输入深度值 8.0；单击 ✔ 按钮，完成拉伸特征 6 的创建。

图 29.3.17　拉伸 6

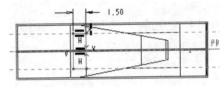

图 29.3.18　截面草图 6

Step11. 创建图 29.3.19 所示的拉伸特征 7。在操控板中单击"拉伸"按钮 拉伸；在操控板中按下"移除材料"按钮 ；选取 TOP 基准平面为草绘平面，选取 RIGHT 基准平面为参考平面，方向为 下；单击 草绘 按钮，绘制图 29.3.20 所示的截面草图；单击操控板中的 选项 按钮，在"深度"界面中将 侧 1 与 侧 2 的深度类型均设置为 ；单击 ✔ 按钮，完成拉伸特征 7 的创建。

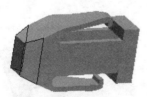

图 29.3.19　拉伸 7

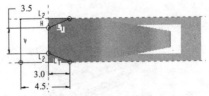

图 29.3.20　截面草图 7

Step12. 创建图 29.3.21b 所示的倒圆角特征 3。选取图 29.3.21a 所示的边线为倒圆角的边线；输入倒圆角半径值 1.0。

a）倒圆角前

b）倒圆角后

选取这两条边线

图 29.3.21   倒圆角 3

Step13. 创建图 29.3.22b 所示的倒圆角特征 4。选取图 29.3.22a 所示的边线为倒圆角的边线；输入倒圆角半径值 0.5。

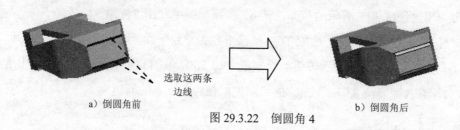

选取这两条边线

a）倒圆角前

b）倒圆角后

图 29.3.22   倒圆角 4

Step14. 创建图 29.3.23b 所示的倒圆角特征 5。选取图 29.3.23a 所示的边线为倒圆角的边线；输入倒圆角半径值 0.2。

选取这 8 条边线

a）倒圆角前

b）倒圆角后

图 29.3.23   倒圆角 5

Step15. 创建图 29.3.24b 所示的倒圆角特征 6。选取图 29.3.24a 所示的边链为倒圆角的边线；输入倒圆角半径值 0.2。

选取此边链

a）倒圆角前

b）倒圆角后

图 29.3.24   倒圆角 6

Step16. 保存零件模型文件。

29.4　装　配　设　计

Step1. 单击"新建"按钮 ，选中 类型 选项组下的 ⦿ □ 装配 单选项，选中 子类型 选项组下的 ⦿ 设计 单选项，在 名称 文本框中输入文件名 fastener，取消选中 □ 使用默认模板 复选框，单击该对话框中的 确定 按钮。在系统弹出的"新文件选项"对话框的 模板 选项组中，选择 mmns_asm_design 模板，单击该对话框中的 确定 按钮。

Step2. 引入图 29.4.1 所示的扣件上盖。单击 模型 功能选项卡 元件 ▾ 区域中的"装配"按钮 ；在弹出的"打开"对话框中选择扣件零件模型文件 fastener_top.prt，单击 打开 ▾ 按钮；在系统弹出的元件放置操控板中单击 放置 选项卡，在"放置"界面的 约束类型 下拉列表中选择 ⊔ 默认 选项，将元件按默认设置放置，此时操控板中显示的信息为 状况:完全约束 ；单击操控板中的 ✔ 按钮。

Step3. 引入图 29.4.2 所示的扣件下盖。单击 模型 功能选项卡 元件 ▾ 区域中的"装配"按钮 ，在弹出的"打开"对话框中选择扣件零件模型文件 fastener_down.prt，单击 打开 ▾ 按钮；在元件放置操控板中单击 移动 选项卡，在 运动类型 下拉列表中选择 平移 选项，在"移动"界面中选中 ⦿ 在视图平面中相对 单选项，将扣件下盖移动到合适的位置。在"放置"界面的 约束类型 下拉列表中选择 ⊥ 重合 选项，选取图 29.4.3 所示的 fastener_down 和 fastener_top 的面为要匹配的面（注：若方向不对可单击 反向 按钮）；单击 ✦新建约束 选项，在"放置"界面的 约束类型 下拉列表中选择 ⊥ 重合 选项，将元件 fastener_down 的 RIGHT 基准面和组件 fastener_top 的 ASM_RIGHT 基准面对齐；单击 ✦新建约束 选项，在"放置"界面的 约束类型 下拉列表中选择 ⊥ 重合 选项，将元件 fastener_down 的 TOP 基准面和组件 fastener_top 的 ASM_TOP 基准面匹配，如图 29.4.4 所示；单击元件放置操控板中的 ✔ 按钮。

图 29.4.1　引入扣件上盖

图 29.4.2　引入扣件下盖

Step4. 保存装配模型文件。

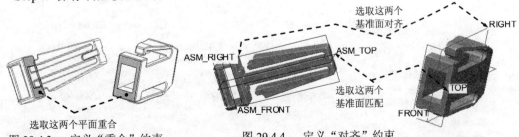

图 29.4.3　定义"重合"约束　　　　　图 29.4.4　定义"对齐"约束

实例 30　　儿童喂药器

30.1　实 例 概 述

　　本实例是儿童喂药器的设计，在创建零件时首先创建喂药器管、喂药器推杆和橡胶塞的零部件，然后再进行装配设计。相应的装配零件模型如图 30.1.1 所示。

喂药器管

橡胶塞

喂药器推杆

图 30.1.1　装配模型

30.2　喂 药 器 管

　　零件模型及模型树如图 30.2.1 所示。

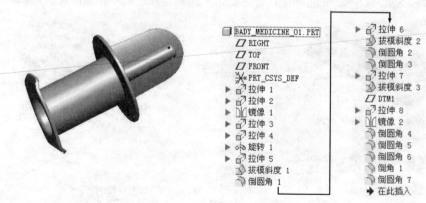

图 30.2.1　零件模型及模型树

　　Step1. 新建零件模型。新建一个零件模型，命名为 BADY_MEDICINE_01。

　　Step2. 创建图 30.2.2 所示的拉伸特征 1。在操控板中单击"拉伸"按钮　拉伸 ;选取 RIGHT

基准平面为草绘平面，选取 TOP 基准平面为参考平面，方向为 <u>左</u>；单击 草绘 按钮，绘制图 30.2.3 所示的截面草图；在操控板中选择拉伸类型为 <u>日</u>，输入深度值 30.0；单击 <u>匚</u>（即加厚草绘）按钮，输入加厚值 2.0，单击两次 <u>✗</u> 按钮调整方向；单击 ✓ 按钮，完成拉伸特征 1 的创建。

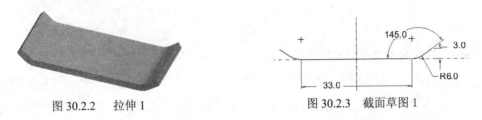

图 30.2.2　　拉伸 1　　　　　　　　　　图 30.2.3　　截面草图 1

Step3. 创建图 30.2.4 所示的拉伸特征 2。在操控板中单击"拉伸"按钮 <u>拉伸</u>；在操控板中按下"移除材料"按钮 <u>◢</u>；选取图 30.2.4 所示的模型表面为草绘平面，采用系统默认的参考平面，方向为 <u>下</u>；单击 草绘 按钮，绘制图 30.2.5 所示的截面草图；在操控板中选择拉伸类型为 <u>非</u>；单击 ✓ 按钮，完成拉伸特征 2 的创建。

图 30.2.4　　拉伸 2　　　　　　　　　图 30.2.5　截面草图 2

Step4. 创建图 30.2.6b 所示的镜像特征 1。在模型树中选取拉伸 2 作为镜像实体，选取 RIGHT 基准平面为镜像平面，单击 ✓ 按钮，完成镜像特征 1 的创建。

a）镜像前　　　　　　　　　　　　　　　　　b）镜像后

图 30.2.6　　镜像 1

Step5. 创建图 30.2.7 所示的拉伸特征 3。在操控板中单击"拉伸"按钮 <u>拉伸</u>；选取图 30.2.7 所示的面作为草绘平面，采用默认的参照，方向为 <u>上</u>；单击 草绘 按钮，绘制图 30.2.8 所示的截面草图；在操控板中选择拉伸类型为 <u>⊥</u>，输入深度值 45.0；单击 ✓ 按钮，完成拉伸特征 3 的创建。

图 30.2.7　拉伸 3

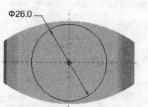

图 30.2.8　截面草图 3

Step6. 创建图 30.2.9 所示的拉伸特征 4。在操控板中单击"拉伸"按钮 _{拉伸}；在操控板中按下"移除材料"按钮 ；选取图 30.2.9 所示的面为草绘平面，采用默认的参照，方向为 上；单击 草绘 按钮，绘制图 30.2.10 所示的截面草图；在操控板中选择拉伸类型为 ；单击 按钮，完成拉伸特征 4 的创建。

图 30.2.9　拉伸 4

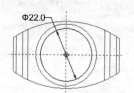

图 30.2.10　截面草图 4

Step7. 创建图 30.2.11 所示的旋转特征 1。在操控板中单击"旋转"按钮 旋转；选取 RIGHT 基准平面为草绘平面，选取 TOP 基准平面为参考平面，方向为 左；单击 草绘 按钮，绘制图 30.2.12 所示的截面草图（包括对称中心线）；在操控板中选择旋转类型为 ，在角度文本框中输入角度值 360.0；单击 按钮，完成旋转特征 1 的创建。

图 30.2.11　旋转 1

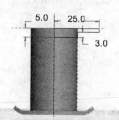

图 30.2.12　截面草图 5

Step8. 创建图 30.2.13 所示的拉伸特征 5。在操控板中单击"拉伸"按钮 _{拉伸}；选取图 30.2.13 的模型表面作为草绘平面,选取 RIGHT 基准平面为参考平面,方向为 上；单击 草绘 按钮，绘制图 30.2.14 所示的截面草图；在操控板中选择拉伸类型为 ，输入深度值 35.0；单击 按钮，完成拉伸特征 5 的创建。

Step9. 创建图 30.2.15 所示的拔模特征 1。单击 模型 功能选项卡 工程 ▾ 区域中的 拔模 ▾ 按钮；选取图 30.2.16 所示的模型全部侧表面为拔模曲面，选取图 30.2.16 所示的模型表面为拔模枢轴平面，拔模方向如图 30.2.17 所示，在拔模角度文本框中输入拔模角度值

-1.0；单击按钮，完成拔模特征 1 的创建。

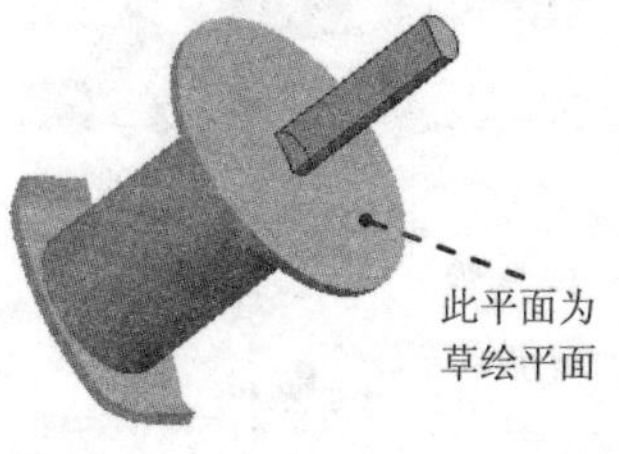
此平面为
草绘平面

图 30.2.13　拉伸 5

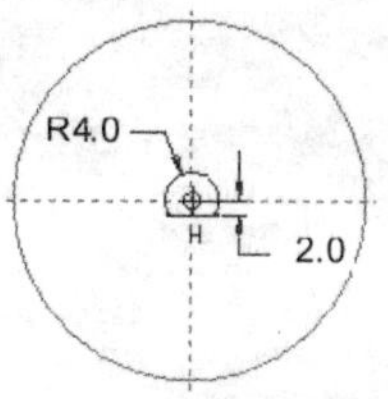
R4.0
H
2.0

图 30.2.14　截面草图 6

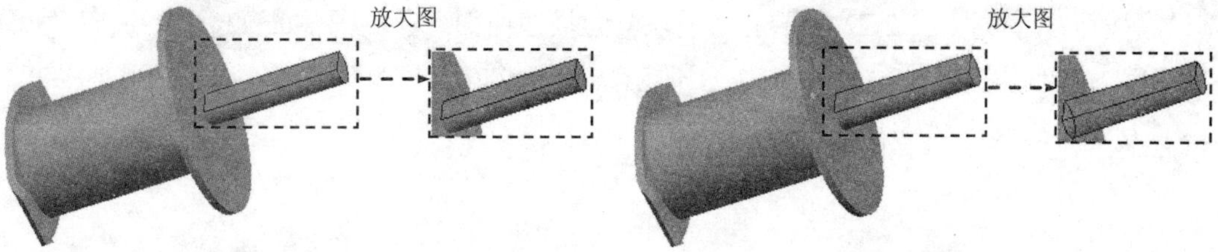
放大图
放大图

a）拔模前　　b）拔模后

图 30.2.15　拔模 1

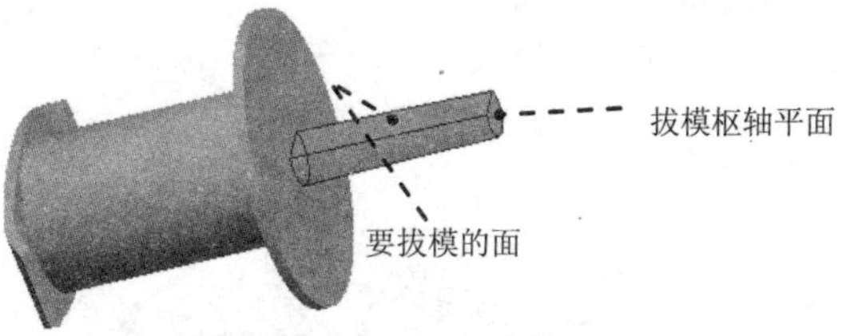
拔模枢轴平面
要拔模的面

图 30.2.16　定义拔模参照 1

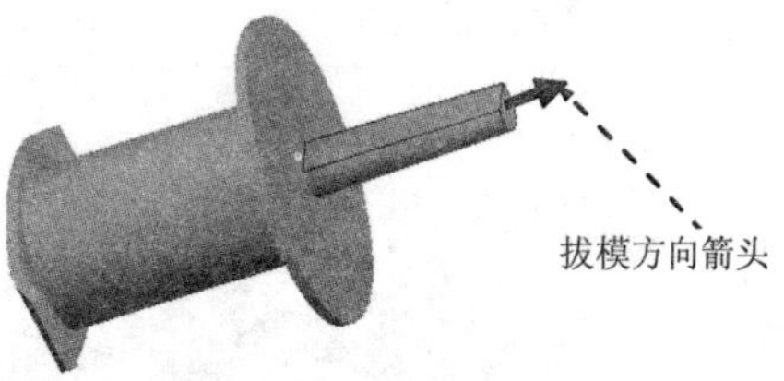
拔模方向箭头

图 30.2.17　定义拔模方向 1

Step10. 创建图 30.2.18b 所示的倒圆角特征 1。选取图 30.2.18a 所示的边线为倒圆角的边线；输入倒圆角半径值 2.0。

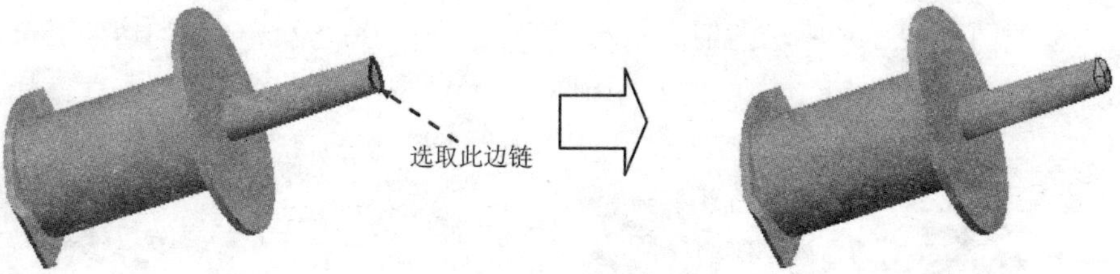
选取此边链

a）倒圆角前　　b）倒圆角后

图 30.2.18　倒圆角 1

Step11. 创建图 30.2.19 所示的拉伸特征 6。在操控板中单击“拉伸”按钮；选取图 30.2.19 所示的面为草绘平面，采用默认的参照，方向为左；单击草绘按钮，绘制图 30.2.20 所示的截面草图；在操控板中选择拉伸类型为，输入深度值 40.0；单击（即加厚草绘）按钮，输入加厚值 2.5；单击按钮，完成拉伸特征 6 的创建。

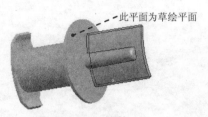

图 30.2.19　拉伸 6

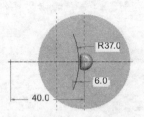

图 30.2.20　截面草图 7

Step12. 创建图 30.2.21 所示的拔模特征 2。单击 模型 功能选项卡 工程 ▼ 区域中的
拔模 ▼ 按钮；选取图 30.2.22 所示的模型表面为拔模曲面，选取图 30.2.22 所示的模型表面
为拔模枢轴平面，拔模方向如图 30.2.23 所示，在拔模角度文本框中输入拔模角度值-3.0；
单击 ✔ 按钮，完成拔模特征 2 的创建。

a）拔模前

b）拔模后

图 30.2.21　拔模 2

图 30.2.22　定义拔模参照 2

图 30.2.23　定义拔模方向 2

Step13. 创建图 30.2.24b 所示的倒圆角特征 2。选取图 30.2.24a 所示的边线为倒圆角的
边线；输入倒圆角半径值 15.0。

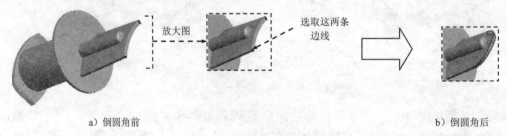

a）倒圆角前

b）倒圆角后

图 30.2.24　倒圆角 2

Step14. 创建图 30.2.25b 所示的倒圆角特征 3。选取图 30.2.25a 所示的边线为倒圆角的
边线；输入倒圆角半径值 10.0。

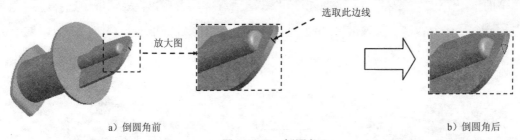

a) 倒圆角前　　　　　　　　　　　　　　　　　　　　b) 倒圆角后

图 30.2.25　倒圆角 3

Step15. 创建图 30.2.26 所示的拉伸特征 7。在操控板中单击 "拉伸" 按钮 ^{拉伸}；在操控板中按下 "移除材料" 按钮 ；选取图 30.2.26 所示的面为草绘平面，采用默认的参照，方向为 上 ；单击 草绘 按钮，绘制图 30.2.27 所示的截面草图；在操控板中选择拉伸类型为 ，输入深度值 38.0；单击 按钮，完成拉伸特征 7 的创建。

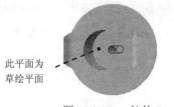

此平面为
草绘平面

图 30.2.26　拉伸 7

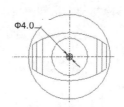

Φ4.0

图 30.2.27　截面草图 8

Step16. 创建图 30.2.28 所示的拔模特征 3。单击 模型 功能选项卡 工程 ▼ 区域中的 拔模 ▼ 按钮，选取图 30.2.29 所示的模型表面为拔模曲面，选取图 30.2.30 所示的模型表面为拔模枢轴平面，拔模方向如图 30.2.31 所示，在拔模角度文本框中输入拔模角度值-1.0；单击 按钮，完成拔模特征 3 的创建。

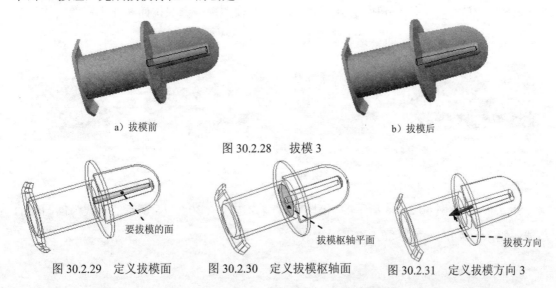

a) 拔模前　　　　　　　　　　　　　　　　　　b) 拔模后

图 30.2.28　拔模 3

要拔模的面　　　　　　　　　　拔模枢轴平面　　　　　　　　　　拔模方向

图 30.2.29　定义拔模面　　　　图 30.2.30　定义拔模枢轴面　　　图 30.2.31　定义拔模方向 3

Step17. 创建图 30.2.32b 所示的基准平面特征 1。单击 模型 功能选项卡 基准 ▼ 区域中的"平面"按钮，选择图 30.2.32a 所示的基准轴 A_4 为参照，在对话框中选择约束类型为 穿过 ；按住 Ctrl 键，再选取图 30.2.32a 所示的 RIGHT 基准平面为参照；在对话框中选择约束类型为"偏移"，并输入与参照平面间的旋转角度值-45.0；单击对话框中的 确定 按钮。

轴 A_4 为参照

A_4

A_4

RIGHT

此基准面为参照

DTM1

RIGHT

a) 创建前   b) 创建后

图 30.2.32   DTM1 基准面

Step18. 创建图 30.2.33 所示的拉伸特征 8。在操控板中单击"拉伸"按钮 拉伸；在操控板中按下"移除材料"按钮；选取 DTM1 基准面为草绘平面，选取 FRONT 基准平面为参考平面，方向为 左；单击 草绘 按钮，绘制图 30.2.34 所示的截面草图；在操控板中选择拉伸类型为；单击 按钮调整拉伸方向；单击 按钮，完成拉伸特征 8 的创建。

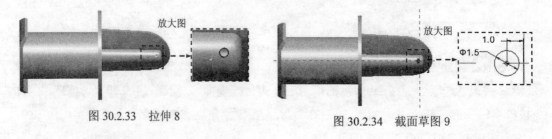

放大图

放大图

1.0

Φ1.5

图 30.2.33   拉伸 8   图 30.2.34   截面草图 9

Step19. 创建图 30.2.35b 所示的镜像特征 2。在模型树中选取拉伸 8 作为镜像实体，选取 TOP 基准平面为镜像平面，单击 按钮，完成镜像特征 2 的创建。

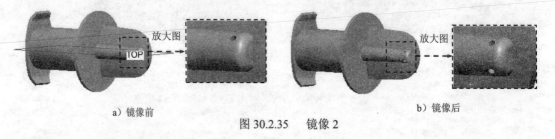

放大图

TOP

放大图

a) 镜像前   b) 镜像后

图 30.2.35   镜像 2

Step20. 创建图 30.2.36b 所示的倒圆角特征 4。选取图 30.2.36a 所示的边线为倒圆角的边线；输入倒圆角半径值 4.0。

a）倒圆角前

选取这 4 条
边线

b）倒圆角后

图 30.2.36　　倒圆角 4

Step21. 创建图 30.2.37b 所示的倒圆角特征 5。选取图 30.2.37a 所示的边线为倒圆角的边线；输入倒圆角半径值 0.5。

a）倒圆角前

选取这 5 条
边链

b）倒圆角后

图 30.2.37　　倒圆角 5

Step22. 创建图 30.2.38b 所示的倒圆角特征 6。选取图 30.2.38a 所示的边线为倒圆角的边线；输入倒圆角半径值 0.5。

a）倒圆角前

选取这 3 条
边链

b）倒圆角后

图 30.2.38　　倒圆角 6

Step23. 创建图 30.2.39b 所示的倒角特征 1。选取图 30.2.39a 所示的边线为倒角的边线；输入倒角值 1.0。

a）倒角前

选取此
边线

b）倒角后

图 30.2.39　　倒角 1

Step24. 创建图 30.2.40b 所示的倒圆角特征 7。选取图 30.2.40a 所示的边线为倒圆角的边线；输入倒圆角半径值 2.0。

选取此边线

a）倒圆角前

b）倒圆角后

图 30.2.40　倒圆角 7

Step25. 保存零件模型文件。

30.3　喂药器推杆

零件模型及模型树如图 30.3.1 所示。

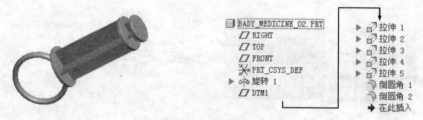

图 30.3.1　零件模型及模型树

Step1. 新建零件模型。新建一个零件模型，命名为 BADY_MEDICINE_02。

Step2. 创建图 30.3.2 所示的旋转特征 1。在操控板中单击"旋转"按钮 旋转；选取 RIGHT 基准平面为草绘平面，选取 TOP 基准平面为参考平面，方向为 左；单击 草绘 按钮，绘制图 30.3.3 所示的截面草图（包括旋转中心线）；在操控板中选择旋转类型为 止，在角度文本框中输入角度值 360.0；单击 ✔ 按钮，完成旋转特征 1 的创建。

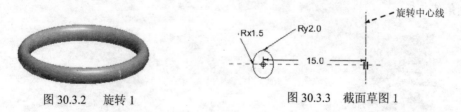

图 30.3.2　旋转 1　　　　图 30.3.3　截面草图 1

Step3. 创建图 30.3.4b 所示的基准平面特征 1。单击 模型 功能选项卡 基准 ▼ 区域中的"平面"按钮 □，在模型树中选取 TOP 基准平面为偏距参考平面，在对话框中输入偏移距离值 15.0，单击对话框中的 确定 按钮。

a) 创建前

b) 创建后

图 30.3.4　基准面 DTM 1

Step4.　创建图 30.3.5 所示的拉伸特征 1。在操控板中单击"拉伸"按钮 拉伸；选取 DTM1 基准面为草绘平面，选取 RIGHT 基准平面为参考平面，方向为 下；单击 草绘 按钮，绘制图 30.3.6 所示的截面草图；在操控板中选择拉伸类型为 ，输入深度值 2.0；单击 按钮，完成拉伸特征 1 的创建。

图 30.3.5　拉伸 1

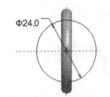

图 30.3.6　截面草图 2

Step5.　创建图 30.3.7 所示的拉伸特征 2。在操控板中单击"拉伸"按钮 拉伸；选取图 30.3.7 所示的模型表面为草绘平面，选取 RIGHT 基准平面为参考平面，方向为 右；单击 草绘 按钮，绘制图 30.3.8 所示的截面草图；在操控板中选择拉伸类型为 ，输入深度值 45.0；单击 按钮，完成拉伸特征 2 的创建。

此平面为
草绘平面

图 30.3.7　拉伸 2

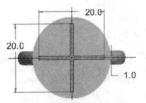

图 30.3.8　截面草图 3

Step6.　创建图 30.3.9 所示的拉伸特征 3。在操控板中单击"拉伸"按钮 拉伸；选取图 30.3.9 所示的模型表面为草绘平面，选取 RIGHT 基准平面为参考平面，方向为 右；单击 草绘 按钮，绘制图 30.3.10 所示的截面草图；在操控板中选择拉伸类型为 ，输入深度值 2.0；单击 按钮，完成拉伸特征 3 的创建。

Step7.　创建图 30.3.11 所示的拉伸特征 4。在操控板中单击"拉伸"按钮 拉伸；选取图 30.3.11 所示的模型表面为草绘平面，选取 RIGHT 基准平面为参考平面，方向为 右；单击 草绘 按钮，绘制图 30.3.12 所示的截面草图；在操控板中选择拉伸类型为 ，输入深度值

5.0；单击✓按钮，完成拉伸特征 4 的创建。

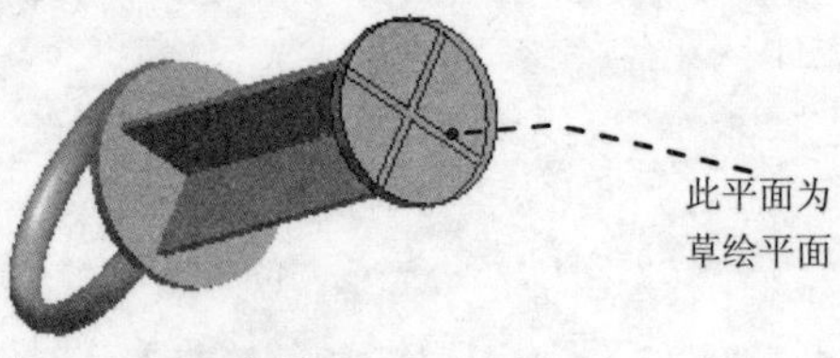

图 30.3.9 拉伸 3

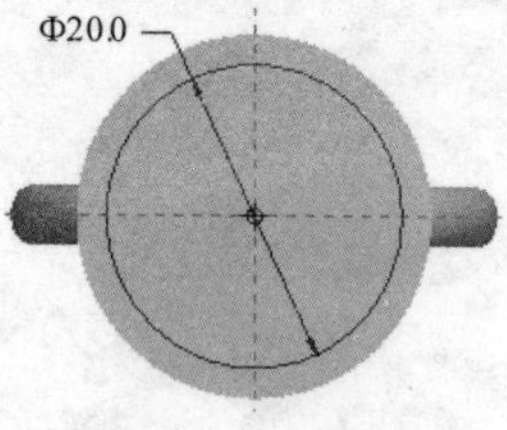

图 30.3.10 截面草图 4

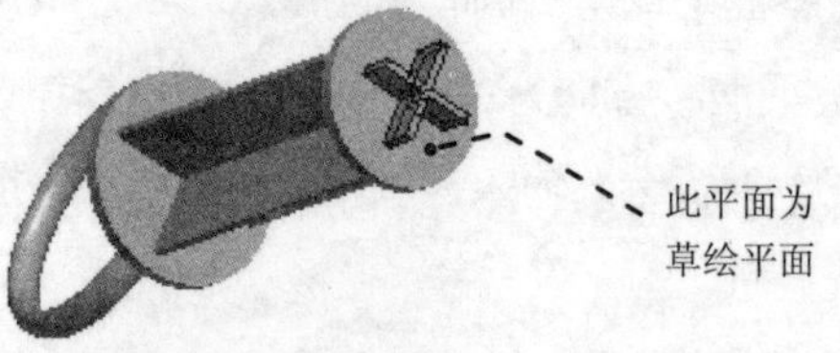

图 30.3.11 拉伸 4

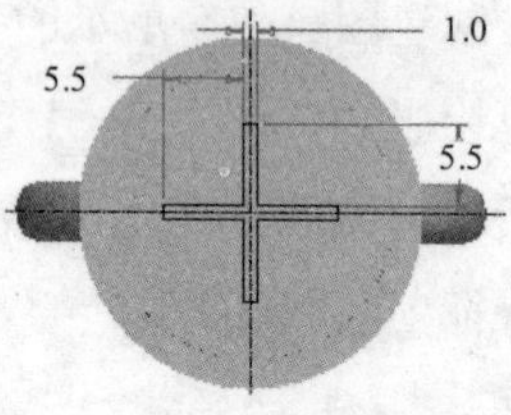

图 30.3.12 截面草图 5

Step8. 创建图 30.3.13 所示的拉伸特征 5。在操控板中单击“拉伸”按钮 拉伸；选取图 30.3.13 所示的模型表面为草绘平面，选取 RIGHT 基准平面为参考平面，方向为 右；单击 草绘 按钮，绘制图 30.3.14 所示的截面草图；在操控板中选择拉伸类型为 ⊔⊔，输入深度值 2.0；单击✓按钮，完成拉伸特征 5 的创建。

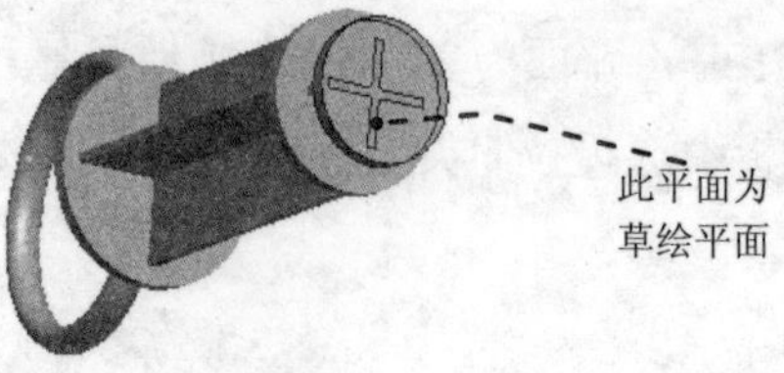

图 30.3.13 拉伸 5

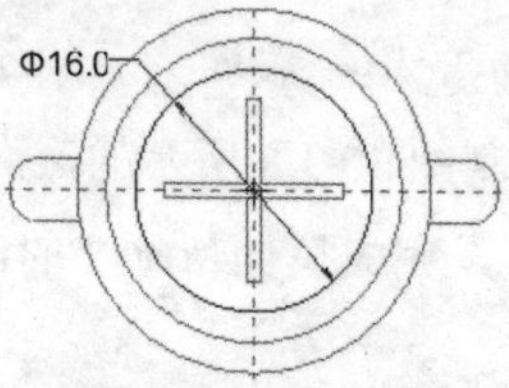

图 30.3.14 截面草图 6

Step9. 创建图 30.3.15b 所示的倒圆角特征 1。选取图 30.3.15a 所示的边线为倒圆角的边线；输入倒圆角半径值 1.0。

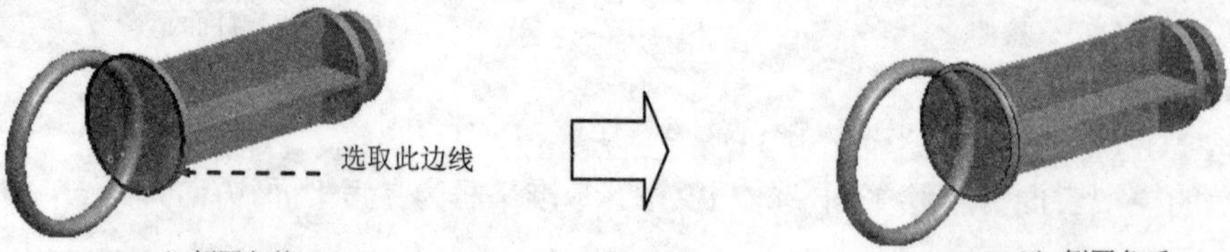

a）倒圆角前　　b）倒圆角后

图 30.3.15 倒圆角 1

Step10. 创建图 30.3.16b 所示的倒圆角特征 2。选取图 30.3.16a 所示的边线为倒圆角的边线；输入倒圆角半径值 0.5。

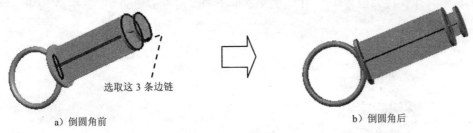

a）倒圆角前　　　　　　　　　　　　　　　　　b）倒圆角后

图 30.3.16　　倒圆角 2

Step11. 保存零件模型文件。

30.4　橡　胶　塞

零件模型及模型树如图 30.4.1 所示。

```
BADY_MEDICINE_03.PRT
    RIGHT
    TOP
    FRONT
    PRT_CSYS_DEF
    旋转 1
    旋转 2
    旋转 3
    倒圆角 1
    倒圆角 2
    倒角 1
    在此插入
```

图 30.4.1　　零件模型及模型树

Step1. 新建零件模型。新建一个零件模型，命名为 BADY_MEDICINE_03。

Step2. 创建图 30.4.2 所示的旋转特征 1。在操控板中单击"旋转"按钮 旋转；选取 RIGHT 基准平面为草绘平面，选取 TOP 基准平面为参考平面，方向为 左；单击 草绘 按钮，绘制图 30.4.3 所示的截面草图（包括对称中心线）；在操控板中选择旋转类型为 止，在角度文本框中输入角度值 360.0；单击 按钮，完成旋转特征 1 的创建。

图 30.4.2　　旋转 1

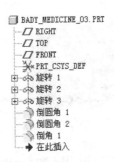

旋转中心线

R35.0

1.0

10.0

11.0

图 30.4.3　　截面草图 1

Step3. 创建图 30.4.4 所示的旋转特征 2。在操控板中单击"旋转"按钮 旋转；在操控板中按下"移除材料"按钮 ；选取 RIGHT 基准平面为草绘平面，选取 TOP 基准平面为参考平面，方向为 左；单击 草绘 按钮，绘制图 30.4.5 所示的截面草图（包括对称中心线）；

在操控板中选择旋转类型为 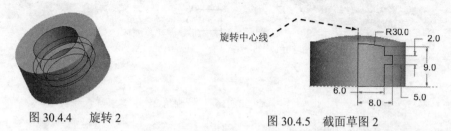，在角度文本框中输入角度值 360.0；单击 ✔ 按钮，完成旋转特征 2 的创建。

图 30.4.4　旋转 2　　　　　图 30.4.5　截面草图 2

Step4. 创建图 30.4.6 所示的旋转特征 3。在操控板中单击 "旋转" 按钮 ⟳ 旋转；在操控板中按下 "移除材料" 按钮 ◿；选取 RIGHT 基准平面为草绘平面，选取 TOP 基准平面为参考平面，方向为 左；单击 草绘 按钮，绘制图 30.4.7 所示的截面草图（包括对称中心线）；在操控板中选择旋转类型为 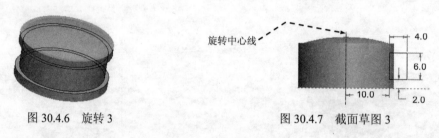，在角度文本框中输入角度值 360.0；单击 ✔ 按钮，完成旋转特征 3 的创建。

图 30.4.6　旋转 3　　　　　图 30.4.7　截面草图 3

Step5. 创建图 30.4.8b 所示的倒圆角特征 1。选取图 30.4.8a 所示的边线为倒圆角的边线；输入倒圆角半径值 3.0。

a）倒圆角前　　　　　　　　　b）倒圆角后

图 30.4.8　倒圆角 1

Step6. 创建图 30.4.9b 所示的倒圆角特征 2。选取图 30.4.9a 所示的边线为倒圆角的边线；输入倒圆角半径值 0.5。

a）倒圆角前　　　　　　　　　b）倒圆角后

图 30.4.9　倒圆角 2

Step7. 创建图 30.4.10b 所示的倒角特征 1。选取图 30.4.10a 所示的边线为倒角的边线；输入倒角值 1.0。

a）倒角前　　　　　　　　　　　　　　　　　　　　　b）倒角后

图 30.4.10　倒角 1

Step8. 保存零件模型文件。

30.5　装　配　设　计

Step1. 新建装配文件 bady_medicine.asm。

Step2. 引入图 30.5.1 所示的 bady_medicine_02。单击 模型 功能选项卡 元件▼ 区域中的"装配"按钮 ，在弹出的"打开"对话框中选择喂药器零件模型文件 bady_medicine_02.prt，单击 打开 ▼ 按钮；在系统弹出的元件放置操控板中单击 放置 选项卡，在"放置"界面的 约束类型 下拉列表中选择 默认 选项，单击操控板中的 ✔ 按钮。

Step3. 引入图 30.5.2 所示的 bady_medicine_03。单击 模型 功能选项卡 元件▼ 区域中的"装配"按钮 ，在弹出的"打开"对话框中选择喂药器零件模型文件 bady_medicine_03.prt，单击 打开 ▼ 按钮；在元件放置操控板中单击 移动 选项卡，在 运动类型 下拉列表中选择 平移 选项，在"移动"界面中选中 ⦿ 在视图平面中相对 单选项，将 bady_medicine_03 移动到合适的位置。在"放置"界面的 约束类型 下拉列表中选择 重合 选项，选取图 30.5. 3 所示元件 bady_medicine_02 和元件 bady_medicine_03 的面为要匹配的面；单击 ➡新建约束 选项，在"放置"界面的 约束类型 下拉列表中选择 重合 选项，选取图 30.5.3 所示元件 bady_medicine_02 的基准轴 A_1 和元件 bady_medicine_03 的基准轴 A_4 重合。

图 30.5.1　装配零件 1

图 30.5.2　装配零件 2

Step4. 引入图 30.5.4 所示的 bady_medicine_01。单击 模型 功能选项卡 元件 ▾ 区域中的"装配"按钮 ，在弹出的"打开"对话框中选择喂药器零件模型文件 bady_medicine_01.prt，单击 打开 ▾ 按钮；在元件放置操控板中单击 移动 选项卡，在 运动类型 下拉列表中选择 平移 选项，在"移动"界面中选中 ◉ 在视图平面中相对 单选项，将 bady_medicine_01 移动到合适的位置。在"放置"界面的 约束类型 下拉列表中选择 ✕ 相切 选项，选取图 30.5.5 所示的面为要相切的面；单击 ◆新建约束 选项，在 约束类型 下拉列表中选择 ⊥ 重合 选项，选取元件中的基准轴 A_1（图 30.5.5）和组件中的基准轴 A_4（图 30.5.5）重合；单击 ◆新建约束 选项，在 约束类型 下拉列表中选择 ⊥ 重合 选项，选取 bady_medicine_01 的 TOP 基准平面与装配体的 FRONT 基准平面重合，此时操控板中显示的信息为 状况:完全约束；单击元件放置操控板中的 ✓ 按钮。

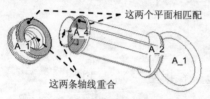

图 30.5.3 定义装配约束 1

图 30.5.4 装配零件 3

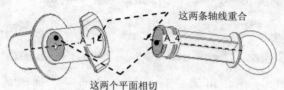

图 30.5.5 定义装配约束 2

Step5. 保存装配模型文件。

第6章

自顶向下设计实例

本章主要包含如下内容：

- 实例 31　无绳电话的自顶向下设计
- 实例 32　微波炉钣金外壳的自顶向下设计

实例 31　无绳电话的自顶向下设计

31.1　实　例　概　述

本实例详细讲解了一款无绳电话的整个设计过程，该设计过程中采用了较为先进的设计方法——自顶向下（Top-Down Design）的设计方法。采用这种方法不仅可以获得较好的整体造型，并且能够大大缩短产品的上市时间。许多家用电器（如电脑机箱、吹风机、电脑鼠标）都可以采用这种方法进行设计。设计流程图如图 31.1.1 所示。

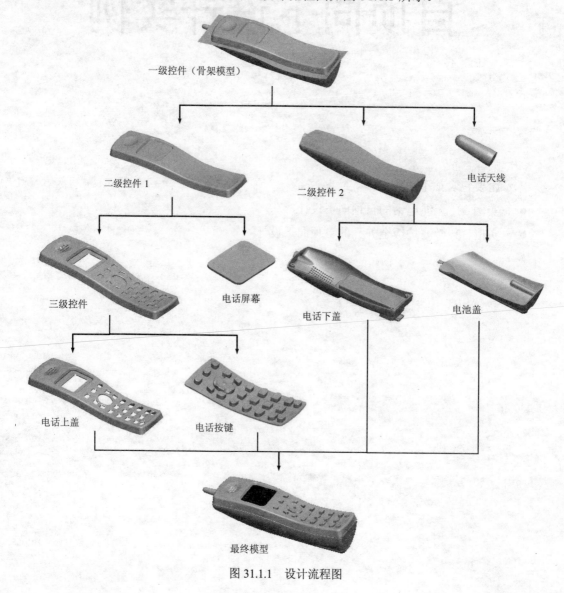

图 31.1.1　设计流程图

31.2　创建电话的骨架模型

Task1．设置工作目录

将工作目录设置至 D:\creoins3\work\ch06\ins31。

Task2．新建一个装配体文件。

Step1. 单击"新建"按钮，在弹出的文件"新建"对话框中，进行下列操作：

（1）选中 类型 选项组下的 ⦿ 装配 单选项。

（2）选中 子类型 选项组下的 ⦿ 设计 单选项。

（3）在 名称 文本框中输入文件名 HANDSET。

（4）通过取消 □ 使用默认模板 复选框中的"√"号，来取消"使用默认模板"。

（5）单击该对话框中的 确定 按钮。

Step2. 选取适当的装配模板。在系统弹出的"新文件选项"对话框中，进行下列操作：

（1）在"模板"选项组中选择 mmns_asm_design 模板。

（2）单击该对话框中的 确定 按钮。

Step3. 设置模型树的显示。在模型树操作界面中选择 ➡ 树过滤器(F)... 命令，然后在"模型树项"对话框中选中 ☑ 特征 复选框，并单击 确定 按钮。

Task3．创建图 **31.2.1** 所示的骨架模型

在装配环境下，创建图 31.2.1 所示骨架模型及模型树。

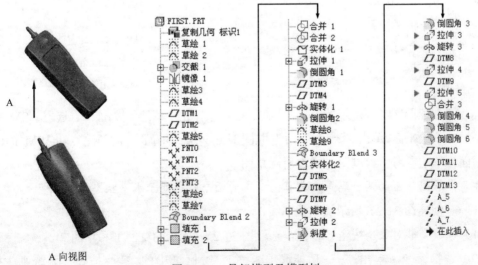

A 向视图

图 31.2.1　骨架模型及模型树

Step1. 在装配体中建立骨架模型 FIRST。

（1）单击 模型 功能选项卡 元件 ▾ 区域中的"创建"按钮 🖳。

（2）此时系统弹出"元件创建"对话框，选中 类型 选项组中的 ◉骨架模型 单选项，在名称文本框中输入文件名 FIRST，然后单击 确定 按钮。

（3）在弹出的"创建选项"对话框中选中 ◉🖾 单选项，单击 确定 按钮。

Step2. 激活骨架模型。

（1）在模型树中选取 🗖 FIRST.PRT，然后右击，在弹出的快捷菜单中选择 激活 命令。

（2）单击 模型 功能选项卡 获取数据 ▾ 区域中的"复制几何"按钮 🖳，系统弹出"复制几何"操控板，在该操控板中进行下列操作：

① 在"复制几何"操控板中，先确认"将参考类型设置为装配上下文"按钮 🖾 被按下，然后单击"仅限发布几何"按钮 🖳（使此按钮为弹起状态）。

② 复制几何。在"复制几何"操控板中单击 参考 按钮，系统弹出"参考"界面；单击 参考 区域中的 单击此处添加项 字符，然后选取装配文件中的三个基准平面。

③ 在"复制几何"操控板中单击 选项 按钮，选中 ◉ 按原样复制所有曲面 单选项。

④ 在"复制几何"操控板中单击"完成"按钮 ✔。

⑤ 完成操作后，所选的基准平面被复制到 FIRST.PRT 中。

Step3. 在装配体中打开主控件 FIRST.PRT。在模型树中单击 🗖 FIRST.PRT 后右击，在弹出的快捷菜单中选择 打开 命令。

Step4. 创建图 31.2.2 所示的草图 1。在操控板中单击"草绘"按钮 ◥；选取 ASM_RIGHT 基准平面为草绘平面，选取 ASM_TOP 基准平面为参考平面，方向为 上；单击 草绘 按钮，绘制图 31.2.3 所示的草图。

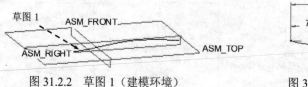

图 31.2.2   草图 1（建模环境）   图 31.2.3   草图 1（草绘环境）

Step5. 创建图 31.2.4 所示的草图 2。在操控板中单击"草绘"按钮 ◥；选取 ASM_TOP 基准平面为草绘平面，单击 草绘 按钮；选取图 31.2.5 所示的草图 1 的两端点和 ASM_RIGHT 基准平面为草绘参考，绘制图 31.2.5 所示草图。

注意：草图 2 中的两个端点应与草图 1 中的两个端点处于水平状态。

Step6. 创建图 31.2.6 所示的交截曲线 1。

（1）选取交截对象。按住 Ctrl 键，选取图 31.2.6a 所示的草图 1 和草图 2。

（2）选择命令。单击 模型 功能选项卡 编辑 ▾ 区域中的 🗖相交 按钮，系统则生成图 31.2.6b 所示的相交曲线，完成交截曲线的创建。

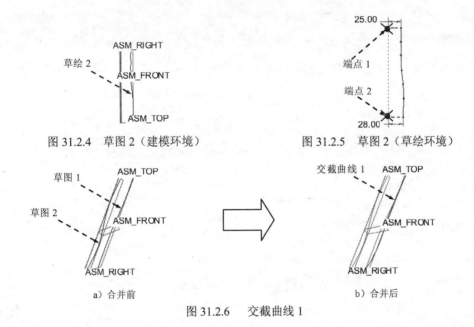

图 31.2.4　草图 2（建模环境）　　　图 31.2.5　草图 2（草绘环境）

图 31.2.6　　交截曲线 1

Step7. 创建图 31.2.7 所示的镜像特征 1。

（1）选取镜像特征。在模型树中单击上一步创建的交截曲线 1。

（2）选择镜像命令。单击 模型 功能选项卡 编辑 ▼ 区域中的"镜像"按钮 。

（3）定义镜像平面。在图形区选取 ASM_RIGHT 基准平面为镜像平面。

（4）在操控板中单击 ✔ 按钮，完成镜像特征 1 的创建。

图 31.2.7　镜像 1

Step8. 创建图 31.2.8 所示的草图 3。在操控板中单击"草绘"按钮 ；选取 ASM_RIGHT 基准平面为草绘平面，单击 草绘 按钮，绘制图 31.2.9 所示的草图（将交截曲线 1 向左偏移 9 个单位）。

图 31.2.8　草图 3（建模环境）　　　图 31.2.9　草图 3（草绘环境）

Step9. 创建图 31.2.10 所示的草图 4。在操控板中单击"草绘"按钮 ；选取 ASM_RIGHT 基准平面为草绘平面，选取 ASM_FRONT 基准平面为参考平面，方向为 上 ；单击 草绘 按钮，选取交截曲线 1 的两端点和 ASM_TOP 基准平面为草绘参考，绘制图 31.2.11 所示草图。

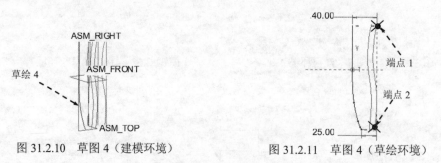

图 31.2.10　草图 4（建模环境）　　　　　图 31.2.11　草图 4（草绘环境）

Step10. 创建图 31.2.12 所示的基准平面 1。

（1）选择命令。单击 模型 功能选项卡 基准 ▼ 区域中的"平面"按钮 。

（2）定义平面参考。选取图 31.2.12 所示的交截曲线 1 的终点为参考，将其约束类型设置为 穿过 ；按住 Ctrl 键，选取 ASM_FRONT 基准平面为参考，将其约束类型设置为 平行 。

（3）单击对话框中的 确定 按钮，完成基准平面 1 的创建。

Step11. 创建图 31.2.13 所示的基准平面 2。单击 模型 功能选项卡 基准 ▼ 区域中的"平面"按钮 ；选取图 31.2.13 所示的草图 4 的终点为参考，将其约束类型设置为 穿过 ；按住 Ctrl 键，选取 ASM_FRONT 基准平面为参考，将其约束类型设置为 平行 ；单击对话框中的 确定 按钮。

图 31.2.12　基准平面 DTM1　　　　　图 31.2.13　基准平面 DTM2

Step12. 创建图 31.2.14 所示的草图 5。在操控板中单击"草绘"按钮 ；选取 DTM1 基准平面为草绘平面，选取 ASM_RIGHT 基准平面为参考平面，方向为 上 ；单击 草绘 按钮，选取合适的草绘参考，绘制图 31.2.15 所示的草图。

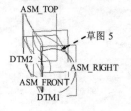

图 31.2.14　草图 5（建模环境）　　　　　图 31.2.15　草图 5（草绘环境）

Step13. 创建图 31.2.16 所示的基准点 PNT0。

（1）选择命令。单击 模型 功能选项卡 基准 ▼ 区域中的"基准点"按钮 ×× 点 ▼ 。

（2）定义基准点参考。按住 Ctrl 键，选取图 31.2.16 所示的镜像 1 和 ASM_FRONT 基准平面为基准点参考。

（3）单击对话框中的 确定 按钮。

Step14. 创建图 31.2.17 所示的基准点 PNT1。单击 模型 功能选项卡 基准 ▼ 区域中的"基准点"按钮 ×× 点 ▼ ；按住 Ctrl 键，选取图 31.2.17 所示的交截曲线 1 和 ASM_FRONT 基准平面为基准点参考；单击对话框中的 确定 按钮。

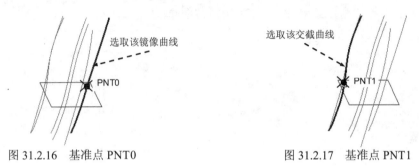

图 31.2.16　基准点 PNT0　　　　　图 31.2.17　基准点 PNT1

Step15. 创建图 31.2.18 所示的基准点 PNT2。单击 模型 功能选项卡 基准 ▼ 区域中的"基准点"按钮 ×× 点 ▼ ；按住 Ctrl 键，选取图 31.2.18 所示的曲线 1 和 ASM_FRONT 基准平面为基准点参考；单击对话框中的 确定 按钮。

Step16. 创建图 31.2.19 所示的基准点 PNT3。单击 模型 功能选项卡 基准 ▼ 区域中的"基准点"按钮 ×× 点 ▼ ；按住 Ctrl 键，选取图 31.2.19 所示的曲线 2 和 ASM_FRONT 基准平面为基准点参考；单击对话框中的 确定 按钮。

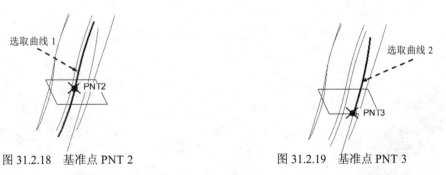

图 31.2.18　基准点 PNT 2　　　　　图 31.2.19　基准点 PNT 3

Step17. 创建图 31.2.20 所示的草图 6。在操控板中单击"草绘"按钮 ；选取 ASM_FRONT 基准平面为草绘平面，选取 ASM_RIGHT 基准平面为参考平面，方向为 上 ；单击 草绘 按钮，选取 PNT0、PNT1、PNT2 和 PNT3 为草绘参考，绘制图 31.2.21 所示截面草图。

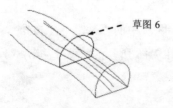

图 31.2.20　草图 6（建模环境）

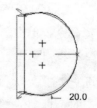

图 31.2.21　草图 6（草绘环境）

Step18. 创建图 31.2.22 所示的草图 7。在操控板中单击"草绘"按钮 ；选取 DTM2 基准平面为草绘平面，选取 ASM_RIGHT 基准平面为参考平面，方向为 上 ；单击 草绘 按钮，选取合适的草绘参考，绘制图 31.2.23 所示截面草图。

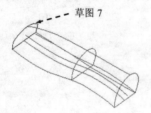

图 31.2.22　草图 7（建模环境）

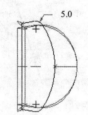

图 31.2.23　草图 7（草绘环境）

Step19. 创建图 31.2.24 所示的边界混合曲面 1 。

（1）选择命令。单击 模型 功能选项卡 曲面▼ 区域中的"边界混合"按钮 。

（2）选取边界曲线。在操控板中单击 曲线 按钮，系统弹出"曲线"界面；按住 Ctrl 键，依次选取草图 5、草图 6、草图 7（图 31.2.25）为第一方向边界曲线；单击"第二方向"区域中的"单击此…"字符，然后按住 Ctrl 键，依次选取草图 4、交截曲线 1 和镜像 1（图 31.2.26）为第二方向边界曲线。

（3）设置边界条件。采用系统默认设置。

（4）在操控板中单击 按钮，预览所创建的曲面，确认无误后，单击 按钮，完成边界混合曲面 1 的创建。

图 31.2.24　边界混合曲面 1

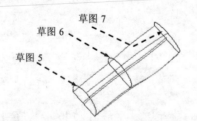

图 31.2.25　第一方向曲线

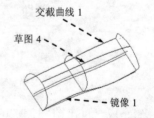

图 31.2.26　第二方向曲线

Step20. 创建图 31.2.27 所示填充曲面 1。

（1）选择命令。单击 模型 功能选项卡 曲面▼ 区域中的 填充 按钮。

（2）定义填充参考。选取草图 5 为填充参考。

（3）在操控板中单击 ✔ 按钮，完成填充曲面 1 的创建。

Step21. 创建图 31.2.28 所示的填充曲面 2。单击 模型 功能选项卡 曲面▼ 区域中的 □填充 按钮，选取草图 7 为填充参考，在操控板中单击 ✔ 按钮，完成填充曲面 2 的创建。

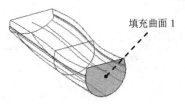

图 31.2.27　填充曲面 1

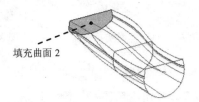

图 31.2.28　填充曲面 2

Step22. 创建曲面合并 1。

（1）选取合并对象。在"智能选取"栏中选择 面组 选项，然后按住 Ctrl 键，选取图 31.2.29 所示的边界混合曲面和填充曲面 1 为合并对象。

（2）选择命令。单击 模型 功能选项卡 编辑▼ 区域中的 ◌合并 按钮。

（3）单击 ✔ 按钮，完成曲面合并 1 的创建。

Step23. 创建曲面合并 2。按住 Ctrl 键，选取图 31.2.30 所示的合并面组 1 和填充曲面 2 为合并对象，单击 ◌合并 按钮，并单击 ✔ 按钮，完成曲面合并 2 的创建。

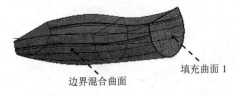

图 31.2.29　曲面合并 1

图 31.2.30　曲面合并 2

Step24. 创建曲面实体化 1。

（1）选取实体化对象。选取图 31.2.31 中的曲面合并 2 为要实体化的对象。

（2）选择命令。单击 模型 功能选项卡 编辑▼ 区域中的 ◌实体化 按钮。

（3）单击 ✔ 按钮，完成曲面实体化 1 的创建。

Step25. 创建图 31.2.32 所示拉伸特征 1。

（1）选择命令。单击 模型 功能选项卡 形状▼ 区域中的"拉伸"按钮 ◻拉伸，按下操控板中的"移除材料"按钮 ◻。

（2）绘制截面草图。在图形区右击，从弹出的快捷菜单中选择 定义内部草绘... 命令；选取 ASM_TOP 基准平面为草绘平面，选取 ASM_RIGHT 基准平面为参考平面，方向为 上；单击 草绘 按钮，绘制图 31.2.33 所示的截面草图。

（3）定义拉伸属性。在操控板中定义拉伸类型为 ⊥，输入深度值 50.0。

（4）在操控板中单击"完成"按钮 ✔，完成拉伸特征 1 的创建。

图 31.2.31　曲面实体化 1

图 31.2.32　拉伸特征 1

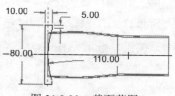

图 31.2.33　截面草图 1

Step26. 创建图 31.2.34b 所示倒圆角特征 1。单击 模型 功能选项卡 工程 ▾ 区域中的 ⏚倒圆角 ▾ 按钮，按住 Ctrl 键，选取图 31.2.34a 所示的边链为倒圆角的边线，在圆角半径文本框中输入值 6.0。

a）倒圆角前

b）倒圆角后

图 31.2.34　倒圆角特征 1

Step27. 创建图 31.2.35 所示的基准平面 3。单击 模型 功能选项卡 基准 ▾ 区域中的"平面"按钮 □；选取 ASM_RIGHT 基准平面为偏距参考面，在对话框中输入偏移距离值 15.0；单击对话框中的 确定 按钮。

Step28. 创建图 31.2.36 所示的基准平面 4。单击 模型 功能选项卡 基准 ▾ 区域中的"平面"按钮 □；选取 ASM_TOP 基准平面为偏距参考面，在对话框中输入偏移距离值-22.0；单击对话框中的 确定 按钮。

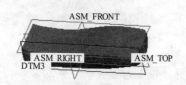

图 31.2.35　基准平面 DTM 3

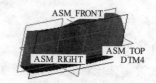

图 31.2.36　基准平面 DTM 4

Step29. 创建图 31.2.37 所示的旋转特征 1。

（1）选择命令。单击 模型 功能选项卡 形状 ▾ 区域中的"旋转"按钮 ⨀ 旋转。

（2）绘制截面草图。在图形区右击，从弹出的快捷菜单中选择 定义内部草绘... 命令；选取 DTM3 基准平面为草绘平面，选取 DTM4 基准平面为参考平面，方向为 上；单击 草绘 按钮，绘制图 31.2.38 所示的截面草图（包括中心线）。

（3）定义旋转属性。在操控板中选择旋转类型为 ⨯，在角度文本框中输入角度值 360.0，并按 Enter 键。

（4）在操控板中单击"完成"按钮 ✓，完成旋转特征 1 的创建。

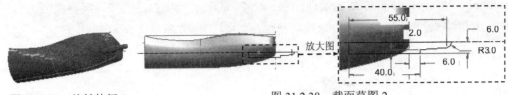

图 31.2.37　旋转特征 1　　　　　　　　　　　图 31.2.38　截面草图 2

Step30. 创建图 31.2.39b 所示的倒圆角特征 2。选取图 31.2.39a 所示的边链为倒圆角的边线，输入圆角半径值 2.0。

a）倒圆角前　　　　　　　　　　　　　　　　　b）倒圆角后

图 31.2.39　倒圆角特征 2

Step31. 创建图 31.2.40 所示的草图 8。在操控板中单击"草绘"按钮 ；选取填充曲面 1 为草绘平面，选取 ASM_RIGHT 基准平面为参考平面，方向为 右 ；单击 草绘 按钮，选取图 31.2.41 所示的点为草绘参考，绘制图 31.2.41 所示的截面草图。

图 31.2.40　草图 8　　　　　　　　　　　　图 31.2.41　截面草图 3

Step32. 创建图 31.2.42 所示的草图 9。在操控板中单击"草绘"按钮 ；选取 ASM_TOP 基准平面为草绘平面，选取 ASM_RIGHT 基准平面为参考平面，方向为 上 ；单击 草绘 按钮，接受系统默认的参考，绘制图 31.2.43 所示的截面草图。

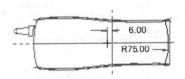

图 31.2.42　草图 9（草绘环境）　　　　　　图 31.2.43　草图 9（草绘环境）

Step33. 创建边界混合曲面 2 。单击"边界混合"按钮 ；按住 Ctrl 键，依次选取草图 8、草图 9（图 31.2.44）为第一方向曲线，其他采用系统默认设置；单击 按钮，完成边界混合曲面 2 的创建。

Step34. 创建图 31.2.45 所示的曲面实体化 2。选取上一步创建的边界混合曲面为实体化对象；单击 实体化 按钮，按下"移除材料"按钮 ，调整图形区中的箭头使其指向要去除的实体；单击 按钮，完成曲面实体化 2 的创建。

草绘 8

草绘 9

图 31.2.44　定义边界曲线

图 31.2.45　曲面实体化 2

Step35. 创建图 31.2.46 所示的基准平面 5。单击 模型 功能选项卡 基准 ▾ 区域中的"平面"按钮 ，选取 ASM_TOP 基准平面为偏距参考面，在对话框中输入偏移距离值 5.0，单击对话框中的 确定 按钮。

Step36. 创建图 31.2.47 所示的基准平面 6。单击 模型 功能选项卡 基准 ▾ 区域中的"平面"按钮 ，选取 ASM_TOP 基准平面为偏距参考面，在对话框中输入偏移距离值-1.5，单击对话框中的 确定 按钮。

Step37. 创建图 31.2.48 所示的基准平面 7。单击 模型 功能选项卡 基准 ▾ 区域中的"平面"按钮 ，选取 ASM_TOP 基准平面为偏距参考面，在对话框中输入偏移距离值 40.0，单击对话框中的 确定 按钮。

图 31.2.46　基准平面 DTM5

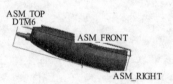

图 31.2.47　基准平面 DTM6

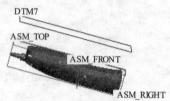

图 31.2.48　基准平面 DTM7

Step38. 创建图 31.2.49 所示的旋转特征 2。单击 旋转 按钮，按下操控板中的"移除材料"按钮 ；选取 ASM_RIGHT 基准平面为草绘平面，选取 DTM7 基准平面为参考平面，方向为 上 ；绘制图 31.2.50 所示的截面草图（包括中心线）；在操控板中选择旋转类型为 ，在角度文本框中输入角度值 360.0；单击 按钮，完成旋转特征 2 的创建。

图 31.2.49　旋转特征 2

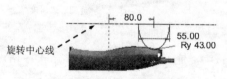

80.0

55.00
Ry 43.00

旋转中心线

图 31.2.50　截面草图 4

Step39. 创建图 31.2.51 所示拉伸特征 2。单击 拉伸 按钮，按下操控板中的"移除材料"按钮 ；选取 DTM5 基准平面为草绘平面，选取 ASM_FRONT 基准平面为参考平面，

方向为 ⬆ ；绘制图 31.2.52 所示的截面草图；在操控板中定义拉伸类型为 ⬓ ，选取 DTM6 基准平面为拉伸终止面；单击 ✔ 按钮，完成拉伸特征 2 的创建。

图 31.2.51 拉伸特征 2

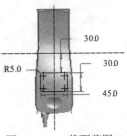

图 31.2.52 截面草图 5

Step40. 创建图 31.2.53b 所示的拔模特征 1。

（1）选择命令。单击 模型 功能选项卡 工程 ▾ 区域中的 拔模 ▾ 按钮。

（2）定义拔模曲面。在操控板中单击 参照 选项卡，激活 拔模曲面 文本框，选取图 31.2.53a 所示的一周侧面为拔模曲面。

（3）定义拔模枢轴平面。激活 拔模枢轴 文本框，选取图 31.2.53a 所示的模型表面为拔模枢轴平面。

（4）定义拔模参数。单击 ╱ 按钮调整拔模方向如图 31.2.53a 所示；在拔模角度文本框中输入拔模角度值 30.0。

（5）在操控板中单击 ✔ 按钮，完成拔模特征 1 的创建。

a）拔模前   b）拔模后

图 31.2.53 拔模特征 1

Step41. 创建图 31.2.54b 所示倒圆角特征 3。选取图 31.2.54a 所示的边链为倒圆角的边线；输入圆角半径值 1.0。

a）倒圆角前   b）倒圆角后

图 31.2.54 倒圆角特征 3

Step42. 创建图 31.2.55 所示拉伸曲面 3。单击 拉伸 按钮，按下操控板中的"曲面类型"按钮 ▢ ；选取 ASM_RIGHT 基准曲面为草绘平面，选取 ASM_FRONT 基准平面为参考平面，方向为 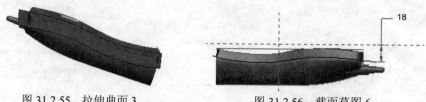；绘制图 31.2.56 所示的特征截面草图（部分投影于草图 3）；在操控板中定

义拉伸类型为 ，输入深度值 75.0；单击 ✔ 按钮，完成拉伸曲面 3 的创建。

图 31.2.55   拉伸曲面 3   图 31.2.56   截面草图 6

Step43. 创建图 31.2.57 所示的旋转特征 3。单击 旋转 按钮，按下操控板中的"移除材料"按钮 ；选取 ASM_RIGHT 基准平面为草绘平面，选取 ASM_ FRONT 基准平面为参考平面，方向为 上 ；绘制图 31.2.58 所示的截面草图（包括中心线）；在操控板中选择旋转类型为 ，在角度文本框中输入角度值 360.0；单击 ✔ 按钮，完成旋转特征 3 的创建。

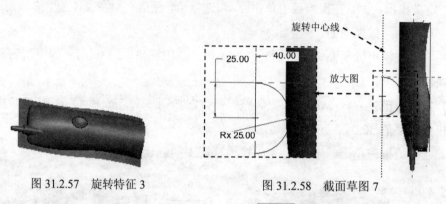

图 31.2.57   旋转特征 3   图 31.2.58   截面草图 7

Step44. 创建图 31.2.59 所示的基准平面 8。单击 模型 功能选项卡 基准 ▾ 区域中的"平面"按钮 ，选取 DTM4 基准平面为偏距参考面，在对话框中输入偏移距离值 25.0，单击对话框中的 确定 按钮。

Step45. 创建图 31.2.60 所示拉伸曲面 4。单击 拉伸 按钮，按下操控板中的"曲面类型"按钮 ；选取图 31.2.61 所示的模型表面为草绘平面，接受默认的参考平面，方向为 右 ；绘制图 31.2.62 所示的截面草图；在操控板中定义拉伸类型为 ，输入深度值-5.0；单击 ✔ 按钮，完成拉伸曲面 4 的创建。

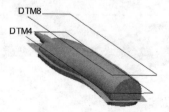

图 31.2.59   基准平面 DTM 8

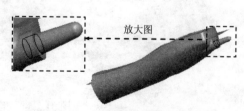

图 31.2.60   拉伸曲面 4

图 31.2.61　定义草绘平面　　　　　　　　　图 31.2.62　截面草图 8

Step46. 创建图 31.2.63 所示的基准平面 9。单击 模型 功能选项卡 基准 ▼ 区域中的"平面"按钮 □，选取图 31.2.63 所示的模型表面为偏距参考面，在对话框中输入偏移距离值 -3.0，单击对话框中的 确定 按钮。

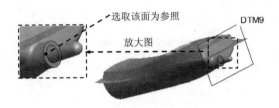

图 31.2.63　基准平面 DTM9

Step47. 创建图 31.2.64 所示拉伸曲面 5。单击 拉伸 按钮，按下操控板中的"曲面类型"按钮 □；选取 DTM4 基准曲面为草绘平面，选取 ASM_RIGHT 基准平面为参考平面，方向为 上；选取 DTM9 基准平面为草绘参考，绘制图 31.2.65 所示的截面草图；在操控板中选择拉伸类型为 日，输入深度值 30.0；单击 ✔ 按钮，完成拉伸曲面 5 的创建。

图 31.2.64　拉伸曲面 5　　　　　　　　　　图 31.2.65　截面草图 9

Step48. 创建曲面合并 3。

（1）选取合并对象。按住 Ctrl 键，选取拉伸曲面 5 特征和拉伸曲面 4 特征为合并对象。

（2）选择命令。单击 模型 功能选项卡 编辑 ▼ 区域中的 合并 按钮。

（3）确定要保留的部分。单击调整图形区中的箭头使其指向要保留的部分，如图 31.2.66 所示。

（4）单击 ✔ 按钮，完成曲面合并 3 的创建。

图 31.2.66　曲面合并 3

Step49. 创建图 31.2.67b 所示的倒圆角特征 4。按住 Ctrl 键，依次选取图 31.2.67a 所示的边链 1、边链 2、边链 3 为倒圆角的边线；单击 集 选项卡，在其界面的 半径 区域中右击，在系统弹出的快捷菜单中选择 添加半径 选项，将边链 1、边链 2、边链 3 的半径值分别设置为 6.0、3.5、6.0。

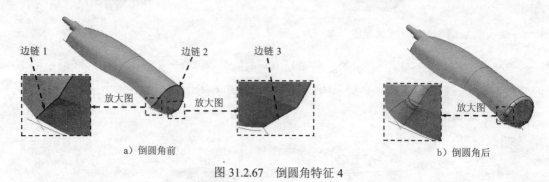

图 31.2.67   倒圆角特征 4

Step50. 创建图 31.2.68 所示的倒圆角特征 5。按住 Ctrl 键，选取图 31.2.68 所示的边链为倒圆角的边线，输入圆角半径值 2.5。

a）倒圆角前   b）倒圆角后

图 31.2.68   倒圆角特征 5

Step51. 创建图 31.2.69 所示的倒圆角特征 6。按住 Ctrl 键，选取图 31.2.69 所示的边线为倒圆角的边线，输入圆角半径值 3.0。

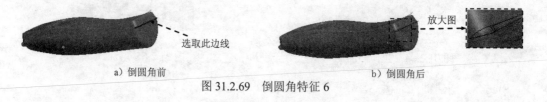

a）倒圆角前   b）倒圆角后

图 31.2.69   倒圆角特征 6

Step52. 创建图 31.2.70 所示的基准平面 10。单击 模型 功能选项卡 基准 ▼ 区域中的"平面"按钮 □；选取 DTM1 基准平面为偏距参考面，在对话框中输入偏移距离值 6.0；单击对话框中的 确定 按钮。

Step53. 创建图 31.2.71 所示的基准平面 11。单击 模型 功能选项卡 基准 ▼ 区域中的"平面"按钮 □；选取 ASM_RIGHT 基准平面为偏距参考面，在对话框中输入偏移距离值-20.0；单击对话框中的 确定 按钮。

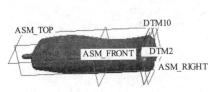

图 31.2.70 基准平面 DTM 10

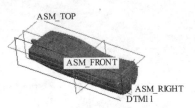

图 31.2.71 基准平面 DTM11

Step54. 创建图 31.2.72 所示的基准平面 12。单击 模型 功能选项卡 基准 ▼ 区域中的"平面" 按钮 ▱；选取 DTM2 基准平面为偏距参考面，在对话框中输入偏移距离值 8.0；单击对话框中的 确定 按钮。

Step55. 创建图 31.2.73 所示的基准平面 13。单击 模型 功能选项卡 基准 ▼ 区域中的"平面" 按钮 ▱；选取 ASM_RIGHT 基准平面为偏距参考面，在对话框中输入偏移距离值 20.0；单击对话框中的 确定 按钮。

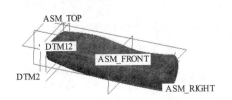

图 31.2.72 基准平面 DTM 12

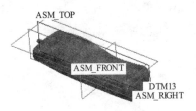

图 31.2.73 基准平面 DTM 13

Step56. 创建图 31.2.74 所示的基准轴——A_5。单击 模型 功能选项卡 基准 ▼ 区域中的"基准轴" 按钮 ⁄ 轴；按住 Ctrl 键，选取 DTM10 基准平面和 DTM11 基准平面为参考，将其约束类型均设置为 穿过；单击对话框中的 确定 按钮。

Step57. 创建图 31.2.75 所示的基准轴——A_6。单击 模型 功能选项卡 基准 ▼ 区域中的"基准轴" 按钮 ⁄ 轴；住 Ctrl 键，选取 DTM10 基准平面和 DTM13 基准平面为参考，将其约束类型均设置为 穿过；单击对话框中的 确定 按钮。

Step58. 创建图 31.2.76 所示的基准轴——A_7。单击 模型 功能选项卡 基准 ▼ 区域中的"基准轴" 按钮 ⁄ 轴；选取 DTM11 基准平面和 DTM12 基准平面为参考，将其约束类型均设置为 穿过；单击对话框中的 确定 按钮。

图 31.2.74 基准轴 A_5

图 31.2.75 基准轴 A_6

图 31.2.76 基准轴 A_7

31.3　创建二级主控件 1

下面讲解二级主控件 1（SECOND01.PRT）的创建过程，零件模型及模型树如图 31.3.1 所示。

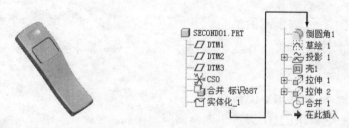

图 31.3.1　零件模型及模型树

Step1. 在装配体中建立二级主控件 SECOND01。

（1）单击 模型 功能选项卡 元件 ▾ 区域中的"创建"按钮 。

（2）此时系统弹出 "元件创建"对话框，选中 类型 选项组中的 ⦿ 零件 单选项，选中 子类型 选项组中的 ⦿ 实体 单选项，然后在 名称 文本框中输入文件名 SECOND01，单击 确定 按钮。

（3）在系统弹出的"创建选项"对话框中选中 ⦿ 空 单选项，单击 确定 按钮。

Step2. 激活二级主控件 1 模型。

（1）激活电话顶盖二级主控件零件。在模型树中单击 SECOND01.PRT，然后右击，在系统弹出的快捷菜单中选择 激活 命令。

（2）单击 模型 功能选项卡中的 获取数据 ▾ 按钮，在弹出的菜单中选择 合并/继承 命令，系统弹出 "合并/继承"操控板，在该操控板中进行下列操作：

① 在操控板中，先确认"将参考类型设置为组件上下文"按钮 被按下。

② 复制几何。在操控板中单击 参考 按钮，系统弹出"参考"界面；选中 复制基准 复选框，然后在模型树中选取骨架模型特征为参考模型；单击"完成"按钮 。

Step3. 在模型树中选择 SECOND01.PRT，然后右击，在系统弹出的快捷菜单中选择 打开 命令。

Step4. 创建图 31.3.2b 所示的曲面实体化 1。

（1）选取实体化对象。选取图 31.3.2a 所示的曲面为要实体化的对象。

（2）选择命令。单击 模型 功能选项卡 编辑 ▾ 区域中的 实体化 按钮，并按下"移除材料"按钮 。

（3）确定要保留的实体。单击调整图形区中的箭头使其指向要去除的实体，如图 31.3.2a 所示。

（4）单击 按钮，完成曲面实体化 1 的创建。

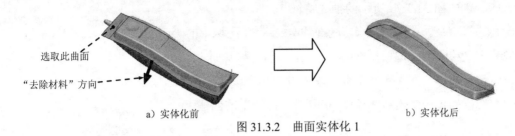

选取此曲面

"去除材料" 方向

a）实体化前　　　　　　　　　　　b）实体化后

图 31.3.2　曲面实体化 1

Step5. 创建图 31.3.3b 所示的倒圆角特征 1。单击 模型 功能选项卡 工程 ▾ 区域中的 倒圆角 ▾ 按钮，选取图31.3.3a所示的边链为倒圆角的边线；在圆角半径文本框中输入值5.0。

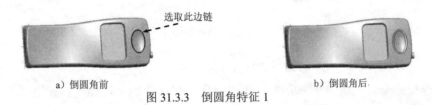

选取此边链

a）倒圆角前　　　　　　　　　　b）倒圆角后

图 31.3.3　倒圆角特征 1

Step6. 创建图 31.3.4 所示的草图 1。在操控板中单击"草绘"按钮 ；选取 ASM_TOP 基准平面为草绘平面，选取 ASM_RIGHT 基准平面为参考平面，方向为 右 ，单击 草绘 按钮，接受默认的参考，绘制图 31.3.5 所示的截面草图。

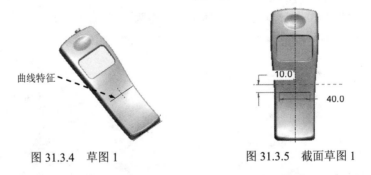

曲线特征

10.0

40.0

图 31.3.4　草图 1　　　　　　　图 31.3.5　截面草图 1

Step7. 创建图 31.3.6b 所示的投影曲线 1。

（1）选取投影对象。在模型树中选取上步所创建的草图 1。

（2）选择命令。单击 模型 功能选项卡 编辑 ▾ 区域中的 投影 按钮。

（3）定义参考。选取图 31.3.6a 所示的面为投影面，接受系统默认的投影方向。

（4）单击 ✔ 按钮，完成投影曲线 1 的创建。

投影面

草绘曲线 1

a）投影前　　　　　　　　　　b）投影后

图 31.3.6　投影曲线 1

Step8. 创建图 31.3.7b 所示的抽壳特征 1。

（1）选择命令。单击 模型 功能选项卡 工程 ▼ 区域中的"壳"按钮 回壳。

（2）定义移除面。选取图 31.3.7a 所示的面为移除面。

（3）定义壁厚。在 厚度 文本框中输入壁厚值 1.0。

（4）在操控板中单击 ✔ 按钮，完成抽壳特征 1 的创建。

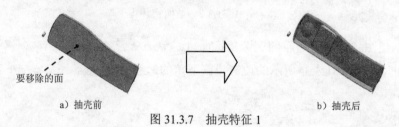

图 31.3.7 抽壳特征 1

Step9. 创建图 31.3.8 所示的拉伸曲面 1。

（1）选择命令。单击 模型 功能选项卡 形状 ▼ 区域中的"拉伸"按钮 拉伸，按下操控板中的"曲面类型"按钮。

（2）绘制截面草图。在图形区右击，从弹出的快捷菜单中选择 定义内部草绘... 命令；选取 ASM_RIGHT 基准平面为草绘平面，选取 ASM_TOP 基准平面为参考平面，方向为 左；单击 草绘 按钮，绘制图 31.3.9 所示的截面草图。

（3）定义拉伸属性。在操控板中选择拉伸类型为 ⽇，输入深度值 52.0。

（4）在操控板中单击 ✔ 按钮，完成拉伸曲面 1 的创建。

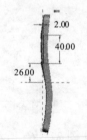

图 31.3.8 拉伸曲面 1   图 31.3.9 截面草图 2

Step10. 创建图 31.3.10 所示的拉伸曲面 2。单击 拉伸 按钮，按下操控板中的"曲面类型"按钮；选取图 31.3.11 所示的拉伸曲面为草绘平面，接受默认参考平面，方向为 上；绘制图 31.3.12 所示的截面草图；在操控板中定义拉伸类型为 ⽌，输入深度值 5.0；单击 ✔ 按钮，完成拉伸曲面 2 的创建。

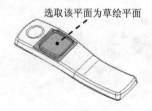

图 31.3.10 拉伸曲面 2   图 31.3.11 定义草绘平面   图 31.3.12 截面草图 3

Step11. 创建图 31.3.13b 所示的曲面合并 1。

（1）选取合并对象。按住 Ctrl 键，选取图 31.3.13a 所示的拉伸曲面 1 和拉伸曲面 2 为合并对象。

（2）选择命令。单击 模型 功能选项卡 编辑▼ 区域中的 合并 按钮。

（3）确定要保留的部分。单击调整图形区中的箭头使其指向要保留的部分，如图 31.3.13a 所示。

（4）单击 按钮，完成曲面合并 1 的创建。

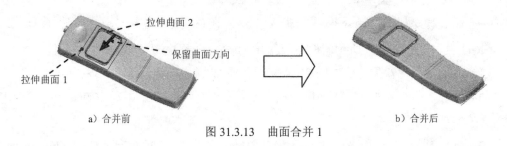

　　　　　a）合并前　　　　　　　　　　　　　　　　　b）合并后

图 31.3.13　曲面合并 1

31.4　创建二级主控件 2

下面讲解二级主控件 2（SECOND02.PRT）的创建过程，零件模型及模型树如图 31.4.1 所示。

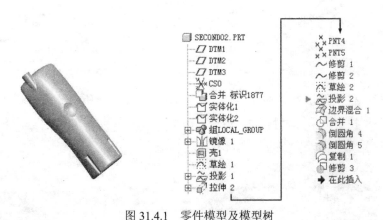

图 31.4.1　零件模型及模型树

Step1. 在装配体中建立二级主控件 SECOND02。

（1）单击 模型 功能选项卡 元件▼ 区域中的"创建"按钮 。

（2）此时系统弹出"元件创建"对话框，选中 类型 选项组中的 零件 单选项，选中 子类型 选项组中的 实体 单选项，然后在 名称 文本框中输入文件名 SECOND02，单击 确定 按钮。

（3）在系统弹出的"创建选项"对话框中选中 空 单选项，单击 确定 按钮。

Step2. 激活二级主控件 2 模型。

（1）激活电话后盖二级主控件零件。在模型树中选择 ▢ SECOND02.PRT ，然后右击，在系统弹出的快捷菜单中选择 激活 命令。

（2）单击 模型 功能选项卡中的 获取数据 ▾ 按钮，在弹出的菜单中选择 合并/继承 命令，系统弹出"合并/继承"操控板，在该操控板中进行下列操作：

① 在操控板中，先确认"将参考类型设置为组件上下文"按钮 ▣ 被按下。

② 复制几何。在操控板中单击 参考 按钮，系统弹出"参照"界面；选中 ☑复制基准 复选框，然后在模型树中选择骨架模型；单击"完成"按钮 ✔。

Step3. 在模型树中选择 ▢ SECOND02.PRT 后右击，在系统弹出的快捷菜单中选择 打开 命令。

Step4. 创建图 31.4.2b 所示的曲面实体化 1。

（1）选取实体化对象。选取图 31.4.2a 所示曲面为要实体化的对象。

（2）选择命令。单击 模型 功能选项卡 编辑 ▾ 区域中的 ◌ 实体化 按钮，并按下"移除材料"按钮 ▢ 。

（3）确定要保留的实体。单击调整图形区中的箭头使其指向要去除的实体，如图 31.4.2a 所示。

（4）单击 ✔ 按钮，完成曲面实体化 1 的创建。

a）实体化前　　　　　　　　　　　　　　　　b）实体化后

图 31.4.2　曲面实体化 1

Step5. 创建图 31.4.3b 所示的曲面实体化 2。选取图 31.4.3a 所示曲面为实体化的对象；单击 ◌ 实体化 按钮，按下"移除材料"按钮 ▢ ，调整图形区中的箭头使其指向要去除的实体（图 31.4.3a）；单击 ✔ 按钮，完成曲面实体化 2 的创建。

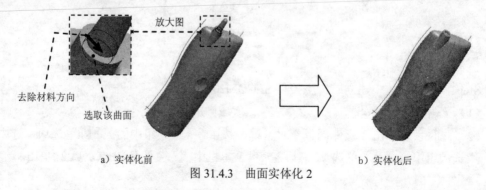

a）实体化前　　　　　　　　　　　　　　　　b）实体化后

图 31.4.3　曲面实体化 2

Step6. 创建图 31.4.4 所示的拉伸特征 1。

（1）选择命令。单击 模型 功能选项卡 形状 ▼ 区域中的"拉伸"按钮 拉伸，按下操控板中的"移除材料"按钮 。

（2）绘制截面草图。在图形区右击，从弹出的快捷菜单中选择 定义内部草绘... 命令；选取图 31.4.5 所示的模型表面为草绘平面，选取 ASM_RIGHT 基准平面为参考平面，方向为 左 ；单击 草绘 按钮，绘制图 31.4.6 所示的截面草图。

（3）定义拉伸属性。在操控板中定义拉伸类型为 ，输入深度值 30.0。

（4）在操控板中单击"完成"按钮 ，完成拉伸特征 1 的创建。

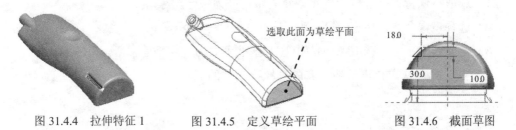

图 31.4.4   拉伸特征 1   图 31.4.5   定义草绘平面   图 31.4.6   截面草图

Step7. 创建图 31.4.7b 所示的倒圆角特征 1。单击 模型 功能选项卡 工程 ▼ 区域中的 倒圆角 ▼ 按钮，选取图 31.4.7a 所示的边线为倒圆角的边线；在圆角半径文本框中输入值 1.0。

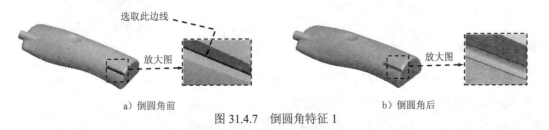

a）倒圆角前   b）倒圆角后

图 31.4.7   倒圆角特征 1

Step8. 创建图 31.4.8b 所示的倒圆角特征 2。选取图 31.4.8a 所示的边链为倒圆角的边线；输入圆角半径值 0.5。

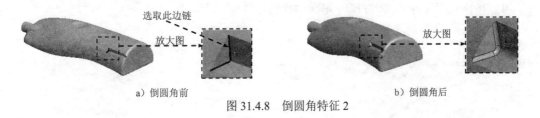

a）倒圆角前   b）倒圆角后

图 31.4.8   倒圆角特征 2

Step9. 创建图 31.4.9b 所示的圆角特征 3。选取图 31.4.9a 所示的边链为倒圆角的边线；输入圆角半径值 2.0。

Step10. 创建组特征。按住 Ctrl 键，选取 Step6 ~Step9 所创建的特征后右击，在弹出的快捷菜单中选择 组 命令，所创建的特征即可合并为 组LOCAL_GROUP 。

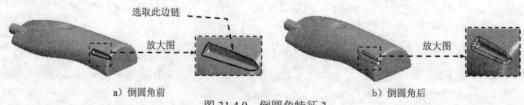

a）倒圆角前 　　　　　　　　　　　　　　 b）倒圆角后

图 31.4.9　倒圆角特征 3

Step11. 创建图 31.4.10b 所示的镜像特征 1。

（1）选取镜像特征。选取上一步创建的组特征为镜像对象。

（2）选择镜像命令。单击 模型 功能选项卡 编辑 ▼ 区域中的"镜像"按钮 ⬧。

（3）定义镜像平面。选取 ASM_RIGHT 基准平面为镜像平面。

（4）在操控板中单击 ✔ 按钮，完成镜像特征 1 的创建。

a）镜像前 　　　　　　　　　　　　　　 b）镜像后

图 31.4.10　镜像特征 1

说明：若要编辑倒圆角特征 3，可将倒圆角的边线重置。

Step12. 创建图 31.4.11b 所示的抽壳特征 1。

（1）选择命令。单击 模型 功能选项卡 工程 ▼ 区域中的"壳"按钮 回壳。

（2）定义移除面。选取图 31.4.11a 所示的面为移除面。

（3）定义壁厚。在 厚度 文本框中输入壁厚值 1.0。

（4）在操控板中单击 ✔ 按钮，完成抽壳特征 1 的创建。

a）抽壳前 　　　　　　　　　　　　　　 b）抽壳后

图 31.4.11　抽壳特征 1

　　Step13. 创建图 31.4.12 所示的草图 1。在操控板中单击"草绘"按钮 ◫；选取 ASM_TOP
基准平面为草绘平面，选取 ASM_RIGHT 基准平面为参考平面，方向为 左，单击 草绘 按
钮，绘制图 31.4.13 所示草图。

图 31.4.12　草图 1（建模环境）

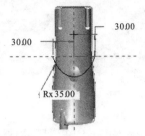

图 31.4.13　草图 1（草绘环境）

Step14. 创建图 31.4.14b 所示的投影曲线 1。

（1）选取投影对象。在模型树中单击上一步创建的草图 1。

（2）选择命令。单击 模型 功能选项卡 编辑 ▼ 区域中的 ≋投影 按钮。

（3）定义参考。选取图 31.4.14a 所示的面为投影面，接受系统默认的投影方向。

（4）单击 ✔ 按钮，完成投影曲线 1 的创建。

a）投影前　　　　　　　　　　　　　　　　　b）投影后

图 31.4.14　投影曲线 1

Step15. 创建图 31.4.15 所示的拉伸曲面 2。单击 拉伸 按钮，按下操控板中的"曲面类型"按钮 ；选取 ASM_RIGHT 基准平面为草绘平面，选取 ASM_TOP 基准曲面为参考平面，方向为 下 ；绘制图 31.4.16 所示的截面草图；在操控板中定义拉伸类型为 ，输入深度值 70.0；单击 ✔ 按钮，完成拉伸曲面 2 的创建。

图 31.4.15　拉伸曲面 2

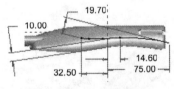

图 31.4.16　截面草图

Step16. 创建图 31.4.17 所示的基准点 PNT4。单击 模型 功能选项卡 基准 ▼ 区域中的"基准点"按钮 ；按住 Ctrl 键，选取投影曲线 1 和拉伸曲面 2 为基准点参考；单击对话框中的 确定 按钮。

Step17. 创建图 31.4.18 所示的基准点 PNT5。单击 模型 功能选项卡 基准 ▼ 区域中的"基准点"按钮 ；按住 Ctrl 键，选取投影曲线 1 和拉伸曲面 2 为基准点参考；单击对话框中的 确定 按钮。

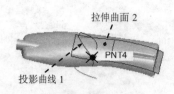

图 31.4.17　基准点 PNT4

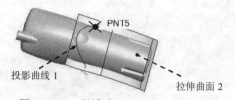

图 31.4.18　基准点 PNT5

Step18. 创建图 31.4.19 所示的曲线修剪 1。

（1）选取修剪曲线。选取投影曲线 1 为修剪的曲线

（2）选择命令。单击 模型 功能选项卡 编辑 ▼ 区域中的 修剪 按钮。

（3）选取修剪对象。选取 PNT4 基准点作为修剪对象。

（4）确定要保留的部分。单击调整图形区中的箭头使其指向要保留的部分（图 31.4.19）。

（5）单击 ✔ 按钮，完成曲线修剪 1 的创建。

Step19. 创建图 31.4.20 所示的曲线修剪 2。选取投影曲线 1 为修剪的曲线；单击 修剪 按钮；选取 PNT5 基准点作为修剪对象；调整图形区中的箭头使其指向要保留的部分（图 31.4.20）；单击 ✔ 按钮，完成曲线修剪 2 的创建。

图 31.4.19　曲线修剪 1

图 31.4.20　曲线修剪 2

Step20. 创建图 31.4.21 所示的草图 2。在操控板中单击"草绘"按钮 ；选取 ASM_TOP 基准平面为草绘平面，选取 ASM_RIGHT 基准平面为参考平面，方向为 上 ；单击 草绘 按钮，接受默认的参考，绘制图 31.4.22 所示草图。

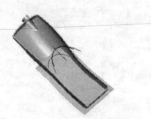

图 31.4.21　草图 2（建模环境）

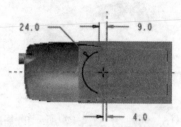

图 31.4.22　草图 2（草绘环境）

Step21. 创建图 31.4.23b 所示的投影曲线 2。在模型树中单击上一步创建的草图 2；单击 投影 按钮；选取图 31.4.23a 所示的曲面为投影面，接受系统默认的投影方向；单击 ✔ 按钮，完成投影曲线 2 的创建。

图 31.4.23　投影曲线 2

Step22. 创建图 31.4.24b 所示的边界混合曲面 1。

（1）选择命令。单击 模型 功能选项卡 曲面 ▾ 区域中的"边界混合"按钮 。

（2）选取边界曲线。在操控板中单击 曲线 按钮，系统弹出"曲线"界面，按住 Ctrl 键，依次选取修剪曲线 2、投影曲线 2（图 31.4.24a）为第一方向边界曲线。

（3）设置边界条件。接受系统默认设置。

（4）单击 ✔ 按钮，完成边界混合曲面 1 的创建。

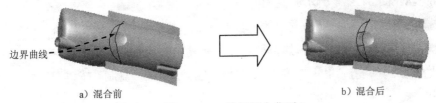

图 31.4.24　边界混合曲面 1

Step23. 创建图 31.4.25b 所示的曲面合并 1。

（1）选取合并对象。按住 Ctrl 键，选取图 31.4.25 所示的边界混合曲面 1 和拉伸曲面 2 为合并对象。

（2）选择命令。单击 模型 功能选项卡 编辑 ▾ 区域中的 合并 按钮。

（3）单击 ✔ 按钮，完成曲面合并 1 的创建。

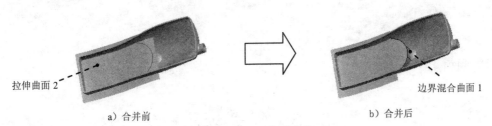

图 31.4.25　曲面合并 1

Step24. 创建图 31.4.26b 所示的倒圆角特征 4。选取图 31.4.26a 所示的边链为倒圆角的边线；输入圆角半径值 1.0。

Step25. 创建图 31.4.27b 所示的倒圆角特征 5。选取图 31.4.27a 所示的边线为倒圆角的边线；输入圆角半径值 1.0。

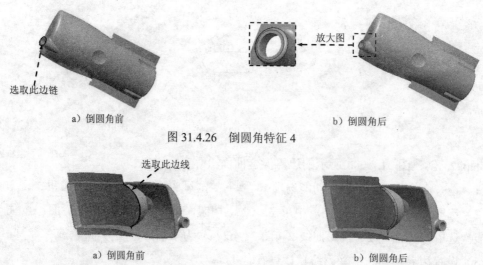

选取此边链

a）倒圆角前　　　　　　　　　　　　　　　　　放大图　　　　　　b）倒圆角后

图 31.4.26　　倒圆角特征 4

选取此边线

a）倒圆角前　　　　　　　　　　　　　　　　b）倒圆角后

图 31.4.27　　倒圆角特征 5

Step26. 创建图 31.4.28 所示的复制曲面 1。

（1）选取复制对象。在屏幕下方的"智能选取"栏中选择"几何"或"面组"选项，按住 Ctrl 键，选取图 31.4.28 所示的模型表面为要复制的曲面。

（2）选择命令。单击 模型 功能选项卡 操作 ▼ 区域中的"复制"按钮 📋 ，然后单击"粘贴"按钮 📋 ▼ 。

（3）单击 ✔ 按钮，完成复制曲面 1 的创建。

Step27. 创建图 31.4.29 所示的曲面修剪 3。选取曲面合并 1 为修剪的面组；单击 修剪 按钮；选取复制曲面 1 为修剪对象；单击 ✔ 按钮，完成曲面修剪 3 的创建。

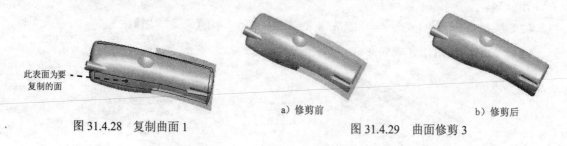

此表面为要复制的面

图 31.4.28　复制曲面 1

a）修剪前　　　　　　　　　　　b）修剪后

图 31.4.29　　曲面修剪 3

31.5　创建电话天线

下面讲解电话天线 1（ANTENNA.PRT）的创建过程，零件模型及模型树如图 31.5.1 所示。

Step1. 在装配体中建立 ANTENNA。

（1）单击 模型 功能选项卡 元件 ▼ 区域中的"创建"按钮 📦 。

图 31.5.1 零件模型及模型树

（2）此时系统弹出"元件创建"对话框，选中 类型 选项组中的 ⊙零件 单选项，选中 子类型 选项组中的 ⊙实体 单选项，然后在 名称 文本框中输入文件名 ANTENNA，单击 确定 按钮。

（3）在系统弹出的"创建选项"对话框中选中 ⊙空 单选项，单击 确定 按钮。

Step2. 激活电话天线零件模型。

（1）激活电话天线零件。在模型树中选择 ANTENNA.PRT ，右击，在系统弹出的快捷菜单中选择 激活 命令。

（2）单击 模型 功能选项卡中的 获取数据▼ 按钮，在弹出的菜单中选择 合并/继承 命令，系统弹出"合并/继承"操控板，在该操控板中进行下列操作：

① 在操控板中，先确认"将参考类型设置为组件上下文"按钮 ⊠ 被按下。

② 复制几何。在操控板中单击 参考 按钮，系统弹出"参考"界面；选中 ☑复制基准 复选框，然后选取骨架模型为参考模型；单击"完成"按钮 ✔。

Step3. 在装配体中打开零件 ANTENNA.PRT。在模型树中选中 ANTENNA.PRT，然后右击，在系统弹出的快捷菜单中选择 打开 命令。

Step4. 创建图 31.5.2b 所示的曲面实体化 1。

（1）选取实体化对象。选取图 31.5.2a 所示的曲面为要实体化的对象。

（2）选择命令。单击 模型 功能选项卡 编辑▼ 区域中的 ☑实体化 按钮，并按下"移除材料"按钮 ◿。

（3）确定要保留的实体。单击调整图形区中的箭头使其指向要去除的实体，如图 31.5.2a 所示。

（4）单击 ✔ 按钮，完成曲面实体化 1 的创建。

a）实体化前   b）实体化后

图 31.5.2 曲面实体化 1

31.6 创建电话下盖

下面讲解电话下盖（DOWN_COVER.PRT）的创建过程，零件模型及模型树如图 31.6.1 所示。

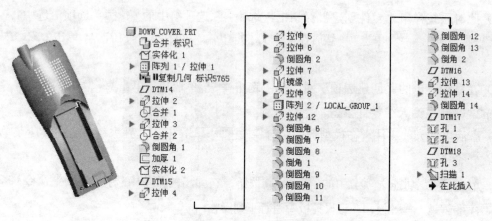

图 31.6.1 零件模型及模型树

Step1. 在装配体中建立 DOWN_COVER。

（1）单击 模型 功能选项卡 元件 ▼ 区域中的"创建"按钮 。

（2）此时系统弹出"元件创建"对话框，选中 类型 选项组中的 ◉ 零件 单选项，选中 子类型 选项组中的 ◉ 实体 单选项，然后在 名称 文本框中输入文件名 DOWN_COVER，单击 确定 按钮。

（3）在系统弹出的"创建选项"对话框中选中 ◉ 空 单选项，单击 确定 按钮。

Step2. 激活电话下盖模型。

（1）激活电话下盖零件。在模型树中选择 DOWN_COVER.PRT，然后右击，在系统弹出的快捷菜单中选择 激活 命令。

（2）单击 模型 功能选项卡中的 获取数据 ▼ 按钮，在弹出的菜单中选择 合并/继承 命令，系统弹出"合并/继承"操控板，在该操控板中进行下列操作：

① 在操控板中，先确认"将参考类型设置为组件上下文"按钮 被按下。

② 复制几何。在操控板中单击 参考 按钮，系统弹出"参考"界面；选中 ☑ 复制基准 复选框，然后选取二级主控件 SECOND02 为参考模型；单击"完成"按钮 。

Step3. 在模型树中选择 DOWN_COVER.PRT，然后右击，在系统弹出的快捷菜单中选择 打开 命令。

Step4. 创建图 31.6.2b 所示的曲面实体化 1。

（1）选取实体化对象。选取图 31.6.2a 所示的曲面为要实体化的对象。

（2）选择命令。单击 模型 功能选项卡 编辑 ▾ 区域中的 实体化 按钮，并按下"移除材料"按钮 。

（3）确定要保留的实体。单击调整图形区中的箭头使其指向要去除的实体，如图 31.6.2a 所示。

（4）单击 ✔ 按钮，完成曲面实体化 1 的创建。

a）实体化前　　　　　　　　　　　　　　　　b）实体化后

图 31.6.2　曲面实体化 1

Step5. 创建图 31.6.3 所示的拉伸特征 1。

（1）选择命令。单击 模型 功能选项卡 形状 ▾ 区域中的"拉伸"按钮 拉伸 ，按下操控板中的"移除材料"按钮 。

（2）绘制截面草图。在图形区右击，从弹出的快捷菜单中选择 定义内部草绘... 命令；选取 ASM_TOP 基准平面为草绘平面，选取 ASM_RIGHT 基准平面为参考平面，方向为 上 ；单击 草绘 按钮，绘制图 31.6.4 所示的截面草图。

（3）定义拉伸属性。在操控板中定义拉伸类型为 非 。

（4）在操控板中单击"完成"按钮 ✔ ，完成拉伸特征 1 的创建。

图 31.6.3　拉伸特征 1

图 31.6.4　截面草图 1

Step6. 创建图 31.6.5b 所示的阵列特征 1。

（1）选取阵列特征。选择上步创建的拉伸特征 1 右击，在弹出的快捷菜单中选择 阵列... 命令（或单击 模型 功能选项卡 编辑 ▾ 区域中的"阵列"按钮 ）。

（2）定义阵列类型。在阵列控制方式下拉列表中选择 填充 选项。

（3）绘制填充区域。在图形区右击，从弹出的快捷菜单中选择 定义内部草绘... 命令；选取 ASM_TOP 基准平面为草绘平面，选取 ASM_RIGHT 基准平面为参考平面，方向为 左 ；单击 草绘 按钮，绘制图 31.6.6 所示的截面草图作为填充区域。

（4）设置填充阵列形式并输入控制参数值。在操控板中选取 作为阵列成员的方式；

输入阵列成员中心之间的距离值 3.0，其他参数设置接受系统的默认值。

（5）在操控板中单击 ✔ 按钮，完成阵列特征 1 的创建。

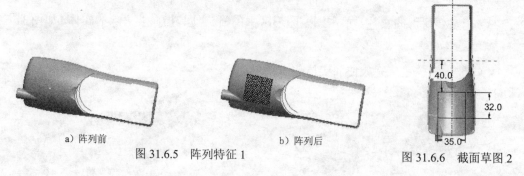

a) 阵列前

b) 阵列后

图 31.6.5　阵列特征 1

图 31.6.6　截面草图 2

Step7. 创建图 31.6.7 所示的复制几何特征。

（1）选择下拉菜单 🗁 ▾ ➡ ○ 1 HANDSET.ASM 命令。

（2）激活零件。在模型树中选择 ⬜ DOWN_COVER.PRT 并右击，在系统弹出的快捷菜单中选择 激活 命令。

（3）单击 模型 功能选项卡 获取数据 ▾ 区域中的"复制几何"按钮 🔳，系统弹出"复制几何"操控板，在该操控板中进行下列操作：

① 在"复制几何"操控板中，先确认"将参考类型设置为装配上下文"按钮 🔳 被按下，然后单击"仅限发布几何"按钮 🔳（使此按钮为弹起状态）。

② 复制几何。在"复制几何"操控板中单击 参考 选项卡，系统弹出"参考"界面；然后选取图 31.6.8 所示的曲面为要复制的几何。

③ 在"复制几何"操控板中单击 选项 选项卡，选中 ⦿ 按原样复制所有曲面 单选项。

④ 在"复制几何"操控板中单击"完成"按钮 ✔。

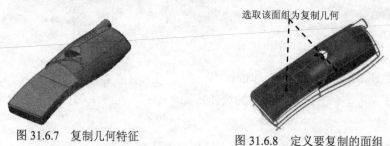

选取该面组为复制几何

图 31.6.7　复制几何特征

图 31.6.8　定义要复制的面组

Step8. 在模型树中选择 🔩 DOWN_COVER.PRT，然后右击，在系统弹出的快捷菜单中选择 打开 命令。

Step9. 创建图 31.6.9 所示的基准平面 14。单击 模型 功能选项卡 基准 ▾ 区域中的"平面"按钮 ⬜，选取 ASM_TOP 基准平面为偏距参考面，在对话框中输入偏移距离值 30.0，

单击对话框中的 ⬛确定⬛ 按钮。

Step10. 创建图 31.6.10 所示的拉伸曲面 2。单击 ⬛拉伸⬛ 按钮，按下操控板中的"曲面类型"按钮 ⬛；选取 DTM14 基准平面为草绘平面，选取 ASM_RIGHT 基准平面为参考平面，方向为 ⬛上⬛；绘制图 31.6.11 所示的截面草图；在操控板中定义拉伸类型为 ⬛，输入深度值 15.0；单击 ✔ 按钮，完成拉伸曲面 2 的创建。

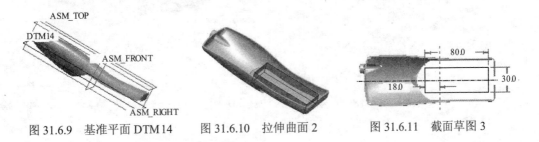

图 31.6.9　基准平面 DTM14　　　图 31.6.10　拉伸曲面 2　　　图 31.6.11　截面草图 3

Step11. 创建图 31.6.12b 所示的曲面合并 1。

（1）选取合并对象。选取图 31.6.12a 所示的曲面为合并对象。

（2）选择命令。单击 ⬛模型⬛ 功能选项卡 ⬛编辑▾⬛ 区域中的 ⬛合并⬛ 按钮。

（3）确定要保留的部分。单击调整图形区中的箭头使其指向要保留的部分，如图 31.6.12a 所示。

（4）单击 ✔ 按钮，完成曲面合并 1 的创建。

a）合并前　　　　　　　　　　　　　　　　　　　　b）合并后

图 31.6.12　曲面合并 1

Step12. 创建图 31.6.13 所示拉伸曲面 3。单击 ⬛拉伸⬛ 按钮，按下操控板中的"曲面类型"按钮 ⬛；选取图 31.6.14 所示的面为草绘平面，接受系统默认的参考平面，方向为 ⬛右⬛；选取图 31.6.15 所示的点为草绘参考，绘制图 31.6.15 所示的截面草图；在操控板中选择拉伸类型为 ⬛，选取图 31.6.16 所示的面为拉伸终止面；单击 ✔ 按钮，完成拉伸曲面 3 的创建。

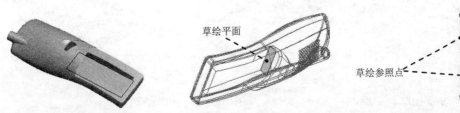

图 31.6.13　拉伸曲面 3　　　图 31.6.14　定义草绘平面　　　图 31.6.15　截面草图 4

Step13. 创建图 31.6.17 所示的曲面合并 2。按住 Ctrl 键，选取图 31.6.17 所示的拉伸曲面 3 和合并曲面 1 为合并对象；单击 合并 按钮，再单击 ✔ 按钮，完成曲面合并 2 的创建。

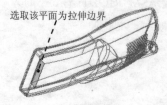

图 31.6.16　定义拉伸边界 1

图 31.6.17　曲面合并 2

Step14. 创建图 31.6.18b 所示的倒圆角特征 1。单击 模型 功能选项卡 工程 ▼ 区域中的 ⟨倒圆角 ▼ 按钮，选取图 31.6.18a 所示的 8 条边线为倒圆角的边线；在圆角半径文本框中输入值 1.0。

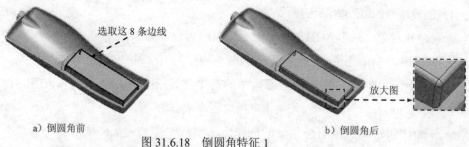

a）倒圆角前　　　　　　　　　　　　　　b）倒圆角后

图 31.6.18　倒圆角特征 1

Step15. 创建图 31.6.19 所示的曲面加厚 1。

（1）选取加厚对象。选取图 31.6.19 所示的面组为加厚曲面。

（2）选择命令。单击 模型 功能选项卡 编辑 ▼ 区域中的 加厚 按钮。

（3）定义加厚参数。接受系统默认的加厚方向；在操控板中输入厚度值 1.0。

（4）单击 ✔ 按钮，完成加厚操作。

Step16. 创建图 31.6.20b 所示的曲面实体化 2。选取图 31.6.20 a 所示的实体化面组为实体化的对象；单击 实体化 按钮，按下"移除材料"按钮 ⟨；调整图形区中的箭头使其指向要去除的实体，如图 31.6.20a 所示；单击 ✔ 按钮，完成曲面实体化 2 的创建。

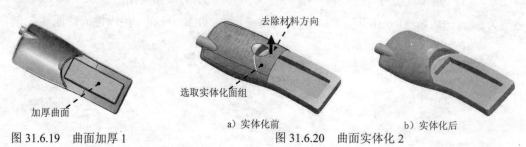

图 31.6.19　曲面加厚 1　　　　　a）实体化前　　　　　b）实体化后

图 31.6.20　曲面实体化 2

Step17. 创建图 31.6.21 所示的基准平面 15。单击 模型 功能选项卡 基准 ▼ 区域中的"平面"按钮□；选取 ASM_TOP 为偏距参考面，在对话框中输入偏移距离值 35.0；单击对话框中的 确定 按钮。

Step18. 创建图 31.6.22 所示的拉伸特征 4。在操控板中单击"拉伸"按钮□拉伸；选取 DTM15 基准平面为草绘平面，选取 ASM_RIGHT 为参考平面，方向为 上；单击 反向 按钮调整草绘视图方向；绘制图 31.6.23 所示的截面草图；在操控板中定义拉伸类型为为 ᅶ，选取图 31.6.24 所示的面为拉伸终止面；单击 ✔ 按钮，完成拉伸特征 4 的创建。

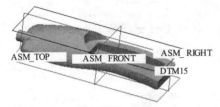

图 31.6.21　基准平面 DTM15

图 31.6.22　拉伸特征 4

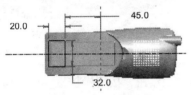

图 31.6.23　截面草图 5

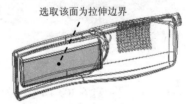

图 31.6.24　定义拉伸边界 2

Step19. 创建图 31.6.25 所示的拉伸特征 5。单击 □拉伸 按钮，按下操控板中的"移除材料"按钮□；选取图 31.6.25 所示的模型表面为草绘平面和参考平面，方向为 上；绘制图 31.6.26 所示的截面草图；在操控板中定义拉伸类型为 ᅶ；单击 ✔ 按钮，完成拉伸特征 5 的创建。

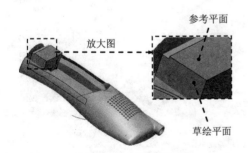

图 31.6.25　拉伸特征 5

图 31.6.26　截面草图 6

Step20. 创建图 31.6.27 所示拉伸特征 6。在操控板中单击"拉伸"按钮□拉伸；选取 ASM_RIGHT 基准平面为草绘平面，选取 ASM_TOP 基准平面为草绘参考平面，方向为 左；绘制图 31.6.28 所示的截面草图；在操控板中定义拉伸类型为 ᄇ，输入深度值 15.0；单击 ✔ 按钮，完成拉伸特征 6 的创建。

图 31.6.27　拉伸特征 6

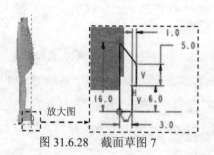

图 31.6.28　截面草图 7

Step21. 创建图 31.6.29b 所示的倒圆角特征 2。按住 Ctrl 键，选取图 31.6.29a 所示的 9 条边（链）为倒圆角的边线；输入圆角半径值 0.5。

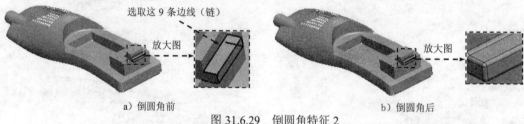

a）倒圆角前　　　　　　　　　　　　　　　　　　b）倒圆角后

图 31.6.29　倒圆角特征 2

Step22. 创建图 31.6.30b 所示的拉伸特征 7。单击 <kbd>拉伸</kbd> 按钮，按下操控板中的"移除材料"按钮 <kbd>◢</kbd>；选取图 31.6.30a 所示的面为草绘平面和参考平面，方向为 <kbd>右</kbd>；绘制图 31.6.31 所示的截面草图；在操控板中定义拉伸类型为 <kbd>⊥</kbd>，选取图 31.6.30a 所示的模型表面为拉伸终止面；单击 <kbd>✔</kbd> 按钮，完成拉伸特征 7 的创建。

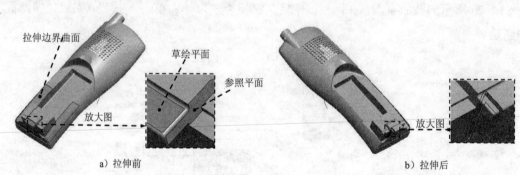

a）拉伸前　　　　　　　　　　　　　　　　　　b）拉伸后

图 31.6.30　拉伸特征 7

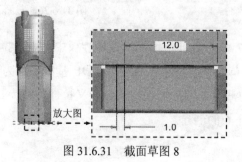

图 31.6.31　截面草图 8

Step23. 创建图 31.6.32b 所示的镜像特征 1。

（1）选取镜像特征。选取上一步创建的拉伸特征 7 为镜像特征。

（2）选择镜像命令。单击 模型 功能选项卡 编辑 ▾ 区域中的"镜像"按钮 ▷｜◁。

（3）定义镜像平面。在图形区选取 ASM_RIGHT 基准平面为镜像平面。

（4）在操控板中单击 ✔ 按钮，完成镜像特征 1 的创建。

a）镜像前　　　　　　　　　　　　　　b）镜像后

图 31.6.32　镜像特征 1

Step24. 创建图 31.6.33 所示的拉伸特征 8。单击 ⬚拉伸 按钮；选取 DTM14 基准平面为草绘平面，选取 ASM_RIGHT 基准平面为参考平面，方向为 上；绘制图 31.6.34 所示的截面草图；在操控板中定义拉伸类型为 ⬚，选取图 31.6.35 所示的面为拉伸终止面；单击 ✔ 按钮，完成拉伸特征 8 的创建。

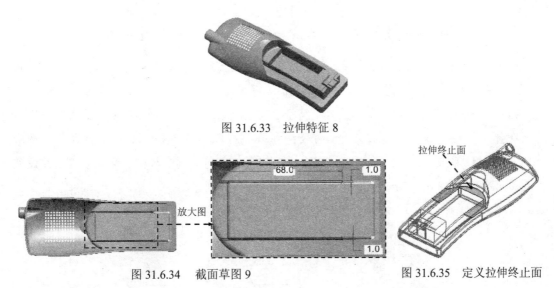

图 31.6.33　拉伸特征 8

图 31.6.34　截面草图 9　　　　　　图 31.6.35　定义拉伸终止面

Step25. 创建图 31.6.36 所示的拉伸特征 9。单击 ⬚拉伸 按钮；选取 ASM_FRONT 基准平面为草绘平面，选取图 31.6.36 所示的模型表面为参考平面，方向为 右；绘制图 31.6.37 所示的截面草图；在操控板中定义拉伸类型为 ⬚，输入深度值 5.0；单击 ✔ 按钮，完成拉伸特征 9 的创建。

Step26. 创建图 31.6.38 所示的倒圆角特征 3。按住 Ctrl 键，选取图 31.6.38 所示的两条边线为倒圆角的边线；输入圆角半径值 0.5。

Step27. 创建组特征 1。按住 Ctrl 键，在模型树中选择 Step25~Step26 所创建的特征后右击，在系统弹出的快捷菜单中选择 组 命令，所创建的特征即可合并为 组LOCAL_GROUP 。

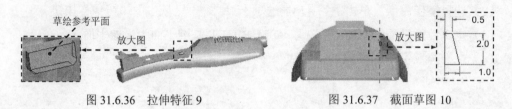

图 31.6.36　拉伸特征 9　　　　　　　　　图 31.6.37　截面草图 10

Step28. 创建图 31.6.39 所示的镜像特征 2。选取上一步创建的组特征为镜像对象；选取 ASM_RIGHT 基准平面为镜像平面，单击 ✔ 按钮，完成镜像特征 2 的创建。

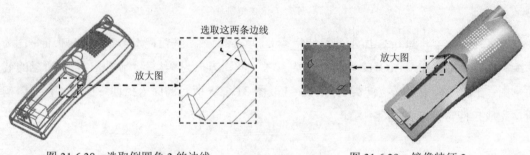

图 31.6.38　选取倒圆角 3 的边线　　　　　　图 31.6.39　镜像特征 2

Step29. 创建组特征 2。按住 Ctrl 键，在模型树中选择组特征 1 和上一步创建的镜像特征，右击，在系统弹出的快捷菜单中选择 组 命令，所创建的特征即可合并为 组LOCAL_GROUP_1 。

Step30. 创建图 31.6.40b 所示的阵列特征 2。在模型树中单击上一步创建的组特征后右击，在弹出的快捷菜单中选择 阵列... 命令；在阵列控制方式下拉列表中选择 方向；选取 ASM_FRONT 基准平面为阵列参考，在操控板的第一方向阵列个数栏中输入值 2，并设置增量（间距）值 38.0；单击 ✔ 按钮，完成阵列特征 2 的创建。

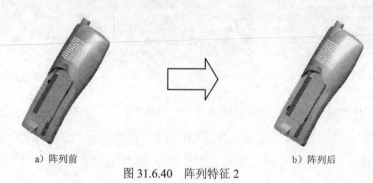

a）阵列前　　　　　　　　　　　　b）阵列后

图 31.6.40　阵列特征 2

Step31. 创建图 31.6.41 所示的拉伸特征 10。单击 拉伸 按钮，按下操控板中的"移除材料"按钮 ；选取 ASM_FRONT 为草绘平面，选取 ASM_RIGHT 基准平面为参考平面，方向为 左；绘制图 31.6.42 所示的截面草图；在操控板中定义拉伸类型为 ，输入深度值

30.0；单击 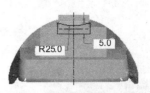... 按钮，完成拉伸特征 10 的创建。

图 31.6.41 拉伸特征 10

图 31.6.42 截面草图 11

Step32. 创建图 31.6.43b 所示的倒圆角特征 4。选取图 31.6.43a 所示的两条边线为倒圆角的边线；输入圆角半径值 1.0。

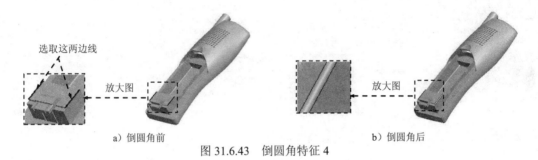

a）倒圆角前 b）倒圆角后

图 31.6.43 倒圆角特征 4

Step33. 创建图 31.6.44b 所示的倒圆角特征 5。按住 Ctrl 键，选取图 31.6.44a 所示的两条边线为倒圆角的边线；输入圆角半径值 1.0。

a）倒圆角前 b）倒圆角后

图 31.6.44 倒圆角特征 5

Step34. 创建图 31.6.45b 所示的倒圆角特征 6。按住 Ctrl 键，选取图 31.6.45a 所示的两条边链为倒圆角的边线；输入圆角半径值 1.0。

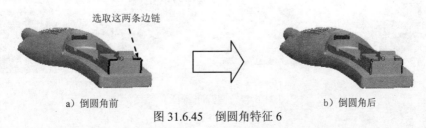

a）倒圆角前 b）倒圆角后

图 31.6.45 倒圆角特征 6

Step35. 创建图 31.6.46b 所示的倒角特征 1。单击 模型 功能选项卡 工程 ▼ 区域中的 ◇倒角 ▼ 按钮；按住 Ctrl 键，选取图 31.6.46a 所示的两条边线为倒角边线；选取倒角方案为 D1 x D2；输入 D1 值 0.5，输入 D2 值 2.5。

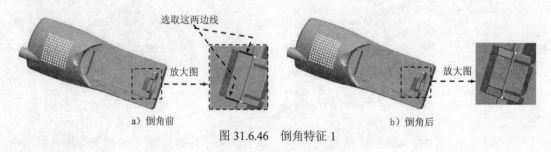

a) 倒角前   b) 倒角后

图 31.6.46   倒角特征 1

Step36. 创建图 31.6.47b 所示的倒圆角特征 7。选取图 31.6.47a 所示的边线为倒圆角的边线；输入圆角半径值 0.5。

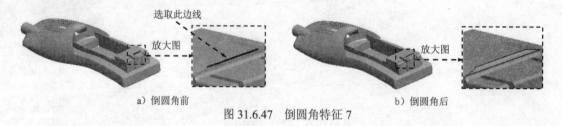

a) 倒圆角前   b) 倒圆角后

图 31.6.47   倒圆角特征 7

Step37. 创建图 31.6.48b 所示的倒圆角特征 8。选取图 31.6.48a 所示的边线为倒圆角的边线；输入圆角半径值 1.0。

a) 倒圆角前   b) 倒圆角后

图 31.6.48   倒圆角特征 8

Step38. 创建图 31.6.49b 所示的倒圆角特征 9。按住 Ctrl 键，选取图 31.6.49a 所示的边链为倒圆角的边线；输入圆角半径值 1.0。

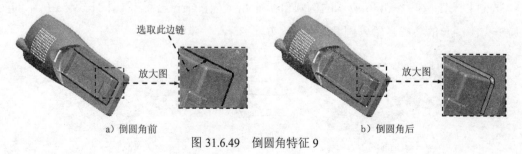

a) 倒圆角前   b) 倒圆角后

图 31.6.49   倒圆角特征 9

Step39. 创建图 31.6.50b 所示的倒圆角特征 10。按住 Ctrl 键，选取图 31.6.50a 所示的 4 条边线为倒圆角的边线；输入圆角半径值 0.2。

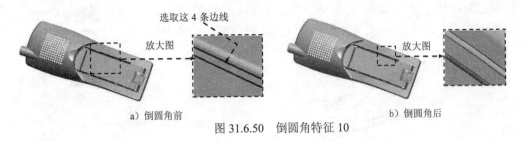

a) 倒圆角前　　　　　　　　　　　　　　　　b) 倒圆角后

图 31.6.50　倒圆角特征 10

Step40. 创建图 31.6.51b 所示的倒圆角特征 11。选取图 31.6.51a 所示的两条边线为倒圆角的边线；输入圆角半径值 0.5。

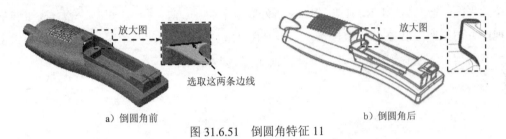

a) 倒圆角前　　　　　　　　　　　　　　　　b) 倒圆角后

图 31.6.51　倒圆角特征 11

Step41. 创建图 31.6.52b 所示的倒角特征 2。按住 Ctrl 键，选取图 31.6.52a 所示的边链为倒角边线；选取倒角方案 O X O；输入 O 值 0.2。

a) 倒角前　　　　　　　　　　　　　　　　b) 倒角后

图 31.6.52　倒角特征 2

Step42. 创建图 31.6.53 所示的基准平面 16。单击 模型 功能选项卡 基准 ▼ 区域中的"平面"按钮 ⬜，选取 ASM_TOP 基准平面为偏距参考面，在对话框中输入偏移距离值-12.0；单击对话框中的 确定 按钮。

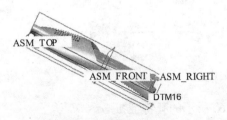

图 31.6.53　基准平面 DTM16

Step43. 创建图 31.6.54 所示的拉伸特征 11。单击 拉伸 按钮；选取 DTM16 基准平面为草绘平面，选取 ASM_RIGHT 基准平面为参考平面，方向为 下 ；单击 反向 按钮调整草绘视图方向；选取 A_5 轴和 A_6 轴为草绘参考，绘制图 31.6.55 所示的截面草图；在操控板中定义拉伸类型为 ；单击 按钮，完成拉伸特征 11 的创建。

图 31.6.54　拉伸特征 11　　　　　　　　图 31.6.55　截面草图 12

Step44. 创建图 31.6.56 所示的拉伸特征 12。单击 拉伸 按钮；选取 DTM16 基准平面为草绘平面，选取 ASM_RIGHT 基准平面为参考平面，方向为 下 ；单击 反向 按钮调整草绘视图方向；选取 A_7 轴为草绘参考，绘制图 31.6.57 所示的截面草图；在操控板中定义拉伸类型为 ；单击 按钮，完成拉伸特征 12 的创建。

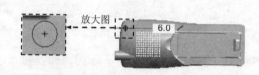

图 31.6.56　拉伸特征 12　　　　　　　　图 31.6.57　截面草图 13

Step45. 创建图 31.6.58 所示的倒圆角特征 12。按住 Ctrl 键，选取圆柱底边线为倒圆角的边线；输入圆角半径值 0.5。

Step46. 创建图 31.6.59 所示的基准平面 17。单击 模型 功能选项卡 基准 ▼ 区域中的"平面"按钮 ，选取 DTM14 基准平面为偏距参考面，在对话框中输入偏移距离值-8.0；单击对话框中的 确定 按钮。

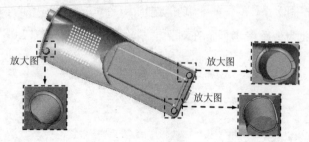

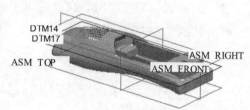

图 31.6.58　倒圆角特征 12　　　　　　　图 31.6.59　基准平面 DTM17

Step47. 创建图 31.6.60 所示的孔特征 1。

（1）选择命令。单击 模型 功能选项卡 工程 ▼ 区域中的 孔 按钮。

（2）定义孔的放置。在操控板中单击 放置 选项卡，选取基准轴 A_6 为孔放置参考，按住 Ctrl 键，选取 DTM17 基准平面为次参考，并单击 反向 按钮调整钻孔的方向。

（3）定义孔规格。在操控板中单击"螺孔"按钮 🖫，选择 ISO 螺纹标准，螺钉尺寸选择 M3×.5，孔的深度类型为 ⌇⌇。

（4）定义孔参数。在操控板中单击"沉孔"按钮 ⼱，单击 形状 按钮，按照图 31.6.61 所示的"形状"界面中的参数设置来定义孔的形状。

（5）在操控板中单击 ✓ 按钮，完成孔特征 1 的创建。

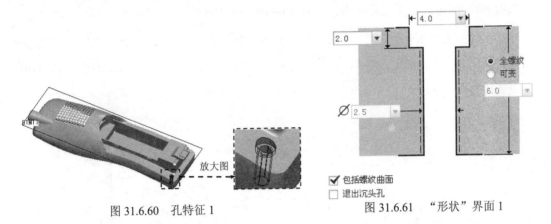

图 31.6.60　孔特征 1　　　　　　　　　　图 31.6.61　"形状"界面 1

Step48. 创建图 31.6.62 所示的孔特征 2。单击 模型 功能选项卡 工程 ▼ 区域中的 ⼱孔 按钮；选取基准轴 A_5 为孔放置参考，按住 Ctrl 键，选取 DTM17 基准平面为次参考；在操控板中单击"螺孔"按钮 🖫，选择 ISO 螺纹标准，螺钉尺寸选择 M3×.5；孔的深度类型为 ⌇⌇，单击"沉孔"按钮 ⼱，并单击 形状 按钮，按照图 31.6.63 所示的"形状"界面中的参数设置来定义孔的形状；单击 ✓ 按钮，完成孔特征 2 的创建。

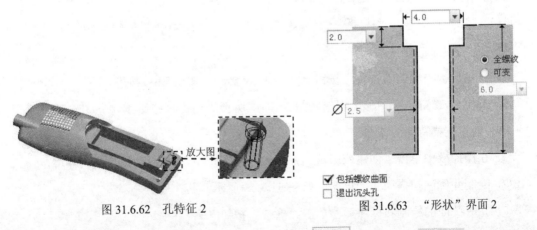

图 31.6.62　孔特征 2　　　　　　　　　　图 31.6.63　"形状"界面 2

Step49. 创建图 31.6.64 所示的基准平面 18。单击 模型 功能选项卡 基准 ▼ 区域中的"平面"按钮 ▱，选取 DTM16 基准平面为偏距参考面，在对话框中输入偏移距离值 13.0；单

击对话框中的 确定 按钮。

图 31.6.64 基准平面 DTM18

Step50. 创建图 31.6.65 所示的孔特征 3。单击 模型 功能选项卡 工程 ▼ 区域中的 孔 按钮；选取基准轴 A_7 为孔放置参考，按住 Ctrl 键，选取 DTM18 基准平面为次参考；在操控板中单击"螺孔"按钮 ，选择 ISO 螺纹标准，螺钉尺寸选择 M3×.5；孔的深度类型为 ，单击"沉孔"按钮 ，并单击 形状 按钮，按照图 31.6.66 所示的"形状"界面中的参数设置来定义孔的形状；单击 按钮，完成孔特征 3 的创建。

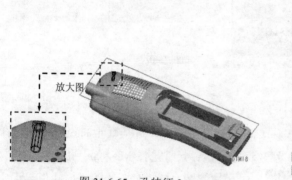

图 31.6.65 孔特征 3

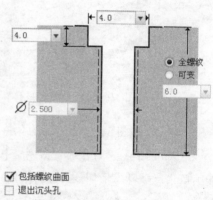

图 31.6.66 "形状"界面 3

Step51. 创建图 31.6.67 所示的扫描特征 1。

（1）选择扫描命令。单击 模型 功能选项卡 形状 ▼ 区域中的 扫描 ▼ 按钮。

（2）定义扫描轨迹。

① 在操控板中确认"实体"按钮 和"恒定轨迹"按钮 被按下。

② 按住 Shift 键，在图形区中选取图 31.6.67 所示的扫描轨迹曲线。

（3）创建扫描特征的截面。

① 在操控板中单击"创建或编辑扫描截面"按钮 ，系统自动进入草绘环境。

② 绘制并标注扫描截面的草图，如图 31.6.68 所示。

③ 完成截面的绘制和标注后，单击"确定"按钮 。

（4）单击操控板中的 按钮，完成扫描特征的创建。

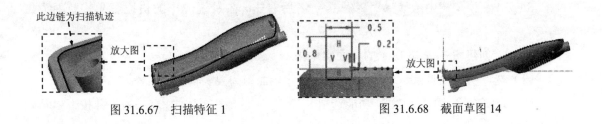

图 31.6.67 扫描特征 1　　　　图 31.6.68 截面草图 14

31.7 创建电话上盖

下面讲解电话上盖（UP_COVER.PRT）的创建过程，零件模型及模型树如图 31.7.1 所示。

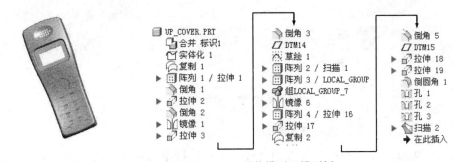

图 31.7.1 零件模型及模型树

Step1. 在装配体中建立 UP_COVER。

（1）单击 模型 功能选项卡 元件 ▾ 区域中的"创建"按钮 。

（2）此时系统弹出"元件创建"对话框，选中 类型 选项组中的 ⦿ 零件 单选项，选中 子类型 选项组中的 ⦿ 实体 单选项，然后在 名称 文本框中输入文件名 UP_COVER，单击 确定 按钮。

（3）在系统弹出的"创建选项"对话框中选中 ⦿ 空 单选项，单击 确定 按钮。

Step2. 激活电话上盖模型。

（1）激活电话上盖零件模型。在模型树中选择 UP_COVER.PRT，然后右击，在系统弹出的快捷菜单中选择 激活 命令。

（2）单击 模型 功能选项卡中的 获取数据 ▾ 按钮，在弹出的菜单中选择 合并/继承 命令，系统弹出"合并/继承"操控板，在该操控板中进行下列操作：

① 在操控板中，先确认"将参考类型设置为组件上下文"按钮 被按下。

② 复制几何。在操控板中单击 参考 按钮，系统弹出"参考"界面；选中 ☑ 复制基准 复选框，然后选取二级主控件 SECOND01；单击"完成"按钮 。

Step3. 在模型树中选择 UP_COVER.PRT，然后右击，在系统弹出的快捷菜单中选择 打开 命令。

Step4. 创建图 31.7.2b 所示的曲面实体化 1。

（1）选取实体化对象。选取图 31.7.2a 所示的面组为要实体化的对象。

（2）选择命令。单击 模型 功能选项卡 编辑 ▼ 区域中的 实体化 按钮，并按下"移除材料"按钮 。

（3）确定要保留的实体。单击调整图形区中的箭头使其指向要去除的实体，如图 31.7.2a 所示。

（4）单击 按钮，完成曲面实体化 1 的创建。

去除实体方向

实体化曲面

a）实体化前　　　　　　　　　　　b）实体化后

图 31.7.2　曲面实体化 1

Step5. 创建图 31.7.3 所示的复制曲面 1。

（1）选取复制对象。在屏幕下方的"智能选取"栏中选择"几何"或"面组"选项，然后选取图 31.7.3 所示的模型表面为要复制的曲面。

（2）选择命令。单击 模型 功能选项卡 操作 ▼ 区域中的"复制"按钮 ，然后单击"粘贴"按钮 ▼ 。

（3）单击 按钮，完成复制曲面 1 的创建。

Step6. 创建图 31.7.4 所示的拉伸特征 1。

（1）选择命令。单击 模型 功能选项卡 形状 ▼ 区域中的"拉伸"按钮 拉伸，按下操控板中的"移除材料"按钮 。

（2）定义截面放置属性。

（3）绘制截面草图。在图形区右击，从弹出的快捷菜单中选择 定义内部草绘... 命令；选取 ASM_TOP 基准平面为草绘平面，选取 ASM_RIGHT 基准平面为参考平面，方向为 右 ；单击 草绘 按钮，绘制图 31.7.5 所示的截面草图。

（4）定义拉伸属性。在操控板中定义拉伸类型为 。

（5）在操控板中单击"完成"按钮 ，完成拉伸特征 1 的创建。

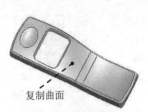

复制曲面

图 31.7.3　复制曲面 1

图 31.7.4　拉伸特征 1

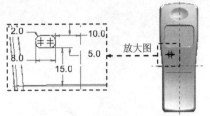

图 31.7.5　截面草图 1

Step7. 创建图 31.7.6 所示的阵列特征 1。

（1）选取阵列特征。在模型树中选取上一步创建的拉伸特征 1 右击，在弹出的快捷菜单中选择 阵列... 命令。

（2）选择阵列控制方式。在操控板中的阵列控制方式下拉列表中选择 方向 选项。

（3）定义阵列增量。选取 ASM_RIGHT 基准平面为第一方向的阵列参考，设置第一方向的阵列个数值为 3.0，设置第一方向的阵列成员间的间距值为 15.0。

（4）在操控板中单击 ✔ 按钮，完成阵列特征 1 的创建。

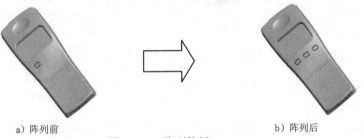

a）阵列前　　　　　　　　　　　　b）阵列后

图 31.7.6　阵列特征 1

Step8. 创建图 31.7.7b 所示的倒角特征 1。单击 模型 功能选项卡 工程 ▼ 区域中的 🔗 倒角 ▼ 按钮，按住 Ctrl 键，选取图 31.7.7a 所示的三条边链为倒角边线；选取倒角方案 O X O ；输入 O 值 0.5。

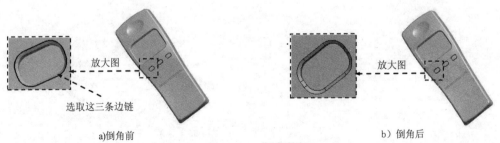

选取这三条边链

a)倒角前　　　　　　　　　　　　　b）倒角后

图 31.7.7　倒角特征 1

Step9. 创建图 31.7.8 所示的拉伸特征 2。单击 ⟋ 拉伸 按钮，按下操控板中的"移除材料"按钮 ◻ ；选取 ASM_TOP 基准平面为草绘平面，选取 ASM_RIGHT 基准平面为参考平面，方向为 右 ；绘制图 31.7.9 所示的截面草图；在操控板中定义拉伸类型为 � ；单击 ✔ 按钮，完成拉伸特征 2 的创建。

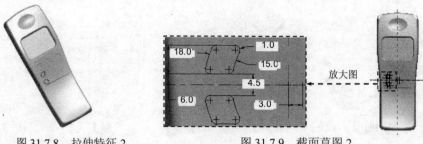

图 31.7.8　拉伸特征 2　　　　　　　　图 31.7.9　截面草图 2

Step10. 创建图 31.7.10 所示的倒角特征 2。按住 Ctrl 键，选取图 31.7.10 所示的两条边链为倒角边线；选取倒角方案 `D X D`；输入 O 值 0.5。

图 31.7.10　选取倒角 2 的边线

Step11. 创建图 31.7.11b 所示的镜像特征 1。

（1）选取镜像特征。按住 Ctrl 键，在模型树中选取 Step9 创建的拉伸特征 2 和 Step10 创建的倒角特征 2。

（2）选择镜像命令。单击 `模型` 功能选项卡 `编辑 ▼` 区域中的"镜像"按钮 。

（3）定义镜像平面。选取 ASM_RIGHT 基准平面为镜像平面。

（4）在操控板中单击 ✔ 按钮，完成镜像特征 1 的创建。

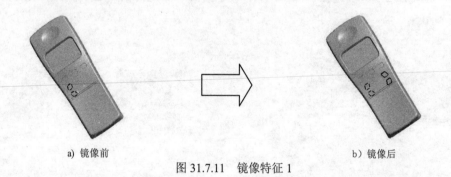

a）镜像前　　　　　　　　　　　　　b）镜像后

图 31.7.11　镜像特征 1

Step12. 创建图 31.7.12 所示的拉伸特征 3。单击 `拉伸` 按钮，按下操控板中的"移除材料"按钮 ；选取 ASM_TOP 基准平面为草绘平面，选取 ASM_RIGHT 基准平面为参考平面，方向为 `右`；绘制图 31.7.13 所示的截面草图；在操控板中定义拉伸类型为 ；单击 ✔ 按钮，完成拉伸特征 3 的创建。

图 31.7.12　拉伸特征 3

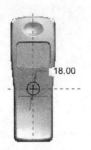

图 31.7.13　截面草图 3

Step13. 创建图 31.7.14b 所示的倒角特征 3。按住 Ctrl 键，选取图 31.7.14a 所示的边链为倒角边线；选取倒角方案 ⓞ X ⓞ；输入 O 值 0.5。

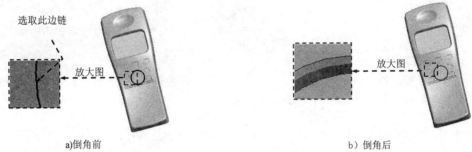

a)倒角前　　　　　　　　　　　　　　　　　　b）倒角后

图 31.7.14　倒角特征 3

Step14. 创建图 31.7.15 所示的基准平面 14。单击 模型 功能选项卡 基准 ▼ 区域中的"平面"按钮 ▱；选取 ASM_FRONT 基准平面为偏距参考面，在对话框中输入偏移距离值 17.0；单击对话框中的 确定 按钮。

Step15. 创建图 31.7.16 所示的草图 1。在操控板中单击"草绘"按钮 ▧；选取 DTM14 基准平面为草绘平面，选取 ASM_RIGHT 基准平面为参考平面，方向为 下，单击 草绘 按钮，绘制图 31.7.17 所示的草图。

图 31.7.15　基准平面 DTM14　　图 31.7.16　草图 1（建模环境）　　图 31.7.17　草图 1（草绘环境）

Step16. 创建图 31.7.18 所示的扫描特征 1。

（1）选择扫描命令。单击 模型 功能选项卡 形状 ▼ 区域中的 ▨扫描 ▼ 按钮。

（2）定义扫描轨迹。

① 在操控板中确认"实体"按钮、"移除材料"按钮和"恒定轨迹"按钮被按下。

② 在图形区中选取图 31.7.19 所示的草图 1 为扫描轨迹曲线。

（3）创建扫描特征的截面。

① 在操控板中单击"创建或编辑扫描截面"按钮，系统自动进入草绘环境。

② 绘制并标注扫描截面的草图，如图 31.7.20 所示。

③ 完成截面的绘制和标注后，单击"确定"按钮。

（4）单击操控板中的按钮，完成扫描特征 1 的创建。

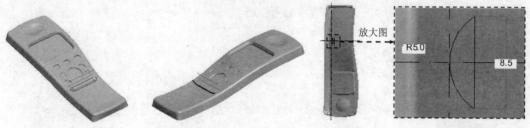

图 31.7.18　扫描特征 1　　　图 31.7.19　定义扫描轨迹　　　图 31.7.20　截面草图 4

Step17. 创建图 31.7.21 所示的阵列特征 2。在模型树中选择上一步创建的扫描特征右击，在弹出的快捷菜单中选择 阵列... 命令；在操控板中选择 曲线 方式控制阵列；在绘图区右击，在弹出的快捷菜单中选择 定义内部草绘... 命令；选取 ASM_RIGHT 基准平面为草绘平面，选取 DTM14 基准平面为参考平面，方向为 左，绘制图 31.7.22 所示的截面草图；在操控板中设置阵列个数值为 4，设置阵列间距值为 12.0；单击按钮，完成阵列特征 2 的创建。

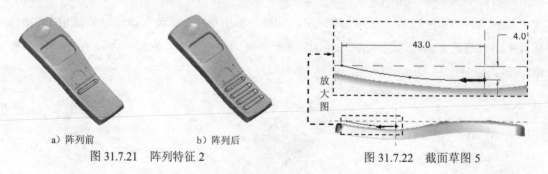

a）阵列前　　　　b）阵列后
图 31.7.21　阵列特征 2　　　　　　图 31.7.22　截面草图 5

Step18. 创建图 31.7.23 所示的拉伸特征 4。单击 拉伸 按钮，按下操控板中的"移除材料"按钮；选取 ASM_TOP 基准平面为草绘平面，选取 DTM14 基准平面为参考平面，方向为 右；绘制图 31.7.24 所示的截面草图；在操控板中定义拉伸类型为 ；单击按钮，完成拉伸特征 4 的创建。

Step19. 创建图 31.7.25 所示的拉伸特征 5。单击 拉伸 按钮，按下操控板中的"移除材料"按钮；选取 ASM_TOP 基准平面为草绘平面，选取 DTM14 基准平面为参考平面，

方向为 右；绘制图 31.7.26 所示的截面草图；在操控板中定义拉伸类型为 非；单击 ✓ 按钮，完成拉伸特征 5 的创建。

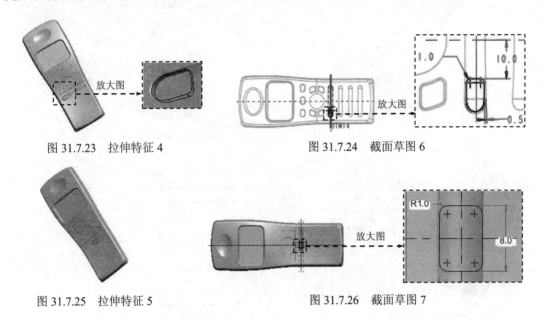

图 31.7.23　拉伸特征 4　　　　　　　　　　图 31.7.24　截面草图 6

图 31.7.25　拉伸特征 5　　　　　　　　　　图 31.7.26　截面草图 7

Step20. 创建图 31.7.27 所示的镜像特征 2。在模型树中选择 Step18 中创建的拉伸特征 4 为镜像特征，选取 ASM_RIGHT 基准平面为镜像平面，单击 ✓ 按钮，完成镜像特征 2 的创建。

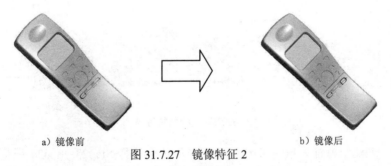

a）镜像前　　　　　　　　　　　　　　　　　　　　　b）镜像后

图 31.7.27　镜像特征 2

Step21. 创建组特征。按住 Ctrl 键，在模型树中选择 Step18~Step20 所创建的特征后右击，在弹出的快捷菜单中选择 组 命令，所创建的特征即可合并为 组 LOCAL_GROUP。

Step22. 创建图 31.7.28 所示的阵列特征 3。在模型树中选择上一步创建的组特征后右击，在弹出的快捷菜单中选择 阵列… 命令；在操控板中选择 参考 阵列方式，单击 ✓ 按钮，完成阵列特征 3 的创建。

Step23. 创建图 31.7.29 所示的拉伸特征 6。单击 拉伸 按钮，按下操控板中的"移除材料"按钮 △；选取 ASM_TOP 基准平面为草绘平面，选取 ASM_RIGHT 基准平面为参考平面，方向为 右；绘制图 31.7.30 所示的截面草图；在操控板中定义拉伸类型为 非；单击 ✓ 按钮，完成拉伸特征 6 的创建。

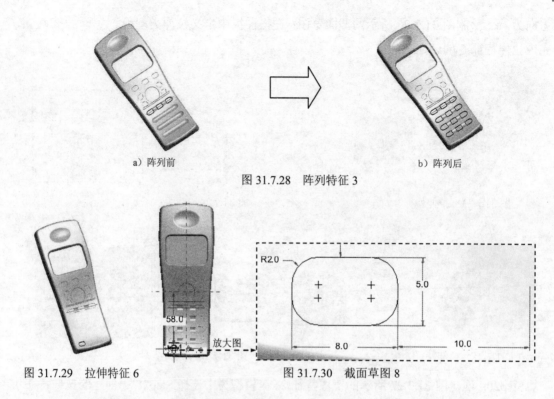

a）阵列前

b）阵列后

图 31.7.28　阵列特征 3

图 31.7.29　拉伸特征 6

图 31.7.30　截面草图 8

Step24. 创建图 31.7.31b 所示的倒角特征 4。选取图 31.7.31a 所示的边链为倒角边线；选取倒角方案 $^{0\ X\ 0}$；输入 O 值 0.5。

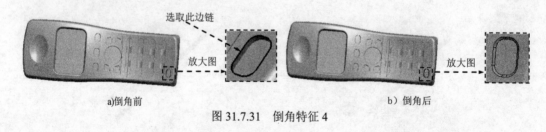

选取此边链

放大图

a)倒角前

放大图

b）倒角后

图 31.7.31　倒角特征 4

Step25. 创建组特征。按住 Ctrl 键，在模型树中选择 Step23~Step24 所创建的特征后右击，在弹出的快捷菜单中选择 ^组 命令，所创建的特征即可合并为 📁 组 LOCAL_GROUP_1 。

Step26. 创建图 31.7.32 所示的镜像特征 3。在模型树中选择上一步创建的组特征为镜像特征，选取 ASM_RIGHT 基准平面为镜像平面，单击 ✔ 按钮，完成镜像特征 3 的创建。

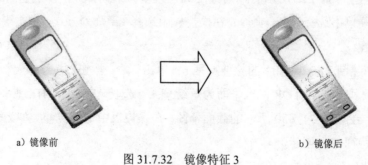

a）镜像前

b）镜像后

图 31.7.32　镜像特征 3

Step27. 创建图 31.7.33 所示的拉伸特征 7。单击 按钮，按下操控板中的"移除材料"按钮 ；选取 ASM_TOP 基准平面为草绘平面，选取 ASM_RIGHT 基准平面为参考平面，方向为 右；绘制图 31.7.34 所示的截面草图；在操控板中定义拉伸类型为 ；单击 按钮，完成拉伸特征 7 的创建。

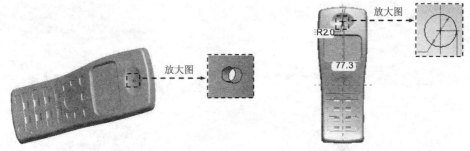

图 31.7.33　拉伸特征 7　　　　　　　　图 31.7.34　截面草图 9

Step28. 创建图 31.7.35 所示的阵列特征 4。在模型树中单击上一步创建的拉伸特征右击，在弹出的快捷菜单中选择 阵列... 命令；在阵列控制方式下拉列表中选择 填充 选项；在图形区右击，从弹出的快捷菜单中选择 定义内部草绘... 命令，选取 ASM_TOP 基准平面为草绘平面，选取 ASM_RIGHT 基准平面为参考平面，方向为 右；单击 草绘 按钮，绘制图 31.7.36 所示的截面草图作为填充区域；在操控板中选取 作为阵列成员的方式；设置阵列成员中心之间的距离值为 3.0；设置阵列成员中心和草绘边界之间的最小距离值为 0.6；设置栅格关于原点的旋转角度值为 0.0；单击 按钮，完成阵列特征 4 的创建。

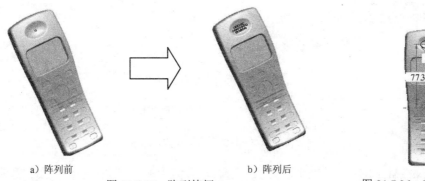

a）阵列前　　　　　　　　　　　b）阵列后

图 31.7.35　阵列特征 4　　　　　　　　图 31.7.36　截面草图 10

Step29. 创建图 31.7.37 所示的拉伸特征 8。单击 按钮，按下操控板中的"移除材料"按钮 ；选取图 31.7.37 所示的模型表面为草绘平面，选取 ASM_RIGHT 基准平面为参考平面，方向为 下；绘制图 31.7.38 所示的截面草图；在操控板中定义拉伸类型为 ；单击 按钮，完成拉伸特征 8 的创建。

Step30. 创建图 31.7.39 所示的复制曲面 2。选取图 31.7.39 所示的模型表面为要复制的曲面；单击 "复制"按钮 ，然后单击"粘贴"按钮 ；单击 按钮，完成复制曲面 2

的创建。

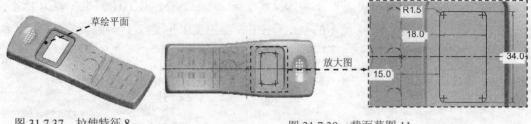

图 31.7.37　拉伸特征 8　　　　　　　　图 31.7.38　截面草图 11

Step31. 创建图 31.7.40b 所示的倒角特征 5。选取图 31.7.40a 所示的边链为倒角边线；选取倒角方案 O X O ；输入 O 值 0.2。

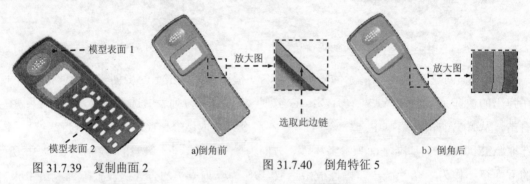

图 31.7.39　复制曲面 2　　　　　　　　　　图 31.7.40　倒角特征 5

Step32. 创建图 31.7.41 所示的基准平面 15。单击 模型 功能选项卡 基准 ▼ 区域中的"平面"按钮 □ ；选取 ASM_TOP 基准平面为偏距参考面，在对话框中输入偏移距离值 3.0；单击对话框中的 确定 按钮。

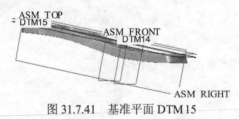

图 31.7.41　基准平面 DTM 15

Step33. 创建图 31.7.42 所示的拉伸特征 9。单击 拉伸 按钮；选取基准平面 DTM15 为草绘平面，选取 ASM_RIGHT 基准平面为参考平面，方向为 下 ；选取基准轴 A_5 和基准轴 A_6 为草绘参考，绘制图 31.7.43 所示的截面草图；在操控板中定义拉伸类型为 ⊥ ，输入拉伸值 9.0，单击 ✕ 按钮调整拉伸方向；单击 ✓ 按钮，完成拉伸特征 9 的创建。

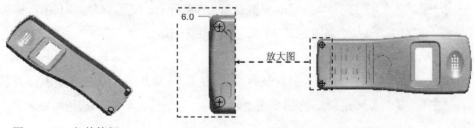

图 31.7.42　拉伸特征 9　　　　　　　　图 31.7.43　截面草图 12

Step34. 创建图 31.7.44 所示的拉伸特征 10。单击 [拉伸] 按钮；选取 DTM15 基准平面为草绘平面，选取 ASM_RIGHT 基准平面为参考平面，方向为 [下]；选取基准轴 A_7 为草绘参考，绘制图 31.7.45 所示的截面草图；在操控板中定义拉伸类型为 [⊥]，输入拉伸值 9.0，单击 [％] 按钮调整拉伸方向；单击 [✓] 按钮，完成拉伸特征 10 的创建。

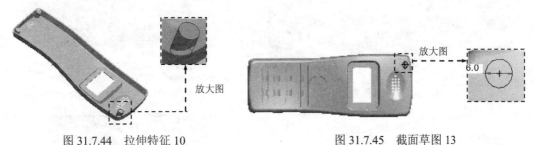

图 31.7.44   拉伸特征 10   图 31.7.45   截面草图 13

Step35. 创建图 31.7.46 所示的倒圆角特征 1。单击 [模型] 功能选项卡 [工程▼] 区域中的 [倒圆角▼] 按钮，按住 Ctrl 键，选取图 31.7.46 所示的边线为倒圆角的边线；在圆角半径文本框中输入值 0.5。

图 31.7.46   倒圆角特征 1

Step36. 创建图 31.7.47 所示的孔特征 1。

（1）选择命令。单击 [模型] 功能选项卡 [工程▼] 区域中的 [孔] 按钮。

（2）定义孔的放置。在操控板中单击 [放置] 选项卡，选取基准轴 A_5 为孔放置参考，按住 Ctrl 键，选取图 31.7.47 所示的圆柱面为次参考。

（3）定义孔规格。在操控板中单击"螺孔"按钮 [⌇]，选择 ISO 螺纹标准，螺钉尺寸选择 M3×.5，孔的深度类型为 [⊥]，输入深度值 6.0。

（4）定义孔参数。在操控板中单击 [形状] 按钮，按照 31.7.48 所示的"形状"界面中的参数设置来定义孔的形状。

（5）在操控板中单击 [✓] 按钮，完成孔特征 1 的创建。

Step37. 创建图 31.7.49 所示的孔特征 2。单击 [模型] 功能选项卡 [工程▼] 区域中的 [孔] 按钮；选取基准轴 A_6 为孔放置参考，按住 Ctrl 键，选取图 31.7.49 所示的圆柱面为次参考；在操控板中单击"螺孔"按钮 [⌇]，选择 ISO 螺纹标准，螺钉尺寸选择 M3×.5；孔的深度类型为 [⊥]，输入深度值 6.0；单击 [形状] 按钮，按照图 31.7.50 所示的"形状"界面中的参数设置来定义孔的形状；单击 ✔ 按钮，完成孔特征 2 的创建。

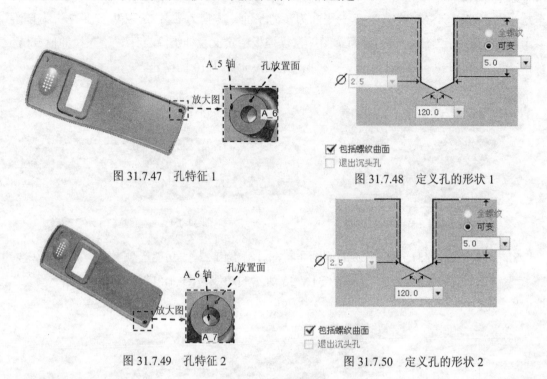

图 31.7.47　孔特征 1　　　　　　　　　　图 31.7.48　定义孔的形状 1

图 31.7.49　孔特征 2　　　　　　　　　　图 31.7.50　定义孔的形状 2

Step38. 创建图 31.7.51 所示的孔特征 3。单击 模型 功能选项卡 工程 ▾ 区域中的 孔 按钮；选取基准轴 A_7 为孔放置参考，按住 Ctrl 键，选取图 31.7.51 所示的圆柱面为次参考；在操控板中单击"螺孔"按钮 ，选择 ISO 螺纹标准，螺钉尺寸选择 M3×.5；孔的深度类型为 ，输入深度值 6.0；单击 形状 按钮，按照图 31.7.52 所示的"形状"界面中的参数设置来定义孔的形状；单击 ✔ 按钮，完成孔特征 3 的创建。

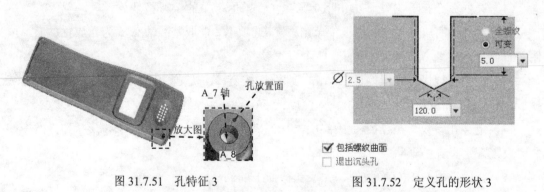

图 31.7.51　孔特征 3　　　　　　　　　　图 31.7.52　定义孔的形状 3

Step39. 创建图 31.7.53 所示的扫描特征 2。单击 扫描 ▾ 按钮，在操控板中确认"实体"按钮 、"移除材料"按钮 和"恒定轨迹"按钮 被按下；选取图 31.7.53 所示的扫描轨迹曲线；单击"创建或编辑扫描截面"按钮 ，绘制图 31.7.54 所示的截面草图；单击 ✔ 按钮，完成扫描特征 2 的创建。

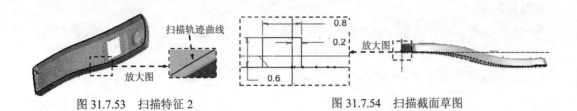

图 31.7.53　扫描特征 2　　　　　　　　图 31.7.54　扫描截面草图

31.8　创建电话屏幕

下面讲解电话屏幕（SCREEN.PRT）的创建过程，零件模型及模型树如图 31.8.1 所示。

图 31.8.1　零件模型及模型树

Step1. 在装配体中建立零件 SCREEN。

（1）单击 模型 功能选项卡 元件 ▼ 区域中的"创建"按钮 。

（2）此时系统弹出 "元件创建"对话框，选中 类型 选项组中的 ● 零件 单选项，选中 子类型 选项组中的 ● 实体 单选项，然后在 名称 文本框中输入文件名 SCREEN.PRT，单击 确定 按钮。

（3）在系统弹出的"创建选项"对话框中选中 ● 空 单选项，单击 确定 按钮。

Step2. 激活电话屏幕模型。

（1）激活电话屏幕零件。在模型树中单击 SCREEN.PRT，然后右击，在系统弹出的快捷菜单中选择 激活 命令。

（2）单击 模型 功能选项卡中的 获取数据 ▼ 按钮，在弹出的菜单中选择 合并/继承 命令，系统弹出"合并/继承"操控板，在该操控板中进行下列操作：

① 在操控板中，先确认"将参考类型设置为组件上下文"按钮 被按下。

② 复制几何。在操控板中单击 参考 按钮，系统弹出"参照"界面；选中 ☑ 复制基准 复选框，在模型树中选取二级主控件 SECOND01，单击"完成"按钮 。

Step3. 在装配体中打开电话屏幕 SCREEN。在模型树中单击 SCREEN.PRT，然后右击，在系统弹出的快捷菜单中选择 打开 命令。

Step4. 创建图 31.8.2b 所示的曲面实体化 1。

（1）选取实体化对象。选取图 31.8.2a 所示曲面为要实体化的对象。

（2）选择命令。单击 模型 功能选项卡 编辑 ▼ 区域中的 实体化 按钮，并按下"移除材料"按钮 ⬜。

（3）确定要保留的实体。单击调整图形区中的箭头使其指向要去除的实体，如图 31.8.2a 所示。

（4）单击 ✓ 按钮，完成曲面实体化 1 的创建。

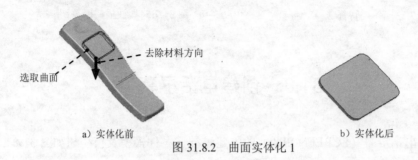

去除材料方向

选取曲面

a）实体化前　　　　　　　　　　　　　　b）实体化后

图 31.8.2　曲面实体化 1

31.9　建立电池盖

下面讲解电池盖（CELL_COVER.PRT）的创建过程，零件模型及模型树如图 31.9.1 所示。

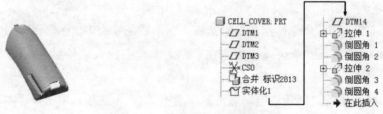

图 31.9.1　零件模型及模型树

Step1. 在装配体中建立零件 CELL_COVER。

（1）单击 模型 功能选项卡 元件 ▾ 区域中的"创建"按钮 🔲。

（2）此时系统弹出"元件创建"对话框，选中 类型 选项组中的 ◉ 零件 单选项，选中 子类型 选项组中的 ◉ 实体 单选项，然后在 名称 文本框中输入文件名 CELL_COVER，单击 确定 按钮。

（3）在系统弹出的"创建选项"对话框中选中 ◉ 空 单选项，单击 确定 按钮。

Step2. 激活电池盖模型。

（1）激活电池盖模型零件。在模型树中选择 ⬜ CELL_COVER.PRT ，然后右击，在系统弹出的快捷菜单中选择 激活 命令。

（2）单击 模型 功能选项卡中的 获取数据 ▾ 按钮，在弹出的菜单中选择 合并/继承 命令，系统弹出"合并/继承"操控板，在该操控板中进行下列操作：

① 在操控板中，先确认"将参考类型设置为组件上下文"按钮 🗵 被按下。

② 复制几何。在操控板中单击 参考 按钮，系统弹出"参照"界面；选中 ☑复制基准 复选框，在模型树中选取二级主控件 SECOND02，单击"完成"按钮 ✓。

Step3. 在装配体中打开零件 CELL_COVER。在模型树中选中 🗋 CELL_COVER.PRT ，然后右击，在系统弹出的快捷菜单中选择 打开 命令。

Step4. 创建图 31.9.2b 所示的曲面实体化 1。

（1）选取实体化对象。选取图 31.9.2a 所示曲面为要实体化的对象。

（2）选择命令。单击 模型 功能选项卡 编辑 ▼ 区域中的 ⊞实体化 按钮，并按下"移除材料"按钮 ◁。

（3）确定要保留的实体。单击调整图形区中的箭头使其指向要去除的实体，如图 31.9.2a 所示。

（4）单击 ✓ 按钮，完成曲面实体化 1 的创建。

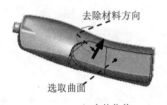

a）实体化前

b）实体化后

图 31.9.2　曲面实体化 1

Step5. 创建图 31.9.3 所示的基准平面 14。单击 模型 功能选项卡 基准 ▼ 区域中的"平面"按钮 ▱，选取 ASM_TOP 平面为偏距参考面，在对话框中输入偏移距离值 40.0，单击对话框中的 确定 按钮。

Step6. 创建图 31.9.4 所示的拉伸特征 1。

（1）选择命令。单击 模型 功能选项卡 形状 ▼ 区域中的"拉伸"按钮 ▱拉伸 ，按下操控板中的"移除材料"按钮 ◁。

（2）绘制截面草图。在图形区右击，从弹出的快捷菜单中选择 定义内部草绘... 命令；选取 DTM14 基准平面为草绘平面，选取 ASM_RIGHT 基准平面为参考平面，方向为 右 ；单击 草绘 按钮，绘制图 31.9.5 所示的截面草图。

（3）定义拉伸属性。在操控板中定义拉伸类型为 ⊥ ，输入深度值 6.0。

（4）在操控板中单击"完成"按钮 ✓ ，完成拉伸特征 1 的创建。

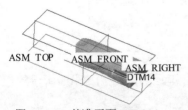

图 31.9.3　基准平面 DTM14

图 31.9.4　拉伸特征 1

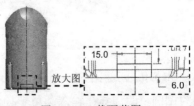

图 31.9.5　截面草图 1

Step7. 创建图 31.9.6b 所示的倒圆角特征 1。单击 模型 功能选项卡 工程 ▼ 区域中的 倒圆角 ▼ 按钮,选取图31.9.6a所示的边线为倒圆角的边线;在圆角半径文本框中输入值1.0,单击 集 选项卡,在其界面的 ‖ 半径 区域中右击,在系统弹出的快捷菜单中选择 添加半径 命令,出现新增半径,然后在半径值处输入值 2.0。

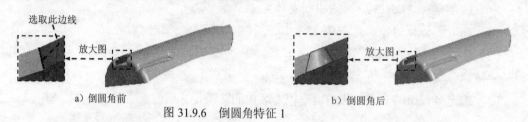

a）倒圆角前　　　　　　　　　　　b）倒圆角后

图 31.9.6　倒圆角特征 1

Step8. 创建图 31.9.7b 所示的倒圆角特征 2。选取图 31.9.7a 所示的边线为倒圆角的边线;在圆角半径文本框中输入值 1.0,单击 集 选项卡,在其界面的 ‖ 半径 区域中右击,在系统弹出的快捷菜单中选择 添加半径 选项,出现新增半径,然后在半径值处输入值 2.0。

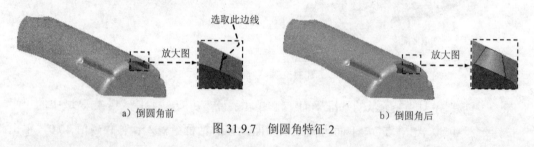

a）倒圆角前　　　　　　　　　　　b）倒圆角后

图 31.9.7　倒圆角特征 2

Step9. 创建图 31.9.8 所示的拉伸特征 2。单击 拉伸 按钮;选取基准平面 ASM_RIGHT 为草绘平面,选取 ASM_TOP 基准平面为参考平面,方向为 左 ;绘制图 31.9.9 所示的截面草图,在操控板中定义拉伸类型为 日 ,输入深度值 5.0;单击 ✓ 按钮,完成拉伸特征 2 的创建。

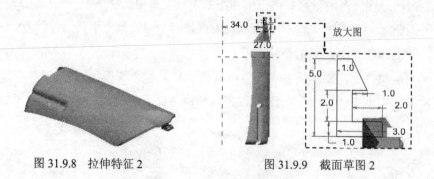

图 31.9.8　拉伸特征 2　　　　　　　　图 31.9.9　截面草图 2

Step10. 创建图 31.9.10b 所示的倒圆角特征 3。按住 Ctrl 键,选取图 31.9.10a 所示的边链为倒圆角的边线;输入圆角半径值 0.5。

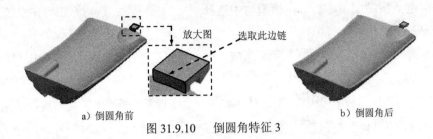

a）倒圆角前　　　　　　　　　　　　b）倒圆角后

图 31.9.10　　倒圆角特征 3

Step11. 创建图 31.9.11b 所示的倒圆角特征 4。选取图 31.9.11a 所示的边线为倒圆角的边线；输入圆角半径值 0.5。

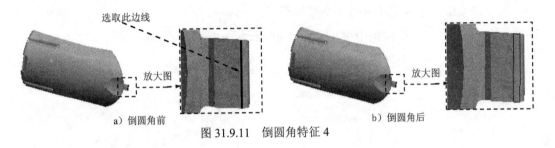

a）倒圆角前　　　　　　　　　　　　b）倒圆角后

图 31.9.11　　倒圆角特征 4

31.10　创建电话按键

下面讲解电话按键（KEY_PRESS.PRT）的创建过程，零件模型及模型树如图 31.10.1 所示。

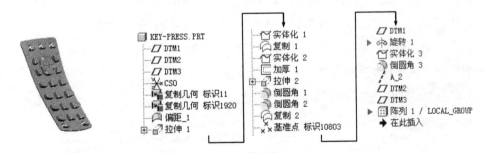

图 31.10.1　　零件模型及模型树

Step1. 在装配体中建立 KEY_PRESS。

（1）单击 模型 功能选项卡 元件 ▼ 区域中的"创建"按钮 。

（2）此时系统弹出"元件创建"对话框，选中 类型 选项组中的 零件 单选项，选中 子类型 选项组中的 实体 单选项，然后在 名称 文本框中输入文件名 KEY_PRESS，单击 确定 按钮。

（3）在系统弹出的"创建选项"对话框中选中 空 单选项，单击 确定 按钮。

Step2. 激活电话按键模型。

（1）激活电话按键模型零件。在模型树中选择 KEY-PRESS.PRT，然后右击，在系统弹出的快捷菜单中选择 激活 命令。

（2）单击 模型 功能选项卡 获取数据 ▼ 区域中的"复制几何"按钮 ⬚，系统弹出"复制几何"操控板，在该操控板中进行下列操作：

① 在"复制几何"操控板中，先确认"将参考类型设置为装配上下文"按钮 ⬚ 被按下，然后单击"仅限发布几何"按钮 ⬚（使此按钮为弹起状态）。

② 复制几何。在"复制几何"操控板中单击 参考 选项卡，系统弹出"参考"界面；然后选取图 31.10.2、图 31.10.3 所示的面组为要复制的几何；单击 参考 文本框中的 单击此处添加项 字符，然后选取电话上盖文件中的三个基准平面。

③ 在"复制几何"操控板中单击 选项 选项卡，选中 ⦿ 按原样复制所有曲面 单选项。

④ 在"复制几何"操控板中单击"完成"按钮 ✔。

图 31.10.2　复制几何面组 1

图 31.10.3　复制几何面组 2

Step3. 在装配体中打开零件 KEY_PRESS.PRT。在模型树中选中 KEY_PRESS.PRT 后右击，在系统弹出的快捷菜单中选择 打开 命令。

Step4. 创建图 31.10.4b 所示的偏移曲面 1。

（1）选取偏移对象。选取图 31.10.4a 所示的面组为要偏移的曲面。

（2）选择命令。单击 模型 功能选项卡 编辑 ▼ 区域中的 偏移 按钮。

（3）定义偏移参数。在操控板的偏移类型栏中选择"标准偏移"选项 ⬚，在操控板的偏移数值栏中输入偏移距离值 3.0。

（4）单击 ✔ 按钮，完成偏移曲面 1 的创建。

a）偏移前　　　　　　　　　　　　　　b）偏移后
图 31.10.4　偏移曲面 1

Step5. 创建图 31.10.5 所示的拉伸特征 1。

（1）选择命令。单击 模型 功能选项卡 形状 ▼ 区域中的"拉伸"按钮 拉伸。

（2）绘制截面草图。在图形区右击，从弹出的快捷菜单中选择 定义内部草绘... 命令；选取

ASM_TOP 基准平面为草绘平面，选取 ASM_RIGHT 基准平面为参考平面，方向为 右；单击 草绘 按钮，绘制图 31.10.6 所示的截面草图。

（3）定义拉伸属性。在操控板中选取拉伸类型为 日，输入深度值 20.0。

（4）在操控板中单击"完成"按钮 ✓，完成拉伸特征 1 的创建。

图 31.10.5　拉伸特征 1　　　　　　　图 31.10.6　截面草图 1

Step6. 创建图 31.10.7b 所示的曲面实体化 1。

（1）选取实体化对象。选取图 31.10.7a 所示的偏移曲面 1 为要实体化的对象。

（2）选择下拉菜单 编辑(E) ➡  实体化(Y)... 命令。

（3）选择命令。单击 模型 功能选项卡 编辑 ▼ 区域中的 实体化 按钮，并按下"移除材料"按钮 ◢。

（4）确定要保留的实体。单击调整图形区中的箭头使其指向要去除的实体，如图 31.10.7a 所示。

（5）单击 ✓ 按钮，完成曲面实体化 1 的创建。

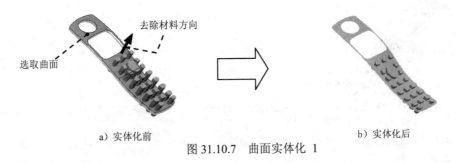

a）实体化前　　　　　　　　　　　　　　　b）实体化后

图 31.10.7　曲面实体化 1

Step7. 复制曲面 1。

（1）选取复制对象。在屏幕下方的"智能选取"栏中选择"几何"或"面组"选项，然后选取图 31.10.8 所示的模型的表面为要复制的曲面。

（2）选择命令。单击 模型 功能选项卡 操作 ▼ 区域中的"复制"按钮 ，然后单击"粘贴"按钮 ▼。

（3）单击 ✓ 按钮，完成复制曲面 1 的创建。

Step8. 创建图 31.10.9b 所示的曲面实体化 2。选取图 31.10.9a 所示曲面为要实体化的对象；单击 ⬚ 实体化 按钮，并按下"移除材料"按钮 ◿ ；单击调整图形区中的箭头使其指向要去除的实体，如图 31.10.9a 所示；单击 ✔ 按钮，完成曲面实体化 2 的创建。

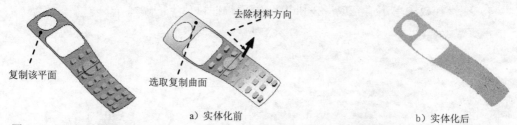

图 31.10.8　复制曲面 1　　　　a）实体化前　　　　　b）实体化后
图 31.10.9　曲面实体化 2

Step9. 创建曲面加厚特征 1。

（1）选取加厚对象。选取图 31.10.10 所示的复制几何面组为要加厚的对象。

（2）选择命令。单击 模型 功能选项卡 编辑 ▾ 区域中的 ⬚ 加厚 按钮。

（3）定义加厚参数。在操控板中输入厚度值 1.0，调整加厚方向如图 31.10.10 所示。

（4）单击 ✔ 按钮，完成加厚操作。

Step10. 创建图 31.10.11 所示的拉伸特征 2。单击 ⬚ 拉伸 按钮，按下操控板中的"移除材料"按钮 ◿ ；选取 ASM_TOP 基准平面为草绘平面，选取 ASM_FRONT 基准平面为参考平面，方向为 右 ，绘制图 31.10.12 所示的截面草图；在操控板中选取拉伸类型为 ⬚ ，输入深度值 40.0；单击 ✔ 按钮，完成拉伸特征 2 的创建。

图 31.10.10　曲面加厚 1　　　图 31.10.11　拉伸特征 2　　　图 31.10.12　截面草图 2

Step11. 创建图 31.10.13b 所示的倒圆角特征 1。单击 模型 功能选项卡 工程 ▾ 区域中的 ⬚ 倒圆角 ▾ 按钮，按住 Ctrl 键，选取图 31.10.13a 所示的边两条边线为倒圆角的边线；在圆角半径文本框中输入值 3.0。

a）倒圆角前　　　　　　　　　　　　b）倒圆角后
图 31.10.13　倒圆角特征 1

Step12. 创建图 31.10.14b 所示的倒圆角特征 2。选取每个按键顶部边链（22 条）为倒圆角的边线；在圆角半径文本框中输入值 0.5。

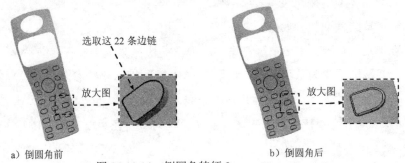

选取这 22 条边链

放大图

放大图

a）倒圆角前　　　　　　　　　　　b）倒圆角后

图 31.10.14　倒圆角特征 2

Step13. 创建复制曲线特征 2。按住 Ctrl 键，选取图 31.10.15 所示的曲线特征为要复制的对象；单击"复制"按钮🖹，然后单击"粘贴"按钮🖹 ▼；单击✔按钮，完成复制曲线特征 2 的创建。

Step14. 创建图 31.10.16 所示的基准点 PNT0 和 PNT1。

（1）选择命令。单击 模型 功能选项卡 基准 ▼ 区域中的"基准点"按钮 点 ▼。

（2）定义基准点参考。选取图 31.10.16 所示的模型曲线和基准平面 ASM_RIGHT，该边线上立即出现一个基准点 PNT0；点击新建点，选取图 31.10.16 所示的顶点，该顶点上立即出现一个基准点 PNT1。

（3）单击对话框中的 确定 按钮。

复制该曲线

图 31.10.15　复制曲线 2

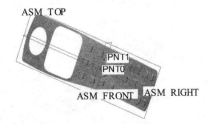

ASM_TOP

PNT1
PNT0

ASM_FRONT　ASM_RIGHT

图 31.10.16　基准点 PNT0 和 PNT1

Step15. 创建图 31.10.17 所示的基准平面 1。单击 模型 功能选项卡 基准 ▼ 区域中的"平面"按钮▱，按 Ctrl 键，选取基准平面 ASM_RIGHT、PNT0 和 PNT1 为参考，单击对话框中的 确定 按钮。

Step16. 创建图 31.10.18 所示的旋转曲面 1。

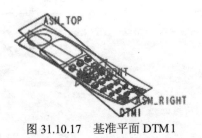

ASM_TOP

ASM_RIGHT
DTM1

图 31.10.17　基准平面 DTM 1

图 31.10.18　旋转曲面 1

（1）选择命令。单击 模型 功能选项卡 形状 ▾ 区域中的"旋转"按钮 ↔ 旋转 ，按下操控板中的"曲面类型"按钮 。

（2）定义草绘截面放置属性。

（3）绘制截面草图。在图形区右击，从弹出的快捷菜单中选择 定义内部草绘... 命令；选取 ASM_RIGHT 基准平面为草绘平面，选取 DTM1 基准平面草绘参考平面，方向为 下 ；绘制图 31.10.19 所示的截面草图（包括几何中心线）。

（4）定义旋转属性。在操控板中选择旋转类型为 凵 ，在角度文本框中输入角度值 360.0，并按 Enter 键。

（5）在操控板中单击"完成"按钮 ✓ ，完成旋转曲面 1 的创建。

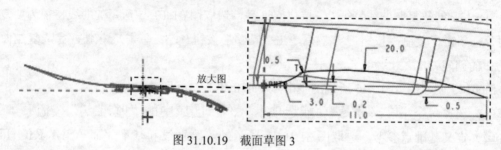

图 31.10.19　截面草图 3

Step17. 创建图 31.10.20b 所示的曲面实体化 3。选取上步创建的旋转曲面为实体化的对象；单击 实体化 按钮，按下"移除材料"按钮 ；调整图形区中的箭头使其指向要去除的实体，如图 31.10.20a 所示；单击 ✓ 按钮，完成曲面实体化 3 的创建。

a）实体化前　　　　　　　　　　　　　　　b）实体化后

图 31.10.20　曲面实体化 3

Step18. 创建图 31.10.21b 所示的倒圆角特征 3。选取图 31.10.21a 所示的边链为倒圆角的边线；在圆角半径文本框中输入值 0.5。

a）倒圆角前　　　　　　　　　　　　　　　b）倒圆角后

图 31.10.21　倒圆角特征 3

　　Step19. 创建图 31.10.22 所示的基准轴 A_2。单击 模型 功能选项卡 基准 ▼ 区域中的"基准轴"按钮 ╱ 轴；选择 DTM1 基准平面为参考，将其约束类型设置为 法向；按住 Ctrl 键，选取基准点 PNT0 为参考，将其约束类型设置为 穿过；单击对话框中的 确定 按钮。

　　Step20. 创建图 31.10.23 所示的基准平面 2。单击 模型 功能选项卡 基准 ▼ 区域中的"平面"按钮 ▱，按 Ctrl 键，选取基准平面 ASM_RIGHT 和 A2 轴为参考，在对话框中输入旋转值 45.0；单击对话框中的 确定 按钮。

　　Step21. 创建图 31.10.24 所示的基准平面 3。单击 模型 功能选项卡 基准 ▼ 区域中的"平面"按钮 ▱，选取 DTM2 平面为偏距参考面，在对话框中输入偏移距离值 8.5；单击对话框中的 确定 按钮。

| 图 31.10.22　基准轴 A_2 | 图 31.10.23　基准平面 DTM2 | 图 31.10.24　基准平面 DTM3 |

　　Step22. 创建图 31.10.25 所示的旋转特征 2。单击 ⊕ 旋转 按钮，按下操控板中的"移除材料"按钮 ▱；选取基准平面 DTM3 为草绘平面，选取基准平面 DTM1 草绘参考平面，方向为 上；选取 A2 轴和 PNT0 点为参考，绘制图 31.10.26 所示的截面草图（包括中心线）；在操控板中选择旋转类型为 ⊥，在角度文本框中输入角度值 360.0；单击 ✔ 按钮，完成旋转特征 2 的创建。

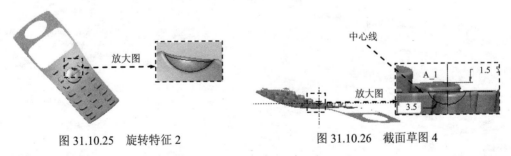

| 图 31.10.25　旋转特征 2 | 图 31.10.26　截面草图 4 |

　　Step23. 创建图 31.10.27b 所示的倒圆角特征 4。选取图 31.10.27a 所示的边链为倒圆角的边线；在圆角半径文本框中输入值 0.5。

　　Step24. 创建组特征。按 Ctrl 键，选取旋转特征 2 和倒圆角特征 4 后右击，在弹出的快捷菜单中选择 组 命令，所创建的特征即可合并为 ▱ 组 LOCAL_GROUP。

a）倒圆角前   b）倒圆角后

图 31.10.27   倒圆角特征 4

Step25. 创建图 31.10.28b 所示的阵列特征 1。

（1）选取阵列特征。选中上步创建的组特征右击，在弹出的快捷菜单中选择 阵列.. 命令。

（2）选择阵列控制方式。在操控板的阵列控制方式下拉列表中选择 轴 选项。

（3）定义阵列参考。在模型中选择基准轴 A_2 为阵列参考；接受系统默认的阵列角度方向，输入阵列的角度值 90.0。

（4）定义阵列个数。输入阵列个数值 4.0。

（5）在操控板中单击 ✔ 按钮，完成阵列特征 1 的创建。

a）阵列前   b）阵列后

图 31.10.28   阵列特征 1

Step26. 保存零件模型。

实例 32　微波炉钣金外壳的自顶向下设计

32.1　实　例　概　述

本实例详细讲解了采用自顶向下（Top_Down Design）设计方法设计图 32.1.1 所示微波炉外壳的整个设计过程，其设计思路是先确定微波炉内部原始文件的尺寸，然后根据该文件建立一个骨架模型，通过该骨架模型将设计意图传递给微波炉的各个外壳钣金零件后，再对其进行细节设计。

a）方位 1　　　　　　　　　b）方位 2　　　　　　　　　c）方位 3

图 32.1.1　微波炉外壳

骨架模型是根据装配体内各元件之间的关系而创建的一种特殊的零件模型，或者说它是一个装配体的 3D 布局，是自顶向下设计（Top_Down Design）的一个强有力的工具。微波炉骨架模型如图 32.1.2 所示。

当微波炉外壳设计完成后，只需要更改内部原始文件的尺寸，微波炉的尺寸就随之更改。该设计方法可以加快产品的更新速度，非常适用于系列化的产品设计。

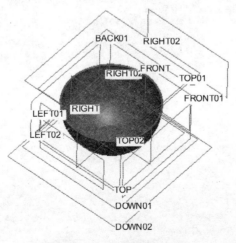

图 32.1.2　微波炉骨架模型

微波炉钣金外壳设计流程如图 32.1.3 所示。

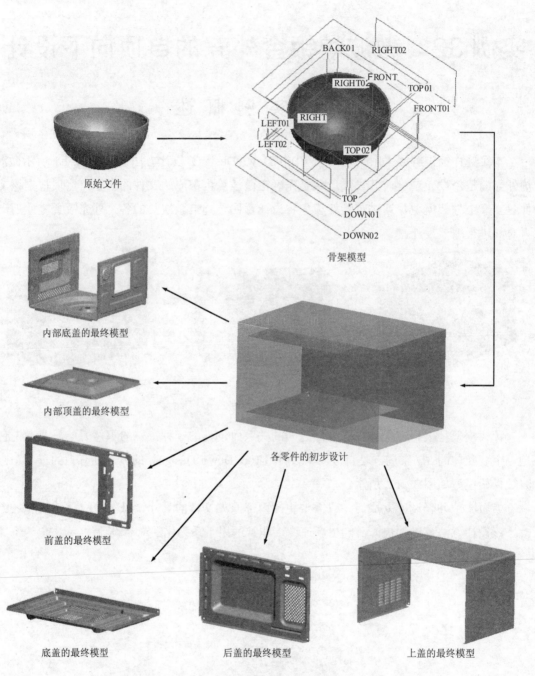

图 32.1.3 设计流程图

32.2　准备原始文件

原始数据文件（图 32.2.1）是控制微波炉总体尺寸的一个模型文件，它是一个用于盛装需要加热食物的碗，该模型通常是由上游设计部门提供的。

图 32.2.1　原始文件

Task1．设置工作目录

将工作目录设置至 D:\creoins3\work\ch06\ins32。

Task2．创建图 32.2.2 所示的碗模型

Step1．新建零件模型。新建一个零件模型，命名为 DISH。

Step2．创建图 32.2.2 所示的旋转特征。在操控板中单击"旋转"按钮 旋转；选取 FRONT 基准平面为草绘平面，选取 RIGHT 基准平面为参考平面，方向为 右；绘制图 32.2.3 所示的截面草图（包括中心线）；在操控板中选择旋转类型为 ，在角度文本框中输入角度值 360.0；单击 （即加厚草绘）按钮，输入加厚值 5.0；单击 按钮，完成旋转特征的创建。

Step3．保存零件模型文件。

图 32.2.2　旋转 1

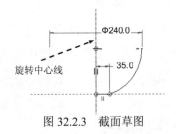

Φ240.0

旋转中心线

35.0

图 32.2.3　截面草图

32.3　构建微波炉外壳的总体骨架

微波炉外壳总体骨架的创建在整个微波炉的设计过程中是非常重要的，只有通过骨架文件才能把原始文件的数据传递给外壳中的每个零件。总体骨架如图 32.3.1 所示。

骨架中各基准面的作用如下：

- DOWN01：用于确定微波炉内部底盖的位置。
- LEFT01：用于确定微波炉内部底盖的位置。
- RIGHT01：用于确定微波炉内部底盖的位置。
- TOP01：用于确定微波炉内部顶盖的位置。
- FRONT01：用于确定微波炉前盖的位置。
- BACK01：用于确定微波炉后盖的位置。
- DOWN02：用于确定微波炉底盖的位置。
- LEFT02：用于确定微波炉上盖的位置。
- RIGHT02：用于确定微波炉上盖的位置。
- TOP02：用于确定微波炉上盖的位置。

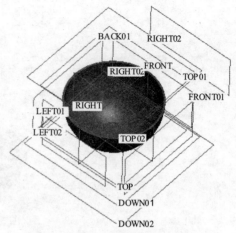

图 32.3.1　构建微波炉的总体骨架

32.3.1　新建微波炉外壳总体装配文件

单击"新建"按钮 ，在弹出的"新建"对话框中，选中 类型 选项组下的 ◉ 🗔 装配 单选项，选中 子类型 选项组下的 ◉ 设计 单选项，在 名称 文本框中输入文件名 MICROWAVE_COVEN_CASE_ASM，取消选中 □ 使用默认模板 复选框，单击 确定 按钮；在 "新文件选项"对话框中选择 mmns_asm_design 模板，单击 确定 按钮。

32.3.2　导入原始文件

单击 模型 功能选项卡 元件 ▼ 区域中的"装配"按钮 ，在弹出的"打开"对话 框中打开微波炉的原始文件 D:\creoins3\work\ch06\ins32\dish.prt，单击 打开 ▼ 按钮； 在系统弹出的"元件放置"操控板中单击 放置 选项卡，在"放置"界面的 约束类型 下拉列 表中选择 🗖 默认 选项；单击操控板中的 ✔ 按钮，完成原始文件的导入。

32.3.3　创建骨架模型

Task1．在装配体中创建骨架模型

单击 模型 功能选项卡 元件 ▼ 区域中的"创建"按钮 ，选中 类型 选项组中的 ◉ 骨架模型 单选项，接受系统默认的名称 MICROWAVE_COVEN_CASE_SKEL，然后单击 确定 按钮；在弹出的"创建选项"对话框中选中 ◉ 🖾 单选项，单击 确定 按钮。

Task2．复制原始文件

Step1. 激活骨架模型。在模型树中选中 ⬚ MICROWAVE_COVEN_CASE_ASM_SKEL_.PRT 后右击，在弹出的快捷菜单中选择 激活 命令。

Step2. 设置模型树显示。在装配模型树界面中选择 🔻 ➡ ⬚ 树过滤器(F)...，然后选中 显示 选项组下的 ☑ 特征 复选框，单击 确定 按钮。这样每个零件中的特征都将在模型树中显示。

Step3. 隐藏基准特征。按住 Ctrl 键选取装配基准面和基准坐标系后右击，在弹出的快捷菜单中选择 隐藏 命令。

Step4. 复制几何对象。单击 模型 功能选项卡 获取数据 ▾ 区域中的"收缩包络"按钮 🖼，先确认"将参照类型设置为组件上下文"按钮 ⬚ 被按下，选取模型所有面为参照；在"收缩包络"操控板中单击 参考 按钮，单击 包括基准 区域中的 单击此处添加项 字符，在"智能选取栏"中选择"基准平面"，按住 Ctrl 键，选取 DISH.prt 模型中的 FRONT 基准面、RIGHT 基准面和 TOP 基准面，在"收缩包络"操控板中单击"完成"按钮 ✔。这样就把原始装配文件 dish.prt 中的设计意图传递到骨架模型（microwave_coven_case_skel.prt）中了。

Task3．建立各基础平面

Step1. 打开骨架模型。在模型树中选中 ⬚ MICROWAVE_COVEN_CASE_ASM_SKEL_.PRT 后右击，在弹出的快捷菜单中选择 打开 命令。

Step2. 创建图 32.3.2 所示的基准点——PNT0、PNT1。单击"点"按钮 ⬚ ✕✕点 ▾，按住 Ctrl 键选取图 32.3.2 所示的模型边线和 RIGHT 基准面为基准点 PNT0 的放置参照，PNT0 创建完成；单击"新点"，使用相同的方法创建 PNT1，在"基准点"对话框中单击 确定 按钮。

Step3. 创建图 32.3.3 所示的基准平面——DTM1。单击"平面"按钮 ⬚，按住 Ctrl 键选取 FRONT 基准面和 PNT1 基准点为参照，单击对话框中的 确定 按钮。

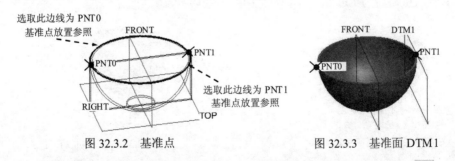

图 32.3.2　基准点　　　　图 32.3.3　基准面 DTM1

Step4. 创建图 32.3.4 所示的基准平面——FRONT01。单击"平面"按钮 ⬚，在模型树中选取 DTM1 基准平面为偏距参考面，在对话框中输入偏移距离值-20.0；单击对话框中的 属性 选项卡，重命名为 FRONT01；单击对话框中的 确定 按钮。

Step5. 创建图 32.3.5 所示的基准平面——DTM2。单击"平面"按钮 ▱，按住 Ctrl 键选取 FRONT 基准面和 PNT0 基准点为参照，单击对话框中的 确定 按钮。

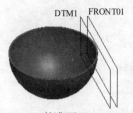

图 32.3.4 基准面 FRONT01

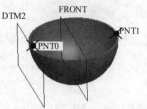

图 32.3.5 基准面 DTM2

Step6. 创建图 32.3.6 所示的基准平面——BACK01。单击"平面"按钮 ▱，在模型树中选取 DTM2 基准平面为偏距参考面，在对话框中输入偏移距离值 20.0；单击对话框中的 属性 选项卡，重命名为 BACK01；单击对话框中的 确定 按钮。

Step7. 创建图 32.3.7 所示的基准平面——DTM3。单击"平面"按钮 ▱，选取 RIGHT 基准面为放置参照，再选取图 32.3.7 所示的点为放置参照，单击对话框中的 确定 按钮。

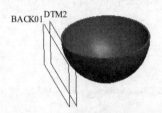

图 32.3.6 基准面 BACK01

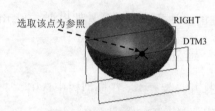

图 32.3.7 基准面 DTM3

Step8. 创建图 32.3.8 所示的基准平面——LEFT01。单击"平面"按钮 ▱，在模型树中选取 DTM3 基准平面为偏距参考面，在对话框中输入偏移距离值 20.0；单击对话框中的 属性 选项卡，重命名为 LEFT01；单击对话框中的 确定 按钮。

Step9. 创建图 32.3.9 所示的基准平面——LEFT02。单击"平面"按钮 ▱，在模型树中选取 LEFT01 基准平面为偏距参考面，在对话框中输入偏移距离值 30.0；单击对话框中的 属性 选项卡，重命名为 LEFT02；单击对话框中的 确定 按钮。

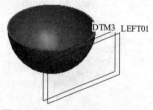

图 32.3.8 基准面 LEFT01

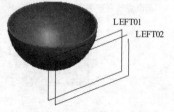

图 32.3.9 基准面 LEFT02

Step10. 创建图 32.3.10 所示的基准平面——DTM4。选取 RIGHT 基准面为放置参照，再选取图 32.3.10 所示的点为放置参照，单击对话框中的 确定 按钮。

Step11. 创建图 32.3.11 所示的基准平面——RIGHT01。单击"平面"按钮 ▱，在模型树中选取 DTM4 基准平面为偏距参考面，在对话框中输入偏移距离值 20.0；单击对话框中的 属性 选项卡，重命名为 RIGHT01；单击对话框中的 确定 按钮。

图 32.3.10　基准面 DTM4

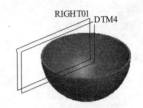

图 32.3.11　基准面 RIGHT01

Step12. 创建图 32.3.12 所示的基准平面——RIGHT02。单击"平面"按钮 ▱，在模型树中选取 RIGHT01 基准平面为偏距参考面，在对话框中输入偏移距离值 140.0；单击对话框中的 属性 选项卡，重命名为 RIGHT02；单击对话框中的 确定 按钮。

Step13. 创建图 32.3.13 所示的基准平面——TOP01。单击"平面"按钮 ▱，选取图 32.3.13 所示的碗的上端面为偏距参考面，在对话框中输入偏移距离值 60.0；单击对话框中的 属性 选项卡，重命名为 TOP01；单击对话框中的 确定 按钮。

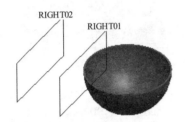

图 32.3.12　基准面 RIGHT02

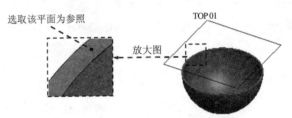

图 32.3.13　基准面 TOP01

Step14. 创建图 32.3.14 所示的基准平面——TOP02。单击"平面"按钮 ▱，在模型树中选取 TOP01 基准平面为偏距参考面，在对话框中输入偏移距离值 30.0；单击对话框中的 属性 选项卡，重命名为 TOP02；单击对话框中的 确定 按钮。

Step15. 创建图 32.3.15 所示的基准平面——DOWN01。单击"平面"按钮 ▱，选取图 32.3.15 所示的碗的下端底面为偏距参考面，在对话框中输入偏移距离值-20.0；单击对话框中的 属性 选项卡，重命名为 DOWN01；单击对话框中的 确定 按钮。

Step16. 创建图 32.3.16 所示的基准平面——DOWN02。单击"平面"按钮 ▱，在模型树中选取 DOWN01 基准平面为偏距参考面，在对话框中输入偏移距离值-30.0；单击对话框中的 属性 选项卡，重命名为 DOWN02；单击对话框中的 确定 按钮。

Step17. 保存零件模型文件。

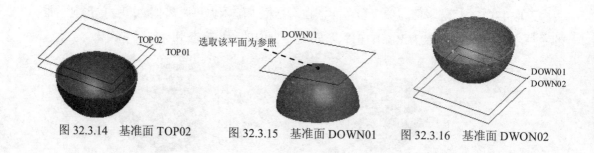

图 32.3.14　基准面 TOP02　　　图 32.3.15　基准面 DOWN01　　　图 32.3.16　基准面 DWON02

32.4　微波炉外壳各零件的初步设计

初步设计是通过骨架文件创建出每个零件的第一壁，设计出微波炉外壳的大致结构，经过验证数据传递无误后，再对每个零件进行具体细节的设计。

Task1. 创建图 32.4.1 所示的微波炉外壳内部底盖初步模型

Step1. 切换到 MICROWAVE_COVEN_CASE_ASM 窗口。

Step2. 新建零件模型。单击 模型 功能选项卡 元件 ▼ 区域中的"创建"按钮 ，选中 类型 选项组中的 ● 零件 单选项，选中 子类型 选项组中的 ● 钣金件 单选项，然后在 名称 文本框中输入文件名 INSIDE_COVER_01，单击 确定 按钮；在系统弹出的"创建选项"对话框中选中 ● 空 单选项，单击 确定 按钮。

Step3. 将骨架中的设计意图传递给刚创建的微波炉外壳内部底盖（INSIDE_COVER_01）；在模型树中选中 ▢ INSIDE_COVER_01_.PRT 后右击，在弹出的快捷菜单中选择 激活 命令。单击 模型 功能选项卡 获取数据 ▼ 区域中的"复制几何"按钮 ，单击"仅限发布几何"按钮 （使此按钮为弹起状态）；在"复制几何"操控板中单击 参考 按钮，系统弹出"参考"界面；单击 参考 区域中的 单击此处添加项 字符，在"智能选取栏"中选择"基准平面"，然后选取骨架模型中的基准面 TOP01、DOWN01、LEFT01、FRONT01、RIGHT01 和 BACK01；在"复制几何"操控板中单击 选项 按钮，选中 ● 按原样复制所有曲面 单选项；在"复制几何"操控板中单击"完成"按钮 。完成操作后，所选的基准面便复制到 INSIDE_COVER_01.PRT 中。

Step4. 打开微波炉外壳内部底盖模型零件。在模型树中选中 ▢ INSIDE_COVER_01_.PRT 后右击，在弹出的快捷菜单中选择 打开 命令。

Step5. 创建图 32.4.1 所示的钣金基础特征——第一壁。单击 模型 功能选项卡 形状 ▼ 区域中的"平面"按钮 平面；选取 DOWN01 基准面为草绘平面，绘制图 32.4.2 所示的截面草图，单击"确定"按钮 ；输入钣金壁厚值 0.5，单击操控板中的"完成"按钮 。

Step6. 返回到 MICROWAVE_COVEN_CASE_ASM。

图 32.4.1　创建微波炉外壳内部底盖

图 32.4.2　截面草图 1

Task2．创建图 32.4.3 所示的微波炉外壳内部顶盖初步模型

Step1. 详细操作过程参见 Task1 中的 Step1 和 Step2，创建微波炉外壳内部顶盖零件模型，文件名为 INSIDE_COVER_02.PRT。

Step2. 将骨架中的设计意图传递给微波炉外壳内部顶盖（INSIDE_COVER_02）。在模型树中选中 INSIDE_COVER_02.PRT 后右击，在弹出的快捷菜单中选择 激活 命令；单击 模型 功能选项卡 获取数据 ▾ 区域中的 "复制几何" 按钮 ，单击 "仅限发布几何" 按钮 （使此按钮为弹起状态）；在 "复制几何" 操控板中单击 参考 按钮，系统弹出 "参考" 界面；单击 参考 区域中的 单击此处添加项 字符，在 "智能选取栏" 中选择 "基准平面"，然后选取骨架模型中的基准面 TOP01、FRONT01、BACK01、RIGHT01 和 LEFT01；在 "复制几何" 操控板中单击 选项 按钮，选中 ⦿ 按原样复制所有曲面 单选项；在 "复制几何" 操控板中单击 "完成" 按钮 。

Step3. 打开微波炉外壳内部顶盖模型零件。在模型树中选中 INSIDE_COVER_02.PRT 后右击，在弹出的快捷菜单中选择 打开 命令。

Step4. 创建图 32.4.3 所示的微波炉外壳内部顶盖平整钣金壁——第一壁。单击 模型 功能选项卡 形状 ▾ 区域中的 "平面" 按钮 平面，选取 TOP01 基准面为草绘平面，选取 FRONT01、BACK01、RIGHT01 和 LEFT01 为草绘截面的参照，绘制图 32.4.4 所示的截面草图；输入钣金壁厚值 0.5，并按 Enter 键；单击操控板中的 "完成" 按钮 。

Step5. 返回到 MICROWAVE_COVEN_CASE_ASM。

图 32.4.3　创建微波炉外壳内部顶盖

图 32.4.4　截面草图 2

Task3．创建图 32.4.5 所示的微波炉外壳前盖初步模型

Step1．详细操作过程参见 Task1 中的 Step1 和 Step2，创建微波炉外壳前盖零件模型，文件名为 FRONT_COVER。

Step2．将骨架中的设计意图传递给刚创建的微波炉外壳前盖零件（FRONT_COVER）。在模型树中选中 FRONT_COVER.PRT 后右击，在弹出的快捷菜单中选择 激活 命令；单击 模型 功能选项卡 获取数据 ▼ 区域中的"复制几何"按钮 ，单击"仅限发布几何"按钮 （使此按钮为弹起状态）；在"复制几何"操控板中单击 参考 按钮，系统弹出"参考"界面；单击参考区域中的 单击此处添加项 字符，在"智能选取栏"中选择"基准平面"，然后选取骨架模型中的基准面 TOP01、TOP02、RIGHT01、RIGHT02、FRONT01、DOWN01、DOWN02、LEFT02 和 LEFT01；在"复制几何"操控板中单击 选项 按钮，选中 ⦿ 按原样复制所有曲面 单选项；在"复制几何"操控板中单击"完成"按钮 。

Step3．打开微波炉外壳前盖零件。在模型树中选中 FRONT_COVER.PRT 后右击，在弹出的快捷菜单中选择 打开 命令。

Step4．创建图 32.4.5 所示的微波炉外壳前盖平整钣金壁——第一壁。单击 模型 功能选项卡 形状 ▼ 区域中的"平面"按钮 平面 ，选取 FRONT01 基准面作为草绘平面，选取 RIGHT02、DOWN02、LEFT02 和 TOP02 基准面为草绘截面的参照平面，绘制图 32.4.6 所示的截面草图；输入钣金壁厚值 0.5，单击 按钮，并按 Enter 键。

Step5．返回到 MICROWAVE_COVEN_CASE_ASM。

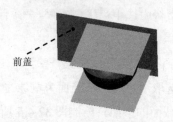

前盖

图 32.4.5　创建微波炉外壳前盖

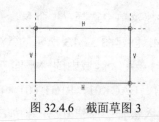

图 32.4.6　截面草图 3

Task4．创建图 32.4.7 所示的微波炉外壳底盖初步模型

Step1．详细操作过程参见 Task1 中的 Step1 和 Step2，创建微波炉外壳底盖零件模型，文件名为 DOWN_COVER。

Step2．将骨架中的设计意图传递给刚创建的微波炉外壳底盖零件（DOWN_COVER）。在模型树中选中 DOWN_COVER.PRT 后右击，在弹出的快捷菜单中选择 激活 命令；单击 模型 功能选项卡 获取数据 ▼ 区域中的"复制几何"按钮 ，单击"仅限发布几何"按钮 （使此按钮为弹起状态）；在"复制几何"操控板中单击 参考 按钮，系统弹出"参考"界面；单击参考区域中的 单击此处添加项 字符，在"智能选取栏"中选择"基准平面"，然后选取骨架模型中

的基准面 DOWN02、LEFT02、RIGHT02、FRONT01 和 BACK01；在"复制几何"操控板中单击 选项 按钮，选中 ◉ 按原样复制所有曲面 单选项；在"复制几何"操控板中单击"完成"按钮 ✓。

Step3. 打开微波炉外壳底盖零件。在模型树中选中 ▢ DOWN_COVER.PRT 后右击，在弹出的快捷菜单中选择 打开 命令。

Step4. 创建图 32.4.7 所示的微波炉外壳底盖平整钣金壁——第一壁。单击 模型 功能选项卡 形状 ▼ 区域中的"平面"按钮 ⬦平面，选取基准面 DOWN02 作为草绘面，选取基准面 BACK01、基准面 LEFT02、基准面 FORNT01 和基准面 RIGHT02 为草绘截面的参照平面，绘制图 32.4.8 所示的截面草图；输入钣金壁厚值 0.5，并按 Enter 键。

Step5. 返回到 MICROWAVE_COVEN_CASE_ASM。

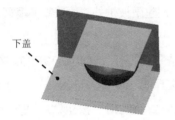

图 32.4.7　创建微波炉外壳底盖

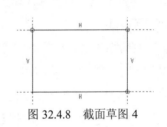

图 32.4.8　截面草图 4

Task5．创建图 32.4.9 所示的微波炉外壳后盖初步模型

Step1. 详细操作过程参见 Task1 中的 Step1 和 Step2，创建微波炉外壳后盖零件模型，文件名为 BACK_COVER。

Step2. 将骨架中的设计意图传递给刚创建的微波炉外壳后盖零件（BACK_COVER）。在模型树中选中 ▢ BACK_COVER.PRT 后右击，在弹出的快捷菜单中选择 激活 命令；单击 模型 功能选项卡 获取数据 ▼ 区域中的"复制几何"按钮 ⬚，单击"仅限发布几何"按钮 ⬚ （使此按钮为弹起状态）；在"复制几何"操控板中单击 参考 按钮，系统弹出"参考"界面；单击 参考 区域中的 单击此处添加项 字符，在"智能选取栏"中选择"基准平面"，然后选取骨架模型中的基准面 TOP02、DOWN02、BACK01、RIGHT01、TOP01、RIGHT02 和 LEFT02；在"复制几何"操控板中单击 选项 按钮，选中 ◉ 按原样复制所有曲面 单选项；在"复制几何"操控板中单击"完成"按钮 ✓。

Step3. 打开微波炉外壳后盖零件。在模型树中选中 ▢ BACK_COVER.PRT 后右击，在弹出的快捷菜单中选择 打开 命令。

Step4. 创建图 32.4.9 所示的微波炉外壳后盖平整钣金壁——第一壁。单击 模型 功能选项卡 形状 ▼ 区域中的"平面"按钮 ⬦平面，选取基准面 BACK01 作为草绘面，选取基准面 DOWN02、基准面 LEFT02、基准面 RIGHT02 和基准面 TOP02 为草绘截面的参照平面，绘制图 32.4.10 所示的截面草图；输入钣金壁厚值 0.5，并按 Enter 键。

Step5. 返回到 MICROWAVE_COVEN_CASE_ASM。

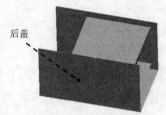

图 32.4.9　创建微波炉外壳后盖

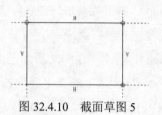

图 32.4.10　截面草图 5

Task6. 创建图 32.4.11 所示的微波炉外壳顶盖初步模型

Step1. 详细操作过程参见 Task1 中的 Step1 和 Step2，创建微波炉外壳顶盖零件模型，文件名为 TOP_COVER。

Step2. 将骨架中的设计意图传递给刚创建的微波炉外壳顶盖零件（TOP_COVER）。在模型树中选中 🔲 TOP_COVER.PRT 后右击，在弹出的快捷菜单中选择 激活 命令；单击 模型 功能选项卡 获取数据 ▾ 区域中的"复制几何"按钮 🔳，单击"仅限发布几何"按钮 🔳（使此按钮为弹起状态）；在"复制几何"操控板中单击 参考 按钮，系统弹出"参考"界面；单击 参考 区域中的 单击此处添加项 字符，在"智能选取栏"中选择"基准平面"，然后选取骨架模型中的基准面 TOP02、RIGHT02、LEFT02、BACK01、FORNT01 和 DOWN02；在"复制几何"操控板中单击 选项 按钮，选中 ⦿ 按原样复制所有曲面 单选项；在"复制几何"操控板中单击"完成"按钮 ✔。

Step3. 打开微波炉外壳顶盖零件。在模型树中选中 🔲 TOP_COVER.PRT 后右击，在弹出的快捷菜单中选择 打开 命令。

Step4. 创建微波炉外壳顶盖平整钣金壁——第一壁。单击 模型 功能选项卡 形状 ▾ 区域中的"拉伸"按钮 🔲 拉伸，选取基准面 FORNT01 作为草绘平面，选取基准面 TOP02、基准面 RIGHT02 和基准面 LEFT02 为草绘截面的参照平面，绘制图 32.4.12 所示的截面草图；在操控板中选择拉伸类型为 �🔳，拉伸终止面为 BACK01，输入钣金壁厚值 1.0，并按 Enter 键。

Step5. 返回到 MICROWAVE_COVEN_CASE_ASM。

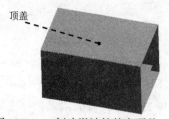

图 32.4.11　创建微波炉外壳顶盖

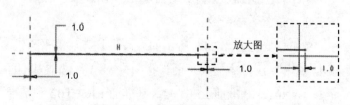

图 32.4.12　截面草图 6

Step6. 保存总装配体模型文件。

32.5　初步验证

完成以上设计后，微波炉外壳的大致结构已经确定，下面将检验微波炉与原始数据文件之间的数据传递是否通畅。分别改变原始文件的三个数据，来验证微波炉外壳的长、宽、高是否随之变化。

在装配体中修改微波炉中碗的直径值，以验证微波炉的整体大小是否会改变（图 32.5.1）。

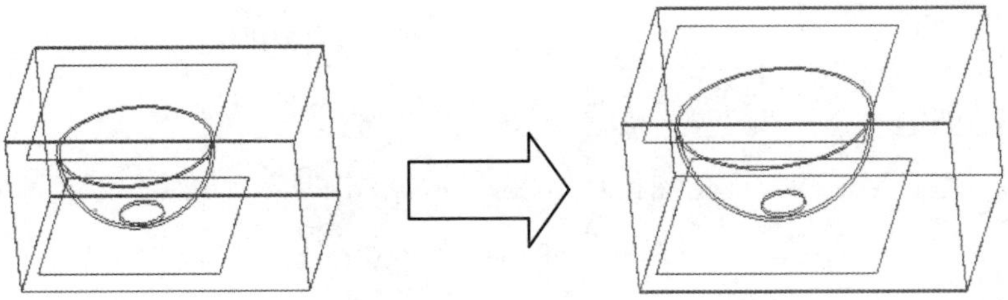

a）修改前　　b）修改后

图 32.5.1　修改微波炉的长度

Step1. 在模型树中，单击 DISH.PRT 前面的 ▶ 。

Step2. 在模型树中右击要修改的特征▶ 旋转 1，在弹出的快捷菜单中选择 编辑 命令，系统即显示图 32.5.2a 所示的尺寸。

Step3. 双击要修改的碗的直径值 240，输入新尺寸值 300（图 32.5.2b），然后按 Enter 键。

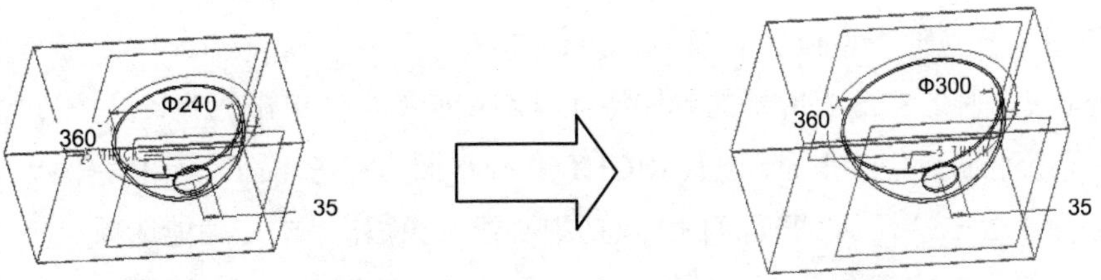

a）修改前　　b）修改后

图 32.5.2　修改微波炉的长度尺寸

Step4. 单击 模型 功能选项卡 操作 ▾ 区域中的按钮，此时在装配体中可以观察到微波炉的长度值被修改了，微波炉的长度也会随之改变（图 32.5.2b）。

注意：修改装配模型后，必须进行“再生”操作，否则模型不能按修改的要求更新。

Step5. 单击工具栏中的（撤销）按钮，以恢复修改前的尺寸。

32.6　微波炉外壳内部底盖的细节设计

Task1. 创建图 32.6.1 所示的模具 1

说明：本实例中创建的所有模具都是为后面的钣金成形（印贴）而准备的实体模型。

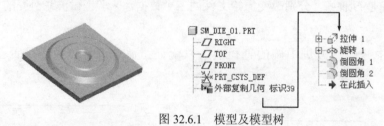

图 32.6.1　模型及模型树

Step1. 新建一个零件模型，命名为 SM_DIE_01。

Step2. 将骨架中的设计意图传递给模具 1。单击 模型 功能选项卡 获取数据 ▾ 区域中的"复制几何"按钮 ，单击"仅限发布几何"按钮 （使此按钮为弹起状态）；单击"打开"按钮 ，打开骨架文件 microwave_oven_case_skel.prt，在"放置"对话框中单击 确定 按钮；在"复制几何"操控板中单击 参考 按钮，系统弹出"参考"界面；单击 参考 区域中的 单击此处添加项 字符，在"智能选取栏"中选择"基准平面"，然后选取骨架模型中的基准面 DTM2、DTM4、DTM1 和 DTM3；在"复制几何"操控板中单击 选项 按钮，选中 ◉ 按原样复制所有曲面 单选项；在"复制几何"操控板中单击"完成"按钮 。

Step3. 创建图 32.6.2 所示的拉伸特征 1。在操控板中单击"拉伸"按钮 拉伸；选取 TOP 基准平面为草绘平面，选取 RIGHT 基准平面为参考平面，方向为 右；单击 草绘 按钮，选取 DTM1、DTM2 、DTM3 和 DTM4 基准面为草绘参照，绘制图 32.6.3 所示的截面草图；在操控板中选择拉伸类型为 ，输入深度值 20.0。

Step4. 创建图 32.6.4 所示的旋转特征 1。在操控板中单击"旋转"按钮 旋转；选取 FRONT 基准平面为草绘平面，选取 RIGHT 基准平面为参考平面，方向为 右；单击 草绘 按钮，绘制图 32.6.5a 所示的截面草图（包括中心线）；单击 工具 功能选项卡 模型意图 ▾ 区域中的 d=关系 按钮，系统弹出"关系"对话框，此时草图如图 32.6.5b 所示，在对话框中设置 sd2=sd16-90 的关系式，单击 确定 按钮，完成关系设置；在操控板中选择旋转类型为 ，在角度文本框中输入角度值 360.0；单击 ✓ 按钮，完成旋转特征 1 的创建。

图 32.6.2　拉伸 1

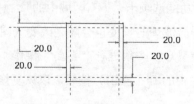

图 32.6.3　截面草图 1

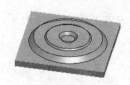

图 32.6.4　旋转 1

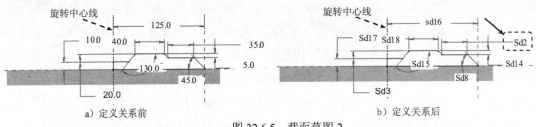

a）定义关系前　　　　　　　　　　b）定义关系后

图 32.6.5　截面草图 2

Step5. 创建图 32.6.6b 所示的倒圆角特征 1。选取图 32.6.6a 所示的边线为倒圆角的边线；输入倒圆角半径值 5.0。

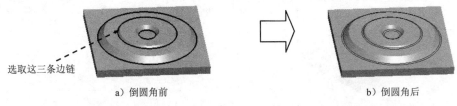

选取这三条边链

a）倒圆角前　　　　　　　　　　b）倒圆角后

图 32.6.6　倒圆角 1

Step6. 创建图 32.6.7b 所示的倒圆角特征 2。选取图 32.6.7a 所示的边线为倒圆角的边线；输入倒圆角半径值 8.0。

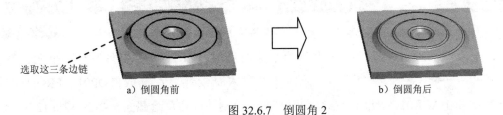

选取这三条边链

a）倒圆角前　　　　　　　　　　b）倒圆角后

图 32.6.7　倒圆角 2

Step7. 保存零件模型文件。

Task2．创建图 32.6.8 所示的模具 2

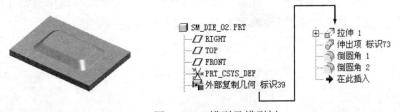

图 32.6.8　模型及模型树

Step1. 新建一个零件模型，命名为 SM_DIE_02。

Step2. 将骨架中的设计意图传递给模具 2。单击 模型 功能选项卡 获取数据 ▼ 区域中的 "复制几何" 按钮，单击 "仅限发布几何" 按钮（使此按钮为弹起状态）；单击 "打开"

按钮 📂 ，打开骨架文件 microwave_oven_case_skel.prt，在"放置"对话框中单击 确定 按钮；在"复制几何"操控板中单击 参考 按钮，系统弹出"参考"界面；单击 参考 区域中的 单击此处添加项 字符，在"智能选取栏"中选择"基准平面"，然后选取骨架模型中的基准面 TOP01、FRONT01、LEFT01、BACK01 和 DOWN01；在"复制几何"操控板中单击 选项 按钮，选中 ⊙ 按原样复制所有曲面 单选项；在"复制几何"操控板中单击"完成"按钮 ✔ 。

Step3. 创建图 32.6.9 所示的拉伸特征 1。在操控板中单击"拉伸"按钮 🔲 拉伸 ；选取 LEFT01 基准面为草绘平面，选取 TOP 基准面为参照平面，方向为 上 ；单击 草绘 按钮，选取 TOP01、FRONT01、DOWN01 和 BACK01 基准面为草绘参照，绘制图 32.6.10 所示的截面草图；在操控板中选择拉伸类型为 ⹁，输入深度值 20.0。

图 32.6.9　拉伸 1　　　　　　　　　　　图 32.6.10　截面草图

Step4. 创建图 32.6.11 所示的混合伸出项特征——伸出项。在 模型 功能选项卡的 形状 ▾ 下拉菜单中选择 混合 ▸ ➡ 伸出项 命令，在系统弹出的 ▾ BLEND OPTS (混合选项) 中依次选择 Parallel (平行) ➡ Regular Sec (规则截面) ➡ Sketch Sec (草绘截面) ➡ Done (完成) 命令，在弹出的 ▾ ATTRIBUTES (属性) 中选择 Straight (直) ➡ Done (完成) 命令；选择 Plane (平面) 命令，选取图 32.6.11 所示的面为草绘平面，选取 LEFT01 基准面为参照平面；选择 Okay (确定) ➡ Default (默认) ，此时系统进入草绘环境；选取 TOP01、FRONT01、DOWN01 和 BACK01 基准面为草绘参照平面，绘制并标注草绘截面，如图 32.6.12 所示；在绘图区右击，从弹出的快捷菜单中选择 切换截面(T) 命令；绘制图 32.6.13 所示的第二个截面草图，单击草绘工具栏中的"完成"按钮 ✔ ；在 ▾ DEPTH (深度) 菜单中选择 Blind (盲孔) ➡ Done (完成) 命令，在系统 输入截面2的深度 的提示下，输入第二截面到第一截面的距离值 20.0；单击"混合特征信息"对话框中的 预览 按钮，预览所创建的混合特征；单击"特征信息"对话框中的 确定 按钮，完成混合特征的创建。

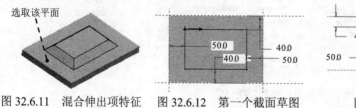

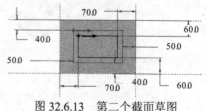

图 32.6.11　混合伸出项特征　　图 32.6.12　第一个截面草图　　　　图 32.6.13　第二个截面草图

Step5. 创建图 32.6.14b 所示的倒圆角特征 1。选取图 32.6.14a 所示的边线为倒圆角的边线；输入倒圆角半径值 30.0。

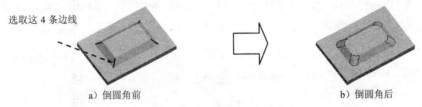

图 32.6.14　倒圆角 1

Step6. 创建图 32.6.15b 所示的倒圆角特征 2。选取图 32.6.15a 所示的边线为倒圆角的边线；输入倒圆角半径值 8.0。

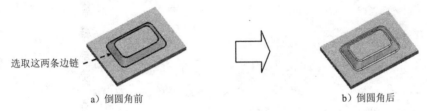

图 32.6.15　倒圆角 2

Step7. 保存零件模型文件。

Task3. 创建图 32.6.16 所示的模具 3

图 32.6.16　模型及模型树

Step1. 新建一个零件模型，命名为 SM_DIE_03。

Step2. 将骨架中的设计意图传递给模具 3。单击 模型 功能选项卡 获取数据 ▾ 区域中的"复制几何"按钮 ，单击"仅限发布几何"按钮 （使此按钮为弹起状态）；单击"打开"按钮 ，打开骨架文件 microwave_oven_case_skel.prt，在"放置"对话框中，单击 确定 按钮；在"复制几何"操控板中单击 参考 按钮，系统弹出"参考"界面；单击 参考 区域中的 单击此处添加项 字符，在"智能选取栏"中选择"基准平面"，然后选取骨架模型中的基准面

TOP01、FRONT01、RIGHT01、BACK01 和 DOWN01；在"复制几何"操控板中单击 选项 按钮，选中 ⊙ 按原样复制所有曲面 单选项；在"复制几何"操控板中单击"完成"按钮 ✔。

Step3. 创建图 32.6.17 所示的拉伸特征 1。在操控板中单击"拉伸"按钮 □拉伸；选取 RIGHT01 基准面为草绘平面，选取 TOP 基准面为参照平面，方向为 右；单击 草绘 按钮，选取 TOP01、FRONT01、DOWN01 和 BACK01 基准面为草绘参照，绘制图 32.6.18 所示的截面草图；在操控板中选择拉伸类型为 ⊥，输入深度值 10.0。

图 32.6.17　拉伸 1　　　　　　　　图 32.6.18　截面草图 1

Step4. 创建图 32.6.19 所示的拉伸特征 2。在操控板中单击"拉伸"按钮 □拉伸；选取 RIGHT01 基准面为草绘平面，选取 TOP01 基准面为参照平面，方向为 上；单击 草绘 按钮，绘制图 32.6.20 所示的截面草图；在操控板中选择拉伸类型 ⊥，输入深度值 5.0；单击 ⚤ 按钮。单击 ✔ 按钮，完成拉伸特征 2 的创建。

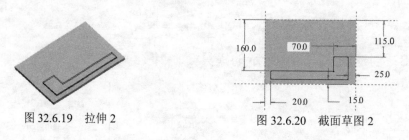

图 32.6.19　拉伸 2　　　　　　　　图 32.6.20　截面草图 2

Step5. 创建图 32.6.21b 所示的倒圆角特征 1。选取图 32.6.21a 所示的边线为倒圆角的边线；输入倒圆角半径值 5.0。

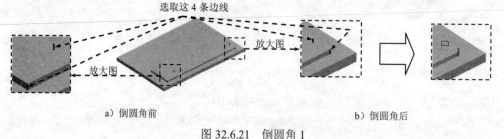

选取这 4 条边线

a）倒圆角前　　　　　　　　　　　　b）倒圆角后

图 32.6.21　倒圆角 1

Step6. 创建图 32.6.22 所示的倒圆角特征 2。选取图 32.6.22 所示的边线为倒圆角的边线；输入倒圆角半径值 10.0。

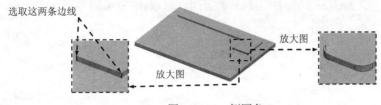

选取这两条边线

放大图

放大图

图 32.6.22　倒圆角 2

Step7. 创建图 32.6.23 所示的拔模特征 1。单击 模型 功能选项卡 工程 ▼ 区域中的
拔模 ▼ 按钮；选取图 32.6.24 所示的模型表面为拔模曲面，选取图 32.6.24 所示的模型表面
为拔模枢轴平面，在拔模角度文本框中输入拔模角度值 15.0，单击 ✕ 按钮；单击 ✔ 按钮，
完成拔模特征 1 的创建。

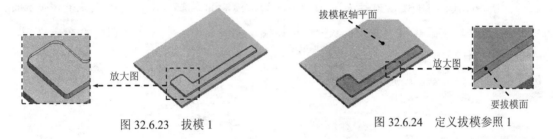

放大图

拔模枢轴平面

放大图

要拔模面

图 32.6.23　拔模 1　　　　图 32.6.24　定义拔模参照 1

Step8. 创建图 32.6.25 所示的倒圆角特征 3。选取图 32.6.25 所示的边线为倒圆角的边线；
输入倒圆角半径值 2.0。

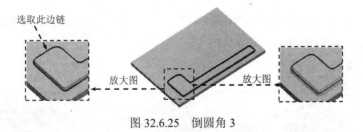

选取此边链

放大图　　　　放大图

图 32.6.25　倒圆角 3

Step9. 创建图 32.6.26 所示的拉伸特征 3。在操控板中单击"拉伸"按钮 拉伸；选取图
32.6.26 所示面为草绘平面，绘制图 32.6.27 所示的截面草图；在操控板中选择拉伸类型为 ，
输入深度值 5.0。

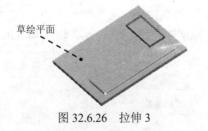

草绘平面

图 32.6.26　拉伸 3

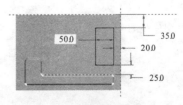

50.0

35.0

20.0

25.0

图 32.6.27　截面草图 3

Step10. 创建图 32.6.28 所示的倒圆角特征 4。选取图 32.6.28 所示的边线为倒圆角的边线；输入倒圆角半径值 10.0。

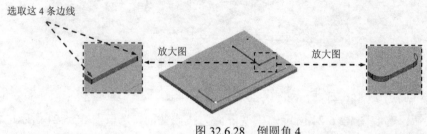

选取这 4 条边线

放大图   放大图

图 32.6.28   倒圆角 4

Step11. 创建图 32.6.29 所示的拔模特征 2。单击 模型 功能选项卡 工程 ▾ 区域中的 ⬛拔模 ▾ 按钮；选取图 32.6.30 所示的模型表面为拔模曲面，选取图 32.6.30 所示的模型表面为拔模枢轴平面，在拔模角度文本框中输入拔模角度值 15.0，单击 ⬚ 按钮；单击 ✔ 按钮，完成拔模特征 2 的创建。

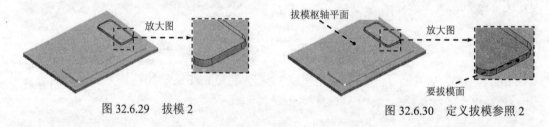

放大图

拔模枢轴平面

放大图

要拔模面

图 32.6.29   拔模 2   图 32.6.30   定义拔模参照 2

Step12. 创建图 32.6.31 所示的倒圆角特征 5。选取图 32.6.31 所示的边线为倒圆角的边线；输入倒圆角半径值 2.0。

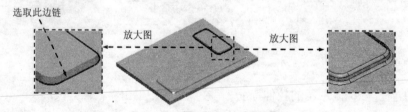

选取此边链

放大图   放大图

图 32.6.31   倒圆角 5

Step13. 创建图 32.6.32 所示的拉伸特征 4。在操控板中单击"拉伸"按钮 ⬛拉伸；选取图 32.6.32 所示面为草绘平面，选取 TOP01 基准面为参照平面，方向为 上；单击 草绘 按钮，绘制图 32.6.33 所示的截面草图；在操控板中选择拉伸类型为 ⬚，输入深度值 5.0。

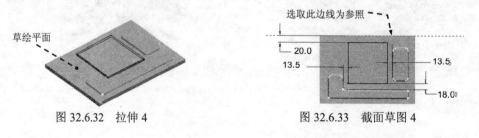

草绘平面

选取此边线为参照

20.0

13.5   13.5

18.0

图 32.6.32   拉伸 4   图 32.6.33   截面草图 4

Step14. 创建图 32.6.34 所示的倒圆角特征 6。选取图 32.6.34 所示的边线为倒圆角的边线；输入倒圆角半径值 15.0。

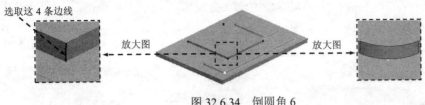

图 32.6.34　倒圆角 6

Step15. 创建图 32.6.35 所示的拔模特征 3。单击 模型 功能选项卡 工程 ▼ 区域中的 拔模 ▼ 按钮；选取图 32.6.36 所示的模型表面为拔模曲面，选取图 32.6.36 所示的模型表面为拔模枢轴平面，在拔模角度文本框中输入拔模角度值 15.0，单击 ╱ 按钮；单击 ✔ 按钮，完成拔模特征 3 的创建。

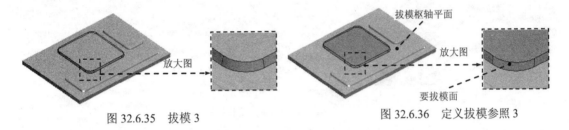

图 32.6.35　拔模 3　　　　　　　　　图 32.6.36　定义拔模参照 3

Step16. 创建图 32.6.37 所示的倒圆角特征 7。选取图 32.6.37 所示的边线为倒圆角的边线；输入倒圆角半径值 2.0。

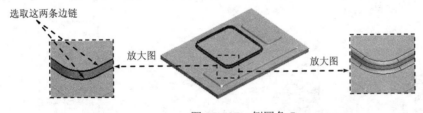

图 32.6.37　倒圆角 7

Step17. 创建图 32.6.38 所示的拉伸特征 5。在操控板中单击"拉伸"按钮 拉伸 ；选取图 32.6.38 所示面为草绘平面，选取 TOP01 基准面为参照平面，方向为 上 ；单击 草绘 按钮，绘制图 32.6.39 所示的截面草图；在操控板中选择拉伸类型为 ，输入深度值 5.0。

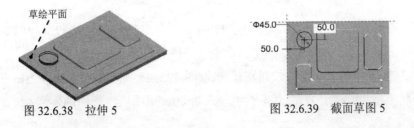

图 32.6.38　拉伸 5　　　　　　　　　图 32.6.39　截面草图 5

Step18. 创建图 32.6.40 所示的拔模特征 4。单击 模型 功能选项卡 工程 ▼ 区域中的 ⊿拔模 ▼ 按钮；选取图 32.6.41 所示的模型表面为拔模曲面，选取图 32.6.41 所示的模型表面为拔模枢轴平面，在拔模角度文本框中输入拔模角度值 30.0，单击 ⁒ 按钮；单击 ✓ 按钮，完成拔模特征 4 的创建。

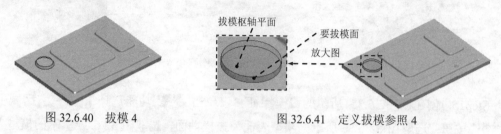

图 32.6.40　拔模 4　　　　　　　图 32.6.41　定义拔模参照 4

Step19. 创建图 32.6.42 所示的倒圆角特征 8。选取图 32.6.42 所示的边线为倒圆角的边线；输入倒圆角半径值 3.0。

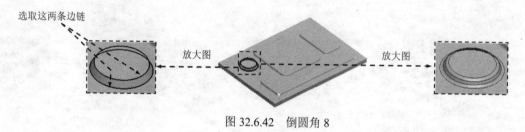

图 32.6.42　倒圆角 8

Step20. 保存零件模型文件。

Task4. 进行图 32.6.43 所示的微波炉外壳内部底盖的细节设计

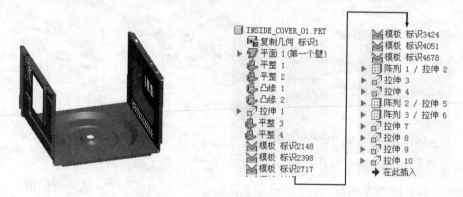

图 32.6.43　微波炉外壳内部底盖及模型树

Step1. 在装配件中打开微波炉外壳内部底盖零件（INSIDE_COVER_01.PRT）。

Step2. 创建图 32.6.44 所示的附加钣金壁特征（左侧）——平整 1。单击 模型 功能选项卡 形状 ▼ 区域中的"平整"按钮 🧲，选取图 32.6.45 所示的模型边线为附着边；选择平整壁的形状类型为 矩形，在 ⌴ 文本框中输入 90.0；单击操控板中的 形状 按钮，在弹出的界

面中单击 草绘... 按钮，选取 TOP01 为参考平面，绘制图 32.6.46 所示的截面草图，然后单击"确定"按钮 ✔。

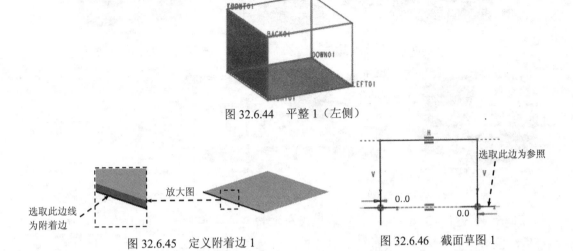

图 32.6.44　平整 1（左侧）

图 32.6.45　定义附着边 1　　　图 32.6.46　截面草图 1

注意： 由于模型为对称图形，很难分辨平整特征的方向，建议读者在创建完成该平整特征后，返回到 MICROWAVE_OVEN_CASE 中，观察平整特征的方向是否正确。

Step3. 创建图 32.6.47 所示的附加钣金壁特征（右侧）——平整 2。详细操作过程参见 Step2。

Step4. 创建图 32.6.48 所示的附加钣金壁特征——凸缘 1。单击 **模型** 功能选项卡 形状 ▾ 区域中的"法兰"按钮 ⬡，系统弹出"凸缘"操控板；选取图 32.6.49 所示的模型边线为法兰附着边（按住 Shift 键，选择连续边线），选择法兰壁的形状类型为 Ⅰ；确认按钮 ↲（在连接边上添加折弯）被按下，然后在后面的文本框中输入折弯半径值 0.5，折弯半径所在侧为 ↲（内侧）；单击 **形状** 按钮，在系统弹出的界面中修改法兰长度值为 10.0；单击"完成"按钮 ✔。

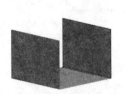

图 32.6.47　平整 2（右侧）　　　图 32.6.48　凸缘 1

Step5. 创建图 32.6.50 所示的附加钣金壁特征——凸缘 2。详细操作过程参见 Step4。

Step6. 创建图 32.6.51 所示的拉伸特征 1。单击 **模型** 功能选项卡 形状 ▾ 区域中的"拉伸"按钮 ⬜拉伸；选取图 32.6.51 所示的平面为草绘平面，绘制图 32.6.52 所示的截面草图，在操控板中选择拉伸类型为 ⬝┃穿透；单击 ✔ 按钮，完成拉伸特征 1 的创建。

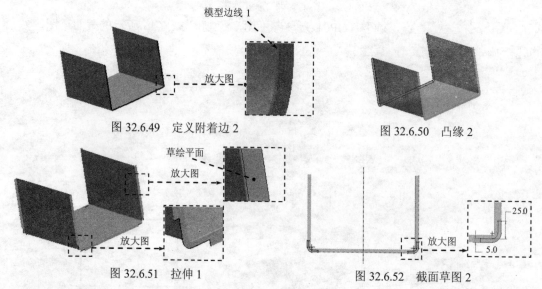

图 32.6.49　定义附着边 2　　　　　　　　图 32.6.50　凸缘 2

图 32.6.51　拉伸 1　　　　　　　　图 32.6.52　截面草图 2

Step7. 创建图 32.6.53 所示的附加钣金壁特征——平整 3。单击 模型 功能选项卡 形状 ▼ 区域中的"平整"按钮🐌，选取图 32.6.54 所示的模型边线为附着边，选择平整壁的形状类型为 梯形 ，在 🔼 文本框中输入值 90.0；单击操控板中的 形状 按钮，在系统弹出的界面中修改平整壁尺寸如图 32.6.55 所示；确认按钮 ⅃（在连接边上添加折弯）被按下，然后在后面的文本框中输入折弯半径值 0.5，折弯半径所在侧为 ⅃（内侧）；单击"完成"按钮 ✔ 。

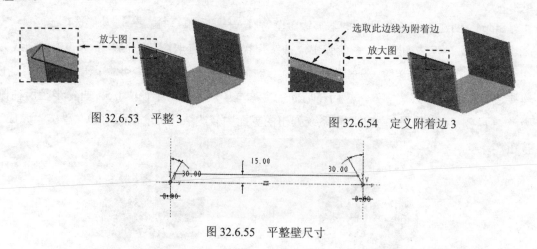

图 32.6.53　平整 3　　　　　　　　图 32.6.54　定义附着边 3

图 32.6.55　平整壁尺寸

Step8. 创建图 32.6.56 所示的附加钣金壁特征——平整 4。详细操作过程参见 Step7。

Step9. 创建图 32.6.57 所示的成形特征——模板 1。单击 模型 功能选项卡 工程 ▼ 区域 ⬇ 下的 凹模 按钮，在系统弹出的 ▼ OPTIONS (选项) 菜单中选择 Reference (参考) ➡ Done (完成) 命令；在系统弹出的文件"打开"对话框中选择 SM_DIE_01.PRT 文件，此时系统弹出"模板"对话框和"元件放置"对话框，定义成形模具的放置（操作过程如图 32.6.58 所示），装配完成后在"模板"对话框中单击"完成"按钮 ✔（在定义成形模具的放置时，可以运用"模板"对话框中的"预览"按钮，实时查看模具的放置）；在系统 <从参考零件选择边界平面。 的提示下，在模型中选取图 32.6.59 所示的面为边界面；在系统 <从参考零件选择种子曲面。 的提示下，在模型中选取图 32.6.59 所示的面为种子面；单击"模板"对话框中的 确定 按钮，完成成形特征 1 的创建。

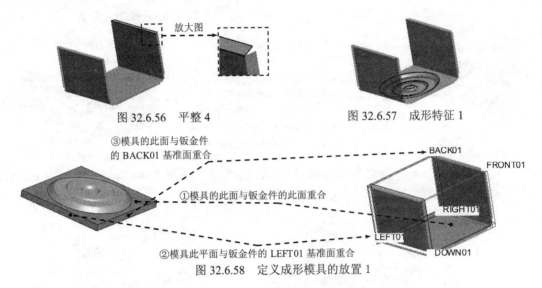

图 32.6.56　平整 4　　　　　　　　　　图 32.6.57　成形特征 1

①模具的此面与钣金件的此面重合

②模具此平面与钣金件的 LEFT01 基准面重合

③模具的此面与钣金件的 BACK01 基准面重合

图 32.6.58　定义成形模具的放置 1

Step10. 参照 Step9 创建图 32.6.60 所示的成形特征——模板 2。选择 SM_DIE_02.PRT 模具文件，模具放置过程如图 32.6.61 所示，选取图 32.6.62 所示的边界面和种子面。

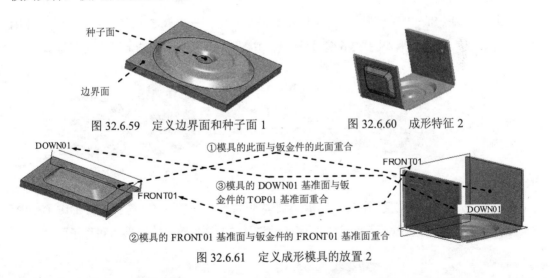

种子面

边界面

图 32.6.59　定义边界面和种子面 1　　　　图 32.6.60　成形特征 2

①模具的此面与钣金件的此面重合

③模具的 DOWN01 基准面与钣金件的 TOP01 基准面重合

②模具的 FRONT01 基准面与钣金件的 FRONT01 基准面重合

图 32.6.61　定义成形模具的放置 2

Step11. 参照 Step9 创建图 32.6.63 所示的成形特征——模板 3。选择 SM_DIE_03.PRT 模具文件，模具放置过程如图 32.6.64 所示，选取图 32.6.65 所示的边界面和种子面。

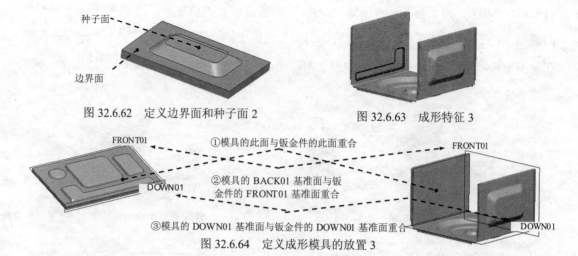

图 32.6.62　定义边界面和种子面 2　　　　　　图 32.6.63　成形特征 3

①模具的此面与钣金件的此面重合

②模具的 BACK01 基准面与钣
金件的 FRONT01 基准面重合

③模具的 DOWN01 基准面与钣金件的 DOWN01 基准面重合

图 32.6.64　定义成形模具的放置 3

Step12. 参照 Step9 创建图 32.6.66 所示的成形特征——模板 4。选择 SM_DIE_03.PRT 模具文件，模具放置过程如图 32.6.64 所示，选取图 32.6.67 所示的边界面和种子面。

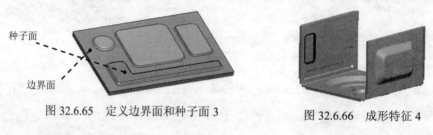

图 32.6.65　定义边界面和种子面 3　　　　　图 32.6.66　成形特征 4

Step13. 参照 Step9 创建图 32.6.68 所示的成形特征——模板 5。选择 SM_DIE_03.PRT 模具文件，模具放置过程如图 32.6.64 所示，选取图 32.6.69 所示的边界面和种子面。

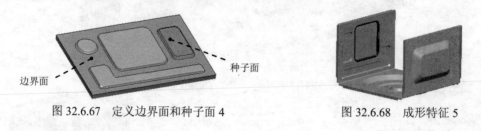

图 32.6.67　定义边界面和种子面 4　　　　　图 32.6.68　成形特征 5

Step14. 参照 Step9 创建图 32.6.70 所示的成形特征——模板 6。选择 SM_DIE_03.PRT 模具文件，模具放置过程如图 32.6.64 所示，选取图 32.6.71 所示的边界面和种子面。

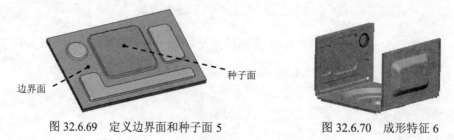

图 32.6.69　定义边界面和种子面 5　　　　　图 32.6.70　成形特征 6

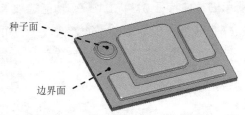

图 32.6.71　定义边界面和种子面 6

Step15. 创建图 32.6.72 所示的拉伸特征 2。单击 模型 功能选项卡 形状 ▼ 区域中的"拉伸"按钮 拉伸；选取图 32.6.72 所示的平面为草绘平面，选取 TOP01 基准面为参照，方向为 上，绘制图 32.6.73 所示的特征截面草图，在操控板中选择拉伸类型为 ⧋；单击 ✔ 按钮，完成拉伸特征 2 的创建。

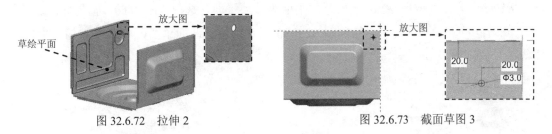

图 32.6.72　拉伸 2　　　　　　　　　图 32.6.73　截面草图 3

Step16. 创建图 32.6.74 所示的阵列特征 1。在模型树中选取拉伸 2 特征后右击，在弹出的快捷菜单中选择 阵列... 命令；在"阵列"操控板中选择"填充"选项，选择图 32.6.75 所示的表平面为草绘平面，选取 TOP01 基准面为参照，方向为 上，绘制图 32.6.76 所示的草绘图作为填充区域；在操控板中选择 ⊞ 作为排列阵列成员的方式，输入阵列成员中心之间的距离值 6.0，输入阵列成员中心和草绘边界之间的最小距离值 0.0，输入栅格绕原点的旋转角度值 0.0；在操控板中单击按钮 ✔，完成阵列特征 1 的创建。

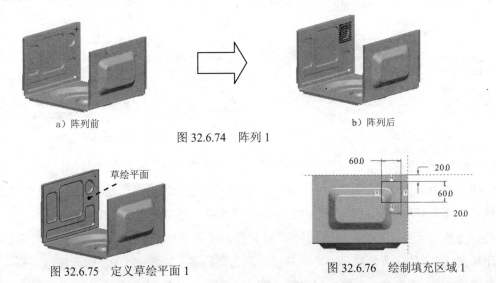

a）阵列前　　　　　　　　　　　　　　b）阵列后

图 32.6.74　阵列 1

图 32.6.75　定义草绘平面 1　　　　　图 32.6.76　绘制填充区域 1

Step17. 创建图 32.6.77 所示的拉伸特征 3。单击 模型 功能选项卡 形状 ▾ 区域中的"拉伸"按钮 拉伸；选取图 32.6.77 所示的平面为草绘平面，选取 TOP01 基准面为参照，方向为 上；单击 草绘 按钮，绘制图 32.6.78 所示的特征截面草图；单击 ✔ 按钮，完成拉伸特征 3 的创建。

图 32.6.77 拉伸 3

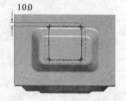

图 32.6.78 截面草图 4

Step18. 创建图 32.6.79 所示的拉伸特征 4。单击 模型 功能选项卡 形状 ▾ 区域中的"拉伸"按钮 拉伸；选取图 32.6.79 所示的平面为草绘平面，选取 FRONT01 基准面为参照，方向为 上；单击 草绘 按钮，绘制图 32.6.80 所示的特征截面草图；单击 ✔ 按钮，完成拉伸特征 4 的创建。

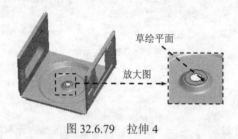

图 32.6.79 拉伸 4

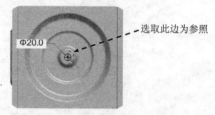

图 32.6.80 截面草图 5

Step19. 创建图 32.6.81 所示的拉伸特征 5。单击 模型 功能选项卡 形状 ▾ 区域中的"拉伸"按钮 拉伸；选取图 32.6.81 所示的平面为草绘平面，选取 TOP01 基准面为参照，方向为 上；绘制图 32.6.82 所示的特征截面草图；单击 ✔ 按钮，完成拉伸特征 5 的创建。

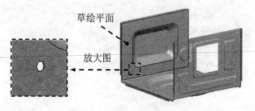

图 32.6.81 拉伸 5

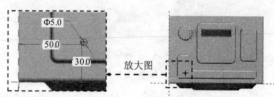

图 32.6.82 截面草图 6

Step20. 创建图 32.6.83 所示的阵列特征 2。在模型树中选取拉伸 5 特征后右击，在弹出的快捷菜单中选择 阵列... 命令；在"阵列"操控板中选择"填充"选项，选择图 32.6.84 所示的表平面为草绘平面，选取 TOP01 基准面为参照，方向为 上，绘制图 32.6.85 所示的草绘图作为填充区域；在操控板中选择 作为排列阵列成员的方式，输入阵列成员中心之间的距离值 8.0，输入阵列成员中心和草绘边界之间的最小距离值 0.0，输入栅格绕原点的旋转角度值 0.0；在操控板中单击按钮 ✔，完成阵列特征 2 的创建。

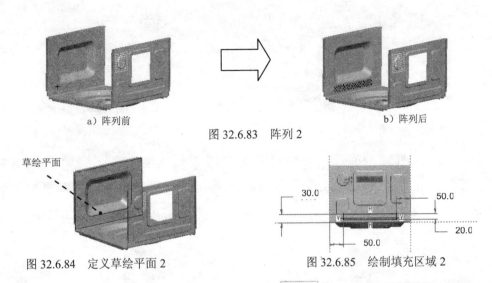

a）阵列前   b）阵列后

图 32.6.83 阵列 2

草绘平面

图 32.6.84 定义草绘平面 2   图 32.6.85 绘制填充区域 2

Step21. 创建图 32.6.86 所示的拉伸特征 6。单击 模型 功能选项卡 形状 ▼ 区域中的"拉伸"按钮 拉伸 ；选取图 32.6.86 所示的平面为草绘平面，选取 TOP01 基准面为参照，方向为 上 ；绘制图 32.6.87 所示的特征截面草图；单击 ✔ 按钮，完成拉伸特征 6 的创建。

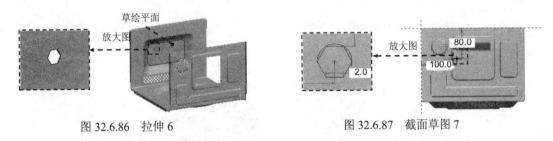

图 32.6.86 拉伸 6   图 32.6.87 截面草图 7

Step22. 创建图 32.6.88 所示的阵列特征 3。在模型树中选取拉伸 6 特征后右击，在弹出的快捷菜单中选择 阵列… 命令；在"阵列"操控板中选择"填充"选项，选择图 32.6.89 所示的表平面为草绘平面，选取 TOP01 基准面为参照，方向为 上 ，绘制图 32.6.90 所示的草绘图作为填充区域；在操控板中选择 ⊞ 作为排列阵列成员的方式，输入阵列成员中心之间的距离值 5.0，输入阵列成员中心和草绘边界之间的最小距离值 0.0，输入栅格绕原点的旋转角度值 0.0；在操控板中单击按钮 ✔ ，完成阵列特征 3 的创建。

a）阵列前   b）阵列后

图 32.6.88 阵列 3

图 32.6.89 定义草绘平面 3

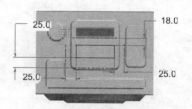

图 32.6.90 绘制填充区域 3

Step23. 创建图 32.6.91 所示的拉伸特征 7。单击 **模型** 功能选项卡 **形状 ▼** 区域中的"拉伸"按钮 拉伸；选取图 32.6.91 所示的平面为草绘平面，选取 BACK01 基准面为参照，方向为 **上**；绘制图 32.6.92 所示的截面草图；单击 ✔ 按钮，完成拉伸特征 7 的创建。

图 32.6.91 拉伸 7　　　　　图 32.6.92 截面草图 8

Step24. 创建图 32.6.93 所示的拉伸特征 8。其详细创建方法步骤参见 Step23。

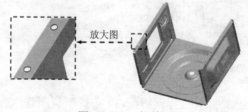

图 32.6.93 拉伸 8

Step25. 创建图 32.6.94 所示的拉伸特征 9。单击 **模型** 功能选项卡 **形状 ▼** 区域中的"拉伸"按钮 拉伸；选取图 32.6.94 所示的平面为草绘平面，选取 BACK01 基准面为参照，方向为 **下**；绘制图 32.6.95 所示的特征截面草图；单击 ✔ 按钮，完成拉伸特征 9 的创建。

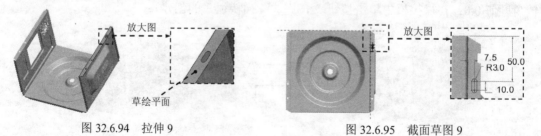

图 32.6.94 拉伸 9　　　　　图 32.6.95 截面草图 9

Step26. 创建图 32.6.96 所示的拉伸特征 10。其详细创建方法参见 Step25。

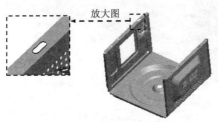

图 32.6.96　拉伸 10

Step27. 保存零件模型文件。

32.7　微波炉外壳内部顶盖的细节设计

Task1. 创建图 32.7.1 所示的模具 4

图 32.7.1　模型及模型树

Step1. 新建一个零件模型，命名为 SM_DIE_04。

Step2. 将骨架中的设计意图传递给模具 4。单击 模型 功能选项卡 获取数据 ▼ 区域中的
"复制几何"按钮，单击"仅限发布几何"按钮（使此按钮为弹起状态）；单击"打开"
按钮，打开骨架文件 microwave_oven_case_skel.prt，在"放置"对话框中单击 确定 按
钮；在"复制几何"操控板中单击 参考 按钮，系统弹出"参考"界面；单击 参考 区域中的
单击此处添加项 字符，在"智能选取栏"中选择"基准平面"，然后选取骨架模型中的基准面
TOP01、FRONT01、LEFT01、RIGHT01 和 BACK01；在"复制几何"操控板中单击 选项
按钮，选中● 按原样复制所有曲面 单选项；在"复制几何"操控板中单击"完成"按钮。

Step3. 创建图 32.7.2 所示的拉伸特征 1。在操控板中单击"拉伸"按钮 拉伸；选取 TOP01
基准平面为草绘平面，选取 RIGHT 基准平面为参考平面，方向为 右；单击 草绘 按钮，选
取 FRONT01、LEFT01、RIGHT01 和 BACK01 基准面为草绘参照，绘制图 32.7.3 所示的截
面草图；在操控板中选择拉伸类型为 ，输入深度值 20.0；单击 按钮，完成拉伸特征 1
的创建。

图 32.7.2　拉伸 1

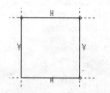

图 32.7.3　截面草图

Step4. 创建图 32.7.4 所示的混合伸出项特征——伸出项。在 模型 功能选项卡的 形状 下拉菜单中选择 混合 ➤ 伸出项 命令，在系统弹出的 ▼ BLEND OPTS (混合选项) 中依次选择 Parallel (平行) ➤ Regular Sec (规则截面) ➤ Sketch Sec (草绘截面) ➤ Done (完成) 命令，在弹出的 ▼ ATTRIBUTES (属性) 中选择 Straight (直) ➤ Done (完成) 命令；选取图 32.7.5 所示的面为草绘平面，选择 Okay (确定) ➤ Bottom (底部) 命令，选取 LEFT01 基准面，此时系统进入草绘环境；选取 FRONT01、LEFT01、RIGHT01 和 BACK01 基准面为草绘参照，绘制并标注草绘截面，如图 32.7.6 所示；在绘图区右击，从弹出的快捷菜单中选择 切换截面(T) 命令，绘制图 32.7.7 所示的第二个截面草图，单击草绘工具栏中的"完成"按钮 ✔；在 ▼ DEPTH (深度) 菜单中选择 Blind (盲孔) ➤ Done (完成) 命令，在系统 输入截面2的深度 的提示下，输入第二截面到第一截面的距离值 20.0；单击"混合特征"对话框中的 预览 按钮，预览所创建的混合特征；单击对话框中的 确定 按钮，完成混合特征的创建。

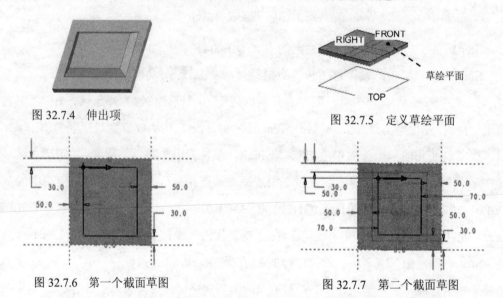

图 32.7.4　伸出项

图 32.7.5　定义草绘平面

图 32.7.6　第一个截面草图

图 32.7.7　第二个截面草图

Step5. 创建倒圆角特征 1。选取图 32.7.8 所示的边线为倒圆角的边线；输入倒圆角半径值 25.0。

Step6. 创建倒圆角特征 2。选取图 32.7.9 所示的边线为倒圆角的边线；输入倒圆角半径值 15.0。

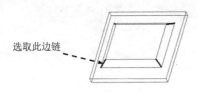

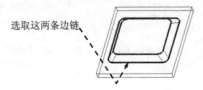

图 32.7.8　选取倒圆角 1 的边线　　　　图 32.7.9　选取倒圆角 2 的边线

Step7. 保存零件模型文件。

Task2．创建图 32.7.10 所示的模具 5

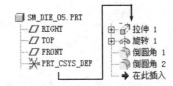

图 32.7.10　模型及模型树

Step1. 新建一个零件模型，命名为 SM_DIE_05。

Step2. 创建图 32.7.11 所示的拉伸特征 1。在操控板中单击"拉伸"按钮 拉伸；选取 TOP 基准平面为草绘平面，选取 RIGHT 基准平面为参考平面，方向为 右；单击 草绘 按钮，绘制图 32.7.12 所示的截面草图；在操控板中选择拉伸类型为 ，输入深度值 10.0；单击 按钮，完成拉伸特征 1 的创建。

图 32.7.11　拉伸 1　　　　　　　　　图 32.7.12　截面草图 1

Step3. 创建图 32.7.13 所示的旋转特征 1。在操控板中单击"旋转"按钮 旋转；选取 FRONT 基准平面为草绘平面，选取 RIGHT 基准平面为参考平面，方向为 左；单击 草绘 按钮，绘制图 32.7.14 所示的截面草图（包括中心线）；在操控板中选择旋转类型为 ，在角度文本框中输入角度值 360.0；单击 按钮，完成旋转特征 1 的创建。

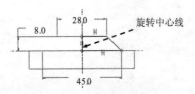

图 32.7.13　旋转 1　　　　　　　　　图 32.7.14　截面草图 2

Step4. 创建倒圆角特征 1。选取图 32.7.15 所示的边线为倒圆角的边线；输入倒圆角半径值 5.0。

Step5. 创建倒圆角特征 2。选取图 32.7.16 所示的边线为倒圆角的边线；输入倒圆角半径值 2.0。

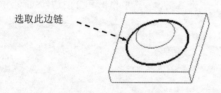
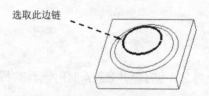

图 32.7.15　选取倒圆角 1 的边线　　　　图 32.7.16　选取倒圆角 2 的边线

Step6. 保存零件模型文件。

Task3．进行图 32.7.17 所示的微波炉外壳内部顶盖的细节设计

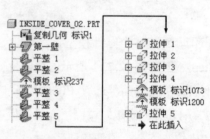

图 32.7.17　微波炉外壳内部顶盖模型及模型树

Step1. 在装配件中打开微波炉外壳内部顶盖（INSIDE_COVER_02.PRT）。

Step2. 创建图 32.7.18 所示的附加钣金壁特征——平整 1。单击 模型 功能选项卡 形状 ▼ 区域中的"平整"按钮 ，选取图 32.7.19 所示的模型边线为附着边；选择平整壁的形状类型为 矩形 ，在 文本框中输入折弯角度值 90.0；单击操控板中的 形状 按钮，在系统弹出的界面中修改平整壁长度值为 10；确认按钮 （在连接边上添加折弯）被按下，然后在后面的文本框中输入折弯半径值 0.5，折弯半径所在侧为 （内侧）；单击"完成"按钮 。

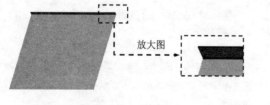
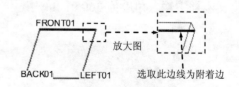

图 32.7.18　平整 1　　　　　　　　　　图 32.7.19　定义附着边 1

Step3. 创建图 32.7.20 所示的附加钣金壁特征——平整 2。详细操作过程参见 Step2。

Step4. 创建图 32.7.21 所示的成形特征——模板 1。单击 模型 功能选项卡 工程 ▼ 区域

下的 ⌇凹模 按钮，在系统弹出的 ▼ OPTIONS (选项) 菜单中选择 Reference (参考) ➡
Done (完成) 命令；在系统弹出的文件"打开"对话框中选择 SM_DIE_04.PRT 文件，此时系统弹出"模板"对话框和"元件放置"对话框，定义成形模具的放置（操作过程如图 32.7.22 所示），装配完成后在"模板"对话框中单击"完成"按钮 ✓；选取图 32.7.23 中所示的面为边界面，选取图 32.7.23 中所示的面为种子面；单击"模板"对话框中的 确定 按钮，完成成形特征 1 创建。

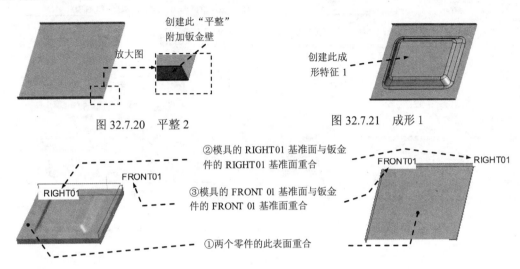

图 32.7.20　平整 2　　　　　　　图 32.7.21　成形 1

图 32.7.22　定义成形模具的放置 1

Step5. 创建图 32.7.24 所示的附加钣金壁特征——平整 3。单击 模型 功能选项卡 形状 ▼ 区域中的"平整"按钮 ⌇，选取图 32.7.25 所示的模型边线为附着边；选择平整壁的形状类型为 梯形，在 ◸ 下拉列表中选择 平整 选项；单击操控板中的 形状 按钮，在系统弹出的界面中修改平整壁尺寸如图 32.7.26 所示；单击"完成"按钮 ✓。

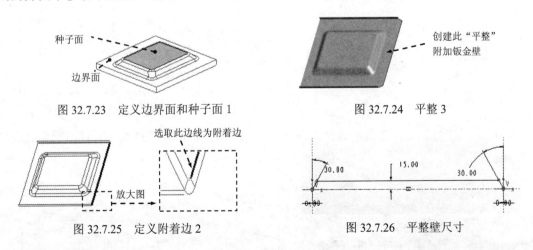

图 32.7.23　定义边界面和种子面 1　　　　　图 32.7.24　平整 3

图 32.7.25　定义附着边 2　　　　　　图 32.7.26　平整壁尺寸

Step6. 创建图 32.7.27 所示的附加钣金壁特征——平整 4。详细操作过程参见 Step5。

Step7. 创建图 32.7.28 所示的附加钣金壁特征——平整 5。单击 模型 功能选项卡 形状 ▼ 区域中的"平整"按钮 🏵，选取图 32.7.29a 所示的模型边线为附着边；选择平整壁的形状类型为 矩形，在 △ 文本框中输入折弯角度值 90.0；单击操控板中的 形状 按钮，在系统弹出的界面中修改平整壁尺寸，如图 32.7.29b 所示；确认按钮 ↵（在连接边上添加折弯）被按下，然后在后面的文本框中输入折弯半径值 0.5，折弯半径所在侧为 🡖（内侧）；单击"完成"按钮 ✔。

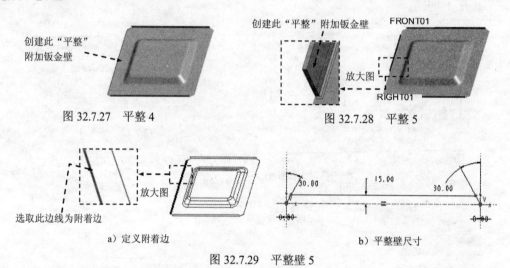

图 32.7.27 平整 4 图 32.7.28 平整 5

a）定义附着边 b）平整壁尺寸

图 32.7.29 平整壁 5

Step8. 创建图 32.7.30 所示的拉伸特征 1。单击 模型 功能选项卡 形状 ▼ 区域中的"拉伸"按钮 🗔 拉伸；选取图 32.7.30 所示的模型表面为草绘平面，选取基准面 FRONT01 为参照平面，方向为 下；绘制图 32.7.31 所示的截面草图；单击 ✔ 按钮，完成拉伸特征 1 的创建。

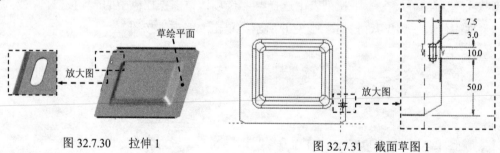

图 32.7.30 拉伸 1 图 32.7.31 截面草图 1

Step9. 创建图 32.7.32 所示的拉伸特征 2。截面草图如图 32.7.33 所示，详细操作过程参见 Step8。

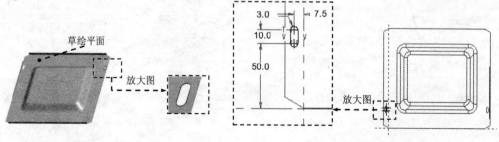

图 32.7.32 拉伸 2 图 32.7.33 截面草图 2

　　Step10. 创建图 32.7.34 所示的拉伸特征 3。截面草图如图 32.7.35 所示，详细操作过程参见 Step8。

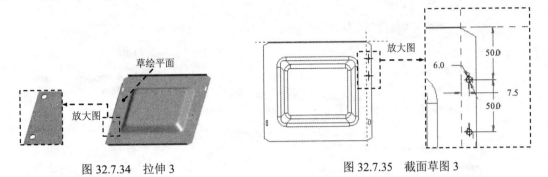

图 32.7.34　拉伸 3　　　　　　　　　　　图 32.7.35　截面草图 3

　　Step11. 创建图 32.7.36 所示的拉伸特征 4。截面草图如图 32.7.37 所示，详细操作过程参见 Step8。

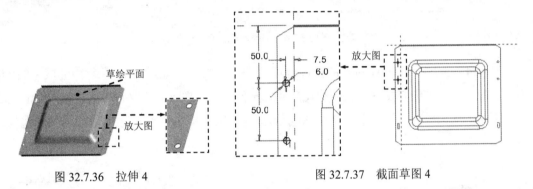

图 32.7.36　拉伸 4　　　　　　　　　　　图 32.7.37　截面草图 4

　　Step12. 参照 Step4 创建图 32.7.38 所示的成形特征——模板 2。选择 SM_DIE_05.PRT 模具文件，模具放置过程如图 32.7.39 所示，选取图 32.7.40 所示的边界面和种子面。

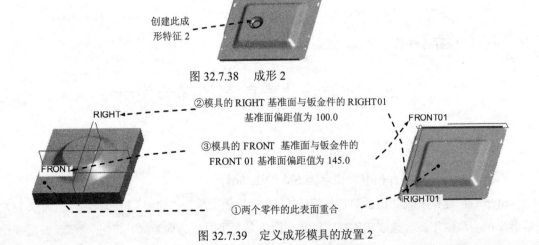

图 32.7.38　成形 2

②模具的 RIGHT 基准面与钣金件的 RIGHT01 基准面偏距值为 100.0

③模具的 FRONT 基准面与钣金件的 FRONT 01 基准面偏距值为 145.0

①两个零件的此表面重合

图 32.7.39　定义成形模具的放置 2

Step13. 参照 Step4 创建图 32.7.41 所示的成形特征——模板 3。选择 SM_DIE_05.PRT 模具文件，模具放置过程如图 32.7.42 所示，选取图 32.7.40 所示的边界面和种子面。

图 32.7.40　定义边界面和种子面 2　　　　　图 32.7.41　成形 3

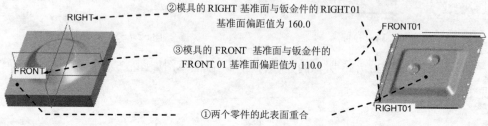

图 32.7.42　定义成形模具的放置 3

Step14. 创建图 32.7.43 所示的拉伸特征 5。单击 模型 功能选项卡 形状▼ 区域中的"拉伸"按钮 拉伸；选取图 32.7.43 所示的模型表面为草绘平面，选取基准面 FRONT01 为参照平面，方向为 下；绘制图 32.7.44 所示的截面草图；单击单击 ✔ 按钮，完成拉伸特征 5 的创建。

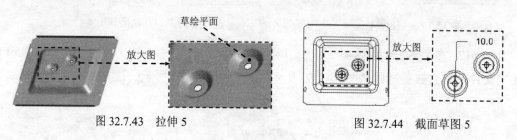

图 32.7.43　拉伸 5　　　　　　图 32.7.44　截面草图 5

Step15. 保存零件模型文件。

32.8　微波炉外壳前盖的细节设计

Task1. 创建图 32.8.1 所示的模具 6

Step1. 新建一个零件模型，命名为 SM_DIE_06。

Step2. 创建图 32.8.2 所示的拉伸特征 1。在操控板中单击"拉伸"按钮 拉伸；选取 TOP 基准平面为草绘平面，选取 RIGHT 基准平面为参考平面，方向为 右；单击 草绘 按钮，绘制图 32.8.3 所示的截面草图；在操控板中选择拉伸类型为 止，输入深度值 5.0；单击 ✔ 按钮，完成拉伸特征 1 的创建。

图 32.8.1　模型及模型树

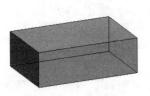

图 32.8.2　拉伸 1

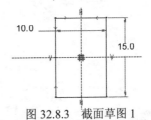

图 32.8.3　截面草图 1

Step3. 创建图 32.8.4 所示的旋转特征 1。在操控板中单击"旋转"按钮 旋转；选取 RIGHT 基准平面为草绘平面，选取 TOP 基准平面为参考平面，方向为 下；单击 草绘 按钮，绘制图 32.8.5 所示的截面草图（包括中心线）；在操控板中选择旋转类型为 ，在角度文本框中输入角度值 360.0；单击 按钮，完成旋转特征 1 的创建。

图 32.8.4　旋转 1

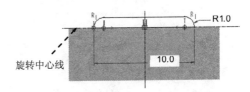

图 32.8.5　截面草图 2

Step4. 创建图 32.8.6b 所示的倒圆角特征 1。选取图 32.8.6a 所示的边线为倒圆角的边线；输入倒圆角半径值 1.0。

a）倒圆角前

b）倒圆角后

图 32.8.6　倒圆角 1

Step5. 保存零件模型文件。

Task2．进行图 32.8.7 所示的微波炉外壳前盖的细节设计

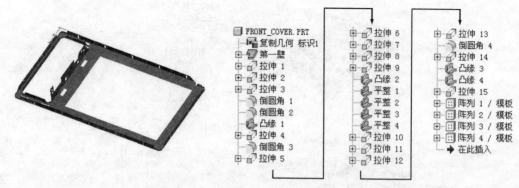

图 32.8.7　微波炉外壳前盖模型及模型树

Step1．在装配件中激活微波炉外壳前盖零件。在模型树中选择 FRONT_COVER.PRT，然后右击，在弹出的快捷菜单中选择 激活 命令。

Step2．创建图 32.8.8 所示的拉伸特征 1。单击 模型 功能选项卡 形状 ▾ 区域中的"拉伸"按钮 拉伸；选取图 32.8.8 所示的模型表面为草绘平面，选取基准面 TOP02 为参照平面，方向为 上；选取基准面 TOP01、RIGHT01、DOWN01 和 LEFT01 为参照，绘制图 32.8.9 所示的截面草图。单击 ✔ 按钮，完成拉伸特征 1 的创建。

图 32.8.8　拉伸 1

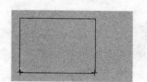

图 32.8.9　截面草图 1

Step3．在装配件中打开微波炉的前盖（FRONT_COVER.PRT）。在模型树中选择 FRONT_COVER.PRT，然后右击，在弹出的快捷菜单中选择 打开 命令。

Step4．创建图 32.8.10 所示的拉伸特征 2。单击 模型 功能选项卡 形状 ▾ 区域中的"拉伸"按钮 拉伸；选取图 32.8.10 所示的模型表面为草绘平面，选取基准面 TOP02 为参照平面，方向为 上；单击 草绘 按钮，创建图 32.8.11 所示的截面草图；单击 ✔ 按钮，完成拉伸特征 2 的创建。

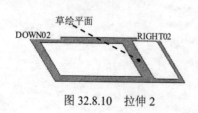

图 32.8.10　拉伸 2

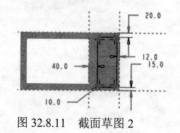

图 32.8.11　截面草图 2

Step5. 创建图 32.8.12 所示的拉伸特征 3。单击 模型 功能选项卡 形状 ▾ 区域中的"拉伸"按钮 拉伸；选取图 32.8.12 所示的模型表面为草绘平面；单击 草绘 按钮，进入草绘环境后，创建图 32.8.13 所示的截面草图；单击 ✔ 按钮，完成拉伸特征 3 的创建。

图 32.8.12　拉伸 3　　　　　　图 32.8.13　截面草图 3

Step6. 创建图 32.8.14 所示的倒圆角特征 1。选取图 32.8.14 所示的边线为倒圆角的边线；输入倒圆角半径值 5.0。

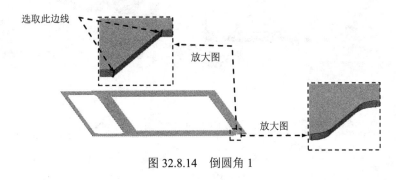

图 32.8.14　倒圆角 1

Step7. 创建图 32.8.15 所示的倒圆角特征 2。选取图 32.8.15 所示的边线为倒圆角的边线；输入倒圆角半径值 8.0。

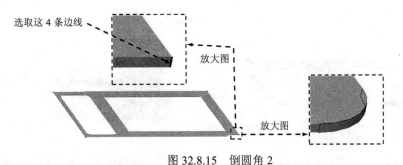

图 32.8.15　倒圆角 2

Step8. 创建图 32.8.16 所示的附加钣金壁特征——凸缘 1。单击 模型 功能选项卡 形状 ▾ 区域中的"法兰"按钮，系统弹出"凸缘"操控板；单击操控板中的 放置 按钮，单击 细节... 按钮，按住 Ctrl 键依次选取图 32.8.17 所示的模型边链为附着边，选择法兰壁的形状类型为 I；确认 ⌐ 按钮（在连接边上添加折弯）被按下，然后在后面的文本框中输入折弯半径值 0.5，折弯半径所在侧为 ⌐ （内侧）；单击 形状 按钮，在系统弹出的界面中修改法兰长度值为 15.0，单击"完成"按钮 ✔。

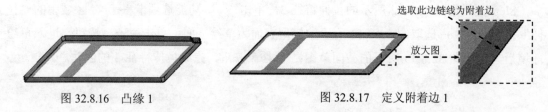

选取此边链线为附着边

图 32.8.16　凸缘 1　　　　　图 32.8.17　定义附着边 1

Step9. 创建图 32.8.18 所示的拉伸特征 4。单击 模型 功能选项卡 形状 ▾ 区域中的"拉伸"按钮 拉伸；选取图 32.8.18 所示的模型表面为草绘平面，选取基准面 FRONT01 为参照平面，方向为 下；绘制图 32.8.19 所示的截面草图；单击 SMT 切削选项按钮 前的 按钮；在操控板中选择拉伸类型为 ，深度值为 22.0；单击 按钮，完成拉伸特征 4 的创建。

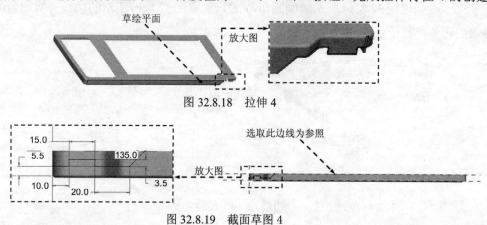

草绘平面　　放大图

图 32.8.18　拉伸 4

选取此边线为参照

放大图

图 32.8.19　截面草图 4

Step10. 创建倒圆角特征 3。选取图 32.8.20 所示的边线为倒圆角的边线；输入倒圆角半径值 2.0。

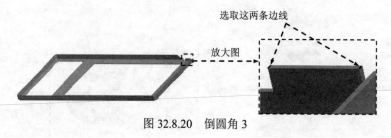

选取这两条边线

放大图

图 32.8.20　倒圆角 3

Step11. 创建图 32.8.21 所示的拉伸特征 5。单击 模型 功能选项卡 形状 ▾ 区域中的"拉伸"按钮 拉伸；选取图 32.8.21 所示的模型表面为草绘平面，选取基准面 FRONT01 为参照平面，方向为 下；绘制图 32.8.22 所示的截面草图；单击 按钮，完成拉伸特征 5 的创建。

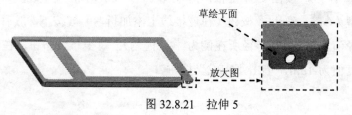

草绘平面

放大图

图 32.8.21　拉伸 5

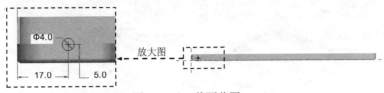

图 32.8.22　截面草图 5

Step12. 创建图 32.8.23 所示的拉伸特征 6。单击 模型 功能选项卡 形状 ▾ 区域中的"拉伸"按钮 ⚙ 拉伸；选取图 32.8.23 所示的模型表面为草绘平面，选取基准面 FRONT01 为参照平面，方向为 下 ；选取图 32.8.24 所示的边线和点为草绘参照，绘制图 32.8.24 所示的截面草图；单击 ✔ 按钮，完成拉伸特征 6 的创建。

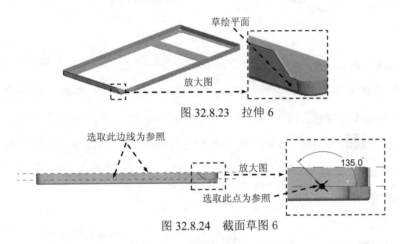

图 32.8.23　拉伸 6

图 32.8.24　截面草图 6

Step13. 创建图 32.8.25 所示的拉伸特征 7。单击 模型 功能选项卡 形状 ▾ 区域中的"拉伸"按钮 ⚙ 拉伸；选取图 32.8.25 所示的模型表面为草绘平面，选取基准面 FRONT01 为参照平面，方向为 下 ；绘制图 32.8.26 所示的截面草图；在操控板中选择拉伸类型为 ⯊，深度值为 20.0；单击 ✔ 按钮，完成拉伸特征 7 的创建。

Step14. 创建图 32.8.27 所示的拉伸特征 8。其详细创建方法参见 Step13。

Step15. 创建图 32.8.28 所示的拉伸特征 9。其详细创建方法参见 Step13。

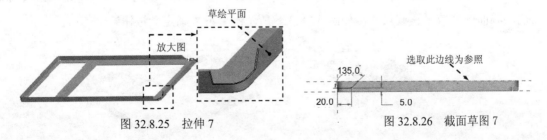

图 32.8.25　拉伸 7　　　　　　　图 32.8.26　截面草图 7

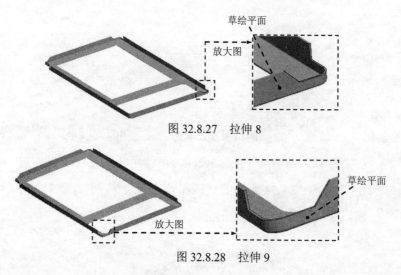

图 32.8.27　拉伸 8

图 32.8.28　拉伸 9

Step16. 创建图 32.8.29 所示的附加钣金壁特征——凸缘 2。单击 模型 功能选项卡 形状 ▼ 区域中的"法兰"按钮 🦋，系统弹出"凸缘"操控板；单击操控板中的 放置 按钮，单击 细节... 按钮，按住 Ctrl 键依次选取图 32.8.30 所示的模型边链为附着边，选择法兰壁的形状类型为 I ；确认 ⌐ 按钮（在连接边上添加折弯）被按下，然后在后面的文本框中输入折弯半径值 0.5，折弯半径所在侧为 ⌐ （内侧）；单击 形状 按钮，在系统弹出的界面中修改法兰长度值为 5.0；单击"完成"按钮 ✓。

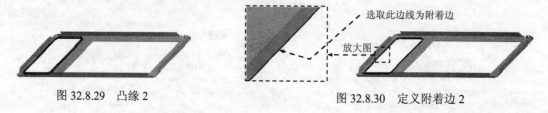

图 32.8.29　凸缘 2　　　　　　　　　　　图 32.8.30　定义附着边 2

Step17. 添加图 32.8.31 所示的附加钣金壁特征——平整 1。单击 模型 功能选项卡 形状 ▼ 区域中的"平整"按钮 🦋，选取图 32.8.32a 所示的模型边线为附着边；选择平整壁的形状类型为 梯形 ，在 △ 下拉列表中选择 平整 选项；单击操控板中的 形状 按钮，在系统弹出的界面中修改平整壁尺寸，如图 32.8.32b 所示；单击"确定"按钮 ✓。

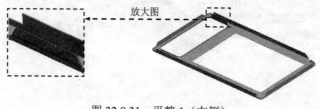

图 32.8.31　平整 1（右侧）

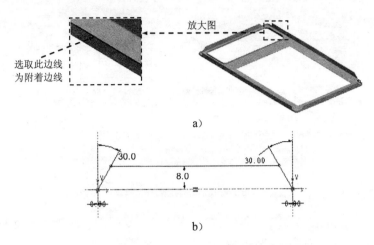

a)

b)

图 32.8.32   定义附着边及修改平整壁尺寸

Step18. 创建图 32.8.33 所示的附加钣金壁特征——平整 2。详细创建方法参见 Step17。

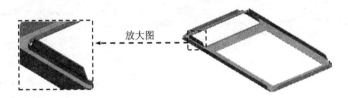

图 32.8.33   平整 2（左侧）

Step19. 创建图 32.8.34 所示的附加钣金壁特征——平整 3。详细创建方法参见 Step17。

Step20. 创建图 32.8.35 所示的附加钣金壁特征——平整 4。单击 模型 功能选项卡 形状▼ 区域中的"平整"按钮 ，选取图 32.8.36 所示的模型边线为附着边；选择平整壁的形状类型为 用户定义 ，在 的下拉列表中选择 平整 选项；单击操控板中的 形状 按钮，在弹出的界面中单击 草绘... 按钮，在弹出的对话框中接受系统默认的草绘平面和参考，绘制图 32.8.37 所示的截面草图，然后单击"确定"按钮 。

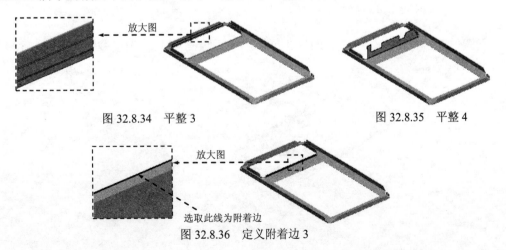

图 32.8.34   平整 3   图 32.8.35   平整 4

图 32.8.36   定义附着边 3

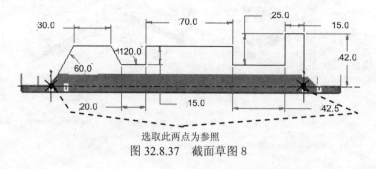

图 32.8.37 截面草图 8

Step21. 创建图 32.8.38 所示的拉伸特征 10。单击 模型 功能选项卡 形状 ▼ 区域中的"拉伸"按钮 拉伸；选取图 32.8.38 所示的模型表面为草绘平面，选取基准面 TOP01 为参照平面，方向为 左；绘制图 32.8.39 所示的截面草图；单击 ✔ 按钮，完成拉伸特征 10 的创建。

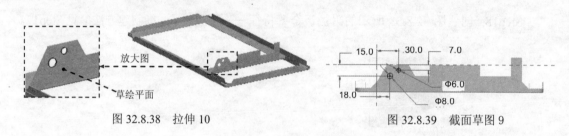

图 32.8.38 拉伸 10 　　　　图 32.8.39 截面草图 9

Step22. 创建图 32.8.40 所示的拉伸特征 11。绘制图 32.8.41 所示的截面草图。详细操作步骤请参照 Step21。

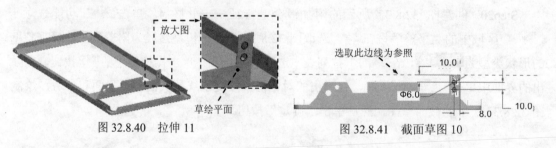

图 32.8.40 拉伸 11 　　　　图 32.8.41 截面草图 10

Step23. 创建图 32.8.42 所示的拉伸特征 12。绘制图 32.8.43 所示的截面草图。详细操作步骤请参照 Step21。

图 32.8.42 拉伸 12

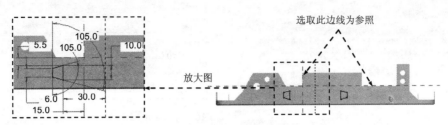

图 32.8.43　截面草图 11

Step24. 创建图 32.8.44 所示的拉伸特征 13。单击 模型 功能选项卡 形状 ▼ 区域中的"拉伸"按钮 拉伸；选取图 32.8.44 所示的模型表面为草绘平面，选取基准面 TOP01 为参照平面，方向为 上；绘制图 32.8.45 所示的截面草图；单击 ✔ 按钮，完成拉伸特征 13 的创建。

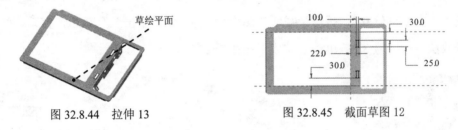

图 32.8.44　拉伸 13　　　　　　　　图 32.8.45　截面草图 12

Step25. 创建图 32.8.46 所示的倒圆角特征 4。选取图 32.8.46 所示的边线为倒圆角的边线；输入倒圆角半径值 2.0。

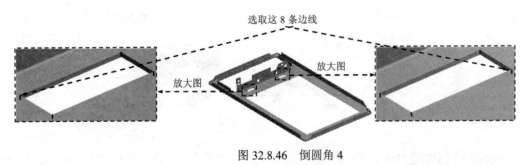

图 32.8.46　倒圆角 4

Step26. 创建图 32.8.47 所示的拉伸特征 14。单击 模型 功能选项卡 形状 ▼ 区域中的"拉伸"按钮 拉伸；选取图 32.8.47 所示的模型表面为草绘平面，选取基准面 TOP01 为参照平面，方向为 上；绘制图 32.8.48 所示的截面草图；单击 ✔ 按钮，完成拉伸特征 14 的创建。

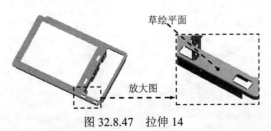

图 32.8.47　拉伸 14

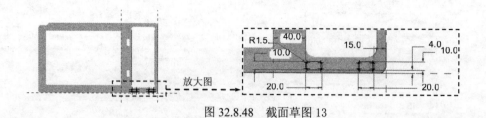

图 32.8.48　截面草图 13

Step27. 创建图 32.8.49 所示的附加钣金壁特征——凸缘 3。单击 **模型** 功能选项卡 **形状 ▼** 区域中的 "法兰" 按钮 ⚙，系统弹出 "凸缘" 操控板；单击操控板中的 **放置** 按钮，单击 **细节...** 按钮，按住 Ctrl 键依次选取图 32.8.50 所示的模型边链为附着边；选择法兰壁的形状类型为 **I**；确认 ⏎ 按钮（在连接边上添加折弯）被按下，然后在后面的文本框中输入折弯半径值 0.5，折弯半径所在侧为 ⤵ （内侧）；单击 **形状** 按钮，在系统弹出的界面中修改法兰长度值 3.0；单击 "完成" 按钮 ✔。

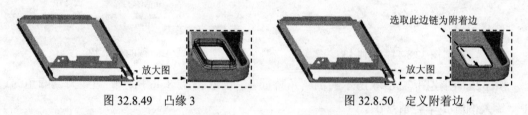

图 32.8.49　凸缘 3　　　　　　　　　　图 32.8.50　定义附着边 4

Step28. 创建图 32.8.51 所示的附加钣金壁特征——凸缘 4。详细创建方法参见 Step27。

图 32.8.51　凸缘 4

Step29. 创建图 32.8.52 所示的拉伸特征 15。单击 **模型** 功能选项卡 **形状 ▼** 区域中的 "拉伸" 按钮 ▢拉伸；选取图 32.8.52 所示的模型表面为草绘平面，选取基准面 TOP01 为参照平面，方向为 **上**；绘制图 32.8.53 所示的截面草图；单击 ✔ 按钮，完成拉伸特征 15 的创建。

图 32.8.52　拉伸 15

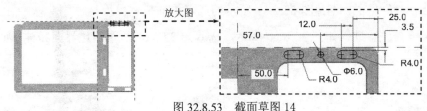

图 32.8.53　截面草图 14

Step30. 创建图 32.8.54 所示的成形特征——模板 1。单击 模型 功能选项卡 工程 ▾ 区域 ↓ 下的 凹模 按钮，在系统弹出的 ▾ OPTIONS (选项) 菜单中选择 Reference (参考) ➡️ Done (完成) 命令；在系统弹出的文件"打开"对话框中选择 SM_DIE_06.PRT 文件，并将其打开；此时系统弹出"模板"对话框和 "元件放置"对话框，定义成形模具的放置（操作过程如图 32.8.55 所示），装配完成后在"模板"对话框中单击"完成"按钮 ✔；选取图 32.8.56 中所示的面为边界面，选取图 32.8.56 中所示的面为种子面；单击"模板"对话框中的 确定 按钮，完成成形特征 1 的创建。

图 32.8.54　成形特征 1　　　　　　　　图 32.8.56　定义边界面和种子面 1

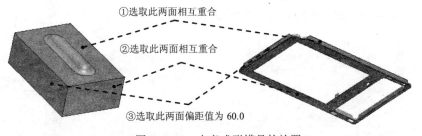

图 32.8.55　定义成形模具的放置 1

Step31. 创建图 32.8.57 所示的阵列特征 1。在模型树中选取模板 1 特征后右击，在弹出的快捷菜单中选择 阵列... 命令；在"阵列"操控板中选取 尺寸 选项，单击 尺寸 选项卡，选取图 32.8.58 所示的尺寸为第一方向尺寸，在 方向1 区域的 增量 文本栏中输入增量值 85.0，在操控板中的第一方向阵列个数栏中输入值 5；单击 ✔ 按钮，完成阵列特征 1 的创建。

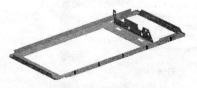

图 32.8.57　阵列特征 1

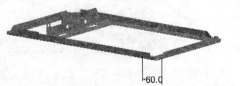

图 32.8.58　选取阵列方向尺寸 1

Step32. 参照 Step30 创建图 32.8.59 所示的成形特征——模板 2。选择 SM_DIE_06.PRT 模具文件，模具放置过程如图 32.6.60 所示，选取图 32.6.61 所示的边界面和种子面。

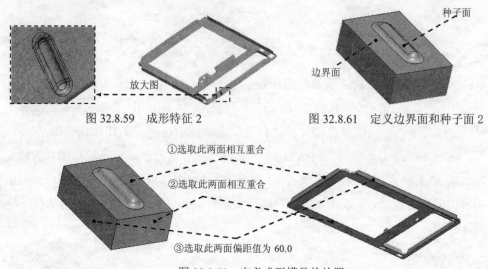

图 32.8.59　成形特征 2　　　　　　　　　图 32.8.61　定义边界面和种子面 2

图 32.8.60　定义成形模具的放置 2

Step33. 创建图 32.8.62 所示的阵列特征 2。在模型树中选取模板 2 特征后右击，在弹出的快捷菜单中选择 阵列… 命令；在"阵列"操控板中选取 尺寸 选项，单击 尺寸 选项卡，选取图 32.8.63 所示的尺寸为第一方向尺寸，在 方向1 区域的 增量 文本栏中输入增量值 50.0，在操控板中的第一方向阵列个数栏中输入值 4；单击 ✔ 按钮，完成阵列特征 2 的创建。

图 32.8.62　阵列特征 2　　　　　　　　　图 32.8.63　选取阵列方向尺寸 2

Step34. 参照 Step30 创建图 32.8.64 所示的成形特征——模板 3。选择 SM_DIE_06.PRT 模具文件，模具放置过程如图 32.8.65 所示，选取图 32.8.66 所示的边界面和种子面。

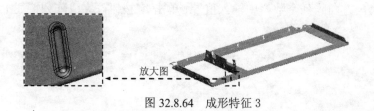

图 32.8.64　成形特征 3

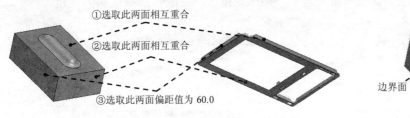
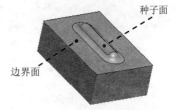

图 32.8.65　定义成形模具的放置 3　　　　图 32.8.66　定义边界面和种子面 3

Step35. 创建图 32.8.67 所示的阵列特征 3。在模型树中选取模板 3 特征后右击，在弹出的快捷菜单中选择 阵列… 命令；在"阵列"操控板中选取 尺寸 选项，单击 尺寸 选项卡，选取图 32.8.68 所示的尺寸为第一方向尺寸，在 方向1 区域的 增量 文本栏中输入增量值 85.0，在操控板中的第一方向阵列个数栏中输入值 5；单击 ✔ 按钮，完成阵列特征 3 的创建。

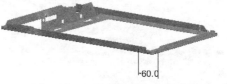

图 32.8.67　阵列 3　　　　　图 32.8.68　选取阵列方向尺寸 3

Step36. 参照 Step30 创建图 32.8.69 所示的成形特征——模板 4。选择 SM_DIE_06.PRT 模具文件，模具放置过程如图 32.8.70 所示，选取图 32.8.71 所示的边界面和种子面。

图 32.8.69　成形特征 4　　　　图 32.8.71　定义边界面和种子面 4

图 32.8.70　定义成形模具的放置 4

Step37. 创建图 32.8.72 所示的阵列特征 4。在模型树中选取模板 4 特征后右击，在弹出的快捷菜单中选择 阵列… 命令；在"阵列"操控板中选取 尺寸 选项，单击 尺寸 选项卡，选取图 32.8.73 所示的尺寸为第一方向尺寸，在 方向1 区域的 增量 文本栏中输入增量值 50.0，在操控板中的第一方向阵列个数栏中输入值 4；单击 ✔ 按钮，完成阵列特征 4 的创建。

图 32.8.72　阵列特征 4

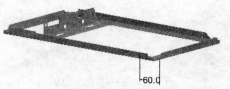
图 32.8.73　选取阵列方向尺寸 4

Step38. 保存零件模型文件。

32.9　创建微波炉外壳底盖

Task1. 创建图 32.9.1 所示的模具 7

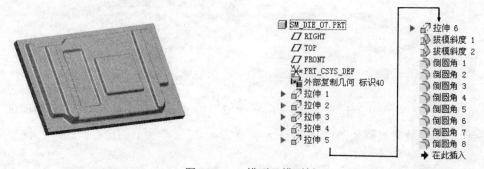
图 32.9.1　模型及模型树

Step1. 新建一个零件模型，命名为 SM_DIE_07。

Step2. 将骨架中的设计意图传递给模具 7。单击 模型 功能选项卡 获取数据 ▾ 区域中的 "复制几何"按钮 🖳，单击"仅限发布几何"按钮 🖳（使此按钮为弹起状态）；单击"打开"按钮 🗁，打开骨架文件 microwave_oven_case_skel.prt，在"放置"对话框中单击 确定 按钮，在"复制几何"操控板中单击 参考 按钮，系统弹出"参考"界面；单击 参考 区域中的 单击此处添加项 字符，在"智能选取栏"中选择"基准平面"，然后选取骨架模型中的基准面 DOWN02、RIGHT02、BACK01、FRONT01 和 LEFT02；在"复制几何"操控板中单击 选项 按钮，选中 ⦿ 按原样复制所有曲面 单选项；在"复制几何"操控板中单击"完成"按钮 ✔。

Step3. 创建图 32.9.2 所示的拉伸特征 1。在操控板中单击"拉伸"按钮 🗗拉伸；选取 DOWN02 基准平面为草绘平面，选取 RIGHT 基准平面为参考平面，方向为 左；单击 草绘 按钮，以基准面 RIGHT02、BACK01、FRONT01 和 LEFT02 为完全放置参照，绘制图 32.9.3 所示的截面草图；在操控板中选择拉伸类型为 ⊥，输入深度值 20.0；单击 ✔ 按钮，完成拉伸特征 1 的创建。

图 32.9.2　拉伸 1

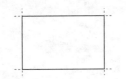

图 32.9.3　截面草图 1

Step4. 创建图 32.9.4 所示的拉伸特征 2。在操控板中单击"拉伸"按钮 拉伸；选取 DOWN02 基准平面为草绘平面,选取 FRONT01 基准平面为参考平面,方向为 下；单击 草绘 按钮,绘制图 32.9.5 所示的截面草图;在操控板中选择拉伸类型为 ,输入深度值 35.0;单击 按钮,完成拉伸特征 2 的创建。

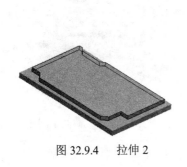

图 32.9.4　拉伸 2

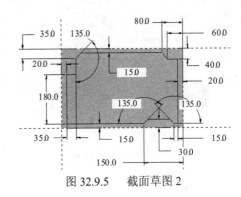

图 32.9.5　截面草图 2

Step5. 创建图 32.9.6 所示的拉伸特征 3。在操控板中单击"拉伸"按钮 拉伸；选择图 32.9.6 所示的平面作为草绘平面,选取 FRONT01 基准面为参照平面,方向为 下；单击 草绘 按钮,绘制图 32.9.7 所示的截面草图;在操控板中选择拉伸类型为 ,输入深度值 10.0;单击 按钮,完成拉伸特征 3 的创建。

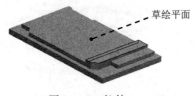

图 32.9.6　拉伸 3

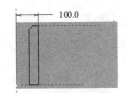

图 32.9.7　截面草图 3

Step6. 创建图 32.9.8 所示的拉伸特征 4。在操控板中单击"拉伸"按钮 拉伸；选择图 32.9.8 所示平面作为草绘平面,选取 FRONT01 基准面为参照平面,方向为 下；单击 草绘 按钮,绘制图 32.9.9 所示的截面草图;在操控板中选择拉伸类型为 ,输入深度值 10.0;单击 按钮,完成拉伸特征 4 的创建。

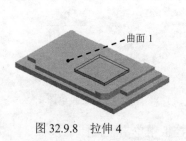

图 32.9.8　拉伸 4

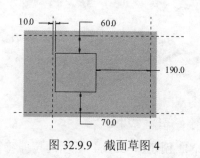

图 32.9.9　截面草图 4

Step7. 创建图 32.9.10 所示的拉伸特征 5。在操控板中单击"拉伸"按钮 ；选择图 32.9.10 所示平面作为草绘平面，选取 FRONT01 基准面为参照平面，方向为 下 ；单击 草绘 按钮，绘制图 32.9.11 所示的截面草图；在操控板中选择拉伸类型为 ，输入深度值 10.0；单击 按钮，完成拉伸特征 5 的创建。

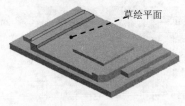

图 32.9.10　拉伸 5

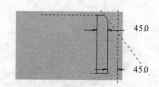

图 32.9.11　截面草图 5

Step8. 创建图 32.9.12 所示的拉伸特征 6。在操控板中单击"拉伸"按钮 ；在操控板中按下"移除材料"按钮 ；选取图 32.9.12 所示平面作为草绘平面，选取 FRONT01 基准面为参照平面，方向为 下 ；单击 草绘 按钮，绘制图 32.9.13 所示的截面草图；在操控板中选择拉伸类型为 ，输入深度值 8.0；单击 按钮，完成拉伸特征 6 的创建。

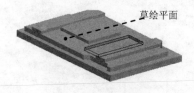

图 32.9.12　拉伸 6

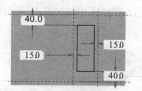

图 32.9.13　截面草图 6

Step9. 创建图 32.9.14 所示的拔模特征 1。单击 模型 功能选项卡 工程▼ 区域中的 拔模 ▼ 按钮；选取图 32.9.14 所示的模型表面为拔模曲面，选取图 32.9.14 所示的模型表面为拔模枢轴平面，拔模方向如图 32.9.15 所示，在拔模角度文本框中输入拔模角度值 20.0，单击 按钮；单击 按钮，完成拔模特征 1 的创建。

Step10. 创建图 32.9.16 所示的拔模特征 2。单击 模型 功能选项卡 工程▼ 区域中的 拔模 ▼ 按钮；选取图 32.9.16 所示的模型表面为拔模曲面，选取图 32.9.16 所示的模型表面为拔模枢轴平面，拔模方向如图 32.9.17 所示；在拔模角度文本框中输入拔模角度值 30.0，

单击 按钮；单击 按钮，完成拔模特征 2 的创建。

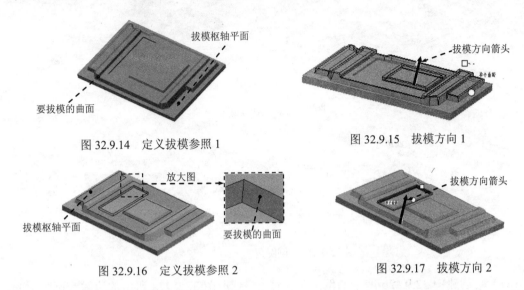

图 32.9.14　定义拔模参照 1　　　　　图 32.9.15　拔模方向 1

图 32.9.16　定义拔模参照 2　　　　　图 32.9.17　拔模方向 2

Step11. 创建图 32.9.18b 所示的倒圆角特征 1。选取图 32.9.18a 所示的边线为倒圆角的边线；输入倒圆角半径值 10.0。

a）倒圆角前　　　　　　　　　　　　　　　b）倒圆角后

图 32.9.18　　倒圆角 1

Step12. 创建图 32.9.19b 所示的倒圆角特征 2。选取图 32.9.19a 所示的边线为倒圆角的边线；输入倒圆角半径值 5.0。

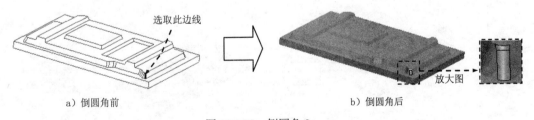

a）倒圆角前　　　　　　　　　　　　　　b）倒圆角后

图 32.9.19　　倒圆角 2

Step13. 创建图 32.9.20b 所示的倒圆角特征 3。选取图 32.9.20a 所示的边线为倒圆角的边线；输入倒圆角半径值 8.0。

Step14. 创建图 32.9.21b 所示的倒圆角特征 4。选取图 32.9.21a 所示的边线为倒圆角的边线；输入倒圆角半径值 5.0。

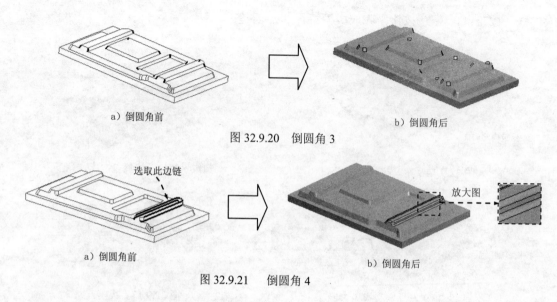

a）倒圆角前　　　　　　　　　　　　　b）倒圆角后

图 32.9.20　　倒圆角 3

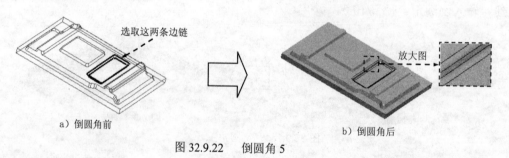

图 32.9.21　　倒圆角 4

Step15. 创建图 32.9.22b 所示的倒圆角特征 5。选取图 32.9.22a 所示的边线为倒圆角的边线；输入倒圆角半径值 5.0。

图 32.9.22　　倒圆角 5

Step16. 创建图 32.9.23b 所示的倒圆角特征 6。选取图 32.9.23a 所示的边线为倒圆角的边线；输入倒圆角半径值 5.0。

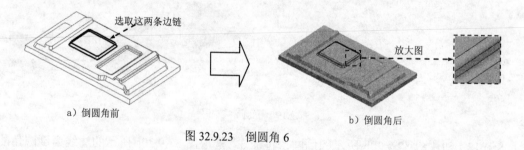

图 32.9.23　　倒圆角 6

Step17. 创建图 32.9.24b 所示的倒圆角特征 7。选取图 32.9.24a 所示的边线为倒圆角的边线；输入倒圆角半径值 5.0。

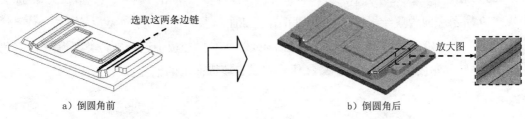

a）倒圆角前　　　　　　　　　　　　　　　　b）倒圆角后

图 32.9.24　倒圆角 7

Step18. 创建图 32.9.25b 所示的倒圆角特征 8。选取图 32.9.25a 所示的边线为倒圆角的边线；输入倒圆角半径值 5.0。

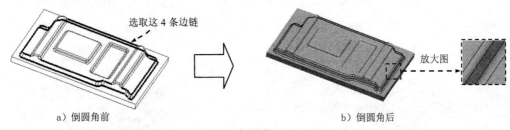

a）倒圆角前　　　　　　　　　　　　　　　　b）倒圆角后

图 32.9.25　倒圆角 8

Step19　保存零件模型文件。

Task2. 创建图 32.9.26 所示的模具 8

图 32.9.26　模型及模型树

Step1. 新建一个零件模型，命名为 SM_DIE_08.PRT。

Step2. 创建图 32.9.27 所示的拉伸特征 1。在操控板中单击"拉伸"按钮 ⬚拉伸；选取 TOP 基准平面为草绘平面，选取 RIGHT 基准平面为参考平面，方向为 右；单击 草绘 按钮，绘制图 32.9.28 所示的截面草图；在操控板中选择拉伸类型为 ⬚，输入深度值 10.0；单击 ✓ 按钮，完成拉伸特征 1 的创建。

图 32.9.27　拉伸 1

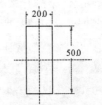

图 32.9.28　截面草图 1

Step3. 创建图 32.9.29 所示的旋转特征 1。在操控板中单击"旋转"按钮 _{旋转}；选取图 32.9.29 所示平面为草绘平面，选取 RIGHT 基准面为参照平面，方向为 右；单击 草绘 按钮，绘制图 32.9.30 所示的截面草图（包括中心线）；在操控板中选择旋转类型为，在角度文本框中输入角度值 90.0；单击 按钮，完成旋转特征 1 的创建。

图 32.9.29　旋转 1　　　　　　　　　图 32.9.30　截面草图 2

Step4. 创建图 32.9.31b 所示的倒圆角特征 1。选取图 32.9.31a 所示的边线为倒圆角的边线；输入倒圆角半径值 2.5。

a）倒圆角前　　　　　　　　　　　　　b）倒圆角后

图 32.9.31　倒圆角 1

Step5. 保存零件模型文件。

Task3. 创建图 32.9.32 所示的微波炉外壳底盖

图 32.9.32　微波炉外壳底盖模型及模型树

Step1. 在装配件中打开微波炉外壳底盖零件（DOWN_COVER.PRT）。

Step2. 创建图 32.9.33 所示的附加钣金壁特征——平整 1。单击 模型 功能选项卡 形状 ▼ 区域中的"平整"按钮；选取图 32.9.34a 所示的模型边线为附着边，选择平整壁的形状类型为 梯形，在 文本框中输入值 90.0；单击操控板中的 形状 按钮，在系统弹出的界面中修改平整壁尺寸，如图 32.9.34b 所示；确认 按钮（在连接边上添加折弯）被按下，然后在后面的文本框中输入折弯半径值 0.5，折弯半径所在侧为 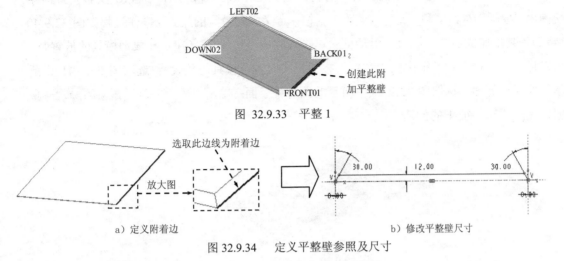（内侧）；单击"完成"按钮 。

图 32.9.33　平整 1

a）定义附着边　　　　　　　　　　　b）修改平整壁尺寸

图 32.9.34　定义平整壁参照及尺寸

Step3. 参照 Step2 步骤创建图 32.9.35 所示的附加钣金壁特征——平整 2。选取图 32.9.36 所示的模型边线为附着边。

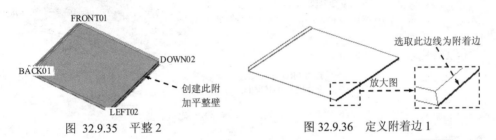

图 32.9.35　平整 2　　　　　　　　　图 32.9.36　定义附着边 1

Step4. 创建图 32.9.37 所示的附加钣金壁特征——平整 3。单击 模型 功能选项卡 形状 ▼ 区域中的"平整"按钮 ；选取图 32.9.38 所示的模型边线为附着边，选择平整壁的形状类型为 矩形 ，在 文本框中输入折弯角度值 90.0；单击操控板中的 形状 按钮，在系统弹出的界面中修改平整壁长度值为 20.0；单击 偏移 按钮，选中 相对连接边偏移壁 复选框和 ● 按值 单选项，输入值 1.0；确认 按钮（在连接边上添加折弯）被按下，然后在后面的文本框中输入折弯半径值 0.5，折弯半径所在侧为 （内侧）；单击"完成"按钮 。

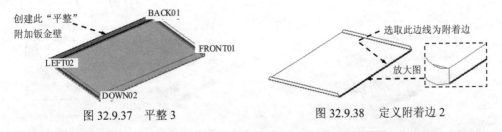

图 32.9.37　平整 3　　　　　　　　　图 32.9.38　定义附着边 2

Step5. 创建图 32.9.39 所示的成形特征——模板 1。单击 模型 功能选项卡 工程 ▼ 区域

⬇ 下的 ⌇凹模 按钮，在系统弹出的 ▼ OPTIONS (选项) 菜单中选择 Reference (参考) ➡
Done (完成) 命令；在系统弹出的文件"打开"对话框中选择 SM_DIE_07.PRT 文件，此时系统弹出"模板"对话框和"元件放置"对话框；定义成形模具的放置（操作过程如图 32.9.40 所示），装配完成后在"模板"对话框中单击"完成"按钮☑（在定义成形模具的放置时，可以运用"模板"对话框中的"预览"按钮，实时查看模具的放置）；选取图 32.9.41 中所示的面为边界面，选取图 32.9.41 中所示的面为种子面；单击"模板"对话框中的 确定 按钮，完成成形特征 1 的创建。

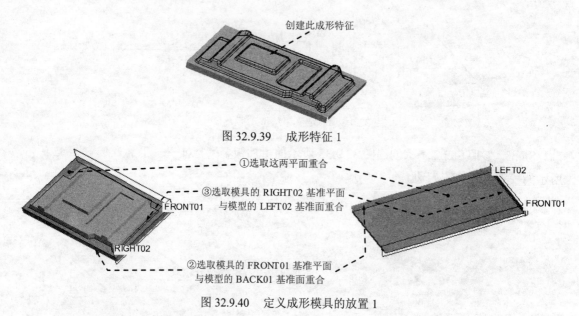

图 32.9.39　成形特征 1

图 32.9.40　定义成形模具的放置 1

Step6. 参照 Step5 创建图 32.9.42 所示的成形特征——模板 2。选择 SM_DIE_08.PRT 模具文件，模具放置过程如图 32.9.43 所示，选取图 32.9.44 所示的边界面和种子面；双击"模板"对话框中的 Exclude Surf (排除曲面) 选项，选取图 32.9.45 所示的表面为排除面，在 ▼ FEATURE REFS (特征参考) 菜单中选择 Done Refs (完成参考) 命令；单击"模板"对话框中的 确定 按钮。

注意： 此处选择模型上的重合面均为选中面的背面。

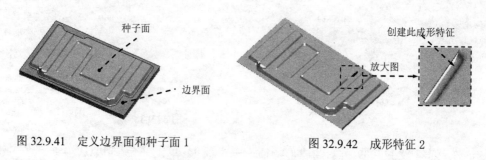

图 32.9.41　定义边界面和种子面 1　　　　图 32.9.42　成形特征 2

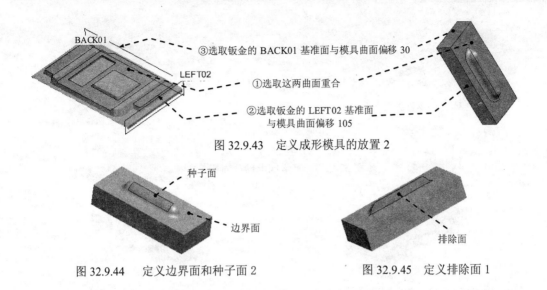

BACK01

LEFT02

③选取钣金的 BACK01 基准面与模具曲面偏移 30

①选取这两曲面重合

②选取钣金的 LEFT02 基准面
与模具曲面偏移 105

图 32.9.43　定义成形模具的放置 2

种子面

边界面

排除面

图 32.9.44　定义边界面和种子面 2　　　　　　图 32.9.45　定义排除面 1

Step7. 创建图 32.9.46 所示的阵列特征 1。在模型树中选取"模板 2"特征后右击，在弹出的快捷菜单中选择 阵列... 命令；在"阵列"操控板中选择 方向 选项，选取 LEFT02 基准面，在操控板中输入阵列个数值 10，设置增量（间距）值 12.0；单击 ✓ 按钮，完成阵列特征 1 的创建。

a）阵列前　　　　　　　　　　　　　　　　b）阵列后

图 32.9.46　阵列特征 1

Step8. 参照 Step5 创建图 32.9.47 所示的成形特征——模板 3。选择 SM_DIE_08.PRT 模具文件，模具放置过程如图 32.9.48 所示，选取图 32.9.49 所示的边界面和种子面；双击"模板"对话框中的 Exclude Surf (排除曲面) 选项，选取图 32.9.50 所示的表面为排除面，在 ▼ FEATURE REFS (特征参考) 菜单中选择 Done Refs (完成参考) 命令；单击"模板"对话框中的 确定 按钮。

注意：此处选择模型上的重合面均为选中面的背面。

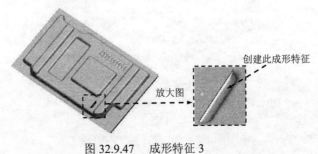

创建此成形特征

放大图

图 32.9.47　成形特征 3

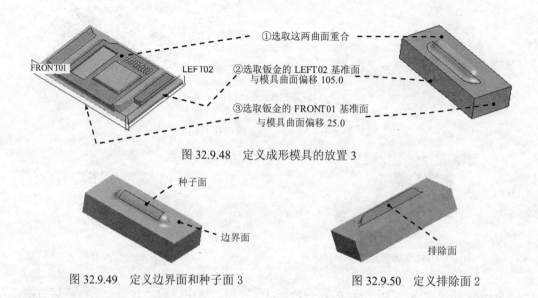

①选取这两曲面重合

②选取钣金的 LEFT02 基准面
与模具曲面偏移 105.0

③选取钣金的 FRONT01 基准面
与模具曲面偏移 25.0

图 32.9.48 定义成形模具的放置 3

种子面

边界面

图 32.9.49 定义边界面和种子面 3

排除面

图 32.9.50 定义排除面 2

Step9. 创建图 32.9.51 所示的阵列特征 2。在模型树中选取"模板 3"特征后右击，在弹出的快捷菜单中选择 阵列... 命令；在"阵列"操控板中选择 方向 选项，选取 LEFT02 基准面，在操控板中输入阵列个数值 10，设置增量（间距）值 12.0；单击 ✔ 按钮，完成阵列特征 2 的创建。

a）阵列前

b）阵列后

图 32.9.51 阵列特征 2

Step10. 创建图 32.9.52 所示的拉伸特征 1。单击 模型 功能选项卡 形状 ▾ 区域中的"拉伸"按钮 ⬚拉伸；选取图 32.9.52 所示的模型表面为草绘平面，选取基准面 FRONT01 为参照平面，方向为 下；绘制图 32.9.53 所示的截面草图；单击 ✔ 按钮，完成拉伸特征 1 的创建。

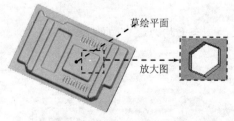

草绘平面

放大图

图 32.9.52 拉伸 1

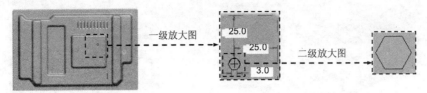

图 32.9.53　截面草图 1

Step11. 创建图 32.9.54 所示的阵列特征 3。在模型树中选取"拉伸 1"特征后右击，在弹出的快捷菜单中选择 阵列... 命令；在"阵列"操控板中选择 填充 选项，选取图 32.9.54 所示的平面为草绘平面，选取 FRONT01 基准平面为参照平面，方向为 下，绘制图 32.9.55 所示的正方形作为填充区域；在操控板中选择 ⊞ 作为排列阵列成员的方式，输入阵列成员中心之间的距离值 10.0，输入阵列成员中心和草绘边界之间的最小距离值 0.0，输入栅格绕原点的旋转角度值 0.0；在操控板中单击 ✓ 按钮，完成阵列特征 3 的创建。

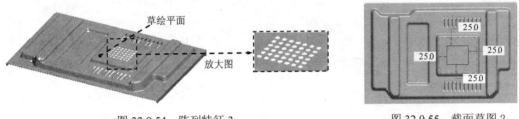

图 32.9.54　阵列特征 3　　　　　　　　　　图 32.9.55　截面草图 2

Step12. 创建图 32.9.56 所示的拉伸特征 2。单击 模型 功能选项卡 形状 ▾ 区域中的"拉伸"按钮 ⬚ 拉伸；选取图 32.9.56 所示的平面为草绘平面，选取 FRONT01 基准平面为参照平面，方向为 下；绘制图 32.9.57 所示的特征截面草图；单击 ✓ 按钮，完成拉伸特征 2 的创建。

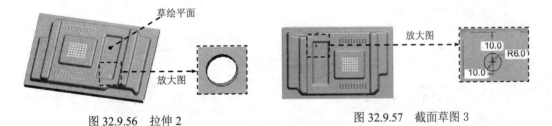

图 32.9.56　拉伸 2　　　　　　　　　图 32.9.57　截面草图 3

Step13. 创建图 32.9.58 所示的阵列特征 4。在模型树中选取"拉伸 2"特征后右击，在弹出的快捷菜单中选择 阵列... 命令；在"阵列"操控板中选择 填充 选项，选取图 32.9.58 所示的平面为草绘平面，选取 FRONT01 基准平面为参照平面，方向为 下，绘制图 32.9.59 所示的图形作为填充区域；在操控板中选择 ⊞ 作为排列阵列成员的方式，输入阵列成员中心之间的距离值 8.0，输入阵列成员中心和草绘边界之间的最小距离值 0.0，输入栅格绕原点的旋转角度值 0.0；在操控板中单击 ✓ 按钮，完成阵列特征 4 的创建。

图 32.9.58　阵列特征 4

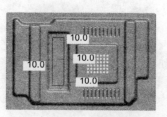

图 32.9.59　截面草图 4

Step14. 创建图 32.9.60 所示的拉伸特征 3。单击 **模型** 功能选项卡 **形状 ▼** 区域中的"拉伸"按钮 **拉伸**；选取图 32.9.60 所示的模型表面为草绘平面，选取 DOWN02 基准面为参照平面，方向为 **上**；进入草绘环境后，绘制图 32.9.61 所示的截面草图；单击 **✔** 按钮，完成拉伸特征 3 的创建。

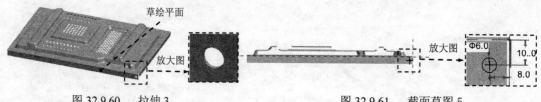

图 32.9.60　拉伸 3　　　　　　　　　　　　　图 32.9.61　截面草图 5

Step15. 创建图 32.9.62 所示的拉伸特征 4。单击 **模型** 功能选项卡 **形状 ▼** 区域中的"拉伸"按钮 **拉伸**；选取图 32.9.62 所示的模型表面为草绘平面，选取 DOWN02 基准面为参照平面，方向为 **上**；进入草绘环境后，绘制图 32.9.63 所示的截面草图；单击 **✔** 按钮，完成拉伸特征 4 的创建。

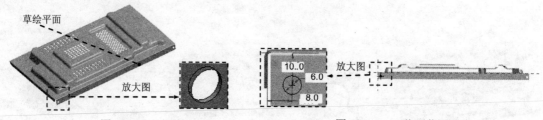

图 32.9.62　拉伸 4　　　　　　　　　　　　　图 32.9.63　截面草图 6

Step16. 保存零件模型文件。

32.10. 微波炉外壳后盖的细节设计

Task1. 创建图 32.10.1 所示的模具 9

Step1. 新建一个零件模型，命名为 SM_DIE_09。

Step2. 将骨架中的设计意图传递给模具 9。单击 **模型** 功能选项卡 **获取数据 ▼** 区域中的

"复制几何"按钮 ，单击"仅限发布几何"按钮 （使此按钮为弹起状态）；单击"打开"按钮 ，打开骨架文件 microwave_oven_case_skel.prt，在"放置"对话框中单击 确定 按钮；在"复制几何"操控板中单击 参考 按钮，系统弹出"参考"界面；单击 参考 区域中的单击此处添加项 字符，在"智能选取栏"中选择"基准平面"，然后选取骨架模型中的基准面 BACK01、RIGHT01、TOP01、DOWN01 和 LEFT01；在"复制几何"操控板中单击"完成"按钮 。

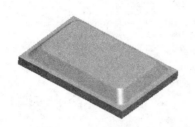

图 32.10.1　模型及模型树

Step3. 创建图 32.10.2 所示的拉伸特征 1。在操控板中单击"拉伸"按钮 拉伸 ；选取 BACK01 基准平面为草绘平面，选取 RIGHT 基准平面为参考平面，方向为 右 ；单击 草绘 按钮，以基准面 RIGHT01、TOP01、DOWN01 和 LEFT01 为参照，绘制图 32.10.3 所示的截面草图，输入深度值 20.0；单击 按钮，完成拉伸特征 1 的创建。

图 32.10.2　拉伸 1

图 32.10.3　截面草图

Step4. 创建图 32.10.4 所示的混合伸出项特征——伸出项。在 模型 功能选项卡的 形状▼ 下拉菜单中选择 · 混合 ▶ ➡ 伸出项 命令，在系统弹出的 ▼ BLEND OPTS (混合选项) 中依次选择 Parallel (平行) ➡ Regular Sec (规则截面) ➡ Sketch Sec (草绘截面) ➡ Done (完成) 命令，在弹出的 ▼ ATTRIBUTES (属性) 中选择 Straight (直) ➡ Done (完成) 命令；选择 Plane (平面) 命令，选取图 32.10.5 所示的面为草绘平面，选择 Okay (确定) ➡ Default (默认)，绘制图 32.10.6 所示的第一个截面草图；在绘图区右击，从弹出的快捷菜单中选择 切换截面(T) 命令，绘制图 32.10.7 所示的第二个截面草图，单击草绘工具栏中的"确定"按钮 ；在 ▼ DEPTH (深度) 菜单中选择 Blind (盲孔) ➡ Done (完成) 命令，在系统 输入截面2的深度 的提示下，输入第二截面到第一截面的距离值 25.0；单击特征信息对话框中的 确定 按钮，完成混合特征的创建。

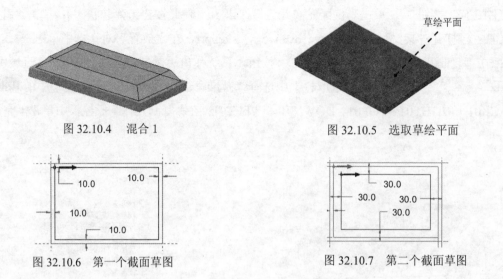

图 32.10.4　混合 1　　　　　　　　图 32.10.5　选取草绘平面

图 32.10.6　第一个截面草图　　　　图 32.10.7　第二个截面草图

Step5. 创建图 32.10.8b 所示的倒圆角特征 1。选取图 32.10.8a 所示的边线为倒圆角的边线；输入倒圆角半径值 25.0。

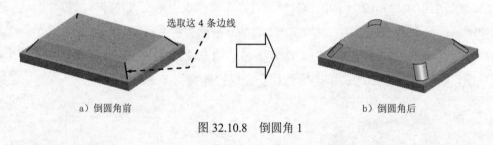

选取这 4 条边线

a）倒圆角前　　　　　　　　　　　b）倒圆角后

图 32.10.8　倒圆角 1

Step6. 创建图 32.10.9b 所示的倒圆角特征 2。选取图 32.10.9a 所示的边线为倒圆角的边线；输入倒圆角半径值 8.0。

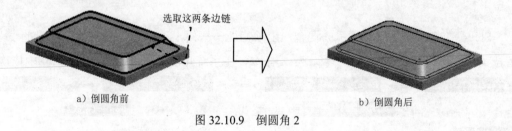

选取这两条边链

a）倒圆角前　　　　　　　　　　　b）倒圆角后

图 32.10.9　倒圆角 2

Step7. 保存零件模型文件。

Task2. 创建图 32.10.10 所示的模具 10

Step1. 新建一个零件模型，命名为 SM_DIE_10。

Step2. 将骨架中的设计意图传递给模具 10。单击 模型 功能选项卡 获取数据 ▼ 区域中的 "复制几何" 按钮，单击 "仅限发布几何" 按钮（使此按钮为弹起状态）；单击 "打开"

按钮 🖆，打开骨架文件 microwave_oven_case_skel.prt，在"放置"对话框中单击 确定 按
钮；在"复制几何"操控板中单击 参考 按钮，系统弹出"参考"界面；单击 参考 区域中的
单击此处添加项 字符，在"智能选取栏"中选择"基准平面"，然后选取骨架模型中的基准面
BACK01、RIGHT01、TOP01 和 LEFT02；在"复制几何"操控板中单击"完成"按钮 ✔。

图 32.10.10　模型及模型树

Step3. 创建图 32.10.11 所示的拉伸特征 1。在操控板中单击"拉伸"按钮 □ 拉伸；选取
BACK01 基准平面为草绘平面，选取 RIGHT 基准平面为参考平面，方向为 右；单击 草绘
按钮，以基准面 RIGHT01、TOP01 和 LEFT02 为参照，绘制图 32.10.12 所示的截面草图；
在操控板中选择拉伸类型为 ⊔，输入深度值 20.0；单击 ✔ 按钮，完成拉伸特征 1 的创建。

Step4. 创建图 32.10.13 所示的基准平面 1。单击"平面"按钮 □，在模型树中选取 TOP01
基准平面为偏距参考面，在对话框中输入偏移距离值为-20.0，单击对话框中的 确定 按钮。

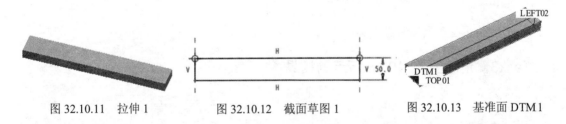

图 32.10.11　拉伸 1　　　　图 32.10.12　截面草图 1　　　　图 32.10.13　基准面 DTM1

Step5. 创建图 32.10.14 所示的旋转特征 1。在操控板中单击"旋转"按钮 ⊕ 旋转；选取
DTM1 基准面为草绘平面，选取 BACK01 基准面为参照平面，方向为 上；单击 草绘 按钮，
绘制图 32.10.15 所示的截面草图（包括中心线）；单击 工具 功能选项卡 模型意图 ▾ 区域中
d=关系 按钮，参照图 32.10.16，在关系对话框中输入 Sd8=Kd11/10 关系式，单击对话框中的
确定 按钮；在操控板中选择旋转类型为 ⊔，在角度文本框中输入角度值 90.0；单击 ✔ 按
钮，完成旋转特征 1 的创建。

图 32.10.14　旋转 1

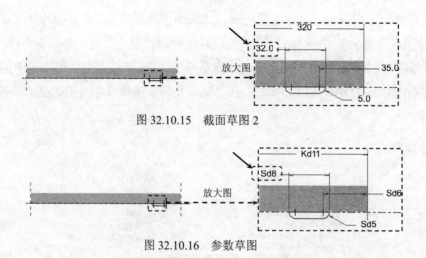

图 32.10.15　截面草图 2

图 32.10.16　参数草图

Step6. 创建图 32.10.17b 所示的倒圆角特征 1。选取图 32.10.17a 所示的边线为倒圆角的边线；输入倒圆角半径值 2.0。

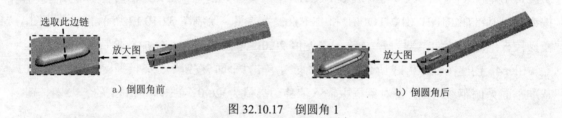

a）倒圆角前　　　　　　　　　　　　　　b）倒圆角后

图 32.10.17　倒圆角 1

Step7. 保存零件模型文件。

Task3．创建图 32.10.18 所示的模具 11

图 32.10.18　模型及模型树

Step1. 新建一个零件模型，命名为 SM_DIE_11。

Step2. 将骨架中的设计意图传递给模具 11。单击 模型 功能选项卡 获取数据 ▼ 区域中的"复制几何"按钮 ，单击"仅限发布几何"按钮 （使此按钮为弹起状态）；单击"打开"按钮 ，打开骨架文件 microwave_oven_case_skel.prt，在"放置"对话框中单击 确定 按钮；在"复制几何"操控板中单击 参考 按钮，系统弹出"参考"界面；单击 参考 区域中的 单击此处添加项 字符，在"智能选取栏"中选择"基准平面"，然后选取骨架模型中的基准面

BACK01、TOP02、LEFT02 和 DOWN02；在 "复制几何" 操控板中单击 "完成" 按钮 ✔。

Step3. 创建图 32.10.19 所示的拉伸特征 1。在操控板中单击 "拉伸" 按钮 ⬚ 拉伸；选取 BACK01 基准平面为草绘平面，选取 TOP02 基准平面为参考平面，方向为 上；单击 草绘 按钮，以基准面 DOWN02、TOP02 和 LEFT02 为参照，绘制图 32.10.20 所示的截面草图；在操控板中选择拉伸类型为 ⬚，输入深度值 20.0；单击 ✔ 按钮，完成拉伸特征 1 的创建。

Step4. 创建图 32.10.21 所示的基准平面 1。单击 "平面" 按钮 ▱，在模型树中选取 LEFT02 基准平面为偏距参考面，在对话框中输入偏移距离值-20.0，单击对话框中的 确定 按钮。

图 32.10.19 拉伸 1 　　　图 32.10.20 截面草图 1 　　　图 32.10.21 基准面 DTM1

Step5. 创建图 32.10.22 所示的旋转特征 1。在操控板中单击 "旋转" 按钮 ⬭ 旋转；选取 DTM1 基准面为草绘平面，选取 TOP02 基准面为参照平面，方向为 上；单击 草绘 按钮，绘制图 32.10.23 所示的截面草图（包括中心线）；单击 工具 功能选项卡 模型意图 ▾ 区域中 d=关系 按钮，参照图 32.10.24，在关系对话框中输入 Sd11=Kd12/8 关系式，单击对话框中的 确定 按钮；在操控板中选择旋转类型为 ⬚，在角度文本框中输入角度值 90.0；单击 ✔ 按钮，完成旋转特征 1 的创建。

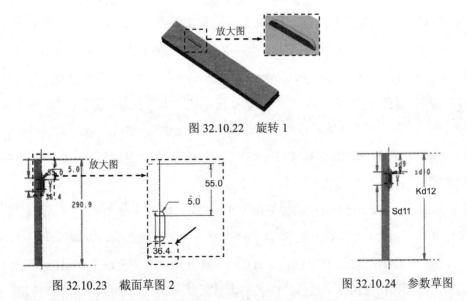

图 32.10.22 旋转 1

图 32.10.23 截面草图 2 　　　　　图 32.10.24 参数草图

Step6. 创建图 32.10.25b 所示的倒圆角特征 1。选取图 32.10.25a 所示的边线为倒圆角的边线；输入倒圆角半径值 2.0。

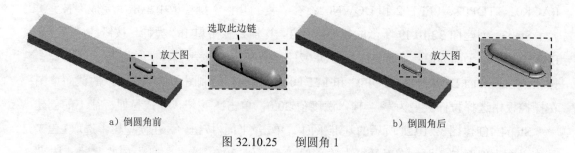

a）倒圆角前   b）倒圆角后

图 32.10.25   倒圆角 1

Step7. 保存零件模型文件。

Task4．创建图 32.10.26 所示模具 12

图 32.10.26   模型及模型树

Step1. 新建一个零件模型，命名为 SM_DIE_12。

Step2. 将骨架中的设计意图传递给模具 12。单击 模型 功能选项卡 获取数据 ▼ 区域中的 "复制几何" 按钮，单击 "仅限发布几何" 按钮 （使此按钮为弹起状态）；单击 "打开" 按钮，打开骨架文件 microwave_oven_case_skel.prt，在 "放置" 对话框中单击 确定 按钮；在 "复制几何" 操控板中单击 参考 按钮，系统弹出 "参考" 界面；单击 参考 区域中的 单击此处添加项 字符，在 "智能选取栏" 中选择 "基准平面"，然后选取骨架模型中的基准面 BACK01、RIGHT02、RIGHT01、DOWN02 和 TOP02；在 "复制几何" 操控板中单击 "完成" 按钮。

Step3. 创建图 32.10.27 所示的拉伸特征 1。在操控板中单击 "拉伸" 按钮 拉伸；选取 BACK01 基准平面为草绘平面，选取 TOP02 基准平面为参考平面，方向为 右；单击 草绘 按钮，以基准面 DOWN02、RIGHT01、TOP02 和 RIGHT02 为完全放置参照，绘制图 32.10.28 所示的截面草图；在操控板中选择拉伸类型为，输入深度值 20.0，单击 按钮；单击 按钮，完成拉伸特征 1 的创建。

图 32.10.27　拉伸 1

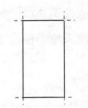

图 32.10.28　截面草图 1

Step4. 创建图 32.10.29 所示的拉伸特征 2。在操控板中单击"拉伸"按钮 [拉伸]；选取 BACK01 基准平面为草绘平面，选取 TOP02 基准平面为参考平面，方向为 [上]；单击 [草绘] 按钮，绘制图 32.10.30 所示的截面草图；在操控板中选择拉伸类型为 [型]，输入深度值 8.0；单击 [✔] 按钮，完成拉伸特征 2 的创建。

图 32.10.29　拉伸 2

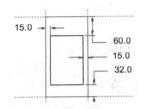

图 32.10.30　截面草图 2

Step5. 创建图 32.10.31b 所示的倒圆角特征 1。选取图 32.10.31a 所示的边线为倒圆角的边线；输入倒圆角半径值 25.0。

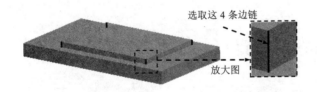

a）倒圆角前

b）倒圆角后

图 32.10.31　倒圆角 1

Step6. 创建图 32.10.32 所示的拔模特征 1。单击 [模型] 功能选项卡 [工程 ▼] 区域中的 [拔模 ▼] 按钮；选取图 32.10.32 所示的模型表面为拔模曲面，选取图 32.10.32 所示的模型表面为拔模枢轴平面，拔模方向如图 32.10.33 所示；在拔模角度文本框中输入拔模角度值 30.0，单击 [%] 按钮；单击 [✔] 按钮，完成拔模特征 1 的创建。

图 32.10.32　定义拔模参照

图 32.10.33　拔模方向

Step7. 创建图 32.10.34b 所示的倒圆角特征 2。选取图 32.10.34a 所示的边线为倒圆角的边线；输入倒圆角半径值 10.0。

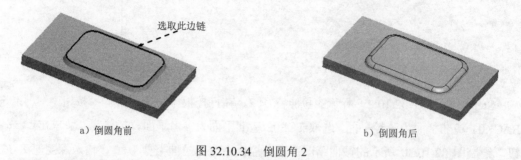

a）倒圆角前　　　　　　　　　　　　　　　　　　　　b）倒圆角后

图 32.10.34　倒圆角 2

Step8. 创建图 32.10.35b 所示的倒圆角特征 3。选取图 32.10.35a 所示的边线为倒圆角的边线；输入倒圆角半径值 6.0。

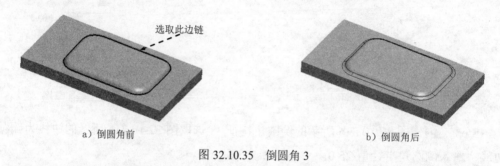

a）倒圆角前　　　　　　　　　　　　　　　　　　　　b）倒圆角后

图 32.10.35　倒圆角 3

Step9. 保存零件模型文件。

Task5. 创建图 32.10.36 所示的模具 13

图 32.10.36　模型及模型树

Step1. 新建一个零件模型，命名为 SM_DIE_13。

Step2. 创建图 32.10.37 所示的拉伸特征 1。在操控板中单击"拉伸"按钮 拉伸；选取 TOP 基准平面为草绘平面，选取 RIGHT 基准平面为参考平面，方向为 右；单击 草绘 按钮，绘制图 32.10.38 所示的截面草图；在操控板中选择拉伸类型为，输入深度值 10.0，单击 按钮调整拉伸方向；单击 按钮，完成拉伸特征 1 的创建。

图 32.10.37　拉伸 1

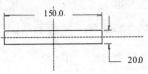

图 32.10.38　截面草图 1

Step3. 创建图 32.10.39 所示的旋转特征 1。在操控板中单击"旋转"按钮 ^{⚬|⚬ 旋转}；选取 FRONT 基准平面为草绘平面，选取 RIGHT 基准平面为参考平面，方向为 右；单击 草绘 按钮，绘制图 32.10.40 所示的截面草图（包括中心线）；在操控板中选择旋转类型为 ⛁，在角度文本框中输入角度值 360.0；单击 ✓ 按钮，完成旋转特征 1 的创建。

图 32.10.39　旋转 1

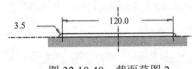

图 32.10.40　截面草图 2

Step4. 创建图 32.10.41b 所示的倒圆角特征 1。选取图 32.10.41a 所示的边线为倒圆角的边线；输入倒圆角半径值 2.5。

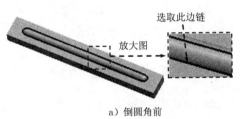

a）倒圆角前

b）倒圆角后

图 32.10.41　倒圆角 1

Step5. 保存零件模型文件。

Task6．创建图 32.10.42 所示的模具 14

```
SM_DIE_14.PRT
  ⬜ RIGHT
  ⬜ TOP
  ⬜ FRONT
  ⤬ PRT_CSYS_DEF
 ▶ 拉伸 1
 ▶ 拉伸 2
    拔模斜度 1
    倒圆角 1
 ➡ 在此插入
```

图 32.10.42　模型及模型树

Step1. 新建一个零件模型，命名为 SM_DIE_14。

Step2. 创建图 32.10.43 所示的拉伸特征 1。在操控板中单击"拉伸"按钮 ^{拉伸}；选取

TOP 基准平面为草绘平面，选取 RIGHT 基准平面为参考平面，方向为 右；单击 草绘 按钮，绘制图 32.10.44 所示的截面草图；在操控板中选择拉伸类型为 ⏚，输入深度值 10.0，单击 ⁒ 按钮调整拉伸方向；单击 ✔ 按钮，完成拉伸特征 1 的创建。

图 32.10.43　拉伸 1

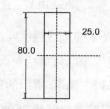

图 32.10.44　截面草图 1

　　Step3. 创建图 32.10.45 所示的拉伸特征 2。在操控板中单击"拉伸"按钮 拉伸；选取 TOP 基准平面为草绘平面，选取 RIGHT 基准平面为参考平面，方向为 右；单击 草绘 按钮，绘制图 32.10.46 所示的截面草图；在操控板中选择拉伸类型为 ⏚，输入深度值 5.0；单击 ✔ 按钮，完成拉伸特征 2 的创建。

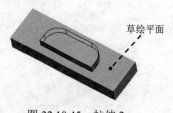

草绘平面

图 32.10.45　拉伸 2

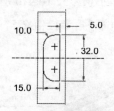

图 32.10.46　截面草图 2

　　Step4. 创建图 32.10.47 所示的拔模特征 1。单击 模型 功能选项卡 工程▼ 区域中的 拔模▼ 按钮；选取图 32.10.48 所示的模型表面为拔模曲面，选取图 32.10.48 所示的模型表面为拔模枢轴平面，拔模方向如图 32.10.47 所示，在拔模角度文本框中输入拔模角度值 30.0，单击 ⁒ 按钮；单击 ✔ 按钮，完成拔模特征 1 的创建。

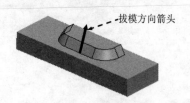

拔模方向箭头

图 32.10.47　拔模方向

拔模枢轴平面

要拔模的面

图 32.10.48　定义拔模参照

　　Step5. 创建图 32.10.49b 所示的倒圆角特征 1。选取图 32.10.49a 所示的边线为倒圆角的边线；输入倒圆角半径值 2.5。

　　Step6. 保存零件模型文件。

a）倒圆角前　　　　　　　　　　　　b）倒圆角后

图 32.10.49　倒圆角 1

Task7．图 32.10.50 所示的微波炉外壳后盖的细节设计

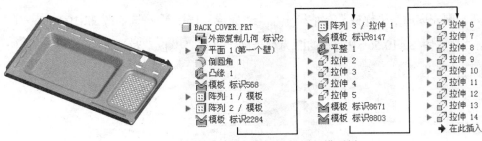

图 32.10.50　微波炉外壳后盖模型及模型树

Step1. 在装配件中打开微波炉外壳后盖零件（BACK_COVER.PRT）。

Step2. 创建图 32.10.51b 所示的倒圆角特征 1。选取图 32.10.51a 所示的边线为倒圆角的边线；输入倒圆角半径值 8.0。

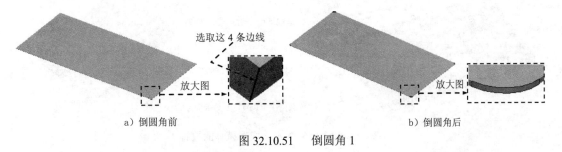

a）倒圆角前　　　　　　　　　　　　　b）倒圆角后

图 32.10.51　倒圆角 1

Step3. 创建图 32.10.52 所示的附加钣金壁特征——凸缘 1。单击 模型 功能选项卡 形状 ▼ 区域中的"法兰"按钮，系统弹出"凸缘"操控板；单击操控板中的 放置 按钮，单击 细节... 按钮，按住 Ctrl 键依次选取图 32.10.53 所示的模型边链为附着边，选择法兰壁的形状类型为 Ⅰ；确认 按钮（在连接边上添加折弯）被按下，然后在后面的文本框中输入折弯半径值 0.5，折弯半径所在侧为 （内侧）；单击 形状 按钮，在系统弹出的界面中修改法兰长度值为 20.0；单击"完成"按钮 。

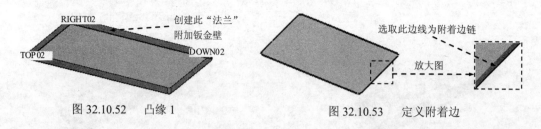

图 32.10.52　凸缘 1　　　　　　　　　　　图 32.10.53　定义附着边

　　Step4. 创建图 32.10.54 所示的成形特征——模板 1。单击 模型 功能选项卡 工程 ▾ 区域 ⬇ 下的 ⋈凹模 按钮，在系统弹出的 ▾ OPTIONS (选项) 菜单中选择 Reference (参考) ➡ Done (完成) 命令；在系统弹出的文件"打开"对话框中选择 SM_DIE_09.PRT 文件，此时系统弹出"模板"对话框和"元件放置"对话框；定义成形模具的放置（操作过程如图 32.10.55 所示），装配完成后在"模板"对话框中单击"完成"按钮 ✔；选取图 32.10.56 所示的面为边界面，选取图 32.10.56 中所示的面为种子面；单击"模板"对话框中的 确定 按钮，完成成形特征 1 的创建。

图 32.10.54　成形特征 1

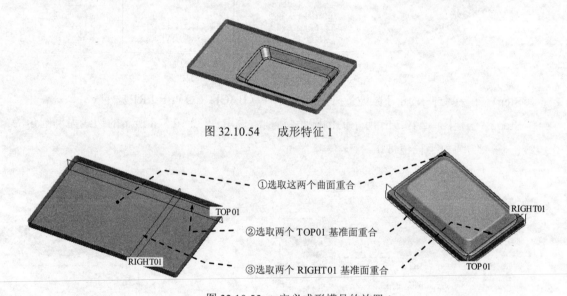

图 32.10.55　定义成形模具的放置 1

　　Step5. 参照 Step4 创建图 32.10.57 所示的成形特征——模板 2。选择 SM_DIE_10.PRT 模具文件，模具放置过程如图 32.10.58 所示，选取图 32.10.59 所示的边界面和种子面；双击"模板"对话框中的 Exclude Surf (排除曲面) 选项，选取图 32.10.60 所示的表面为排除面，在 ▾ FEATURE REFS (特征参考) 菜单中选择 Done Refs (完成参考) 命令；单击"模板"对话框中的 确定 按钮。

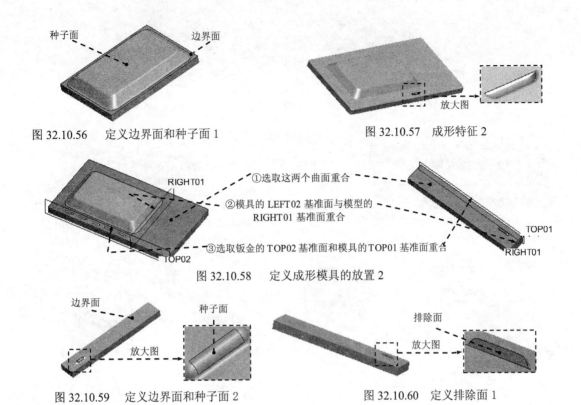

图 32.10.56　定义边界面和种子面 1　　　　图 32.10.57　成形特征 2

①选取这两个曲面重合

②模具的 LEFT02 基准面与模型的 RIGHT01 基准面重合

③选取钣金的 TOP02 基准面和模具的 TOP01 基准面重合

图 32.10.58　定义成形模具的放置 2

图 32.10.59　定义边界面和种子面 2　　　　图 32.10.60　定义排除面 1

Step6. 创建图 32.10.61 所示的阵列特征 1。在模型树中选取"模板 2"特征后右击，在弹出的快捷菜单中选择 阵列.. 命令；在"阵列"操控板中选择 方向 选项，选取 RIGHT01 基准面，在操控板中输入阵列个数值 5，设置增量（间距）值 50.0，单击 ✗ 按钮调整阵列方向。

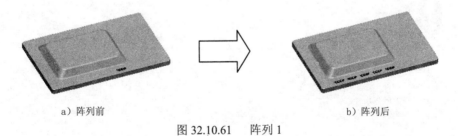

a）阵列前　　　　　　　　　　　　　　　b）阵列后

图 32.10.61　阵列 1

Step7. 参照 Step4 创建图 32.10.62 所示的成形特征——模板 3。选择 SM_DIE_11.PRT 模具文件，模具放置过程如图 32.10.63 所示，选取图 32.10.64 所示的边界面和种子面；双击"模板"对话框中的 Exclude Surf (排除曲面) 选项，选取图 32.10.65 所示的表面为排除面，在 ▼ FEATURE REFS (特征参考) 菜单中选择 Done Refs (完成参考) 命令；单击"模板"对话框中的 确定 按钮。

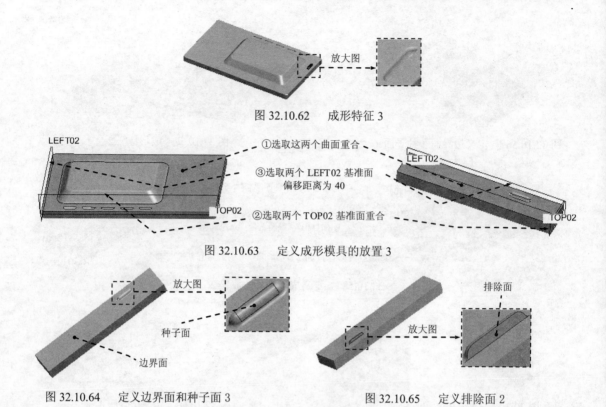

图 32.10.62 成形特征 3

①选取这两个曲面重合

③选取两个 LEFT02 基准面
偏移距离为 40

②选取两个 TOP02 基准面重合

图 32.10.63 定义成形模具的放置 3

放大图

种子面

边界面

图 32.10.64 定义边界面和种子面 3

排除面

放大图

图 32.10.65 定义排除面 2

Step8. 创建图 32.10.66 所示的阵列特征 2。在模型树中选取"模板 3"特征后右击，在弹出的快捷菜单中选择 阵列... 命令；在"阵列"操控板中选择 方向 选项，选取 TOP01 基准面，在操控板中输入阵列个数值 4，设置增量（间距）值 45.0，单击 %/ 按钮调整阵列方向。

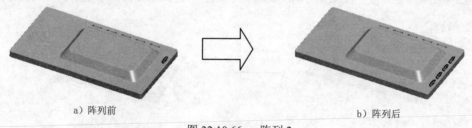

a）阵列前

b）阵列后

图 32.10.66 阵列 2

Step9. 参照 Step4 创建图 32.10.67 所示的成形特征——模板 4。选择 SM_DIE_12.PRT 模具文件，模具放置过程如图 32.10.68 所示，选取图 32.10.69 所示的边界面和种子面，单击"模板"对话框中的 确定 按钮。

图 32.10.67 成形特征 4

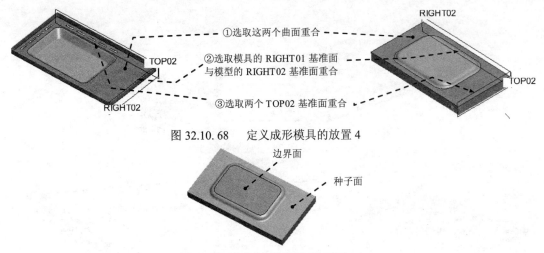

图 32.10.68 定义成形模具的放置 4

图 32.10.69 定义边界面和种子面 4

Step10. 创建图 32.10.70 所示的拉伸特征 1。单击 模型 功能选项卡 形状 ▾ 区域中的"拉伸"按钮 ，选取图 32.10.70 所示的模型表面为草绘平面，选取基准面 TOP02 为参照平面，方向为 上 ；绘制图 32.10.71 所示的截面草图；单击 ✔ 按钮，完成拉伸特征 1 的创建。

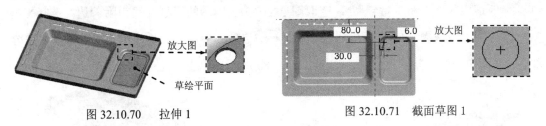

图 32.10.70 拉伸 1   图 32.10.71 截面草图 1

Step11. 创建图 32.10.72 所示的阵列特征 3。在模型树中选取"拉伸 1"特征后右击，在弹出的快捷菜单中选择 阵列… 命令；在"阵列"操控板中选择 填充 选项，选取图 32.10.72 所示的表平面为草绘平面，选取 TOP02 基准面为参照，方向为 上 ；绘制图 32.10.73 所示的草绘图作为填充区域；在操控板中选择 作为排列阵列成员的方式，输入阵列成员中心之间的距离值 8.0，输入阵列成员中心和草绘边界之间的最小距离值 0.0，输入栅格绕原点的旋转角度值 0.0；在操控板中单击 ✔ 按钮，完成阵列特征 3 的创建。

图 32.10.72 阵列 3   图 32.10.73 截面草图 2

Step12. 参照 Step4 创建图 32.10.74 所示的成形特征——模板 5。选择 SM_DIE_13.PRT 模具文件，模具放置过程如图 32.10.75 所示，选取图 32.10.76 所示的边界面和种子面。单击"模板"对话框中的 确定 按钮。

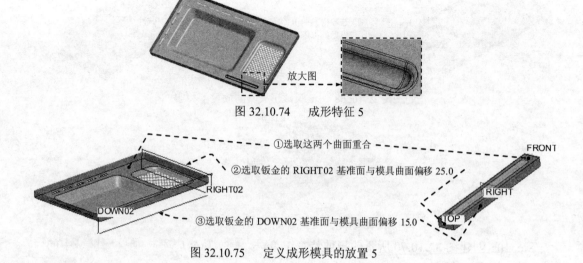

图 32.10.74　　成形特征 5

①选取这两个曲面重合
②选取钣金的 RIGHT02 基准面与模具曲面偏移 25.0
③选取钣金的 DOWN02 基准面与模具曲面偏移 15.0

图 32.10.75　　定义成形模具的放置 5

Step13. 创建图 32.10.77 所示的附加钣金壁特征——平整 1。单击 模型 功能选项卡 形状 ▾ 区域中的"平整"按钮 ，选取图 32.10.78a 所示的模型边线为附着边；选择平整壁的形状类型为 梯形 ，在 ▲ 下拉列表中选择 平整 选项；单击操控板中的 形状 按钮，在系统弹出的界面中修改平整壁尺寸值，如图 32.10.78b 所示；单击"完成"按钮 。

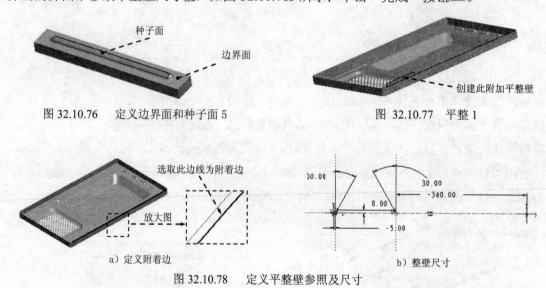

图 32.10.76　　定义边界面和种子面 5　　　　　　　　　　图 32.10.77　　平整 1

a) 定义附着边　　　　　　　　　　　　　　　　b) 整壁尺寸

图 32.10.78　　定义平整壁参照及尺寸

Step14. 创建图 32.10.79 所示的拉伸特征 2。单击 模型 功能选项卡 形状 ▾ 区域中的"拉伸"按钮 拉伸 ；选取图 32.10.79 所示的模型表面为草绘平面，选取基准面 BACK01 为参照平面，方向为 下 ；绘制图 32.10.80 所示的截面草图；在操控板中选择深度类型为 ，输入深度值 20.0；单击 按钮，完成拉伸特征 2 的创建。

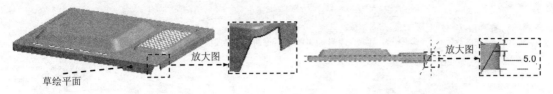

图 32.10.79　拉伸 2　　　　　　　　　　　图 32.10.80　截面草图 3

Step15. 创建图 32.10.81 所示的拉伸特征 3。选取图 32.10.81 所示平面为草绘平面，绘制图 32.10.82 所示的特征截面草图；具体操作步骤参照 Step14。

图 32.10.81　拉伸 3　　　　　　　　　　　图 32.10.82　截面草图 4

Step16. 创建图 32.10.83 所示的拉伸特征 4。选取图 32.10.83 所示平面为草绘平面，绘制图 32.10.84 所示的特征截面草图；具体操作步骤参照 Step14。

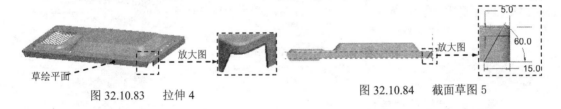

图 32.10.83　拉伸 4　　　　　　　　　　　图 32.10.84　截面草图 5

Step17. 创建图 32.10.85 所示的拉伸特征 5。绘制图 32.10.86 所示的特征截面草图；具体操作步骤参照 Step14。

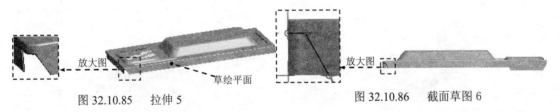

图 32.10.85　拉伸 5　　　　　　　　　　　图 32.10.86　截面草图 6

Step18. 参照 Step4 创建图 32.10.87 所示的成形特征——模板 6。选择 SM_DIE_13.PRT 模具文件，模具放置过程如图 32.10.88 所示，选取图 32.10.89 所示的边界面和种子面，单击"模板"对话框中的 确定 按钮。

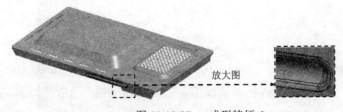

图 32.10.87　成形特征 6

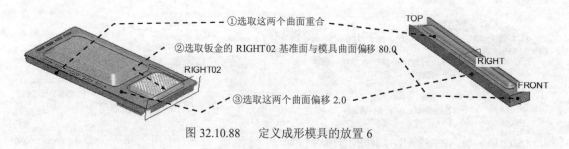

图 32.10.88　定义成形模具的放置 6

Step19. 参照 Step4 创建图 32.10.90 所示的成形特征——模板 7。选择 SM_DIE_14.PRT 模具文件，模具放置过程如图 32.10.91 所示，选取图 32.10.92 所示的边界面和种子面，选取图 32.10.93 所示的排除面，单击"模板"对话框中的 确定 按钮。

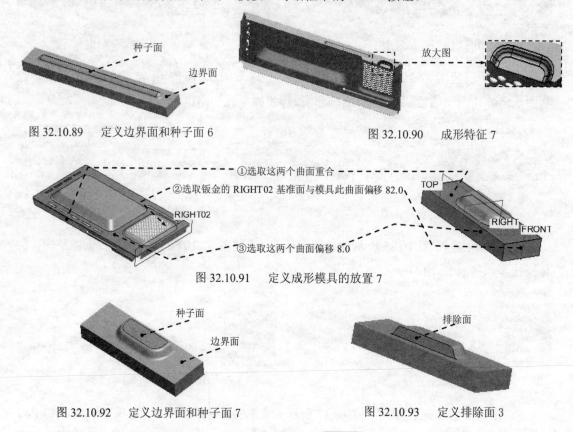

图 32.10.89　定义边界面和种子面 6　　图 32.10.90　成形特征 7

图 32.10.91　定义成形模具的放置 7

图 32.10.92　定义边界面和种子面 7　　图 32.10.93　定义排除面 3

Step20. 创建图 32.10.94 所示的拉伸特征 6。单击 模型 功能选项卡 形状 ▾ 区域中的"拉伸"按钮 ⬜拉伸；选取图 32.10.94 所示的模型表面为草绘平面，选取基准面 BACK01 为参照平面，方向为 下；绘制图 32.10.95 所示的截面草图；在操控板中选择拉伸类型为 ⬛，输入深度值 3.0；单击 ✔ 按钮，完成拉伸特征 6 的创建。

Step21. 创建图 32.10.96 所示的拉伸特征 7。单击 模型 功能选项卡 形状 ▾ 区域中的"拉伸"按钮 ⬜拉伸；选取图 32.10.96 所示的模型表面为草绘平面，选取基准面 TOP01 为参照平面，方向为 上；绘制图 32.10.97 所示的截面草图；在操控板中选择拉伸类型为 ⬛，输入深度值 5.0；单击 ✅ 按钮，完成拉伸特征 7 的创建。

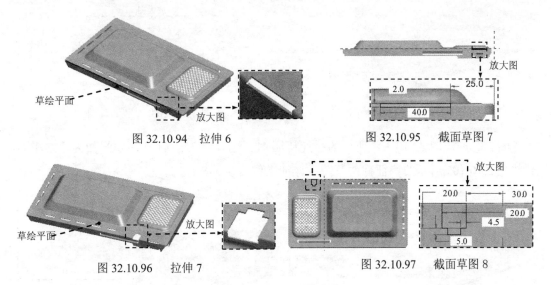

图 32.10.94　拉伸 6　　　　图 32.10.95　截面草图 7

图 32.10.96　拉伸 7　　　　图 32.10.97　截面草图 8

Step22. 创建图 32.10.98 所示的拉伸特征 8。选取图 32.10.98 所示平面为草绘平面，通过边绘制图 32.10.99 所示的特征截面草图；详细操作参见 Step20。

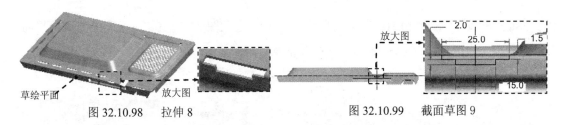

图 32.10.98　拉伸 8　　　　图 32.10.99　截面草图 9

Step23. 创建图 32.10.100 所示的拉伸特征 9。选取图 32.10.100 所示平面为草绘平面，通过边绘制图 32.10.101 所示的特征截面草图；详细操作参见 Step20。

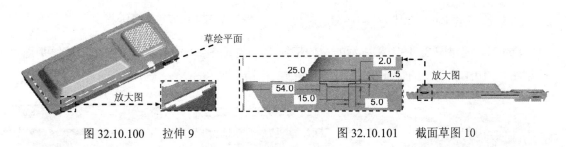

图 32.10.100　拉伸 9　　　　图 32.10.101　截面草图 10

Step24. 创建图 32.10.102 所示的拉伸特征 10。单击 模型 功能选项卡 形状 ▾ 区域中的"拉伸"按钮 ⬜拉伸；选取图 32.10.102 所示的模型表面为草绘平面，选取基准面 TOP02 为参照平面，方向为 上；绘制图 32.10.103 所示的截面草图；单击 ✅ 按钮，完成拉伸特 10 的创建。

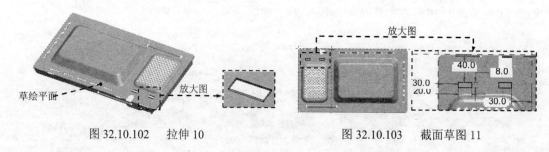

图 32.10.102   拉伸 10   图 32.10.103   截面草图 11

Step25. 创建图 32.10.104 所示的拉伸特征 11。选取图 32.10.104 所示平面为草绘平面，绘制图 32.10.105 所示的特征截面草图；详细操作请参见 Step24。

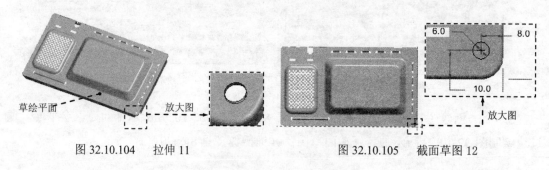

图 32.10.104   拉伸 11   图 32.10.105   截面草图 12

Step26. 创建图 32.10.106 所示的拉伸特征 12。选取图 32.10.106 所示平面为草绘平面，绘制图 32.10.107 所示的特征截面草图；详细操作请参见 Step24。

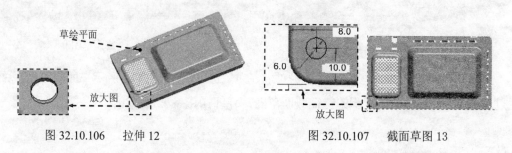

图 32.10.106   拉伸 12   图 32.10.107   截面草图 13

Step27. 创建图 32.10.108 所示的拉伸特征 13。选取图 32.10.108 所示平面为草绘平面，绘制图 32.10.109 所示的特征截面草图；详细操作请参见 Step24。

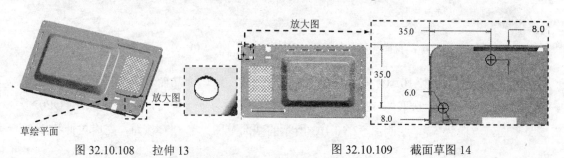

图 32.10.108   拉伸 13   图 32.10.109   截面草图 14

Step28. 创建图 32.10.110 所示的拉伸特征 14。选取图 32.10.110 所示平面为草绘平面，绘制图 32.10.111 所示的特征截面草图; 详细操作请参见 Step24。

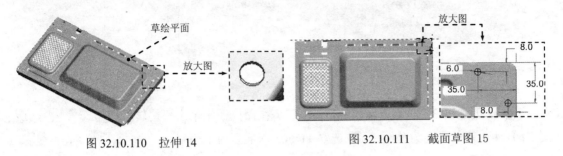

图 32.10.110　拉伸 14　　　　　　　图 32.10.111　截面草图 15

Step29. 保存零件模型文件。

32.11　创建微波炉外壳顶盖

Task1. 创建图 32.11.1 所示的模具 15

图 32.11.1　模型及模型树

Step1. 新建一个零件模型, 命名为 SM_DIE_15。

Step2. 将骨架中的设计意图传递给模具 15。单击 模型 功能选项卡 获取数据 ▼ 区域中的 "复制几何"按钮 , 单击"仅限发布几何"按钮 (使此按钮为弹起状态); 单击"打开"按钮 , 打开骨架文件 microwave_oven_case_skel.prt, 在"放置"对话框中单击 确定 按钮; 在"复制几何"操控板中单击 参考 按钮, 系统弹出"参考"界面; 单击 参考 区域中的 单击此处添加项 字符, 在"智能选取栏"中选择"基准平面", 然后选取骨架模型中的基准面 BACK01、FRONT01、TOP02、DOWN02 和 LEFT02; 在"复制几何"操控板中单击"完成"按钮 。

Step3. 创建图 32.11.2 所示的拉伸特征 1。在操控板中单击"拉伸"按钮 拉伸; 选取 LEFT02 基准平面为草绘平面, 选取 TOP02 基准平面为参考平面, 方向为 上; 单击 草绘 按钮, 以基准面 FRONT01、TOP02、BACK01 和 DOWN02 为参照, 绘制图 32.11.3 所示的截面草图; 在操控板中选择拉伸类型为 , 输入深度值 20.0; 单击 按钮, 完成拉伸特征 1 的创建。

图 32.11.2　拉伸 1

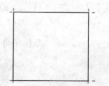

图 32.11.3　截面草图 1

Step4. 创建图 32.11.4 所示的旋转特征 1。在操控板中单击"旋转"按钮 ⊙旋转；选取图 32.11.4 所示的平面为草绘平面，选取 TOP02 基准面为参照平面，方向为 上；单击 草绘 按钮，绘制图 32.11.5 所示的截面草图（包括中心线）；在操控板中选择旋转类型为 ⊥，在角度文本框中输入角度值 90.0；单击 ✓ 按钮，完成旋转特征 1 的创建。

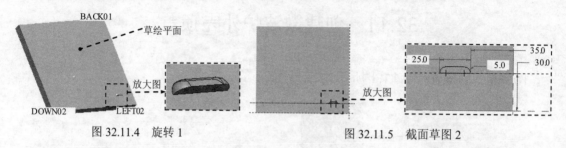

图 32.11.4　旋转 1　　　　　　　　图 32.11.5　截面草图 2

Step5. 创建图 32.11.6b 所示的倒圆角特征 1。选取图 32.11.6a 所示的边线为倒圆角的边线；输入倒圆角半径值 2.5。

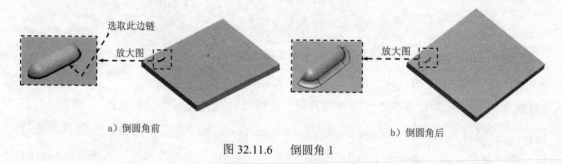

a）倒圆角前　　　　　　　　　　　　　　b）倒圆角后

图 32.11.6　倒圆角 1

Step6. 保存零件模型文件。

Task2. 创建图 32.11.7 所示的模具 16

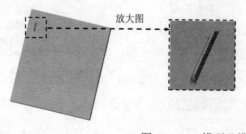

放大图

SM_DIE_16.PRT
　☐ RIGHT
　☐ TOP
　☐ FRONT
　✗ PRT_CSYS_DEF
　▣ 外部复制几何 标识40
　▶ ☐ 拉伸 1
　▶ ⊙ 旋转 1
　⊙ 倒圆角 1
　➔ 在此插入

图 32.11.7　模型及模型树

Step1. 新建一个零件模型，命名为 SM_DIE_16。

Step2. 将骨架中的设计意图传递给模具 16。单击 模型 功能选项卡 获取数据 ▾ 区域中的 "复制几何"按钮 ，单击"仅限发布几何"按钮 （使此按钮为弹起状态）；单击"打开" 按钮 ，打开骨架文件 microwave_oven_case_skel.prt，在"放置"对话框中单击 确定 按 钮；在"复制几何"操控板中单击 参考 按钮，系统弹出"参考"界面；单击 参考 区域中的 单击此处添加项 字符，在"智能选取栏"中选择"基准平面"，然后选取骨架模型中的基准面 BACK01、FRONT01、TOP02、RIGHT01 和 LEFT02；单击"完成"按钮 。

Step3. 创建图 32.11.8 所示的拉伸特征 1。在操控板中单击"拉伸"按钮 拉伸；选取 TOP02 基准平面为草绘平面，选取 RIGHT01 基准平面为参考平面，方向为 上；单击 草绘 按钮，以基准面 RIGHT01、BACK01、LEFT02 和 FRONT01 为参照，绘制图 32.11.9 所示 的截面草图；在操控板中选择拉伸类型为 ，输入深度值 20.0；单击 按钮，完成拉伸特 征 1 的创建。

图 32.11.8 拉伸 1

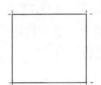

图 32.11.9 截面草图 1

Step4. 创建图 32.11.10 所示的旋转特征 1。在操控板中单击"旋转"按钮 旋转；选取 图 32.11.10 所示的平面为草绘平面，选取 BACK01 基准面为参照平面，方向为 上；单击 草绘 按钮，绘制图 32.11.11 所示的截面草图（包括中心线）；在操控板中选择旋转类型为 ，在角度文本框中输入角度值 270.0；单击 按钮，完成旋转特征 1 的创建。

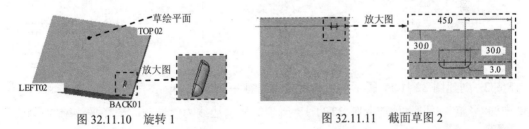

图 32.11.10 旋转 1

图 32.11.11 截面草图 2

Step5. 创建图 32.11.12b 所示的倒圆角特征 1。选取图 32.11.12a 所示的边线为倒圆角的 边线；输入倒圆角半径值 2.5。

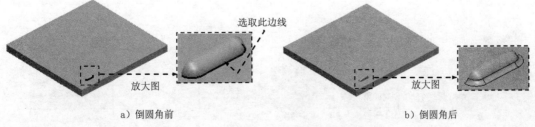

a）倒圆角前

b）倒圆角后

图 32.11.12 倒圆角 1

Step6. 保存零件模型文件。

Task3. 创建图 32.11.13 所示的微波炉外壳侧板

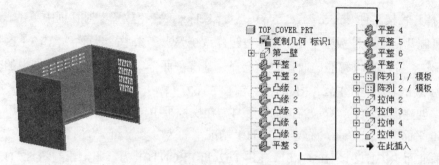

图 32.11.13　微波炉外壳侧板模型及模型树

Step1. 在装配件中打开微波炉外壳侧板零件（TOP_COVER.PRT）。

Step2. 创建图 32.11.14 所示的附加钣金壁特征——平整 1。单击 模型 功能选项卡 形状 ▼ 区域中的"平整"按钮，选取图 32.11.15 所示的模型边线为附着边；选择平整壁的形状类型为 矩形，在 ⊿ 文本框中输入值 90.0；单击操控板中的 形状 按钮，在弹出的界面中单击 草绘... 按钮，绘制图 32.11.16 所示的截面草图；确认 ⌐ 按钮（在连接边上添加折弯）被按下，输入折弯半径值 8.0，折弯半径所在侧为 ↘（内侧），单击 ✗ 按钮；单击"确定"按钮 ✓。

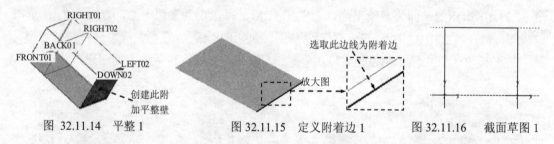

图 32.11.14　平整 1　　　　图 32.11.15　定义附着边 1　　　　图 32.11.16　截面草图 1

Step3. 创建图 32.11.17 所示的附加钣金壁特征——平整 2。单击 模型 功能选项卡 形状 ▼ 区域中的"平整"按钮，选取图 32.11.18 所示的模型边线为附着边；选择平整壁的形状类型为 矩形，在 ⊿ 文本框中输入值 90.0；单击操控板中的 形状 按钮，绘制图 32.11.19 所示的截面草图；确认 ⌐ 按钮（在连接边上添加折弯）被按下，输入折弯半径值 8.0，折弯半径所在侧为 ↘（内侧），单击 ✗ 按钮；然后单击"确定"按钮 ✓。

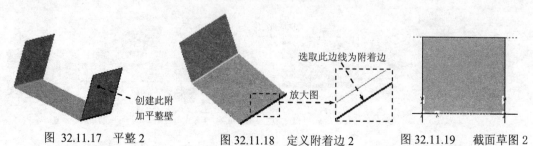

图 32.11.17　平整 2　　　　图 32.11.18　定义附着边 2　　　　图 32.11.19　截面草图 2

Step4. 创建图 32.11.20 所示的附加钣金壁特征——凸缘 1。单击 模型 功能选项卡 形状 ▼ 区域中的"法兰"按钮 🔧，系统弹出"凸缘"操控板；按住 Shift 键依次选取图 32.11.21 所示的模型边链为附着边，选择法兰壁的形状类型为 平齐的 ；单击操控板中的 形状 按钮，在弹出的界面中修改凸缘长度值为 10.0；单击 长度 按钮，选择第一方向为 📐 盲，输入值-15.0，选择第二方向为 📐 盲，输入值-15.0；单击"完成"按钮 ✔ 。

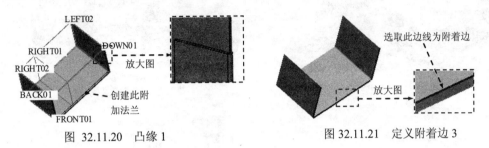

图 32.11.20　凸缘 1　　　　　　　图 32.11.21　定义附着边 3

Step5. 创建图 32.11.22 所示的附加钣金壁特征——凸缘 2。选取图 32.11.23 所示的模型边线为附着边，选择平整壁的形状类型为 用户定义 ；单击操控板中的 形状 按钮，在弹出的界面中单击 草绘... 按钮，绘制图 32.11.24 所示的截面草图；单击 长度 按钮，选择第一方向为 📐 盲，输入值-20.0，选择第二方向为 📐 盲，输入值-15.0；确认 📐 按钮（在连接边上添加折弯）被按下，输入折弯半径值 0.5，折弯半径所在侧为 📐 （内侧）；单击"完成"按钮 ✔ 。

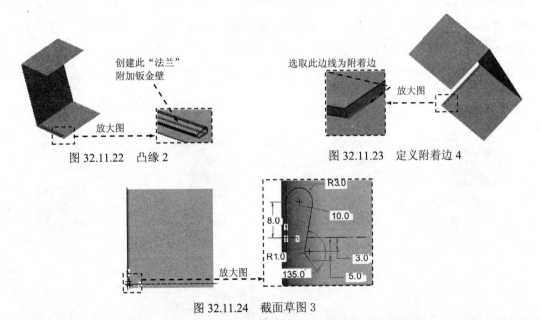

图 32.11.22　凸缘 2　　　　　　　图 32.11.23　定义附着边 4

图 32.11.24　截面草图 3

Step6. 创建图 32.11.25 所示的附加钣金壁特征——凸缘 3。选取图 32.11.26 所示的模型边线为附着边，选择平整壁的形状类型为 用户定义 ；单击操控板中的 形状 按钮，在弹出的界面中单击 草绘... 按钮，绘制图 32.11.27 所示的截面草图；单击 长度 按钮，选择第一方

向为 ，输入值-15.0，选择第二方向为 ，输入值-15.0；确认 按钮（在连接边上添加折弯）被按下，输入折弯半径值 0.5，折弯半径所在侧为 （内侧）；单击"完成"按钮 。

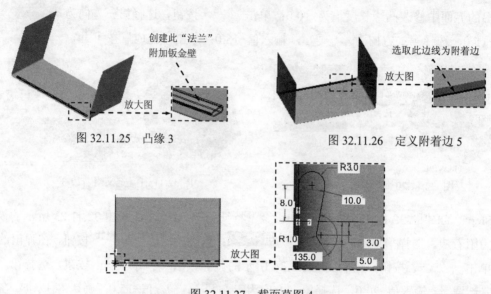

图 32.11.25 凸缘 3　　　　　　　　图 32.11.26 定义附着边 5

图 32.11.27 截面草图 4

Step7. 创建图 32.11.28 所示的附加钣金壁特征——凸缘 4。选取图 32.11.29 所示的模型边线为附着边，选择平整壁的形状类型为 用户定义 ；单击操控板中的 形状 按钮，在弹出的界面中单击 草绘... 按钮，绘制图 32.11.30 所示的截面草图；单击 长度 按钮，选择第一方向为 ，输入值-15.0，选择第二方向为 ，输入值-20.0；确认 按钮（在连接边上添加折弯）被按下，输入折弯半径值 0.5，折弯半径所在侧为 （内侧）；单击"完成"按钮 。

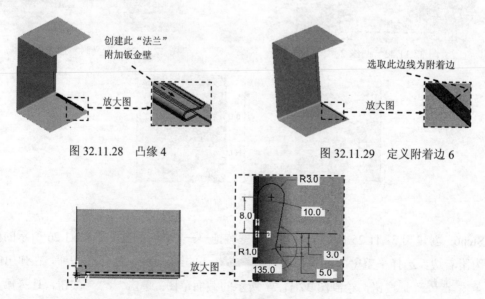

图 32.11.28 凸缘 4　　　　　　　　图 32.11.29 定义附着边 6

图 32.11.30 截面草图 5

Step8. 创建图 32.11.31 所示的附加钣金壁特征——凸缘 5。单击 模型 功能选项卡 形状 ▼ 区域中的"法兰"按钮 ，系统弹出"凸缘"操控板；按住 Shift 键依次选取图 32.11.32 所示的模型边链为附着边，选择法兰壁的形状类型为 I ；单击 形状 按钮，在系统弹出的界面中修改凸缘长度值为 5；单击 长度 按钮，选择第一方向为 盲 ，输入值-5.0，选择第二方向为 盲 ，输入值-5.0；确认 按钮（在连接边上添加折弯）被按下，然后在后面的文本框中输入折弯半径值 0.5，折弯半径所在侧为 （内侧）；单击"完成"按钮 。

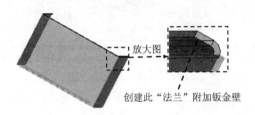

图 32.11.31　凸缘 5

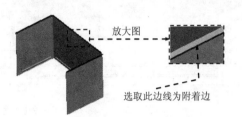

图 32.11.32　定义附着边 7

Step9. 创建图 32.11.33 所示的附加钣金壁特征——平整 3。单击 模型 功能选项卡 形状 ▼ 区域中的"平整"按钮 ，选取图 32.11.34 所示的模型边线为附着边；选择平整壁的形状类型为 用户定义 ，在 下拉列表中选择 平整 选项；单击操控板中的 形状 按钮，在弹出的界面中单击 草绘... 按钮，绘制图 32.11.35 所示的截面草图，然后单击"确定"按钮 。

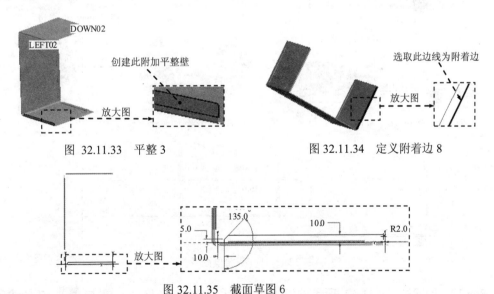

图 32.11.33　平整 3

图 32.11.34　定义附着边 8

图 32.11.35　截面草图 6

Step10. 创建图 32.11.36 所示的附加钣金壁特征——平整 4。单击 模型 功能选项卡 形状 ▼ 区域中的"平整"按钮 ，选取图 32.11.37 所示的模型边线为附着边；选择平整壁的形状类型为 用户定义 ，在 下拉列表中选择 平整 选项；单击操控板中的 形状 按钮，在弹出的界面中单击 草绘... 按钮，绘制图 32.11.38 所示的截面草图，单击"确定"按钮 。

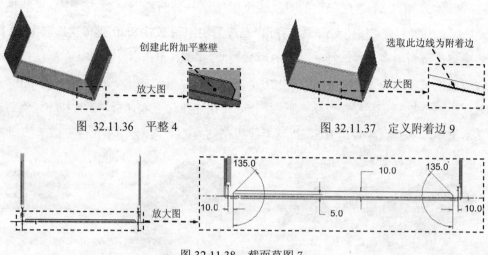

图 32.11.36 平整 4   图 32.11.37 定义附着边 9

图 32.11.38 截面草图 7

Step11. 创建图 32.11.39 所示的附加钣金壁特征——平整 5。单击 模型 功能选项卡 形状 ▼ 区域中的"平整"按钮 ，选取图 32.11.40 所示的模型边线为附着边；选择平整壁 的形状类型为 用户定义 ，在 下拉列表中选择 平整 选项；单击操控板中的 形状 按钮，在弹出 的界面中单击 草绘… 按钮，绘制图 32.11.41 所示的截面草图，单击"确定"按钮 。

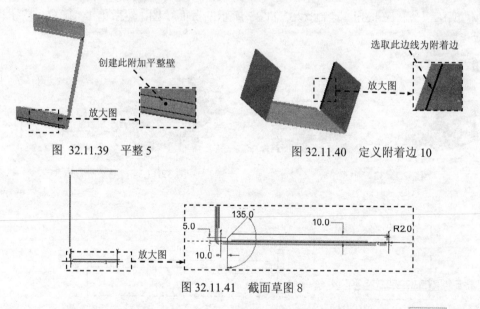

图 32.11.39 平整 5   图 32.11.40 定义附着边 10

图 32.11.41 截面草图 8

Step12. 创建图 32.11.42 所示的附加钣金壁特征——平整 6。单击 模型 功能选项卡 形状 ▼ 区域中的"平整"按钮 ，选取图 32.11.43 所示的模型边线为附着边；选择平整壁 的形状类型为 矩形 ，在 文本框中输入值 90.0；单击操控板中的 形状 按钮，在系统弹出的 界面中修改平整壁长度值为 10.0；单击 偏移 选项卡，选中 相对连接边偏移壁 复选框和 ● 添加到零件边 单选项；确认 按钮（在连接边上添加折弯）被按下，输入折弯半径值 0.5，

折弯半径所在侧为 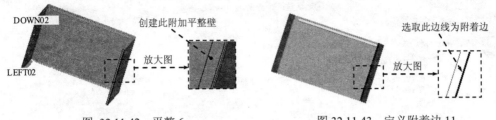（内侧）；单击"完成"按钮 ✔。

图 32.11.42　平整 6　　　　　　　　图 32.11.43　定义附着边 11

Step13. 创建图 32.11.44 所示的附加钣金壁特征——平整 7。单击 模型 功能选项卡 形状 ▾ 区域中的"平整"按钮，选取图 32.11.45 所示的模型边线为附着边；选择平整壁的形状类型为 矩形，在 文本框中输入值 90.0；单击操控板中的 形状 按钮，在系统弹出的界面中修改平整壁长度值为 10.0；单击 偏移 选项卡，选中 ☑ 相对连接边偏移壁 复选框和 ◉ 添加到零件边 单选项；确认 按钮（在连接边上添加折弯）被按下，输入折弯半径值 0.5，折弯半径所在侧为 （内侧）；单击"完成"按钮 ✔。

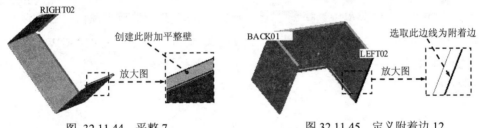

图 32.11.44　平整 7　　　　　　　　图 32.11.45　定义附着边 12

Step14. 创建图 32.11.46 所示的成形特征——模板 1。单击 模型 功能选项卡 工程 ▾ 区域 ▾ 下的 凹模 按钮，在系统弹出的 ▾ OPTIONS (选项) 菜单中选择 Reference (参考) ➡ Done (完成) 命令；在系统弹出的文件"打开"对话框中选择 SM_DIE_15.PRT 文件，定义成形模具的放置（操作过程如图 32.11.47 所示），装配完成后在"模板"窗口中单击"完成"按钮 ✔；选取图 32.11.48 中所示的面为边界面，选取图 32.11.48 中所示的面为种子面；双击"模板"对话框中的 Exclude Surf (排除曲面)，选取图 32.11.49 所示的表面为排除面，在 ▾ FEATURE REFS (特征参考) 菜单中选择 Done Refs (完成参考) 命令；单击"模板"对话框中的 确定 按钮，完成成形特征 1 的创建。

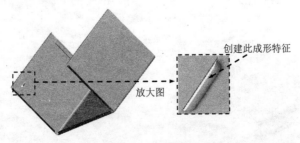

图 32.11.46　成形特征 1

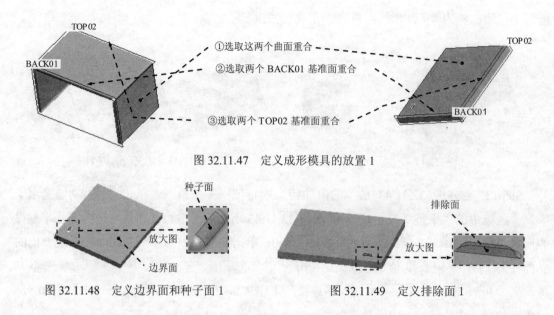

图 32.11.47 定义成形模具的放置 1

图 32.11.48 定义边界面和种子面 1　　　　图 32.11.49 定义排除面 1

Step15. 创建图 32.11.50 所示的阵列特征 1。在模型树中选取上步创建的"模板 1"特征后右击，在弹出的快捷菜单中选择 阵列... 命令；在"阵列"操控板中选择 方向 选项，选取 BACK01 基准面为第一方向参照，输入阵列个数值 4，增量值 35.0，选取 DOWN02 基准面为第二方向参照，输入阵列个数值 8，增量值 10.0，单击 按钮；单击 按钮，完成阵列特征 1 的创建。

a）阵列前　　　　　　　　　　　　　　　b）阵列后

图 32.11.50 阵列 1

Step16. 参照 Step14 创建图 32.11.51 所示的成形特征——模板 2。选择 SM_DIE_16.PRT 模具文件，模具放置过程如图 32.11.52 所示，选取图 32.11.53 所示的边界面和种子面，选取图 32.11.54 所示的面为排除面，单击"模板"对话框中的 确定 按钮。

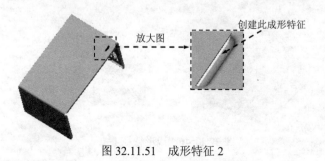

图 32.11.51 成形特征 2

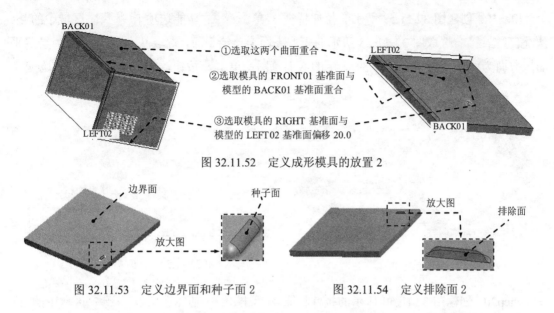

图 32.11.52 定义成形模具的放置 2

图 32.11.53 定义边界面和种子面 2　　　　图 32.11.54 定义排除面 2

Step17. 创建图 32.11.55 所示的阵列特征 2。在模型树中选取上步创建的"模板 2"特征后右击，在弹出的快捷菜单中选择 阵列... 命令；在"阵列"操控板中选择 方向 选项，选取 LEFT02 基准面为第一方向参照，在 方向1 区域的 增量 文本栏中输入增量值 45.0，在操控板中的第一方向阵列个数栏中输入值 6，单击 按钮；选取 BACK01 基准面为第二方向参照，在 方向2 区域的 增量 文本栏中输入增量值 15.0，在操控板中的第二方向阵列个数栏中输入值 3，单击 按钮；单击 按钮，完成阵列特征 2 的创建。

a）阵列前　　　　　图 32.11.55　阵列 2　　　　　b）阵列后

Step18. 创建图 32.11.56 所示的拉伸特征 2。单击 模型 功能选项卡 形状 ▼ 区域中的"拉伸"按钮 拉伸；选取图 32.11.56 所示的模型表面为草绘平面，选取基准面 TOP02 为参照平面，方向为 上；绘制图 32.11.57 所示的截面草图；单击 按钮，完成拉伸特征 2 的创建。

图 32.11.56　拉伸 2　　　　　　　　　　　图 32.11.57　截面草图 9

Step19. 创建图 32.11.58 所示的拉伸特征 3。单击 模型 功能选项卡 形状 ▼ 区域中的"拉伸"按钮 ⬜ 拉伸；选取图 32.11.58 所示的模型表面为草绘平面，选取基准面 TOP02 为参照平面，方向为 上；绘制图 32.11.59 所示的截面草图；单击 ✔ 按钮，完成拉伸特征 3 的创建。

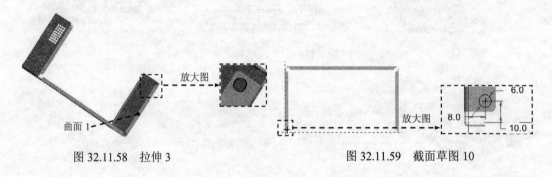

图 32.11.58 拉伸 3   图 32.11.59 截面草图 10

Step20. 创建图 32.11.60 所示的拉伸特征 4。单击 模型 功能选项卡 形状 ▼ 区域中的"拉伸"按钮 ⬜ 拉伸；选取图 32.11.60 所示的模型表面为草绘平面，选取基准面 TOP02 为参照平面，方向为 上；绘制图 32.11.61 所示的截面草图；单击 ✔ 按钮，完成拉伸特征 4 的创建。

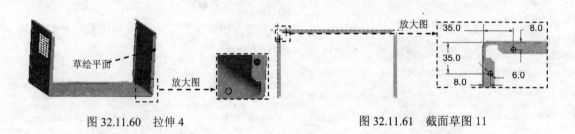

图 32.11.60 拉伸 4   图 32.11.61 截面草图 11

Step21. 创建图 32.11.62 所示的拉伸特征 5。单击 模型 功能选项卡 形状 ▼ 区域中的"拉伸"按钮 ⬜ 拉伸；选取图 32.11.62 所示的模型表面为草绘平面，选取基准面 TOP02 为参照平面，方向为 上；绘制图 32.11.63 所示的截面草图；单击 ✔ 按钮，完成拉伸特征 5 的创建。

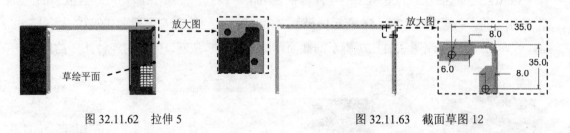

图 32.11.62 拉伸 5   图 32.11.63 截面草图 12

Step22. 保存零件模型文件。

32.12　最　终　验　证

Task1. 设置各元件的外观

为了便于区别各个元件，建议将各元件设置为不同的外观颜色，并具有一定的透明度。每个元件的设置方法基本相同，下面仅以设置微波炉的内部底盖零件模型 inside_cover_01.prt、内部顶盖零件模型 inside_cover_02.prt、前盖零件模型 front_cover.prt、后盖零件模型 back_cover.prt、底盖零件模型 down_cover.prt 和顶盖零件模型 top_cover.prt 的外观为例，说明其一般操作过程。

Step1. 设置微波炉外壳内部底盖零件模型 inside_cover_01.prt 的外观。单击 视图 功能选项卡 模型显示 区域中的"外观库"按钮 ● 下的 外观管理器... 按钮，在系统弹出的图 32.12.1 所示的"外观管理器"对话框中，单击 按钮以添加新外观。

Step2. 参照 Step1 的操作步骤，设置其他各元件的外观。

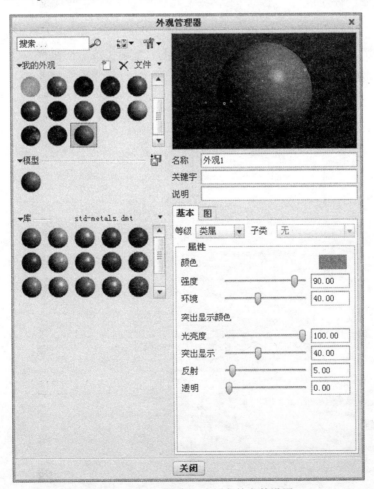

图 32.12.1　"基本"选项卡的参数设置

Task2. 进行验证(修改微波炉整体大小)

Step1. 在装配模型树界面中选择 📺 ▾ ➡ 🏷️树过滤器(F)...，然后选中 显示 选项组下的 ☑特征 复选框，这样每个零件中的特征都将在模型树中显示。

Step2. 在模型树中单击▶ ▣ DISH.PRT 前面的 ▶。

Step3. 在模型树中右击要修改的特征 ▶ ⚙️旋转 1，在弹出的快捷菜单中选择 编辑 命令，系统即显示图 32.12.2a 所示的尺寸。

Step4. 双击要修改的直径值 240，输入新尺寸值 300（图 32.12.2b），然后按 Enter 键。

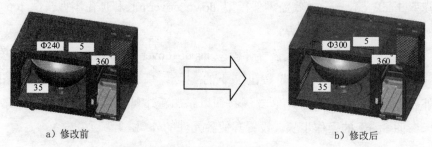

a）修改前　　　　　　　　　　　　　　b）修改后

图 32.12.2 修改微波炉的长度尺寸

Step5. 单击 模型 功能选项卡 形状 ▾ 区域中的"重新生成"按钮 🔄，再生完成后，不会出现任何错误提示。

第 7 章

ISDX 曲面造型实例

本章主要包含如下内容：

- 实例 33　自行车座
- 实例 34　马桶坐垫

实例 33　自行车座

实例概述：

本实例主要运用了"ISDX 曲线""镜像曲线""边界混合曲面""曲面加厚"等特征命令。在创建 ISDX 曲线时，应注意使用创建的基准轴以及基准点对 ISDX 曲线进行约束。零件模型及模型树如图 33.1 所示。

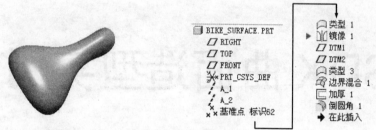

图 33.1　零件模型及模型树

Step1. 新建零件模型并命名为 BIKE_SURFACE。

Step2. 创建图 33.2 所示的基准轴——A_1。

（1）单击 模型 功能选项卡 基准 ▼ 区域中的 ⁄ 轴 按钮，系统弹出"基准轴"对话框。

（2）定义约束。

① 选取 FRONT 基准面为放置参考，将其约束类型设置为 法向 。

② 选取 TOP 基准面为偏移参考，偏移值为 200.0；按住 Ctrl 键，选取 RIGHT 基准面为偏移参考，偏移值为 0.0。

（3）单击对话框中的 确定 按钮，完成基准轴 A_1 的创建。

Step3. 创建图 33.3 所示的基准轴——A_2。单击 模型 功能选项卡 基准 ▼ 区域中的 ⁄ 轴 按钮，选取 FRONT 基准面为放置参考，约束类型为 法向 ；选取 RIGHT 基准面为偏移参考，偏移值为 60.0；按住 Ctrl 键，选取 TOP 基准面为偏移参考，偏移值为 -150.0。

Step4. 创建图 33.4 所示的基准点 PNT0 和基准点 PNT1。单击 模型 功能选项卡 基准 ▼ 区域中的 ×× 点 ▼ 按钮；按住 Ctrl 键，选取图 33.4 所示的基准轴 A_2 和基准面 FRONT 为 PNT0 的放置参考；单击 新点 字符，按住 Ctrl 键，选取图 33.4 所示的基准轴 A_1 和基准面 FRONT 为 PNT1 的放置参考；单击"基准点"对话框中的 确定 按钮，完成基准点 PNT0、PNT1 的创建。

Step5. 创建图 33.5 所示的 ISDX 曲线 1。

（1）进入造型环境。单击 模型 功能选项卡 曲面 ▼ 区域中的"造型"按钮 ⌂ 造型 。

（2）选择 RIGHT 基准平面为活动平面。

（3）单击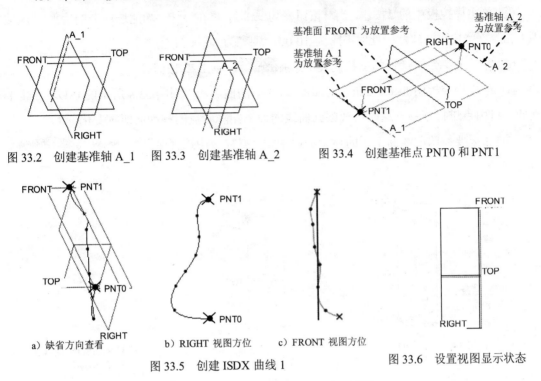按钮，选择 RIGHT 视图，此时视图显示状态如图 33.6 所示。

图 33.2　创建基准轴 A_1　　图 33.3　创建基准轴 A_2　　图 33.4　创建基准点 PNT0 和 PNT1

a）缺省方向查看　　　b）RIGHT 视图方位　　c）FRONT 视图方位

图 33.5　创建 ISDX 曲线 1　　　　　　　　　图 33.6　设置视图显示状态

（4）创建图 33.7 所示的初步的 ISDX 曲线 1。单击 样式 功能选项卡 曲线 ▼ 区域中的 "曲线"按钮 ~，在弹出的操控板中单击 ~ 按钮；绘制图 33.7 所示的初步的 ISDX 曲线 1，然后单击操控板中的 ✔ 按钮。

（5）编辑初步的 ISDX 曲线 1。

① 取消选中 □ 平面显示 复选框，使基准面不显示。

② 单击 样式 功能选项卡 曲线 ▼ 区域中的 曲线编辑 按钮，此时系统显示"曲线编辑"操控板，选取图 33.7 所示的初步的 ISDX 曲线 1。

③ 按住 Shift 键，选取图 33.7 所示的初步的 ISDX 曲线 1 的上端点，向基准点 PNT1 方向拖移，直至出现小叉"×"与基准点 PNT1 重合为止；按照同样的操作方法使初步的 ISDX 曲线 1 的下端点与基准点 PNT0 重合，约束后的曲线如图 33.8 所示。

④ 设置 ISDX 曲线 1 的两个端点的"垂直"约束。单击该曲线的上端点，单击操控板中的 相切 按钮，系统弹出"约束"界面，在此界面的 约束 选项区域中将 第一个 约束设置为 竖直 ，与 RIGHT 基准平面垂直；单击该曲线的下端点，将 第二个 约束设置为 竖直 ，与 RIGHT 基准平面垂直。

⑤ 对照图 33.5 所示的 RIGHT 视图方位和 FRONT 视图方位拖动其他自由点。

（6）对照图 33.9 所示的曲线的曲率图，编辑 ISDX 曲线 1。

① 单击 ![按钮] 按钮，选择 RIGHT 视图。

② 单击操控板中的 ![按钮] 按钮，当 ![按钮] 按钮变为 ![按钮] 时，再在 样式 功能选项卡的 分析 ▼ 区域中单击 ![曲率] 按钮（注意：此时 质量 为 10.00，比例 为 80.00）。

③ 在"曲率"对话框的下拉列表中选择 已保存，单击 ![✓] 按钮。

④ 单击操控板中的 ![按钮] 按钮，对照图 33.9 中的曲率图，对图 33.8 所示的 ISDX 曲线 1 上的各自由点进行拖移。这时可观察到曲线的曲率图随着点的移动而即时变化。

⑤ 如果要关闭曲线曲率图的显示，在"样式"操控板中选择 分析 ▼ ━━▶ ![删除所有曲率] 命令。

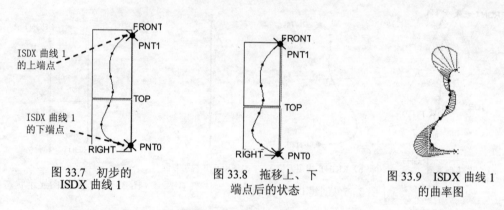

图 33.7　初步的　　　　图 33.8　拖移上、下　　　　图 33.9　ISDX 曲线 1
ISDX 曲线 1　　　　端点后的状态　　　　的曲率图

（7）退出造型环境。

Step6. 创建图 33.10 所示的镜像曲线 1。选取图 33.10a 所示的类型 1 为镜像对象，单击 模型 功能选项卡 编辑 ▼ 区域中的 ![镜像] 按钮；选取 FRONT 基准面为镜像平面，单击操控板中的 ![✓] 按钮。

Step7. 创建图 33.11 所示的基准平面 DTM1。单击"平面"按钮 ![按钮]，选取 TOP 基准面为放置参考，偏移值为 130.0。

Step8. 创建图 33.12 所示的基准平面 DTM2。选取 TOP 基准面为放置参考，偏移值为 −80.0。

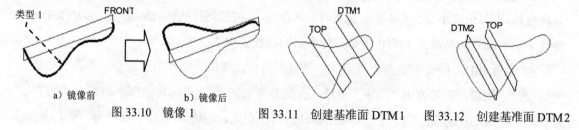

a）镜像前　　　　b）镜像后
图 33.10　镜像 1　　　　图 33.11　创建基准面 DTM1　　图 33.12　创建基准面 DTM2

Step9. 创建图 33.13 所示的 ISDX 曲线 2、ISDX 曲线 3 和 ISDX 曲线 4。

（1）进入造型环境。单击 模型 功能选项卡 曲面 ▼ 区域中的"造型"按钮 ![造型]。

（2）创建图 33.14 所示的 ISDX 曲线 2。

① 选取 DTM1 基准平面为活动平面。

② 在绘图区右击，从弹出的快捷菜单中选择 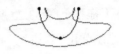命令。

③ 单击 样式 功能选项卡 曲线▼ 区域中的"曲线"按钮 ∿，绘制图 33.15 所示的初步的 ISDX 曲线 2，然后单击操控板中的 ✔ 按钮。

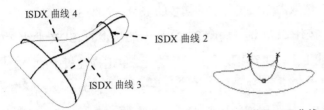

图 33.13　ISDX 曲线 2、ISDX　　　图 33.14　创建 ISDX 曲线 2　　　图 33.15　初步的 ISDX 曲线 2
曲线 3 和 ISDX 曲线 4

（3）编辑初步的 ISDX 曲线 2。

① 隐藏不需要的基准面，将视图调整至图 33.16 所示的方位；单击 样式 功能选项卡 曲线▼ 区域中的 曲线编辑 按钮，选取图 33.16 所示的初步的 ISDX 曲线 2。

② 设置自由点 1 和自由点 2。按住 Shift 键，将图 33.16 所示的初步的 ISDX 曲线 2 的自由点 1 拖移至图 33.16 所示的曲线 1 上，直至出现小叉"×"为止；单击操控板中的 相切 按钮，系统弹出"约束"界面，在此界面的 约束 选项组中将 第一个 约束设置为 竖直，在 属性 区域的"长度"文本框中输入值 50.0；按照同样的操作方法将初步的 ISDX 曲线 2 的自由点 2 拖移至图 33.16 所示的曲线 1 上；将 第一个 约束设置为 竖直，设置 属性 的长度值为 50.0。

③ 拖移自由点 3。将初步的 ISDX 曲线 2 的自由点 3 拖移至 FRONT 基准面上，单击操控板中的 点 按钮，接受 软点 区域中的 类型 的默认设置为 自平面偏移，在"值"文本框中输入 33.5。

④ 单击操控板中的 ✔ 按钮。

（4）对照图 33.17 所示的曲线的曲率图，编辑 ISDX 曲线 2。

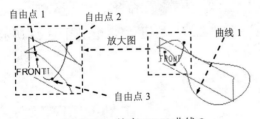

图 33.16　约束 ISDX 曲线 2

图 33.17　ISDX 曲线 2 的曲率图

（5）创建图 33.18 所示的 ISDX 曲线 3。

① 设置基准面 DTM2 为活动平面。

② 在绘图区右击，从弹出的快捷菜单中选择 活动平面方向 命令。

③ 单击 样式 功能选项卡 曲线 ▼ 区域中的"曲线"按钮 ⌒，绘制图 33.19 所示的初步的 ISDX 曲线 3，然后单击操控板中的 ✔ 按钮。

（6）编辑初步的 ISDX 曲线 3。

① 隐藏不需要的基准面，将视图调整至图 33.20 所示的方位；单击 样式 功能选项卡 曲线 ▼ 区域中的 曲线编辑 按钮，选取图 33.20 所示的初步的 ISDX 曲线 3。

② 拖移自由点 1 和自由点 2。按住 Shift 键，将图 33.20 所示的初步的 ISDX 曲线 3 的自由点 1 拖移至图 33.20 所示的曲线 1 上，直至出现小叉"×"为止；单击操控板中的 相切 按钮，系统弹出"约束"界面，在此界面的 约束 选项组中将 第一个 约束设置为 竖直，在 属性 区域的"长度"文本框中输入值 80.0；按照同样的操作方法将初步的 ISDX 曲线 3 的自由点 2 拖移至图 33.20 所示的曲线 1 上；将 第一个 约束设置为 竖直，设置 属性 的长度值为 80.0。

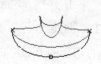

图 33.18　创建 ISDX 曲线 3

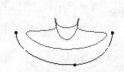

图 33.19　初步的 ISDX 曲线 3

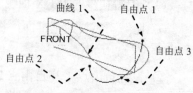

图 33.20　约束 ISDX 曲线 3

③ 拖移自由点 3。将初步的 ISDX 曲线 3 的自由点 3 拖移至 FRONT 基准面上，单击操控板中的 点 按钮，接受 软点 区域中的 类型 的默认设置为 自平面偏移，在"值"文本框中输入 -88.0。

④ 单击操控板中的 ✔ 按钮。

（7）对照图 33.21 所示的曲线的曲率图，编辑 ISDX 曲线 3。

（8）创建图 33.22 所示的 ISDX 曲线 4。

① 设置基准面 FRONT 为活动平面。

② 在绘图区右击，从弹出的快捷菜单中选择 活动平面方向 命令。

③ 单击 样式 功能选项卡 曲线 ▼ 区域中的"曲线"按钮 ⌒，绘制图 33.23 所示的初步的 ISDX 曲线 4，然后单击操控板中的 ✔ 按钮。

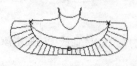

图 33.21　ISDX 曲线 3 的曲率图

图 33.22　创建 ISDX 曲线 4

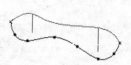

图 33.23　初步的 ISDX 曲线 4

（9）编辑初步的 ISDX 曲线 4。

① 隐藏不需要的基准面，将视图调整至图 33.24 所示的方位；单击 样式 功能选项卡

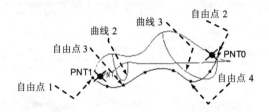 区域中的 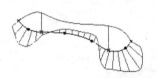 按钮，选取图 33.24 所示的初步的 ISDX 曲线 4。

② 按住 Shift 键，将图 33.24 所示的初步的 ISDX 曲线 4 的自由点 1 拖移至与基准点 PNT1 重合；将自由点 2 拖移至与基准点 PNT0 重合；将自由点 3 拖移至曲线 2 上；将自由点 4 拖移至曲线 3 上。

③ 单击操控板中的 ✔ 按钮。

（10）对照图 33.25 所示的曲线的曲率图，编辑 ISDX 曲线 4。

（11）退出造型环境。

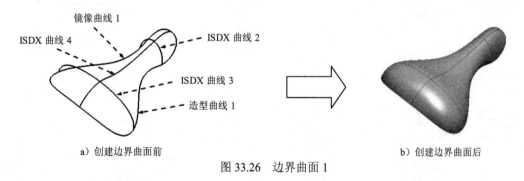

图 33.24　定义 ISDX 曲线 4 的约束　　　　图 33.25　ISDX 曲线 4 的曲率图

Step10. 创建图 33.26b 所示的边界曲面 1。

a）创建边界曲面前　　　　　　　　　　　　b）创建边界曲面后

图 33.26　边界曲面 1

（1）单击 模型 功能选项卡 曲面 ▾ 区域中的"边界混合"按钮 。

（2）定义边界曲线。

① 定义第一方向边界曲线。在操控板中单击 曲线 按钮，系统弹出"曲线"界面，按住 Ctrl 键，依次选取图 33.26a 所示的 ISDX 曲线 2、ISDX 曲线 3 为第一方向边界曲线。

② 定义第二方向边界曲线。单击"第二方向"区域中的"单击此…"字符，按住 Ctrl 键，依次选取图 33.26a 所示的镜像曲线 1、ISDX 曲线 4 和造型曲线 1 为第二方向边界曲线。

（3）定义边界约束类型。将方向一和方向二的链的边界约束类型均设置为 自由 。

（4）单击操控板中的"完成"按钮 ✔ 。

Step11. 创建图 33.27b 所示的加厚曲面特征——加厚 1。选取 Step10 创建的边界曲面 1 为要加厚的面组，单击 模型 功能选项卡 编辑 ▾ 区域中的 加厚 按钮，加厚的方向为曲面外部，输入加厚值 3.0。

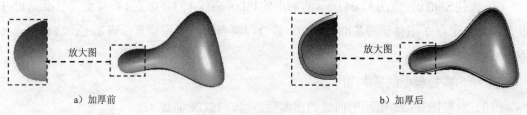

a）加厚前　　　　　　　　　　　　　　　b）加厚后

图 33.27　加厚 1

Step12. 创建图 33.28b 所示的倒圆角 1。选取图 33.28a 所示的两条边链为倒圆角的边线，
圆角半径值为 2.0。

Step13. 保存零件模型。

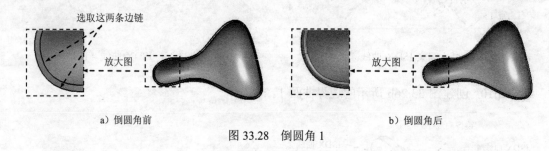

a）倒圆角前　　　　　　　　　　　　　　　b）倒圆角后

图 33.28　倒圆角 1

实例 34　马 桶 坐 垫

实例概述：

　　本实例是一个典型的 ISDX 曲面建模的例子，其建模思路是先创建几个基准平面和基准曲线（它们主要用于控制 ISDX 曲线的位置和轮廓），然后进入 ISDX 模块，创建 ISDX 曲线并对其进行编辑，再利用这些 ISDX 曲线构建 ISDX 曲面。通过对本例的学习，读者可初步认识到 ISDX 曲面设计的基本思路。

　　零件模型及模型树如图 34.1 所示。

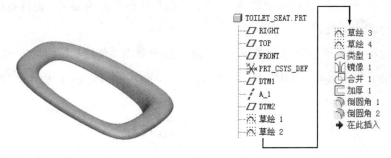

图 34.1　零件模型及模型树

Stage1．设置工作目录和打开文件

Step1. 选择下拉菜单 文件▼ ➡ 管理会话(M) ▶ ➡ 选择工作目录(D) 更改工作目录 命令，将工作目录设置至 D:\creoins3\work\ch07\ins34\。

Step2. 选择下拉菜单 文件▼ ➡ 打开(O) 命令，打开文件 toilet_seat.prt。

注意：打开空的 toilet_seat.prt 模型，是为了使用该模型中的一些层、视图、单位制等设置。

Step3. 设置视图。单击视图工具栏中的 按钮，选择 VIEW_1 视图。

Stage2．创建基准平面、基准轴以及基准曲线

注意：创建基准平面、基准轴和基准曲线是为了在后面绘制 ISDX 曲线时，用以确定其位置及控制其轮廓和尺寸。

Step1. 创建图 34.2 所示的基准平面 DTM1。单击 模型 功能选项卡 基准 ▼ 区域中的"平面"按钮 ，选取 TOP 基准平面为参考平面，平移值为 280.0，单击对话框中的 确定 按钮。

Step2. 创建图 34.3 所示的基准轴 A_1。单击 模型 功能选项卡 基准 ▼ 区域中的"轴"按钮 ✐轴，按住 Ctrl 键，选取基准平面 DTM1 和 FRONT 基准平面为参考，单击对话框中的 确定 按钮。

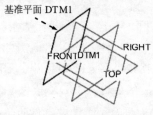

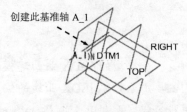

图 34.2　基准平面 DTM1　　　　　图 34.3　基准轴 A_1

Step3. 创建图 34.4 所示的基准平面 DTM2。单击 模型 功能选项卡 基准 ▼ 区域中的"平面"按钮 ▱，按住 Ctrl 键，选取基准轴 A_1 和 FRONT 基准平面为参考，旋转角度值为 5.0，单击对话框中的 确定 按钮。

Step4. 创建图 34.5 所示的基准曲线 1。在操控板中单击"草绘"按钮 ～，选取 FRONT 基准平面为草绘平面，选取 RIGHT 基准平面为参考平面，方向为 上 ；单击 草绘 按钮，绘制图 34.6 所示的草图。

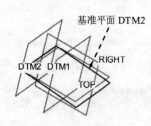

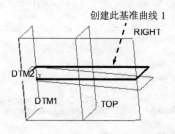

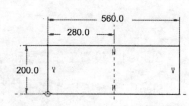

图 34.4　基准平面 DTM2　　图 34.5　基准曲线 1（建模环境）　图 34.6　基准曲线 1（草绘环境）

Step5. 创建图 34.7 所示的基准曲线 2。在操控板中单击"草绘"按钮 ～，选取基准平面 DTM2 为草绘平面，选取 RIGHT 基准平面为参考平面，方向为 上 ；单击 草绘 按钮，选取基准轴 A_1 为参考；绘制图 34.8 所示的草图。

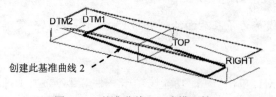

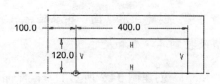

图 34.7　基准曲线 2（建模环境）　　　　图 34.8　基准曲线 2（草绘环境）

Step6. 创建图 34.9 所示的基准曲线 3。在操控板中单击"草绘"按钮 ～，选取 RIGHT 基准平面为草绘平面，选取 FRONT 基准平面为参考平面，方向为 上 ；单击 草绘 按钮，绘制图 34.10 所示的草图。

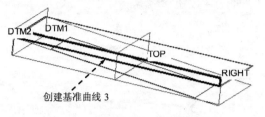

图 34.9 基准曲线 3（建模环境）

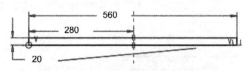

图 34.10 基准曲线 3（草绘环境）

Step7. 创建图 34.11 所示的基准曲线 4。在操控板中单击"草绘"按钮 ，选取 TOP 基准平面为草绘平面，选取 RIGHT 基准平面为参考平面，方向为 右 ；单击 草绘 按钮，绘制图 34.12 所示的草图。

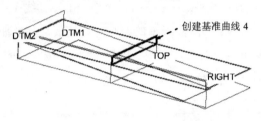

图 34.11 基准曲线 4（建模环境）

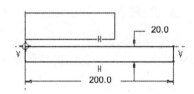

图 34.12 基准曲线 4（草绘环境）

Stage3．创建 ISDX 造型曲面特征

Step1. 进入造型环境。单击 模型 功能选项卡 曲面 ▾ 区域中的"造型"按钮 造型 ，进入造型环境。

Step2. 创建图 34.13 所示的 ISDX 曲线 1。

（1）设置活动平面。在 样式 功能选项卡 平面 区域中单击"设置活动平面"按钮 ，选择 FRONT 基准平面为活动平面，如图 34.14 所示；单击 按钮，选择 VIEW_2 视图，此时模型如图 34.15 所示。

注意：如果活动平面的栅格太稀或太密，可在 样式 功能选项卡中选择 操作 ▾ ➡ 首选项 命令，在"造型首选项"对话框的 栅格 区域中调整 间距 值的大小。

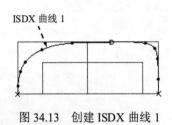

图 34.13 创建 ISDX 曲线 1

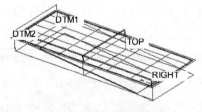

图 34.14 选择活动平面

（2）创建初步的 ISDX 曲线 1。

① 单击 样式 功能选项卡 曲线 ▼ 区域中的"曲线"按钮 。

② 在"造型：曲线"操控板中单击"创建平面曲线"按钮 。

③ 绘制图 34.16 所示的初步的 ISDX 曲线 1，然后单击操控板中的 按钮。

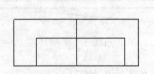

图 34.15　VIEW_2 视图状态

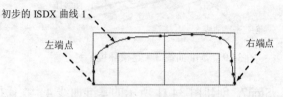

图 34.16　创建初步的 ISDX 曲线 1

（3）对初步的 ISDX 曲线 1 进行编辑。

① 单击 样式 功能选项卡 曲线 ▼ 区域中的 曲线编辑 按钮，选取 ISDX 曲线 1。

② 移动曲线 1 的端点。按住 Shift 键，拖移 ISDX 曲线 1 的左端点，使其与基准曲线 1 的左下顶点对齐（当显示"×"符号时，表明两点对齐，如图 34.17 所示）；按同样的方法将 ISDX 曲线 1 的右端点与基准曲线 1 的右下顶点对齐，如图 34.18 所示。

图 34.17　对齐左端点

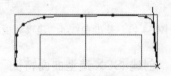

图 34.18　对齐右端点

③ 按照同样的方法，将 ISDX 曲线 1 上图 34.19 所示的点对齐到基准曲线的边线上。

④ 拖移 ISDX 曲线 1 的其余自由点，如图 34.20 所示。

图 34.19　对齐点

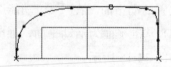

图 34.20　拖移其余自由点

⑤ 设置 ISDX 曲线 1 两个端点处的切线方向和长度。

a）单击 按钮，选择 VIEW_1 视图，以便在三维状态下进行查看。

b）选取 ISDX 曲线 1 的右端点，然后单击操控板中的 相切 选项卡，在弹出的界面中的 约束 区域下的 第一 下拉列表中选择 法向 选项，并选取 RIGHT 基准平面为法向参考平面，这样该端点的切线方向便与 RIGHT 基准平面垂直，如图 34.21 所示；在该界面的 长度 文本框中输入切线的长度值 250.0，并按 Enter 键。

c）按同样的方法，设置 ISDX 曲线 1 左端点的切向与 RIGHT 基准平面垂直，切线长度值为 250.0。

注意：设置完切线长度值之后，需要选中 |相切| 选项卡 |属性| 区域中的 ⦿ |固定长度| 单选项，以免后面调整曲线形状时，切线长度值再次发生变化。

说明：在后面的操作中，需对创建的 ISDX 曲面进行镜像，而镜像中心平面正是 RIGHT 基准平面。为了使镜像后的两个曲面之间光滑连接，这里必须将 ISDX 曲线 1 左、右两个端点的切向约束设置为法向，否则镜像后两个曲面的连接处会有一道明显的不光滑"痕迹"。后面还要创建类似的 ISDX 曲线，我们在其端点都将进行此类约束设置。

⑥ 对照曲线的曲率图，编辑 ISDX 曲线 1。

a）单击 |▣⁴ᴮ| 按钮，选择 VIEW_2 视图。

b）单击"造型：编辑曲线"操控板中的 |❚❚| 按钮（此时 |❚❚| 按钮变为 |▶|），暂时退出编辑曲线状态，在 |样式| 功能选项卡的 |分析 ▾| 区域中单击"曲率"按钮 |≋曲率|，此时系统弹出"曲率"对话框，再选取 ISDX 曲线 1，以显示其曲率图，如图 34.22 所示（在对话框的 |比例| 文本框中输入比例值 120.0）。

注意：如果曲率图太稀或太小，可在"曲率"对话框中调整 |质量| 滑块和 |比例| 滚轮。

c）在"曲率"对话框的 |分析| 选项卡下部的下拉列表中选择 |已保存| 选项，然后单击 |✔| 按钮，关闭对话框。

d）单击"造型：编辑曲线"操控板中的 |▶| 按钮，回到编辑曲线状态，然后对照曲率图来对 ISDX 曲线 1 上的其他几个自由点进行拖拉编辑，可观察到曲率图随着点的移动而不断变化；编辑结果如图 34.22 所示。

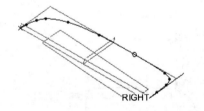

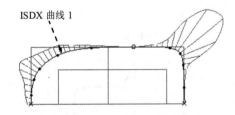

图 34.21　右端点切向与 RIGHT 基准平面垂直　　　图 34.22　ISDX 曲线 1 的曲率图

e）单击 |分析 ▾| 节点下的 |≋删除所有曲率| 命令，关闭曲线曲率图的显示。

f）完成编辑后，单击"造型：编辑曲线"操控板中的 |✔| 按钮。

Step3. 创建图 34.23 所示的 ISDX 曲线 2。

（1）设置活动平面。在 |样式| 功能选项卡 |平面| 区域中单击"设置活动平面"按钮 |▦|，选择 DTM2 基准平面为活动平面；单击 |▣⁴ᴮ| 按钮，选择 VIEW_3 视图。

（2）创建初步的 ISDX 曲线 2。单击 |样式| 功能选项卡 |曲线 ▾| 区域中的"曲线"按钮 |⌒|，在操控板中单击 |⤴| 按钮，绘制图 34.24 所示的初步的 ISDX 曲线 2，然后单击操控板中的 |✔| 按钮。

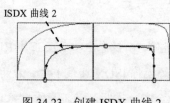

图 34.23 创建 ISDX 曲线 2　　　　图 34.24 创建初步的 ISDX 曲线 2

（3）编辑初步的 ISDX 曲线 2。

① 单击 样式 功能选项卡 曲线 ▼ 区域中的 曲线编辑 按钮，选取 ISDX 曲线 2。

② 按住 Shift 键，拖动 ISDX 曲线 2 的左、右端点，分别将其与基准曲线的下面两个顶点对齐，然后将 ISDX 曲线 2 上图 34.25 所示的点对齐到基准曲线的边线上。

③ 拖移 ISDX 曲线 2 的其余自由点，直至图 34.25 所示。

④ 设置 ISDX 曲线 2 两个端点处切线的方向和长度。

a）单击 按钮，选择 VIEW_1 视图，以便进行查看、选取。

b）设置 ISDX 曲线 2 右端点的切向与 RIGHT 基准平面垂直，切线长度值为 200.0；设置 ISDX 曲线 2 左端点的切向与 RIGHT 基准平面垂直，切线长度值为 150.0。

⑤ 对照曲线的曲率图，编辑 ISDX 曲线 2。

a）单击 按钮，选择 VIEW_3 视图。

b）对照曲率图（可在 比例 文本框中输入比例值 120.00）再次对 ISDX 曲线 2 上的几个自由点进行拖拉编辑；编辑结果如图 34.26 所示。

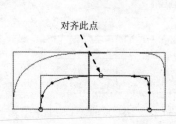
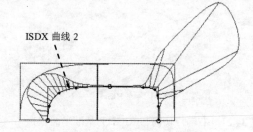

图 34.25 初步编辑 ISDX 曲线　　　　图 34.26 ISDX 曲线 2 的曲率图

c）单击操控板中的 按钮，完成编辑。

Step4. 创建图 34.27 所示的 ISDX 曲线 3。

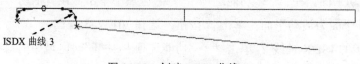

图 34.27 创建 ISDX 曲线 3

（1）设置活动平面。在 样式 功能选项卡 平面 区域中单击"设置活动平面"按钮，选择 RIGHT 基准平面为活动平面；单击 [图] 按钮，选择 VIEW_4 视图。

（2）创建初步的 ISDX 曲线 3。单击 样式 功能选项卡 曲线 ▾ 区域中的"曲线"按钮 ～，在操控板中单击 [图] 按钮，绘制图 34.28 所示的初步的 ISDX 曲线 3，然后单击操控板中的 ✔ 按钮。

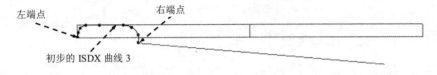

图 34.28　创建初步的 ISDX 曲线 3

（3）编辑初步的 ISDX 曲线 3。

① 单击 样式 功能选项卡 曲线 ▾ 区域中的 ✎ 曲线编辑 按钮，选取 ISDX 曲线 3。

② 单击 [图] 按钮，选择 VIEW_1 视图；按住 Shift 键，拖动 ISDX 曲线 3 的左、右端点，分别将其与 ISDX 曲线 1 和 ISDX 曲线 2 的端点对齐。

③ 单击 [图] 按钮，选择 VIEW_4 视图；按住 Shift 键，将 ISDX 曲线 3 上图 34.29 所示的点对齐到基准曲线的边线上；然后拖移 ISDX 曲线 3 的其他自由点，直至如图 34.29 所示。

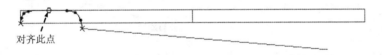

图 34.29　初步编辑 ISDX 曲线 3

④ 设置 ISDX 曲线 3 两个端点处切线的方向和长度。

a）单击 [图] 按钮，选择 VIEW_1 视图，以便进行查看、选取。

b）设置 ISDX 曲线 3 右端点的切向与 FRONT 基准平面垂直，切线长度值为 50.0；设置 ISDX 曲线 3 左端点的切向与 FRONT 基准平面垂直，切线长度值为 40.0。

⑤ 对照曲线的曲率图，编辑 ISDX 曲线 3。

a）单击 [图] 按钮，选择 VIEW_4 视图。

b）对照曲率图（可在 比例 文本框中输入比例值 20.00），再次对 ISDX 曲线 3 上的几个自由点进行拖拉编辑；编辑结果如图 34.30 所示。

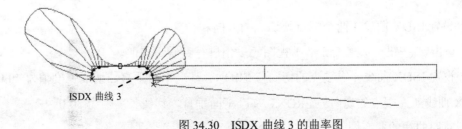

图 34.30　ISDX 曲线 3 的曲率图

c）单击"造型：编辑曲线"操控板中的 ☑ 按钮，完成编辑。

Step5. 创建图 34.31 所示的 ISDX 曲线 4。

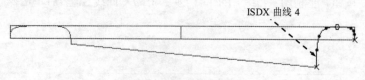

图 34.31　创建 ISDX 曲线 4

（1）设置活动平面。在 样式 功能选项卡 平面 区域中单击"设置活动平面"按钮 ，选择 RIGHT 基准平面为活动平面；单击按钮 ，选择 VIEW_4 视图。

（2）创建初步的 ISDX 曲线 4。单击 样式 功能选项卡 曲线 ▼ 区域中的"曲线"按钮 ，在操控板中单击 按钮；绘制图 34.32 所示的初步的 ISDX 曲线 4，然后单击操控板中的 ☑ 按钮。

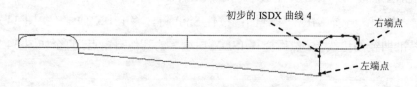

图 34.32　创建初步的 ISDX 曲线 4

（3）编辑初步的 ISDX 曲线 4。

① 单击 样式 功能选项卡 曲线 ▼ 区域中的 曲线编辑 按钮，选取 ISDX 曲线 4。

② 单击 按钮，选择 VIEW_1 视图；按住 Shift 键，拖动 ISDX 曲线 4 的左、右端点，分别将其与 ISDX 曲线 2 和 ISDX 曲线 1 的端点对齐。

③ 单击 按钮，选择 VIEW_4 视图；按住 Shift 键，将 ISDX 曲线 4 上图 34.33 所示的点对齐到基准曲线的边线上；然后拖移 ISDX 曲线 4 的其余自由点，直至如图 34.33 所示。

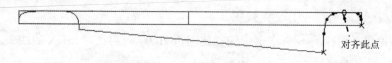

图 34.33　初步编辑 ISDX 曲线 4

④ 设置 ISDX 曲线 4 两个端点处切线的方向和长度。

a）单击 按钮，选择 VIEW_1 视图，以便进行查看、选取。

b）设置 ISDX 曲线 4 右端点的切向与 FRONT 基准平面垂直，切线长度值为 40.0；设置 ISDX 曲线 4 左端点的切向与 FRONT 基准平面垂直，切线长度值为 50.0。

⑤ 对照曲线的曲率图，编辑 ISDX 曲线 4。

a) 单击 按钮，选择 VIEW_4 视图。

b) 对照曲率图（可在 比例 文本框中输入比例值 20.00），对 ISDX 曲线 4 上的几个自由点进行拖拉编辑；编辑结果如图 34.34 所示。

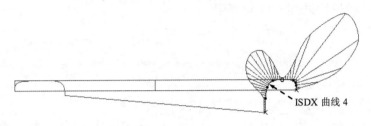

图 34.34　ISDX 曲线 4 的曲率图

c) 单击"造型：编辑曲线"操控板中的 按钮，完成编辑。

Step6. 创建图 34.35 所示的 ISDX 曲线 5。

（1）设置活动平面。在 样式 功能选项卡 平面 区域中单击"设置活动平面"按钮 ，选择 TOP 基准平面为活动平面；单击 按钮，选择 VIEW_5 视图。

（2）创建初步的 ISDX 曲线 5。单击 样式 功能选项卡 曲线 ▼ 区域中的"曲线"按钮 ；在操控板中单击 按钮，绘制图 34.36 所示的初步的 ISDX 曲线 5，然后单击"创建曲线"操控板中的 按钮。

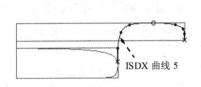

图 34.35　创建 ISDX 曲线 5

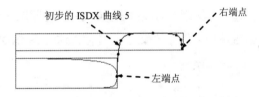

图 34.36　创建初步的 ISDX 曲线 5

（3）编辑初步的 ISDX 曲线 5。

① 单击 样式 功能选项卡 曲线 ▼ 区域中的 曲线编辑 按钮，选取 ISDX 曲线 5。

② 单击 按钮，选择 VIEW_1 视图；按住 Shift 键，拖动 ISDX 曲线 5 的左、右端点，分别将其与 ISDX 曲线 2 和 ISDX 曲线 1 对齐。

③ 单击 按钮，选择 VIEW_5 视图；按住 Shift 键，将 ISDX 曲线 5 上图 34.37 所示的点对齐到基准曲线的边线上；然后拖移 ISDX 曲线 5 的其余自由点，直至如图 34.37 所示。

④ 设置 ISDX 曲线 5 两个端点处切线的方向和长度。

a) 单击 按钮，选择 VIEW_1 视图，以便进行查看、选取。

b) 设置 ISDX 曲线 5 右端点的切向与 FRONT 基准平面垂直，切线长度值为 40.0；设置 ISDX 曲线 5 左端点的切向与 FRONT 基准平面垂直，切线长度值为 50.0。

⑤ 对照曲线的曲率图，编辑 ISDX 曲线 5。

a）单击 按钮，选择 VIEW_5 视图。

b）对照曲率图（可在 比例 文本框中输入比例值 20.00），再次对 ISDX 曲线 5 上的几个自由点进行拖拉编辑；编辑结果如图 34.38 所示。

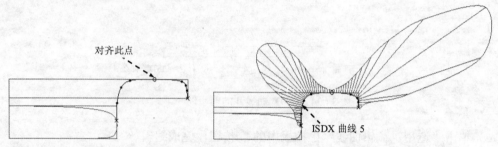

图 34.37　初步编辑 ISDX 曲线　　　　　图 34.38　ISDX 曲线 5 的曲率图

c）单击操控板中的 按钮，完成编辑。

Step7. 创建图 34.39b 所示的 ISDX 造型曲面。

该 ISDX 曲面由两部分组成，下面介绍其创建过程。

（1）创建图 34.40b 所示的第一个 ISDX 曲面。

① 单击 按钮，选择 VIEW_1 视图；在 样式 功能选项卡 曲面 区域中单击"曲面"按钮 。

② 选取边界曲线。按住 Ctrl 键，选取图 34.40a 所示的 ISDX 曲线 3、ISDX 曲线 1、ISDX 曲线 5 和 ISDX 曲线 2，系统便以这 4 条 ISDX 曲线为边界创建一个局部 ISDX 曲面。

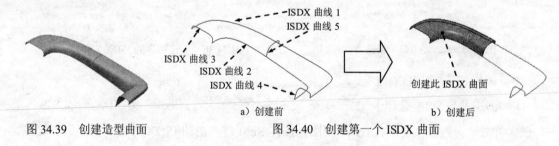

图 34.39　创建造型曲面　　　　　图 34.40　创建第一个 ISDX 曲面

③ 完成 ISDX 曲面的创建后，单击操控板中的 按钮。

（2）按照同样的方法，创建图 34.41 所示的第二个 ISDX 曲面。此时，选取的边界曲线为 ISDX 曲线 5、ISDX 曲线 1、ISDX 曲线 4 和 ISDX 曲线 2。

Step8. 完成造型设计，退出造型环境。

Stage4．创建镜像曲面，并将其与原曲面合并

Step1. 对上一步创建的面组进行镜像。

（1）选取图 34.42a 所示的面组。

（2）单击 模型 功能选项卡 编辑 ▼ 区域中的 镜像 按钮。

（3）在图形区选取 RIGHT 基准平面为镜像平面。

（4）单击操控板中的"完成"按钮 ✔，完成镜像特征 1 的创建。

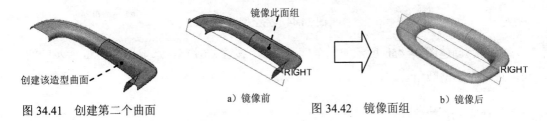

图 34.41　创建第二个曲面　　　　图 34.42　镜像面组

Step2. 将上一步创建的镜像面组与原面组进行合并。

（1）按住 Ctrl 键，选取要合并的两个面组——原面组与镜像面组。

（2）单击 模型 功能选项卡 编辑 ▼ 区域中的 合并 按钮。

（3）单击 ✔ 按钮，完成曲面合并 1 的创建。

Stage5．加厚曲面

Step1. 选取图 34.43a 所示的曲面。

Step2. 单击 模型 功能选项卡 编辑 ▼ 区域中的 加厚 按钮；加厚的箭头方向如图 34.43b 所示；输入薄壁实体的厚度值 7.0。

Step3. 单击"完成"按钮 ✔，完成加厚操作。

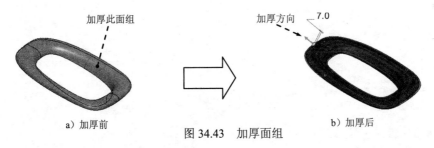

图 34.43　加厚面组

Stage6．倒圆角

Step1. 创建图 34.44b 所示的完全倒圆角 1。

（1）单击 按钮，选择 VIEW_6 视图；单击 模型 功能选项卡 工程 ▼ 区域中的 倒圆角 ▼ 按钮。

（2）选取圆角的放置参考。按住 Ctrl 键，选取图 34.44a 所示的两条边线。

（3）在操控板中单击 集 按钮，在系统弹出的界面中单击 完全倒圆角 按钮。

（4）单击操控板中的 ✔ 按钮，完成特征的创建。

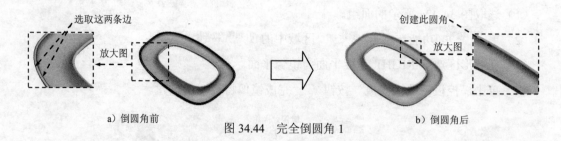

图 34.44 完全倒圆角 1

Step2. 创建图 34.45b 所示的完全倒圆角 2。按住 Ctrl 键，选取图 34.45a 所示的两条边线，进行完全倒圆角。

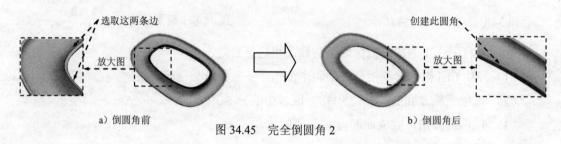

图 34.45 完全倒圆角 2

Stage7. 保存零件模型文件

第 8 章

钣金设计实例

本章主要包含如下内容：

实例 35 钣 金 板

实例概述：

　　本实例介绍了钣金板的设计过程，首先创建第一钣金壁特征，然后通过"平整"命令和"法兰"命令创建了钣金壁特征，在设计此零件的过程中还创建了钣金壁切削特征。下面介绍其设计过程，钣金件模型及模型树如图 35.1 所示。

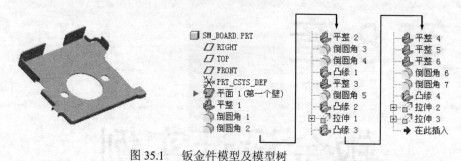

图 35.1　钣金件模型及模型树

　　Step1. 新建零件模型。选择下拉菜单 文件▾ ➡ 新建① 命令，系统弹出"新建"对话框，在 类型 选项组中选中 ⦿ □ 零件 单选项，在 子类型 选项组中选中 ⦿ 钣金件 单选项，在 名称 文本框中输入文件名称 SM_BOARD；取消选中 □ 使用默认模板 复选框，单击 确定 按钮，在系统弹出的"新文件选项"对话框的 模板 选项组中选择 mmns_part_sheetmetal 模板，单击 确定 按钮，系统进入钣金设计环境。

　　Step2. 创建图 35.2 所示的钣金基础特征——第一壁。单击 模型 功能选项卡 形状▾ 区域中的"平面"按钮 ◢平面 ，右击，在弹出的快捷菜单中选择 定义内部草绘... 命令；选取 FRONT 基准面为草绘平面，选取 RIGHT 基准面为参照平面，方向为 右 ；单击 草绘 按钮，绘制图 35.3 所示的截面草图，单击"确定"按钮 ✓ ；输入钣金壁厚值 1.0，并按 Enter 键；单击操控板中的"完成" 按钮 ✓ ，完成创建。

图 35.2　第一壁　　　　　　　　　　　图 35.3　截面草图 1

　　Step3. 创建图 35.4 所示的附加钣金壁特征——平整 1。单击 模型 功能选项卡 形状▾ 区域中的"平整"按钮 ◪，在系统 ⇨选择一个边连到侧壁上。 的提示下，选取图 35.5 所示的模型边线为附着边，选取平整壁的形状类型为 用户定义 ，在操控板的 △ 图标后面的下拉列表中选择

平整 选项；单击操控板中的 形状 按钮，在弹出的界面中单击 草绘... 按钮，在弹出的对话框中接受系统默认的草绘平面和参考，方向为 上；单击 草绘 按钮，进入草绘环境后，绘制图 35.6 所示的截面草图，然后单击"确定"按钮 ✓。

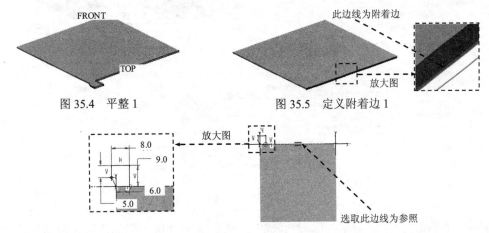

图 35.4　平整 1　　　　　　　　图 35.5　定义附着边 1

图 35.6　截面草图 2

Step4. 创建图 35.7b 所示的倒圆角特征 1。选取图 35.7a 所示的边线为倒圆角的边线；输入倒圆角半径值 5.0。

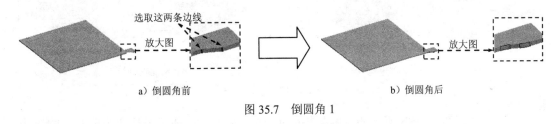

a）倒圆角前　　　　　　　　　　　　b）倒圆角后

图 35.7　倒圆角 1

Step5. 创建图 35.8b 所示的倒圆角特征 2。选取图 35.8a 所示的边线为倒圆角的边线；输入倒圆角半径值 3.0。

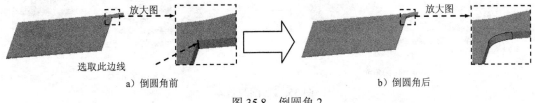

a）倒圆角前　　　　　　　　　　　　b）倒圆角后

图 35.8　倒圆角 2

Step6. 创建图 35.9 所示的附加钣金壁特征——平整 2。单击 模型 功能选项卡 形状 ▼ 区域中的"平整"按钮 ，在系统 ➡选择一个边连到侧壁上。 的提示下，选取图 35.10 所示的模型边线为附着边，选取平整壁的形状类型为 用户定义，在操控板的 图标后面的下拉列表中选择 平整 选项；单击操控板中的 形状 按钮，在弹出的界面中单击 草绘... 按钮，在弹出的对话框中接受系统默认的草绘平面和参考，方向为 上；单击 草绘 按钮，进入草绘环境后，绘制图 35.11 所示的截面草图，然后单击"确定"按钮 ✔。

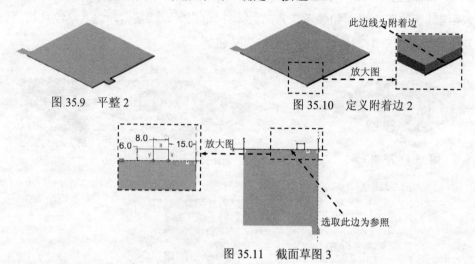

图 35.9　平整 2　　　　　图 35.10　定义附着边 2

图 35.11　截面草图 3

Step7. 创建图 35.12b 所示的倒圆角特征 3。选取图 35.12a 所示的边线为倒圆角的边线；输入倒圆角半径值 3.0。

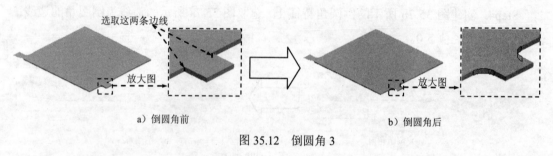

a）倒圆角前　　　　　　　　　　　b）倒圆角后

图 35.12　倒圆角 3

Step8. 创建图 35.13b 所示的倒圆角特征 4。选取图 35.13a 所示的边线为倒圆角的边线；输入倒圆角半径值 3.0。

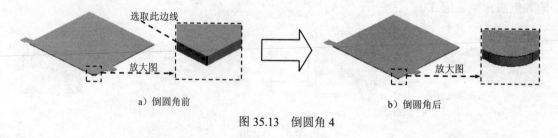

a）倒圆角前　　　　　　　　　　　b）倒圆角后

图 35.13　倒圆角 4

Step9. 创建图 35.14 所示的附加钣金壁特征——凸缘 1。单击 模型 功能选项卡 形状 ▾ 区域中的"法兰"按钮 🗇，系统弹出"凸缘"操控板；单击操控板中的 放置 按钮，选取附着边，先选取图 35.15 所示的模型边线 1，然后按住 Shift 键，选取图 35.15 所示的模型边线 2，选取法兰壁的形状类型为 I，确认 ┛ 按钮（在连接边上添加折弯）被按下，然后在后面的文本框中输入折弯半径值 0.5，折弯半径所在侧为 ⌐ᵞ（内侧）；单击 形状 按钮，在系统弹出的界面中，分别输入 5.0、90.0（角度值），并分别按 Enter 键；单击"完成"按钮 ✓ 。

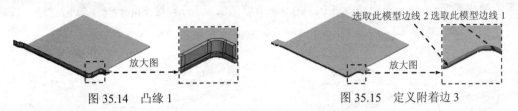

　　　　图 35.14　凸缘 1　　　　　　　　　　　图 35.15　定义附着边 3

　　Step10. 创建图 35.16 所示的附加钣金壁特征——平整 3。单击 模型 功能选项卡 形状 ▾ 区域中的"平整"按钮 ⬚ ，在系统 ➡选择一个边连到侧壁上。 的提示下，选取图 35.17 所示的模型边线为附着边，选取平整壁的形状类型为 用户定义 ，在操控板的 △ 图标后面的下拉列表中选择 平整 选项；单击操控板中的 形状 按钮，在弹出的界面中单击 草绘... 按钮，在弹出的对话框中接受系统默认的草绘平面和参考，方向为 上 ；单击 草绘 按钮，进入草绘环境后，绘制图 35.18 所示的截面草图，然后单击"确定"按钮 ✓ 。

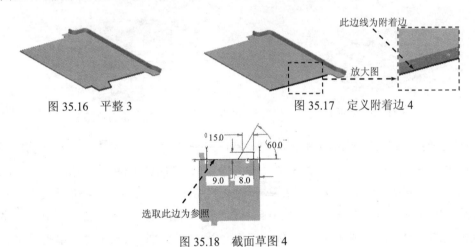

　　　　图 35.16　平整 3　　　　　　　　　图 35.17　定义附着边 4

图 35.18　截面草图 4

　　Step11. 创建图 35.19b 所示的倒圆角特征 5。选取图 35.19a 所示的边线为倒圆角的边线；输入倒圆角半径值 5.0。

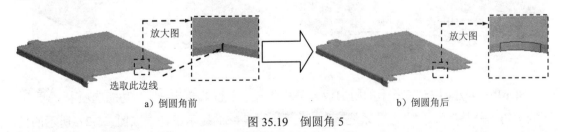

　　　　a）倒圆角前　　　　　　　　　　　　　b）倒圆角后

图 35.19　倒圆角 5

　　Step12. 创建图 35.20 所示的附加钣金壁特征——凸缘 2。单击 模型 功能选项卡 形状 ▾ 区域中的"法兰"按钮 ⬚ ，系统弹出"凸缘"操控板；参照 Step9 的方法选取图 35.21 所示的附着边，选取法兰壁的形状类型为 工 ；确认 ↵ 按钮（在连接边上添加折弯）被按下，然后在后面的文本框中输入折弯半径值 0.5，折弯半径所在侧为 （内侧）；单击 形状 按钮，在系统弹出的界面中，分别输入 5.0、90.0（角度值），并分别按 Enter 键；单击 偏移 选项卡，选中 ☑相对连接边偏移壁 复选框和 ◉添加到零件边 单选项；单击"完成"按钮 ✔。

图 35.20   凸缘 2

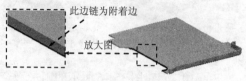

此边链为附着边

图 35.21   定义附着边 5

Step13. 创建图 35.22 所示的拉伸特征 1。在操控板中单击"拉伸"按钮 ☐拉伸；在操控板中按下"移除材料"按钮 ☐；选取图 35.22 所示的面为草绘平面，选取 RIGHT 基准面为参照平面，方向为 左；单击 草绘 按钮，绘制图 35.23 所示的截面草图，在操控板中选择拉伸类型为 ╫；单击 ✔ 按钮，完成拉伸特征 1 的创建。

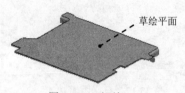

草绘平面

图 35.22   拉伸 1

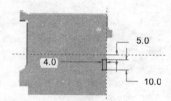

5.0
4.0
10.0

图 35.23   截面草图 5

Step14. 创建图 35.24 所示的附加钣金壁特征——凸缘 3。单击 模型 功能选项卡 形状 ▾ 区域中的"法兰"按钮 ，系统弹出"凸缘"操控板；参照 Step9 的方法选取图 35.25 所示的附着边，选取法兰壁的形状类型为 Ⅰ；确认 ⤵ 按钮（在连接边上添加折弯）被按下，然后在后面的文本框中输入折弯半径值 0.5，折弯半径所在侧为 ⤵（内侧）；单击 形状 按钮，在系统弹出的界面中，分别输入 5.0、90.0（角度值），并分别按 Enter 键；单击"完成"按钮 ✔。

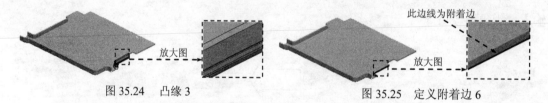

图 35.24   凸缘 3

放大图

此边线为附着边

图 35.25   定义附着边 6

Step15. 创建图 35.26 所示的附加钣金壁特征——平整 4。单击 模型 功能选项卡 形状 ▾ 区域中的"平整"按钮 ，在系统 ⇨选择一个边连到侧壁上 的提示下，选取图 35.27 所示的模型边线为附着边；选取平整壁的形状类型为 用户定义，在操控板的 △ 图标后面的下拉列表中输入值 90.0；单击操控板中的 形状 按钮，在弹出的界面中单击 草绘... 按钮，在弹出的对话框中接受系统默认的草绘平面和参考，方向为 上；单击 草绘 按钮，进入草绘环境后，绘制图 35.28 所示的截面草图；确认 ⤵ 按钮（在连接边上添加折弯）被按下，然后在后面的文本框中输入折弯半径值 1.0；然后单击"确定"按钮 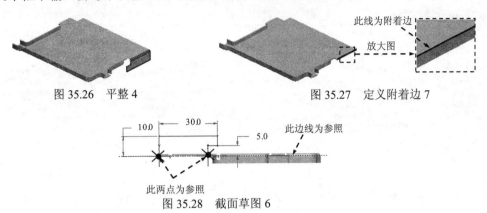。

图 35.26　平整 4　　　　　　　　　　　　　　　　　图 35.27　定义附着边 7

图 35.28　截面草图 6

Step16. 创建图 35.29 所示的附加钣金壁特征——平整 5。单击 模型 功能选项卡 形状▼ 区域中的"平整"按钮 ，在系统 ⇨选择一个边连到侧壁上 的提示下，选取图 35.30 所示的模型边线为附着边；选取平整壁的形状类型为 矩形 ，在操控板的 图标后面的下拉列表中输入值 90.0；单击操控板中的 形状 按钮，在系统弹出的界面中分别输入 0.0、15.0、-50.0，并分别按 Enter 键（**注意**：在文本框中输入负值，按 Enter 键后则显示为正值）；确认 按钮（在连接边上添加折弯）被按下，然后在后面的文本框中输入折弯半径值 0.5，折弯半径所在侧为 （内侧）；单击"完成"按钮 。

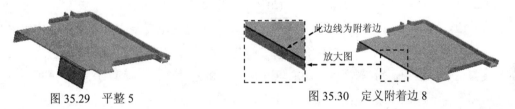

图 35.29　平整 5　　　　　　　　　　　　　　　　　图 35.30　定义附着边 8

Step17. 创建图 35.31 所示的附加钣金壁特征——平整 6。单击 模型 功能选项卡 形状▼ 区域中的"平整"按钮 ，在系统 ⇨选择一个边连到侧壁上 的提示下，选取图 35.32 所示的模型边线为附着边；选取平整壁的形状类型为 矩形 ，在操控板的 图标后面的下拉列表中输入值 90.0；单击操控板中的 形状 按钮，在系统弹出的界面中分别输入-26、15.0、0.0，并分别按 Enter 键（**注意**：在文本框中输入负值，按 Enter 键后则显示为正值）；确认 按钮（在连接边上添加折弯）被按下，然后在后面的文本框中输入折弯半径值 0.5，折弯半径所在侧为 （内侧）；单击"完成"按钮 。

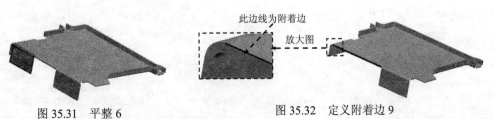

图 35.31　平整 6　　　　　　　　　　　　　　　　　图 35.32　定义附着边 9

Step18. 创建图 35.33b 所示的倒圆角特征 6。选取图 35.33a 所示的边线为倒圆角的边线；输入倒圆角半径值 3.0。

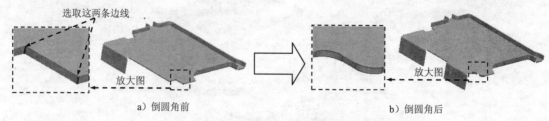

a）倒圆角前   b）倒圆角后

图 35.33   倒圆角 6

Step19. 创建图 35.34 所示的倒圆角特征 7。倒圆角半径值为 1.0。

图 35.34   倒圆角 7

Step20. 创建图 35.35 所示的附加钣金壁特征——凸缘 4。单击 模型 功能选项卡 形状 ▾ 区域中的"法兰"按钮，系统弹出"凸缘"操控板；参照 Step9 的方法选取图 35.36 所示的附着边，选取法兰壁的形状类型为 I；确认 按钮（在连接边上添加折弯）被按下，然后在后面的文本框中输入折弯半径值 0.5，折弯半径所在侧为 （内侧）；单击 形状 按钮，在系统弹出的界面中，分别输入 10.0、90.0（角度值）；单击 偏移 选项卡，选中 ☑ 相对连接边偏移壁 复选框和 ◉ 添加到零件边 单选项；单击"完成"按钮 ✓。

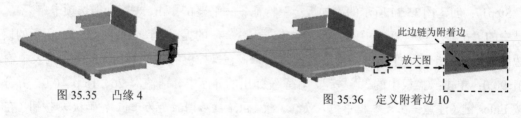

图 35.35   凸缘 4   图 35.36   定义附着边 10

Step21. 创建图 35.37 所示的拉伸特征 2。在操控板中单击"拉伸"按钮；确认操控板中的"去除材料"按钮 和 SMT "切削选项"按钮 被按下；选取图 35.37 所示的面为草绘平面，选取 TOP 基准平面为参考平面，方向为 左；单击 草绘 按钮，绘制图 35.38 所示的截面草图；在操控板中选择拉伸类型为 ，选取图 35.39 所示的面为拉伸终止面；单击 ✓ 按钮，完成拉伸特征 2 的创建。

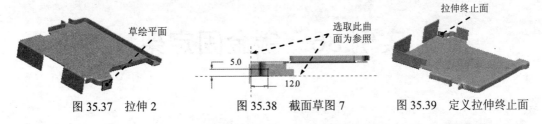

图 35.37　拉伸 2　　　　　　图 35.38　截面草图 7　　　　　图 35.39　定义拉伸终止面

Step22. 创建图 35.40 所示的拉伸特征 3。在操控板中单击"拉伸"按钮 ⬚ 拉伸；确认操控板中的"去除材料"按钮 ⬚ 和 SMT "切削选项"按钮 ⬚ 被按下；选取图 35.39 所示的平面为草绘平面，选取 TOP 基准面为参照平面，方向为 右；单击 **草绘** 按钮，绘制图 35.41 所示的截面草图；在操控板中选择拉伸类型为 ⬚；单击 ✔ 按钮，完成拉伸特征 3 的创建。

图 35.40　拉伸 3

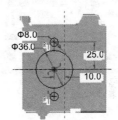

图 35.41　截面草图 8

Step23. 保存零件模型文件。

实例 36　钣金固定架

实例概述：

本实例介绍了钣金固定架的设计过程：首先创建了两个模具特征，用于创建后面的成形特征；然后通过"折弯"命令对模型进行折弯操作。钣金件模型及模型树如图 36.1 所示。

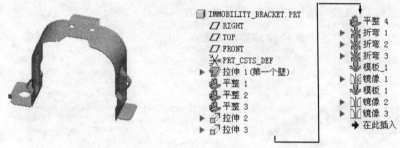

图 36.1　钣金件模型及模型树

Task1. 创建模具 01

零件模型及模型树如图 36.2 所示。

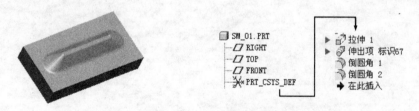

图 36.2　零件模型及模型树

Step1. 新建零件模型。新建一个零件模型，命名为 SM_01。

Step2. 创建图 36.3 所示的拉伸特征 1。在操控板中单击"拉伸"按钮 □拉伸；选取 TOP 基准平面为草绘平面，选取 RIGHT 基准平面为参考平面，方向为 右；单击 草绘 按钮，绘制图 36.4 所示的截面草图；在操控板中选择拉伸类型为 ╧，输入深度值 5.0；单击 ✔ 按钮，完成拉伸特征 1 的创建。

Step3. 创建图 36.5 所示的混合伸出项特征——伸出项标识。在 模型 功能选项卡的 形状▾ 下拉菜单中选择 混合▸ ➡ 伸出项 命令；在系统弹出的菜单管理器的 ▼ BLEND OPTS (混合选项) 界面中，依次选择 Parallel (平行) ➡ Regular Sec (规则截面) ➡ Sketch Sec (草绘截面) ➡ Done (完成) 命令；选择 ▼ ATTRIBUTES (属性) 菜单中的

Straight (直的) ⇒ Done (完成) 命令，选择 Plane (平面) 命令，选取 TOP 基准面作为草绘面；然后选择 Flip (反向) ➡ Okay (确定) ⇒ Right (右) 命令，选取 RIGHT 基准面作为参考面；绘制并标注图 36.6 所示的草绘截面；在绘图区右击，从弹出的快捷菜单中选择 切换截面(T) 命令，绘制并标注图 36.7 所示的草绘截面，单击草绘工具栏中的"确定"按钮 ✓；在 ▼ DEPTH (深度) 菜单中选择 Blind (盲孔) ⇒ Done (完成) 命令，在系统 输入截面2的深度 的提示下，输入第二截面到第一截面的距离值 3.0；单击特征信息对话框中的 确定 按钮，完成混合特征的创建。

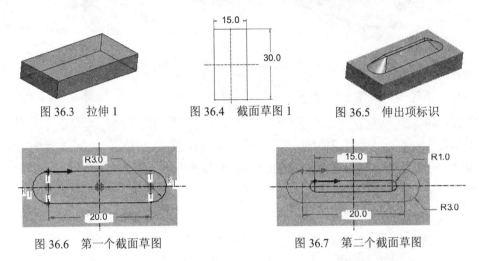

图 36.3　拉伸 1　　　　图 36.4　截面草图 1　　　　图 36.5　伸出项标识

图 36.6　第一个截面草图　　　　　　　图 36.7　第二个截面草图

Step4. 创建图 36.8b 所示的倒圆角特征 1。选取图 36.8a 所示的边线为倒圆角的边线；输入倒圆角半径值 0.6。

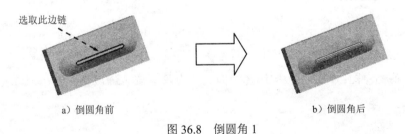

a）倒圆角前　　　　　　　　　　　　b）倒圆角后

图 36.8　倒圆角 1

Step5. 创建图 36.9b 所示的倒圆角特征 2。选取图 36.9a 所示的边线为倒圆角的边线；输入倒圆角半径值 1.5。

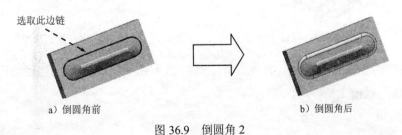

a）倒圆角前　　　　　　　　　　　　b）倒圆角后

图 36.9　倒圆角 2

Step6. 保存零件模型文件。

Task2. 创建模具 02

零件模型及模型树如图 36.10 所示。

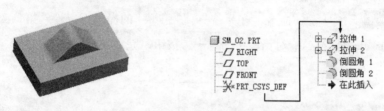

图 36.10　零件模型及模型树

Step1. 新建一个实体零件模型，命名为 SM_02。

Step2. 创建图 36.11 所示的拉伸特征 1。在操控板中单击"拉伸"按钮 拉伸；选取 TOP 基准平面为草绘平面，选取 RIGHT 基准平面为参考平面，方向为 右；单击 草绘 按钮，绘制图 36.12 所示的截面草图；在操控板中选择拉伸类型为 ，输入深度值 5.0；单击 ✔ 按钮，完成拉伸特征 1 的创建。

图 36.11　拉伸 1　　　　　　　　　　图 36.12　截面草图 1

Step3. 创建图 36.13 所示的拉伸特征 2。在操控板中单击"拉伸"按钮 拉伸；选取 RIGHT 基准平面为草绘平面，选取 TOP 基准平面为参考平面，方向为 左；单击 草绘 按钮，绘制图 36.14 所示的截面草图；在操控板中选择拉伸类型为 ，输入深度值 5.0；单击 ✔ 按钮，完成拉伸特征 2 的创建。

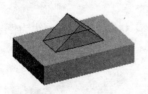

图 36.13　拉伸 2

图 36.14　截面草图 2

Step4. 创建图 36.15b 所示的倒圆角特征 1。选取图 36.15a 所示的边线为倒圆角的边线；输入倒圆角半径值 1.5。

选取此边线

a）倒圆角前　　　　　　　　　　　b）倒圆角后

图 36.15　倒圆角 1

Step5. 创建图 36.16b 所示的倒圆角特征 2。选取图 36.16a 所示的边线为倒圆角的边线；输入倒圆角半径值 1.0。

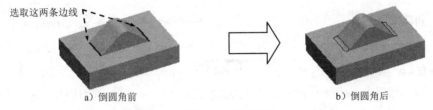

选取这两条边线

a）倒圆角前　　　　　　　　　　　b）倒圆角后

图 36.16　倒圆角 2

Step6. 保存零件模型文件。

Task3. 创建主体钣金件模型

Step1. 新建一个钣金件模型，命名为 IMMOBILITY_BRACKET。

Step2. 创建图 36.17 所示的钣金的基础特征——第一壁。单击 模型 功能选项卡 形状 ▾ 区域中的"拉伸"按钮 ◻拉伸；选取 FRONT 基准平面为草绘平面，选取 RIGHT 基准平面为参考平面，方向为 右；单击 草绘 按钮，绘制图 36.18 所示的截面草图；在操控板中选择拉伸类型为 ◻，输入深度值 22.0；在 ⊏（即加厚草绘）按钮后的文本框中输入加厚值 0.5；单击 ✔ 按钮。

图 36.17　第一壁

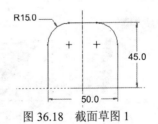

R15.0

45.0

50.0

图 36.18　截面草图 1

Step3. 创建图 36.19 所示的附加钣金壁特征——平整 1。单击 模型 功能选项卡 形状 ▾ 区域中的"平整"按钮 ，在系统 ➡选择一个边连到侧壁上。 的提示下，选取图 36.20 所示的模型边线为附着边；选取平整壁的形状类型为 用户定义，在操控板的 图标后面的下拉列表中选择 90.0；单击操控板中的 形状 按钮，在弹出的界面中单击 草绘... 按钮，在弹出的对话框中接受系统默认的草绘平面和参考，方向为 <u>上</u>；并单击 草绘 按钮；进入草绘环境后，绘制图 36.21 所示的截面草图；确认 <u>⌐</u> 按钮（在连接边上添加折弯）被按下，然后在后面的文本框中输入折弯半径值 0.2，折弯半径所在侧为 <u>⌐</u>（内侧）；单击"完成"按钮 ✓。

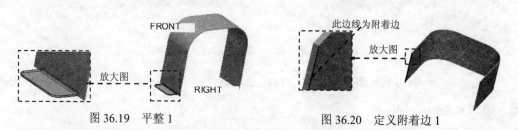

图 36.19　平整 1　　　　　　图 36.20　定义附着边 1

Step4. 创建图 36.22 所示的附加钣金壁特征——平整 2。单击 模型 功能选项卡 形状 ▾ 区域中的"平整"按钮 🗇，在系统 ⇨选择一个边连到侧壁上。 的提示下，选取图 36.23 所示的模型边线为附着边；选取平整壁的形状类型为 用户定义，在操控板的 △ 图标后面的下拉列表中选择 90.0；单击操控板中的 形状 按钮，在弹出的界面中单击 草绘... 按钮，在弹出的对话框中接受系统默认的草绘平面和参考，方向为 上；单击 草绘 按钮，进入草绘环境后，绘制图 36.24 所示的截面草图；确认 ⌐ 按钮（在连接边上添加折弯）被按下，然后在后面的文本框中输入折弯半径值 0.2，折弯半径所在侧为 ⌐（内侧）；单击"完成"按钮 ✓。

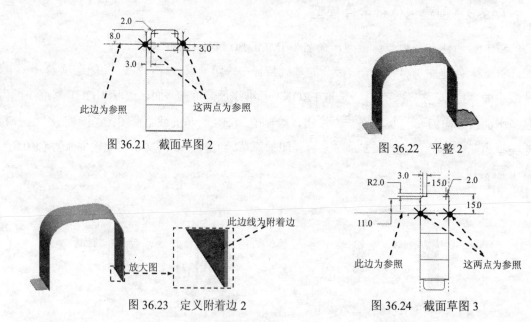

图 36.21　截面草图 2　　　　　　图 36.22　平整 2

图 36.23　定义附着边 2　　　　　　图 36.24　截面草图 3

Step5. 创建图 36.25 所示的附加钣金壁特征——平整 3。单击 模型 功能选项卡 形状 ▾ 区域中的"平整"按钮 🗇，在系统 ⇨选择一个边连到侧壁上。 的提示下，选取图 36.26 所示的模型边线为附着边；选取平整壁的形状类型为 矩形，在操控板的 △ 图标后面的下拉列表中选择 90.0；单击操控板中的 形状 按钮，在系统弹出的界面中分别输入 0.0、3.0、0.0，并分别按

Enter 键；确认 ⌐ 按钮（在连接边上添加折弯）被按下，然后在后面的文本框中输入折弯半径值 0.2，折弯半径所在侧为 ⌐ （内侧）；单击"完成"按钮 ✔。

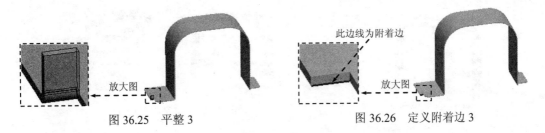

图 36.25　平整 3　　　　　　　　图 36.26　定义附着边 3

Step6. 创建图 36.27 所示的拉伸特征 1。单击 模型 功能选项卡 形状 ▾ 区域中的"拉伸"按钮 ⬜拉伸；确认操控板中的"去除材料"按钮 ◺ 和 SMT"切削选项"按钮 ⋏ 被按下；选取图 36.27 所示的面为草绘平面，选取 RIGHT 基准面为参照平面，方向为 左；单击 草绘 按钮，绘制图 36.28 所示的截面草图；在操控板中选择拉伸类型为 ╬穿透；单击 ✔ 按钮，完成拉伸 1 的创建。

图 36.27　拉伸 1　　　　　　　　图 36.28　截面草图 4

Step7. 创建图 36.29 所示的拉伸特征 2。单击 模型 功能选项卡 形状 ▾ 区域中的"拉伸"按钮 ⬜拉伸；确认操控板中的"去除材料"按钮 ◺ 和 SMT"切削选项"按钮 ⋏ 被按下；选取图 36.29 所示的面为草绘平面，接受系统默认的参照，方向为 上；单击 草绘 按钮，绘制图 36.30 所示的截面草图；在操控板中选择拉伸类型为 ╬穿透；单击 ✔ 按钮，完成拉伸 2 的创建。

图 36.29　拉伸 2　　　　　　　　图 36.30　截面草图 5

Step8. 创建图 36.31 所示的附加钣金壁特征——平整 4。单击 模型 功能选项卡 形状 ▾ 区域中的"平整"按钮 ⬟，在系统 ⇨选择一个边连到侧壁上。 的提示下，选取图 36.32 所示的模型边线为附着边；选取平整壁的形状类型为 用户定义，在操控板的 ◺ 图标后面的下拉列表中选择 平整 选项；单击操控板中的 形状 按钮，在弹出的界面中单击 草绘… 按钮，在弹出的对话框中接受系统默认的草绘平面和参考，方向为 上 ；单击 草绘 按钮，进入草绘环境后，绘制图 36.33 所示的截面草图，然后单击"确定"按钮 ✔ 。

图 36.31　平整 4

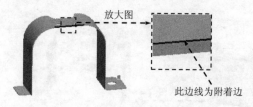

放大图

此边线为附着边

图 36.32　定义附着边 4

Step9. 创建图 36.34 所示的折弯特征 1。单击 模型 功能选项卡 折弯 ▼ 区域 ⌘折弯 ▼ 节点下的 ⌘折弯 按钮；单击 折弯线 按钮，选取图 36.34 所示的模型表面为草绘平面，单击该界面中的 草绘... 按钮，绘制图 36.35 所示的折弯线，折弯箭头方向和固定侧箭头方向如图 36.36 所示；在操控板的 ⌓ 后文本框中输入折弯角度值 45.0，并单击其后的 ✗ 按钮改变折弯方向；在 ⌐ 按钮后面的文本框中输入折弯半径值 0.5，折弯半径所在侧为 ⌐ （内侧）；然后单击 ✔ 按钮，完成折弯特征的创建。

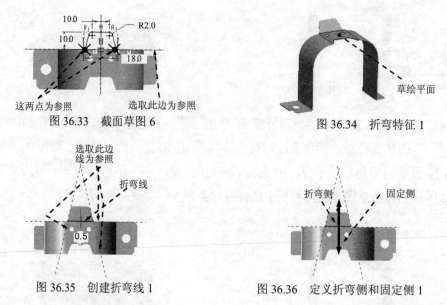

这两点为参照　　选取此边为参照

图 36.33　截面草图 6

草绘平面

图 36.34　折弯特征 1

选取此边线为参照

折弯线

图 36.35　创建折弯线 1

折弯侧　　固定侧

图 36.36　定义折弯侧和固定侧 1

Step10. 创建图 36.37 所示的折弯特征 2。单击 模型 功能选项卡 折弯 ▼ 区域 ⌘折弯 ▼ 节点下的 ⌘折弯 按钮；单击 折弯线 按钮，选取图 36.38 所示的模型表面为草绘平面，单击该界面中的 草绘... 按钮，绘制图 36.39 所示的折弯线，折弯箭头方向和固定侧箭头方向如图 36.40 所示；在操控板的 ⌓ 后文本框中输入折弯角度值 45.0，并单击其后的 ✗ 按钮改变折弯方向；在 ⌐ 按钮后面的文本框中输入折弯半径值 0.2，折弯半径所在侧为 ⌐ （内侧）；然后单击 ✔ 按钮，完成折弯特征的创建。

图 36.37　折弯特征 2

图 36.38　定义草绘平面 1

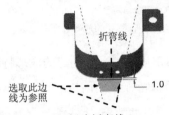

图 36.39　创建折弯线 2

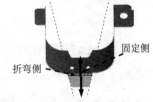

图 36.40　定义折弯侧和固定侧 2

Step11. 创建图 36.41 所示的折弯特征 3。单击 模型 功能选项卡 折弯▼ 区域 折弯▼ 节点下的 折弯 按钮；单击 折弯线 按钮，选取图 36.42 所示的模型表面 1 为草绘平面，单击该界面中的 草绘... 按钮，绘制图 36.43 所示的折弯线，折弯箭头方向和固定侧箭头方向如图 36.44 所示；在操控板的 后文本框中输入折弯角度值 90.0，并单击其后的 按钮改变折弯方向；在 按钮后面的文本框中输入折弯半径值 0.2；折弯半径所在侧为 （内侧）；然后单击 按钮，完成折弯特征的创建。

图 36.41　折弯特征 3

图 36.42　定义草绘平面 2

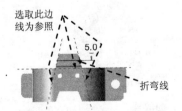

图 36.43　创建折弯线 3

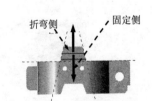

图 36.44　定义折弯侧和固定侧 3

Step12. 创建图 36.45 所示的成形特征 1。单击 模型 功能选项卡 工程▼ 区域 下的 凸模 按钮；选择 SM_01.prt 文件为成形模具，单击操控板中的 放置 选项卡，在弹出的界面中选中 约束已启用 复选框并添加图 36.46 所示的三组位置约束；在操控板中单击"完成"按钮 (注：若方向不对可单击反向箭头来调整)。

② 模具上的 RIGHT 基准面和钣金上的 FRONT 基准面对齐

① 此模具表面和钣金面匹配

③ 模具此面与钣金上的 TOP 基准面匹配

图 36.45　成形特征 1　　　　　　　　图 36.46　定义成形模具的放置 1

Step13. 创建图 36.47b 所示的镜像特征 1。在模型树中单击上一步创建的成形特征 1，选取 RIGHT 基准平面为镜像平面，单击 ✓ 按钮，完成镜像特征 1 的创建。

Step14. 创建图 36.48 所示的成形特征 2。单击 模型 功能选项卡 工程 ▼ 区域 ⌄ 下的 ⌄ 凸模 按钮；选择 SM_02.prt 文件为成形模具，单击操控板中的 放置 选项卡，在弹出的界面中选中 ☑ 约束已启用 复选框并添加图 36.49 所示的三组位置约束；单击 选项 选项卡，在弹出的界面中单击 排除冲孔模型曲面 下的空白区域，然后按住 Ctrl 键，选取模具的两个侧面为排除面；在操控板中单击"完成"按钮 ✓。

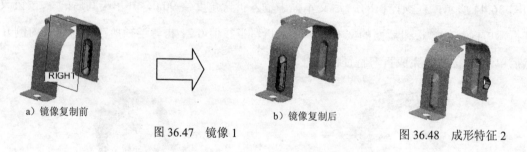

a）镜像复制前　　　　　　　　b）镜像复制后

图 36.47　镜像 1　　　　　　　　　　　　图 36.48　成形特征 2

② 模具上的 RIGHT 基准面和钣金上的 FRONT 基准面匹配偏距为-9.0

① 此模具表面和钣金面匹配

③ 模具此面与钣金上的 TOP 基准面对齐偏距 5.0

图 36.49　定义成形模具的放置 2

Step15. 创建图 36.50b 所示的镜像特征 2。在模型树中单击成形特征 2，选取 FRONT 基准平面为镜像平面，单击 ✓ 按钮，完成镜像特征 2 的创建。

图 36.50　镜像 2

Step16. 创建图 36.51b 所示的镜像特征 3。按住 Ctrl 键，在模型树中选取成形特征 2 和镜像特征 2，选取 RIGHT 基准平面为镜像平面，单击 ✔ 按钮，完成镜像特征 3 的创建。

图 36.51　镜像 3

Step17. 保存零件模型文件。

实例 37　软 驱 托 架

实例概述：

　　本实例介绍了软驱托架的设计过程，在其设计过程中主要运用了"平整"命令，通过对创建的平整特征进行镜像操作来实现零件的设计，读者也可以根据零件的对称性，巧妙地运用"镜像"命令来实现零件的设计。下面介绍该零件的设计过程，钣金件模型及模型树如图 37.1 所示。

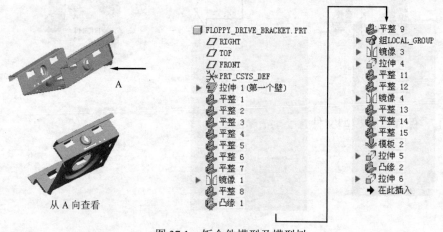

图 37.1　钣金件模型及模型树

Task1. 创建模具 01

零件模型及模型树如图 37.2 所示。

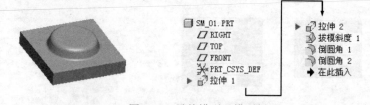

图 37.2　零件模型及模型树

　　Step1. 新建一个实例零件模型，并命名为 SM_01。

　　Step2. 创建图 37.3 所示的拉伸特征 1。在操控板中单击"拉伸"按钮 <kbd>拉伸</kbd>；选取 TOP 基准平面为草绘平面，选取 RIGHT 基准平面为参考平面，方向为 <kbd>右</kbd>；单击 <kbd>草绘</kbd> 按钮，绘制图 37.4 所示的截面草图；在操控板中选择拉伸类型为 <kbd>╧</kbd>，输入深度值 5.0；单击 <kbd>✔</kbd> 按钮，完成拉伸特征 1 的创建。

图 37.3　拉伸 1

图 37.4　截面草图 1

Step3. 创建图 37.5 所示的拉伸特征 2。在操控板中单击 "拉伸" 按钮 $\fbox{拉伸}$；选取图 37.5 所示的模型表面为草绘平面，选取 RIGHT 基准平面为参考平面，方向为 $\fbox{右}$；单击 $\fbox{草绘}$ 按钮，绘制图 37.6 所示的截面草图；在操控板中选择拉伸类型为 $\fbox{⊥}$，输入深度值 4.0；单击 $\fbox{✔}$ 按钮，完成拉伸特征 2 的创建。

图 37.5　拉伸 2

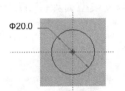

图 37.6　截面草图 2

Step4. 创建图 37.7b 所示的拔模特征 1。单击 $\fbox{模型}$ 功能选项卡 $\fbox{工程 ▼}$ 区域中的 $\fbox{拔模 ▼}$ 按钮；选取图 37.7a 所示的模型表面为拔模曲面，选取图 37.7a 所示的模型表面为拔模枢轴平面，接受默认的拔模方向，在拔模角度文本框中输入拔模角度值-20.0；单击 $\fbox{✔}$ 按钮，完成拔模特征 1 的创建。

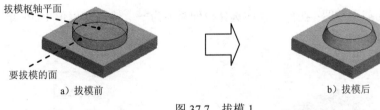

a）拔模前　　　　　　　　　　　　　b）拔模后

图 37.7　拔模 1

Step5. 创建图 37.8b 所示的倒圆角特征 1。选取图 37.8a 所示的边线为倒圆角的边线；输入倒圆角半径值 2.0。

a）倒圆角前　　　　　　　　　　　　b）倒圆角后

图 37.8　倒圆角 1

Step6. 创建图 37.9b 所示的倒圆角特征 2。选取图 37.9a 所示的边线为倒圆角的边线；输入倒圆角半径值 1.0。

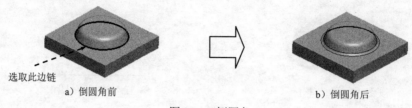

选取此边链

a）倒圆角前　　　　　　　　　　　　　b）倒圆角后

图 37.9　倒圆角 2

Step7. 保存零件模型文件。

Task2．创建模具 02

零件模型及模型树如图 37.10 所示。

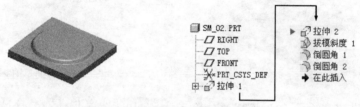

图 37.10　零件模型及模型树

Step1. 新建一个实例零件模型，命名为 SM_02。

Step2. 创建图 37.11 所示的拉伸特征 1。在操控板中单击"拉伸"按钮 ^{拉伸}；选取 TOP 基准平面为草绘平面，选取 RIGHT 基准平面为参考平面，方向为 右；单击 草绘 按钮，绘制图 37.12 所示的截面草图；在操控板中选择拉伸类型为 �，输入深度值 10.0；单击 ✔ 按钮，完成拉伸特征 1 的创建。

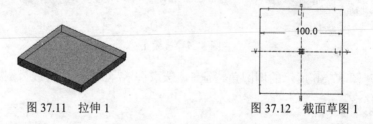

图 37.11　拉伸 1　　　　　　　　　　图 37.12　截面草图 1

Step3. 创建图 37.13 所示的拉伸特征 2。在操控板中单击"拉伸"按钮 ^{拉伸}；选取图 37.13 所示的模型表面为草绘平面，选取 RIGHT 基准平面为参考平面，方向为 右；单击 草绘 按钮，绘制图 37.14 所示的截面草图；在操控板中选择拉伸类型为 ⯫，输入深度值 5.0；单击 ✔ 按钮，完成拉伸特征 2 的创建。

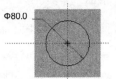

图 37.13　拉伸 2　　　　　　　图 37.14　截面草图 2

Step4. 创建图 37.15b 所示的拔模特征 1。单击 模型 功能选项卡 工程 ▾ 区域中的 拔模 ▾ 按钮；选取图 37.15a 所示的模型表面为拔模曲面，选取图 37.15a 所示的模型表面为拔模枢轴平面，接受默认的拔模方向，在拔模角度文本框中输入拔模角度值-20.0；单击 ✔ 按钮，完成拔模特征 1 的创建。

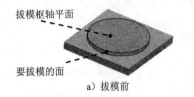

a）拔模前　　　　　　　　　　　　　b）拔模后

图 37.15　拔模 1

Step5. 创建图 37.16b 所示的倒圆角特征 1。选取图 37.16a 所示的边线为倒圆角的边线；输入倒圆角半径值 3.0。

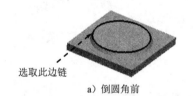

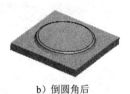

选取此边链

a）倒圆角前　　　　　　　　　　　b）倒圆角后

图 37.16　倒圆角 1

Step6. 创建图 37.17b 所示的倒圆角特征 2。选取图 37.17a 所示的边线为倒圆角的边线；输入倒圆角半径值 1.5。

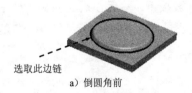

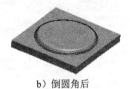

选取此边链

a）倒圆角前　　　　　　　　　　　b）倒圆角后

图 37.17　倒圆角 2

Step7. 保存零件模型文件。

Task3．创建主体钣金件模型

Step1. 新建一个实例钣金型，命名为 FLOPPY_DRIVE_BRACKET。

Step2. 创建图 37.18 所示的钣金的基础特征。单击 模型 功能选项卡 形状 ▼ 区域中的
"拉伸"按钮 ⬚拉伸；选取 FRONT 基准平面为草绘平面，选取 RIGHT 基准平面为参考平面，
方向为 右；单击 草绘 按钮，绘制图 37.19 所示的截面草图；在操控板中选择拉伸类型为 ⏟ ，
输入深度值 130.0，在 ⬚ （即加厚草绘）按钮文本框中输入加厚值为 1.0；单击 ✓ 按钮。

图 37.18　第一壁　　　　　　　　　　　　　　图 37.19　截面草图 1

Step3. 创建图 37.20 所示的附加钣金壁特征——平整 1。单击 模型 功能选项卡 形状 ▼
区域中的"平整"按钮 ⬙，在系统 ⇨选择一个边连到侧壁上。 的提示下，选取图 37.21 所示的模
型边线为附着边；选取平整壁的形状类型为 矩形 ，在操控板的 ⬟ 图标后面的下拉列表中选
择 90.0；单击操控板中的 形状 按钮，在系统弹出的界面中分别输入 0.0、35.0、0.0，并分别
按 Enter 键；确认 ⬟ 按钮（在连接边上添加折弯）被按下，然后在后面的文本框中输入折弯
半径值 0.2，折弯半径所在侧为 ⬐ （内侧）；单击 偏移 选项卡，选中 ☑相对连接边偏移壁 复选框
和 ◉添加到零件边 单选项；单击"完成"按钮 ✓。

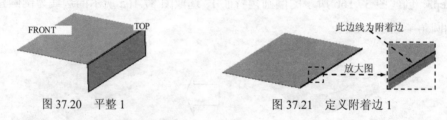

图 37.20　平整 1　　　　　　　　　　　　　图 37.21　定义附着边 1

Step4. 创建图 37.22 所示的附加钣金壁特征——平整 2。单击 模型 功能选项卡 形状 ▼
区域中的"平整"按钮 ⬙，在系统 ⇨选择一个边连到侧壁上。 的提示下，选取图 37.23 所示的模
型边线为附着边；选取平整壁的形状类型为 矩形 ，在操控板的 ⬟ 图标后面的下拉列表中选
择 90.0；单击操控板中的 形状 按钮，在系统弹出的界面中分别输入 0.0、20.0、0.0，并分别
按 Enter 键；确认 ⬟ 按钮（在连接边上添加折弯）被按下，然后在后面的文本框中输入折弯
半径值 0.2，折弯半径所在侧为 ⬐ （内侧）；单击 偏移 选项卡，选中 ☑相对连接边偏移壁 复选框
和 ◉添加到零件边 单选项；单击"完成"按钮 ✓。

图 37.22　平整 2　　　　　　　　　　　　　图 37.23　定义附着边 2

Step5. 创建图 37.24 所示的附加钣金壁特征——平整 3。单击 模型 功能选项卡 形状 ▼

区域中的"平整"按钮，在系统 选择一个边连到侧壁上。的提示下，选取图 37.25 所示的模型边线为附着边；选取平整壁的形状类型为 矩形；在操控板的 图标后面的下拉列表中选择 90.0；单击操控板中的**形状**按钮，在系统弹出的界面中分别输入 0.0、35.0、0.0，并分别按 Enter 键；确认 按钮（在连接边上添加折弯）被按下，然后在后面的文本框中输入折弯半径值 0.2，折弯半径所在侧为 （内侧）；单击 **偏移** 选项卡，选中 相对连接边偏移壁 复选框和 添加到零件边 单选项；单击"完成"按钮。

图 37.24　平整 3

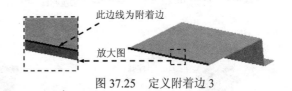

图 37.25　定义附着边 3

Step6. 创建图 37.26 所示的附加钣金壁特征——平整 4。单击 **模型** 功能选项卡 **形状 ▼** 区域中的"平整"按钮，在系统 选择一个边连到侧壁上。的提示下，选取图 37.27 所示的模型边线为附着边；选取平整壁的形状类型为 矩形，在操控板的 图标后面的下拉列表中选择 90.0；单击操控板中的**形状**按钮，在系统弹出的界面中分别输入 0.0、20.0、0.0，并分别按 Enter 键；确认 按钮（在连接边上添加折弯）被按下，然后在后面的文本框中输入折弯半径值 0.2，折弯半径所在侧为 （内侧）；单击 **偏移** 选项卡，选中 相对连接边偏移壁 复选框和 添加到零件边 单选项；单击"完成"按钮。

图 37.26　平整 4

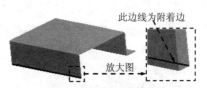

图 37.27　定义附着边 4

Step7. 创建图 37.28 所示的附加钣金壁特征——平整 5。单击 **模型** 功能选项卡 **形状 ▼** 区域中的"平整"按钮，在系统 选择一个边连到侧壁上。的提示下，选取图 37.29 所示的模型边线为附着边；选取平整壁的形状类型为 梯形，在操控板的 图标后面的下拉列表中选择 90.0；单击操控板中的**形状**按钮，在系统弹出的界面中分别输入 0.0、30.0、8.0、30.0、0.0，并分别按 Enter 键；确认 按钮（在连接边上添加折弯）被按下，然后在后面的文本框中输入折弯半径值 0.2，折弯半径所在侧为 （内侧）；单击 **偏移** 选项卡，选中 相对连接边偏移壁 复选框和 添加到零件边 单选项；单击"完成"按钮。

图 37.28　平整 5

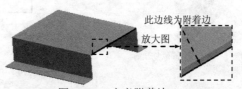

图 37.29　定义附着边 5

Step8. 创建图 37.30 所示的附加钣金壁特征——平整 6。单击 模型 功能选项卡 形状 ▾ 区域中的"平整"按钮🖱，在系统 ➡选择一个边连到侧壁上 的提示下，选取图 37.31 所示的模型边线为附着边；选取平整壁的形状类型为 梯形 ，在操控板的 🔽 图标后面的下拉列表中选择 90.0；单击操控板中的 形状 按钮，在系统弹出的界面中分别输入 0.0、45.0、5.0、45.0、0.0，并分别按 Enter 键；确认 🔽 按钮（在连接边上添加折弯）被按下，然后在后面的文本框中输入折弯半径值 0.2，折弯半径所在侧为 🔽 （内侧）；单击 偏移 选项卡，选中 ☑相对连接边偏移壁 复选框和 ⦿ 添加到零件边 单选项；单击"完成"按钮 ✔。

图 37.30 平整 6   图 37.31 定义附着边 6

Step9. 创建图 37.32 所示的附加钣金壁特征——平整 7。单击 模型 功能选项卡 形状 ▾ 区域中的"平整"按钮🖱，在系统 ➡选择一个边连到侧壁上 的提示下，选取图 37.33 所示的模型边线为附着边；选取平整壁的形状类型为 梯形 ，在操控板的 🔽 图标后面的下拉列表中选择 90.0；单击操控板中的 形状 按钮，在系统弹出的界面中分别输入 0.0、45.0、5.0、45.0、0.0，并分别按 Enter 键；确认 🔽 按钮（在连接边上添加折弯）被按下，然后在后面的文本框中输入折弯半径值 0.2，折弯半径所在侧为 🔽 （内侧）；单击 偏移 选项卡，选中 ☑相对连接边偏移壁 复选框和 ⦿ 添加到零件边 单选项；单击"完成"按钮 ✔。

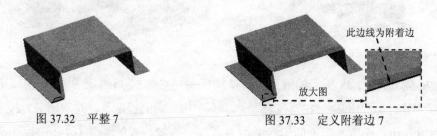

图 37.32 平整 7   图 37.33 定义附着边 7

Step10. 创建图 37.34b 所示的镜像特征 1。按住 Ctrl 键，在模型树中选取平整特征 6 和平整特征 7，选取 RIGHT 基准平面为镜像平面，单击 ✔ 按钮，完成镜像特征 1 的创建。

a）镜像复制前   b）镜像复制后

图 37.34 镜像 1

　　Step11. 创建图 37.35 所示的附加钣金壁特征——平整 8。单击 模型 功能选项卡 形状 ▼ 区域中的"平整"按钮 ，在系统 选择一个边连到侧壁上。的提示下，选取图 37.36 所示的模型边线为附着边；选取平整壁的形状类型为 矩形 ，在操控板的 图标后面的下拉列表中选择 90.0；单击操控板中的 形状 按钮，在系统弹出的界面中分别输入 0.0、15.0、0.0，并分别按 Enter 键；确认 按钮（在连接边上添加折弯）被按下，然后在后面的文本框中输入折弯半径值 0.2，折弯半径所在侧为 （内侧）；单击 偏移 选项卡，选中 相对连接边偏移壁 复选框和 ⦿ 添加到零件边 单选项；单击"完成"按钮 。

图 37.35　平整 8

图 37.36　定义附着边 8

　　Step12. 创建图 37.37 所示的附加钣金壁特征——凸缘 1。单击 模型 功能选项卡 形状 ▼ 区域中的"法兰"按钮 ，系统弹出"凸缘"操控板；单击操控板中的 放置 按钮，选取图 37.38 所示的模型边线为附着边；选取法兰壁的形状类型为 ，单击 形状 按钮，在系统弹出的界面中，分别输入 4.5、2.0、0.2，并分别按 Enter 键；单击"完成"按钮 。

图 37.37　凸缘 1

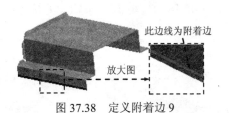
图 37.38　定义附着边 9

　　Step13. 创建图 37.39 所示的附加钣金壁特征——平整 9。单击 模型 功能选项卡 形状 ▼ 区域中的"平整"按钮 ，在系统 选择一个边连到侧壁上。的提示下，选取图 37.40 所示的模型边线为附着边；选取平整壁的形状类型为 矩形 ，在操控板的 图标后面的下拉列表中选择 90.0；单击操控板中的 形状 按钮，在系统弹出的界面中分别输入 0.0、8.0、0.0，并分别按 Enter 键；确认 按钮（在连接边上添加折弯）被按下，然后在后面的文本框中输入折弯半径值 0.2，折弯半径所在侧为 （内侧）；单击 偏移 选项卡，选中 相对连接边偏移壁 复选框和 ⦿ 添加到零件边 单选项；单击"完成"按钮 。

　　Step14. 创建图 37.41 所示的成形特征 1。单击 模型 功能选项卡 工程 ▼ 区域 下的 凸模 按钮；选择 SM_01.prt 文件为成形模具，单击操控板中的 放置 选项卡，在弹出的界面中选中 约束已启用 复选框并添加图 37.42 所示的三组位置约束，在操控板中单击"完成"按钮 。

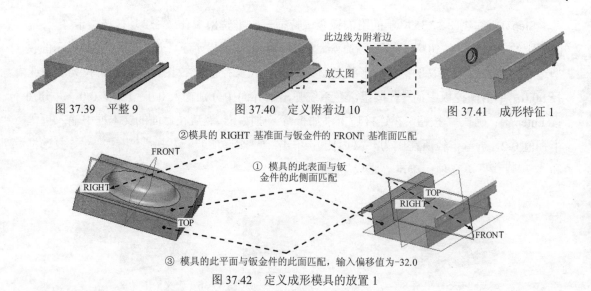

图 37.39　平整 9　　　　　图 37.40　定义附着边 10　　　　　图 37.41　成形特征 1

②模具的 RIGHT 基准面与钣金件的 FRONT 基准面匹配

① 模具的此表面与钣金件的此侧面匹配

③ 模具的此平面与钣金件的此面匹配，输入偏移值为-32.0

图 37.42　定义成形模具的放置 1

Step15. 创建图 37.43 所示的拉伸特征 2。单击 模型 功能选项卡 形状 ▼ 区域中的"拉伸"按钮 拉伸；确认操控板中的"去除材料"按钮 和 SMT"切削选项"按钮 被按下；选取图 37.43 所示的钣金表面为草绘平面，选取 TOP 基准平面为参考平面，方向为 下；单击 草绘 按钮，绘制图 37.44 所示的截面草图；在操控板中选择拉伸类型为 ，拉伸终止面如图 37.45 所示；单击 ✔ 按钮，完成拉伸特征 2 的创建。

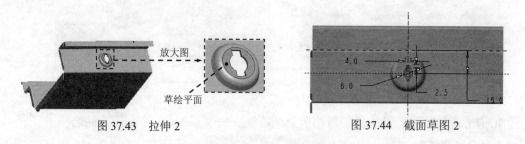

图 37.43　拉伸 2　　　　　　　　　　图 37.44　截面草图 2

Step16. 创建图 37.46 所示的拉伸特征 3。单击 模型 功能选项卡 形状 ▼ 区域中的"拉伸"按钮 拉伸；确认操控板中的"去除材料"按钮 和 SMT"切削选项"按钮 被按下；选取图 37.46 示的钣金表面为草绘平面，选取 TOP 基准平面为参考平面，方向为 下；单击 草绘 按钮，绘制图 37.47 示的截面草图；在操控板中选择拉伸类型为 ，拉伸终止面如图 37.48 所示；单击 ✔ 按钮，完成拉伸特征 3 创建。

图 37.45　定义拉伸终止面 1

图 37.46　拉伸 3

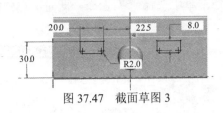

图 37.47　截面草图 3

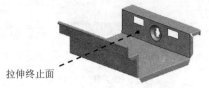

图 37.48　定义拉伸终止面 2

Step17. 创建图 37.49 所示的附加钣金壁特征——平整 10。单击 模型 功能选项卡 形状 ▼ 区域中的"平整"按钮，在系统 选择一个边连到侧壁上。的提示下，选取图 37.50 的模型边线为附着边；选取平整壁的形状类型为 用户定义，在操控板的 图标后面的下拉列表中选择 90.0；单击操控板中的 形状 按钮，在弹出的界面中单击 草绘… 按钮，在弹出的对话框中接受系统默认的草绘平面和参考，方向为 上；单击 草绘 按钮，进入草绘环境后，绘制图 37.51 所示的草图；确认 按钮（在连接边上添加折弯）被按下，然后在后面的文本框中输入折弯半径值 0.2，折弯半径所在侧为 （内侧）；单击"完成"按钮。

图 37.49　平整 10　　　　　　　图 37.50　定义附着边 11

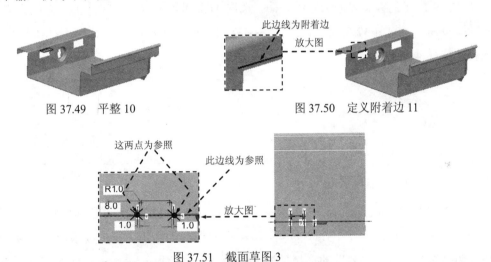

图 37.51　截面草图 3

Step18. 创建图 37.52 所示的镜像特征 2。在模型树中选取平整特征 10 为要镜像的特征，选取 FRONT 基准平面为镜像平面，单击 按钮，完成镜像特征 2 创建。

a）镜像复制前　　　　　　　　　　　　　　b）镜像复制后

图 37.52　镜像 2

Step19. 创建组特征 1。按住 Ctrl 键，在模型树中选取 模板 1 、 拉伸 2 、 拉伸 3 、平整 10 、 镜像 2 这些特征，右击，在弹出的快捷菜单中选择 组 命令，此时所选中的特征即合并为 组LOCAL_GROUP ，完成组特征的创建。

Step20. 创建图37.53b所示的镜像特征3。在模型树中单击上一步创建的 组LOCAL_GROUP 特征为镜像特征，选取 RIGHT 基准平面为镜像平面，单击 ✔ 按钮，完成镜像特征 3 的创建。

a）镜像复制前   b）镜像复制后

图 37.53 　镜像 3

Step21. 创建图 37.54 所示的拉伸特征 4。单击 模型 功能选项卡 形状 ▾ 区域中的"拉伸"按钮 拉伸 ；确认操控板中的"去除材料"按钮 和 SMT "切削选项"按钮 被按下；选取图 37.54 所示的钣金表面为草绘平面，选取 TOP 基准平面为参考平面，方向为 上 ；单击 草绘 按钮，绘制图 37.55 示的截面草图；在操控板中选择拉伸类型为 ；单击 ✔ 按钮，完成拉伸特征 4 的创建。

图 37.54 　拉伸 4   图 37.55 　截面草图 4

Step22. 创建图37.56所示的附加钣金壁特征——平整11。单击 模型 功能选项卡 形状 ▾ 区域中的"平整"按钮 ，在系统 选择一个边连到侧壁上。 的提示下，选取图 37.57 所示的模型边线为附着边；选取平整壁的形状类型为 矩形 ，在操控板的 图标后面的下拉列表中选择 180.0；单击操控板中的 形状 按钮，在系统弹出的界面中分别输入−1.0、5.0、−1.0，并分别按 Enter 键；确认 按钮（在连接边上添加折弯）被按下，然后在后面的文本框中输入折弯半径值 0.0，折弯半径所在侧为 （内侧）；单击"完成"按钮 ✔ 。

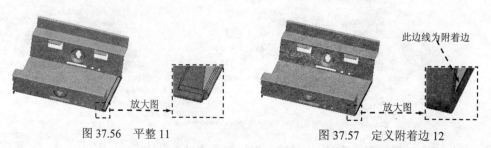

图 37.56 　平整 11   图 37.57 　定义附着边 12

Step23. 创建图37.58所示的附加钣金壁特征——平整12。单击 模型 功能选项卡 形状 ▾

区域中的"平整"按钮，在系统 ⇨选择一个边连到侧壁上。 的提示下，选取图 37.59 所示的模型边线为附着边；选取平整壁的形状类型为 矩形 ，在操控板的 图标后面的下拉列表中选择 180.0；单击操控板中的 形状 按钮，在系统弹出的界面中分别输入-1.0、5.0、-1.0，并分别按 Enter 键；确认 按钮（在连接边上添加折弯）被按下，然后在后面的文本框中输入折弯半径值 0.0，折弯半径所在侧为 （内侧）；单击"完成"按钮 。

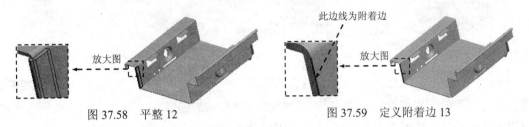

此边线为附着边

放大图　　　　　　　　　　　　　　　　放大图

图 37.58　平整 12　　　　　　　　　　图 37.59　定义附着边 13

Step24. 创建图 37.60b 所示的镜像特征 4。在模型树中单击上一步创建的特征"平整 12"为镜像特征，选取 RIGHT 基准平面为镜像平面，单击 按钮，完成镜像特征 4 的创建。

RIGHT　　　　　　　　　　　　　　　　RIGHT

a）镜像复制前　　　　　　　　　　　　b）镜像复制后

图 37.60　镜像 4

Step25. 创建图 37.61 所示的附加钣金壁特征——平整 13。单击 模型 功能选项卡 形状 ▼ 区域中的"平整"按钮 ，在系统 ⇨选择一个边连到侧壁上。 的提示下，选取图 37.62 所示的模型边线为附着边；选取平整壁的形状类型为 矩形 ，在操控板的 图标后面的下拉列表中选择 180.0；单击操控板中的 形状 按钮，在系统弹出的界面中分别输入 0.0、5.0、0.0，并分别按 Enter 键；确认 按钮（在连接边上添加折弯）被按下，然后在后面的文本框中输入折弯半径值 0.0，折弯半径所在侧为 （内侧）；单击"完成"按钮 。

此边线为附着边

放大图　　　　　　　　　　　　　　　　放大图

图 37.61　平整 13　　　　　　　　　　图 37.62　定义附着边 14

Step26. 创建图 37.63 所示的附加钣金壁特征——平整 14。单击 模型 功能选项卡 形状 ▼ 区域中的"平整"按钮 ，在系统 ⇨选择一个边连到侧壁上。 的提示下，选取图 37.64 所示的模型边线为附着边；选取平整壁的形状类型为 矩形 ，在操控板的 图标后面的下拉列表中选择 180.0；单击操控板中的 形状 按钮，在系统弹出的界面中分别输入-3.0、5.0、-1.0，并分别按 Enter 键；确认 ⌐ 按钮（在连接边上添加折弯）被按下，然后在后面的文本框中输入折弯半径值 0.0，折弯半径所在侧为 ↵ （内侧）；单击"完成"按钮 ✓。

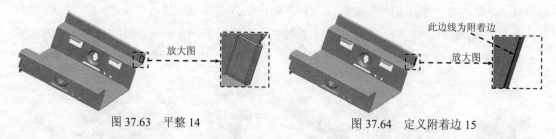

图 37.63　平整 14　　　　　　　　　　　　图 37.64　定义附着边 15

Step27. 创建图 37.65 所示的附加钣金壁特征——平整 15。单击 模型 功能选项卡 形状 ▼ 区域中的"平整"按钮 ✎ ，在系统 ⇨选择一个边连到侧壁上。的提示下，选取图 37.66 所示的模型边线为附着边；选取平整壁的形状类型为 矩形 ，在操控板的 △ 图标后面的下拉列表中选择 180.0；单击操控板中的 形状 按钮，在系统弹出的界面中分别输入−1.0、5.0、−3.0，并分别按 Enter 键；确认 ⌐ 按钮（在连接边上添加折弯）被按下，然后在后面的文本框中输入折弯半径值 0.0，折弯半径所在侧为 ↵ （内侧）；单击"完成"按钮 ✓。

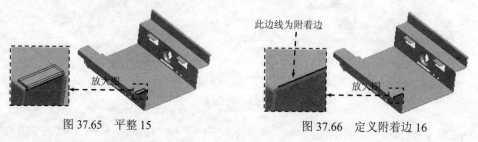

图 37.65　平整 15　　　　　　　　　　　　图 37.66　定义附着边 16

Step28. 创建图 37.67 所示的成形特征 2。单击 模型 功能选项卡 工程 ▼ 区域 ↓ 下的 ↓凸模 按钮；选择 SM_02.prt 文件为成形模具，单击操控板中的 放置 选项卡，在弹出的界面中选中 ☑ 约束已启用 复选框并添加图 37.68 所示的三组位置约束，在操控板中单击"完成"按钮 ✓。

Step29. 创建图 37.69 所示的拉伸特征 5。单击 模型 功能选项卡 形状 ▼ 区域中的"拉伸"按钮 ☑拉伸 ；确认操控板中的"去除材料"按钮 ☑ 和 SMT"切削选项"按钮 ⌐ 被按下；选取图 37.69 所示的钣金表面为草绘平面，选取 RIGHT 基准平面为参考平面，方向为 上 ；单击 草绘 按钮，绘制图 37.70 所示的截面草图；在操控板中选择拉伸类型为 ⇇ ，单击 ✓ 按钮，完成拉伸特征 5 的创建。

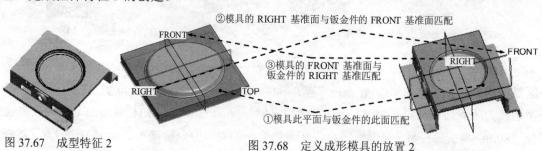

图 37.67　成型特征 2　　　　　　　　图 37.68　定义成形模具的放置 2

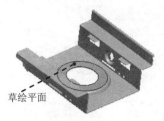

图 37.69　拉伸 5

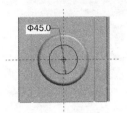

图 37.70　截面草图 5

Step30. 创建图 37.71 所示的附加钣金壁特征——凸缘 2。单击 模型 功能选项卡 形状 ▼ 区域中的"法兰"按钮 ，系统弹出"凸缘"操控板；单击操控板中的 放置 按钮，按住 Shift 键，选取图 37.72 所示的模型边链为附着边；选取法兰壁的形状类型为 C ，单击操控板中的 形状 按钮，在系统弹出的界面中分别输入 4.0、1.5、0.0，并分别按 Enter 键；单击"完成"按钮 。

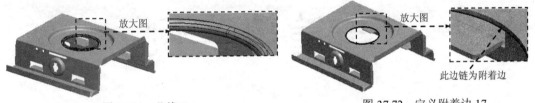

图 37.71　凸缘 2　　　　　　　　　　图 37.72　定义附着边 17

Step31. 创建图 37.73 所示的拉伸特征 6。单击 模型 功能选项卡 形状 ▼ 区域中的"拉伸"按钮 拉伸 ；确认操控板中的"去除材料"按钮 和 SMT"切削选项"按钮 被按下；选取图 37.73 所示的钣金表面为草绘平面，接受系统默认的参照平面，方向为 右 ；绘制图 37.74 所示的截面草图；在操控板中选择拉伸类型为 ；单击 按钮，完成拉伸特征 6 的创建。

图 37.73　拉伸 6

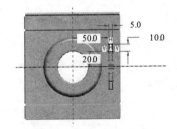

图 37.74　截面草图 6

Step32. 保存零件模型文件。

第 9 章

模型的外观设置
与渲染实例

本章主要包含如下内容：

实例 38　　贴图贴画及渲染实例

实例概述:

本实例讲解了如何在模型表面进行贴图,并应用 Photorender 及 Photolux 两种渲染器对贴图后的模型进行渲染的整个过程,如图 38.1a 所示。

Task1. 准备贴画图像文件

在模型上贴图,首先要准备一个图像文件,这里编者已经准备了一个含有文字的图像文件 decal.bmp,如图 38.1b 所示。下面具体介绍如何将图像文件 decal.bmp 处理成适合于 Creo 贴画用的图片文件。

a)　模型　　　　　　　　　　　　　　b)　图像文件

图 38.1　在模型上贴图

Step1. 设置工作目录和打开文件。将工作目录设置至 D:\creoins3\work\ch09\ins38,然后打开文件 block.prt。

Step2. 单击 **工具** 功能选项卡 实用工具 区域中的"图像编辑器"按钮 📝 图像编辑器 ,系统弹出"图像编辑器"对话框。

Step3. 打开图片文件。在图 38.2 所示的"图像编辑器"对话框中选择下拉菜单 **文件(F)** ➡ **打开(O)...** 命令,打开图片文件 D:\creoins3\work\ch09\ins38\decal.bmp。

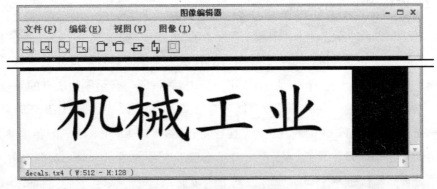

图 38.2　"图像编辑器"对话框 1

Step4. 创建图片的 Alpha 通道。在"图像编辑器"对话框中选择下拉菜单 图像(I) ➡️ 创建 Alpha 通道(A)... 命令，系统弹出图 38.3 所示的"创建图像 alpha 通道"对话框，在对话框的 比较法 下拉列表中选择 小于 选项，然后单击 确定 按钮。

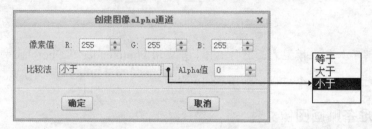

图 38.3   "创建图像 alpha 通道"对话框

Step5. 显示 Alpha 通道。在"图像编辑器"对话框中选择下拉菜单 视图(V) ➡️ ☑ 显示 Alpha 通道(D) 命令,系统显示图像 Alpha 通道效果（图 38.4）。

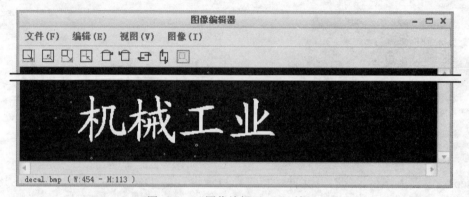

图 38.4   "图像编辑器"对话框 2

Step6. 将图片保存为"PTC 贴画（*.tx4）"格式的文件。在"图像编辑器"对话框中选择下拉菜单 文件(F) ➡️ 另存为(A)... 命令，在"保存副本"对话框的 类型 下拉列表中选择 PTC贴花 (*.tx4) 选项，在 新名称 文本框中输入名称 decal，然后单击 确定 按钮。

Task2. 设置模型基本外观

Step1. 单击 视图 功能选项卡 模型显示 区域中的"外观库"按钮 ● 下的 🔵 外观管理器... 按钮。

Step2. 在"我的外观"调色板中删除所有的外观。先在"外观管理器"对话框的"我的外观"调色板中选择最后一个外观，然后连续单击 ✕ 按钮，直至删除所有的外观。

Step3. 新建颜色外观。在"外观管理器"对话框中，单击 🔲 按钮以添加新外观，将新创建的外观命名为 app_block；参照图 38.5 设置新外观的 颜色 和 突出显示颜色 的各项参数。

Step4. 给模型添加外观颜色。关闭"外观管理器"对话框；单击 渲染 功能选项卡 外观 区域中的"外观库"按钮 ●，此时鼠标在图形区显示"毛笔"状态，在"智能选取栏"中选择 零件，然后选择模型，单击"选择"对话框中的 确定 按钮。

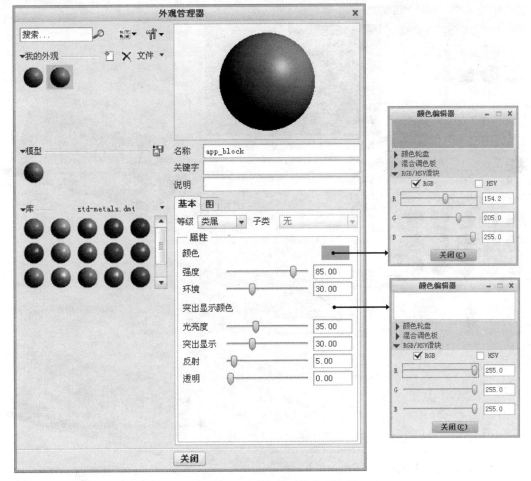

图 38.5　设置新外观的各项参数

Task 3. 在模型的表面上设置贴画外观

Step1. 创建贴画外观。

（1）单击 视图 功能选项卡 模型显示 区域中的"外观库"按钮 下的 外观管理器... 按钮，在"外观管理器"对话框的"我的外观"调色板中，选择前面创建的外观 app_block。

（2）复制前面创建的外观。单击 按钮，复制前面创建的外观 app_block。

（3）将新外观命名为 app_decal。

Step2. 在外观 app_decal 上设置贴画。选择外观 app_decal，在"外观管理器"对话框中单击 图 选项卡，在"贴画"区域的下拉列表中选择 图像 选项；单击"贴画"区域的 按钮，如图 38.6 所示，打开前面保存的 decal.tx4 文件。

Step3. 单击 关闭 按钮，关闭"外观管理器"对话框。

Step4. 在模型表面上添加贴画外观。单击 视图 功能选项卡 模型显示 区域中的"外观库"按钮 ，然后选取图 38.7 所示的模型表面，在"选择"对话框中单击 确定 按钮，设置贴画外观的结果如图 38.8 所示。

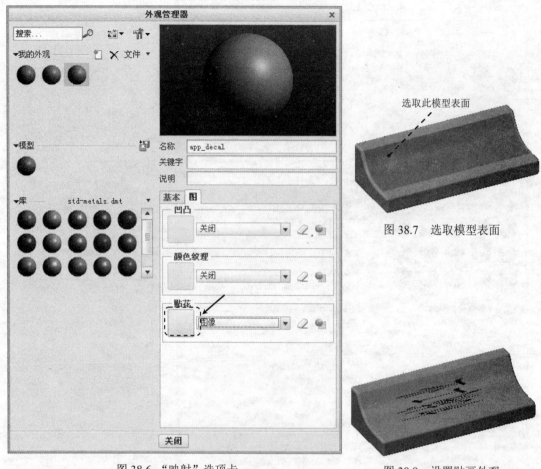

图 38.6 "映射"选项卡

图 38.7 选取模型表面

图 38.8 设置贴画外观

Step5. 单击 渲染 功能选项卡 外观 区域中的"外观库"按钮 ●，在弹出的"外观库"界面的"模型"调色板中选择 app_decal 外观，右击，在弹出的快捷菜单中选择 编辑... 命令，系统弹出图 38.9 所示的"模型外观编辑器"对话框。

Step6. 选择要编辑的外观。单击对话框右上角的 ✎ 按钮，选取前面加载贴画的模型表面，此时"模型外观编辑器"对话框的 图 选项卡贴画区域中的"编辑贴画放置"按钮 ● 会高亮显示，单击 ● 按钮，系统弹出图 38.10 所示的"贴画放置"对话框。

Step7. 修改贴画。在 副本 区域中选中 ◎ 单一 单选项，在 位置 区域的 旋转 输入角度值 90.0；在 副本 和 位置 区域调整 X 、Y 值，以调整贴画的比例和位置；单击"模型外观编辑器"对话框中的 关闭 按钮，完成修改。

Task 4. 设置房间

Step1. 将模型设置到 VIEW2 视图；单击 渲染 功能选项卡 场景 区域中的"场景"按钮 ，系统弹出"场景"对话框，单击 房间 (R) 选项卡，选中 ☑ 将房间锁定到模型 复选框；在 房间方向 区域中单击 照相室 按钮，单击 ☑ 地板 后的 ◙ 按钮，使地板与模型下表面平齐。

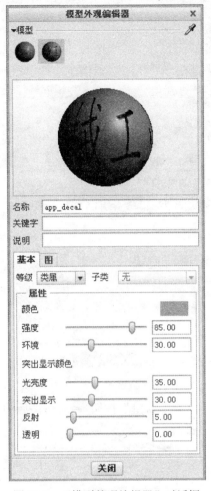

图 38.9　"模型外观编辑器"对话框

图 38.10　"贴画放置"对话框

Step2. 调整地板的纹理。文件路径 D:\creoins3\work\ch09\ins38\ cloth01.tx3。

Step3. 调整模型在地板上的位置。

（1）调整位置。在 大小 区域中，分别拖动 ☑墙壁 1 、 ☑墙壁 2 、 ☑墙壁 3 和 ☑墙壁 4 后面的滚轮，直至将模型调整到位于地板的中心。

（2）如有必要，可缩放房间（不缩放地板）。

Task 5．设置光源

Step1. 在"场景"对话框中单击 光源(L) 选项卡。

Step2. 创建一个点光源 lightbulb1，该光源用于照亮房间。单击"添加新的灯泡"按钮 ，光源锁定方式为 模型 ，光的强度设为 0.6。

Step3. 创建一个聚光灯 spot1，该光源用于照亮模型的某个局部。在 光源(L) 选项卡中，单击"添加新聚光灯"按钮 ，光源锁定方式为 模型 ，光的强度设为 0.6。

Step4. 采用默认的环境光。

Step5. 屏蔽默认的平行光 default distant。

Task 6. 用 Photolux 渲染器对模型进行渲染

Step1. 移去四周墙壁和天花板（操作方法是在 **房间 (R)** 选项卡的 大小 区域中取消选中 ☑ 天花板 、 ☑ 墙壁 1、 ☑ 墙壁 2、 ☑ 墙壁 3 和 ☑ 墙壁 4 复选框）。

Step2. 进行渲染。

（1）单击 渲染 功能选项卡 设置 区域中的"渲染设置"按钮 ；在"渲染设置"对话框的 渲染器 下拉列表中选择 Photolux 渲染器，在 质量 下拉列表中选择 最大 ，在 消除锯齿 区域的 质量 下拉列表中选择 最高 ，其他各项设置参考图 38.11。

（2）在"渲染控制"工具栏中单击"渲染窗口"按钮 。渲染后的效果参见随书光盘文件 D:\ creoins3\work\ch09\ins38\ok\ph1.doc。

Task 7. 用 Photorender 渲染器对模型进行渲染

Step1. 移去四周墙壁和天花板。

Step2. 屏蔽点光源 lightbulb1 和聚光灯 spot1。

Step3. 进行渲染。

（1）在"渲染设置"对话框的 渲染器 下拉列表中选择 PhotoRender 渲染器，各项设置如图 38.12 所示。

（2）单击 渲染 功能选项卡 渲染 区域中的"渲染窗口"按钮 。渲染后的效果参见随书光盘文件 D:\creoins3\work\ch09\ins38\ok\ph2.doc。

图 38.11　Photolux 渲染设置

图 38.12　Photorender 渲染设置

实例 39　　机械零件的渲染

实例概述：

　　本实例讲解了一个机械零件渲染的详细操作过程，在渲染时采用了 Photorender 及 Photolux 两种渲染器，如图 39.1 所示。

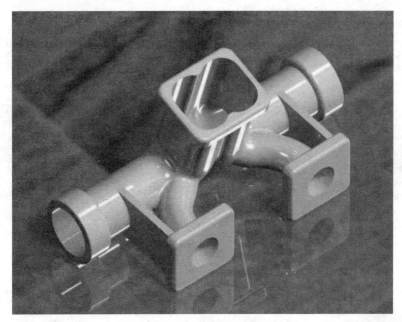

图 39.1　渲染效果图

Task1. 设置工作目录并打开文件

将工作目录设置至 D:\creoins3\work\ch09\ins39\，然后打开文件 instance_engine.prt。

Task2. 创建视图

Step1. 选择命令。单击 视图 功能选项卡 方向 ▼ 区域中的"重定向"按钮 重定向，系统弹出"方向"对话框。

Step2. 创建 V1 视图。在 参考1 区域的下拉列表中选择方位 前，选择 RIGHT 基准平面为参考 1；在 参考2 区域的下拉列表中选择方位 上，选择 TOP 基准平面为参考 2；将视图保存为 V1，结果如图 39.2 所示。

Step3. 创建 V2 视图。将模型调整到图 39.3 所示的位置，将视图保存为 V2。

Step4. 在对话框中单击 确定 按钮。

说明： 视图的设置是为后面的一些渲染操作（如房间、光源的设置）做准备。

Task3. 设置房间

Step1. 选择场景。

（1）单击 渲染 功能选项卡 场景 区域中的"场景"按钮 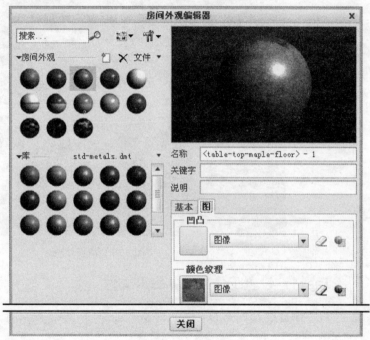，系统弹出"场景"对话框。

（2）在该对话框的 场景库(S) 区域中双击"basic_table_top_maple"场景将其激活，然后在 活动场景 区域中选中 ☑ 将模型与场景一起保存 复选框。

Step2. 选择房间类型。在"场景"对话框中单击 房间(R) 选项卡，采用默认的 ● 矩形房间 类型。

Step3. 设置房间外观。

（1）在 房间外观 区域中双击"地板"按钮 ■，系统弹出图 39.4 所示的"房间外观编辑器"对话框。

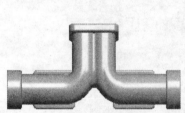

图 39.2　V1 视图

图 39.3　V2 视图

图 39.4　"房间外观编辑器"对话框

（2）在该对话框中单击 图 选项卡，然后在 颜色纹理 区域中单击 ■ 按钮，在弹出的"打开"对话框中选择 D:\ creoins3\work\ch09\ins39\路径，然后打开"floor.jpg"文件。

（3）在"房间外观编辑器"对话框中单击 关闭 按钮。

Step4. 将模型放平在地板上。

（1）将模型视图设置到 V1 状态。

（2）调整地板的位置。在 大小 区域的 ☑ 地板 选项后单击 ■ 按钮，使地板与模型下表面平齐，结果如图 39.5 所示。

（3）将模型视图设置到 V2 状态，在"场景"对话框中单击 关闭 按钮，完成房间的设置，结果如图 39.6 所示。

Task4. 设置模型外观

Step1. 单击 渲染 功能选项卡 外观 区域中的 外观库▾ 按钮，在弹出的"外观库"界面中单击 ⬤外观管理器... 按钮，系统弹出"外观管理器"对话框。

Step2. 在外观列表中添加一种新外观。

（1）在对话框中单击"创建新外观"按钮 ⬜，接受默认的新外观名称。

（2）设置新外观的颜色。在 属性 区域中单击"颜色"按钮 ⬜，在弹出的"颜色编辑器"对话框中将 ☑ RGB 值设置成图 39.7 所示的参数，单击 关闭(C) 按钮。

图 39.5　V1 视图状态

图 39.6　V2 视图状态

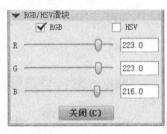

图 39.7　RGB 参数

（3）在 属性 区域中将 反射 值设置为 45，然后在"外观管理器"对话框中单击 关闭 按钮。

Step3. 将创建的外观应用到零件模型上。单击 渲染 功能选项卡 外观 区域中的"外观库"按钮 ⬤，在智能选取栏中选择 零件，然后选择零件模型，单击"选择"对话框中的 确定 按钮。

Task5. 设置光源

光源的设置方案如下：

- 创建一个平行光 distance1 作为主光源 1。
- 创建一个点光源 lightbulb1 作为辅光源。

Step1. 创建点光源 lightbulb1。

（1）单击 渲染 功能选项卡 场景 区域中的"场景"按钮 🖼，系统弹出"场景"对话框，单击 光源(L) 选项卡。

（2）在"光源"选项卡中单击"添加新的灯泡"按钮 🔆，在选项卡下方选中 ☑显示光源 复选框，并在 锁定到 下拉列表中选择 模型；在 一般 区域中，将光的强度值设为 1.0；单击 位置... 按钮，系统弹出"光源位置"对话框，在 源位置 区域中将 X 值设置为 1.027，将 Y 值设置为 0.384，将 Z 值设置为 0.125。

（3）在"光源位置"对话框中单击 关闭 按钮。

Step2. 创建平行光 diatance1。

（1）单击"添加新的远光源"按钮 ，在选项卡下方选中 显示光源 复选框。

（2）在 阴影 区域中选中 启用阴影 复选框，将柔和度值设置为 89；在 一般 区域中，将光的强度值设为 0.5。

（3）在选项卡下方的 锁定到 下拉列表中选择 模型 ；单击 位置... 按钮，在弹出的"光源位置"对话框的 源位置 区域中将 X 值设置为 0.700，将 Y 值设置为-0.254，将 Z 值设置为-0.702；在 瞄准点位置 区域中将 X 值设置为 0.398，将 Y 值设置为 0.097，将 Z 值设置为-0.179，单击 关闭 按钮。

Step3. 在"场景"对话框中单击 关闭 按钮，完成光源的设置。

Task6. 对模型进行渲染

Step1. 单击 渲染 功能选项卡 设置 区域中的"渲染设置"按钮 ，系统弹出图 39.8 所示的"渲染设置"对话框。

Step2. 进行渲染设置。

（1）参考图 39.8，在"渲染设置"对话框中设置渲染的各项参数。

（2）单击"渲染设置"对话框中的 关闭 按钮。

Step3. 单击 渲染 功能选项卡 渲染 区域中的"渲染窗口"按钮 ，完成渲染的操作。（渲染后的效果参见随书光盘文件 D:\ creoins3\work\ch09\ins39\ok\ph1.doc。）

图 39.8　"渲染设置"对话框

第 10 章

运动仿真及动画实例

本章主要包含如下内容：
- 实例 40 "打乒乓球"动画
- 实例 41 牛头刨床机构仿真
- 实例 42 凸轮运动仿真

实例 40   "打乒乓球" 动画

实例概述：

本实例讲解了制作打乒乓球的动画过程，制作此动画有以下几个特点：

● 描述了乒乓球在球桌上的运行过程。

● 描述了球拍撞击乒乓球，然后乒乓球在球桌上跳动的情形。

● 乒乓球在滚动到球桌的边缘后消失。

操作过程如下：

Step1. 设置工作目录至 D:\creoins3\work\ch10\ins40，打开文件 table_tennis_game.asm。

Step2. 单击 模型 功能选项卡 模型显示 ▾ 区域中的 "管理视图" 按钮 ，此时系统弹出图 40.1 所示的 "视图管理器" 对话框；在 "视图管理器" 对话框中选取 定向 选项卡，单击 新建 按钮，命名新建视图为 C1，并按 Enter 键；单击 编辑 ▾ 菜单下的 重定义 命令，系统弹出图 40.2 所示的 "方向" 对话框。

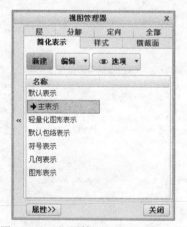
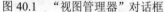

图 40.1 "视图管理器" 对话框

图 40.2 "方向" 对话框

Step3. 定向组件模型。将模型调整到图 40.3 所示的位置及大小，单击 "方向" 对话框中的 确定 按钮。

Step4. 用同样的方法分别建立 C2（图 40.4）、C3（图 40.5）、C4（图 40.6）、C5（图 40.7）、C6（图 40.8）、C7（图 40.9）、C8（图 40.10）和 C9（图 40.11）视图。完成视图定义后，先不要关闭 "视图管理器" 对话框，进行下一步工作。

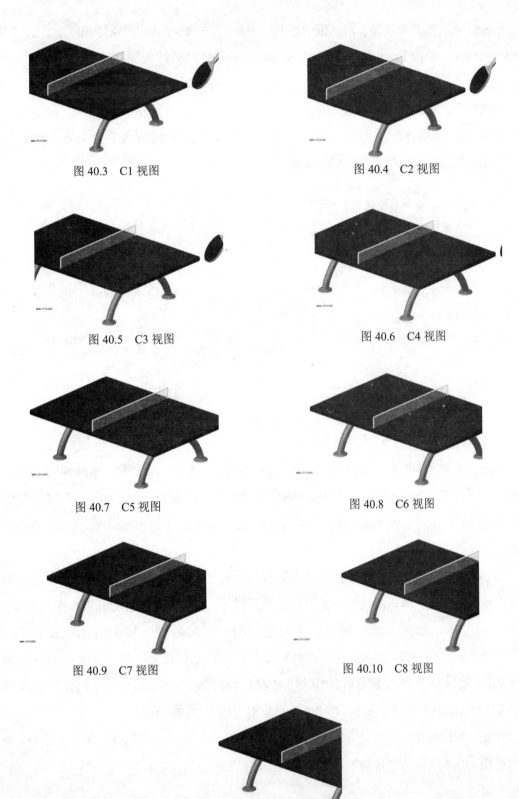

图 40.3 C1 视图

图 40.4 C2 视图

图 40.5 C3 视图

图 40.6 C4 视图

图 40.7 C5 视图

图 40.8 C6 视图

图 40.9 C7 视图

图 40.10 C8 视图

图 40.11 C9 视图

Step5. 在"视图管理器"对话框中选取 样式 选项卡，单击 新建 按钮，输入样式的名称 style0001，并按 Enter 键；系统弹出图 40.12 所示的"编辑"对话框，选择 遮蔽 选项卡，系统提示"选取将被遮蔽的元件"，在图 40.13 所示的模型树中选取 ▢ TABLE_TENNIS.PRT，单击"编辑"对话框中的 ✔ 按钮。

Step6. 在"视图管理器"对话框的 样式 选项卡中，将"主造型"设为活动状态，单击"视图管理器"对话框中的 关闭 按钮。

图 40.12 "编辑"对话框

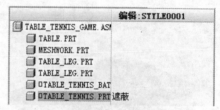

图 40.13 模型树

Step7. 单击 应用程序 功能选项卡 运动 区域中的"动画"按钮 📹，系统进入"动画"模块，选择 动画 功能选项卡中的 新建动画 ➡ 📷 快照 命令，系统弹出图 40.14 所示的"定义动画"对话框；在对话框中输入动画名称 Table_tennis_game，然后单击 确定 按钮，关闭对话框。

Step8. 单击 动画 功能选项卡 机构设计 区域中的"主体定义"按钮 🔲 主体定义，系统弹出"主体"对话框，单击对话框中的 每个主体一个零件 按钮，系统将所有零件作为主体加入主体列表中，如图 40.15 所示；选取图 40.15 所示的对话框中的 Ground，单击 编辑 按钮，系统弹出"主体定义"对话框（图 40.16）及"选择"对话框；在模型树中选取 ▢ TABLE.PRT，然后单击"选择"对话框中的 确定 按钮，再单击图 40.16 所示的"主体定义"对话框中的 确定 按钮；单击"主体"对话框中的 封闭 按钮。

Step9. 创建快照。单击 动画 功能选项卡 机构设计 区域中的"拖动元件"按钮 👆，系统弹出图 40.17 所示的"拖动"对话框。

图 40.14 "定义动画"对话框 1

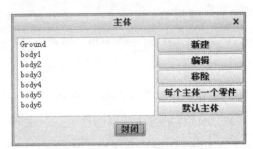

图 40.15 "主体"对话框

图 40.16 "主体定义"对话框

图 40.17 "拖动"对话框 1

（1）创建第一个快照。在图 40.18 所示的状态下，单击"拖动"对话框中的  按钮，此时在图 40.19 所示的快照栏中便生成 Snapshot1 快照。

图 40.18 创建第一个快照

图 40.19 "拖动"对话框 2

（2）创建第二个快照。

① 在"拖动"对话框中单击"点拖动"按钮 ，然后从模型中选中球拍，将其拖动至图 40.20 所示的位置。

② 单击"拖动"对话框中的 按钮，生成 Snapshot2 快照。

（3）用同样的方法分别创建第三个快照（图 40.21）、第四个快照（图 40.22）、第五个快照（图 40.23）、第六个快照（图 40.24）、第七个快照（图 40.25）、第八个快照（图 40.26）、第九个快照（图 40.27）和第十个快照（图 40.28）。

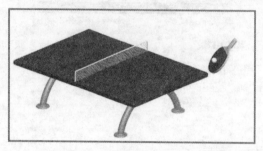

图 40.20 创建第二个快照

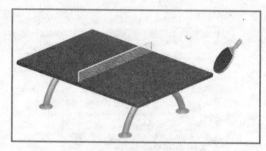

图 40.21 创建第三个快照

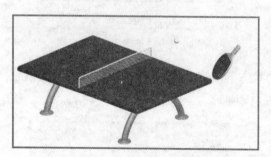

图 40.22 创建第四个快照

图 40.23 创建第五个快照

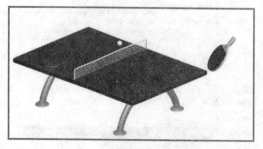

图 40.24 创建第六个快照

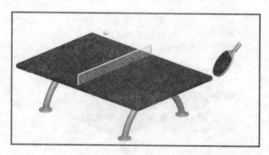

图 40.25 创建第七个快照

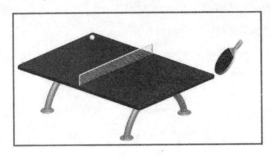

图 40.26   创建第八个快照

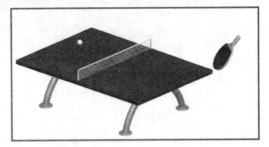

图 40.27   创建第九个快照

（4）单击"拖动"对话框中的 关闭 按钮。

Step10. 在时间栏双击鼠标，系统弹出图 40.29 所示的"动画时域"对话框；在 终止时间 文本框中输入 30.0，单击"动画时域"对话框中的 确定 按钮。

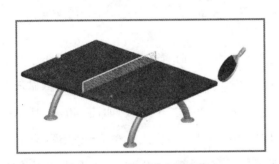

图 40.28   创建第十个快照

图 40.29   "动画时域"对话框

Step11. 单击 动画 功能选项卡 创建动画 ▼ 区域中的"管理关键帧序列"按钮 管理关键帧序列 。

（1）单击"关键帧序列"对话框中的 新建 按钮。

（2）在 序列 选项卡的"关键帧"列表中选取快照 Snapshot1，输入时间值为 0，单击 ✚ 按钮；从列表中选取快照 Snapshot2，输入时间值为 0.5，单击 ✚ 按钮；从列表中选取快照 Snapshot3，输入时间值为 4.5，单击 ✚ 按钮；从列表中选取快照 Snapshot4，输入时间值为 6.2，单击 ✚ 按钮；从列表中选取快照 Snapshot5，输入时间值为 9.5，单击 ✚ 按钮；从列表中选取快照 Snapshot6，输入时间值为 12.5，单击 ✚ 按钮；从列表中选取快照 Snapshot7，输入时间值为 15.5，单击 ✚ 按钮；从列表中选取快照 Snapshot8，输入时间值为 22，单击 ✚ 按钮；从列表中选取快照 Snapshot9，输入时间值为 26，单击 ✚ 按钮；从列表中选取快照 Snapshot10，输入时间值为 29.5，单击 ✚ 按钮。设置完成后，"关键帧序列"对话框如图 40.30 所示。

（3）单击"关键帧序列"对话框中的 确定 按钮。

（4）在返回的图 40.31 所示的"关键帧序列"对话框中单击 封闭 按钮。

图 40.30   "关键帧序列"对话框 1

图 40.31   "关键帧序列"对话框 2

Step12. 单击 动画 功能选项卡 图形设计 区域中的"定时样式"按钮 ，系统弹出图 40.32 所示的"定时样式"对话框；在"定时样式"对话框的 样式名 下拉列表中选择显示样式"主样式"， 在对话框的 之后 下拉列表中选择参照事件"开始"，如图 40.32 所示；单击 应用 按钮，"定时样式"事件出现在时间线中；在"定时样式"对话框的 样式名 下拉列表中选择显示样式 STYLE0001，在对话框的 之后 下拉列表中选择参照事件"终点 Table_tennis_game"，如图 40.33 所示；单击 应用 ➡ 关闭 按钮，"定时样式"事件出现在时间线中。

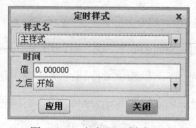

图 40.32   定义显示样式 1

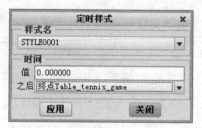

图 40.33   定义显示样式 2

Step13. 单击 动画 功能选项卡 图形设计 区域中的"定时视图"按钮 ，系统弹出"定时视图"对话框。

（1）在"定时视图"对话框的 名称 下拉列表中选择视图 C1，在对话框的 之后 下拉列表中选择参照事件 Kfs1.1:0 Snapshot1，如图 40.34a 所示；单击 应用 按钮，"定时视图"事件出现在时间线中；在"定时视图"对话框的 名称 下拉列表中选择视图 C1，在对话框的 之后 下拉列表中选择参照事件 Kfs1.1:0.5 Snapshot2；单击 应用 按钮，"定时视图"事件出现在时间线中，如图 40.34b 所示。

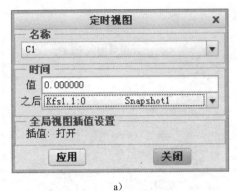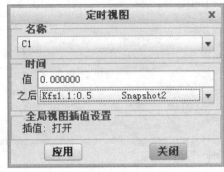

a)　　　　　　　　　　　　　　　　b)

图 40.34　设定视图 1

（2）在"定时视图"对话框的 名称 下拉列表中选择视图 C2，在对话框的 之后 下拉列表中选择参照事件 Kfs1.1:4.5 Snapshot3，如图 40.35 所示；单击 应用 按钮，"定时视图"事件出现在时间线中。

（3）在"定时视图"对话框的 名称 下拉列表中选择视图 C3，在对话框的 之后 下拉列表中选择参照事件 Kfs1.1:6.2 Snapshot4，如图 40.36 所示；单击 应用 按钮，"定时视图"事件出现在时间线中。

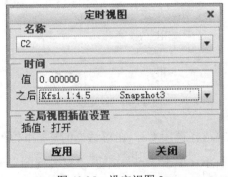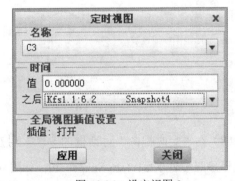

图 40.35　设定视图 2　　　　　　　图 40.36　设定视图 3

（4）在"定时视图"对话框的 名称 下拉列表中选择视图 C4，在对话框的 之后 下拉列表中选择参照事件 Kfs1.1:9.5 Snapshot5，如图 40.37 所示；单击 应用 按钮，"定时视图"事件出现在时间线中。

（5）在"定时视图"对话框的 名称 下拉列表中选择视图 C5，在对话框的 之后 下拉列表中选择参照事件 Kfs1.1:12.5 Snapshot6，如图 40.38 所示；单击 应用 按钮，"定时视图"事件出现在时间线中。

（6）在"定时视图"对话框的 名称 下拉列表中选择视图 C6，在对话框的 之后 下拉列表中选择参照事件 Kfs1.1:15.5 Snapshot7，如图 40.39 所示；单击 应用 按钮，"定时视图"事件出现在时间线中。

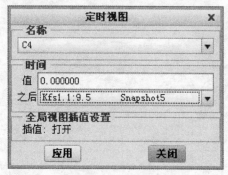

图 40.37　设定视图 4

图 40.38　设定视图 5

（7）在"定时视图"对话框的 名称 下拉列表中选择视图 C7，在对话框的 之后 下拉列表中选择参照事件 Kfs1.1:22 Snapshot8，如图 40.40 所示；单击 应用 按钮，"定时视图"事件出现在时间线中。

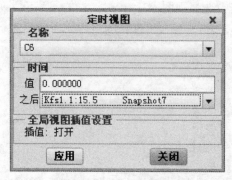

图 40.39　设定视图 6

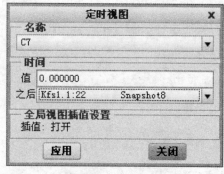

图 40.40　设定视图 7

（8）在"定时视图"对话框的 名称 下拉列表中选择视图 C8，在对话框的 之后 下拉列表中选择参照事件 Kfs1.1:26 Snapshot9，如图 40.41 所示；单击 应用 按钮，"定时视图"事件出现在时间线中。

（9）在"定时视图"对话框的 名称 下拉列表中选择视图 C9，在对话框的 之后 下拉列表中选择参照事件 Kfs1.1:29.5 Snapshot10，如图 40.42 所示；单击 应用 按钮，"定时视图"事件出现在时间线中。

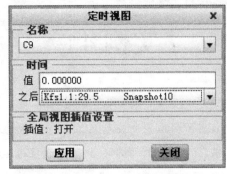

图 40.41 设定视图 8　　　　　　图 40.42 设定视图 9

（10）单击对话框中的 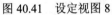 按钮。至此动画定义完成，时间域如图 40.43 所示。

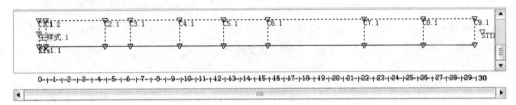

图 40.43 时间域

Step14. 在界面中单击"生成并运行动画"按钮 ▶，可启动动画进行查看。

Step15. 保存动画。

实例 41   牛头刨床机构仿真

实例概述:

本实例模拟了牛头刨床工作时的运动过程,该运动过程是通过曲柄的旋转使摇杆进行往返摇摆,从而带动滑块 1 做直线往返运动。通过本实例的学习,读者不仅可以掌握通过 Creo 进行动态仿真的方法,而且可以学习到牛头刨床机构的运动过程。

Task1. 装配模型

Step1. 新建装配模型。选择下拉菜单 文件 ▼ ➡ 管理会话(M) ▶ ➡ 选择工作目录(W) 更改工作目录. 命令,将工作目录设置至 D:\creoins3\work\ch10\ins41\;单击"新建"按钮 □ ,选中 类型 选项组中的 ⊙ □ 装配 单选项,选中 子类型 选项组中的 ⊙ 设计 单选项,在 名称 文本框中输入文件名 planer_asm;通过取消 □ 使用默认模板 复选框中的"√"号,来取消"使用默认模板",单击该对话框中的 确定 按钮;在模板选项组中选取 mmns_asm_design 模板,单击该对话框中的 确定 按钮。

Step2. 增加图 41.1 所示的第一个固定元件:支架(bracket)零件。单击 模型 功能选项卡 元件 ▼ 区域中的"装配"按钮 ☐,打开名为 bracket.prt 的零件,在操控板中单击 放置 按钮,在"放置"界面的 约束类型 下拉列表中选择 □ 默认 选项。

Step3. 在模型树界面中选择 👕 ▼ ➡ 🗝 树过滤器(F)... 命令;在弹出的"模型树项"对话框中选中 ☑ 特征 复选框,然后单击对话框中的 确定 按钮;在模型树中选取基准平面 ASM_RIGHT、ASM_TOP、ASM_FRONT 并右击,从图 41.2 所示的快捷菜单中选择 隐藏 命令,效果如图 41.3 所示。

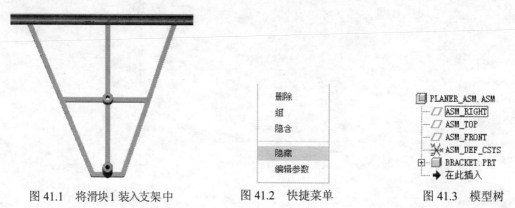

| 图 41.1 将滑块1装入支架中 | 图 41.2 快捷菜单 | 图 41.3 模型树 |

Step4. 单击 模型 功能选项卡 元件 ▼ 区域中的"装配"按钮 ☐,打开名为 slider_01.prt 的零件,在约束集列表中选择 ⚙ 圆柱 选项;在弹出的操控板中单击 放置 按钮,

选取图 41.4 所示的两条轴线为"轴对齐"约束的参考，单击操控板中的 ✓ 按钮。

Step5. 单击 应用程序 功能选项卡 运动 区域中的"机构"按钮 ⚙，单击 机构 功能选项卡 运动 区域中的"拖动元件"按钮 👆；单击"点拖动"按钮 👆，在元件 slider_01 上选择一点，然后在该位置处单击，出现一个标记 ◆，移动鼠标光标，选取的点将跟随光标移动，当移到图 41.5 所示的位置时，单击鼠标，终止拖移操作，使元件 slider_01 停留在刚才拖移的位置，然后关闭"拖动"对话框。

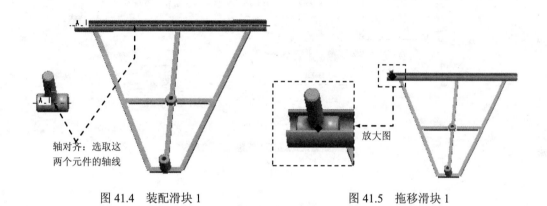

图 41.4 装配滑块 1   图 41.5 拖移滑块 1

特别注意：以后每次增加元件（无论是固定元件还是连接元件）都要按与本步骤相同的操作方法，验证装配和连接的有效性和正确性，以便及时发现问题进行修改。增加固定元件时，如果不能顺利进入机构环境，则必须重新装配；如果能够顺利进入机构环境，则可选取任意一个连接元件拖动即可。

Step6. 增加连接元件：将曲柄（brace）装入支架中，创建销钉（Pin）连接，如图 41.6 所示。单击 模型 功能选项卡 元件▼ 区域中的"装配"按钮 📂，打开文件名为 brace.prt 的零件，在约束集列表中选择 ✖ 销钉 选项；在弹出的操控板中单击 放置 按钮，选取图 41.7 所示的两条轴线为"轴对齐"约束的参考，分别选取图 41.7 中的两个平面（元件 brace 的表平面和元件 bracket 的表平面）为"平移"约束的参考；单击操控板中的 ✓ 按钮。

Step7. 增加连接元件：将滑块 2 装入曲柄中，创建销钉（Pin）连接，如图 41.8 所示。单击 模型 功能选项卡 元件▼ 区域中的"装配"按钮 📂，打开文件名为 slider_02.prt 的零件，在约束集列表中选择 ✖ 销钉 选项，在弹出的操控板中单击 放置 按钮，选取图 41.9 所示的两条轴线为"轴对齐"约束的参考，分别选取图 41.9 中的两个平面（元件 brace 的表平面和元件 slider_02 的表平面）为"平移"约束的参考；单击操控板中的 ✓ 按钮。

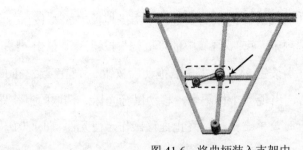

图 41.6　将曲柄装入支架中

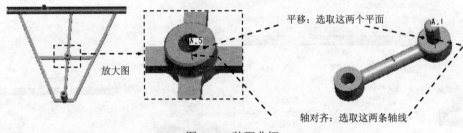

图 41.7　装配曲柄

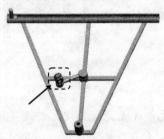

图 41.8　将滑块 2 装入曲柄中

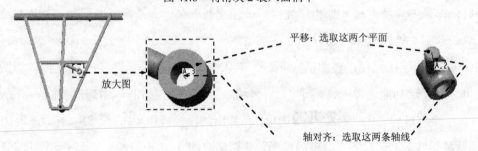

图 41.9　装配滑块 2

　　Step8. 增加连接元件：将摇杆装入支架和滑块 2 中，分别创建销钉（Pin）连接和圆柱（Cylinder）连接，如图 41.10 所示。单击 模型 功能选项卡 元件 ▾ 区域中的"装配"按钮 ，打开文件名为 rocker.prt 的零件，在约束集列表中选择 销钉 选项；在弹出的操控板中单击 放置 按钮，选取图 41.11 中的两条轴线（元件 rocker 的 A_1 轴线和元件 bracket 的 A_6 轴线）为"轴对齐"约束的参考，分别选取图 41.11 中的两个平面（元件 rocker 的表平面和元件 bracket 的表平面）为"平移"约束的参考；单击"放置"界面中的"新设置"，在 集类型 中选择 圆柱 选项，选取图 41.12 所示的两条轴线（元件 rocker 的 A_2 轴线和元件 slider_02 的 A_1 轴线）为"轴对齐"约束的参考；单击操控板中的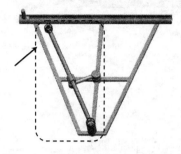按钮。

图 41.10　将摇杆装入支架和滑块 2 中

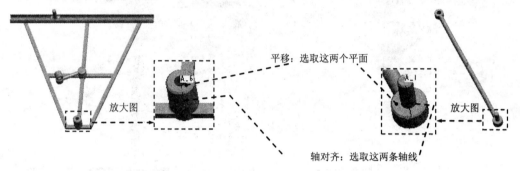

平移：选取这两个平面

放大图

轴对齐：选取这两条轴线

图 41.11　创建销钉（Pin）连接 1

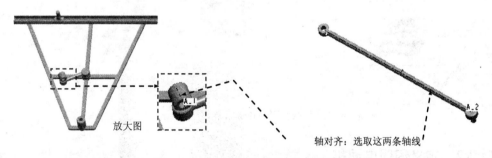

放大图

轴对齐：选取这两条轴线

图 41.12　创建圆柱（Cylinder）连接

Step9. 增加连接元件：将连杆装入摇杆和滑块 1 中，创建两个销钉（Pin）接头连接，如图 41.13 所示。单击 模型 功能选项卡 元件▾ 区域中的"装配"按钮，打开文件名为 connecting_rod.prt 的零件，在约束集列表中选择 销钉 选项；在弹出的操控板中单击 放置 按钮，选取图 41.14 中的两条轴线（元件 connecting_rod 的 A_1 轴线和元件 rocker 的 A_3 轴线）为"轴对齐"约束的参考，分别选取图 41.14 中的两个平面（元件 connecting_rod 的表平面和元件 rocker 的表平面）为"平移"约束的参考；单击"放置"界面中的"新设置"，在 集类型 中选择 圆柱 选项；然后选取图 41.15 所示的两条轴线（元件 connecting_rod 的 A_3 轴线和元件 slider_01 的 A_2 轴线）为"轴对齐"约束的参考；单击操控板中的 按钮。

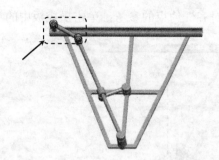

图 41.13   将连杆装入摇杆和滑块 1 中

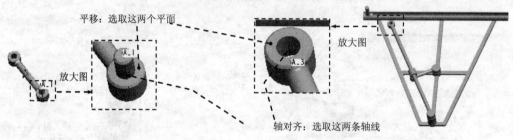

图 41.14   创建销钉（Pin）连接 2

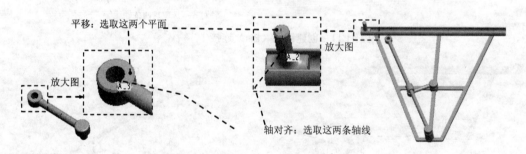

图 41.15   创建销钉（Pin）连接 3

Task2. 定义伺服电动机

Step1. 单击 应用程序 功能选项卡 运动 区域中的"机构"按钮 ，单击 机构 功能选项卡 运动 区域中的"拖动元件"按钮 ；单击"点拖动"按钮 ，用"点拖动"将刨床机构装配拖到图 41.16 所示的位置，然后关闭"拖动"对话框。

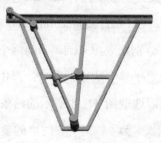

图 41.16   运动轴设置

　　Step2. 单击 机构 功能选项卡 插入 区域中的"伺服电动机"按钮 ，系统弹出图 41.17 所示的"伺服电动机定义"对话框，采用系统默认的名称；在图 41.18 所示的模型上，采用"从列表中拾取"的方法选取图中的接头，即列表中的连接轴 Connection_2c.axis_1；单击对话框中的 轮廓 选项卡，在 规范 区域的下拉列表中选择 加速度 选项，在 模 区域的下拉列表中选择函数为 SCCA ，然后分别在 A、B、H、T 文本框中键入其参数值 0.25、0.5、1、1，在 初始速度 文本框中输入 360，完成后如图 41.19 所示；单击对话框中的 确定 按钮。

图 41.17　"伺服电动机定义"对话框

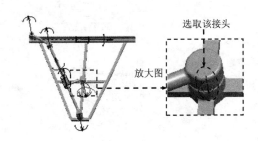

图 41.18　选取连接轴

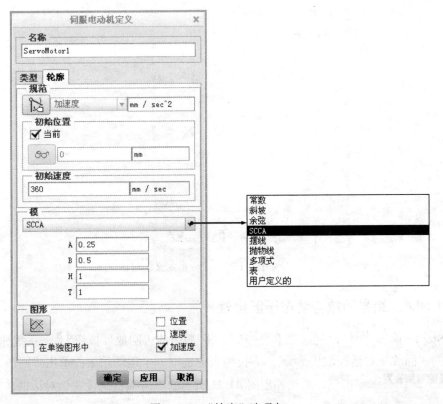

图 41.19　"轮廓"选项卡

Task3. 建立运动分析并运行

Step1. 单击 机构 功能选项卡 分析 ▾ 区域中的 "机构分析" 按钮 ✗。

Step2. 此时系统弹出图 41.20 所示的 "分析定义" 对话框,采用默认的名称,选择分析的类型为 "位置"; 在 图形显示 区域下输入开始时间值 0(单位为秒),选择测量时间域的方式为 长度和帧频,输入终止时间值 1(单位为秒),输入帧频值 200;在 初始配置 区域中选中 ◉ 当前 单选项,单击 运行 按钮;单击 "分析定义" 对话框中的 确定 按钮,就可以保存运动定义并关闭对话框。

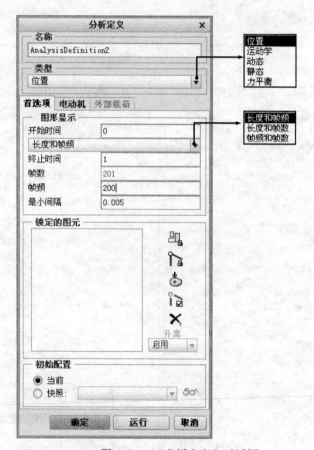

图 41.20　"分析定义" 对话框

Task4. 结果回放与动态干涉检查

Step1. 单击 机构 功能选项卡 分析 ▾ 区域中的 "回放" 按钮 ◀▶,系统弹出图 41.21 所示的 "回放" 对话框,从 结果集 下拉列表中选取一个运动结果;单击 "回放" 对话框中的 碰撞检测设置... 按钮,系统弹出图 41.22 所示的 "碰撞检测设置" 对话框,在该对话框中选中 ◉ 无碰撞检测 单选项。

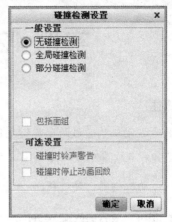

图 41.22　"碰撞检测设置"对话框

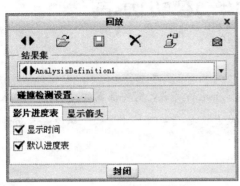

图 41.21　"回放"对话框 1

Step2. 在"回放"对话框的 影片进度表 选项卡中选中 ☑默认进度表 ；如果要查看部分片段，则取消选中 ☐默认进度表 复选框，这时系统弹出图 41.23 所示的界面。在"回放"对话框中单击 ◀▶ 按钮，系统将弹出图 41.24 所示的"动画"对话框，可进行回放演示，回放中如果检测到元件干涉，系统将加亮干涉区域并停止回放。回放结束后，在"动画"对话框中单击 捕获... 按钮，系统弹出"捕获"对话框，接受默认设置值，单击 确定 按钮，即可生成一个 *.mpg 文件，该文件可以在其他软件（如 Windows Media Player）中播放。完成观测后，单击"回放"对话框中的 封闭 按钮。

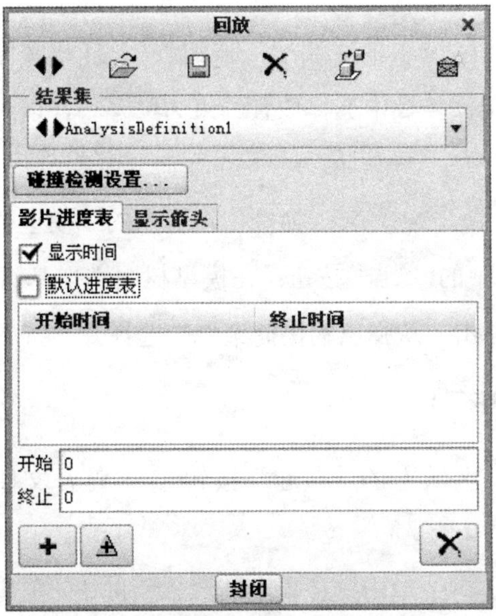

图 41.23　"回放"对话框 2

图 41.24　"动画"对话框

实例 42   凸轮运动仿真

实例概述：

凸轮运动机构通过两个关键元件（凸轮和滑滚）进行定义，需要注意的是凸轮和滑滚两个元件必须有真实的形状和尺寸。要定义凸轮运动机构，必须先进入"机构"环境。下面讲述一个凸轮运动机构的创建过程。

Task1. 新建装配模型

Step1. 新建装配模型。选择下拉菜单 文件▼ ➡ 管理会话(M) ▶ ➡ 选择工作目录(F) 更改工作目录。命令，将工作目录设置至 D:\creoins3\work\ch10\ins42\。

Step2. 单击"新建"按钮 □，选中 类型 选项组中的 ◉ □ 装配 单选项，选中 子类型 选项组中的 ◉ 设计 单选项，在 名称 文本框中输入文件名 planer_asm；通过取消 □ 使用默认模板 复选框中的"√"号，来取消"使用默认模板"，单击该对话框中的 确定 按钮；在模板选项组中，选取 mmns_asm_design 模板，单击该对话框中的 确定 按钮。

Task2. 增加固定元件（FIXED_PLATE.PRT）

Step1. 单击 模型 功能选项卡 元件▼ 区域中的"装配"按钮 🖳，打开文件名为 FIXED_PLATE.PRT 的零件；在"元件放置"操控板中选择放置约束为 🖵 默认，以对零件进行固定，然后单击 ✔ 按钮。

Step2. 在模型树界面中，选择 👕▼ ➡ 🔣 树过滤器(F)... 命令；在弹出的"模型树项"对话框中选中 ✔ 特征 复选框，然后单击对话框中的 确定 按钮；在模型树中选取基准平面 ASM_RIGHT、ASM_TOP、ASM_FRONT 并右击，从弹出的快捷菜单中选择 隐藏 命令。

Task3. 增加连接元件连杆（ROD.PRT）

Step1. 单击 模型 功能选项卡 元件▼ 区域中的"装配"按钮 🖳，打开文件名为 ROD.PRT 的零件。

Step2. 在约束集选项列表中选择 🔲 滑动杆 选项；单击操控板中的 放置 按钮，在其界面中单击 ⊟ Connection_1 (滑动杆) 标识，然后在 集名称 文本框中输入连接名称"Connection_1c"，并按 Enter 键；在"放置"界面中单击 轴对齐 项，然后分别选取图 42.1 中的两条轴线（元件 ROD 的中心轴线和元件 FIXED_PLATE 的中心轴线），轴对齐 约束的参照如图 42.2 所示。

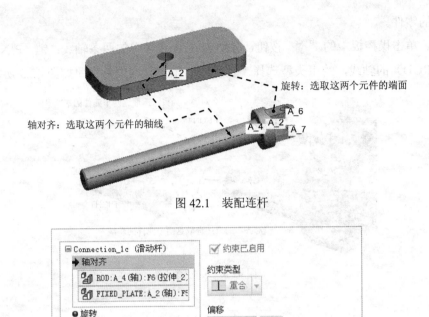

图 42.1　装配连杆

图 42.2　"轴对齐"约束参照

Step3. 分别选取图 42.1 中的两个平面（元件 ROD 的端面和元件 FIXED_PLATE 的端面），以限制元件 ROD 在元件 FIXED_PLATE 中旋转，　旋转　约束的参照如图 42.3 所示，单击操控板中的　✔　按钮。

图 42.3　"旋转"约束参照

Step4. 验证连接的有效性：拖移连接元件 ROD。单击　应用程序　功能选项卡　运动　区域中的"机构"按钮　；单击　机构　功能选项卡　运动　区域中的"主体元件"按钮　，在元件 ROD 上单击，出现一个标记◆，移动鼠标进行拖移，并单击中键结束拖移，使元件停留在原来位置，然后关闭"拖动"对话框。

Task4. 增加固定元件销（PIN.PRT）

Step1. 单击　模型　功能选项卡　元件▾　区域中的"装配"按钮　，打开文件名为

PIN.PRT 的零件。

Step2. 单击操控板中的 放置 按钮，分别选取图 42.4 中的两条轴线：销（PIN）的轴线和元件（ROD）的轴线，约束类型选择"重合"， 轴重合约束的参照如图 42.5 所示。

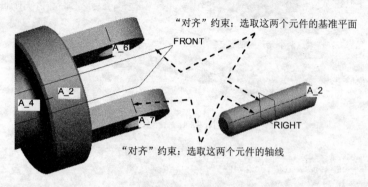

图 42.4 装配销

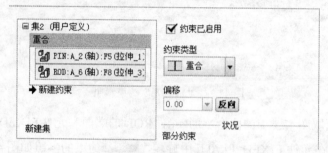

图 42.5 "重合"约束参照 1

Step3. 单击"放置"界面中的"新建约束"，分别选取图 42.4 中的两个基准面：销（PIN）的 RIGHT 基准面和元件（ROD）的 FRONT 基准面，约束类型选择"重合"，基准面重合约束的参照如图 42.6 所示，单击操控板中的 ✔ 按钮。

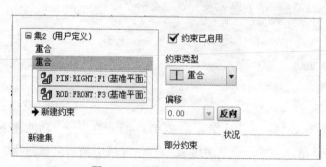

图 42.6 "重合"约束参照 2

Task5. 增加元件滑滚（WHEEL.PRT）

Step1. 单击 模型 功能选项卡 元件 ▾ 区域中的"装配"按钮 ，打开文件名为 WHEEL.PRT 的零件。

Step2. 在约束集列表中选择 销钉 选项；单击操控板中的 放置 按钮，系统出现图 42.7 所示的"放置"界面，在界面中单击 Connection_2c (销钉) 标识，然后在 集名称 文本框中输入连接名称"Connection_2c"，并按 Enter 键。

图 42.7　"放置"界面

Step3. 在"放置"界面中单击 轴对齐 选项，然后分别选取图 42.8 中的两个元件的轴线（元件 WHEEL 的轴线和元件 PIN 的轴线），轴对齐 约束的参照如图 42.9 所示。

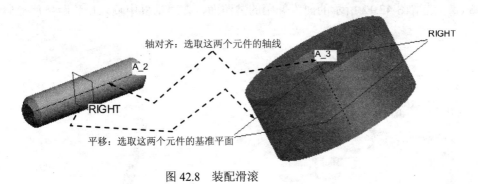

图 42.8　装配滑滚

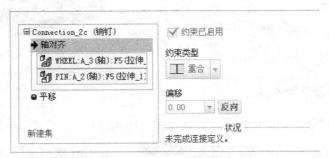

图 42.9　"轴对齐"约束参照

Step4. 分别选取图 42.8 中两个元件的基准平面（元件 WHEEL 的 RIGHT 基准面和元件 PIN 的 RIGHT 基准面），以限制元件 WHEEL 在元件 PIN 上平移，平移 约束的参照如图 42.10 所示，单击操控板中的 按钮。

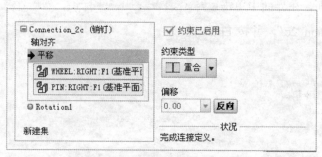

图 42.10　"平移"约束参照

Task6. 增加元件凸轮（CAM.PRT）

Stage1. 创建基准平面 ADTM1 作为基准轴的放置参照

Step1. 单击创建基准平面按钮 <kbd>□</kbd>，系统弹出图 42.11 所示的"基准平面"对话框。

Step2. 选取图 42.12 所示的面为偏距的参照面，在对话框中输入偏移距离值-255.0，方向向下，单击 <kbd>确定</kbd> 按钮。

图 42.11　"基准平面"对话框

图 42.12　参照面

Stage2. 创建基准轴 A_1

Step1. 单击基准轴的创建按钮 <kbd>／轴</kbd>，系统弹出图 42.13 所示的"基准轴"对话框。

Step2. 选取基准平面 ADTM1，定义为 <kbd>穿过</kbd>；按住 Ctrl 键，选取 ASM_TOP 基准平面，定义为 <kbd>穿过</kbd>；单击对话框中的 <kbd>确定</kbd> 按钮。

Stage3. 将元件凸轮（CAM.PRT）装在基准轴 A_1 上，创建销钉（Pin）连接。

Step1. 单击 <kbd>模型</kbd> 功能选项卡 <kbd>元件▼</kbd> 区域中的"装配"按钮 <kbd>⬚</kbd>，打开文件名为 CAM.PRT 的零件。

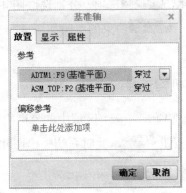

图 42.13　"基准轴"对话框

Step2. 在约束集列表中选择 ⚙ 销钉 选项；单击操控板中的 放置 按钮，系统出现图 42.14 所示的 "放置" 界面，在界面中单击 Connection_3c (销钉) 标识，然后在 集名称 文本框中输入连接名称 "Connection_3c"，并按 Enter 键。

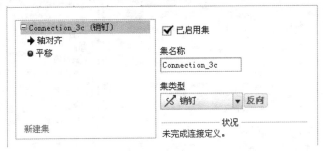

图 42.14　"放置" 界面

Step3. 在 "放置" 界面中单击 轴对齐 选项，然后分别选取图 42.15 中的轴线和模型树中的 A_1 基准轴线（元件 WHEEL 的中心轴线和 A_1 基准轴线），轴对齐 约束的参照如图 42.16 所示。

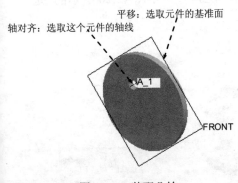

图 42.15　装配凸轮

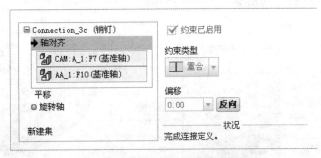

图 42.16　"轴对齐" 约束参照

Step4. 在"放置"界面中单击 ■平移■ 选项，分别选取图 42.15 中的元件基准面和模型树中的 ASM_FRONT 基准平面，■平移■ 约束的参照如图 42.17 所示，单击操控板中的 ✔ 按钮。

Task7. 定义凸轮从动机构连接

Step1. 单击 **应用程序** 功能选项卡 **运动** 区域中的"机构"按钮 ⚙，单击 **机构** 功能选项卡 **连接** 区域中的"凸轮"按钮 ⚙凸轮，此时系统弹出图 42.18 所示的"凸轮从动机构连接定义"对话框，采用系统的默认名。

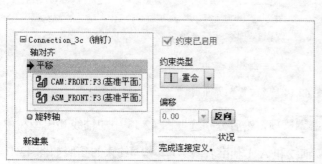

图 42.17 "平移"约束参照

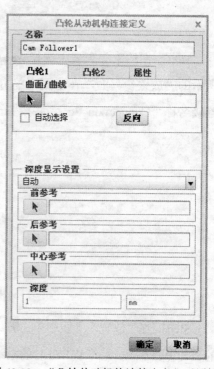

图 42.18 "凸轮从动机构连接定义"对话框

Step2. 按住 Ctrl 键，选取滑滚 WHEEL 的圆周曲线（图 42.19），单击图 42.20 所示的"选择"对话框的 **确定** 按钮。

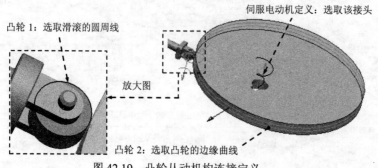

图 42.19 凸轮从动机构连接定义

图 42.20 "选择"对话框

Step3. 选取凸轮（CAM）曲线。单击"凸轮从动机构连接定义"对话框中的 凸轮2 选项卡，此时对话框如图42.21 所示；在图 42.19 所示的模型上，按住 Ctrl 键，选取凸轮 CAM 的边缘曲线，单击图 42.20 所示的"选择"对话框中的 确定 按钮，单击"凸轮从动机构连接定义"对话框中的 确定 按钮。

Task8．定义伺服电动机

Step1. 单击 机构 功能选项卡 插入 区域中的"伺服电动机"按钮 ，采用系统的默认名称；在图 42.19 所示的模型上，采用"从列表中拾取"的方法选取图中的接头，即列表中的连接轴 Connection_3c.axis_1。

Step2. "伺服电动机定义"对话框中的 轮廓 选项卡如图 42.22 所示，在 规范 区域的下拉列表中选择 速度 选项，在 模 区域的下拉列表中选择 常量 类型，并在 A 文本框中输入参数值 10，单击对话框中的 确定 按钮。

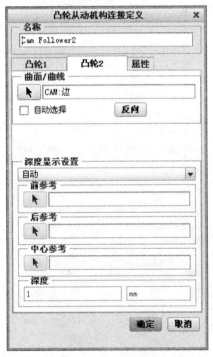

图 42.21　"凸轮 2"选项卡

图 42.22　"轮廓"选项卡

Task9．运行运动分析

Step1. 单击 机构 功能选项卡 分析 ▾ 区域中的"机构分析"按钮 ，可采用系统的默认名称，选择分析类型为 位置 。

Step2. 在图 42.23 所示的"分析定义"对话框的 图形显示 区域下输入开始时间值 0（单位为秒），选择测量时间域的方式为 长度和帧频，输入终止时间值 50（单位为秒），输入帧频值 10；在 初始配置 区域中选中 ◉当前 单选项；单击 运行 按钮，完成运动定义；单击"分析定义"对话框中的 确定 按钮。

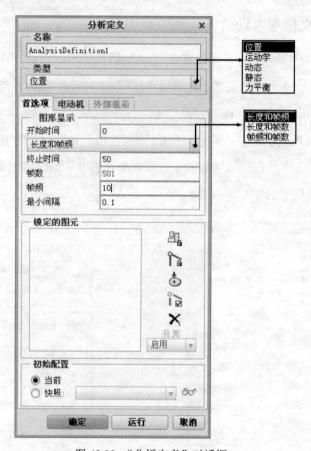

图 42.23　"分析定义"对话框

Step3. 保存零件模型。

第 11 章

管道与电缆设计实例

本章主要包含如下内容：

- 实例 43　车间管道布线
- 实例 44　电缆设计

实例 43　车间管道布线

实例概述:

本实例详细介绍了管道设计的全过程。管道模型如图 43.1 所示。

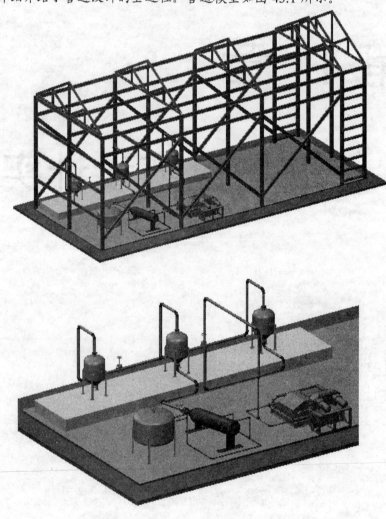

图 43.1　管道模型

Task1. 进入管道设计模块

Step1. 设置工作目录至 D:\creoins3\work\ch11\ins43\，打开装配体模型文件 000_tubing_system_design，如图 43.2 所示。

图 43.2　装配体模型

Step2. 设置模型树的显示。在模型树操作界面中，选择 ➡ 树过滤器(F)... 命令，然后在"模型树项"对话框中选中 ☑特征 复选框，单击 确定 按钮，这样所有的管道特征都将在模型树中显示。

Step3. 选择 视图 功能选项卡 模型显示 区域 节点下的 视图管理器 命令，在"视图管理器"对话框的 样式 选项卡中双击相应的视图名称 Style0001。

Step4. 在功能区中单击 应用程序 选项卡，然后单击 工程 区域中的"管道"按钮 ，系统进入管道设计模块。

Task2. 创建管道线路

Stage1. 创建管道线路 L1

Step1. 定义管线库。选择 设置 ▼ 下拉菜单中的 管线库 命令，系统弹出"管线库"菜单管理器，选择 Create (创建) 命令，输入管线库的名称 H1，然后单击 按钮，系统弹出"管线库"对话框；在该对话框中设置图 43.3 所示的参数，单击对话框中的 按钮，然后选择 Done/Return (完成/返回) 命令。

图 43.3　"管线库"对话框

Step2. 创建管线 L1。在 管道 功能选项卡的 刚性管道 区域中单击"创建管道"按钮 ，在系统弹出的文本框中输入管线名称 L1，然后单击 按钮，在系统弹出的菜单管理器中选择 H1 命令。

Step3. 创建管道路径。

（1）布置管道起点。在 管道 功能选项卡的 刚性管道 区域中单击"设置起点"按钮 ，在系统弹出的菜单管理器中选择 Entry Port（入口端）命令（图 43.4），然后选取图 43.5 所示的基准坐标系为管道布置起点。

说明：在管道设计中，常用基准坐标系来表达管道的入口端和起始端，这些坐标系需要预先创建在产品的管道设计节点中，创建时要注意坐标系的 Z 轴要指向管线的引出方向。

图 43.4　菜单管理器

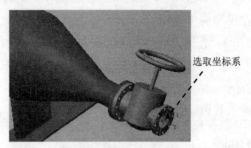

图 43.5　选取坐标系

（2）定义延伸管道 1。在 管道 功能选项卡的 刚性管道 区域中单击"延伸"按钮 ，系统弹出图 43.6 所示的"延伸"对话框，在该对话框的 至坐标 下拉列表中选择 沿坐标系轴 选项；在 尺寸选项 区域的 长度 下拉列表中选择 距参考的偏移 选项，选取图 43.7 所示的模型表面为偏移参考；单击 尺寸选项 区域下方的文本框，输入值-100，单击 确定 按钮，结果如图 43.7 所示。

图 43.6　"延伸"对话框

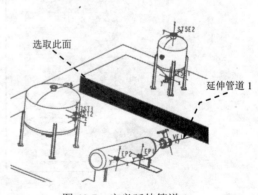

图 43.7　定义延伸管道 1

（3）定义延伸管道 2。在 管道 功能选项卡的 刚性管道 区域中单击"延伸"按钮，系统弹出"延伸"对话框，在该对话框中选中 ☑使用布线坐标系 复选框；在 至坐标 下拉列表中选择 沿坐标系轴 选项，选中 ⦿Y轴 单选项，在 尺寸选项 区域的 长度 下拉列表中选择 距参考的偏移 选项，选取图 43.8 所示的基准坐标系为偏移参考；单击 尺寸选项 区域下方的文本框，输入值 0，单击 确定 按钮，结果如图 43.8 所示。

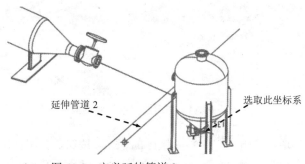

图 43.8　定义延伸管道 2

（4）绘制图 43.9 所示的管道路径参考曲线。在 模型 功能选项卡的 基准▾ 下拉列表中单击 ⌖草绘 按钮，选取图 43.9 所示的 DTM3 为草绘平面；单击 草绘 按钮，选取上一步创建的延伸管道的终点与其参考坐标系为草绘参考；绘制图 43.10 所示的草图,完成后单击 ✔ 按钮，退出草绘环境。

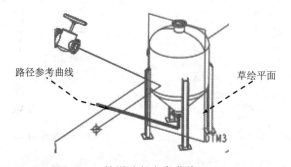

图 43.9　管道路径参考曲线

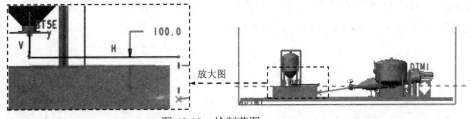

图 43.10　绘制草图

（5）定义跟随参考曲线管道。在 管道 功能选项卡的 刚性管道 区域中单击 跟随▾ 按钮后的 ▾，选择 跟随草绘 命令，系统弹出图 43.11 所示的"跟随草绘"对话框，选取上一步创建的路径参考曲线草绘 1；在"跟随草绘"对话框中单击 ✔ 按钮。

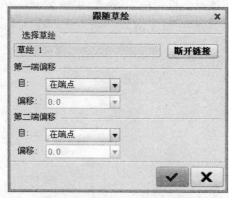

图 43.11　　"跟随草绘"对话框

（6）定义连接管道。单击 刚性管道 区域中的 🔳连接 按钮，系统弹出图 43.12 所示的"连接"对话框，按住 Ctrl 键，选取图 43.13 所示的管道端点 1 和管道端点 2 为连接对象，偏移长度值均为 0.0；单击 ✔ 按钮，结果如图 43.14 所示。

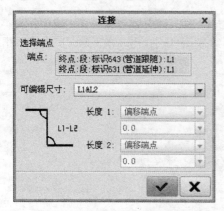

图 43.12　　"连接"对话框

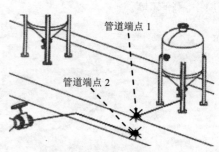

图 43.13　　选取连接参考

Step4. 定义流动方向。在模型树 🔳▼ 下拉列表中选中 ☑ 管线视图(L) 复选项，在其管道系统树上右击对应的管道线段节点 🖉管道，在弹出的快捷菜单中选择 🖉 显示 命令，此时管线中显示图 43.15 所示的流动方向箭头。

图 43.14　　定义连接管道

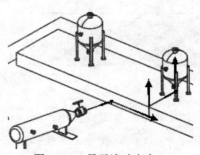

图 43.15　　显示流动方向

Step5. 添加管道元件。

（1）添加法兰盘 1。

① 在 管道 功能选项卡的 管接头 区域中单击"插入管接头"按钮 🗗，选择"插入类型"菜单管理器中的 End (终止) 命令，系统弹出"打开"对话框，选择元件 Weld_flange_d140，单击 打开 ▾ 按钮。

② 选取图 43.16 所示的点为插入位置点，然后在活动元件窗口中选取图 43.17 所示的点为匹配点。

③ 在系统弹出的"重定义管接头"菜单管理器中选择 Orientation (方向) ➡ Flip (反向) 命令，在菜单管理器中选择 Done (完成) 命令（共选择两次），结束法兰盘 1 的添加，如图 43.18 所示。

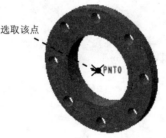

图 43.16　选取位置点 1　　　　图 43.17　选取匹配点 1　　　　图 43.18　添加法兰盘 1

（2）添加法兰盘 2。

① 在 管道 功能选项卡的 管接头 区域中单击"插入管接头"按钮 🗗，选择"插入类型"菜单管理器中的 End (终止) 命令，系统弹出"打开"对话框，选择元件 Weld_flange_d140，单击 打开 ▾ 按钮。

② 选取图 43.19 所示的点为插入位置点，然后在活动元件窗口中选取图 43.20 所示的点为匹配点。

③ 在系统弹出的"重定义管接头"菜单管理器中选择 Orientation (方向) ➡ Flip (反向) 命令，在菜单管理器中选择 Done (完成) 命令（共选择两次），结束法兰盘 2 的添加，如图 43.21 所示。

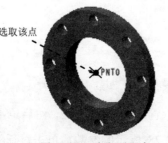
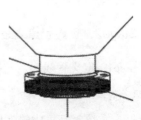

图 43.19　选取位置点 2　　　　图 43.20　选取匹配点 2　　　　图 43.21　添加法兰盘 2

（3）添加 90°折弯管接头 1。

① 在 管道 功能选项卡的 管接头 区域中单击"插入管接头"按钮 🔲，选择"插入类型"菜单管理器中的 Corner (拐角) 命令，系统弹出"打开"对话框，选择元件 90deg_elbow_d140，单击 打开 ▼ 按钮。

② 在模型中选取图 43.22 所示的管道交点处的边线为插入对象，然后在活动元件窗口中选取图 43.23 所示的两个坐标系为匹配对象；选择"重定义管接头"菜单管理器中的 Done (完成) 命令，完成管接头的添加，结果如图 43.24 所示。

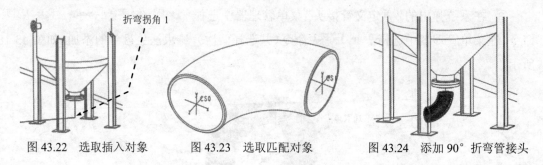

图 43.22　选取插入对象　　　　图 43.23　选取匹配对象　　　　图 43.24　添加 90°折弯管接头

（4）添加其他 90°折弯管接头。详细操作参照上一步进行，结果如图 43.25 所示。

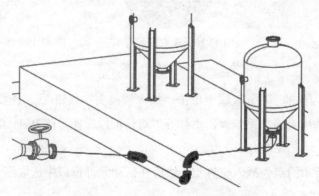

图 43.25　添加其他 90°折弯管接头

Step6. 生成实体管道。在管道系统树中右击 ▶ 🔧 L1 节点，在弹出的快捷菜单中选择 实体 ➡ 🔧 创建 命令，此时模型中显示图 43.26 所示的实体管道。

说明：在模型树操作界面中，选择 ▣ ▼ ➡ ☑ 管线视图(L) 命令，切换到管道系统树，如图 43.27 所示。

Stage2. 创建管道线路 L2

Step1. 定义管线库。选择 设置 ▼ 下拉菜单中的 管线库 命令，系统弹出"管线库"菜单管理器，选择 Create (创建) 命令，输入管线库的名称 H2，然后单击 ✔ 按钮，系统弹出"管线库"对话框；在该对话框中设置图 43.28 所示的参数，单击对话框中的 ✔ 按钮，然后选择

Done/Return (完成/返回)命令。

图 43.26　生成实体管道

图 43.27　管道系统树

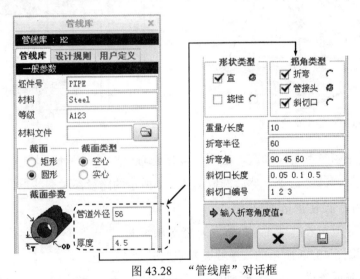

图 43.28　"管线库"对话框

Step2. 创建管线 L2。在 **管道** 功能选项卡的 **刚性管道** 区域中单击"创建管道"按钮，在系统弹出的文本框中输入管线名称 L2，然后单击 按钮，在系统弹出的菜单管理器中选择 **H2** 命令。

Step3. 创建管道路径。

（1）绘制管道路径参考曲线。

① 创建图 43.29 所示的基准平面 1。单击 **模型** 功能选项卡 **基准▼** 区域中的"平面"按钮 ；选取图 43.30 所示的模型表面为偏距参考面，在对话框中输入偏移距离值 100，单击对话框中的 **确定** 按钮。

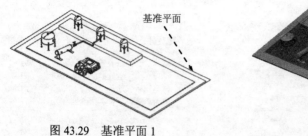

图 43.29 基准平面 1

图 43.30 定义偏移面

② 在 **模型** 功能选项卡的 **基准▼** 下拉列表中单击 **△ 草绘** 按钮，选取上一步创建的基准平面为草绘平面；单击 **草绘** 按钮，选取图 43.31 所示的两坐标系和模型表面为草绘参考，绘制图 43.32 所示的草图；完成后单击 **✓** 按钮，退出草绘环境。

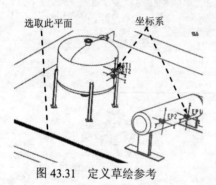

图 43.31 定义草绘参考

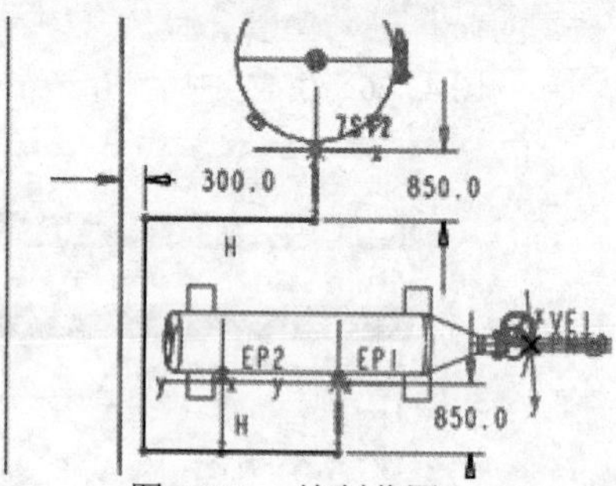

图 43.32 绘制草图

（2）定义跟随参考曲线管道。在 **管道** 功能选项卡的 **刚性管道** 区域中单击 **跟随▼** 按钮后的 **▼**，选择 **跟随草绘** 命令，然后选取图 43.32 所示的路径参考曲线草绘；在系统弹出的"跟随草绘"对话框中单击 **✓** 按钮。

（3）定义管道布置起点 1。在 **管道** 功能选项卡的 **刚性管道** 区域中单击"设置起点"按钮 **∕**，然后选取图 43.33 所示的管道线路端点为管道布置起点。

（4）定义延伸管道 1。在 **管道** 功能选项卡的 **刚性管道** 区域中单击"延伸"按钮 **∕**，系统弹出"延伸"对话框，在该对话框的 **至坐标▼** 下拉列表中选择 **沿坐标系轴** 选项；选中 **⦿ X轴** 单选项，在 **尺寸选项** 区域的 **长度▼** 下拉列表中选择 **距参考的偏移** 选项，选取图 43.34 所示的坐系系 EP1 为偏移参考；单击 **尺寸选项** 区域下方的文本框，输入值 0，单击 **确定** 按钮，结果如图 43.34 所示。

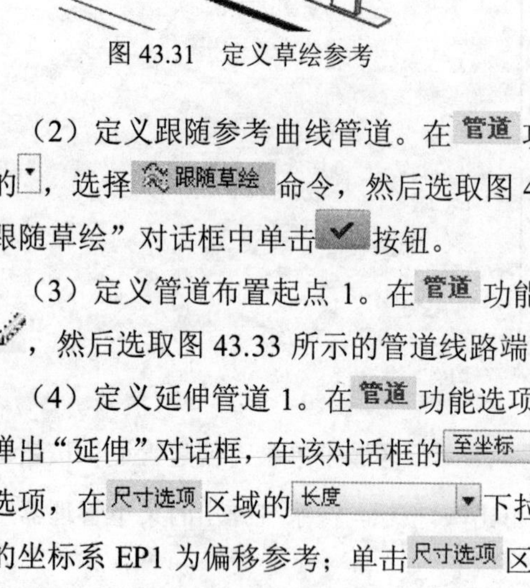

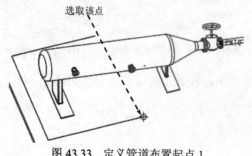

图 43.33 定义管道布置起点 1

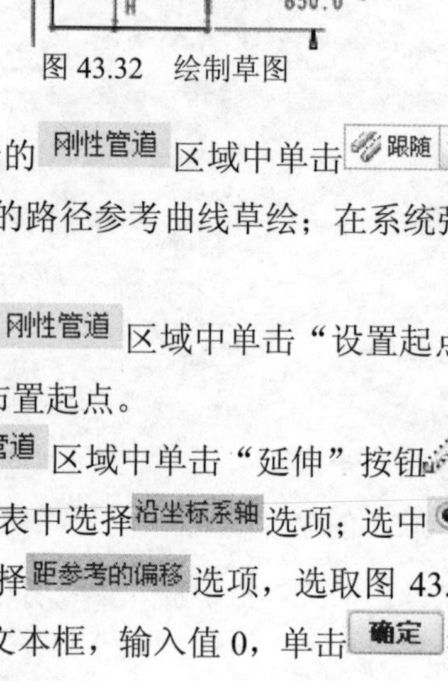

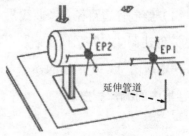

图 43.34 定义延伸管道 1

（5）定义管道终点 1。在 管道 功能选项卡的 刚性管道 区域中单击"到点/端口"按钮 ✎，系统弹出"到点/端口"对话框，选取图 43.34 所示的坐标系 EP1 为参考；单击 ✔ 按钮，结果如图 43.35 所示。

（6）定义管道布置起点 2。在 管道 功能选项卡的 刚性管道 区域中单击"设置起点"按钮 ✎，然后选取图 43.36 所示的管道线路端点为管道布置起点。

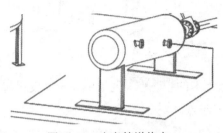

图 43.35　定义管道终点 1

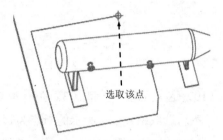

图 43.36　定义管道布置起点 2

（7）定义延伸管道 2。在 管道 功能选项卡的 刚性管道 区域中单击"延伸"按钮 ✎，系统弹出"延伸"对话框，在该对话框的 至坐标 ▼ 下拉列表中选择 沿坐标系轴 选项；选中 ⊙ Z 轴 单选项，在 尺寸选项 区域的 长度 ▼ 下拉列表中选择 距参考的偏移 选项，选取图 43.37 所示的坐标系 7ST1 为偏移参考；单击 尺寸选项 区域下方的文本框，输入值 0，单击 确定 按钮，结果如图 43.37 所示。

（8）定义管道终点 2。在 管道 功能选项卡的 刚性管道 区域中单击"到点/端口"按钮 ✎，系统弹出"到点/端口"对话框，选取图 43.37 所示的坐标系 7ST1 为参考；单击 ✔ 按钮，结果如图 43.38 所示。

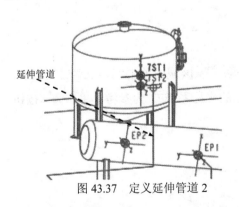

图 43.37　定义延伸管道 2

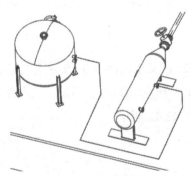

图 43.38　定义管道终点 2

（9）定义断点 1。在 管道 功能选项卡的 刚性管道 区域中单击 ✎断点 按钮，系统弹出图 43.39 所示的"断点"对话框，选取图 43.40 所示的管道为参考；在"断点"对话框的 尺寸 区域中单击"以据选定平面指定的距离"按钮 ✎，并选取图 43.40 所示的 DTM1 基准平面，并在其最下方的文本框中输入值 0，单击 确定 按钮，完成断点 1 的创建。

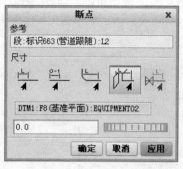

图 43.39 "断点"对话框

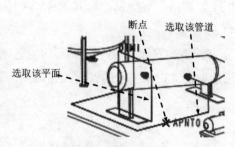

图 43.40 定义断点 1

（10）定义管道布置起点 3。在 管道 功能选项卡的 刚性管道 区域中单击"设置起点"按钮 ，然后选取图 43.40 所示的断点为管道布置起点。

（11）定义延伸管道 3。在 管道 功能选项卡的 刚性管道 区域中单击"延伸"按钮 ，系统弹出"延伸"对话框，在该对话框的 至坐标 下拉列表中选择 沿坐标系轴 选项；选中 ● X 轴 单选项，在 尺寸选项 区域的 长度 下拉列表中选择 距参考的偏移 选项，选取图 43.41 所示的坐标系 EP2 为偏移参考；单击 尺寸选项 区域下方的文本框，输入值 0，单击 确定 按钮，结果如图 43.41 所示。

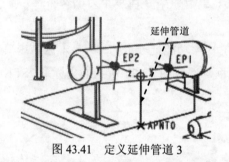

图 43.41 定义延伸管道 3

（12）定义管道终点 3。在 管道 功能选项卡的 刚性管道 区域中单击"到点/端口"按钮 ，系统弹出"到点/端口"对话框，选取图 43.41 所示的坐标系 EP2 为参考；单击 ✔ 按钮，结果如图 43.42 所示。

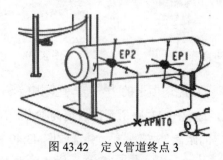

图 43.42 定义管道终点 3

（13）定义断点 2。

① 创建图 43.43 所示的基准平面 2。单击 模型 功能选项卡的 基准▼ 区域中的"平面"按钮 □；选取图 43.44 所示的坐标系 7ST2 为参考，在对话框 偏移 区域的 平移 下拉列表中选择 Y 选项，并输入值 0，单击对话框中的 确定 按钮。

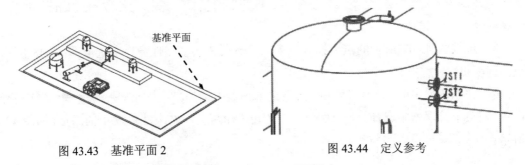

图 43.43　基准平面 2　　　　　　　　　图 43.44　定义参考

② 在 管道 功能选项卡的 刚性管道 区域中单击 断点 按钮，系统弹出"断点"对话框，然后选取图 43.45 所示的管道为参考；在"断点"对话框的 尺寸 区域中单击"以据选定平面指定的距离"选项按钮，并选取上一步创建的基准平面，在其最下方的文本框中输入值 0，单击 确定 按钮，完成断点 2 的创建。

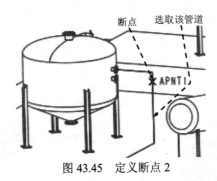

图 43.45　定义断点 2

（14）定义管道布置起点 4。在 管道 功能选项卡的 刚性管道 区域中单击"设置起点"按钮 ，然后选取图 43.45 所示的断点为管道布置起点。

（15）定义管道终点 4。在 管道 功能选项卡的 刚性管道 区域中单击"到点/端口"按钮 ，系统弹出"到点/端口"对话框，选取图 43.46 所示的坐标系 7ST2 为参考；单击 按钮，结果如图 43.46 所示。

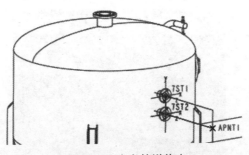

图 43.46　定义管道终点 4

Step4. 添加管道元件。

（1）添加法兰盘 1。

① 在 管道 功能选项卡的 管接头 区域中单击"插入管接头"按钮 🗇，选择"插入类型"菜单管理器中的 End (终止) 命令，系统弹出"打开"对话框，选择元件 Weld_flange_d60，单击 打开 ▼ 按钮。

② 选取图 43.47 所示的点为插入位置点，然后在活动元件窗口中选取图 43.48 所示的点为匹配点。

③ 在系统弹出的"重定义管接头"菜单管理器中选择 Orientation (方向) ➡ Flip (反向) 命令，在菜单管理器中选择 Done (完成) 命令（共选择两次），结束法兰盘 1 的添加，如图 43.49 所示。

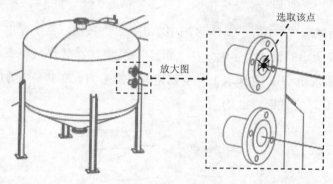

图 43.47　选取位置点 1

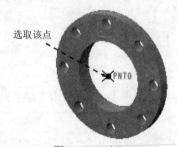

图 43.48　选取匹配点 1

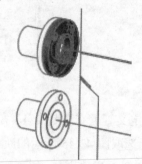

图 43.49　添加法兰盘 1

（2）添加其他法兰盘。详细操作参照上一步进行，结果如图 43.50 所示。

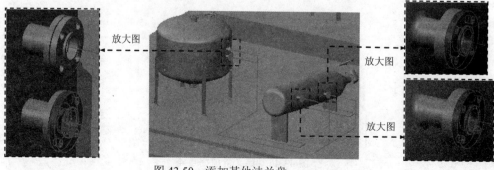

图 43.50　添加其他法兰盘

（3）添加 90°折弯管接头 1。

① 在 **管道** 功能选项卡的 管接头 区域中单击"插入管接头"按钮 ，选择"插入类型"菜单管理器中的 Corner (拐角) 命令，系统弹出"打开"对话框，选择元件 90deg_elbow_d60，单击 打开 ▼ 按钮。

② 在模型中选取图 43.51 所示的管道交点处的边线为插入对象，然后在活动元件窗口中选取图 43.52 所示的两个坐标系为匹配对象；选择"重定义管接头"菜单管理器中的 Done (完成) 命令，完成管接头的添加，结果如图 43.53 所示。

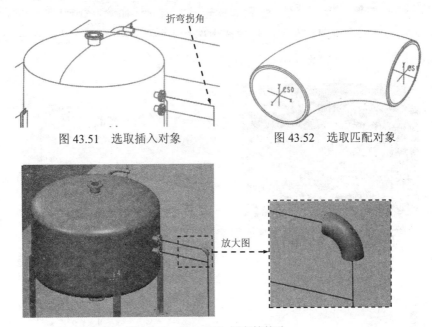

图 43.51　选取插入对象　　　　　　　图 43.52　选取匹配对象

图 43.53　添加 90°折弯管接头

（4）添加其他 90°折弯管接头。详细操作参照上一步进行，结果如图 43.54 所示。

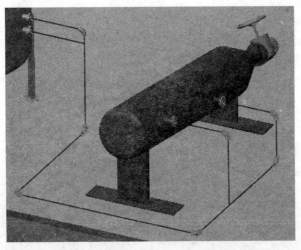

图 43.54　添加其他 90°折弯管接头

（5）添加三通管接头 1。

① 在 管道 功能选项卡的 管接头 区域中单击"插入管接头"按钮 🗊 ，选择"插入类型"菜单管理器中的 Straight Brk (直断破) 命令，系统弹出"打开"对话框，选择元件 straight_tee_d60，单击 打开 ▼ 按钮。

② 在系统弹出的"选取点"菜单管理器中选择 Select Pnt (选择点) 命令，在模型中选取图 43.55 所示的 APNT0 为插入位置点，然后在活动元件窗口中选取图 43.56 所示的 PNT0 为匹配点；此时三通管接头的位置如图 43.57 所示，在"重定义管接头"菜单管理器中选择 Orientation (方向) ➡ Twist (扭转) ➡ Enter Value (输入值) 命令，在 输入角度 的提示下，输入角度值 270，单击 ✔ 按钮，在菜单管理器中选择 Done (完成) 命令（共选择三次），结束三通管接头的添加，如图 43.58 所示。

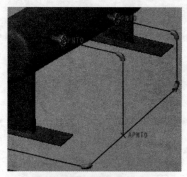

图 43.55　选取位置点 2

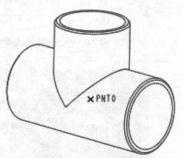

图 43.56　选取匹配点 2

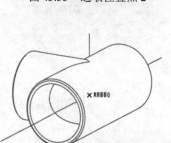

图 43.57　三通管接头位置 1

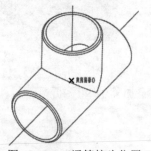

图 43.58　三通管接头位置 2

（6）添加另一个三通管接头。详细操作参照上一步进行，结果如图 43.59 所示。

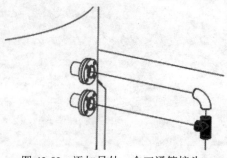

图 43.59　添加另外一个三通管接头

（7）添加阀配件接头 1。

① 定义断点 3。在 管道 功能选项卡的 刚性管道 区域中单击 断点 按钮，系统弹出"断点"对话框，然后选取图 43.60 所示的管道为参考；在"断点"对话框的 尺寸 区域中单击"以指定的长度比"按钮，并在其最下方的文本框中输入值 0.5，单击 确定 按钮，完成断点 3 的创建。

说明：如果当前"管道"按钮处于弹起状态，需再单击"管道"按钮，在模型树中选中管道"L2"。

② 在 管道 功能选项卡的 管接头 区域中单击"插入管接头"按钮，选择"插入类型"菜单管理器中的 Straight Brk (直断破) 命令，系统弹出"打开"对话框，选择元件 ball_valve_d60，单击 打开 按钮。

③ 在系统弹出的"选取点"菜单管理器中选择 Select Pnt (选择点) 命令，在模型中选取图 43.60 所示的断点 APNT2 为插入位置点，然后在活动元件窗口中依次选取图 43.61 所示的坐标系 CS1、CS2 和点 PNT0 为匹配点；此时阀配件接头的位置如图 43.62 所示，在"重定义管接头"菜单管理器中选择 Orientation (方向) ➡ Twist (扭转) ➡ Enter Value (输入值) ，在 输入角度 的提示下，输入角度值 90，单击 按钮，在菜单管理器中选择 Done (完成) 命令（共选择三次），结束阀配件接头的添加，如图 43.63 所示。

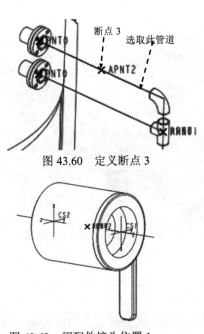

图 43.60　定义断点 3

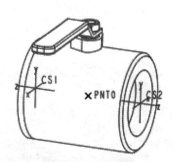

图 43.61　选取匹配点 3

图 43.62　阀配件接头位置 1

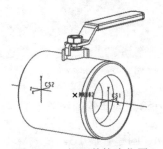

图 43.63　阀配件接头位置 2

（8）添加另一个阀配件接头。详细操作参照上一步进行，结果如图 43.64 所示。

Step5. 定义流动方向。

（1）在模型树 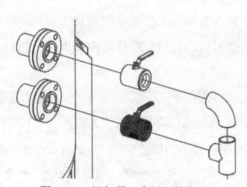 下拉列表中选中 ☑ 管线视图(L) 复选项，此时管线中显示图 43.65 所示的流动方向箭头。

（2）更改流动方向。在模型树 下拉列表中取消选中 ☐ 管线视图(L) 复选项，在其管道系统树上右击对应的管道线段节点 ⌀管道，在弹出的快捷菜单中选择 ↗ 反转 命令，反转流动方向，结果如图 43.66 所示。

图 43.64   添加另一个阀配件接头

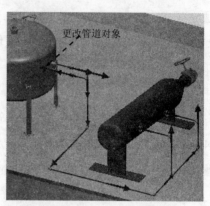

图 43.65   显示流动方向

Step6. 生成实体管道。在管道系统树中右击 ▶ ⌡L2 节点，在弹出的快捷菜单中选择 实体 ➡ ⌡创建 命令，此时模型中显示图 43.67 所示的实体管道。

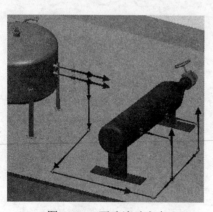

图 43.66   更改流动方向

图 43.67   生成实体管道

Stage3. 创建管道线路 L3

Step1. 创建管线 L3。在 管道 功能选项卡的 刚性管道 区域中单击 "创建管道" 按钮 ⌡，在系统弹出的文本框中输入管线名称 L3，然后单击 ✓ 按钮，在系统弹出的菜单管理器中选择 H1 命令。

Step2．创建管道路径。

（1）绘制管道路径参考曲线。

① 创建图 43.68 所示的基准平面 3。单击 管道 功能选项卡的 基准▼ 区域中的"平面"
按钮 ▭；选取图 43.69 所示的模型表面为偏距参考面，在对话框中输入偏移距离值 300，
单击对话框中的 确定 按钮。

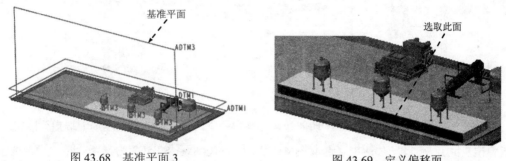

图 43.68　基准平面 3　　　　　　　　　　　　　　　图 43.69　定义偏移面

② 在 模型 功能选项卡的 基准▼ 下拉列表中单击 草绘 按钮，选取上一步创建的基准
平面为草绘平面；单击 草绘 按钮，选取合适的草绘参考，绘制图 43.70 所示的草图，完成
后单击 ✔ 按钮，退出草绘环境。

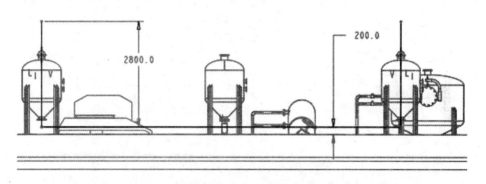

图 43.70　绘制草图

（2）定义跟随参考曲线管道。在 管道 功能选项卡的 刚性管道 区域中单击 跟随▼ 按钮
后的 ▼，选择 跟随草绘 命令，然后选取图 43.70 所示的路径参考曲线草绘；在系统弹出的
"跟随草绘"对话框中单击 ✔ 按钮。

（3）定义管道布置起点 1。在 管道 功能选项卡的 刚性管道 区域中单击"设置起点"按
钮 🖋，然后选取图 43.71 所示的管道线路端点为管道布置起点。

（4）定义延伸管道 1。在 管道 功能选项卡的 刚性管道 区域中单击"延伸"按钮 🖋，系
统弹出"延伸"对话框，在该对话框的 至坐标 ▼ 下拉列表中选择 沿坐标系轴 选项；选中 ◉ X 轴
单选项，在 尺寸选项 区域的 长度 ▼ 下拉列表中选择 距参考的偏移 选项，选取图 43.72 所

示的坐标系 ST5E2 为偏移参考；单击 尺寸选项 区域下方的文本框，输入值 0，单击 确定 按
钮，结果如图 43.72 所示。

图 43.71　定义管道布置起点 1

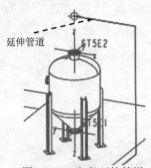

图 43.72　定义延伸管道 1

（5）定义管道终点 1。在 管道 功能选项卡的 刚性管道 区域中单击"到点/端口"按钮，
系统弹出"到点/端口"对话框，选取图 43.72 所示的坐标系 ST5E2 为参考；单击 按钮，
结果如图 43.73 所示。

（6）定义管道布置起点 2。在 管道 功能选项卡的 刚性管道 区域中单击"设置起点"按
钮，然后选取图 43.74 所示的管道线路端点为管道布置起点。

图 43.73　定义管道终点 1

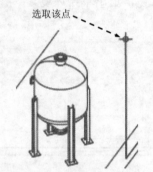

图 43.74　定义管道布置起点 2

（7）定义延伸管道 2。在 管道 功能选项卡的 刚性管道 区域中单击"延伸"按钮，系
统弹出"延伸"对话框，在该对话框的 至坐标 ▼ 下拉列表中选择 沿坐标系轴 选项；选中 ◉ X 轴
单选项，在 尺寸选项 区域的 长度 ▼ 下拉列表中选择 距参考的偏移 选项，选取图 43.75 所
示的坐标系 ST5E2 为偏移参考；单击 尺寸选项 区域下方的文本框，输入值 0，单击 确定 按
钮，结果如图 43.75 所示。

（8）定义管道终点 2。在 管道 功能选项卡的 刚性管道 区域中单击"到点/端口"按钮，
系统弹出"到点/端口"对话框，选取图 43.75 所示的坐标系 ST5E2 为参考；单击 按钮，
结果如图 43.76 所示。

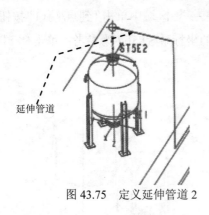

图 43.75　定义延伸管道 2

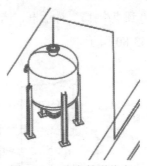

图 43.76　定义管道终点 2

（9）定义断点 1。在 管道 功能选项卡的 刚性管道 区域中单击 ⚡断点 按钮，系统弹出"断点"对话框，然后选取图 43.77 所示的管道为参考；在"断点"对话框的 尺寸 区域中单击"以距选定平面指定的距离"按钮 ，并选取图 43.77 所示的 DTM3 基准平面，并在其最下方的文本框中输入值 0，单击 确定 按钮，完成断点 1 的创建。

（10）定义管道布置起点 3。在 管道 功能选项卡的 刚性管道 区域中单击"设置起点"按钮 ，然后选取图 43.77 所示的断点为管道布置起点。

（11）定义延伸管道 3。在 管道 功能选项卡的 刚性管道 区域中单击"延伸"按钮 ，系统弹出"延伸"对话框，在该对话框的 至坐标 下拉列表中选择 沿坐标系轴 选项；选中 ⦿ X 轴 单选项，单击 尺寸选项 区域下方的文本框，输入值 2800，单击 确定 按钮，结果如图 43.78 所示。

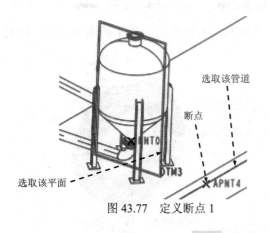

图 43.77　定义断点 1

图 43.78　定义延伸管道 3

（12）定义延伸管道 4。在 管道 功能选项卡的 刚性管道 区域中单击"延伸"按钮 ，系统弹出"延伸"对话框，在该对话框的 至坐标 下拉列表中选择 沿坐标系轴 选项；选中 ⦿ X 轴 单选项，在 尺寸选项 区域的 长度 下拉列表中选择 距参考的偏移 选项，选取图 43.79 所示的坐标系 ST5E2 为偏移参考；单击 尺寸选项 区域下方的文本框，输入值 0，单击 确定 按钮，结果如图 43.79 所示。

（13）定义管道终点 3。在 管道 功能选项卡的 刚性管道 区域中单击"到点/端口"按钮 ，系统弹出"到点/端口"对话框，选取图 43.79 所示的坐标系 ST5E2 为参考；单击 ✓ 按钮，结果如图 43.80 所示。

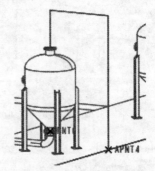

图 43.79　定义延伸管道 4　　　　　　图 43.80　定义管道终点 3

Step3. 添加管道元件。

（1）添加法兰盘 1。

① 在 管道 功能选项卡的 管接头 区域中单击"插入管接头"按钮 📦，选择"插入类型"菜单管理器中的 End (终止) 命令，系统弹出"打开"对话框，选择元件 Weld_flange_d140，单击 打开 ▾ 按钮。

② 选取图 43.81 所示的点为插入位置点，然后在活动元件窗口中选取图 43.82 所示的点为匹配点。

③ 在系统弹出的"重定义管接头"菜单管理器中选择 Orientation (方向) ━━➤ Flip (反向) 命令，在菜单管理器中选择 Done (完成) 命令（共选择两次），结束法兰盘 1 的添加，如图 43.83 所示。

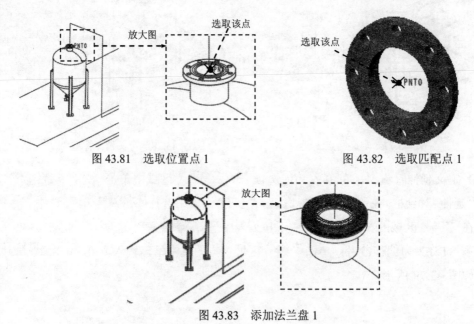

图 43.81　选取位置点 1　　　　　　图 43.82　选取匹配点 1

图 43.83　添加法兰盘 1

（2）添加其他法兰盘。详细操作参照上一步进行，结果如图 43.84 所示。

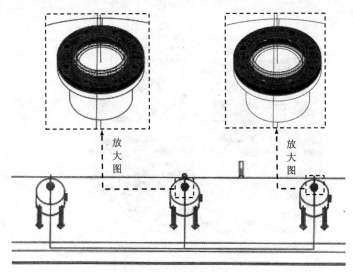

图 43.84　添加其他法兰盘

（3）添加 90°折弯管接头 1。

① 在 管道 功能选项卡的 管接头 区域中单击"插入管接头"按钮 🔄，选择"插入类型"菜单管理器中的 Corner (拐角) 命令，系统弹出"打开"对话框，选择元件 90deg_elbow_d140，单击 打开 ▼ 按钮。

② 在模型中选取图 43.85 所示的管道交点处的边线为插入对象，然后在活动元件窗口中选取图 43.86 所示的两个坐标系为匹配对象；选择"重定义管接头"菜单管理器中的 Done (完成) 命令，完成 90°折弯管接头的添加，结果如图 43.87 所示。

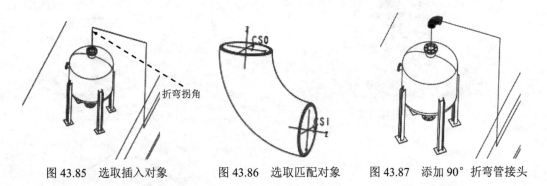

图 43.85　选取插入对象　　　　图 43.86　选取匹配对象　　　　图 43.87　添加 90°折弯管接头

（4）添加其他 90°折弯管接头。详细操作参照上一步进行，结果如图 43.88 所示。

（5）添加三通管接头 1。

① 在 管道 功能选项卡的 管接头 区域中单击"插入管接头"按钮 🔄，选择"插入类型"菜单管理器中的 Straight Brk (直断破) 命令，系统弹出"打开"对话框，选择元件 straight_tee_d140，单击 打开 ▼ 按钮。

图 43.88　添加其他 90° 折弯管接头

② 在系统弹出的"选取点"菜单管理器中选择 `Select Pnt (选择点)` 命令，在模型中选取图 43.89 所示的 APNT4 为插入位置点，然后在活动元件窗口中选取图 43.90 所示的 PNT0 为匹配点；此时三通管接头的位置如图 43.91 所示，在"重定义管接头"菜单管理器中选择 `Orientation (方向)` ➡ `Twist (扭转)` ➡ `Enter Value (输入值)` 命令，在 `输入角度` 的提示下，输入角度值 90，单击 ✓ 按钮，在菜单管理器中选择 `Done (完成)` 命令（共选择三次），结束三通管接头的添加，如图 43.92 所示。

图 43.89　选取位置点 2

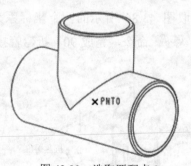

图 43.90　选取匹配点 2

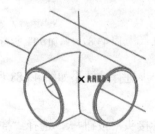

图 43.91　三通管接头位置 1

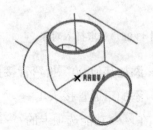

图 43.92　三通管接头位置 2

（6）添加阀配件接头 1。

① 定义断点 2。在 管道 功能选项卡的 刚性管道 区域中单击 ✏断点 按钮，系统弹出"断点"对话框，然后选取图 43.93 所示的管道为参考；在"断点"对话框的 尺寸 区域中单击"以指定的长度比"按钮 ┄┄ ，并在其最下方的文本框中输入值 0.5，单击 确定 按钮，完成断点 2 的创建。

说明：如果当前"管道"按钮 🔲 处于弹起状态，需再单击"管道"按钮 🔲，在模型树中选中管道"L3"。

② 在 管道 功能选项卡的 管接头 区域中单击"插入管接头"按钮 🔲，选择"插入类型"菜单管理器中的 Straight Brk (直断破) 命令，系统弹出"打开"对话框，选择元件 gate_valve，单击 打开 ▾ 按钮。

③ 在系统弹出的"选取点"菜单管理器中选择 Select Pnt (选择点) 命令，在模型中选取图 43.93 所示的断点 APNT5 为插入位置点，然后在活动元件窗口中依次选取图 43.94 所示的点 PNT0 为匹配点；此时阀配件接头的位置如图 43.95 所示，在"重定义管接头"菜单管理器中选择 Orientation (方向) ➡ Twist (扭转) ➡ Enter Value (输入值) 命令，在 输入角度 的提示下，输入角度值 90，单击 ✅ 按钮，在菜单管理器中选择 Done (完成) 命令（共选择三次），结束阀配件接头的添加，如图 43.96 所示。

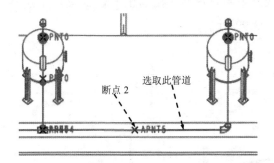

图 43.93　定义断点 2

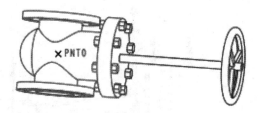

图 43.94　选取匹配点 3

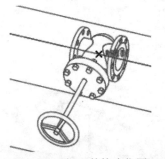

图 43.95　阀配件接头位置 1

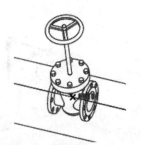

图 43.96　阀配件接头位置 2

（7）添加另一个阀配件接头。详细操作参照上一步进行，结果如图 43.97 所示。

图 43.97　添加另一个阀配件接头

Step4. 定义流动方向。

（1）在模型树 下拉列表中选中 ☑ 管线视图(L) 复选项，在其管道系统树上右击对应的管道线段节点 管道，在弹出的快捷菜单中选择 显示 命令，此时管线中显示图 43.98 所示的流动方向箭头。

（2）更改流动方向。右击对应的管道线段节点 管道，在弹出的快捷菜单中选择 反转 命令，反转流动方向，结果如图 43.99 所示。

图 43.98　显示流动方向

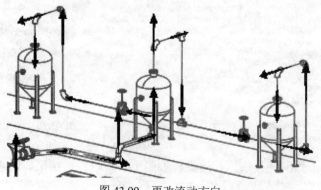

图 43.99　更改流动方向

Step5. 生成实体管道。在管道系统树中右击 ▶ 🔧 L3 节点，在弹出的快捷菜单中选择 实体 ➡ 🔧 创建 命令，此时模型中显示图 43.100 所示的实体管道。

图 43.100　生成实体管道

Stage4. 创建管道线路 L4

Step1. 定义管线库。选择 设置 ▼ 下拉菜单中的 管线库 命令，系统弹出"管线库"菜单管理器，选择 Create (创建) 命令，输入管线库的名称 H3，然后单击 ✔ 按钮，系统弹出"管线库"对话框；在该对话框中设置图 43.101 所示的参数，然后选择 Done/Return 命令。

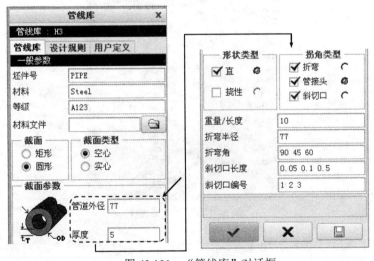

图 43.101　"管线库"对话框

Step2. 创建管线 L4。在 管道 功能选项卡的 管线 ▼ 区域中单击"创建管道"按钮 🔧，在系统弹出的文本框中输入管线名称 L4，然后单击 ✔ 按钮，在系统弹出的菜单管理器中选择 H3 命令。

Step3. 创建管道路径。

（1）绘制管道路径参考曲线 1。

① 创建图 43.102 所示的基准平面 4。单击 模型 功能选项卡的 基准▼ 区域中的"平面"按钮 ▱；选取图 43.103 所示的坐标系 EP2T2 为参考，在对话框 偏移 区域中的 平移 下拉列表中选择 Y 选项，并输入值 0，单击对话框中的 确定 按钮。

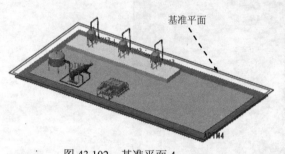
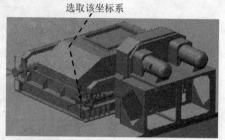

图 43.102 基准平面 4   图 43.103 选取参考对象 1

② 在 模型 功能选项卡的 基准▼ 下拉列表中单击 草绘 按钮，选取上一步创建的基准平面为草绘平面；单击 草绘 按钮，选取合适的草绘参考，绘制图 43.104 所示的草图，完成后单击 ✔ 按钮，退出草绘环境。

说明：在绘制草图前，可在"视图控制"工具栏中单击"视图管理器"按钮 ▣ ；并在"视图管理器"对话框的 样式 选项卡中双击相应的视图名称 Style0002。

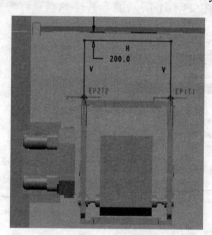

图 43.104 绘制草图 1

（2）定义跟随参考曲线管道 1。在 管道 功能选项卡的 刚性管道 区域中单击 跟随▼ 按钮后的 ▼，选择 跟随草绘 命令，然后选取图 43.104 所示的路径参考曲线草绘；在系统弹出的"跟随草绘"对话框中单击 ✔ 按钮。

（3）定义断点 1。在 管道 功能选项卡的 刚性管道 区域中单击 断点 按钮，系统弹出"断点"对话框，然后选取图 43.105 所示的管道为参考；在"断点"对话框的 尺寸 区域中单击"以指定的长度比"按钮 ，并在其最下方的文本框中输入值 0.5，单击 确定 按钮，完成断点 1 的创建。

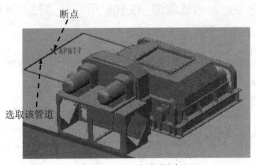

图 43.105 定义断点 1

（4）绘制管道路径参考曲线 2。

① 创建图 43.106 所示的基准平面 5。单击 **模型** 功能选项卡的 **基准 ▼** 区域中的"平面"按钮 ▢；选取上一步创建的断点和图 43.107 所示的模型表面为参考，单击对话框中的 **确定** 按钮。

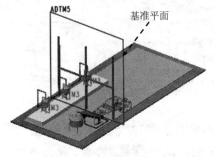

图 43.106 基准平面 5

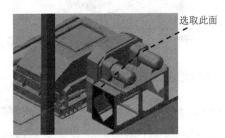

图 43.107 选取参考对象 2

② 在 **模型** 功能选项卡的 **基准 ▼** 下拉列表中单击 **草绘** 按钮，选取上一步创建的基准平面为草绘平面；单击 **草绘** 按钮，选取合适的草绘参考，绘制图 43.108 所示的草图，完成后单击 ✔ 按钮，退出草绘环境。

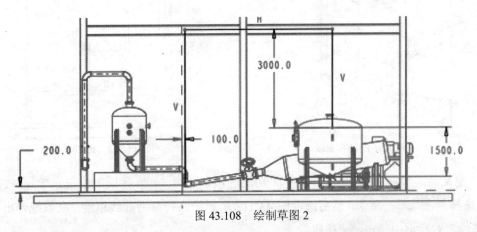

图 43.108 绘制草图 2

（5）定义跟随参考曲线管道 2。在 **管道** 功能选项卡的 **刚性管道** 区域中单击 **跟随 ▼** 按钮

后的 ，选择 跟随草绘 命令，然后选取图 43.108 所示的路径参考曲线草绘；在系统弹出的 "跟随草绘" 对话框中单击 ✔ 按钮。

（6）定义管道布置起点 1。在 管道 功能选项卡的 刚性管道 区域中单击 "设置起点" 按钮 ，然后选取图 43.109 所示的管道线路端点为管道布置起点。

（7）定义管道终点 1。在 管道 功能选项卡的 刚性管道 区域中单击 "到点/端口" 按钮 ，系统弹出 "到点/端口" 对话框，选取图 43.110 所示的点为参考；单击 ✔ 按钮，结果如图 43.110 所示。

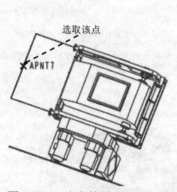

图 43.109　定义管道布置起点 1

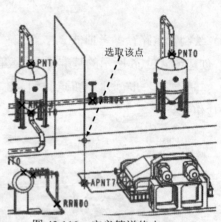

图 43.110　定义管道终点 1

（8）绘制管道路径参考曲线 3。在 模型 功能选项卡的 基准▼ 下拉列表中单击 草绘 按钮，选取图 43.111 所示的基准平面 DTM3 为草绘平面；单击 草绘 按钮，选取合适的草绘参考，绘制图 43.112 所示的草图，完成后单击 ✔ 按钮，退出草绘环境。

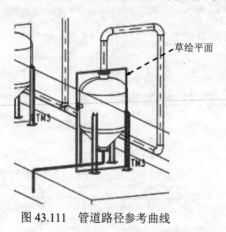

图 43.111　管道路径参考曲线

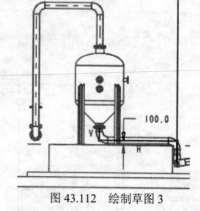

图 43.112　绘制草图 3

（9）定义跟随参考曲线管道 3。在 管道 功能选项卡的 刚性管道 区域中单击 跟随▼ 按钮后的 ，选择 跟随草绘 命令，然后选取图 43.112 所示的路径参考曲线草绘；在系统弹出的 "跟随草绘" 对话框中单击 ✔ 按钮。

（10）定义连接管道。单击 刚性管道 区域中的 连接 按钮，系统弹出 "连接" 对话框，按住 Ctrl 键，选取图 43.113 所示的管道端点 1 和管道端点 2 为连接对象，偏移长度值均为 0.0；单击 ✓ 按钮，结果如图 43.114 所示。

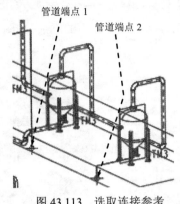

图 43.113 选取连接参考

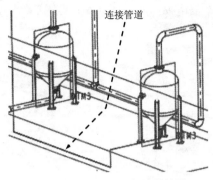

图 43.114 定义连接管道

Step4. 定义流动方向。

（1）在模型树 ⬡ 下拉列表中选中 ☑ 管线视图(L) 复选项，在其管道系统树上右击对应的管道线段节点 🔩 管道，在弹出的快捷菜单中选择 🔧 显示 命令，此时管线中显示图 43.115 所示的流动方向箭头。

（2）更改流动方向。右击对应的管道线段节点 🔩 管道，在弹出的快捷菜单中选择 🔧 反转 命令，反转流动方向，结果如图 43.116 所示。

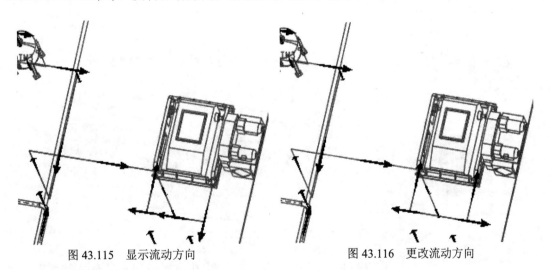

图 43.115 显示流动方向   图 43.116 更改流动方向

Step5. 添加管道元件。

（1）添加法兰盘 1（d88）。

① 在 管道 功能选项卡的 管接头 区域中单击"插入管接头"按钮 🗆，选择"插入类型"菜单管理器中的 End (终止) 命令，系统弹出"打开"对话框，选择元件 Weld_flange_d88，单击 打开 ▾ 按钮。

② 选取图 43.117 所示的点为插入位置点，然后在活动元件窗口中选取图 43.118 所示的点为匹配点。

③ 在系统弹出的"重定义管接头"菜单管理器中选择 `Orientation (方向)` ➡ `Flip (反向)` 命令,在菜单管理器中选择 `Done (完成)` 命令(共选择两次),结束法兰盘 1 的添加,如图 43.119 所示。

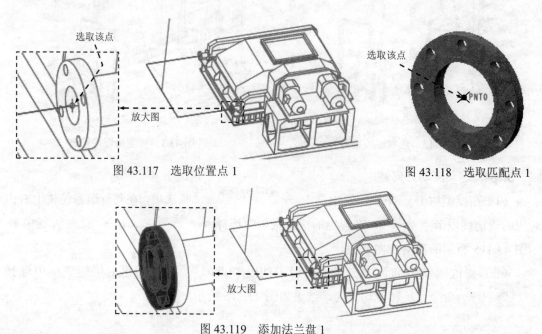

图 43.117　选取位置点 1　　　　　　　　　　图 43.118　选取匹配点 1

图 43.119　添加法兰盘 1

（2）添加法兰盘 2(d88)。详细操作参照上一步进行，结果如图 43.120 所示。

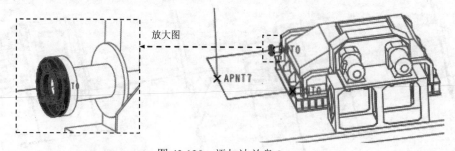

图 43.120　添加法兰盘 2

（3）添加法兰盘 3(d140)。将选择的元件更改为 Weld_flange_d140。详细操作参照上一步进行，结果如图 43.121 所示。

（4）添加 90°折弯管接头 1（d88）。

① 在 `管道` 功能选项卡的 `管接头` 区域中单击"插入管接头"按钮 ，选择"插入类型"菜单管理器中的 `Corner (拐角)` 命令，系统弹出"打开"对话框，选择元件 90deg_elbow_d88，单击 `打开` ▾ 按钮。

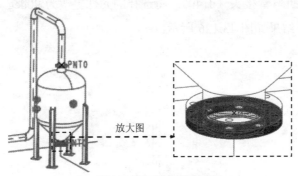

图 43.121　添加法兰盘 3

② 在模型中选取图 43.122 所示的管道交点处的边线为插入对象，然后在活动元件窗口中选取图 43.123 所示的两个坐标系为匹配对象；选择"重定义管接头"菜单管理器中的 `Done (完成)` 命令，完成 90°折弯管接头的添加，结果如图 43.124 所示。

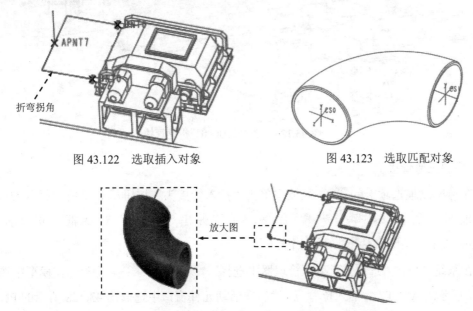

图 43.122　选取插入对象　　　　　　　　　　　图 43.123　选取匹配对象

图 43.124　添加 90°折弯管接头

（5）添加 90°折弯管接头 2（d88）。详细操作参照上一步进行，结果如图 43.125 所示。

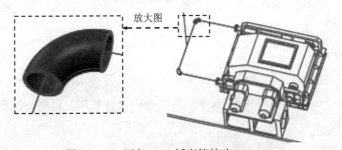

图 43.125　添加 90°折弯管接头 2

（6）添加其他 90° 折弯管接头（d140）。将选择的元件更改为 90deg_elbow_d140。详细操作参照上一步进行，结果如图 43.126 所示。

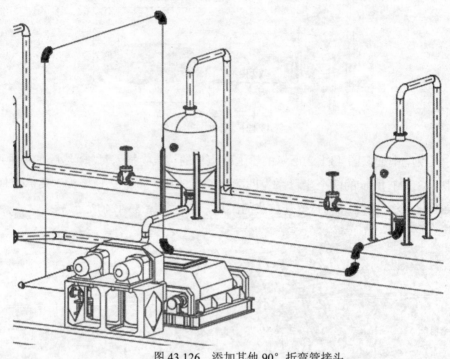

图 43.126　添加其他 90° 折弯管接头

（7）添加三通管接头。

① 在 管道 功能选项卡的 管接头 区域中单击"插入管接头"按钮 ，选择"插入类型"菜单管理器中的 Straight Brk (直断破) 命令，系统弹出"打开"对话框，选择元件 straight_tee_d88，单击 打开 按钮。

② 在系统弹出的"选取点"菜单管理器中选择 Select Pnt (选择点) 命令，在模型中选取图 43.127 所示的 APNT7 为插入位置点，然后在活动元件窗口中选取图 43.128 所示的 PNT0 为匹配点；此时三通管接头的位置如图 43.129 所示，在"重定义管接头"菜单管理器中选择 Orientation (方向) ➡ Twist (扭转) ➡ Enter Value (输入值) 命令，在 输入角度 的提示下，输入角度值 270，单击 按钮，在菜单管理器中选择 Done (完成) 命令（共选择三次），结束三通管接头的添加，如图 43.130 所示。

（8）添加变径管接头。

① 在 管道 功能选项卡的 管接头 区域中单击"插入管接头"按钮 ，选择"插入类型"菜单管理器中的 Straight Brk (直断破) 命令，系统弹出"打开"对话框，选择元件 reducer，单击 打开 按钮。

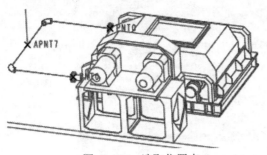

图 43.127 选取位置点 2

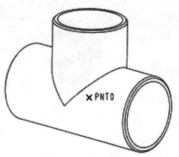

图 43.128 选取匹配点 2

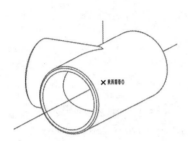

图 43.129 三通管接头位置 1

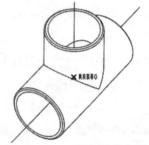

图 43.130 三通管接头位置 2

② 在系统弹出的"选取点"菜单管理器中选择 `Create Pnt (创建点)` 命令，在模型中选取图 43.131 所示的管道为位置点放置参考，然后在"点尺寸模式"菜单管理器中选择 `Length Ratio (长度比例)` 命令，输入比例值 0.2；单击 ✓ 按钮，并在活动元件窗口中选取图 43.132 所示的 PNT2 为匹配点；在"重定义管接头"菜单管理器中选择 `Orientation (方向)` ➡ `Flip (反向)` 命令，单击 ✓ 按钮，在菜单管理器中选择 `Done (完成)` 命令（共选择两次），结束变径管接头的添加，如图 43.133 所示。

Step6. 修改管线。

（1）在 `管道` 功能选项卡的 `刚性管道` 区域中单击"修改管线"按钮 ✏；系统弹出"修改管线"对话框，在该对话框的 `修改选项` 区域中选中 ◉ `管线库` 单选项。

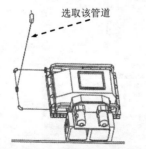

图 43.131 定义位置点放置参考

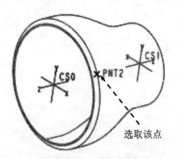

图 43.132 选取匹配点 3

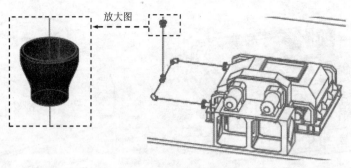

图 43.133　　添加变径管接头

（2）在模型中选取图 43.134 所示的管道为修改对象，单击"选择"对话框中的 确定 按钮。

（3）在"修改管线"对话框 管线库 区域的 修改管线库 下拉菜单中选择 H1 选项，单击 ✔ 按钮完成管线类型的修改。

Step7. 生成实体管道。在管道系统树中右击 ▶ ⌂L4 节点，在弹出的快捷菜单中选择 实体 ➡ ⌂创建 命令，此时模型中显示图 43.135 所示的实体管道。

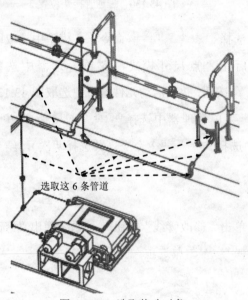

选取这 6 条管道

图 43.134　　选取修改对象

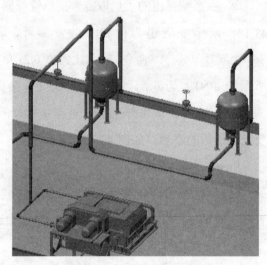

图 43.135　　生成实体管道

Step8. 保存文件。

实例 44　电 缆 设 计

实例概述：

　　下面以图 44.1 所示的模型为例，介绍在 Creo 中手动设计电缆的一般过程。

图 44.1　电缆设计模型

Task1. 进入电缆设计模块

　　Step1. 设置工作目录至 D:\creoins3\work\ch11\ins44\ex，打开文件 routing_electric.asm，如图 44.2 所示。

图 44.2　零件模型

　　Step2. 在功能区中单击 应用程序 选项卡，然后单击 工程 区域中的"缆"按钮 ，系统进入电缆设计模块。

Task2. 布置线束

Stage1. 定义连接器及入口端

　　Step1. 定义连接器 1。

　　（1）选择命令。在 缆 功能选项卡的 逻辑数据 ▼ 区域中单击 自动指定 ▼ 按钮中的 ▼ 按钮，

选择 指定 命令。

（2）指定连接器。在模型中选取图 44.3 所示的零件为连接器 1，系统弹出连接器参数文本框，采用默认的连接器参数，直接单击 ✔ 按钮。

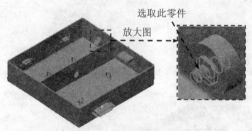

图 44.3　指定连接器 1

（3）指定入口端。此时系统弹出图 44.4 所示的"修改连接器"菜单管理器，选择 Entry Ports（入口端） ➡ Add/Modify（增加/修改）命令，选取图 44.5 所示的连接器 1 中的基准坐标系 P1 为入口端。

图 44.4　"修改连接器"菜单管理器

图 44.5　指定入口端 1

（4）定义连接器内部的线缆长度。在"选择"对话框中单击 确定 按钮，在系统弹出的文本框中输入连接器内部的线缆长度值 2，单击 ✔ 按钮；在菜单管理器的 PORT TYPE（端口类型）区域中选择 ROUND（倒圆角）命令，然后选择 Done（完成）命令（共选择两次），结束连接器 1 的定义。

Step2. 定义连接器 2。

（1）选择命令。在 缆 功能选项卡的 逻辑数据 ▾ 区域中单击 自动指定 ▾ 按钮中的 ▾ 按钮，选择 指定 命令。

（2）指定连接器。在模型中选取图 44.6 所示的零件为连接器 2，系统弹出连接器参数文本框，采用默认的连接器参数，直接单击 ✔ 按钮。

（3）指定入口端。此时系统弹出图 44.4 所示的"修改连接器"菜单管理器，选择 Entry Ports（入口端） ➡ Add/Modify（增加/修改）命令，选取图 44.7 所示的连接器 2 中的基准坐标系 P2A 为入口端。

（4）定义连接器内部的线缆长度。在"选择"对话框中单击 确定 按钮，在系统弹出的文本框中输入连接器内部的线缆长度值 2，单击 ✓ 按钮；在菜单管理器的 PORT TYPE (端口类型) 区域中选择 WIRE (线) 命令；选取图 44.7 所示的连接器 2 中的基准坐标系 P2C，在"选择"对话框中单击 确定 按钮，在文本框中输入连接器内部的线缆长度值 2，在菜单管理器的 PORT TYPE (端口类型) 区域中选择 WIRE (线) 命令，然后选择 Done (完成) 命令（共选择两次），结束连接器 2 的定义。

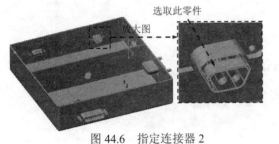

图 44.6 指定连接器 2   图 44.7 指定入口端 2

Step3. 参照 Step2 可以定义其余三个连接器，如图 44.8 所示。

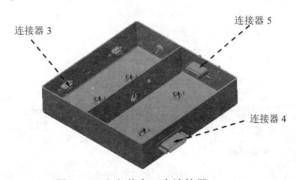

图 44.8 定义其余三个连接器

Stage2. 定义线轴 1

Step1. 选择命令。在 缆 功能选项卡的 逻辑数据 ▼ 区域中单击 线轴 按钮，系统弹出"线轴"菜单管理器，选择 Create (创建) ➡ Wire (线) 命令。

Step2. 输入线轴名称。在系统弹出的文本框中输入线轴名称 3_1red，单击 ✓ 按钮。

Step3. 定义线轴参数。此时系统弹出图 44.9 所示的"电气参数"对话框。

（1）修改最小折弯半径。在对话框中单击 MIN_BEND_RADIUS 下方的数值，在 值 文本框中输入新的最小折弯半径值 1，然后按 Enter 键。

（2）修改直径。单击 THICKNESS 下方的数值，在 值 文本框中输入直径值 2，然后按 Enter 键。

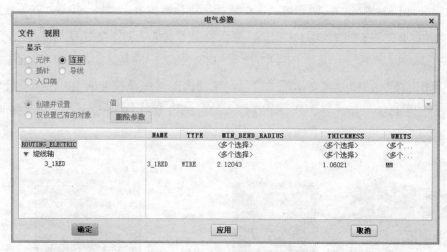

图 44.9　"电气参数"对话框

（3）修改颜色及颜色标记。

① 在"电气参数"对话框中选择下拉菜单 视图 ➡ 列… 命令，系统弹出图 44.10 所示的"模型树列"对话框。

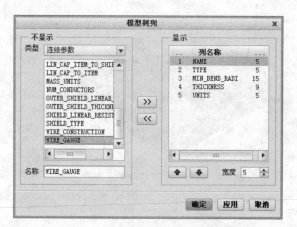

图 44.10　"模型树列"对话框

② 在"模型树列"对话框的 不显示 区域中选择 COLOR 选项，单击 >> 按钮，将其移动至 显示 区域；采用同样的方法将 COLOR_CODE 选项移动至 显示 区域。

③ 在"模型树列"对话框中单击 确定 按钮，返回到"电气参数"对话框。

④ 在"电气参数"对话框中单击 COLOR 下方的〈Nonexistent〉选项，在 值 文本框中输入 ptc-painted-red，然后按 Enter 键；采用同样的方法将 COLOR_CODE 的值修改为 ptc-painted-red，然后按 Enter 键。

Step4. 在"电气参数"对话框中单击 确定 按钮。

Stage3. 定义线轴 2

Step1. 在"线轴"菜单管理器中选择 `Create (创建)` ➡ `Wire (线)` 命令。

Step2. 输入线轴名称。在系统弹出的文本框中输入线轴名称 3_1blue，单击 ✅ 按钮。

Step3. 定义线轴参数。

（1）修改最小折弯半径。在对话框中单击 `MIN_BEND_RADIUS` 下方的数值，在 `值` 文本框中输入新的最小折弯半径值 1，然后按 Enter 键。

（2）修改直径。单击 `THICKNESS` 下方的数值，在 `值` 文本框中输入直径值 2，然后按 Enter 键。

（3）修改颜色及颜色标记。在"电气参数"对话框中单击 `COLOR` 下方的 `⟨Nonexistent⟩` 选项，在 `值` 文本框中输入 ptc-metallic-blue，然后按 Enter 键。采用同样的方法将 `COLOR_CODE` 的值修改为 ptc-metallic-blue，然后按 Enter 键。

Step4. 在"电气参数"对话框中单击 `确定` 按钮。

Stage4. 定义线轴 3

Step1. 在"线轴"菜单管理器中选择 `Create (创建)` ➡ `Wire (线)` 命令。

Step2. 输入线轴名称。在系统弹出的文本框中输入线轴名称 3_1green，单击 ✅ 按钮。

Step3. 定义线轴参数。

（1）修改最小折弯半径。在对话框中单击 `MIN_BEND_RADIUS` 下方的数值，在 `值` 文本框中输入新的最小折弯半径值 1，然后按 Enter 键。

（2）修改直径。单击 `THICKNESS` 下方的数值，在 `值` 文本框中输入直径值 2，然后按 Enter 键。

（3）修改颜色及颜色标记。在"电气参数"对话框中单击 `COLOR` 下方的 `⟨Nonexistent⟩` 选项，在 `值` 文本框中输入 ptc-painted-green，然后按 Enter 键。采用同样的方法将 `COLOR_CODE` 的值修改为 ptc-painted-green，然后按 Enter 键。

Step4. 在"电气参数"对话框中单击 `确定` 按钮。

Stage5. 定义线轴 4

Step1. 在"线轴"菜单管理器中选择 `Create (创建)` ➡ `Wire (线)` 命令。

Step2. 输入线轴名称。在系统弹出的文本框中输入线轴名称 7_yellow，单击 ✅ 按钮。

Step3. 定义线轴参数。

（1）修改最小折弯半径。在对话框中单击 `MIN_BEND_RADIUS` 下方的数值，在 `值` 文本框中输入新的最小折弯半径值 1，然后按 Enter 键。

（2）修改直径。单击 **THICKNESS** 下方的数值，在 值 文本框中输入直径值 3，然后按 Enter 键。

（3）修改颜色及颜色标记。在"电气参数"对话框中单击 **COLOR** 下方的 〈Nonexistent〉 选项，在 值 文本框中输入 ptc-painted-yellow，然后按 Enter 键。采用同样的方法将 **COLOR_CODE** 的值修改为 ptc-painted- yellow，然后按 Enter 键。

Step4. 在"电气参数"对话框中单击 确定 按钮。

Stage6. 定义线轴 5

Step1. 在"线轴"菜单管理器中选择 Create（创建） ➡️ Cable（缆）命令。

Step2. 输入线轴名称。在系统弹出的文本框中输入线轴名称 14_GOLD，单击 ✔ 按钮。

Step3. 定义线轴参数。

（1）修改最小折弯半径。在对话框中单击 **MIN_BEND_RADIUS** 下方的数值，在 值 文本框中输入新的最小折弯半径值 1，然后按 Enter 键。

（2）修改直径。单击 **THICKNESS** 下方的数值，在 值 文本框中输入直径值 6，然后按 Enter 键。

（3）修改颜色及颜色标记。

① 在"电气参数"对话框中选择下拉菜单 视图 ➡️ 列... 命令，系统弹出 "模型树列"对话框。

② 在"模型树列"对话框的 不显示 区域中选择 NUM_CONDUCTOR 选项，单击 >> 按钮，将其移动至 显示 区域；采用同样的方法将 COLOR 选项和 COLOR_CODE 选项移动至 显示 区域。

③ 在"模型树列"对话框中单击 确定 按钮，返回到"电气参数"对话框。

④ 在"电气参数"对话框中单击 **NUM_CONDUCTORS** 下方的 〈Nonexistent〉 选项，在 值 文本框中输入数值 4，然后按 Enter 键。采用同样的方法将 **COLOR** 和 **COLOR_CODE** 的值均修改为 ptc-metallic-gold，然后按 Enter 键。

（4）单击 ▼ 14_GOLD 下的 ▼ 导线 选项，选中 1 选项，同时在 显示 区域中选中 ◉ 导线 单选项；在"电气参数"对话框中选择下拉菜单 视图 ➡️ 列... 命令，在"模型树列"对话框的 不显示 区域中选择 NAME 选项，单击 >> 按钮，将其移动至 显示 区域；采用同样的方法将 MIN_BEND_RADI 选项、THICKNESS 选项、COLOR 选项和 COLOR_CODE 选项移动至 显示 区域；单击 确定 按钮，返回到"电气参数"对话框，在对话框中设置参数如图 44.11 所示。

Step4. 在"电气参数"对话框中单击 确定 按钮。

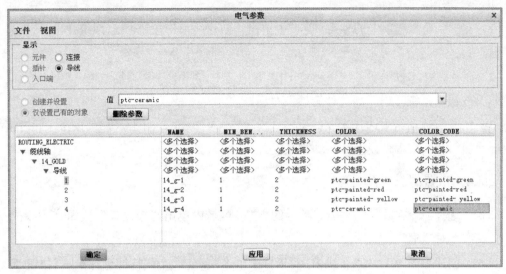

图 44.11　设置电气参数

Stage7．定义线轴 6

Step1. 在"线轴"菜单管理器中选择 Create (创建) ➡ Sheath (鞘) 命令。

Step2. 输入线轴名称。在系统弹出的文本框中输入线轴名称 11_GOLD，单击✔按钮。

Step3. 定义线轴参数。

（1）在"电气参数"对话框中选择下拉菜单 视图 ➡ 列... 命令，在"模型树列"对话框的 不显示 区域中选择 COLOR 选项，单击 >> 按钮，将其移动至 显示 区域；采用同样的方法将 OUTER_DIAMETE 选项和 COLOR_CODE 选项移动至 显示 区域，单击 确定 按钮。

（2）修改最小折弯半径。在对话框中单击 WALL_THICKNESS 下方的数值，在 值 文本框中输入新的最小折弯半径值 0.2，然后按 Enter 键。

（3）修改直径。单击 MIN_BEND_RADIUS 下方的数值，在 值 文本框中输入直径值 1，然后按 Enter 键；选中 COLOR 区域下的 〈Nonexistent〉选项，在 值 文本框中输入 ptc-metallic-gold，然后按 Enter 键；选中 COLOR_CODE 区域下的 〈Nonexistent〉选项，在 值 文本框中输入 ptc-metallic-gold，然后按 Enter 键；选中 OUTER_DIAMETER 区域下的 〈Nonexistent〉选项，在 值 文本框中输入数值 3.75，然后按 Enter 键。

Step4. 在"电气参数"对话框中单击 确定 按钮，在"线轴"菜单管理器中选择 Done/Return (完成/返回) 命令，结束线轴的创建。

Task3．创建线束零件 H1

Step1. 在模型树界面中选择 ⭐ ➡ 树过滤器 (F)... 命令，在模型树项"对话框中选中 ☑ 特征 复选框，单击 确定 按钮，这样所有的特征都将在模型树中显示。

Step2. 新建线束文件。

（1）在 缆 功能选项卡的 线束 ▾ 区域中单击"创建线束"按钮 🗐 ，系统弹出 "新建"对话框。

（2）在 名称 文本框中输入线束名称 H1，取消选中 □ 使用默认模板 复选框，单击对话框中的 确定 按钮，系统弹出"新文件选项"对话框。

（3）在 模板 选项组中选择米制线束零件模板 mmns_harn_part ，单击 确定 按钮，此时模型树中会增加一个线束零件模型并自动被激活。

Task4. 布置导线 W1

Step1. 选择命令。在 缆 功能选项卡的 布线 ▾ 区域中单击"布线缆"按钮 ⑥ ，系统弹出"布线缆"对话框。

Step2. 创建导线 W1。在"布线缆"对话框中单击"新建一个线特征进行布线"按钮 ⌐ ，在 "布线缆"对话框中设置图 44.12 所示的参数。

图 44.12 "布线缆"对话框

Step3. 选取入口端。在"布线缆"对话框中单击 目 区域下的文本框中的 选择项 字符，选取图 44.13 所示的 P3A 为起始入口端；单击 至 区域下的文本框中的 选择项 字符，选取图 44.14 所示的 P2C 为终止入口端。

图 44.13 起始入口端   图 44.14 终止入口端

Step4. 在"布线缆"对话框中单击 确定 按钮，此时在模型中显示初步的连接导线，如图 44.15 所示。

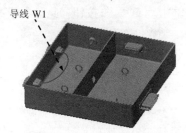

图 44.15 初步的连接导线 W1

Step5. 增加位置参考。

（1）选择命令。在 ^缆 功能选项卡的 ^{位置▼} 区域中单击"位置"按钮 ，系统弹出 "位置"操控板。

（2）选择位置。在模型中单击导线 W1，然后按住 Ctrl 键，依次选取图 44.16 所示的线夹 1 和线夹 2 中的基准轴 A-1 为位置参考。

（3）在操控板中单击 按钮，此时导线 W1 的位置如图 44.17 所示。

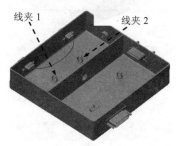

图 44.16 选取位置参考

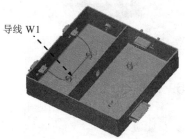

图 44.17 导线 W1 的位置

Task5. 布置导线 W2

Step1. 选择命令。在 ^缆 功能选项卡的 ^{布线▼} 区域中单击"布线缆"按钮 ，系统弹出"布线缆"对话框。

Step2. 创建导线 W2。在"布线缆"对话框中单击"新建一个线特征进行布线"按钮 ，在 ^{名称} 文本框中输入名称为 W2，在 ^{线轴} 下拉列表中选择 ^{3_1BLUE} 选项。

Step3. 选取入口端。在"布线缆"对话框中单击 ^目 区域下的文本框中的 ^{选择项} 字符，选取图 44.18 所示的 P3B 为起始入口端；单击 ^至 区域下的文本框中的 ^{选择项} 字符，选取图 44.19 所示的 P2A 为终止入口端。

图 44.18 起始入口端

图 44.19 终止入口端

Step4. 在"布线缆"对话框中单击 确定 按钮，此时在模型中显示初步的连接导线，如图 44.20 所示。

Step5. 增加位置参考。

（1）选择命令。在 缆 功能选项卡的 位置 ▼ 区域中单击"位置"按钮，系统弹出 "位置"操控板。

（2）选择位置。在模型中单击导线 W2，然后按住 Ctrl 键，依次选取图 44.16 所示的线夹 1 和线夹 2 中的基准轴 A-1 为位置参考。

（3）在操控板中单击 ✔ 按钮，此时导线 W2 的位置如图 44.21 所示。

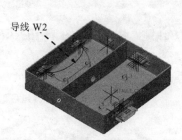

图 44.20　初步的连接导线 W2

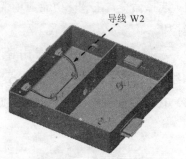

图 44.21　导线 W2 的位置

Task6. 布置导线 W3

Step1. 选择命令。在 缆 功能选项卡的 布线 ▼ 区域中单击 "布线缆" 按钮，系统弹出 "布线缆" 对话框。

Step2. 创建导线 W3。在"布线缆"对话框中单击"新建一个线特征进行布线"按钮，在 名称 文本框中输入名称为 W3，在 线轴 下拉列表中选择 3_1GREEN 选项。

Step3. 选取入口端。在 "布线缆" 对话框中单击 自 区域下的文本框中的 选择项 字符，选取图 44.22 所示的 P3C 为起始入口端；单击 至 区域下的文本框中的 选择项 字符，选取图 44.23 所示的 P1 为终止入口端。

图 44.22　起始入口端

图 44.23　终止入口端

Step4. 在"布线缆"对话框中单击 确定 按钮，此时在模型中显示初步的连接导线，如图 44.24 所示。

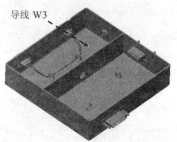

图 44.24　初步的连接导线 W3

Step5. 增加位置参考。

（1）选择命令。在 缆 功能选项卡的 位置 ▼ 区域中单击"位置"按钮 ，系统弹出 "位置"操控板。

（2）选择位置。在模型中单击导线 W3，然后按住 Ctrl 键，依次选取图 44.16 所示的线夹 1 和线夹 2 中的基准轴 A-1 为位置参考。

（3）在操控板中单击 ✔ 按钮，此时导线 W3 的位置如图 44.25 所示。

Task7. 创建图 44.26 所示的创建束。

图 44.25　导线 W3 的位置

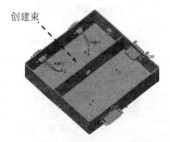

图 44.26　创建束

单击 布线 ▼ 区域中 束 ▼ 选项下的 创建束 选项，在"输入束名"文本框中输入名称 S1，单击 ✔ 按钮，系统弹出菜单管理器，依次单击 Round（倒圆角）➡ 11_GOLD ➡ Along Path（沿路径）命令，然后分别选取图 44.27 和图 44.28 所示的两个点，单击管理器中的 ✔ 按钮完成创建。

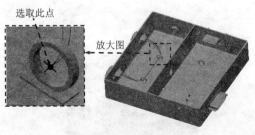

图 44.27　选取起始点

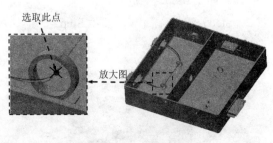

图 44.28　选取终止点

Task8. 创建导线标记

Step1. 显示实体线缆。在 "视图" 工具栏中单击 "粗缆" 按钮 ，在模型中显示粗线缆。

Step2. 创建标记 1。

（1）选择命令。在 缆 功能选项卡的 修饰 ▼ 区域中单击 标记 按钮。

（2）输入标记名称。在 输入标记名[退出]: 的提示下，在文本框中输入标记名称 w1a，然后单击 按钮。

（3）指定标记位置。在图 44.29 所示的位置处单击，放置标记 1。

（4）定义标记参数。在系统提示下，分别输入标记长度值 9、标记延展直径值 2、标记收缩直径值 2，完后的标记如图 44.30 所示。

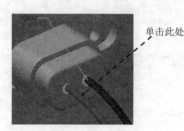

图 44.29　指定标记 1 的位置

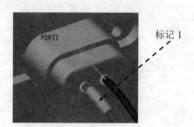

图 44.30　创建标记 1

Step3. 创建标记 2。参考 Step2 的操作步骤与参数设置，选取图 44.31 所示的位置创建标记，输入标记名称为 w2a，完成后的标记如图 44.32 所示。

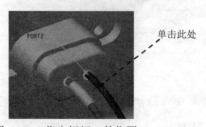

图 44.31　指定标记 2 的位置

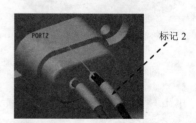

图 44.32　创建标记 2

Step4. 创建标记 3。参考 Step2 的操作步骤与参数设置，输入标记名称为 w1b，完成后的标记如图 44.33 所示。

Step5. 创建标记 4。参考 Step2 的操作步骤与参数设置，输入标记名称为 w2b，完成后的标记如图 44.34 所示。

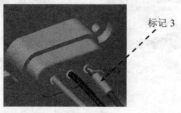

图 44.33　创建标记 3

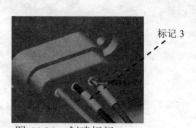

图 44.34　创建标记 4

Step6. 创建标记 5。参考 Step2 的操作步骤与参数设置，输入标记名称为 w3a，完成后的标记如图 44.35 所示。

Step7. 创建标记 6。参考 Step2 的操作步骤与参数设置，输入标记名称为 w3b，完成后的标记如图 44.36 所示。

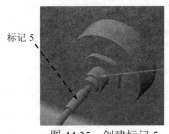

图 44.35　创建标记 5

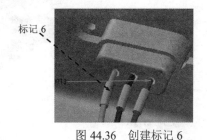

图 44.36　创建标记 6

Task9. 布置线束 H2

Stage1. 新建线束文件

Step1. 在 缨 功能选项卡的 线束▾ 区域中单击"创建线束"按钮 ，系统弹出"新建"对话框。

Step2. 在"新建"对话框的 名称 文本框中输入线束名称 H2，取消选中 □ 使用默认模板 复选框，单击对话框中的 确定 按钮，系统弹出"新文件选项"对话框。

Step3. 在 模板 选项组中选择米制线束零件模板 mmns_harn_part，单击 确定 按钮，此时模型树中会增加一个线束零件模型并自动被激活。

Stage2. 布置电缆

Step1. 选择命令。在 缨 功能选项卡的 布线▾ 区域中单击"布线缆"按钮 ，系统弹出"布线缆"对话框。

Step2. 创建导线 W4。在"布线缆"对话框中单击"新建一个线特征进行布线"按钮 ，在 名称 文本框中输入名称为 W4，在 线轴 下拉列表中选择 7_YELLOW 选项。

Step3. 选取入口端。在"布线缆"对话框中单击 自 区域下的文本框中的 选择项 字符，选取图 44.37 所示的 P1 为起始入口端；单击 至 区域下的文本框中的 选择项 字符，选取图 44.38 所示的 P8E 为终止入口端。

图 44.37　指定起始入口端

图 44.38　指定终止入口端

Step4. 在"布线缆"对话框中单击 确定 按钮，此时在模型中显示初步的连接导线，如图 44.39 所示。

导线 W4

图 44.39　初步的连接导线 W4

Step5. 增加位置参考。

（1）选择命令。在 缆 功能选项卡的 位置▼ 区域中单击"位置"按钮 ，系统弹出 "位置" 操控板。

（2）选择位置。在模型中单击导线 W4，然后按住 Ctrl 键，依次选取图 44.40 所示的线夹 2、线夹 3 和线夹 4 中的基准轴 A-1 为位置参考。

（3）在操控板中单击 ✔ 按钮，此时导线 W4 的位置如图 44.41 所示。

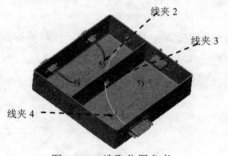

线夹 2

线夹 3

线夹 4

图 44.40　选取位置参考

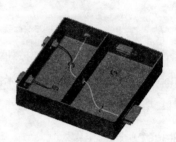

图 44.41　导线 W4 的位置

Task10. 布置线束 H3

Stage1. 新建线束文件

Step1. 在 缆 功能选项卡的 线束▼ 区域中单击 "创建线束" 按钮 ，系统弹出 "新建" 对话框。

Step2. 在 "新建" 对话框的 名称 文本框中输入线束名称 H3，取消选中 ☐ 使用默认模板 复选框，单击对话框中的 确定 按钮，系统弹出 "新文件选项" 对话框。

Step3. 在 模板 选项组中选择米制线束零件模板 mmns_harn_part，单击 确定 按钮，此时模型树中会增加一个线束零件模型并自动被激活。

Stage2. 布置电缆

Step1. 选择命令。在 缆 功能选项卡的 布线▼ 区域中单击"布线缆"按钮 🖋，系统弹出"布线缆"对话框。

Step2. 创建导线 C1。在"布线缆"对话框中单击"新建一个线特征进行布线"按钮 🖋，在 名称 文本框中输入名称为 C1，在 线轴 下拉列表中选择 14_GOLD 选项。

Step3. 选取参考位置。在"布线缆"对话框中右击 目 区域下的文本框中的 选择项 字符，在弹出的快捷菜单中选择 添加位置 命令，在图 44.42 中选取线夹 5 的轴线作为位置参考，在操控板中单击 ✔ 按钮；右击 至 区域下的文本框中的 选择项 字符，在弹出的快捷菜单中选择 添加位置 命令，在图 44.42 中选取线夹 4 的轴线作为位置参考，在操控板中单击 ✔ 按钮。

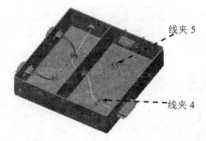

图 44.42　选取位置参考

Step4. 创建导线 C1-1。在"布线缆"对话框中选中 ⁂ CABLE_1:14_G-1 选项，同时在 名称 文本框中输入名称为 C1-1。

Step5. 选取入口端。在"布线缆"对话框中单击 目 区域下的文本框中的 选择项 字符，选取图 44.43 所示的 P6A 为起始入口端；单击 至 区域下的文本框中的 选择项 字符，选取图 44.44 所示的 P8D 为终止入口端。

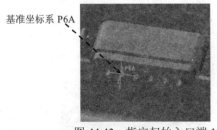

图 44.43　指定起始入口端 1

图 44.44　指定终止入口端 1

Step6. 创建导线 C1-2。在"布线缆"对话框中选中 ⁂ CABLE_1:14_G-2 选项，同时在 名称 文本框中输入名称为 C1-2。

Step7. 选取入口端。在"布线缆"对话框中单击 目 区域下的文本框中的 选择项 字符，选取图 44.45 所示的 P6B 为起始入口端；单击 至 区域下的文本框中的 选择项 字符，选取图 44.46 所示的 P8C 为终止入口端。

图 44.45　指定起始入口端 2　　　　　　　　图 44.46　指定终止入口端 2

Step8. 创建导线 C1-3。在"布线缆"对话框中选中 CABLE_1:14_G-3 选项，同时在 名称 文本框中输入名称为 C1-3。

Step9. 选取入口端。在"布线缆"对话框中单击 目 区域下的文本框中的 选择项 字符，选取图 44.47 所示的 P6C 为起始入口端；单击 至 区域下的文本框中的 选择项 字符，选取图 44.48 所示的 P8B 为终止入口端。

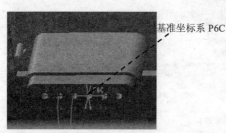
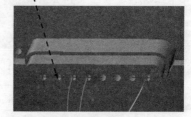

图 44.47　指定起始入口端 3　　　　　　　　图 44.48　指定终止入口端 3

Step10. 创建导线 C1-4。在"布线缆"对话框中选中 CABLE_1:14_G-4 选项，同时在 名称 文本框中输入名称为 C1-4。

Step11. 选取入口端。在"布线缆"对话框中单击 目 区域下的文本框中的 选择项 字符，选取图 44.49 所示的 P6D 为起始入口端；单击 至 区域下的文本框中的 选择项 字符，选取图 44.50 所示的 P8A 为终止入口端。

Step12. 在"布线缆"对话框中单击 确定 按钮。

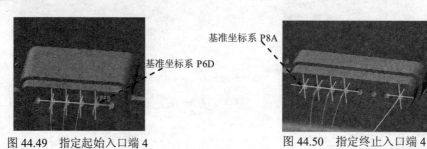

图 44.49　指定起始入口端 4　　　　　　　　图 44.50　指定终止入口端 4

Task11. 保存模型

选择下拉菜单 文件 ▾ ➡ 保存(S) 命令，保存模型。

第 12 章

模具设计实例

本章主要包含如下内容：

实例45　带型芯的模具设计

实例概述：

　　本实例将介绍一个杯子的模具设计过程（图 45.1）。在设计该杯子的模具时，如果将模具的开模方向定义为竖直方向，那么杯子中盲孔的轴线方向就与开模方向垂直，这就需要设计型芯模具元件才能构建该孔。下面介绍该模具的设计过程。

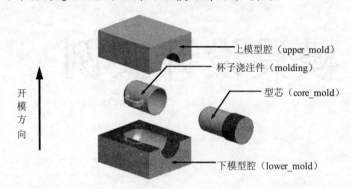

图 45.1　杯子的模具设计

Task1. 新建一个模具制造模型文件，进入模具模块

　　Step1. 设置工作目录。选择下拉菜单 文件▼ ➡ 管理会话(M) ▶ ➡ 选择工作目录(W) 更改工作目录. 命令（或单击 主页 选项卡中的 按钮），将工作目录设置至 D:\creoins3\work\ch12\ins45\。

　　Step2. 选择下拉菜单 文件▼ ➡ 新建(N) 命令。

　　Step3. 在"新建"对话框的 类型 区域中选中 ⦿ 制造 单选项，在 子类型 区域中选中 ⦿ 模具型腔 单选项，在 名称 文本框中输入文件名 cup_mold；取消 ☑ 使用默认模板 复选框中的"√"号，然后单击 确定 按钮。

　　Step4. 在弹出的"新文件选项"对话框中选择 mmns_mfg_mold 模板，单击 确定 按钮。

Task2. 建立模具模型

　　模具模型主要包括参照模型（Ref Model）和坯料（Workpiece），如图 45.2 所示。

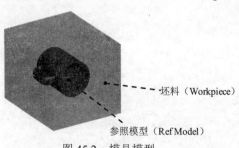

坯料（Workpiece）

参照模型（Ref Model）

图 45.2　模具模型

Stage1.　引入参照模型

Step1. 单击 **模具** 功能选项卡 参考模型和工件 区域 中的"小三角"按钮▼，然后在系统弹出的列表中选择 装配参考模型 命令，系统弹出"打开"对话框。

Step2. 从弹出的文件"打开"对话框中选取三维零件模型 cup.prt 作为参照零件模型，并将其打开。

Step3. 在"元件放置"操控板的"约束"类型下拉列表中选择 默认，将参照模型按默认放置，再在操控板中单击"完成"按钮。

Step4. 在"创建参照模型"对话框中选中 按参考合并 单选项，然后在 名称 文本框中接受默认的名称（或输入参照模型的名称），再单击 确定 按钮。

Stage2.　定义坯料

Step1. 单击 **模具** 功能选项卡 参考模型和工件 区域 中的"小三角"按钮▼，然后在系统弹出的列表中选择 创建工件 命令，系统弹出"元件创建"对话框。

Step2. 在弹出的"元件创建"对话框的 类型 区域选中 零件 单选项，在 子类型 区域选中 实体 单选项，在 名称 文本框中输入坯料的名称 cup_mold_wp，单击 确定 按钮。

Step3. 在弹出的"创建选项"对话框中选中 创建特征 单选项，然后单击 确定 按钮。

Step4. 创建坯料特征。

（1）选择命令。单击 **模具** 功能选项卡 形状▼ 区域中的 拉伸 按钮，此时系统弹出"拉伸"操控板。

（2）创建实体拉伸特征。

① 选取拉伸类型。在出现的操控板中，确认"实体"类型按钮 被按下。

② 定义草绘截面放置属性。在绘图区中右击，从图 45.3 所示的快捷菜单中选择 定义内部草绘... 命令，系统弹出图 45.4 所示的"草绘"对话框；然后选择 MOLD_FRONT 基准面作为草绘平面，草绘平面的参照平面为 MAIN_PARTING_PLN 基准面，方位为 底部；单击 草绘 按钮，至此系统进入截面草绘环境。

③ 进入截面草绘环境后，系统弹出图 45.5 所示的"参考"对话框，选取 MOLD_RIGHT 基准面和 MAIN_PARTING_PLN 基准面为草绘参照，然后单击 关闭(C) 按钮，绘制图 45.6 所示的特征截面；完成特征截面的绘制后，单击工具栏中的"完成"按钮。

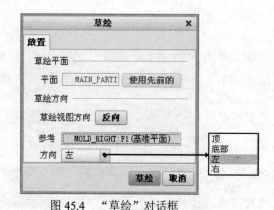

图 45.3　快捷菜单   图 45.4　"草绘"对话框

④ 选取深度类型并输入深度值。在操控板中选取深度类型为 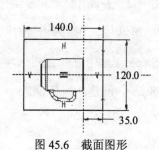 （即"对称"），再在深度文本框中输入深度值 110.0，并按 Enter 键。

⑤ 完成特征。在"拉伸"操控板中单击 ✓ 按钮，完成特征的创建。

图 45.5　"参考"对话框   图 45.6　截面图形

Task3．设置收缩率

Step1.　单击**模具**功能选项卡 生产特征 ▾ 按钮中的"小三角"按钮 ▾，在弹出的菜单中单击 按比例收缩 ▸后的 ▸，在弹出的菜单中单击 按尺寸收缩 按钮。

Step2.　系统弹出"按尺寸收缩"对话框，确认 公式 区域中的 1+S 按钮被按下，在 收缩选项 区域选中 ✔ 更改设计零件尺寸 复选框，在 收缩率 区域的 比率 栏中输入收缩率值 0.006，并按 Enter 键，然后单击对话框中的 ✓ 按钮。

Task4．创建模具分型曲面

Stage1．定义型芯分型面

下面的操作是创建零件 cup.prt 模具的型芯分型曲面（图 45.7），以分离模具元件——型芯，其操作过程如下。

Step1. 单击 模具 功能选项卡 分型面和模具体积块 ▼ 区域中的 "分型面" 按钮 🗔，系统弹出 "分型面" 功能选项卡。

Step2. 在 控制 区域单击 "属性" 按钮 🖼，在图 45.8 所示的 "属性" 对话框中输入分型 面名称 CORE_PS，单击 确定 按钮。

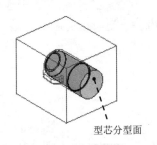

型芯分型面

图 45.7　创建型芯分型曲面

图 45.8　"属性" 对话框

Step3. 通过曲面 "复制" 的方法，复制参照模型（杯子）的内表面。

（1）采用 "种子面与边界面" 的方法选取所需要的曲面。分别选取种子面和边界面后，系统会自动选取从种子曲面开始向四周延伸直到边界曲面的所有曲面（其中包括种子曲面，但不包括边界曲面）；在屏幕右下方的 "智能选取栏" 中选择 "几何" 选项，如图 45.9 所示。

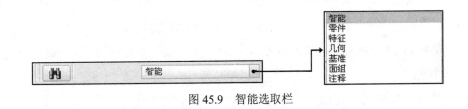

图 45.9　智能选取栏

（2）选取 "种子面"（Seed Surface），操作方法如下。

① 单击 视图 功能选项卡 模型显示 ▼ 区域中的 "显示样式" 按钮 🗌，在系统弹出的下拉菜单中选中 🗗 线框 命令。

② 将模型调整到图 45.10 所示的视图方位，先将鼠标指针移至模型中的目标位置，即图 45.10 中杯子的内底面（种子面）附近右击，然后在弹出的图 45.11 所示的快捷菜单中选择 从列表中拾取 命令。

③ 选择图 45.12 中的列表项，此时图 45.10 中的杯子的内底面会加亮，该底面就是所要选择的 "种子面"；最后，在 "从列表中拾取" 对话框中单击 确定 (0) 按钮。

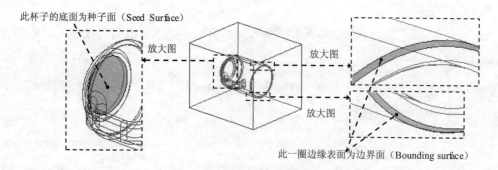

图 45.10　定义种子面和边界面

图 45.11　快捷菜单　　　　　　图 45.12　"从列表中拾取"对话框 1

（3）选取"边界面"（Boundary Surface），操作方法如下。

① 按住 Shift 键，先将鼠标指针移至模型中的目标位置，即图 45.10 中的上边缘表面（边界面）附近，再右击，然后从弹出的快捷菜单中选择 从列表中拾取 命令。

② 选择图 45.13 中的列表项，此时图 45.10 中的上边缘表面会加亮，该表面就是所要选择的"边界面"，在"从列表中拾取"对话框中单击 确定(0) 按钮；然后按住 Shift 键，选取下边缘表面，操作完成后的整个曲面如图 45.14 所示。

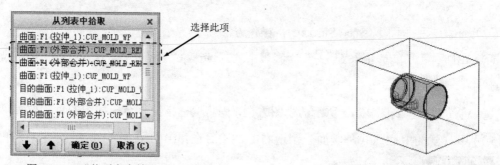

图 45.13　"从列表中拾取"对话框 2　　　　　　图 45.14　操作完成后的整个曲面

（4）单击 模具 功能选项卡 操作▼ 区域中的"复制"按钮 。

（5）单击 模具 功能选项卡 操作▼ 区域中的"粘贴" 按钮 ，系统弹出"曲面：复制"操控板，如图 45.15 所示，单击 按钮。

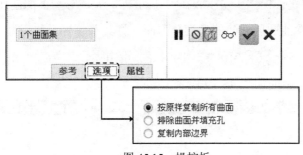

图 45.15　操控板

Step4. 将复制后的表面延伸至坯料的表面。

（1）采用"列表选取"的方法选取图 45.16 所示的圆的弧为延伸边，首先要注意，要延伸的曲面是前面的复制曲面，延伸边线是该复制曲面端部的边线。

① 选择第一个延伸边。将鼠标指针移至模型中的目标位置，即图 45.16 中的边线附近，再右击，从弹出的快捷菜单中选择 从列表中拾取 命令；选择图 45.17 中的列表项，单击 确定(0) 按钮。这里应特别注意：图 45.16 中箭头所指的位置上有两个重合的边，一个为杯子零件模型上表面的边线，另一个为复制曲面的边线，参见图 45.17 所示的"从列表中拾取"对话框。由于要延伸复制的曲面，要选取的延伸边应该是复制曲面的边线，即列表对话框中的 边:F7(复制_1) 选项。

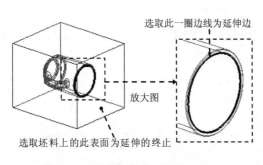

图 45.16　选取延伸边和延伸的终止面

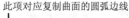

图 45.17　"从列表中拾取"对话框 3

② 选择下拉菜单中的 编辑 ▼ ➡ ⏷延伸 命令。

③ 按住 Shift 键，选择其他延伸边。

（2）选取延伸的终止面。

① 在操控板中单击 （延伸类型为至平面）按钮。

② 在系统 ➡选择曲面延伸所至的平面 的提示下，选取图 45.16 所示的坯料的表面为延伸的终止面。

③ 在操控板中单击 按钮，完成后的延伸曲面如图 45.18 所示。

Step5. 在"分型面"选项卡中单击"确定"按钮 ✓ ，完成分型面的创建。

Step6. 为了方便查看前面所创建的型芯分型面，将其着色显示。

（1）单击 **视图** 功能选项卡 可见性 区域中的"着色"按钮 ▱ 。

（2）着色后的型芯分型面如图 45.19 所示。

（3）在图 45.20 所示的 ▼ CntVolSel （继续体积块选取） 菜单中选择 Done/Return （完成/返回） 命令。

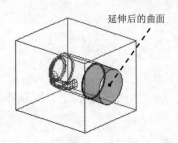

图 45.18　完成后的延伸曲面　　图 45.19　着色后的型芯分型面　　图 45.20　"继续体积块选取"菜单

Step7. 在模型树中查看前面创建的型芯分型面特征。在模型树界面中选择 ⫟ ▾ ➡ ⫟▾ 树过滤器(F)... 命令，在系统弹出的"模型树项"对话框中选中 ✓ 特征 复选框，然后单击 确定 按钮，此时，模型树中会显示型芯分型面的两个曲面特征：复制曲面特征和延伸曲面特征，如图 45.21 所示。

Stage2. 定义主分型面

下面的操作是创建零件 cup.prt 模具的主分型面（图 45.22），以分离模具的上模型腔和下模型腔。其操作过程如下。

Step1. 单击 **模具** 功能选项卡 分型面和模具体积块 ▾ 区域中的"分型面"按钮 ▱ ，系统弹出"分型面"功能选项卡。

Step2. 在 控制 区域单击"属性"按钮 ▣ ，在对话框中输入分型面名称 main_ps，单击 确定 按钮。

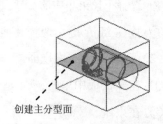

分型面中的复制特征 ➡
分型面中的延伸特征 ➡
创建主分型面

图 45.21　查看型芯分型面特征　　　　图 45.22　创建主分型面

Step3. 通过"拉伸"的方法创建主分型面。

（1）单击 **分型面** 功能选项卡 形状 ▼ 区域中的"拉伸"按钮 拉伸，此时系统弹出"拉伸"操控板。

（2）定义草绘截面放置属性。右击，从弹出的菜单中选择 定义内部草绘... 命令；在系统 选择一个平面或曲面以定义草绘平面· 的提示下，选取图 45.23 所示的坯料前表面为草绘平面，接受默认的箭头方向为草绘视图方向，然后选取图 45.23 所示的坯料右表面为参照平面，方向为 右；单击 草绘 按钮，至此系统进入截面草绘环境。

（3）绘制截面草图。选取图 45.24 所示的坯料的边线和 MOLD_FRONT 基准面为草绘参照，绘制图 45.24 所示的截面草图（截面草图为一条线段）；完成截面的绘制后，单击"草绘"操控板中的"确定"按钮 ✓。

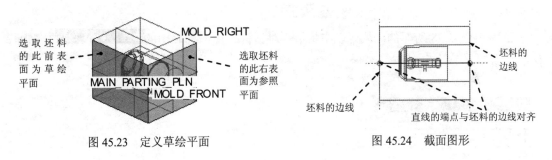

图 45.23　定义草绘平面　　　　　　　　图 45.24　截面图形

（4）设置深度选项。

① 在操控板中选择深度类型为 ⊥ （到选定的）。

② 将模型调整到图 45.25 所示的视图方位，选取图中所示的坯料表面（背面）为拉伸终止面。

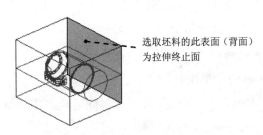

图 45.25　选取拉伸终止面

③ 在"拉伸"操控板中单击 ✓ 按钮，完成特征的创建。

Step4. 在"分型面"选项卡中单击"确定"按钮 ✓，完成分型面的创建。

Task5. 构建模具元件的体积块

Stage1. 用型芯分型面创建型芯元件的体积块

下面的操作是在零件 cup 的模具坯料中，用前面创建的型芯分型面——core_ps 来分割型芯元件的体积块，该体积块将来会抽取为模具的型芯元件。在该例中，由于主分型面穿过型芯分型面，为了便于分割出各个模具元件，将先从整个坯料中分割出型芯体积块，然后从其余的体积块（即分离出型芯体积块后的坯料）中再分割出上、下型腔体积块。

Step1. 选择 **模具** 功能选项卡 分型面和模具体积块 ▼ 区域中的按钮 模具体积块 ▼ ➡ 体积块分割 命令。

Step2. 在系统弹出的 ▼ SPLIT VOLUME (分割体积块) 菜单中依次选择 Two Volumes (两个体积块) 、 All Wrkpcs (所有工件) 和 Done (完成) 命令，此时系统弹出图 45.26 所示的"分割"对话框和图 45.27 所示的"选取"对话框。

Step3. 用"列表选取"的方法选取分型面。

（1）在系统 为分割工件选择分型面· 的提示下，先将鼠标指针移至模型中的型芯分型面的位置右击，从弹出的快捷菜单中选择 从列表中拾取 命令。

（2）在图 45.28 所示的"从列表中拾取"对话框中单击列表中的 面组:F7(CORE_PS) 分型面，然后单击 确定(0) 按钮。

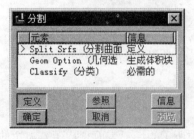

图 45.26 "分割"对话框　　图 45.27 "选取"对话框　　图 45.28 "从列表中拾取"对话框

（3）在"选择"对话框中单击 确定 按钮。

Step4. 在"分割"对话框中单击 确定 按钮。

Step5. 此时，系统弹出"属性"对话框，同时模型中的其余部分变亮，输入其余部分体积块的名称 body_mold，单击 确定 按钮。

Step6. 此时，系统弹出"属性"对话框，同时模型中的型芯部分变亮，输入型芯模具元件体积块的名称 core_mold，单击 确定 按钮。

Stage2. 用主分型面创建上下模腔的体积块

下面的操作是在零件 cup 的模具坯料中，用前面创建的主分型面——main_ps 来将前面生成的体积块 body_mold 分成上下两个体积腔（块），这两个体积块将来会抽取为模具的上下模具型腔。

Step1. 选择 **模具** 功能选项卡 分型面和模具体积块 ▼ 区域中的按钮 模具体积块 ▼ ➡ 体积块分割 命令（即用"分割"的方法构建体积块）。

Step2. 在 系 统 弹 出 ▼ SPLIT VOLUME (分割体积块) 菜单中选择 Two Volumes (两个体积块) 、

Mold Volume（模具体积块）和 Done（完成）命令。

Step3. 在系统弹出的图45.29所示的"搜索工具"对话框中，单击列表中的 面组:F11(BODY_MOLD) 体积块，然后单击 >> 按钮，将其加入到 已选择 0 个项:(预期 1 个) 列表中，再单击 关闭 按钮。

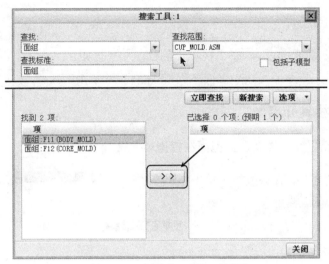

图 45.29　"搜索工具"对话框

Step4. 用"列表选取"的方法选取分型面。

（1）在系统 ◆为分割选定的模具体积块选择分型面. 的提示下，先将鼠标指针移至模型中主分型面的位置右击，从弹出的快捷菜单中选择 从列表中拾取 命令。

（2）在弹出的 "从列表中拾取"对话框中，单击列表中的 面组:F9(MAIN_PS) 分型面，然后单击 确定(O) 按钮。

（3）在"选择"对话框中单击 确定 按钮。

Step5. 在"分割"对话框中单击 确定 按钮。

Step6. 此时，系统弹出 "属性"对话框，同时 BODY_MOLD 体积块的下半部分变亮（变为橙色），在该对话框中单击 着色 按钮，着色后的模型如图 45.30 所示；然后在对话框中输入名称 lower_mold，单击 确定 按钮。

Step7. 此时系统弹出"属性"对话框，同时 BODY_MOLD 体积块的上半部分变亮（变青），在该对话框中单击 着色 按钮，着色后的模型如图 45.31 所示；然后在对话框中输入名称 upper_mold，单击 确定 按钮。

图 45.30　下半部分体积块

图 45.31　上半部分体积块

Task6．抽取模具元件

Step1. 单击 模具 功能选项卡 元件 ▾ 区域中的 模具元件▾ 按钮，在弹出的下拉菜单中单击 型腔镶块 按钮，系统弹出"创建模具元件"对话框。

Step2. 在对话框中单击 ☰ 按钮，选择所有体积块，然后单击 确定 按钮。

Task7．生成浇注件

Step1. 单击 模具 功能选项卡 元件 ▾ 区域中的 创建铸模 按钮。

Step2. 在系统提示框中输入浇注零件名称 molding，并单击两次 ✔ 按钮。

Task8．定义模具开启

Stage1．将参照零件、坯料和分型面在模型中遮蔽起来

Step1. 遮蔽参照零件。在模型树中单击参照零件——CUP_MOLD_REF.PRT，然后右击，从弹出的快捷菜单中选择 遮蔽 命令。

Step2. 依照同样的方法遮蔽坯料——CUP_MOLD_WP.PRT。

Step3. 遮蔽分型面。

（1）单击 视图 功能选项卡 可见性 区域中的"模具几何显示"按钮 ▾ 后的小三角 ▾，在弹出的菜单中单击 遮蔽几何 按钮，系统弹出"搜索工具：1"对话框。

（2）在系统弹出的"搜索工具：1"对话框中，按住 Ctrl 键，选择所有项目，然后单击 〉〉 按钮，将其加入到 选择了 0 项 列表中，再单击 关闭 按钮。

Stage2．开模步骤 1：移动型芯

Step1. 选择 模具 功能选项卡 分析 ▾ 区域中的 按钮，系统弹出 ▾ MOLD OPEN（模具开模）菜单管理器。

Step2. 选择 Define Step（定义间距） ➡ Define Move（定义移动）命令。

Step3. 用"列表选取"的方法选取要移动的模具元件。

（1）在系统 为迁移号码1 选择构件. 的提示下，先将鼠标指针移至图 45.32 所示的模型中的位置 A，并右击，选择快捷菜单中的 从列表中拾取 命令。

（2）在系统弹出的 "从列表中拾取"对话框中单击列表中的型芯模具零件 CORE_MOLD.PRT，然后单击 确定(0) 按钮。

（3）在"选择"对话框中单击 确定 按钮。

Step4. 在系统 通过选择边、轴或面选择分解方向. 的提示下，选取图 45.32 所示的边线为移动方向，然后在系统的提示下，输入移动距离值 200，并按 Enter 键。

Step5. 在 ▾ DEFINE STEP（定义间距）菜单中选择 Done（完成）命令，完成型芯的移动，移出后的型芯如图 45.33 所示。

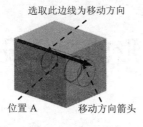

图 45.32　选取移动方向

图 45.33　移出后的型芯

Stage3．开模步骤 2：移动上模

Step1．参照开模步骤 1 的操作方法，选取上模，选取图 45.34 所示的边线为移动方向，然后输入要移动的距离值 100（如果移动方向箭头向下，则输入值-100）。

Step2．在 ▼ DEFINE STEP (定义间距) 菜单中选择 Done (完成) 命令，完成上模的移动。

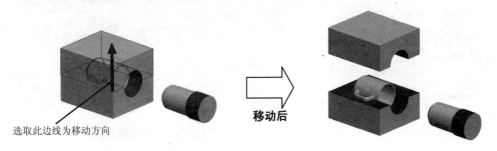

图 45.34　移动上模

Stage4．开模步骤 3：移动下模

Step1．参考开模步骤 1 的操作方法，选取下模，选取图 45.35 所示的边线为移动方向，然后键入要移动的距离值-100（如果移动方向箭头向下，则输入值 100）。

Step2．在 ▼ DEFINE STEP (定义间距) 菜单中选择 Done (完成) 命令，完成下模的移动。

Step3．在 ▼ MOLD OPEN (模具孔) 菜单中选择 Done/Return (完成/返回) 命令，完成模具的开启。

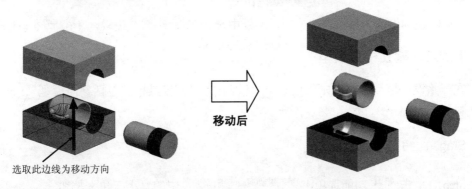

图 45.35　移动下模

实例 46　具有复杂外形的模具设计

实例概述：

图 46.1 所示为一个下盖（DOWN_COVER）的模型，该模型的表面有多个破孔，要使其能够顺利分出上、下模具，必须将破孔填补才能完成，本例将详细介绍如何来设计该模具。图 46.2 所示为下盖的模具开模图。

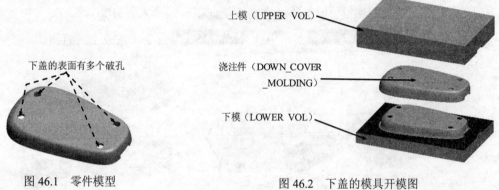

上模（UPPER VOL）

浇注件（DOWN_COVER
_MOLDING）

下模（LOWER VOL）

下盖的表面有多个破孔

图 46.1　零件模型　　　　　　　　　图 46.2　下盖的模具开模图

Task1. 新建一个模具制造模型文件，进入模具模块

Step1. 设置工作目录。选择下拉菜单 文件▾ ➡ 管理会话(M) ▶ ➡ 选择工作目录(W) 更改工作目录. 命令（或单击 主页 选项卡中的 按钮），将工作目录设置至 D: \creoins3\work\ch12\ins46\。

Step2. 选择下拉菜单 文件▾ ➡ 新建(N) 命令。

Step3. 在"新建"对话框的 类型 区域中选中 ◉ 制造 单选项，在 子类型 区域中选中 ◉ 模具型腔 单选项，在 名称 文本框中输入文件名 DOWN_COVER_MOLD；取消 ☑ 使用默认模板 复选框中的"√"号，然后单击 确定 按钮。

Step4. 在弹出的"新文件选项"对话框中选择 mmns_mfg_mold 模板，单击 确定 按钮。

Task2. 建立模具模型

在开始设计模具前，应先创建一个"模具模型"，模具模型包括参照模型（Ref Model）和坯料（Workpiece），如图 46.3 所示。

Stage1. 引入参照模型

Step1. 单击 模具 功能选项卡 参考模型和工件 区域 中的"小三角"按钮 ▾，然后在系统弹出的列表中选择 装配参考模型 命令，系统弹出"打开"对话框。

　　Step2. 从弹出的文件"打开"对话框中选择三维零件模型 DOWN_COVER.prt 作为参照零件模型，并将其打开。

　　Step3. 在"元件放置"操控板的"约束"类型下拉列表中选择 $\boxed{\text{默认}}$ ，将参照模型按默认放置，在操控板中单击 $\boxed{\checkmark}$ 按钮。

　　Step4. 在"创建参照模型"对话框中选中 $\boxed{\odot\text{按参考合并}}$ 单选项，然后在 $\boxed{\text{名称}}$ 文本框中接受默认的名称 DOWN_COVER_MOLD_REF，再单击 $\boxed{\text{确定}}$ 按钮。参照件组装完成后，模具的基准平面与参照模型的基准平面对齐，如图 46.4 所示。

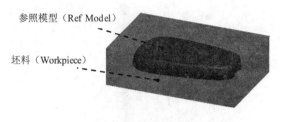
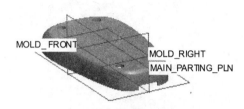

图 46.3　参照模型和坯料　　　　　　　　　图 46.4　参照件组装完成后

Stage2. 创建坯料

　　Step1. 单击 $\boxed{\text{模具}}$ 功能选项卡 $\boxed{\text{参考模型和工件}}$ 区域的"工件"按钮 $\boxed{\quad}$ 下的 $\boxed{\text{工件}}$ 按钮，在系统弹出的菜单中单击 $\boxed{\square\text{创建工件}}$ 按钮。

　　Step2. 在弹出的"元件创建"对话框的 $\boxed{\text{类型}}$ 区域中选中 $\boxed{\odot\text{零件}}$ 单选项，在 $\boxed{\text{子类型}}$ 区域中选中 $\boxed{\odot\text{实体}}$ 单选项，在 $\boxed{\text{名称}}$ 文本框中输入坯料的名称 wp，然后单击 $\boxed{\text{确定}}$ 按钮。

　　Step3. 在弹出的"创建选项"对话框中选中 $\boxed{\odot\text{创建特征}}$ 单选项，然后单击 $\boxed{\text{确定}}$ 按钮。

　　Step4. 创建坯料特征。

　　（1）选择命令。单击 $\boxed{\text{模具}}$ 功能选项卡 $\boxed{\text{形状}\blacktriangledown}$ 区域中的 $\boxed{\text{拉伸}}$ 按钮，此时系统弹出"拉伸"操控板。

　　（2）创建实体拉伸特征。

　　① 选择拉伸类型：在出现的操控板中确认"实体"类型按钮 $\boxed{\square}$ 被按下。

　　② 定义草绘截面放置属性：在绘图区中右击，从系统弹出的快捷菜单中选择 $\boxed{\text{定义内部草绘}\ldots}$ 命令；然后选择 MAIN_PARTING_PLN 基准面作为草绘平面，草绘平面的参照平面为 MOLD_RIGHT 基准面，方位为 $\boxed{\text{右}}$ ，单击 $\boxed{\text{草绘}}$ 按钮；至此，系统进入截面草绘环境。

　　③ 进入截面草绘环境后，选取 MOLD_RIGHT 基准平面和 MOLD_ FRONT 基准平面为草绘参照，单击 $\boxed{\text{关闭(C)}}$ 按钮，然后绘制截面草图（图 46.5）；完成特征截面的绘制后，单击"草绘"操控板中的"确定"按钮 $\boxed{\checkmark}$ 。

④ 选择深度类型并输入深度值：在操控板中选择深度类型 ⊟（即"对称"），再在深度文本框中输入深度值 60.0，并按 Enter 键。

⑤ 完成特征：在"拉伸"操控板中单击 ✔ 按钮，完成特征的创建。

Task3. 设置收缩率

将参考模型收缩率设置为 0.006。

Task4. 创建分型面

下面的操作是创建模具的分型曲面（图 46.6），其操作过程如下。

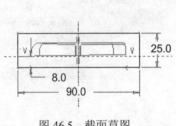

图 46.5　截面草图

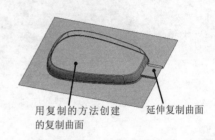

用复制的方法创建　延伸复制曲面
的复制曲面

图 46.6　创建分型曲面

Step1. 单击 模具 功能选项卡 分型面和模具体积块 ▼ 区域中的"分型面"按钮 ▭，系统弹出"分型面" 功能选项卡。

Step2. 在系统弹出的"分型面"功能选项卡的 控制 区域中单击"属性"按钮 ▣，在"属性"对话框中输入分型面名称 PT_SURF，单击 确定 按钮。

Step3. 为了方便选取图元，将坯料遮蔽。在模型树中右击 🗁 WP.PRT，从弹出的快捷菜单中选择 遮蔽 命令。

Step4. 通过曲面复制的方法，创建图 46.7 所示的复制曲面。

（1）采用"种子面与边界面"的方法选取所需要的曲面。分别选取种子面和边界面后，系统则会自动选取从种子曲面开始向四周延伸直到边界曲面的所有曲面（其中包括种子曲面，但不包括边界曲面），在屏幕右下方的"智能选取栏"中选择"几何"选项。

（2）选取"种子面"（Seed Surface），操作方法如下：将模型调整到图 46.8 所示的视图方位，先将鼠标指针移至模型中的目标位置，即图 46.8 中的内表面（种子面），选择该曲面为所要选择的"种子面"。

图 46.7　创建复制曲面

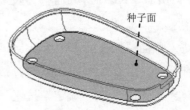

种子面

图 46.8　定义种子面

（3）选取"边界面"（boundary surface），操作方法如下。

① 选择 **视图** 功能选项卡 模型显示 ▼ 区域中的"显示样式"按钮 显示样 ▼，按下 线框 按钮，将模型的显示状态切换到实线线框显示方式。

② 按住 Shift 键，选取图 46.9 中的 4 个曲面和 4 个孔的内表面为边界面，此时图中所示的边界曲面会加亮显示。

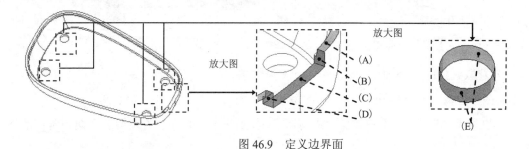

图 46.9　定义边界面

③ 依次选取所有的边界面（全部加亮）后，松开 Shift 键，完成"边界面"的选取。操作完成后，整个模型内表面均被加亮，如图 46.10 所示。

（4）单击 **模具** 功能选项卡 操作 ▼ 区域中的"复制"按钮 。

（5）单击 **模具** 功能选项卡 操作 ▼ 区域中的"粘贴" 按钮 ▼。

（6）填补复制曲面上的破孔。在操控板中单击 选项 按钮，在"选项"界面中选中 ⊙ 排除曲面并填充孔 单选项。

（7）在系统的提示下，选取图 46.11 中的破孔表面。

（8）在"曲面：复制"操控板中单击 ✓ 按钮。

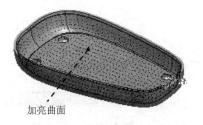

图 46.10　加亮的曲面

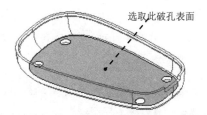

图 46.11　选取破孔表面

Step5. 创建图 46.12 所示的延伸曲面 1。

（1）遮蔽参照件。在模型树中右击 DOWN_COVER_MOLD_REF.PRT，从弹出的快捷菜单中选择 遮蔽 命令。

（2）选取图 46.13 所示的某一段边线（一整圈边线由多段边线所组成）。

（3）单击 **分型面** 功能选项卡 编辑 ▼ 区域中的 延伸 按钮，此时系统弹出"延伸曲面：延伸曲面"操控板；然后按住 Shift 键，选取图 46.13 所示的一整圈边线。

（4）单击 **视图** 功能选项卡 可见性 区域中的"模具显示"按钮 ，系统弹出"遮蔽-取消遮蔽"对话框；单击 取消遮蔽 选项卡，选中 ⊡ WP，单击 [取消遮蔽] 按钮，再单击 [关闭] 按钮。

图 46.12　创建延伸曲面 1

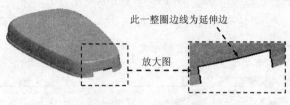

图 46.13　选取延伸边

（5）选取延伸的终止面。

① 在操控板中按下按钮 ⬚（延伸类型为至平面）。

② 在系统 ➡选择曲面延伸所至的平面. 的提示下，选取图 46.14 所示的坯料的表面为延伸的终止面。

③ 在"延伸曲面：延伸曲面"操控板中单击 ✔ 按钮，完成延伸曲面的创建。完成后的延伸曲面如图 46.15 所示。

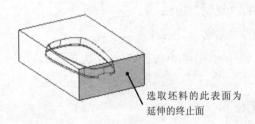

图 46.14　选取延伸的终止面

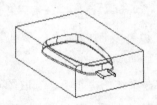

图 46.15　完成后的延伸曲面

Step6. 创建图 46.16 所示的拉伸曲面 1。

（1）单击 分型面 功能选项卡 形状▾ 区域中的"拉伸"按钮 🗗拉伸，此时系统弹出"拉伸"操控板。

（2）定义草绘截面放置属性。右击，从弹出的快捷菜单中选择 定义内部草绘... 命令；在系统 ➡选择一个平面或曲面以定义草绘平面. 的提示下，选取图 46.17 所示的坯料前表面为草绘平面，接受默认的箭头方向为草绘视图方向，然后选取图 46.17 所示的坯料右表面为参照平面，方向为 右；单击 草绘 按钮，至此系统进入截面草绘环境。

（3）绘制截面草图。选取图 46.18 所示的坯料的边线和复制曲面的边线为草绘参照，绘制该图所示的截面草图（截面草图为一条线段）；完成截面的绘制后，单击"草绘"操控板中的"确定"按钮 ✔。

（4）设置深度选项。

① 在操控板中选择深度类型为 ⬒（到选定的）。

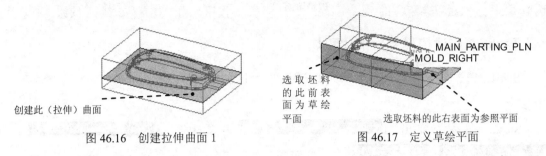

图 46.16　创建拉伸曲面 1　　　　　　图 46.17　定义草绘平面

② 将模型调整到图 46.19 所示的视图方位，选取图中所示的坯料表面（背面）为拉伸终止面。

③ 在"拉伸"操控板中单击 ✔ 按钮，完成特征的创建。

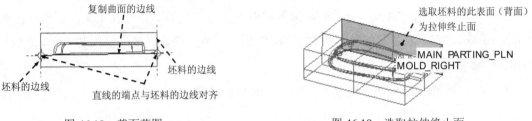

图 46.18　截面草图　　　　　　　图 46.19　选取拉伸终止面

Step7. 将图 46.20a 所示的复制面组（包含延伸部分）与 Step6 中创建的拉伸曲面进行合并。

（1）将坯料遮蔽。在模型树中右击 ▭ WP.PRT ，从弹出的快捷菜单中选择 遮蔽 命令。

（2）按住 Ctrl 键，选取图 46.20a 所示的复制面组（包含延伸部分）和拉伸曲面。

图 46.20　曲面合并

（3）单击 分型面 操控板 编辑 ▾ 区域中的 合并 按钮，此时系统弹出"合并"操控板。

（4）保留曲面的方向箭头如图 46.21 所示。

（5）在操控板中单击 选项 按钮，在"选项"界面中选中 ⦿ 连接 单选项。

（6）在"合并"操控板中单击 ✔ 按钮。

Step8. 在"分型面"选项卡中单击"确定"按钮 ✔ ，完成分型面的创建。

Step9. 将坯料的遮蔽取消。单击 视图 功能选项卡 可见性 区域中的"模具显示"按钮 ▤ ，系统弹出"遮蔽-取消遮蔽"对话框；选择 取消遮蔽 选项卡，按下 ▢元件 按钮，在列表中

选取 🔲 WP，然后单击下方的 ┃ 取消遮蔽 ┃ 按钮，再单击 ┃ 关闭 ┃ 按钮。

Task5. 构建模具元件的体积块

Step1. 选择 **模具** 功能选项卡 ┃分型面和模具体积块 ▾┃ 区域中的按钮 ┃模具体积块 ▾┃ ━━➤ ┃ 体积块分割 ┃ 命令。

Step2. 在系统弹出的 ┃▾ SPLIT VOLUME (分割体积块)┃ 菜单中选择 ┃Two Volumes (两个体积块)┃、┃All Wrkpcs (所有工件)┃ 和 ┃Done (完成)┃ 命令，此时系统弹出"分割"信息对话框。

Step3. 选取分型面。在系统 ┃⇨为分割工件选择分型面.┃ 的提示下，选取分型面 PT_SURF，在"选择"对话框中单击 ┃确定┃ 按钮。

Step4. 在"分割"对话框中单击 ┃确定┃ 按钮。

Step5. 系统弹出"属性"对话框，同时模型中的体积块的下半部分变亮，在该对话框中单击 ┃着色┃ 按钮，着色后的体积块如图 46.22 所示；然后在对话框中输入名称 lower_vol，单击 ┃确定┃ 按钮。

Step6. 系统弹出"属性"对话框，同时模型中的体积块的上半部分变亮，在该对话框中单击 ┃着色┃ 按钮，着色后的体积块如图 46.23 所示；然后在对话框中输入名称 upper_vol，单击 ┃确定┃ 按钮。

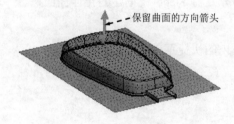

图 46.21　选取保留曲面的方向　　　图 46.22　下半部分体积块　　　图 46.23　上半部分体积块

Task6. 抽取模具元件

Step1. 单击 **模具** 功能选项卡 ┃元件 ▾┃ 区域中的 ┃模具元件 ▾┃ 按钮，在弹出的下拉菜单中单击 ┃型腔镶块┃ 按钮，系统弹出"创建模具元件"对话框。

Step2. 在对话框中单击 ┃☰┃ 按钮，选择所有体积块，然后单击 ┃确定┃ 按钮。

Task7. 生成浇注件

Step1. 单击 **模具** 功能选项卡 ┃元件 ▾┃ 区域中的 ┃创建铸模┃ 按钮。

Step2. 在系统提示框中输入浇注零件名称 down_cover_molding，并单击两次 ┃✓┃ 按钮。

Task8．定义开模动作

Step1．将参照零件、坯料和分型面在模型中遮蔽起来，将模型的显示状态切换到实体显示方式。

Step2．开模步骤 1：移动上模。

（1）单击 模具 功能选项卡 分析▼ 区域中的"模具开模"按钮 ，系统弹出 ▼ MOLD OPEN（模具开模）菜单管理器。

（2）在菜单管理器中选择 Define Step（定义间距） ➡ Define Move（定义移动）命令。

（3）用"列表选取"的方法选取要移动的滑块。在系统 ➡为迁移号码1 选择构件. 的提示下，选取模型中的上模，然后在"选择"对话框中单击 确定 按钮。

（4）在系统 ➡通过选择边、轴或面选择分解方向. 的提示下，选取图 46.24 所示的边线为移动方向，然后在系统的提示下，输入要移动的距离值 50，并按 Enter 键。

（5）在 ▼ DEFINE STEP（定义间距）菜单中选择 Done（完成）命令，移出后的状态如图 46.24 所示。

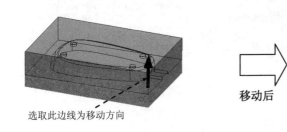

选取此边线为移动方向　　　　移动后

图 46.24　移动上模

Step3．开模步骤 2：移动下模。参照开模步骤 1 的操作方法，选取下模 ➡ 选取图 46.25 所示的边线为移动方向 ➡ 输入要移动的距离值-50 ➡ 选择 Done（完成）命令，完成下模的开模动作。

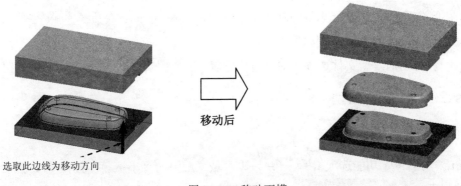

移动后

选取此边线为移动方向

图 46.25　移动下模

实例 47　带破孔的模具设计

实例概述：

本实例将介绍一款香皂盒盖（SOAP_BOX）的模具设计（图 47.1）。由于设计原件中有破孔，在模具设计时必须将这一破孔填补，才可以顺利地分出上、下模具，使其顺利脱模。下面介绍该模具的主要设计过程。

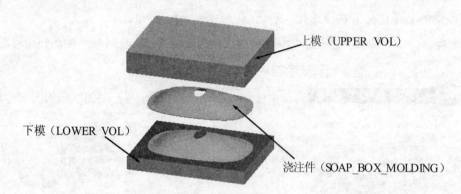

图 47.1　香皂盒盖的模具设计

Task1．新建一个模具制造模型文件

新建一个模具制造模型文件，操作提示如下。

Step1. 设置工作目录。选择下拉菜单 文件▼ ➡ 管理会话(M) ▶ ➡ 选择工作目录(Y) 更改工作目录. 命令（或单击 主页 选项卡中的 按钮），将工作目录设置至 D:\creoins3\work\ch12\ins47\。

Step2. 选择下拉菜单 文件▼ ➡ 新建(N) 命令。

Step3. 在"新建"对话框的 类型 区域中选中 ◉ 制造 单选项，在 子类型 区域中选中 ◉ 模具型腔 单选项，在 名称 文本框中输入文件名 soap_box_mold；取消 ☑ 使用默认模板 复选框中的"√"号，然后单击 确定 按钮。

Step4. 在弹出的"新文件选项"对话框中选择 mmns_mfg_mold 模板，单击 确定 按钮。

Task2．建立模具模型

Stage1．引入参照模型

Step1. 单击 模具 功能选项卡 参考模型和工件 区域 参考模型▼ 中的"小三角"按钮 ▼，然后在系统弹出的列表中选择 装配参考模型 命令，系统弹出"打开"对话框。

Step2. 从弹出的文件"打开"对话框中选取三维零件——soap_box.prt，作为参照零件模型，并将其打开。

Step3. 在"元件放置"操控板的"约束"类型下拉列表中选择 默认 ，将参照模型按默认放置，再在操控板中单击"完成"按钮 。

Step4. 系统弹出"创建参照模型"对话框，在该对话框中选中 ⊙ 按参考合并 单选项，然后在 名称 文本框中接受默认的名称 SOAP_BOX_MOLD_REF，再单击 确定 按钮。

Stage2. 创建坯料

手动创建图 47.2 所示的坯料，操作步骤如下。

Step1. 单击 **模具** 功能选项卡 参考模型和工件 区域 工件 中的"小三角"按钮 ▼ ，然后在系统弹出的列表中选择 创建工件 命令，系统弹出"元件创建"对话框。

Step2. 在弹出的"元件创建"对话框的 类型 区域选中 ⊙ 零件 单选项，在 子类型 区域选中 ⊙ 实体 单选项，在 名称 文本框中输入坯料的名称 wp，单击 确定 按钮。

Step3. 在弹出的"创建选项"对话框中选中 ⊙ 创建特征 单选项，然后单击 确定 按钮。

Step4. 创建坯料特征。

（1）选择命令。单击 **模具** 功能选项卡 形状 ▼ 区域中的 拉伸 按钮，此时系统弹出"拉伸"操控板

（2）创建实体拉伸特征。

① 选取拉伸类型。在出现的操控板中，确认"实体"类型按钮 被按下。

② 定义草绘截面放置属性。在绘图区中右击，从弹出的快捷菜单中选择 定义内部草绘... 命令；选取 MAIN_PARTING_PLN 基准面作为草绘平面，草绘平面的参照平面为 MOLD_RIGHT 基准面，方位为 右 ；单击 草绘 按钮，至此系统进入截面草绘环境。

③ 绘制截面草图。进入截面草绘环境后，选取 MOLD_RIGHT 和 MOLD_FRONT 基准面为草绘参照，绘制的截面草图如图 47.3 所示；完成特征截面的绘制后，单击工具栏中的"确定"按钮 ✔ 。

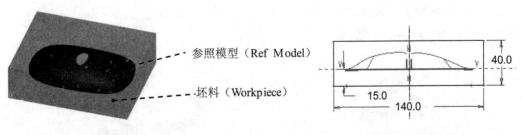

图 47.2　创建坯料　　　　　　　　　　图 47.3　截面草图 1

④ 选取深度类型并输入深度值。在操控板中选择深度类型为 日 （即"对称"），再在深度文本框中输入深度值 110.0，并按 Enter 键。

⑤ 完成特征。在"拉伸"操控板中单击 ✔ 按钮，完成特征的创建。

Task3. 设置收缩率

将收缩率设置为 0.006。

Task4. 创建分型面

下面的操作是创建模具的分型曲面（图 47.4），其操作过程如下。

图 47.4 创建分型曲面

Step1. 单击 模具 功能选项卡 分型面和模具体积块 ▼ 区域中的"分型面"按钮□，系统弹出"分型面"功能选项卡。

Step2. 在系统弹出的"分型面"功能选项卡的 控制 区域中单击"属性"按钮□，在"属性"对话框中输入分型面名称 PS_SURF，单击 确定 按钮。

Step3. 如果坯料没有遮蔽，为了方便选取图元，将其遮蔽。在模型树中右击 □ WP.PRT，从弹出的快捷菜单中选择 遮蔽 命令。

Stage1. 通过曲面复制的方法，复制参照模型上的内表面（图 47.5）

Step1. 采用"种子面与边界面"的方法选取所需要的曲面。分别选取种子面和边界面后，系统则会自动选取从种子曲面开始向四周延伸直到边界曲面的所有曲面（其中包括种子曲面，但不包括边界曲面），在屏幕右下方的"智能选取栏"中选择"几何"选项。

Step2. 选取"种子面"（Seed Surface），操作方法如下。

将模型调整到图 47.6 所示的视图方位，选中图 47.6 中 soap_box 的内表面（种子面），该侧面就是所要选择的"种子面"。

图 47.5 创建复制曲面

图 47.6 定义种子面

Step3. 选取"边界面"（boundary surface），操作方法如下。

（1）按住 Shift 键，选取图 47.7 中的 soap_box 的外表面（外表面由 6 个子部分组成）

为边界面。

（2）选取所有的边界面完毕（全部加亮）后，松开 Shift 键，完成"边界面"的选取。操作完成后，整个模型上表面均被加亮，如图 47.8 所示。

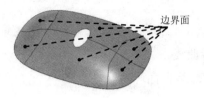

图 47.7 定义边界面

图 47.8 加亮的曲面

注意：在选取"边界面"的过程中，要保证 Shift 键始终被按下，直至所有"边界面"均选取完毕，否则不能达到预期的效果。

Step4. 单击 **模具** 功能选项卡 操作 ▾ 区域中的"复制"按钮 ⿴，单击 **模具** 功能选项卡 操作 ▾ 区域中的"粘贴" 按钮 ⿴ ▾，系统弹出"曲面：复制"操控板，在"曲面：复制"操控板中单击 ✔ 按钮。

Stage2. 填补图 47.9 所示的破孔

a）填补破孔前   b）填补破孔后

图 47.9 填补破孔

Step1. 创建图 47.10 所示的基准曲线。

（1）将参照零件、坯料在模型中遮蔽。

（2）使用命令。单击 **模具** 功能选项卡中的 基准 ▾ 按钮，在系统弹出的菜单中单击 〜曲线 按钮后面的小三角按钮 ⸰，在系统弹出的菜单中选择 〜通过点的曲线 命令，系统弹出"曲线：通过点" 操控板。

（3）先单击图 47.11 所示的圆环左边交点，然后将模型调整到图 47.11 所示的视图方位，再单击圆环右边的交点。

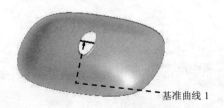

图 47.10 创建基准曲线

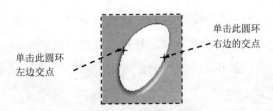

单击此圆环
右边的交点

单击此圆环
左边交点

图 47.11 单击圆环交点

（4）在"曲线：通过点"操控板中单击 ✓ 按钮。

Step2. 创建图 47.12 所示的边界曲面 1。

（1）单击 **分型面** 功能选项卡 曲面设计 ▼ 区域中的"边界混合"按钮 ⬚，屏幕下方出现操控板。

（2）定义边界曲线。先选取图 47.13 所示的边线 1，然后按住 Shift 键，选取边线 2；松开 Shift 键，按住 Ctrl 键，选取图 47.13 所示的基准曲线。

（3）在操控板中单击"完成"按钮 ✓，完成"边界曲面"的创建。

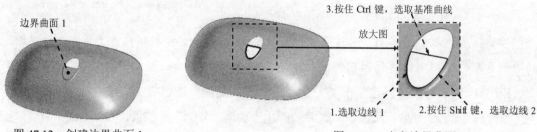

图 47.12　创建边界曲面 1　　　　　　　　　图 47.13　定义边界曲面 1

Step3. 创建图 47.14 所示的边界曲面 2。

（1）单击 **分型面** 功能选项卡 曲面设计 ▼ 区域中的"边界混合"按钮 ⬚，屏幕下方出现操控板。

（2）定义边界曲线。先选取图 47.15 所示的边线 1，然后按住 Shift 键，选取边线 2；松开 Shift 键，按住 Ctrl 键，选取图 47.15 所示的基准曲线。

（3）在操控板中单击"完成"按钮 ✓，完成"边界曲面"的创建。

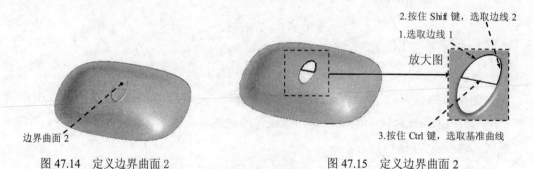

图 47.14　定义边界曲面 2　　　　　　　　　图 47.15　定义边界曲面 2

Stage3. 创建（填充）曲面，并将所有曲面进行合并

Step1. 创建图 47.16 所示的（填充）曲面。

（1）将参照零件、坯料在模型中取消遮蔽。

（2）单击 **分型面** 功能选项卡 曲面设计 ▼ 区域中的 填充 按钮，此时系统弹出"填充"操控板。

（3）定义草绘截面放置属性。右击，从弹出的快捷菜单中选择 定义内部草绘… 命令；在系统 选择一个平面或曲面以定义草绘平面. 的提示下，选取 MOLD_FRONT 基准面为草绘平面，接受默认的箭头方向为草绘视图方向，然后选取 MOLD_RIGHT 基准面为参照平面，方向为 左 ；单击 草绘 按钮，进入草绘环境。

（4）创建截面草图。进入草绘环境后，选择坯料的边线为参照，用"使用边"命令选取图 47.17 所示的边线，完成特征截面的创建。

（5）在操控板中单击 ✔ 按钮，完成特征的创建。

图 47.16　创建填充曲面

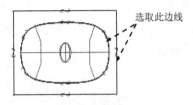

图 47.17　截面草图 2

Step2. 遮蔽工件和参考模型，将复制曲面、边界曲面和填充曲面进行合并，如图 47.18 所示。

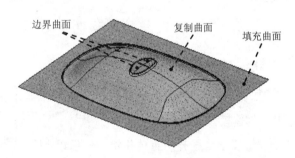

图 47.18　合并面组

（1）按住 Ctrl 键，选取复制曲面、边界曲面和填充曲面。

（2）单击 分型面 操控板 编辑 ▾ 区域中的 合并 按钮，此时系统弹出"合并"操控板。

（3）在"合并"操控板中单击 ✔ 按钮。

Step3. 在"分型面"选项卡中单击"确定"按钮 ✔ ，完成分型面的创建。

Task5．构建模具元件的体积块

Step1. 取消遮蔽工件和参考模型，选择 模具 功能选项卡 分型面和模具体积块 ▾ 区域中的按钮 模具体积块 ▾ ➡ 体积块分割 命令。

Step2. 在系统弹出的 ▼ SPLIT VOLUME (分割体积块) 菜单中选择 Two Volumes (两个体积块) 、 All Wrkpcs (所有工件) 和 Done (完成) 命令，此时系统弹出"分割"信息对话框。

Step3. 选取分型面。在系统 为分割工件选择分型面. 的提示下，选取分型面 PS_SURF，然后在"选择"对话框中单击 确定 按钮。

注意：在 Task4 中，如果分型面 PS_SURF 不是一气呵成地创建完成，而是经过多次修改或者重定义完成的，这里有可能无法选取该分型面。

Step4. 在"分割"对话框中单击 确定 按钮。

Step5. 系统弹出"属性"对话框，同时模型中的体积块的下半部分变亮，在该对话框中单击 着色 按钮，着色后的体积块如图 47.19 所示；然后在对话框中输入名称 lower_vol，单击 确定 按钮。

Step6. 系统弹出"属性"对话框，同时模型中的体积块的上半部分变亮，在该对话框中单击 着色 按钮，着色后的体积块如图 47.20 所示；然后在对话框中输入名称 upper_vol，单击 确定 按钮。

图 47.19　着色后的下半部分体积块

图 47.20　着色后的上半部分体积块

Task6. 抽取模具元件

Step1. 单击 **模具** 功能选项卡 元件▼ 区域中的 模具元件▼ 按钮，在弹出的下拉菜单中单击 型腔镶块 按钮，系统弹出"创建模具元件"对话框。

Step2. 在对话框中单击 ▤ 按钮，选择所有体积块，然后单击 确定 按钮。

Task7. 生成浇注件

Step1. 单击 **模具** 功能选项卡 元件▼ 区域中的 创建铸模 按钮。

Step2. 在系统提示框中输入浇注零件名称 soap_box_molding，并单击两次 ✓ 按钮。

Task8. 定义开模动作

Step1. 将参照零件、坯料和分型面在模型中遮蔽起来。

Step2. 开模步骤 1：移动上模。

（1）单击 **模具** 功能选项卡 分析▼ 区域中的"模具开模"按钮 ⊟，系统弹出 ▼ MOLD OPEN (模具开模) 菜单管理器。

（2）在弹出的 ▼ MOLD OPEN (模具开模) 菜单管理器中选择 Define Step (定义间距) ➡ Define Move (定义移动) 命令。

（3）选取模型中的上模，然后在"选择"对话框中单击 确定 按钮。

（4）在系统 ⇨通过选择边、轴或面选择分解方向. 的提示下，选取图 47.21 所示的边线为移动方向，然后在系统的提示下，输入要移动的距离值-50。

（5）在 ▼ DEFINE STEP (定义间距) 菜单中选择 Done (完成) 命令；移出后的状态如图 47.21 所示。

图 47.21　移动上模

Step3. 开模步骤 2：移动下模。参照开模步骤 1 的操作方法，选取下模 ➡ 选取图 47.22 所示的边线为移动方向 ➡ 输入要移动的距离值 50 ➡ 选择 Done (完成) 命令，完成下模的开模动作。

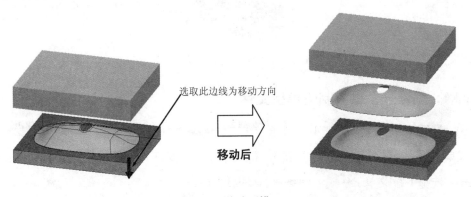

图 47.22　移动下模

实例 48 塑件带螺纹的模具设计

实例概述：

螺纹连接是结构相互固定方式中最常用的一种连接方式。由于它连接可靠、拆卸方便，又不破坏连接件，并可反复使用，这种方式在塑料制品中得到广泛的应用。带螺纹的塑件的顶出方法很多，应根据塑件的批量、做模成本或注射成本要求的不同而不同，大体上分为 4 种形式：手动脱螺纹机构、拼块式螺纹脱模机构、强制脱模机构和旋转自动螺纹脱模机构。

本例将介绍拼块式螺纹脱模模具的主要设计过程，如图 48.1 所示。

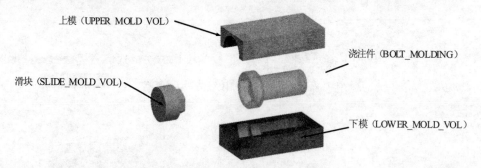

图 48.1 带有螺纹模型的模具设计

Task1. 新建一个模具制造模型文件

Step1. 设置工作目录。选择下拉菜单 文件▼ ➡ 管理会话(M) ▶ ➡ 选择工作目录(W) 更改工作目录. 命令（或单击 主页 选项卡中的 按钮），将工作目录设置至 D:\creoins3\work\ch12\ins48\。

Step2. 选择下拉菜单 文件▼ ➡ 新建(N) 命令。

Step3. 在"新建"对话框的 类型 区域中选中 ⊙ 制造 单选项，在 子类型 区域中选中 ⊙ 模具型腔 单选项，在 名称 文本框中输入文件名 bolt_mold；取消 ☑ 使用默认模板 复选框中的 "√"号，然后单击 确定 按钮。

Step4. 在弹出的"新文件选项"对话框中选择 mmns_mfg_mold 模板，单击 确定 按钮。

Task2. 建立模具模型

Stage1. 引入参照模型

Step1. 单击 模具 功能选项卡 参考模型和工件 区域 参考模型▼ 中的"小三角"按钮 ▼，然后在系统弹出的列表中选择 装配参考模型 命令，系统弹出"打开"对话框。

Step2. 从弹出的文件"打开"对话框中，选取三维零件模型——bolt.prt 作为参照零件模型，并将其打开。

Step3. 在"元件放置"操控板的"约束"类型下拉列表中选择 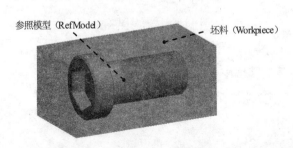 默认，将参照模型按默认放置，再在操控板中单击"完成"按钮 ✔ 。

Step4. 在"创建参照模型"对话框中选中 ⦿ 按参考合并 单选项，然后在 名称 文本框中接受默认的名称，再单击 确定 按钮。

Stage2. 创建坯料

手动创建图 48.2 所示的坯料，操作步骤如下。

Step1. 单击 **模具** 功能选项卡 参考模型和工件 区域 工件 中的"小三角"按钮 ▼ ，然后在系统弹出的列表中选择 ⬜ 创建工件 命令，系统弹出"元件创建"对话框。

Step2. 在弹出的"元件创建"对话框的 类型 区域选中 ⦿ 零件 单选项，在 子类型 区域选中 ⦿ 实体 单选项，在 名称 文本框中输入坯料的名称 wp，单击 确定 按钮。

Step3. 在弹出的"创建选项"对话框中选中 ⦿ 创建特征 单选项，然后单击 确定 按钮。

Step4. 创建坯料特征。

（1）选择命令。单击 **模具** 功能选项卡 形状 ▼ 区域中的 ⬜ 拉伸 按钮，此时系统弹出"拉伸"操控板。

（2）创建实体拉伸特征。

① 选取拉伸类型。在出现的操控板中，确认"实体"类型按钮 ⬜ 被按下。

② 定义草绘截面放置属性。在绘图区中右击，从弹出的快捷菜单中选择 定义内部草绘… 命令；选取 MOLD_FRONT 基准平面作为草绘平面，草绘平面的参照平面为 MOLD_RIGHT 基准平面，方向为 下 ；单击 草绘 按钮，至此系统进入截面草绘环境。

③ 绘制截面草图。进入截面草绘环境后，选取 MOLD_RIGHT 基准平面和 MAIN_PARTING_PLN 基准平面为草绘参照，截面草图如图 48.3 所示；完成特征截面的绘制后，单击工具栏中的"完成"按钮 ✔ 。

图 48.2　创建坯料

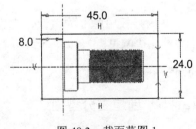

图 48.3　截面草图 1

④ 选取深度类型并输入深度值。在操控板中选择深度类型为 ⬓ （即"对称"），再在

深度文本框中输入深度值 20.0，并按 Enter 键。

⑤ 完成特征的创建。在"拉伸"操控板中单击 ✓ 按钮，完成特征的创建。

Task3. 设置收缩率

将收缩率设置为 0.006。

Task4. 创建滑块体积块

创建图 48.4 所示的模具的滑块体积块，其操作过程如下。

Step1. 选择 **模具** 功能选项卡 分型面和模具体积块 ▾ 区域中的 模具体积块▾ ➡ 🗐 模具体积块 命令。

Step2. 单击 **编辑模具体积块** 操控板 控制 区域中的"属性"按钮 📝 ，在弹出的"属性"对话框中输入体积块名称 SLIDE_MOLD_VOL，单击对话框中的 确定 按钮。

Step3. 单击 **编辑模具体积块** 操控板 形状 ▾ 区域中的 ⊹ 旋转 按钮，系统弹出"旋转"操控板。

（1）定义草绘截面放置属性。右击，从弹出的菜单中选择 定义内部草绘... 命令；在系统 ➪ 选择一个平面或曲面以定义草绘平面. 的提示下，选取 MOLD_RIGHT 基准平面为草绘平面，选取 MAIN_PARTING_PLN 基准平面为草绘参照，方向为 右 。

（2）进入草绘环境后，单击 ┊ 按钮，绘制一条通过 MOLD_FRONT 基准平面的中心线，然后绘制截面草图（图 48.5）；完成特征截面的绘制后，单击"草绘"操控板中的"确定"按钮 ✓ 。

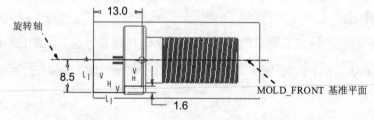

图 48.4 滑块体积块

图 48.5 截面草图 2

（3）在操控板中单击 ✓ 按钮，完成特征的创建。

Step4. 在 **编辑模具体积块** 选项卡的 体积块工具 ▾ 区域中单击 🗇 参考零件切除 按钮。

Step5. 在 **编辑模具体积块** 选项卡中单击"确定"按钮 ✓ ，完成滑块体积块的创建。

Task5. 创建主分型面

创建图 48.6 所示的模具的主分型曲面，其操作过程如下。

Step1. 遮蔽滑块体积块。在模型树中右击 ⬠ 旋转 1 [SLIDE_MOLD_VOL - 模具体积块]，从弹出的

快捷菜单中选择 遮蔽 命令。

Step2. 单击 模具 功能选项卡 分型面和模具体积块 ▼ 区域中的"分型面"按钮 📖，系统弹出
"分型面" 功能选项卡。

Step3. 在系统弹出的"分型面"功能选项卡的 控制 区域中单击"属性"按钮 📇，在 "属
性"对话框中输入分型面名称 main_pt_surf，单击 确定 按钮。

图 48.6　创建主分型曲面

Step4. 通过"拉伸"的方法，创建主分型面。

（1）单击 分型面 功能选项卡 形状 ▼ 区域中的"拉伸"按钮 🗔 拉伸，此时系统弹出"拉伸"
操控板。

（2）定义草绘截面放置属性。右击，从弹出的菜单中选择 定义内部草绘... 命令；在系统
◆选择一个平面或曲面以定义草绘平面。的提示下，选取图 48.7 所示的坯料表面 1 为草绘平面，接受图
48.7 中默认的箭头方向为草绘视图方向，然后选取图 48.7 所示的坯料表面 2 为参照平面，
方向为 右 。

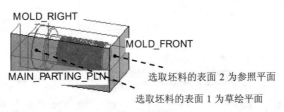

图 48.7　定义草绘平面

（3）绘制截面草图。

① 选取图 48.8 所示的坯料的边线为参照。

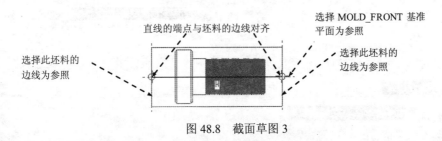

图 48.8　截面草图 3

② 绘制图 48.8 所示的截面草图（截面草图为一条线段）；完成特征截面的绘制后，单
击"草绘"操控板中的"确定"按钮 ✔ 。

（4）设置深度选项。

① 在操控板中选择深度类型为 $\sqcup\!\sqcup$（到选定的）。

② 将模型调整到图 48.9 所示的视图方位，选取图中所示的坯料表面为拉伸终止面。

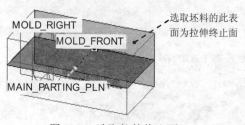

图 48.9　选取拉伸终止面

③ 在"拉伸"操控板中单击 ✔ 按钮，完成特征的创建。

Step5. 在"分型面"选项卡中单击"确定"按钮 ✔，完成分型面的创建。

Step6. 将滑块体积块 SLIDE_MOLD_VOL 重新显示在绘图区上。单击 **视图** 功能选项卡 **可见性** 区域中的"模具显示"按钮 ，系统弹出"遮蔽-取消遮蔽"对话框；选择 **取消遮蔽** 选项卡，按下 **体积块** 按钮，选取分型面 **SLIDE_MOLD_VOL**，单击下方的 **取消遮蔽** 按钮，再单击 **关闭** 按钮。

Task6. 构建模具元件的体积块

Stage1. 分割滑块体积块

Step1. 选择 **模具** 功能选项卡 **分型面和模具体积块 ▼** 区域中的按钮 **模具体积块▼** ➡ **体积块分割** 命令（即用"分割"的方法构建体积块）。

Step2. 在系统弹出的 **▼ SPLIT VOLUME（分割体积块）** 菜单中依次选择 **One Volume（一个体积块）**、**All Wrkpcs（所有工件）** 和 **Done（完成）** 命令，此时系统弹出"分割"对话框和"选择"对话框。

Step3. 用"列表选取"的方法选取分型面。

（1）在系统 **⇨ 为分割工件选择分型面·** 的提示下，在模型中滑块体积块的位置右击，从弹出的快捷菜单中选择 **从列表中拾取** 命令。

（2）在系统弹出的"从列表中拾取"对话框中选取 **面组: F7(SLIDE_MOLD_VOL)** 分型面，然后单击 **确定(O)** 按钮。

（3）在"选择"对话框中单击 **确定** 按钮，系统弹出 **▼ 岛列表** 菜单，将鼠标指针移至该菜单中的 **☑ 岛1** 选项上，可观察到滑块以外的体积块加亮，所以在这里选中 **☑ 岛1** 复选框，然后选择 **Done Sel（完成选取）** 命令。

Step4. 在"分割"对话框中单击 **确定** 按钮。

Step5. 系统弹出"属性"对话框，在该对话框中单击 **着色** 按钮，着色后的模型如图 48.10 所示，然后在对话框中输入主体积块名称 BODY_VOL，单击 **确定** 按钮。

图 48.10　"着色"后的体积块

Stage2．用主分型面创建上、下两个体积腔

用前面创建的主分型面 main_pt_surf 将前面生成的体积块 BODY_VOL 分成上、下两个体积腔（块），这两个体积块将来会抽取为模具的上、下模具型腔。

Step1．选择 **模具** 功能选项卡 分型面和模具体积块 ▼ 区域中的按钮 模具体积块 ▼ ➡ 📄 体积块分割 命令（即用"分割"的方法构建体积块）。

Step2．在系统弹出的 ▼ SPLIT VOLUME (分割体积块) 菜单中选择 Two Volumes (两个体积块)、Mold Volume (模具体积块) 和 Done (完成) 命令。

Step3．在系统弹出的"搜索工具"对话框中单击列表中的 面组:F11(BODY_VOL) 体积块，然后单击 > > 按钮，再单击 关闭 按钮。

Step4．用"列表选取"的方法选取分型面。

（1）在系统 ➪为分割选定的模具体积块选择分型面. 的提示下，先将鼠标指针移至模型中主分型面的位置右击，从弹出的快捷菜单中选择 从列表中拾取 命令；在系统弹出的"从列表中拾取"对话框中单击列表中的 面组:F9(MAIN_PT_SURF)，然后单击 确定(O) 按钮。

（2）在"选择"对话框中单击 确定 按钮。

Step5．在"分割"对话框中单击 确定 按钮。

Step6．系统弹出"属性"对话框，同时 BODY_VOL 体积块的上半部分变亮，在该对话框中单击 着色 按钮，着色后的模型如图 48.11 所示；然后在对话框中输入名称 UPPER_MOLD_VOL，单击 确定 按钮。

Step7．系统弹出"属性"对话框，同时 BODY_VOL 体积块的下半部分变亮（变青），在该对话框中单击 着色 按钮，着色后的模型如图 48.12 所示；然后在对话框中输入名称 LOWER_MOLD_VOL，单击 确定 按钮。

图 48.11　着色后的上模

图 48.12　着色后的下模

Task7．抽取模具元件

Step1. 单击 **模具** 功能选项卡 元件 ▾ 区域中的 模具元件▾ 按钮，在弹出的下拉菜单中单击 🖽型腔镶块 按钮，系统弹出"创建模具元件"对话框。

Step2. 在对话框中单击 ☰ 按钮，选择所有体积块，然后单击 确定 按钮。

Task8．生成浇注件

Step1. 单击 **模具** 功能选项卡 元件 ▾ 区域中的 🔗 创建铸模 按钮。

Step2. 在系统提示框中输入浇注零件名称 BOLT_MOLDING，并单击两次 ✔ 按钮。

Stage1．将参照零件、坯料和分型面在模型中遮蔽起来

Step1. 遮蔽参照件。在模型树中单击参照零件，然后右击，从弹出的快捷菜单中选择 遮蔽 命令。

Step2. 用同样的方法遮蔽坯料和分型面。

Stage2．开模步骤 1：移动滑块

Step1. 单击 **模具** 功能选项卡 分析 ▾ 区域中的"模具开模"按钮 🗐，系统弹出 ▼ MOLD OPEN（模具开模）菜单管理器。

Step2. 在弹出的 ▼ MOLD OPEN（模具开模）菜单管理器中选择 Define Step（定义间距）➡ Define Move（定义移动）命令。

Step3. 用"列表选取"的方法选取要移动的模具元件。

（1）用"列表选取"的方法选取要移动的滑块。在系统 ⇨ 为迁移号码1 选取构件。的提示下，将鼠标指针移至图 48.13 所示模型中的滑块位置，并右击，在弹出的快捷菜单中选择 从列表中拾取 命令。

选取此边线为移动方向

a）移动前 　 移动后 　 b）移动后

图 48.13　移动滑块

（2）在系统弹出的"从列表中拾取"对话框中单击列表中的滑块模具零件 SLIDE_MOLD_VOL.PRT，然后单击 确定(0) 按钮。

（3）在"选择"对话框中单击 确定 按钮。

Step4. 在系统 ⇨ 通过选择边、轴或面选择分解方向。的提示下，选取图 48.14 所示的边线为移动方向，

然后在系统的提示下，输入要移动的距离值 40。

Step5. 在 ▼ DEFINE STEP（定义间距）菜单中选择 Done（完成）命令。

Stage3．开模步骤 2：移动上模

参考开模步骤 1 的操作方法，选取上模 ➡ 选取图 48.14a 所示的边线为移动方向 ➡ 输入要移动的距离值 20 ➡ 选择 Done（完成）命令，完成上模的开模动作。

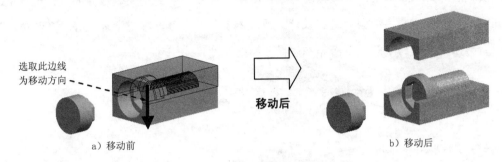

选取此边线
为移动方向

a）移动前

移动后

b）移动后

图 48.14　移动上模

Stage4．开模步骤 3：移动下模

参照开模步骤 1 的操作方法，选取下模 ➡ 选取图 48.15a 所示的边线为移动方向 ➡ 输入要移动的距离值 30，选择 Done（完成）命令，完成下模的开模动作。

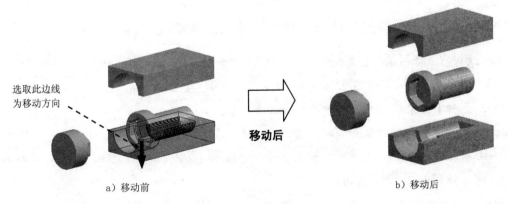

选取此边线
为移动方向

a）移动前

移动后

b）移动后

图 48.15　移动下模

实例 49　烟灰缸的模具设计

实例概述:

本实例将介绍一个烟灰缸的模具设计,如图 49.1 所示。在此烟灰缸模具的设计过程中,将采用"裙边法"对模具分型面进行设计。通过本实例的学习,希望读者能够对"裙边法"这一设计方法有一定的了解。下面介绍该模具的设计过程。

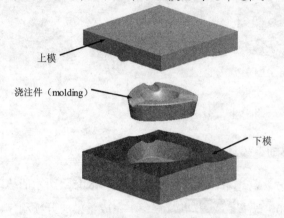

图 49.1　烟灰缸的模具设计

Task1.　新建一个模具制造模型文件,进入模具模块

Step1.　设置工作目录。选择下拉菜单 文件▼ ➡ 管理会话(M) ▶ ➡ 选择工作目录(W) 更改工作目录。 命令(或单击 主页 选项卡中的 按钮),将工作目录设置至 D:\creoins3\work\ch12\ins49\。

Step2.　选择下拉菜单 文件▼ ➡ 新建(N) 命令。

Step3.　在"新建"对话框的 类型 区域中选中 ⚫ 制造 单选项,在 子类型 区域中选中 ⚫ 模具型腔 单选项,在 名称 文本框中输入文件名 ashtray_mold;取消 ☑ 使用默认模板 复选框中的"√"号,然后单击 确定 按钮。

Step4.　在弹出的"新文件选项"对话框中选择 mmns_mfg_mold 模板,单击 确定 按钮。

Task2.　建立模具模型

在开始设计一个模具前,应先创建一个"模具模型",模具模型包括参照模型(Ref Model)和坯料(Workpiece),如图 49.2 所示。

Stage1.　引入参照模型

Step1.　单击 模具 功能选项卡 参考模型和工件 区域 参考模型▼ 中的"小三角"按钮 ▼,然后在系统弹出的列表中选择 装配参考模型 命令,系统弹出"打开"对话框。

Step2. 从弹出的文件"打开"对话框中选取 ashtray.prt 作为参照零件模型。

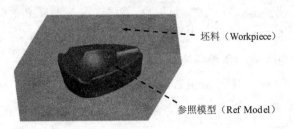

图 49.2 参照模型（Ref Model）和坯料（Workpiece）

Step3. 在"元件放置"操控板的"约束"类型下拉列表中选择 默认，将参照模型按默认放置，再在操控板中单击"完成"按钮 。

Step4. 在"创建参照模型"对话框中选中 按参考合并 单选项，然后在 名称 文本框中接受默认的名称，再单击 确定 按钮。

Stage2. 隐藏参照模型的基准面

为了使屏幕简洁，利用"层"的"遮蔽"功能将参照模型的三个基准面隐藏起来。

Step1. 在模型树中，选择 ➡ 层树(L) 命令。

Step2. 在导航命令卡中单击 ASHTRAY_MOLD.ASM（顶级模型，活动的） 后面的 按钮，选择 ASHTRAY_MOLD_REF.PRT 参照模型。

Step3. 在层树中，选择参照模型的基准面层 01___PRT_DEF_DTM_PLN，右击，在弹出的快捷菜单中选择 隐藏 命令，然后单击屏幕刷新按钮 ，这样模型的基准曲线将不显示。

Step4. 操作完成后，选择导航选项卡中的 ➡ 模型树(M) 命令，切换到模型树状态。

Stage3. 创建坯料

Step1. 单击 模具 功能选项卡 参考模型和工件 区域 工件 中的"小三角"按钮 ，然后在系统弹出的列表中选择 创建工件 命令，系统弹出"元件创建"对话框。

Step2. 在弹出的"元件创建"对话框的 类型 区域选中 零件 单选项，在 子类型 区域选中 实体 单选项，在 名称 文本框中输入坯料的名称 ashtray_mold_wp，单击 确定 按钮。

Step3. 在弹出的"创建选项"对话框中选中 创建特征 单选项，然后单击 确定 按钮。

Step4. 创建坯料特征。

（1）选择命令。单击 模具 功能选项卡 形状 区域中的 拉伸 按钮，此时系统弹出"拉伸"操控板。

（2）创建实体拉伸特征。

① 选取拉伸类型。在出现的操控板中，确认"实体"类型按钮 被按下。

② 定义草绘截面放置属性。在绘图区中右击，从系统弹出的快捷菜单中选择 定义内部草绘... 命令，系统弹出 "草绘" 对话框；然后选取 MAIN_PARTING_PLN 基准平面作为草绘平面，选取 MOLD_RIGHT 基准平面为草绘平面的参照平面，方向为 左 ；单击 草绘 按钮，至此系统进入截面草绘环境。

③ 进入截面草绘环境后，选取 MOLD_RIGHT 基准平面和 MOLD_FRONT 基准平面为草绘参照，绘制图 49.3 所示的特征截面；完成特征截面的绘制后，单击工具栏中的"完成"按钮 ✔ 。

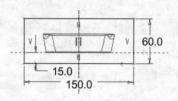

图 49.3　截面草图

④ 选取深度类型并输入深度值。在操控板中选择深度类型为 ⊟ （即"对称"），再在深度文本框中输入深度值 150.0，并按 Enter 键。

⑤ 完成特征的创建。在"拉伸"操控板中单击 ✔ 按钮，完成特征的创建。

Task3．设置收缩率

将收缩率设置为 0.006。

Task4．建立浇道系统

在零件 ashtray 的模具坯料中应创建注道和浇口，这里省略。

Task5．创建模具分型曲面

下面将创建图 49.4 所示的分型面，以分离模具的上模型腔和下模型腔。

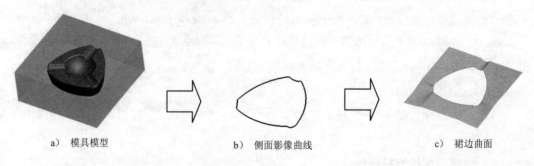

a) 模具模型　　　　　　b) 侧面影像曲线　　　　　　c) 裙边曲面

图 49.4　分型面

Stage1. 创建侧面影像曲线

Step1. 单击 模具 功能选项卡 设计特征 区域中的"轮廓曲线"按钮 ⬭，系统弹出"轮廓曲线"对话框。

Step2. 在"轮廓曲线"对话框中双击 Direction (方向) 元素，系统弹出"一般选取方向"菜单管理器；在系统 ⬦选择将垂直于此方向的平面. 的提示下，选取图 49.5 所示的坯料表面；选择 Okay (确定) 命令，接受图 49.5 所示的箭头方向为投影方向。

Step3. 单击对话框中的 确定 按钮，完成"轮廓曲线"特征的创建。

Stage2. 采用裙边法设计分型面

Step1. 单击 模具 功能选项卡 分型面和模具体积块 ▾ 区域中的"分型面"按钮 ▱，系统弹出"分型面"功能选项卡。

Step2. 在系统弹出的"分型面"功能选项卡的 控制 区域中单击"属性"按钮 ⬚，在"属性"对话框中输入分型面名称 ps，单击 确定 按钮。

Step3. 单击 分型面 操控板 曲面设计 ▾ 区域中的"裙边曲面"按钮 ⬡，此时系统弹出"裙边曲面"对话框和 ▾ CHAIN (链) 菜单管理器。

Step4. 选取轮廓曲线。在系统 ⬦选择包含曲线的特征. 的提示下，用列表选取的方法选取轮廓曲线（即列表中的 F7(SILH_CURVE_1) 项），然后选择 Done (完成) 命令；系统弹出 ▾ CLASSIFY LOOP (环分类) 菜单；选择 Outer (外侧) 命令。

Step5. 定义方向。在"裙边曲面"对话框中双击 Direction (方向) 元素，系统弹出 ▾ GEN SEL DIR (一般选取方向) 菜单；在系统 ⬦选择将垂直于此方向的平面. 的提示下，选取图 49.6 所示的坯料表面；接受图 49.6 所示的箭头方向，单击 Okay (确定) 命令。

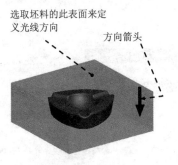
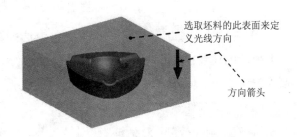

图 49.5　选取平面 1　　　　　　图 49.6　选取平面 2

Step6. 延伸裙边曲面。单击"裙边曲面"对话框中的 预览 按钮，预览所创建的分型面，在图 49.7a 中可以看到，此时分型面还没有到达坯料的外表面；进行下面的操作后，可以使分型面延伸到坯料的外表面，如图 49.7b 所示。

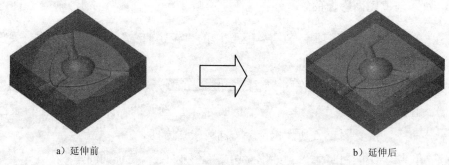

a）延伸前   b）延伸后

图 49.7   延伸分型面

（1）在"裙边曲面"对话框中双击 Extension （延伸） 元素，系统弹出"延伸控制"对话框，在该对话框中选择"延伸方向"选项卡。

（2）定义延伸点集 1。

① 在"延伸方向"选项卡中单击 添加 按钮，系统弹出 ▼ GEN PNT SEL （一般点选取） 菜单，同时提示 ➪选择曲线端点和/或边界的其他点来设置方向. ；按住 Ctrl 键，在模型中选取图 49.8 所示的 6 个点，然后单击"选择"对话框中的 确定 按钮；再在 ▼ GEN PNT SEL （一般点选取） 菜单中选择 Done （完成） 命令。

方向箭头

选择此边线

a）定义延伸前   b）定义延伸后

图 49.8   定义延伸点集 1

② 在 ▼ GEN SEL DIR （一般选取方向） 菜单中选择 Crv/Edg/Axis （曲线/边/轴） 命令，然后选取图 49.8 所示的边线；将方向箭头调整为图 49.8 所示方向，然后选择 Flip （反向） 命令，该图中的箭头方向即为延伸方向，单击 Okay （确定） 按钮。

（3）定义延伸点集 2。

① 在"延伸控制"对话框中单击 添加 按钮；在 ➪选择曲线端点和/或边界的其他点来设置方向. 的提示下，按住 Ctrl 键，选取图 49.9 所示的三个点，然后单击"选取"对话框中的 确定 按钮；在 ▼ GEN PNT SEL （一般点选取） 菜单中选择 Done （完成） 命令。

② 在弹出的 ▼ GEN SEL DIR （一般选取方向） 菜单中选择 Crv/Edg/Axis （曲线/边/轴） 命令，然后选取图 49.9 所示的边线；调整延伸方向（图 49.9），然后选择 Okay （确定） 命令。

（4）定义延伸点集 3。

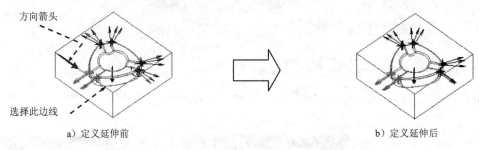

图 49.9 定义延伸点集 2

① 在"延伸控制"对话框中单击 添加 按钮；按住 Ctrl 键，选取图 49.10 所示的 6 个点，然后单击"选取"对话框中的 确定 按钮；选择 Done（完成）命令。

② 在弹出的 ▼ GEN SEL DIR（一般选取方向）菜单中选择 Crv/Edg/Axis（曲线/边/轴）命令，然后选取图 49.10 所示的边线；选择 Okay（确定）命令，认可该图中的箭头方向为延伸方向。

图 49.10 定义延伸点集 3

（5）定义延伸点集 4。

① 在"延伸控制"对话框中单击 添加 按钮；按住 Ctrl 键，选取图 49.11 所示的三个点，然后单击"选取"对话框中的 确定 按钮；选择 Done（完成）命令。

② 在弹出的 ▼ GEN SEL DIR（一般选取方向）菜单中选择 Crv/Edg/Axis（曲线/边/轴）命令，然后选取图 49.11 所示的边线；选择 Okay（确定）命令，认可该图中的箭头方向为延伸方向。定义了以上 4 个延伸点集后，单击"延伸控制"对话框中的 确定 按钮。

（6）在"裙边曲面"对话框中单击 预览 按钮，预览所创建的分型面，可以看到此时分型面已向四周延伸至坯料的表面。

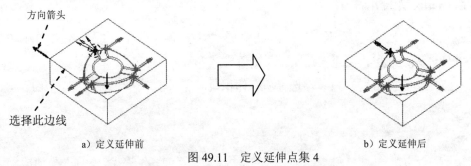

图 49.11 定义延伸点集 4

（7）在"裙边曲面"对话框中单击 确定 按钮，完成分型面的创建。

Step7. 在"分型面"选项卡中单击"确定"按钮 ✔，完成分型面的创建。

Task6. 构建模具元件的体积块

Step1. 选择 模具 功能选项卡 分型面和模具体积块 ▾ 区域中的按钮 模具体积块 ▾ ➡ 🗇 体积块分割 命令（即用"分割"的方法构建体积块）。

Step2. 在系统弹出的 ▾ SPLIT VOLUME (分割体积块) 菜单中选择 Two Volumes (两个体积块)、All Wrkpcs (所有工件) 和 Done (完成) 命令。

Step3. 用"列表选取"的方法选取分型面。

（1）在系统 ➪为分割工件选择分型面. 的提示下，先将鼠标指针移至模型中主分型面的位置右击，在弹出的快捷菜单中选择 从列表中拾取 命令。

（2）在系统弹出的"从列表中拾取"对话框中单击列表中的 面组:F8(PS)，然后单击 确定(0) 按钮。

（3）在"选择"对话框中单击 确定 按钮。。

Step4. 在"分割"对话框中单击 确定 按钮。

Step5. 系统弹出 "属性"对话框，同时模型中的下半部分轮廓线变亮，在该对话框中单击 着色 按钮，着色后的模型如图 49.12 所示；然后在对话框中输入名称 lower_mold，单击 确定 按钮。

Step6. 系统弹出"属性"对话框，同时模型中的上半部分轮廓线变亮（变青），在该对话框中单击 着色 按钮，着色后的模型如图 49.13 所示；然后在对话框中输入名称 upper_mold，单击 确定 按钮。

　　　　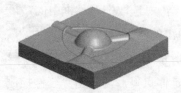

图 49.12　着色后的下半部分体积块　　　图 49.13　着色后的上半部分体积块

Task7. 抽取模具元件

Step1. 单击 模具 功能选项卡 元件 ▾ 区域中的 模具元件 ▾ 按钮，在弹出的下拉菜单中单击 🔧型腔镶块 按钮，系统弹出"创建模具元件"对话框。

Step2. 在对话框中单击 ☰ 按钮，选择所有体积块，然后单击 确定 按钮。

Task8. 生成浇注件

浇注件的名称为 MOLDING。

Task9. 定义开模动作

Stage1. 将参照零件、坯料、分型面在模型中遮蔽起来

Stage2. 开模步骤 1：移动上模

选取图 49.14a 所示的边线为移动方向，输入要移动的距离值 100，并按 Enter 键。

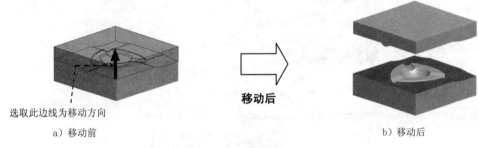

选取此边线为移动方向

a）移动前   移动后   b）移动后

图 49.14　移动上模

Stage3. 开模步骤 2：移动下模

Step1. 参照开模步骤 1 的操作方法，选取下模，选取图 49.15a 所示的边线为移动方向，然后输入要移动的距离值-100。

Step2. 在 **▼ DEFINE STEP (定义间距)** 菜单中选择 **Done (完成)** 命令，完成下模的移动。

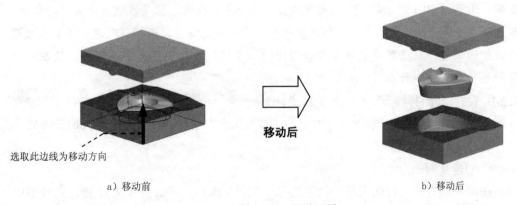

选取此边线为移动方向

a）移动前   移动后   b）移动后

图 49.15　移动下模

实例 50　一模多穴的模具设计

实例概述:

　　一个模具中可以含有多个相同的型腔,注射时便可以同时获得多个成型零件,这就是一模多穴模具。图 50.1 所示的便是一模多穴的例子,下面以此为例,说明其一般设计流程。

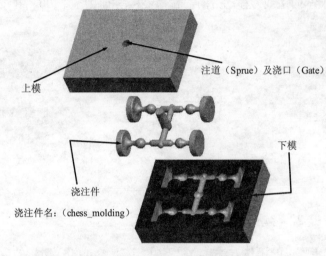

图 50.1　一模多穴模具的设计

Task1. 对零件模型进行预处理

　　说明:由于图 50.1 所示的模型表面是由左右两个面组成的,但是在创建后面的浇口时,如果只选取左面或者右面(单个面)作为拉伸终止面,系统就会提示错误信息,并且直接影响浇口特征的创建。在这里要先对零件模型进行预处理操作,创建一个复制面,使左右两个面合并成为一个整体面。

　　Step1. 设置工作目录。选择下拉菜单 文件 ▼ ➡ 管理会话(M) ▶ ➡ 选择工作目录(T) 更改工作目录 命令(或单击 主页 选项卡中的 按钮),将工作目录设置至 D: \creoins3\work\ch12\ins50\。打开文件 chess.prt。

　　Step2. 创建复制曲面。

　　(1)在屏幕下方的"智能选取"栏中选择"几何"选项,然后按住 Ctrl 键,在模型中选取图 50.2 所示的两个表面。

　　(2)单击 模型 功能选项卡 操作 ▼ 区域中的"复制"按钮 。

　　(3)单击 模型 功能选项卡 操作 ▼ 区域中的"粘贴"按钮 ▼,系统弹出"曲面:复制"操控板。

　　(4)在"曲面:复制"操控板中单击 ✔ 按钮。

Step3. 保存模型。

Task2. 新建一个模具制造模型，进入模具模块

Step1. 设置工作目录。选择下拉菜单 文件▼ ➡ 管理会话(M) ▶ ➡ 选择工作目录(E) 更改工作目录. 命令（或单击 主页 选项卡中的 按钮），将工作目录设置至 D:\creoins3\work\ch12\ins50\。

Step2. 选择下拉菜单 文件▼ ➡ 新建(N) 命令。

Step3. 在"新建"对话框的 类型 区域中选中 ⊙ 制造 单选项，在 子类型 区域中选中 ⊙ 模具型腔 单选项，在 名称 文本框中输入文件名 chess_mold；取消 ☑ 使用默认模板 复选框中的 "√"号，然后单击 确定 按钮。

Step4. 在弹出的"新文件选项"对话框中选择 mmns_mfg_mold 模板，单击 确定 按钮。

Task3. 建立模具模型

开始设计模具，应先创建一个"模具模型"，模具模型包括参照模型（Ref Model）和坯料（Workpiece），如图 50.3 所示。

图 50.2 复制曲面

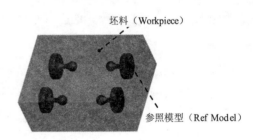

图 50.3 参照模型和坯料

Stage1. 引入第一个参照模型

Step1. 单击 模具 功能选项卡 参考模型和工件 区域 参考模型▼ 中的"小三角"按钮 ▼ ，然后在系统弹出的列表中选择 装配参考模型 命令，系统弹出"打开"对话框。

Step2. 从弹出的文件"打开"对话框中选取三维零件模型 chess.prt 作为参照零件模型，并将其打开。

Step3. 系统弹出 "元件放置"操控板。

（1）指定第一个约束。

① 在操控板中单击 放置 按钮。

② 在"放置"界面的"约束类型"下拉列表中选择 重合 。

③ 选取参照模型的 FRONT 基准平面为元件参照，选取装配体的 MAIN_PARTING_PLN 基准平面为组件参照。

（2）指定第二个约束。

① 单击 ➡新建约束 字符。

② 在"约束类型"下拉列表中选择 ⊥ 重合 。

③ 选取参照模型的 RIGHT 基准平面为元件参照，选取装配体的 MOLD_FRONT 基准平面为组件参照。

（3）指定第三个约束。

① 单击 ➡新建约束 字符。

② 在"约束类型"下拉列表中选择 ⊥ 重合 。

③ 选取参照模型的 TOP 基准平面为元件参照，选取装配体的 MOLD_RIGHT 基准平面为组件参照。

（4）在操控板中单击 ✔ 按钮，完成参考模型的放置。

Step4. 在"创建参考模型"对话框中选中 ◉ 按参考合并 单选项，然后在 参考模型 区域的 名称 文本框中接受默认的名称（或输入参考模型的名称）；单击 确定 按钮，完成参考模型的命名。

参照件组装完成后，模具的基准平面与参照模型的基准平面对齐，如图 50.4 所示。

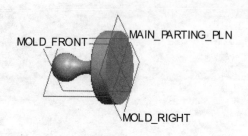

图 50.4　第一个参照模型组装完成后

Stage2. 隐藏第一个参照模型的基准面

为了使屏幕简洁，利用"层"的"遮蔽"功能将参照模型的三个基准面隐藏起来。

Step1. 在模型树中选择 🗒▾ ➡ 层树(L) 命令。

Step2. 在导航命令卡中单击 CHESS_MOLD.ASM（顶级模型，活动的） ▾ 后面的 ▾ 按钮，选择 CHESS_MOLD_REF.PRT 参照模型。

Step3. 在层树中选择参照模型的基准面层 ⌒ 01__PRT_DEF_DTM_PLN ，右击，在弹出的快捷菜单中选择 隐藏 命令，然后单击屏幕刷新按钮 🗔 ，这样模型的基准曲线将不显示。

Step4. 操作完成后，选择导航选项卡中的 🗒▾ ➡ 模型树(M) 命令，切换到模型树状态。

Stage3. 引入第二个参照模型

Step1. 单击 模具 功能选项卡 参考模型和工件 区域的 参考模型▾ 按钮下的"小三角"按钮 ▾ ，在系统

弹出的菜单中单击 装配参考模型 按钮。

Step2. 从弹出的文件"打开"对话框中选取三维零件模型 chess.prt 作为参照零件模型，并将其打开。

Step3. 系统弹出"元件放置"操控板。

（1）指定第一个约束。

① 在操控板中单击 放置 按钮。

② 在"放置"界面的"约束类型"下拉列表中选择 重合 。

③ 选取参照模型的 FRONT 基准平面为元件参照，选取装配体的 MOLD_FRONT 基准平面为组件参照。

（2）指定第二个约束。

① 单击 新建约束 字符。

② 在"约束类型"下拉列表中选择 距离 。

③ 选取参照模型的 TOP 基准平面为元件参照，选取装配体的 MOLD_RIGHT 基准平面为组件参照。

④ 然后在后面的文本框中输入值 40.0。

（3）指定第三个约束。

① 单击 新建约束 字符。

② 在"约束类型"下拉列表中选择 重合 。

③ 选取参照模型的 RIGHT 基准平面为元件参照，选取装配体的 MAIN_PARTING_PLN 基准平面为组件参照。

（4）至此，约束定义完成，在操控板中单击 ✔ 按钮，完成参考模型的放置。

Step4. 系统弹出"创建参照模型"对话框，在该对话框中选中 ● 按参考合并 单选项，然后在 名称 文本框中接受默认的名称 CHESS_MOLD_REF_1，再单击 确定 按钮。完成后的装配体如图 50.5 所示。

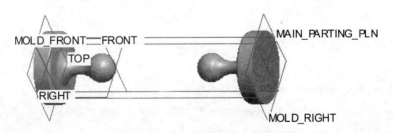

图 50.5　第二个参照模型组装完成后

Stage4．引入第三个参照模型

Step1．单击 模具 功能选项卡 参考模型和工件 区域 中的"小三角"按钮 ▼ ，然后在系统弹出的列表中选择 装配参考模型 命令，系统弹出"打开"对话框。

Step2．从弹出的文件"打开"对话框中选取三维零件模型 chess.prt 作为参照零件模型，并将其打开。

Step3．系统弹出"元件放置"操控板。

（1）指定第一个约束。"约束类型"为 重合 ，选取参照模型的 TOP 基准平面为元件参照，选取装配体的 MOLD_RIGHT 基准平面为组件参照。

（2）指定第二个约束。"约束类型"为 距离 ，选取参照模型的 FRONT 基准平面为元件参照，选取装配体的 MOLD_FRONT 基准平面为组件参照，偏移值设为 20.0。

（3）指定第三个约束。"约束类型"为 重合 ，选取参照模型的 RIGHT 基准平面为元件参照，选取装配体的 MAIN_PARTING_PLN 基准平面为组件参照。

（4）在操控板中单击 ✔ 按钮。

Step4．在"创建参照模型"对话框中选中 ◉ 按参考合并 单选项，然后接受默认的名称 CHESS_MOLD_REF_2，再单击 确定 按钮。完成后的装配体如图 50.6 所示。

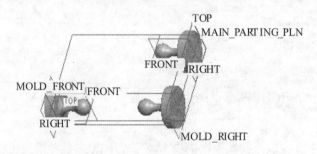

图 50.6　第三个参照模型组装完成后

Stage5．引入第四个参照模型

Step1．单击 模具 功能选项卡 参考模型和工件 区域 中的"小三角"按钮 ▼ ，然后在系统弹出的列表中选择 装配参考模型 命令，系统弹出"打开"对话框。

Step2．从弹出的文件"打开"对话框中选取三维零件模型 chess.prt 作为参照零件模型，并将其打开。

Step3．系统弹出"元件放置"操控板。

（1）指定第一个约束。"约束类型"为 重合 ，选取第四个参照模型的 TOP 基准平面为元件参照，选取第二个参照模型（CHESS_MOLD_REF_1）的 TOP 基准平面为组件参照。

（2）指定第二个约束。"约束类型"为 重合 ，选取第四个参照模型的 RIGHT 基准平面为元件参照，选取装配体的 MAIN_PARTING_PLN 基准平面为组件参照。

（3）指定第三个约束。"约束类型"为 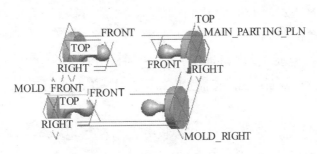重合，选取第四个参照模型的 FRONT 基准平面为元件参照，选取第三个参照模型（CHESS_MOLD_REF_2）的 FRONT 基准平面为组件参照。

（4）在操控板中单击 ✔ 按钮。

Step4. 在"创建参照模型"对话框中选中 ⊙ 按参考合并 单选项，然后接受默认的名称 CHESS_MOLD_REF_3，再单击 确定 按钮。完成后的装配体如图 50.7 所示。

图 50.7　第四个参照模型组装完成后

Stage6．隐藏第二~第四个参照模型的基准面

为了使屏幕简洁，将所有参照模型的三个基准面隐藏起来。

Step1. 隐藏第二个参照模型的三个基准面。

（1）在模型树中选择 📄▾ ➡ 层树(L) 命令。

（2）在屏幕左边的导航命令卡中单击按钮 ▾，从下拉列表中选择第二个参照模型 CHESS_MOLD_REF_1.PRT。

（3）在层树中选择参照模型的基准面层 01__PRT_DEF_DTM_PLN，然后右击，在弹出的快捷菜单中选择 隐藏 命令，完成该参照模型三个基准面的隐藏；然后单击屏幕刷新按钮 🔃，这样模型的基准面将不显示。

Step2. 隐藏第三个参照模型的三个基准面，详细步骤请参考 Step1。

Step3. 隐藏第四个参照模型的三个基准面，详细步骤请参考 Step1。

Step4. 操作完成后，选择导航选项卡中的 📄▾ ➡ 模型树(M) 命令，切换到模型树状态。

Stage7．创建坯料

Step1. 单击 模具 功能选项卡 参考模型和工件 区域 工件 中的"小三角"按钮 ▾，然后在系统弹出的列表中选择 创建工件 命令，系统弹出"元件创建"对话框。

Step2. 在弹出的"元件创建"对话框的 类型 区域选中 ⊙ 零件 单选项，在 子类型 区域选中 ⊙ 实体 单选项，在 名称 文本框中输入坯料的名称 chess_mold_wp，然后单击 确定 按钮。

Step3. 在弹出的"创建选项"对话框中选中 ⊙ 创建特征 单选项，然后单击 确定 按钮。

Step4. 创建坯料特征。

（1）选择命令。单击 **模具** 功能选项卡 形状 ▾ 区域中的 ⬜拉伸 按钮，系统弹出"拉伸"操控板。

（2）创建实体拉伸特征。

① 选取拉伸类型。在出现的操控板中，确认"实体"类型按钮 ⬜ 被按下。

② 在绘图区中右击，从系统弹出的快捷菜单中选择 定义内部草绘... 命令；然后选取 MAIN_PARTING_PLN 基准平面作为草绘平面，草绘平面的参照平面为 MOLD_RIGHT 基准面，方位为 右 ；单击 草绘 按钮，至此系统进入截面草绘环境。

③ 进入截面草绘环境后，选取 MOLD_FRONT 和 MOLD_RIGHT 基准平面为草绘参照，绘制图 50.8 所示的特征截面；完成特征截面的绘制后，单击"草绘"操控板中的"确定"按钮 ✔ 。

④ 选取深度类型并输入深度值。在操控板中选择深度类型为 ⊟ （即"对称"），再在深度文本框中输入深度值 22.0，并按 Enter 键。

⑤ 完成特征的创建。在"拉伸"操控板中单击 ✔ 按钮，完成特征的创建。

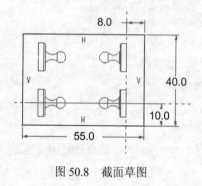

图 50.8　截面草图

Task4. 设置收缩率

Stage. 设置第一个参照模型的收缩率

Step1. 单击 **模具** 功能选项卡 生产特征 ▾ 按钮中的"小三角"按钮 ▾ ，在弹出的菜单中单击 按比例收缩 ▸ 后的 ▸ 按钮，在弹出的菜单中单击 按尺寸收缩 按钮；然后在系统的提示下，任意选择一个参照模型。

Step2. 系统弹出"按尺寸收缩"对话框，确认 公式 区域的 1+S 按钮被按下，在 收缩选项 区域选中 ☑ 更改设计零件尺寸 复选框，在 收缩率 区域的 比率 栏中输入收缩率值 0.006，并按 Enter 键，然后单击对话框中的 ✔ 按钮。

Task5. 建立浇道系统

下面讲述如何在零件 chess 的模具坯料中创建注道、浇道和浇口（图 50.9），以下是操作过程。

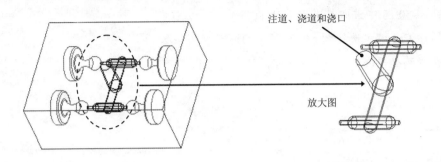

图 50.9　建立注道、浇道和浇口

Stage1. 创建两个基准平面

这里要创建的基准平面 ADTM1 和 ADTM2，将作为后面注道和浇口特征的草绘平面及其参照平面。ADTM1 和 ADTM2 位于坯料的中间位置（图 50.10）。

Step1. 创建图 50.11 所示的第一个基准平面 ADTM1。

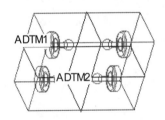

图 50.10　创建两个基准平面

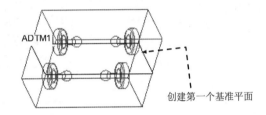

图 50.11　创建第一个基准平面

（1）创建图 50.12 所示的基准点 APNT0。

① 单击 **模具** 功能选项卡 **基准 ▼** 区域中的 按钮。

② 在图 50.13 中选取坯料的边线。

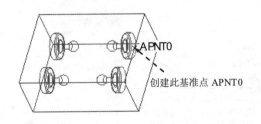

图 50.12　创建基准点 APNT0

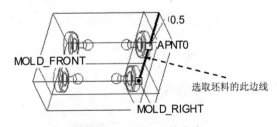

图 50.13　选取坯料的边线 1

③ 在"基准点"对话框中先选择基准点的定位方式 **比率**，然后在左边的文本框中输入基准点的定位数值（比率系数）0.5。

④ 在"基准点"对话框中单击 **确定** 按钮。

（2）穿过基准点 APNT0，创建图 50.14 所示的基准平面 ADTM1。操作过程如下。

① 单击 **模具** 功能选项卡 **基准 ▾** 区域中的"平面"按钮 ⬜ 。

② 在图 50.15 中选取基准点 APNT0。

③ 按住 Ctrl 键，选择图 50.15 所示的坯料表面。

④ 在"基准平面"对话框中单击 **确定** 按钮。

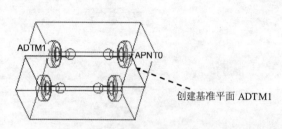

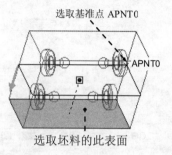

图 50.14　创建基准平面 ADTM1

图 50.15　操作过程 1

Step2. 创建图 50.16 所示的第二个基准平面 ADTM2。

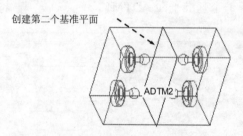

图 50.16　创建第二个基准平面

（1）创建图 50.17 所示的基准点 APNT1。

① 单击 **模具** 功能选项卡 **基准 ▾** 区域中的 **⁎ₓᵡ ▸** 按钮。

② 在图 50.18 中选取坯料的边线。

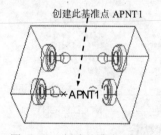

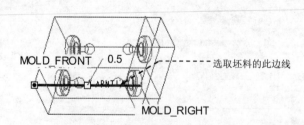

图 50.17　创建基准点 APNT1

图 50.18　选取坯料的边线 2

③ 在"基准点"对话框中先选择基准点的定位方式 **比率** ，然后在左边的文本框中输入基准点的定位数值（比率系数）0.5。

④ 在"基准点"对话框中单击 **确定** 按钮。

（2）穿过基准点 APNT1，创建图 50.19 所示的基准平面 ADTM2。操作过程如下。

① 单击 **模具** 功能选项卡 基准 ▼ 区域中的"平面"按钮▱。

② 在图 50.20 所示的图形中选取基准点 APNT1。

③ 按住 Ctrl 键，选择图 50.20 所示的坯料表面。

④ 在"基准平面"对话框中单击 确定 按钮。

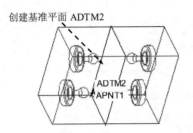

图 50.19　创建基准平面 ADTM2

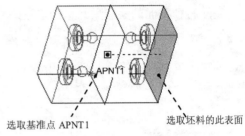

图 50.20　操作过程 2

Stage2．创建图 50.21 所示的注道（Sprue）

Step1．单击 模型 功能选项卡 切口和曲面 ▼ 区域中的 旋转 按钮，系统弹出"旋转"操控板。

Step2．创建旋转特征。

（1）选取拉伸类型。在出现的操控板中，确认"实体"类型按钮▱被按下。

（2）定义草绘截面放置属性。右击，从弹出的快捷菜单中选择 定义内部草绘... 命令；草绘平面为 ADTM1，草绘平面的参照平面为 MOLD_RIGHT 基准平面，草绘平面的参照方位是 右；单击 草绘 按钮，至此系统进入截面草绘环境。

（3）进入截面草绘环境后，选取 MAIN_PARTING_PLN 和 ADTM2 为草绘参照，绘制图 50.22 所示的截面草图；完成特征截面的创建后，单击"草绘"操控板中的 ✔ 按钮。

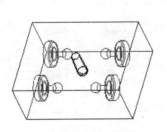

图 50.21　创建注道

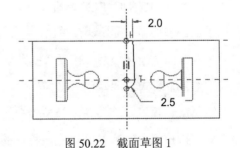

图 50.22　截面草图 1

（4）定义旋转角度。旋转角度类型为 ⊥，旋转角度为 360°。

（5）单击操控板中的✔按钮，完成特征创建。

Stage3．创建图 50.23 所示的主流道（Runner）

单击 模型 功能选项卡 切口和曲面 ▼ 区域中的 旋转 按钮，系统弹出"旋转"操控板。

（1）选取旋转类型。在出现的操控板中，确认"实体"类型按钮▱被按下。

（2）定义草绘截面放置属性。右击，从弹出的快捷菜单中选择 定义内部草绘... 命令；草绘平面为 MAIN_PARTING_PLN 基准平面，草绘平面的参照平面为 MOLD_RIGHT 基准平面，草绘平面的参照方位是 右 ；单击 草绘 按钮，至此系统进入截面草绘环境。

（3）进入截面草绘环境后，选取 ADTM1 和 ADTM2 为参照，绘制图 50.24 所示的截面草图；完成特征截面的绘制后，单击"草绘"操控板中的"完成"按钮 ✔ 。

（4）定义旋转角度。旋转角度类型为 ⊥ ，旋转角度为 360°。

（5）单击操控板中的 ✔ 按钮，完成特征创建。

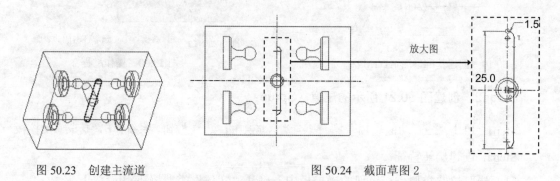

图 50.23　创建主流道　　　　　　　　图 50.24　截面草图 2

Stage4. 创建图 50.25 所示的分流道（Sub_Runner）

单击 模型 功能选项卡 切口和曲面 ▼ 区域中的 ⊕ 旋转 按钮。

（1）选取旋转类型。在出现的操控板中，确认"实体"类型按钮 □ 被按下。

（2）定义草绘截面放置属性。右击，从弹出的快捷菜单中选择 定义内部草绘... 命令；草绘平面为 MAIN_PARTING_PLN 基准平面，草绘平面的参照平面为 MOLD_RIGHT 基准平面，草绘平面的参照方位是 右 ；单击 草绘 按钮，至此系统进入截面草绘环境。

（3）进入截面草绘环境后，接受系统默认的参照，绘制图 50.26 所示的截面草图；完成特征截面的绘制后，单击"草绘"操控板中的"完成"按钮 ✔ 。

（4）定义旋转角度。旋转角度类型为 ⊥ ，旋转角度为 360°。

（5）单击操控板中的 ✔ 按钮，完成特征的创建。

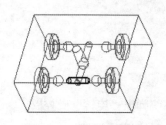
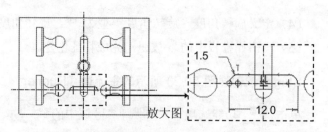

图 50.25　创建分流道　　　　　　　　图 50.26　截面草图 3

Stage5．创建图 50.27 所示的浇口（gate）

Step1．单击 模型 功能选项卡 切口和曲面 ▼ 区域中的 ⊡ 拉伸 按钮。

Step2．创建拉伸特征。

（1）在出现的操控板中，确认"实体"类型按钮 □ 被按下。

（2）右击，从弹出的快捷菜单中选择 定义内部草绘... 命令；草绘平面为 ADTM2，草绘平面的参照平面为 MAIN_PARTING_PLN 基准平面，草绘平面的参照方位为 顶；单击 草绘 按钮，至此系统进入截面草绘环境。

（3）进入截面草绘环境后，选择图 50.28 所示的圆弧的边线和 MAIN_PARTING_PLN 基准平面为草绘参照，绘制图 50.28 所示的封闭截面草图；完成特征截面的绘制后，单击"草绘"操控板中的"完成"按钮 ✔ 。

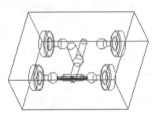

图 50.27　创建浇口

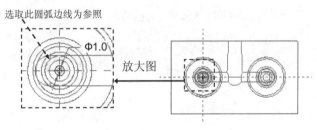

选取此圆弧边线为参照　Φ1.0　放大图

图 50.28　截面草图 4

（4）在操控板中单击 选项 按钮，在弹出的界面中选择双侧的深度选项均为 ⊥（至曲面），然后选择图 50.29 所示的参照零件的表面（用"列表选取"的方法选取 Task1 中创建的复制曲面）为左、右拉伸的终止面。

（5）在操控板中单击 ✔ 按钮，完成特征创建。

Stage6．以镜像的方式在另一端建立分流道和浇口

Step1．单击 模具 功能选项卡中的 操作 ▼ 按钮，在弹出的菜单中选择 特征操作 命令。系统弹出"特征操作"菜单；在 ▼ FEATURE OPER（特征操作） 菜单中选择 Copy（复制）命令，在 ▼ COPY FEATURE（复制特征） 菜单中选择 Mirror（镜像） ➡ Select（选择） ➡ Dependent（从属） ➡ Done（完成）命令。

（1）按住 Ctrl 键，在模型树中选取已建立好的分流道和浇口，在"选择"对话框中单击 确定 按钮，在菜单中选择 Done（完成）命令。

（2）选取镜像的中心平面 ADTM1。

（3）镜像完成后的分流道和浇口如图 50.30 所示。

Step2．定义相交元件。在系统弹出的"相交元件"对话框中按下 自动添加 按钮，选中 ✔ 自动更新 复选框，然后单击 确定 按钮。

Step3．在"特征操作"菜单中选择 Done（完成）命令，完成第二个浇口的创建。

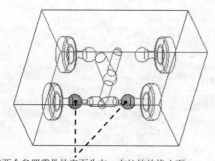

选取这两个参照零件的表面为左、右拉伸的终止面

图 50.29   选取拉伸的终止面

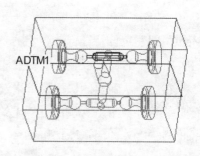

图 50.30   镜像后的分流道和浇口

Task6. 构造模具分型曲面

下面的操作是创建零件 chess.prt 的主分型面（图 50.31），以分离模具的上模型腔和下模型腔。其操作过程如下。

Step1. 单击 **模具** 功能选项卡 分型面和模具体积块 ▾ 区域中的"分型面"按钮 🛋，系统弹出"分型面"功能选项卡。

Step2. 在系统弹出的"分型面"功能选项卡的 控制 区域中单击"属性"按钮 🖽，在"属性"对话框中输入分型面名称 main_ps，单击 确定 按钮。

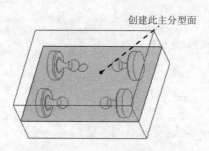

创建此主分型面

图 50.31   创建主分型面

Step3. 通过拉伸的方法，创建主分型面。

（1）单击 **分型面** 功能选项卡 形状 ▾ 区域中的"拉伸"按钮 📦 拉伸，此时系统弹出"拉伸"操控板。

（2）定义草绘截面放置属性。右击，从弹出的菜单中选择 定义内部草绘… 命令；在系统 ➪ 选择一个平面或曲面以定义草绘平面. 的提示下，选择图 50.32 所示的坯料表面 1 为草绘平面，接受图 50.32 中默认的箭头方向为草绘视图方向，然后选取图 50.32 所示的坯料侧表面 2 为参照平面，方向为 右。

（3）绘制截面草图。选取图 50.33 所示的坯料的边线和 MAIN_PARTING_PLN 基准平面为草绘参照，截面草图为一条线段；绘制完图 50.33 所示的特征截面后，单击"草绘"操控板中的"确定"按钮 ✔。

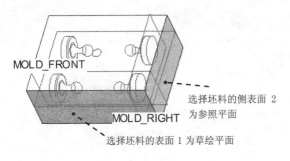

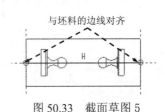

图 50.32　定义草绘平面　　　　　　图 50.33　截面草图 5

（4）设置深度选项。

① 在操控板中选择深度类型为 ⧄（到选定的）。

② 将模型调整到图 50.34 所示的视图方位，然后选取该图中的坯料背面 3 为拉伸终止面。

③ 在"拉伸"操控板中单击 ✔ 按钮，完成特征的创建。

Step4. 在"分型面"选项卡中单击"确定"按钮 ✔，完成分型面的创建。

Task7.　构建模具元件的体积块

Step1. 选择 **模具** 功能选项卡 分型面和模具体积块 ▾ 区域中的按钮 模具体积块 ▾ ➡ 体积块分割 命令（即用"分割"的方法构建体积块）。

Step2. 在 ▾ SPLIT VOLUME（分割体积块）菜单中选择 Two Volumes（两个体积块）、All Wrkpcs（所有工件）和 Done（完成）命令，此时系统弹出"分割"信息对话框和"选择"对话框。

Step3. 用"列表选取"的方法选取分型面。

（1）在系统 ➡ 为分割工件选择分型面. 的提示下，在模型中分型面的位置右击，从弹出的快捷菜单中选择 从列表中拾取 命令。

（2）在弹出的"从列表中拾取"对话框中单击列表中的 面组:F21(MAIN_PS) 分型面，然后单击 确定(O) 按钮。

（3）在"选择"对话框中单击 确定 按钮。

Step4. 在"分割"对话框中单击 确定 按钮。

Step5. 系统弹出"属性"对话框，同时模型中的下半部分变亮（变青），在该对话框中单击 着色 按钮，着色后的模型如图 50.35 所示；然后在对话框中输入名称 lower_vol，单击 确定 按钮。

Step6. 系统弹出"属性"对话框，同时模型中的上半部分变亮，在该对话框中单击 着色 按钮，着色后的模型如图 50.36 所示；然后在对话框中输入名称 upper_vol，单击 确定 按钮。

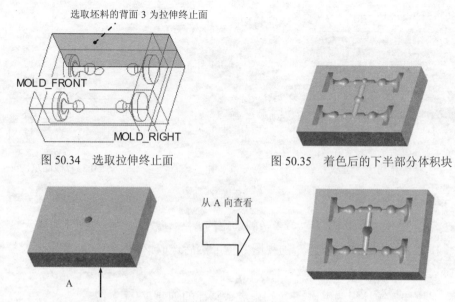

图 50.34 选取拉伸终止面　　　图 50.35 着色后的下半部分体积块

图 50.36 着色后的上半部分体积块

Task8. 抽取模具元件

Step1. 单击 模具 功能选项卡 元件▼ 区域中的 模具元件▼ 按钮，在弹出的下拉菜单中单击 型腔镶块 按钮，系统弹出"创建模具元件"对话框。

Step2. 在对话框中单击 按钮，选择所有体积块，然后单击 确定 按钮。

Task9. 生成浇注件

Step1. 单击 模具 功能选项卡 元件▼ 区域中的 创建铸模 按钮。

Step2. 在系统提示框中输入浇注零件名称 chess_molding，并单击两次 按钮。

Task10. 定义开模动作

Stage1. 将参照零件、坯料、分型面在模型中遮蔽起来

Step1. 遮蔽参照零件。在模型树中单击参照零件 CHESS_MOLD_REF.PRT，然后右击，从弹出的快捷菜单中选择 遮蔽 命令。

Step2. 参照 Step1，将坯料和分型面也遮蔽起来。

Stage2. 开模步骤 1：移动上模

Step1. 单击 模具 功能选项卡 分析▼ 区域中的"模具开模"按钮 ，系统弹出 ▼ MOLD OPEN (模具开模) 菜单管理器。

Step2. 用"列表选取"的方法选取要移动的模具元件。

选中上模，选取图 50.37 所示的边线为移动方向，然后在系统 `输入沿指定方向的位移` 的提示下，输入要移动的距离值 50。

Step3.在 `DEFINE STEP (定义间距)` 菜单中选择 `Done (完成)` 命令。

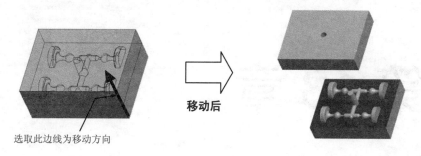

图 50.37　移动上模

Stage3．开模步骤 2：移动下模

参照开模步骤 1 的操作方法，选取下模 ➡ 选取图 50.38 所示的边线为移动方向 ➡ 然后输入要移动的距离值-50 ➡ 选择 `Done (完成)` 命令，完成开模动作。

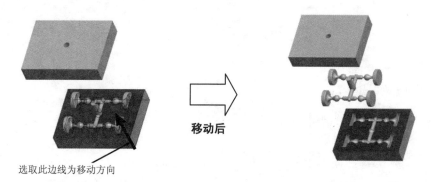

图 50.38　移动下模

第 13 章

数控加工实例

本章主要包含如下内容：

实例 51 泵 体 加 工

实例概述:

在机械零件的加工中,加工工艺的制订十分重要,一般先是进行粗加工,然后再进行精加工。粗加工时,刀具进给量大,机床主轴的转速较低,以便切除大量的材料,提高加工的效率。在进行粗加工时,要根据实际的工件、加工的工艺要求及设备情况为精加工留有合适的加工余量。在进行精加工时,刀具进给量小、主轴的转速较高、加工的精度高,以达到零件加工精度的要求。在本实例中,将以泵体的加工为例,介绍在多工序加工中粗精加工工序的安排及相关加工工艺的制订。

下面介绍图 51.1 所示的圆盘零件的加工过程,其加工工艺路线如图 51.2、图 51.3 所示。

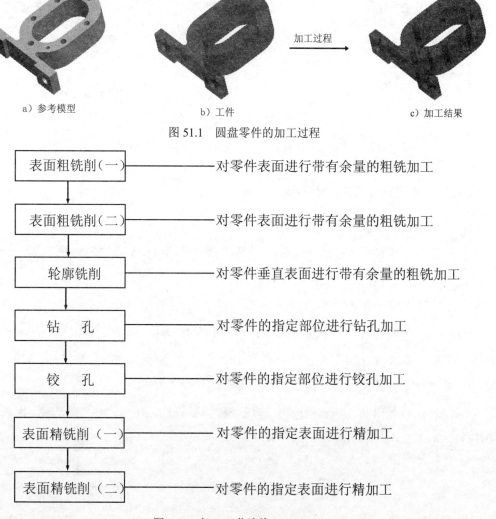

a) 参考模型　　　　　　　　　b) 工件　　　　　　　　　c) 加工结果

图 51.1 圆盘零件的加工过程

表面粗铣削(一)	—— 对零件表面进行带有余量的粗铣加工
表面粗铣削(二)	—— 对零件表面进行带有余量的粗铣加工
轮廓铣削	—— 对零件垂直表面进行带有余量的粗铣加工
钻　孔	—— 对零件的指定部位进行钻孔加工
铰　孔	—— 对零件的指定部位进行铰孔加工
表面精铣削(一)	—— 对零件的指定表面进行精加工
表面精铣削(二)	—— 对零件的指定表面进行精加工

图 51.2 加工工艺路线(一)

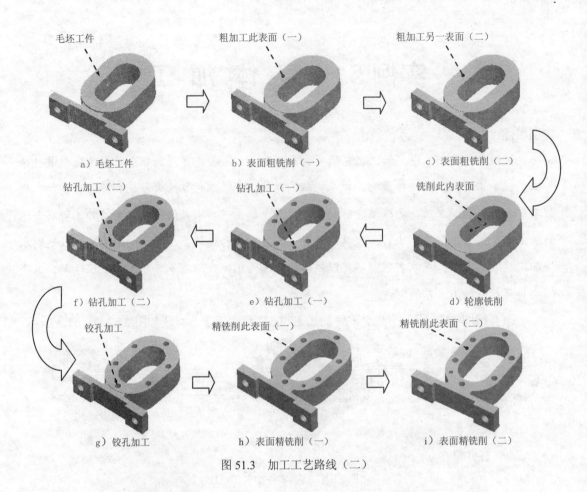

图 51.3　加工工艺路线（二）

其加工操作过程如下。

Task1. 新建一个数控制造模型文件

新建一个数控制造模型文件，操作提示如下。

Step1. 设置工作目录。选择下拉菜单 文件▼ ➡ 管理会话(M) ▶ ➡ 选择工作目录(W) 更改工作目录。

命令，将工作目录设置至 D:\creoins3\work\ch13\ins51。

Step2. 在工具栏中单击"新建"按钮□，弹出"新建"对话框。

Step3. 在"新建"对话框中选中 类型 选项组中的 ◉ 制造 单选项，选中 子类型 选项组中的 ◉ NC装配 单选项，在 名称 文本框中输入文件名 pump_body_milling，取消 □ 使用默认模板 复选框中的"√"号，单击该对话框中的 确定 按钮。

Step4. 在系统弹出的"新文件选项"对话框的 模板 选项组中选择 mmns_mfg_nc 模板，然后在该对话框中单击 确定 按钮。

Task2．建立制造模型

Stage1．引入参考模型

Step1. 单击 制造 功能选项卡 元件 ▼ 区域中的"装配参考模型"按钮 。

Step2. 从弹出的"打开"对话框中选取三维零件模型——pump_body.prt 作为参考零件模型，并将其打开，系统弹出"元件放置"操控板。

Step3. 在"元件放置"操控板中选择 默认 命令，然后单击 按钮，完成参考模型的放置，放置后如图 51.4 所示。

Stage2．引入工件模型

Step1. 单击 制造 功能选项卡 元件 ▼ 区域中的 工件 按钮，在弹出的菜单中选择 装配工件 命令，系统弹出"打开"对话框。

Step2. 从弹出的文件"打开"对话框中选取三维零件模型——pump_body_workpiece.prt 作为参考工件模型，并将其打开。

Step3. 在"放置"操控板中选择 默认 命令，然后单击 按钮，完成毛坯工件的放置，放置后如图 51.5 所示。

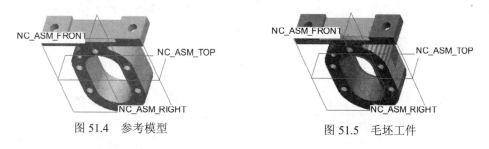

图 51.4　参考模型　　　　　　　　图 51.5　毛坯工件

Task3．制造设置

Step1. 选取命令。单击 制造 功能选项卡 工艺 ▼ 区域中的"操作"按钮 ，此时系统弹出"设置：操作"操控板。

Step2. 机床设置。单击"设置：操作"对话框中的"制造设置"按钮 ，在弹出的菜单中选择 铣削 命令，系统弹出"设置：铣削工作中心"对话框，在 轴数 下拉列表中选择 3 轴 。

Step3. 刀具设置。在"设置：铣削工作中心"对话框中单击 刀具 选项卡，然后单击 刀具… 按钮，弹出"刀具设定"对话框；设置图 51.6 所示的刀具参数，设置完毕后依次单击 应用 和 确定 按钮，返回到"设置：铣削工作中心"对话框。

Step4. 在"设置：铣削工作中心"对话框中单击 按钮，返回到"设置：操作"操控板。

Step5. 机床坐标系设置 1。在"设置：操作"操控板中单击"基准"按钮，在弹出的菜单中选择 命令，系统弹出图 51.7 所示的"坐标系"对话框；然后依次选取 NC_ASM_RIGHT、

NC_ASM_TOP 和图 51.8 所示的模型表面作为创建坐标系的三个参考平面，单击 确定 按钮完成坐标系的创建；在"设置：操作"操控板中单击 ▶ 按钮，此时系统自动选择新创建的坐标系作为加工坐标系。

注意：在选取多个参考面时，需要按住 Ctrl 键。

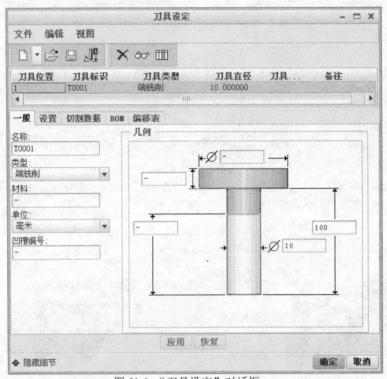

图 51.6 "刀具设定"对话框

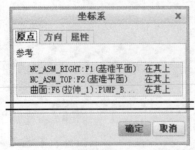

图 51.7 "坐标系"对话框 1

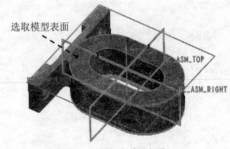

图 51.8 选取参考平面 1

Step6. 机床坐标系设置 2。在"设置：操作"操控板中再次单击"基准"按钮，在弹出的菜单中选择 ⊁ 命令，系统弹出图 51.9 所示的"坐标系"对话框；然后依次选取 NC_ASM_RIGHT、NC_ASM_TOP 和图 51.10 所示的模型表面作为创建坐标系的三个参考平面，在 方向 选项卡中单击"更改第一个轴的方向"按钮 反向 ；单击 确定 按钮完成坐标系的创建，然后在"设置：操作"操控板中单击 ▶ 按钮，

注意：在选取参考面时，参考平面的方向已改变。

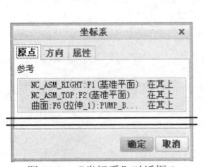

图 51.9　"坐标系"对话框 2

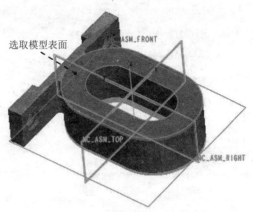

图 51.10　选取参考平面 2

Step7. 退刀面的设置。在"设置：操作"操控板中单击 间隙 按钮，系统弹出"间隙"设置界面，然后在 类型 下拉列表中选择 平面 选项，单击 参考 文本框，在模型树中选取坐标系 ACS0 为参考，在 值 文本框中输入值 20.0，此时在图形区预览退刀平面如图 51.11 所示。

图 51.11　定义退刀平面

Step8. 在"设置：操作"操控板中单击 ✔ 按钮，完成操作的设置。

Task4．表面铣削 1

Stage1．加工方法设置

Step1. 单击 铣削 功能选项卡中的 表面 选项，此时系统弹出"铣削：表面铣削"操控板。

Step2. 在"铣削：表面铣削"操控板的 下拉列表中选择 01 : T0001 选项，在 选取模型树中的 ACS0 坐标系为参考。

Step3. 在"铣削：表面铣削"操控板中单击"几何"按钮，在弹出的菜单中选择 命令，系统弹出"铣削曲面"操控板。

Step4. 单击 模型 功能选项卡 形状 ▼ 区域中的"拉伸"按钮 拉伸，系统弹出"拉伸"操控板。

（1）绘制截面草图。在图形区右击，从弹出的快捷菜单中选择 定义内部草绘... 命令；选取 NC_ASM_RIGHT 基准平面为草绘平面，选取 NC_ASM_TOP 基准平面为参考平面，方向为 右 ；单击 草绘 按钮，绘制图 51.12 所示的截面草图。

（2）定义拉伸属性。在操控板中选择拉伸类型为 日 ，输入深度值 60.0。

（3）在操控板中单击 ∞ 按钮，预览所创建的特征；单击 ✓ 按钮，完成特征创建。

（4）完成特征的创建。在操控板中单击"完成"按钮 ✓ ，则完成特征的创建，所创建的铣削曲面如图 51.13 所示。

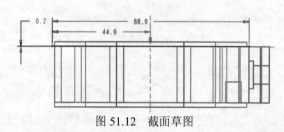
图 51.12 截面草图

图 51.13   创建铣削曲面

（5）在"铣削：表面铣削"操控板中单击 ▶ 按钮继续进行设置。

Step5. 在"铣削：表面铣削"操控板中单击 参考 按钮，在弹出的"参考"设置界面的 类型 下拉列表中选择 曲面 选项，然后选择上一步创建的拉伸 1 为参考。

Step6. 在"铣削：表面铣削"操控板中单击 参数 按钮，在弹出的"参数"设置界面中设置图 51.14 所示的切削参数。

切削进给	600
自由进给	-
RETRACT_FEED	-
切入进给量	-
步长深度	1
公差	0.01
跨距	6
底部允许余量	0
切割角	0
终止超程	0
起始超程	0
扫描类型	类型 3
切割类型	攀升
安全距离	10
接近距离	5
退刀距离	10
主轴速度	1200
冷却液选项	开

图 51.14   设置切削参数

Step7. 单击"铣削：表面铣削"操控板中 参数 选项卡下面的"编辑加工参数"按钮 🖉 ，此时系统弹出编辑序列参数"表面铣削 1"对话框。

Step8. 在编辑序列参数"表面铣削 1"对话框中选择下拉菜单 文件(F) ➡ 另存为... 命令，接受系统默认的名称；单击"保存副本"对话框中的 确定 按钮，然后再次单击编辑序列参数"表面铣削 1"对话框中的 确定 按钮，完成参数的设置。

Stage2．演示刀具轨迹

Step1. 在"铣削：表面铣削"操控板中单击 按钮，系统弹出"播放路径"对话框。

Step2. 单击"播放路径"对话框中的 ▶ 按钮，观测刀具的行走路线，结果如图 51.15 所示。演示完成后，单击 关闭 按钮。

Stage3．观察仿真加工

Step1. 在"铣削：表面铣削"操控板中单击 按钮右侧的 按钮，在弹出的菜单中单击 按钮，系统弹出"VERICUT 7.1.2 by CGTECH"窗口，单击 按钮，运行结果如图 51.16 所示。

Step2. 演示完成后，单击软件右上角的 ✕ 按钮，在弹出的"Save Changes Before Exiting VERICUT?"对话框中单击 Save Checked Files 按钮，关闭仿真软件。

Step3. 在"铣削：表面铣削"操控板中单击 ✓ 按钮完成操作。

图 51.15　刀具行走路线

图 51.16　动态仿真

Stage4．材料切减

Step1. 选取命令。单击 铣削 功能选项卡中的 制造几何▼ 按钮，在弹出的菜单中选择 材料移除切削 命令，系统弹出"NC 序列列表"菜单，然后在此菜单中选择 1: 表面铣削 1, 操作: OP010，此时系统弹出 ▼ MAT REMOVAL (材料移除) 菜单。

Step2. 在弹出的 ▼ MAT REMOVAL (材料移除) 菜单中选择 Construct (构造) ➡ Done (完成) 命令，系统弹出菜单管理器。

Step3. 在 ▼ SOLID (实体) 菜单中选择 Cut (切减材料) 命令，此时系统弹出 ▼ SOLID OPTS (实体选项) 菜单；然后在 ▼ SOLID OPTS (实体选项) 菜单中选择 Use Quilt (使用面组) ➡ Done (完成) 命令，此时系统弹出"实体化"操控板。

Step4. 在"实体化"操控板中单击 参考 选项卡，然后选择拉伸 1 为面组参考，单击"实体化"操控板中的"反向"按钮 ⅔ 调整切减材料的侧面，单击 ✔ 按钮完成设置；单击 Done/Return (完成/返回) 按钮，完成特征创建。

Task5. 表面铣削 2

Stage1. 加工方法设置

Step1. 单击 铣削 功能选项卡中的 ⊥表面 按钮，此时系统弹出"铣削：表面铣削"操控板。

Step2. 在"铣削：表面铣削"操控板的 ⏁ 下拉列表中选择 01 : T0001 选项，在 ✕ 选取模型树中的 ACS1 坐标系为参考。

Step3. 在"铣削：表面铣削"操控板中单击"几何"按钮，在弹出的菜单中选择 ◠ 命令，系统弹出"铣削曲面"操控板。

Step4. 单击 模型 功能选项卡 形状 ▼ 区域中的"拉伸"按钮 ◻拉伸，系统弹出"拉伸"操控板。

（1）绘制截面草图。在图形区右击，从弹出的快捷菜单中选择 定义内部草绘... 命令；选取 NC_ASM_RIGHT 基准平面为草绘平面，选取 NC_ASM_TOP 基准平面为参考平面，方向为 左；单击 草绘 按钮，绘制图 51.17 所示的截面草图。

（2）定义拉伸属性。在操控板中选择拉伸类型为 ⊟，输入深度值 60.0。

（3）在操控板中单击 ∞ 按钮，预览所创建的特征；单击 ✔ 按钮，完成特征创建。

（4）完成特征的创建。在操控板中单击"完成"按钮 ✔，则完成特征的创建，所创建的铣削曲面如图 51.18 所示。

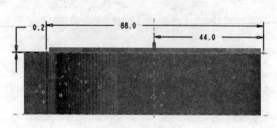

图 51.17　截面草图

图 51.18　创建铣削曲面

（5）在"铣削：表面铣削"操控板中单击 ▶ 按钮继续进行设置。

Step5. 在"铣削：表面铣削"操控板中单击 参考 按钮，在弹出的"参考"设置界面的 类型 下拉列表中选择 曲面 选项，然后选择上一步创建的拉伸 2 为参考。

Step6. 单击"铣削：表面铣削"操控板中 参数 选项卡下面的"编辑加工参数"按钮 ✏,

此时系统弹出编辑序列参数"表面铣削 2"对话框。

Step7. 在编辑序列参数"表面铣削 2"对话框中选择下拉菜单 文件(F) ➡️ 打开... 命令，选择保存的副本 milprm.mil，单击"打开"对话框中的 打开 按钮，然后再次单击编辑序列参数"表面铣削 2"对话框中的 确定 按钮，完成参数的设置。

Step8. 单击"铣削：表面铣削"操控板中的 间隙 选项卡，在 参考 区域选择模型树中的 ACS1 为参考，在 值 文本框中输入值 20.0。

Stage2．演示刀具轨迹

Step1. 在"铣削：表面铣削"操控板中单击 按钮，系统弹出"播放路径"对话框。

Step2. 单击"播放路径"对话框中的 ▶ 按钮，观测刀具的行走路线，结果如图 51.19 所示；演示完成后，单击 关闭 按钮。

Stage3．观察仿真加工

Step1. 在"铣削：表面铣削"操控板中单击 按钮右侧的 ▾ 按钮，在弹出的菜单中单击 按钮，系统弹出"VERICUT 7.1.2 by CGTECH"窗口，单击 ▶ 按钮，运行结果如图 51.20 所示。

Step2. 演示完成后，单击软件右上角的 ✕ 按钮，在弹出的"Save Changes Before Exiting VERICUT?"对话框中单击 Save Checked Files 按钮，关闭仿真软件。

Step3. 在"铣削：表面铣削"操控板中单击 ✔ 按钮完成操作。

图 51.19　刀具行走路线

图 51.20　动态仿真

Stage4．材料切减

Step1. 选取命令。单击 铣削 功能选项卡中的 制造几何 ▾ 按钮，在弹出的菜单中选择 材料移除切削 命令，系统弹出"NC 序列列表"菜单，然后在此菜单中选择 2: 表面铣削 2, 操作: OP010 ，此时系统弹出 ▼ MAT REMOVAL (材料移除) 菜单。

Step2. 在弹出的 ▼ MAT REMOVAL (材料移除) 菜单中选择 Construct (构造) ➡️ Done (完成) 命令，系统弹出菜单管理器。

Step3. 在 ▼ SOLID (实体) 菜单中选择 Cut (切减材料) 命令，此时系统弹出 ▼ SOLID OPTS (实体选项)

菜单；然后在 ▼ SOLID OPTS (实体选项) 菜单中选择 Use Quilt (使用面组) ━━➤ Done (完成) 命令，此时系统弹出"实体化"操控板。

Step4. 在"实体化"操控板中单击 参考 选项卡，然后选择拉伸 2 为面组参考，单击"实体化"操控板中的"反向"按钮 ╱ 调整切减材料的侧面，单击 ✓ 按钮完成设置；单击 Done/Return (完成/返回) 按钮，完成特征创建。

Task6. 创建轮廓铣削

Stage1. 加工方法设置

Step1. 单击 铣削 功能选项卡 铣削 ▼ 区域中的 ⟍ 轮廓铣削 按钮，此时系统弹出"铣削：轮廓铣削"操控板。

Step2. 在"铣削：轮廓铣削"操控板的 ⊤ 下拉列表中选择 01 : T0001 选项，在 ⋇ 区域选取模型树中的 ACS0 坐标系为参考。

Step3. 在"铣削：轮廓铣削"操控板中单击 参考 按钮，在弹出的"参考"设置界面的 类型 下拉列表中选择 曲面 选项，按住 Ctrl 键选取图 51.21 所示的所有轮廓面（参考模型的内侧面）。

Step4. 在"铣削：轮廓铣削"操控板中单击 参数 按钮，在弹出的"参数"设置界面中设置图 51.22 所示的切削参数。

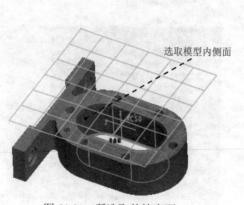

选取模型内侧面

图 51.21　所选取的轮廓面

切削进给	500
弧形进给	-
自由进给	-
RETRACT_FEED	-
切入进给量	-
步长深度	2
公差	0.01
轮廓允许余量	0
检查曲面允许余量	-
壁刀痕高度	0
切割类型	攀升
安全距离	5
主轴速度	1000
冷却液选项	开

图 51.22　设置切削参数

Stage2. 演示刀具轨迹

Step1. 在"铣削：轮廓铣削"操控板中单击 ⊞ 按钮，系统弹出"播放路径"对话框。

Step2. 单击"播放路径"对话框中的 ▶ 按钮，观测刀具的行走路线，结果如图 51.23 所示；演示完成后，单击 关闭 按钮。

Stage3. 观察仿真加工

Step1. 在"铣削:轮廓铣削"操控板中单击 [IMG] 按钮右侧的 [IMG] 按钮,在弹出的菜单中单击 [IMG] 按钮,系统弹出"VERICUT 7.1.2 by CGTECH"窗口,单击 [IMG] 按钮,运行结果如图 51.24 所示。

Step2. 演示完成后,单击软件右上角的 [X] 按钮,在弹出的"Save Changes Before Exiting VERICUT?"对话框中单击 Save Checked Files 按钮,关闭仿真软件。

Step3. 在"铣削:轮廓铣削"操控板中单击 [✓] 按钮完成操作。

图 51.23 刀具行走路线

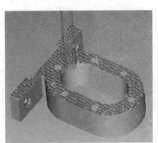

图 51.24 动态仿真

Stage4. 材料切减

Step1. 选取命令。单击 铣削 功能选项卡中的 制造几何 ▼ 按钮,在弹出的菜单中选择 材料移除切削 命令,系统弹出"NC 序列列表"菜单,然后在此菜单中选择 3: 轮廓铣削 1, 操作: OP010 ,此时系统弹出 ▼ MAT REMOVAL (材料移除) 菜单。

Step2. 在弹出的 ▼ MAT REMOVAL (材料移除) 菜单中选择 Automatic (自动) ➞ Done (完成) 命令,系统弹出"相交元件"对话框;依次单击 自动添加 按钮和 ☰ 按钮,最后单击 确定 按钮,完成特征创建。

Task7. 创建钻孔加工 1

Stage1. 加工方法设置

Step1. 单击 铣削 功能选项卡 孔加工循环 ▼ 区域中的"标准"按钮 [U],此时系统弹出"孔加工:钻孔"操控板。

Step2. 在"孔加工:钻孔"操控板的 [T] 下拉列表中选择 编辑刀具... 选项,系统弹出"刀具设定"对话框。

Step3. 在"刀具设定"对话框中单击"新建"按钮 [□],设置图 51.25 所示的参数值,设置完毕后依次单击 应用 和 确定 按钮,返回到"孔加工:钻孔"对话框。

Step4. 在 [※] 区域选取模型树中的 ACS0 坐标系为参考。

Step5. 在"孔加工：钻孔"操控板中单击 参考 选项卡，在"孔"区域选择图 51.26 所示的孔为参考；单击 终止 下拉列表右侧的 按钮，在弹出的菜单中选择 非 （穿透）命令。

Step6. 在"孔加工：钻孔"操控板中单击 参数 按钮，在弹出的"参数"设置界面中设置图 51.27 所示的切削参数。

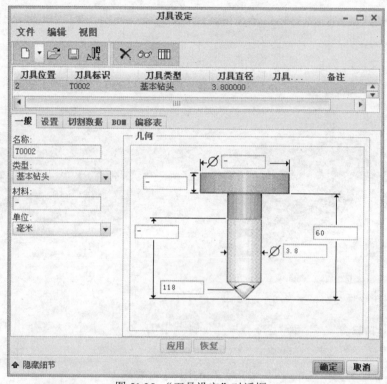

图 51.25 "刀具设定"对话框

图 51.26 定义参考孔

图 51.27 设置孔加工切削参数

Stage2. 演示刀具轨迹

Step1. 在"孔加工：钻孔"操控板中单击 按钮，系统弹出"播放路径"对话框。

Step2. 单击"播放路径"对话框中的 ▶ 按钮，观测刀具的行走路线，结果如图 51.28 所示。

Step3. 演示完成后，单击"播放路径"对话框中的 关闭 按钮。

Stage3．观察仿真加工

Step1. 在"孔加工：钻孔"操控板中单击 按钮，系统弹出"VERICUT 7.1.2 by CGTECH"窗口，单击 按钮，观察刀具切割工件的情况，如图 51.29 所示。

Step2. 演示完成后，单击软件右上角的 按钮，在弹出的"Save Changes Before Exiting VERICUT?"对话框中单击 Save Checked Files 按钮，关闭仿真软件。

Step3. 在"孔加工：钻孔"操控板中单击 按钮完成操作。

图 51.28　刀具行走路线

图 51.29　动态仿真

Task8．创建钻孔加工 2

Stage1．加工方法设置

Step1. 单击 铣削 功能选项卡 孔加工循环 ▼ 区域中的"标准"按钮 ，此时系统弹出"孔加工：钻孔"操控板。

Step2. 在"孔加工：钻孔"操控板的 下拉列表中选择 编辑刀具... 选项，系统弹出"刀具设定"对话框。

Step3. 在"刀具设定"对话框中单击"新建"按钮 ，设置图 51.30 所示的参数值，设置完毕后依次单击 应用 和 确定 按钮，返回到"孔加工：钻孔"操控板。

Step4. 在"孔加工：钻孔"操控板中单击 参数 按钮，在弹出的"参数"设置界面中设置图 51.31 所示的切削参数。

Step5. 在"孔加工：钻孔"操控板中单击 参考 按钮，在弹出的"参考"设置界面中单击 详细信息... 按钮，系统弹出图 51.32 所示的"孔"对话框。

Step6. 在"孔"对话框的 孔 选项卡中选择 规则：直径 选项，在 可用：列表中选择 6，然后单击 >> 按钮，将其加入到 选定：列表中；单击 ✓ 按钮，此时"参考"设置界面如图 51.33 所示。

Step7. 在"参考"设置界面中单击 终止 下拉列表右侧的 ▼ 按钮，在弹出的菜单中选择 非（穿透）命令。

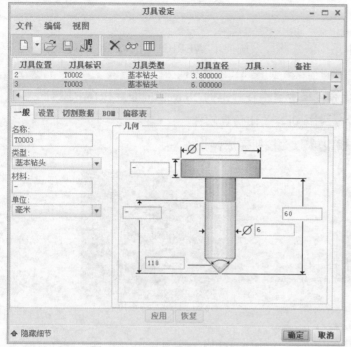

图 51.30 "刀具设定"对话框

图 51.31 设置孔加工切削参数

图 51.32 "孔"对话框

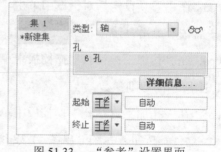

图 51.33 "参考"设置界面

Stage2. 演示刀具轨迹

Step1. 在"孔加工：钻孔"操控板中单击 按钮，系统弹出"播放路径"对话框。

Step2. 单击"播放路径"对话框中的 按钮，观测刀具的行走路线，结果如图 51.34 所示。

Step3. 演示完成后，单击"播放路径"对话框中的 关闭 按钮。

Stage3．观察仿真加工

Step1. 在"孔加工:钻孔"操控板中单击 按钮,系统弹出"VERICUT 7.1.2 by CGTECH"窗口,单击 按钮,观察刀具切割工件的情况,如图 51.35 所示。

Step2. 演示完成后,单击软件右上角的 按钮,在弹出的"Save Changes Before Exiting VERICUT?"对话框中单击 Save Checked Files 按钮,关闭仿真软件。

Step3. 在"孔加工:钻孔"操控板中单击 按钮完成操作。

图 51.34　刀具行走路线

图 51.35　动态仿真

Stage4．切减材料

Step1. 选取命令。单击 铣削 功能选项卡中的 制造几何 按钮,在弹出的菜单中选择 材料移除切削 命令。

Step2. 在弹出的 NC 序列列表 菜单中选择 5: 钻孔 2, 操作: OPO10 命令,然后依次选择 MAT REMOVAL (材料移除) ➡ Automatic (自动) ➡ Done (完成) 命令。

Step3. 在弹出的"相交元件"对话框中,依次单击 自动添加 按钮和 按钮,然后单击 确定 按钮,完成材料切减。

Task9．创建铰孔加工

Stage1．加工方法设置

Step1. 单击 铣削 功能选项卡 孔加工循环 区域中的"标准"按钮 铰孔 ,此时系统弹出"孔加工:铰孔"操控板。

Step2. 在"孔加工:铰孔"操控板的 下拉列表中选择 编辑刀具... 选项,系统弹出"刀具设定"对话框。

Step3. 在"刀具设定"对话框中单击"新建"按钮 ,设置图 51.36 所示的参数值,设置完毕后依次单击 应用 和 确定 按钮,返回到"孔加工:铰孔"操控板。

Step4. 在"孔加工:铰孔"操控板中单击 参数 按钮,在弹出的"参数"设置界面中设置图 51.37 所示的切削参数。

Step5. 在"孔加工:铰孔"操控板中单击 参考 选项卡,在"孔"区域选择图 51.38 所示的孔为参考；单击^{终止}下拉列表右侧的 按钮，在弹出的菜单中选择 （穿透）命令。

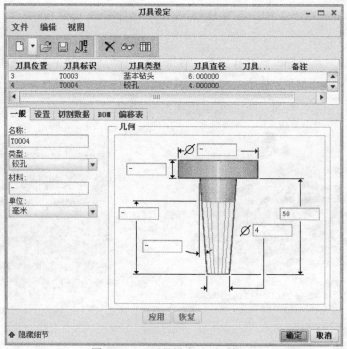

图 51.36 "刀具设定"对话框

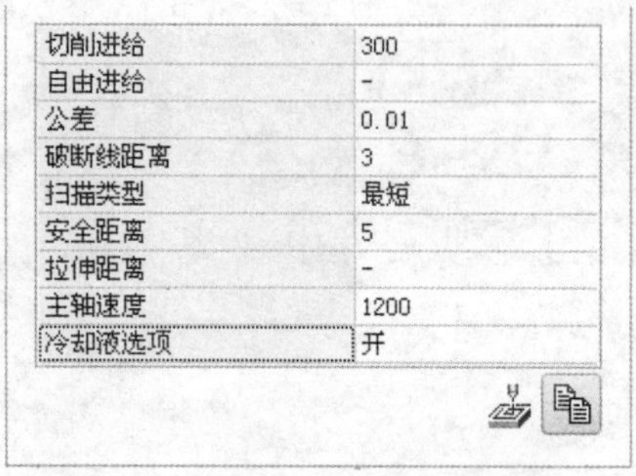

切削进给	300
自由进给	-
公差	0.01
破断线距离	3
扫描类型	最短
安全距离	5
拉伸距离	-
主轴速度	1200
冷却液选项	开

图 51.37 设置孔加工切削参数

图 51.38 定义参考孔

Stage2. 演示刀具轨迹

Step1. 在"孔加工：铰孔"操控板中单击 按钮，系统弹出"播放路径"对话框。

Step2. 单击"播放路径"对话框中的 ▶ 按钮，观测刀具的行走路线，结果如图 51.39 所示。

Step3. 演示完成后，单击"播放路径"对话框中的 关闭 按钮。

Stage3. 观察仿真加工

Step1. 在"孔加工：铰孔"操控板中单击 按钮，系统弹出"VERICUT 7.1.2 by CGTECH"窗口，单击 按钮，观察刀具切割工件的情况，如图 51.40 所示。

Step2. 演示完成后，单击软件右上角的 ✖ 按钮，在弹出的"Save Changes Before Exiting VERICUT?"对话框中单击 Save Checked Files 按钮，关闭仿真软件。

Step3. 在"孔加工：铰孔"操控板中单击 ✔ 按钮完成操作。

图 51.39　刀具行走路线

图 51.40　动态仿真

Stage4．切减材料

Step1. 选取命令。单击 铣削 功能选项卡中的 制造几何 ▾ 按钮，在弹出的菜单中选择 🔳 材料移除切削 命令。

Step2. 在弹出的 ▾ NC 序列列表 菜单中选择 6: 铰孔 1, 操作: OP010 命令，然后依次选择 ▾ MAT REMOVAL (材料移除) ➡ Automatic (自动) ➡ Done (完成) 命令。

Step3. 在弹出的"相交元件"对话框中，依次单击 自动添加 按钮和 ▤ 按钮，然后单击 确定 按钮，完成材料切减。

Task10．表面铣销 3

Stage1．加工方法设置

Step1. 单击 铣削 功能选项卡中的 ⊥ 表面 选项，此时系统弹出"铣削：表面铣削"操控板。

Step2. 在"铣削：表面铣削"操控板的 🔧 下拉列表中选择 01 : T0001 选项，在 ✖ 选取模型树中的 ACS0 坐标系为参考。

Step3. 在"铣削：表面铣削"操控板中单击"几何"按钮，在弹出的菜单中选择 ⬠ 命令，系统弹出"铣削曲面"操控板。

Step4. 单击 模型 功能选项卡 形状 ▾ 区域中的"拉伸"按钮 🗂 拉伸，系统弹出"拉伸"操控板。

（1）绘制截面草图。在图形区右击，从弹出的快捷菜单中选择 定义内部草绘... 命令；选取 NC_ASM_RIGHT 基准平面为草绘平面，选取 NC_ASM_TOP 基准平面为参考平面，方向为右；单击 草绘 按钮，绘制图 51.41 所示的截面草图。

（2）定义拉伸属性。在操控板中选择拉伸类型为 🗗，输入深度值 60.0。

（3）在操控板中单击  按钮，预览所创建的特征；单击 ✔ 按钮，完成特征创建。

（4）完成特征的创建。在操控板中单击"完成"按钮 ✔，则完成特征的创建，所创建的铣削曲面如图 51.42 所示。

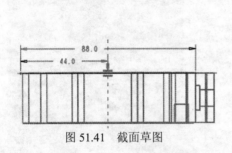

图 51.41　截面草图　　　　　　　　　图 51.42　创建铣削曲面

（5）在"铣削：表面铣削"操控板中单击 ▶ 按钮继续进行设置。

Step5. 在"铣削：表面铣削"操控板中单击 参考 按钮，在弹出的"参考"设置界面的类型下拉列表中选择 曲面 选项，然后选择上一步创建的拉伸 3 为参考。

Step6. 在"铣削：表面铣削"操控板中单击 参数 按钮，在弹出的"参数"设置界面中设置图 51.43 所示的切削参数。

切削进给	800
自由进给	-
RETRACT_FEED	-
切入进给量	-
步长深度	1
公差	0.01
跨距	8
底部允许余量	-
切削角	0
终止超程	0
起始超程	0
扫描类型	类型 3
切割类型	攀升
安全距离	5
接近距离	-
退刀距离	-
主轴速度	1500
冷却液选项	关闭

图 51.43　设置切削参数

Step7. 单击"铣削：表面铣削"操控板中 参数 选项卡下面的"编辑加工参数"按钮 ，此时系统弹出编辑序列参数"表面铣削 3"对话框。

Step8. 在编辑序列参数"表面铣削 3"对话框中选择下拉菜单 文件 (F) ➡ 另存为... 命令，输入名称 milprm02，单击"保存副本"对话框中的 确定 按钮，然后再次单击编辑序列参数"表面铣削 3"对话框中的 确定 按钮，完成参数的设置。

Stage2．演示刀具轨迹

Step1. 在"铣削：表面铣削"操控板中单击 ![]按钮，系统弹出"播放路径"对话框。

Step2. 单击"播放路径"对话框中的 [▶] 按钮，观测刀具的行走路线，结果如图 51.44 所示；演示完成后，单击 [关闭] 按钮。

Stage3．观察仿真加工

Step1. 在"铣削：表面铣削"操控板中单击 ![]按钮右侧的 ˇ 按钮，在弹出的菜单中单击 ![]按钮，系统弹出"VERICUT 7.1.2 by CGTECH"窗口，单击 ![]按钮，运行结果如图 51.45 所示。

Step2. 演示完成后，单击软件右上角的 [×] 按钮，在弹出的"Save Changes Before Exiting VERICUT?"对话框中单击 [Save Checked Files] 按钮，关闭仿真软件。

Step3. 在"铣削：表面铣削"操控板中单击 ![]按钮完成操作。

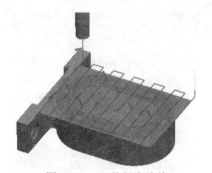

图 51.44　刀具行走路线

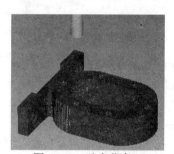

图 51.45　动态仿真

Stage4．材料切减

Step1. 选取命令。单击 [铣削] 功能选项卡中的 [制造几何 ▼] 按钮，在弹出的菜单中选择 [材料移除切削] 命令，系统弹出"NC 序列列表"菜单，然后在此菜单中选择 [7: 表面铣削 3, 操作: OP010]，此时系统弹出 [▼ MAT REMOVAL (材料移除)] 菜单。

Step2. 在弹出的 [▼ MAT REMOVAL (材料移除)] 菜单中选择 [Construct (构造)] ➡ [Done (完成)] 命令，系统弹出菜单管理器。

Step3. 在 [▼ SOLID (实体)] 菜单中选择 [Cut (切减材料)] 命令，此时系统弹出 [▼ SOLID OPTS (实体选项)] 菜单；然后在 [▼ SOLID OPTS (实体选项)] 菜单中选择 [Use Quilt (使用面组)] ➡ [Done (完成)] 命令，此时系统弹出"实体化"操控板。

Step4. 在"实体化"操控板中单击 [参考] 选项卡，然后选择拉伸 3 为面组参考，单击"实体化"操控板中的"反向"按钮 ![]调整切减材料的侧面，单击 ![]按钮完成设置；单击 [Done/Return (完成/返回)] 按钮，完成特征创建。

Task11. 表面铣削 4

Stage1. 加工方法设置

Step1. 单击 铣削 功能选项卡中的 表面 选项，此时系统弹出"铣削：表面铣削"操控板。

Step2. 在"铣削：表面铣削"操控板的 下拉列表中选择 01：T0001 选项，在 选取模型树中的 ACS1 坐标系为参考。

Step3. 在"铣削：表面铣削"操控板中单击"几何"按钮，在弹出的菜单中选择 命令，系统弹出"铣削曲面"操控板。

Step4. 单击 模型 功能选项卡 形状 ▼ 区域中的"拉伸"按钮 拉伸，系统弹出"拉伸"操控板。

（1）绘制截面草图。在图形区右击，从弹出的快捷菜单中选择 定义内部草绘... 命令；选取 NC_ASM_RIGHT 基准平面为草绘平面，选取 NC_ASM_TOP 基准平面为参考平面，方向为 左 ；单击 草绘 按钮，绘制图 51.46 所示的截面草图。

（2）定义拉伸属性。在操控板中选择拉伸类型为 ，输入深度值 60.0。

（3）在操控板中单击 按钮，预览所创建的特征；单击 按钮，完成特征创建。

（4）完成特征的创建。在操控板中单击"完成"按钮 ，则完成特征的创建，所创建的铣削曲面如图 51.47 所示。

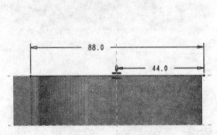

图 51.46　截面草图

图 51.47　　创建铣削曲面

（5）在"铣削：表面铣削"操控板中单击 ▶ 按钮继续进行设置。

Step5. 在"铣削：表面铣削"操控板中单击 参考 按钮，在弹出的"参考"设置界面的 类型 下拉列表中选择 曲面 选项，然后选择上一步创建的拉伸 4 为参考。

Step6. 单击"铣削：表面铣削"操控板中 参数 选项卡下面的"编辑加工参数"按钮 ，此时系统弹出编辑序列参数"表面铣削 4"对话框。

Step7. 在编辑序列参数"表面铣削 4"对话框中选择下拉菜单 文件(F) ➡ 打开... 命令，选择保存的副本 milprm02.mil，单击"打开"对话框中的 打开 按钮，然后再次单击编辑序列参数"表面铣削 4"对话框中的 确定 按钮，完成参数的设置。

Step8. 单击"铣削：表面铣削"操控板中的 间隙 选项卡，在 参考 区域选择模型树中的 ACS1 为参考，在 值 文本框中输入值 20.0。

Stage2．演示刀具轨迹

Step1. 在"铣削：表面铣削"操控板中单击⌷按钮，系统弹出"播放路径"对话框。

Step2. 单击"播放路径"对话框中的 ◨◨◨◨◨◨◨◨▶◨◨◨◨◨ 按钮，观测刀具的行走路线，结果如图 51.48 所示；演示完成后，单击 关闭 按钮。

Stage3．观察仿真加工

Step1. 在"铣削：表面铣削"操控板中单击⌷按钮右侧的˅按钮，在弹出的菜单中单击⌷按钮，系统弹出"VERICUT 7.1.2 by CGTECH"窗口，单击◉按钮，运行结果如图 51.49 所示。

Step2. 演示完成后，单击软件右上角的✖按钮，在弹出的"Save Changes Before Exiting VERICUT?"对话框中单击 Save Checked Files 按钮，关闭仿真软件。

Step3. 在"铣削：表面铣削"操控板中单击✔按钮完成操作。

图 51.48　刀具行走路线

图 51.49　动态仿真

Stage4．材料切减

Step1. 选取命令。单击 铣削 功能选项卡中的 制造几何▼ 按钮，在弹出的菜单中选择 ⌷材料移除切削 命令，系统弹出"NC 序列列表"菜单，然后在此菜单中选择 8: 表面铣削 4, 操作: OP010，此时系统弹出▼ MAT REMOVAL (材料移除) 菜单。

Step2. 在弹出的▼ MAT REMOVAL (材料移除) 菜单中选择 Construct (构造) ➡ Done (完成) 命令，系统弹出菜单管理器。

Step3. 在▼ SOLID (实体) 菜单中选择 Cut (切减材料) 命令，此时系统弹出▼ SOLID OPTS (实体选项) 菜单；然后在▼ SOLID OPTS (实体选项) 菜单中选择 Use Quilt (使用面组) ➡ Done (完成) 命令，此时系统弹出"实体化"操控板。

Step4. 在"实体化"操控板中单击 参考 选项卡，然后选择拉伸 4 为面组参考，单击"实体化"操控板中的"反向"按钮⌷调整切减材料的侧面，单击✔按钮完成设置；单击 Done/Return (完成/返回) 按钮，完成特征创建。

Step5. 选择下拉菜单 文件▼ ➡ ⌷ 保存(S) 命令，保存文件。

实例 52　轨 迹 铣 削

实例概述：

使用轨迹铣削，刀具可沿着用户定义的任意轨迹进行扫描，主要用于扫描类特征零件的加工。不同形状的工件所使用的刀具外形将有所不同，刀具的选择要根据所加工的沟槽形状来定义，因此，在指定加工工艺时，一定要考虑到刀具的外形。

下面介绍图 52.1 所示的轨迹铣削的加工过程，其加工工艺路线如图 52.2、图 52.3 所示。

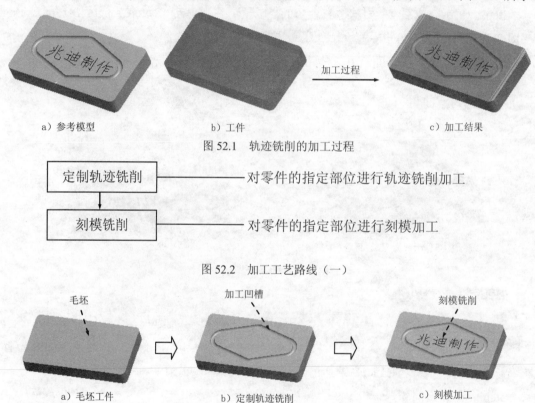

a）参考模型　　　　　　　　　b）工件　　　　　　　　c）加工结果

加工过程

图 52.1　轨迹铣削的加工过程

| 定制轨迹铣削 | ——对零件的指定部位进行轨迹铣削加工 |
| 刻模铣削 | ——对零件的指定部位进行刻模加工 |

图 52.2　加工工艺路线（一）

毛坯　　　　　加工凹槽　　　　刻模铣削

a）毛坯工件　　　　　　b）定制轨迹铣削　　　　　c）刻模加工

图 52.3　加工工艺路线（二）

Task1．新建一个数控制造模型文件

Step1. 设置工作目录。选择下拉菜单 **文件▼** ➡ **管理会话(M)** ➡ **选择工作目录(W) 更改工作目录。** 命令，将工作目录设置至 D:\creoins3\work\ch13\ins52。

Step2. 选择下拉菜单 **文件▼** ➡ **新建(N)** 命令。

Step3. 在"新建"对话框中选中 **类型** 选项组中的 ◉ **制造** 单选项，选中 **子类型** 选项组中的 ◉ **NC装配** 单选项，在 **名称** 文本框中输入文件名 TRAJECTORY_MILLING，取消

□ 使用默认模板 复选框中的"√"号，单击该对话框中的 确定 按钮。

Step4. 在系统弹出的"新文件选项"对话框的"模板"选项组中选择 mmns_mfg_nc 模板，然后在该对话框中单击 确定 按钮。

Task2. 建立制造模型

Stage1. 引入参考模型

Step1. 单击 制造 功能选项卡 元件 ▼ 区域中的"装配参考模型"按钮 。

Step2. 从弹出的"打开"对话框中选取三维零件模型——trajectory.prt 作为参考零件模型，并将其打开，系统弹出"元件放置"操控板。

Step3. 在"元件放置"操控板中选择 默认 命令，然后单击 按钮，完成参考模型的放置，放置后如图 52.4 所示。

Stage2. 引入工件模型

Step1. 单击 制造 功能选项卡 元件 ▼ 区域中的 工件 ▼ 按钮，在弹出的菜单中选择 装配工件 命令，系统弹出"打开"对话框。

Step2. 从弹出的文件"打开"对话框中选取三维零件模型——workpiece.prt 作为参考工件模型，并将其打开。

Step3. 在"放置"操控板中选择 默认 命令，然后单击 按钮，完成毛坯工件的放置，放置后如图 52.5 所示。

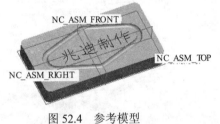

图 52.4　参考模型

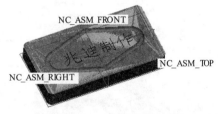

图 52.5　毛坯工件

Task3. 制造设置

Step1. 选取命令。单击 制造 功能选项卡 工艺 ▼ 区域中的"操作"按钮 ，此时系统弹出"设置：操作"操控板。

Step2. 机床设置。单击"设置：操作"操控板中的"制造设置"按钮 ，在弹出的菜单中选择 铣削 命令，系统弹出"设置：铣削工作中心"对话框，在 轴数 下拉列表中选择 3 轴 。

Step3. 刀具设置。在"设置：铣削工作中心"对话框中单击 刀具 选项卡，然后单击 刀具... 按钮，弹出"刀具设定"对话框；设置图 52.6 所示的刀具参数，设置完毕后依次单击 应用 和 确定 按钮，返回到"设置：铣削工作中心"对话框。

Step4. 在"设置：铣削工作中心"对话框中单击☑按钮，返回到"设置：操作"对话框。

Step5. 机床坐标系设置 1。在"设置：操作"操控板中单击 🔲 按钮，在弹出的菜单中选择 ⚒ 命令，系统弹出图 52.7 所示的"坐标系"对话框；然后依次选取 NC_ASM_FRONT、NC_ASM_ RIGHT 和图 52.8 所示的模型表面作为创建坐标系的三个参考平面，单击 确定 按钮完成坐标系的创建；在"设置：操作"操控板中单击 ▶ 按钮，此时系统自动选择新创建的坐标系作为加工坐标系。

注意：在选取多个参考面时，需要按住 Ctrl 键。

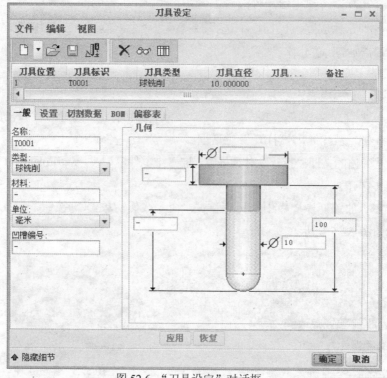

图 52.6 "刀具设定"对话框

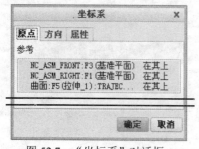

图 52.7 "坐标系"对话框

图 52.8 选取参考平面

Step6. 退刀面的设置。在"设置：操作"操控板中单击 间隙 按钮，系统弹出"间隙"设置界面，然后在 类型 下拉列表中选择 平面 选项，单击 参考 文本框，在模型中选取图 52.9

所示的模型表面为参考，在 值 文本框中输入值 10.0，此时在图形区预览退刀平面如图 52.9
所示。

Step7. 在"设置：操作"操控板中单击☑按钮。

Step8. 创建曲面。在图形区选取图 52.10 所示的模型表面为被复制的面，然后选择
操作 ▼ 区域的"复制"命令，再单击 操作 ▼ 区域的"粘贴"命令，在此操控
板中单击☑按钮。

说明：在复制面时为了方便可把毛坯件隐藏。

Task4. 加工方法设置

Step1. 单击 铣削 功能选项卡中的 雕刻 选项，此时系统弹出 ▼ NC SEQUENCE (NC 序列) 菜
单。

Step2. 在系统弹出的 ▼ NC SEQUENCE (NC 序列) 菜单中选中图 52.11 所示的复选框，然后选择
Done (完成) 命令，在弹出的"刀具设定"对话框中单击 确定 按钮。

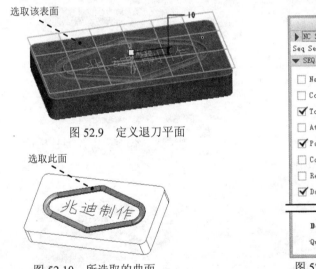

图 52.9　定义退刀平面

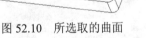

图 52.10　所选取的曲面

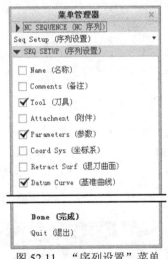

图 52.11　"序列设置"菜单

Step3. 在系统弹出的编辑序列参数"槽加工"对话框中设置基本的加工参数，如图 52.12
所示，然后单击编辑序列参数"槽加工"对话框中的 确定 按钮，完成参数的设置。

Step4. 选取图 52.13 中的曲线。单击"选择"对话框中的 确定 按钮；然后单击
▼ SELECT CRVS (选择曲线) 菜单中的 Done/Return (完成/返回) 命令，完成曲线的选择。

Task5. 演示刀具轨迹

Step1. 在 ▼ NC SEQUENCE (NC 序列) 菜单中选择 Play Path (播放路径) 命令。

Step2. 在 ▼ PLAY PATH (播放路径) 菜单中选择 Screen Play (屏幕演示) 命令，系统弹出"播放路径"
对话框。

Step3. 单击"播放路径"对话框中的 ▶ 按钮，观测刀具的行走路线，其刀具行走路线如图 52.14 所示。

Step4. 演示完成后，单击"播放路径"对话框中的 关闭 按钮。

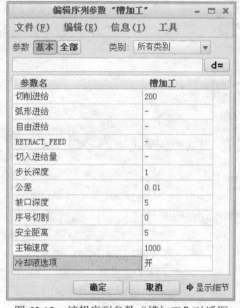

图 52.12　编辑序列参数"槽加工"对话框

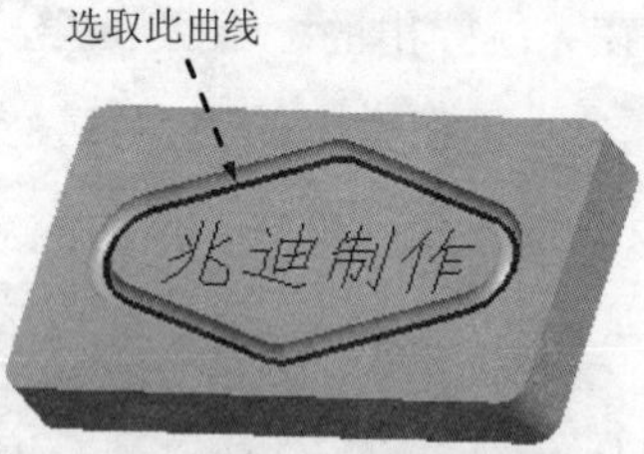

图 52.13　选取曲线

Task6. 加工仿真

Step1. 在 ▼ PLAY PATH (播放路径) 菜单中选择 NC Check (NC 检查) 命令，进入刀具模拟环境，观察刀具切割工件的情况，仿真结果如图 52.15 所示。

图 52.14　刀具行走路线

图 52.15　仿真结果

Step2. 演示完成后，单击软件右上角的 ✕ 按钮，在弹出的"Save Changes Before Exiting VERICUT?"对话框中单击 Save Checked Files 按钮，关闭仿真软件。

Step3. 在 ▼ NC SEQUENCE (NC 序列) 菜单中选择 Done Seq (完成序列) 命令。

Task7. 材料切减

Step1. 选取命令。单击 铣削 功能选项卡中的 制造几何 ▼ 按钮，在弹出的菜单中选择 材料移除切削 命令，系统弹出"NC 序列列表"菜单，然后在此菜单中选择

1: 槽加工，操作: OPO10 ，此时系统弹出 ▼ FEAT CLASS (特征类) 菜单。

Step2. 在弹出的 ▼ FEAT CLASS (特征类) 菜单中选择 Solid (实体) 命令，在 ▼ SOLID (实体) 菜单中选择 Cut (切减材料) 命令，此时系统弹出 ▼ SOLID OPTS (实体选项) 菜单；然后在 ▼ SOLID OPTS (实体选项) 菜单中选择 Use Quilt (使用面组) ➡ Done (完成) 命令，此时系统弹出"实体化"操控板。

Step3. 在"实体化"操控板中单击 参考 选项卡，然后选择图 52.16 所示的面为面组参考，切减材料的方向如图 52.16 所示，单击 ✔ 按钮完成设置；单击 Done/Return (完成/返回) 按钮完成特征创建，结果如图 52.17 所示。

图 52.16 定义参考面 图 52.17 材料切减后的工件

Task8. 刻模加工

Stage1. 制造设置

Step1. 单击 铣削 功能选项卡中的 ⚒ 雕刻 选项，此时系统弹出 ▼ NC SEQUENCE (NC 序列) 菜单。

Step2. 在弹出的 ▼ NC SEQUENCE (NC 序列) 菜单中选中 ✔ Tool (刀具)、✔ Parameters (参数)、和 ✔ Groove Feat (槽特征) 复选框，然后选择 Done (完成) 命令。

Step3. 在弹出的"刀具设定"对话框中单击"新建"按钮 ☐ ，设置刀具参数，设置完成后的结果如图 52.18 所示；在"刀具设定"对话框中单击 应用 按钮，然后单击 确定 按钮。

Step4. 在系统弹出的编辑序列参数"槽加工"对话框中设置基本的加工参数，如图 52.19 所示，然后单击编辑序列参数"槽加工"对话框中的 确定 按钮，完成参数的设置。

Step5. 选取图 52.20 中的特征。单击"选择"对话框中的 确定 按钮；然后单击 ▼ SELECT GRVS (选择 GRVS) 菜单中的 Done/Return (完成/返回) 命令，完成曲线的选择。

Stage2. 演示刀具轨迹

Step1. 在弹出的 ▼ NC SEQUENCE (NC 序列) 菜单中选择 Play Path (播放路径) 命令。

Step2. 在 ▼ PLAY PATH (播放路径) 菜单中选择 Screen Play (屏幕演示) 命令，弹出"播放路径"对话框。

Step3. 单击"播放路径"对话框中的 ▶ 按钮，观测刀具的行走路线，其刀具行走路线如图 52.21 所示。

Step4. 演示完成后，单击"播放路径"对话框中的 关闭 按钮。

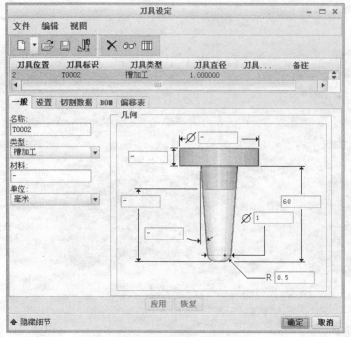

图 52.18　"刀具设定"对话框

图 52.19　编辑序列参数"槽加工"对话框

图 52.20　所选取的特征

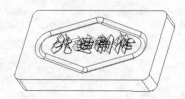

图 52.21　刀具行走路线

Stage3．观察仿真加工

Step1．在 ▼ PLAY PATH（播放路径）菜单中选择 NC Check（NC 检查）命令，进入刀具模拟环境，观察刀具切割工件的情况，仿真结果如图 52.22 所示。

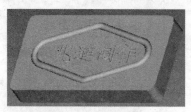

图 52.22　仿真结果

Step2．演示完成后，单击软件右上角的 ×｜按钮，在弹出的"Save Changes Before Exiting VERICUT?"对话框中单击 Save Checked Files 按钮，关闭仿真软件。

Step3．在 ▼ NC SEQUENCE（NC 序列）菜单中选择 Done Seq（完成序列）命令。

Step4．选择下拉菜单 文件 ▾ ━━▶ 保存(S) 命令，保存文件。

实例 53　凸 模 加 工

实例概述:

　　本实例讲解了香皂盒凸模的加工过程,该凸模的曲面较多,在安排工艺路线时应注意曲面的加工质量。下面介绍图 53.1 所示凸模的加工过程,其加工工艺路线如图 53.2 所示。

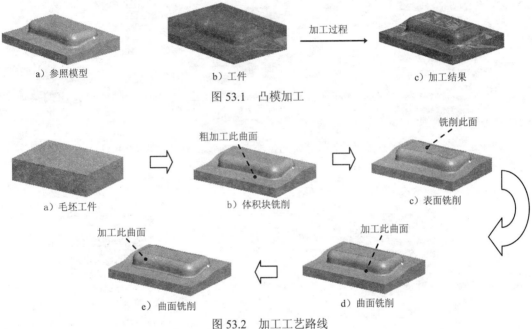

a) 参照模型　　　　　　　　　　　　b) 工件　　　　　加工过程　　　　c) 加工结果

图 53.1　凸模加工

a) 毛坯工件　　　　粗加工此曲面　　b) 体积块铣削　　铣削此面　　c) 表面铣削

加工此曲面　　　　　　　　　　加工此曲面

e) 曲面铣削　　　　　　　　　　d) 曲面铣削

图 53.2　加工工艺路线

其加工操作过程如下。

Task1.　新建一个数控制造模型文件

Step1.　设置工作目录。选择下拉菜单 **文件 ▾** ➡ **管理会话 (M)** ▶ ➡ **选择工作目录 (Y) / 更改工作目录.** 命令,将工作目录设置至 D:\creoins3\work\ch13\ins53\。

Step2.　在工具栏中单击"新建"按钮 ☐,弹出"新建"对话框。

Step3.　在"新建"对话框的 **类型** 选项组中选中 ⦿ **▦ 制造** 单选项,在 **子类型** 选项组中选中 ⦿ **NC装配** 单选项,在 **名称** 文本框中输入文件名称 MOLD_NC,取消选中 ☐ **使用默认模板** 复选框,单击该对话框中的 **确定** 按钮。

Step4.　在系统弹出的"新文件选项"对话框的 **模板** 选项组中选择 **mmns_mfg_nc** 模板,然后在该对话框中单击 **确定** 按钮。

Task2. 建立制造模型

Stage1. 引入参照模型

Step1. 单击 制造 功能选项卡 元件 ▾ 区域中的"装配参考模型"按钮 （或单击 参考模型 ▾ 按钮，然后在弹出的菜单中选择 装配参考模型 命令），系统弹出"打开"对话框。

Step2. 从弹出的 "打开"对话框中选取三维零件模型——mold.prt 作为参照零件模型，并将其打开，系统弹出"元件放置"操控板。

Step3. 在"元件放置"操控板中选择 默认 选项，然后单击 ✓ 按钮，完成参照模型的放置，放置后如图 53.3 所示。

Stage2. 创建工件

手动创建图 53.4 所示的坯料，操作步骤如下。

Step1. 单击 制造 功能选项卡 元件 ▾ 区域中的 工件 ▾ 按钮，然后在弹出的菜单中选择 创建工件 选项。

Step2. 在系统 输入零件 名称 [PRT0001]: 的提示下，输入工件名称 MOLD_WORKPIECE，再在提示栏中单击"完成"按钮 ✓。

图 53.3 放置后的参照模型

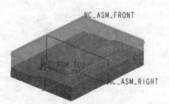

图 53.4 制造模型

Step3. 创建工件特征。

（1）在菜单管理器中选择 ▾ FEAT CLASS (特征类) 菜单中的 Solid (实体) ➤ Protrusion (伸出项) 命令，在弹出的 ▾ SOLID OPTS (实体选项) 菜单中选择 Extrude (拉伸) ➤ Solid (实体) ➤ Done (完成) 命令，此时系统显示"拉伸"操控板。

（2）创建实体拉伸特征。

① 定义拉伸类型。在出现的操控板中，确认"实体"类型按钮 □ 被按下。

② 定义草绘截面放置属性。在绘图区中右击，从弹出的快捷菜单中选择 定义内部草绘... 命令，系统弹出"草绘"对话框；在系统 ➡ 选择一个平面或曲面以定义草绘平面。的提示下，选取 NC_ASM_RIGHT 基准平面为草绘平面，接受默认的箭头方向为草绘视图方向，然后选取 NC_ASM_TOP 基准平面为参照平面，方向为 左；单击 草绘 按钮，系统进入截面草绘环境。

③ 定义草绘参考。此时系统弹出"参考"对话框，在模型树中选取 NC_ASM_TOP 基

准平面和 NC_ASM_ FRONT 基准平面为草绘参照，单击 关闭(C) 按钮。

④ 绘制截面草图。进入截面草绘环境后，绘制的截面草图如图 53.5 所示；完成特征截面的绘制后，单击工具栏中的"完成"按钮 ✔ 。

⑤ 选取深度类型并输入深度值。在操控板中选取深度类型为 日，输入深度值 180。

⑥ 完成特征的创建。在"拉伸"操控板中单击"完成"按钮 ✔ ，完成特征的创建。

Task3. 制造设置

Step1. 单击 制造 功能选项卡 工艺 ▼ 区域中的"操作"按钮 ⟿ ，此时系统弹出 "设置：操作" 操控板。

Step2. 机床设置。单击"设置：操作" 操控板中的"制造设置"按钮 🗍 ，在弹出的菜单中选择 铣削 选项，系统弹出"设置：铣削工作中心"对话框，在 轴数 下拉列表中选择 3 轴 选项，然后单击 ✔ 按钮，完成机床的设置。

Step3. 设置机床坐标系。在"设置：操作"操控板中单击 基准 按钮，在弹出的菜单中选择 ✳ 命令，系统弹出"坐标系"对话框；按住 Ctrl 键依次选择 NC_ASM_TOP、NC_ASM_RIGHT 基准平面和图 53.6 所示的模型表面作为创建坐标系的三个参照平面，单击 确定 按钮完成坐标系的创建；单击 ▶ 按钮，此时系统自动选择新创建的坐标系作为加工坐标系。

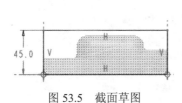

图 53.5 截面草图

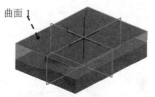

图 53.6 选择参照平面

Step4. 退刀面的设置。在"设置：操作"操控板中单击 间隙 按钮，在"间隙"设置界面中的 类型 下拉列表中选择 平面 选项，单击 参考 文本框，在模型树中选取坐标系 ACS1 为参照，在 值 文本框中输入值 10.0。

Step5. 单击"设置：操作"操控板中的 ✔ 按钮，完成操作设置。

Task4. 体积块加工

Stage1. 加工方法设置

Step1. 单击 铣削 功能选项卡 铣削 ▼ 区域中的"粗加工"按钮 🔩 ，然后在弹出的菜单中选择 体积块粗加工 选项，此时系统弹出 "体积块铣削"操控板。

Step2. 在"体积块铣削"操控板的 ⚬ 无刀具 ▼ 下拉列表中选择 ▯ 编辑刀具... 选项，系统弹出"刀具设定"对话框。

Step3. 在弹出的"刀具设定"对话框中设置刀具参数如图 53.7 所示，设置完毕后依次

单击 应用 和 确定 按钮。

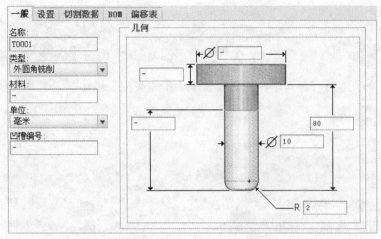

图 53.7 设定刀具一般参数

Step4. 在编辑序列参数"体积块铣削"对话框中单击 基本 按钮，设置图 53.8 所示的加工参数；在该对话框中选择下拉菜单 文件(F) ➡ 另存为... 命令，将文件命名为 milprm01，单击"保存副本"对话框中的 确定 按钮，然后再次单击编辑序列参数"体积块铣削"对话框中的 确定 按钮，完成参数的设置。

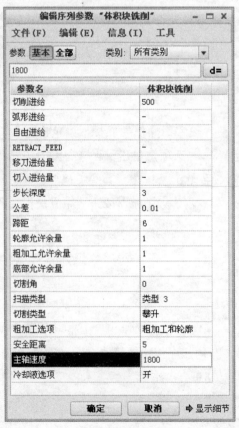

图 53.8 编辑序列参数"体积块铣削"对话框

Step5. 在系统 ▼ DEFINE WIND (定义窗口) 菜单中选择 Select Wind (选择窗口) 命令, 在系统 ➡选择或创建铣削窗口. 提示下, 单击 铣削 功能选项卡 制造几何 ▼ 区域中的 "铣削窗口" 按钮 🗃, 系统弹出 "铣削窗口" 操控板。

（1）在 "铣削窗口" 操控板中单击 ✍ 按钮, 然后在绘图区选择图 53.9 所示的模型表面, 单击 "铣削窗口" 操控板中的 ⌂ 按钮, 系统弹出 "草绘" 对话框; 单击 草绘 按钮, 系统进入草绘环境。

（2）定义草绘参考。此时系统弹出 "参考" 对话框, 在模型树中选取 NC_ASM_TOP 基准平面为草绘参照, 单击 关闭(C) 按钮。

（3）绘制截面草图。进入截面草绘环境后, 绘制的截面草图如图 53.10 所示; 完成特征截面的绘制后, 单击工具栏中的 "完成" 按钮 ✔。

（4）在 "铣削窗口" 操控板中单击 "完成" 按钮 ✔, 则完成铣削曲面的创建。

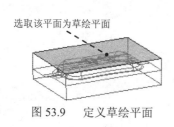

图 53.9　定义草绘平面

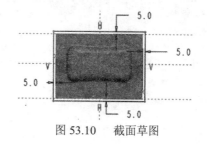

图 53.10　截面草图

Stage2. 演示刀具轨迹

Step1. 在 ▼ NC SEQUENCE (NC 序列) 菜单中选择 Play Path (播放路径) 命令, 此时系统弹出 ▼ PLAY PATH (播放路径) 菜单。

Step2. 在 ▼ PLAY PATH (播放路径) 菜单中选择 Screen Play (屏幕演示) 命令, 系统弹出 "播放路径" 对话框。

Step3. 单击 "播放路径" 对话框中的 ▶ 按钮, 观测刀具的路径, 如图 53.11 所示, 单击 ▶ CL 数据 栏可以打开窗口查看生成的 CL 数据。

Stage3. 加工仿真

Step1. 在 ▼ PLAY PATH (播放路径) 菜单中选择 NC Check (NC 检查) 命令, 系统弹出 "VERICUT 7.1.2 by CGTECH" 窗口; 单击 ◉ 按钮, 观察刀具切割工件的运行情况, 仿真结果如图 53.12 所示。

Step2. 演示完成后, 单击软件右上角的 ✖ 按钮, 在弹出的 "Save Changes Before Exiting VERICUT?" 对话框中单击 Save Checked Files 按钮, 关闭仿真软件。

Step3. 在 ▼ NC SEQUENCE (NC 序列) 菜单中选择 Done Seq (完成序列) 命令。

图 53.11 刀具路径

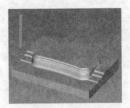

图 53.12 仿真结果

Stage4. 材料切减

Step1. 单击 铣削 功能选项卡中的 制造几何 ▼ 按钮,在弹出的菜单中选择 材料移除切削 命令,然后在弹出的 ▼ NC 序列列表 菜单中选择 1: 体积块铣削, 操作: OP010 选项,依次选择 ▼ MAT REMOVAL (材料移除) ➡ Automatic (自动) ➡ Done (完成) 命令。

Step2. 在弹出的"相交元件"对话框中依次单击 自动添加 按钮和 ▤ 按钮,最后单击 确定 按钮,完成材料切减。

Task5. 表面加工

Stage1. 复制并延伸曲面特征

Step1. 右击模型树中的 🗁 MOLD_WORKPIECE.PRT 节点,在弹出的快捷菜单中选择 隐藏 命令。

Step2. 复制曲面特征。

(1)设置"选择"类型。在"智能"选取栏的下拉列表中选择 几何 选项。

(2)按住 Ctrl 键,选取图 53.13 所示的模型表面;切换到 模型 功能选项卡,依次单击 操作 ▼ 区域的 📋复制 和 📋粘贴 按钮。

(3)单击"曲面:复制"操控板中的"完成"按钮 ✔。

Step3. 延伸曲面特征。

(1)选取复制曲面的任意一边缘,在 模型 功能选项卡中单击 修饰符 ▼ 按钮,在弹出的快捷菜单中选择 ⊒延伸 命令。

(2)在"曲面延伸:曲面延伸"操控板的偏移类型栏中选择 🔲,在操控板中单击 参考 按钮,再单击 细节... 按钮,系统弹出"链"对话框,选中 ◉ 基于规则 和 ◉ 相切 单选项,此时系统自动选中复制 1 的全部边线,单击 确定 按钮。

(3)定义偏移值。在操控板的 ↦ 文本框中输入延伸距离值 5.0。

(4)在操控板中单击 ✔ 按钮,完成延伸曲面的创建。

Stage2. 拉伸、合并曲面特征

Step1. 在 模型 功能选项卡中单击 切口和曲面 ▼ 区域的 📷拉伸 按钮,系统弹出"拉伸"操

控板，确认"曲面"按钮 被按下，并保证"去除材料"按钮 为弹起状态。

　　Step2. 在"拉伸"操控板中单击 放置 按钮，然后在弹出的界面中单击 定义... 按钮，系统弹出"草绘"对话框；选取上一步创建的延伸曲面为草绘平面，选取 NC_ASM_RIGHT 为参照平面，方向为 左，接受箭头默认方向；单击 草绘 按钮，系统进入草绘环境。

　　Step3. 进入截面草绘环境后，绘制的截面草图如图 53.14 所示（草图轮廓与延伸曲面 1 的边缘重合）；完成特征截面的绘制后，单击工具栏中的"完成"按钮 。

图 53.13　复制对象　　　　　　　　图 53.14　截面草图

　　Step4. 在"拉伸"操控板中选择拉伸类型为 ，并输入深度数值 1，单击 按钮，调整拉伸方向，最后单击 按钮，则完成拉伸特征的创建。

　　Step5. 合并曲面。在模型树中选取 延伸 1 和 拉伸 1 ，然后在 模型 功能选项卡中单击 修饰符 ▼ 按钮，在弹出的快捷菜单中选择 合并 命令，在"合并"操控板中单击 按钮，完成面组的合并。

　　Step6. 隐藏曲面。在模型树上选中 复制 1 节点，右击，从弹出的快捷菜单中选择 隐藏 命令。

Stage3. 加工方法设置

　　Step1. 单击 铣削 功能选项卡 铣削 ▼ 区域中的 表面 按钮，此时系统弹出"铣削：表面铣削"操控板。

　　Step2. 在"铣削：表面铣削"操控板的 下拉列表中选择 编辑刀具... 选项，系统弹出"刀具设定"对话框。

　　Step3. 在弹出的"刀具设定"对话框中单击"新建"按钮 ，在 一般 选项卡中设置图 53.15 所示的刀具参数，设置完毕后依次单击 应用 和 确定 按钮，返回到"铣削：表面铣削"操控板。

　　Step4. 在"铣削：表面铣削"操控板中单击 参考 按钮，在弹出的"参考"设置界面的 类型 下拉列表中选择 曲面 选项，单击 加工参考: 列表框，选取图 53.16 所示的平面（参照模型的顶面）。

　　Step5. 在"铣削：表面铣削"操控板中单击 参数 按钮，从弹出的"参数"设置界面中设置图 53.17 所示的切削参数。

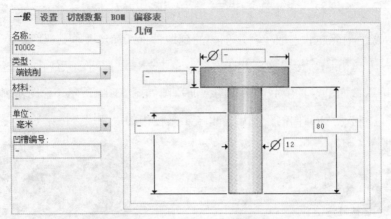

图 53.15 设定刀具一般参数

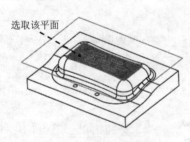

选取该平面

图 53.16 选取平面参考

图 53.17 设置切削参数

Stage4. 演示刀具轨迹

Step1. 在 "铣削：表面铣削" 操控板中单击 按钮，系统弹出 "播放路径" 对话框。

Step2. 单击 "播放路径" 对话框中的 按钮，观测刀具的行走路线，结果如图 53.18 所示；演示完成后，单击 关闭 按钮。

Stage5. 观察仿真加工

Step1. 切换到 视图 功能选项卡，选中模型树中的 MOLD_WORKPIECE.PRT 节点，单击 可见性 区域的 取消隐藏 按钮，取消工件隐藏。

Step2. 在 "铣削：表面铣削" 操控板中单击 按钮，系统弹出 "VERICUT 7.1.2 by

CGTECH"窗口，单击  按钮，运行结果如图 53.19 所示。

Step3. 演示完成后，单击软件右上角的 ✕ 按钮，在弹出的"Save Changes Before Exiting VERICUT?"对话框中单击 Save Checked Files 按钮。

Step4. 在"铣削：表面铣削"操控板中单击 ✓ 按钮完成操作。

图 53.18　刀具路径

图 53.19　仿真结果

Stage6. 材料切减

Step1. 选取命令。单击 铣削 功能选项卡中的 制造几何 ▼ 按钮，在弹出的菜单中选择 材料移除切削 命令；在弹出的 ▼ NC 序列列表 菜单中选择 2: 表面铣削 1, 操作: OP010 选项，然后依次选择 ▼ MAT REMOVAL (材料移除) ➡ Construct (构造) ➡ Done (完成) 命令。

Step2. 此时在系统弹出的 ▼ FEAT CLASS (特征类) 菜单中依次选择 Solid (实体) ➡ ▼ SOLID (实体) ➡ Cut (切减材料) 命令，系统弹出 ▼ SOLID OPTS (实体选项) 菜单，在此菜单中选择 Use Quilt (使用面组) ➡ Done (完成) 命令。

Step3. 切换到 视图 功能选项卡，选中模型树中的 复制 1 节点，单击 可见性 区域的 取消隐藏 按钮，取消隐藏。

Step4. 此时系统弹出"实体化"操控板，在系统 ➡ 选择实体中要添加或移除材料的面组或曲面. 提示下，选取前面创建的合并曲面 1，采用系统默认的切除方向；然后单击操控板中的 ✓ 按钮，完成材料切减。

Step5. 在系统弹出的 ▼ FEAT CLASS (特征类) 菜单中选择 Done/Return (完成/返回) 命令。

Task6. 轮廓加工

Stage1. 加工方法设置

Step1. 隐藏毛坯。在模型树中右击 MOLD_WORKPIECE.PRT 节点，在弹出的菜单中选择 隐藏 命令。

Step2. 单击 铣削 功能选项卡 铣削 ▼ 区域中的 轮廓铣削 按钮，此时系统弹出"铣削：轮廓铣削"操控板。

Step3. 在"铣削：轮廓铣削"操控板的 ⊤ 下拉列表中选择 编辑刀具... 选项，系统弹出"刀具设定"对话框。

Step4. 在"刀具设定"对话框中单击"新建"按钮 ，设置新的刀具参数（图 53.20）；然后依次单击 应用 和 确定 按钮，完成刀具参数的设定。

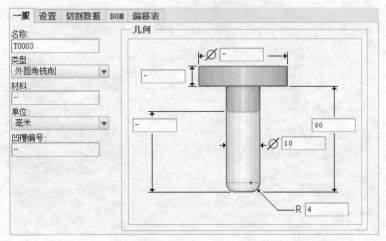

图 53.20　设定刀具一般参数

Step5. 在"铣削：轮廓铣削"操控板中单击 参考 按钮，在弹出的"参考"设置界面中设置图 53.21 所示的切削参数。

Step6. 在"铣削：轮廓铣削"操控板中单击 参考 按钮，在弹出的"参考"设置界面的 类型 下拉列表中选择 曲面 选项，选取图 53.22 所示的轮廓面（参照模型的侧面）。

切削进给	450
弧形进给	-
自由进给	-
RETRACT_FEED	-
切入进给量	-
步长深度	1
公差	0.01
轮廓允许余量	0
检查曲面允许余量	-
壁刀痕高度	0
切割类型	攀升
安全距离	5
主轴速度	1000
冷却液选项	开

图 53.21　设置切削参数

图 53.22　选取曲面

Stage2. 演示刀具轨迹及加工仿真

Step1. 在"铣削：轮廓铣削"操控板中单击 按钮，系统弹出"播放路径"对话框。

Step2. 单击"播放路径"对话框中的 ▶ 按钮，观测刀具的行走路线，结果如图 53.23 所示；演示完成后，单击 关闭 按钮。

Step3. 切换到 视图 功能选项卡，选中模型树中的 MOLD_WORKPIECE.PRT 节点，单击

可见性 区域的 ● 取消隐藏 按钮，取消工件隐藏。

Step4. 在"铣削：轮廓铣削"操控板中单击 按钮，系统弹出"VERICUT 7.1.2 by CGTECH"窗口，单击 按钮，运行结果如图 53.24 所示。

Step5. 演示完成后，单击软件右上角的 ✕ 按钮，在弹出的"Save Changes Before Exiting VERICUT?"对话框中单击 Save Checked Files 按钮，关闭仿真软件。

Step6. 在"铣削：轮廓铣削"操控板中单击 ✔ 按钮完成操作。

图 53.23　刀具路径

图 53.24　仿真结果

Stage3．切减材料

Step1. 单击 铣削 功能选项卡中的 制造几何 ▼ 按钮，在弹出的菜单中选择 ⚒ 材料移除切削 命令，然后在弹出的 ▼ NC 序列列表 菜单中选择 3: 轮廓铣削 1, 操作: OP010 选项，依次选择
▼ MAT REMOVAL (材料移除) ➡ Automatic (自动) ➡ Done (完成) 命令。

Step2. 系统弹出"相交元件"对话框，依次单击 自动添加 按钮和 ☰ 按钮，最后单击 确定 按钮，完成材料切减。

Task7．曲面铣削

Stage1．加工方法设置

Step1. 隐藏毛坯。在模型树中右击 ⊂ MOLD_WORKPIECE.PRT 节点，在弹出的菜单中选择 隐藏 命令。

Step2. 单击 铣削 功能选项卡 铣削 ▼ 区域中的 ⼚ 曲面铣削 按钮，此时系统弹出"序列设置"菜单。

Step3. 在弹出的 ▼ SEQ SETUP (序列设置) 菜单中选中 ✔ Tool (刀具)、✔ Parameters (参数) 和 ✔ Surfaces (曲面)、✔ Define Cut (定义切削) 复选框，然后选择 Done (完成) 命令。

Step4. 在弹出的"刀具设定"对话框中单击"新建"按钮 ⧉，设置图 53.25 所示的刀具参数，设置完毕后依次单击 应用 和 确定 按钮，完成刀具参数的设定。

Step5. 在系统弹出的编辑序列参数"曲面铣削"对话框中设置 基本 加工参数，结果如图 53.26 所示；选择下拉菜单 文件 (F) ➡ 另存为... 命令，将文件命名为 milprm02，单击"保存副本"对话框中的 确定 按钮，然后再次单击编辑序列参数"曲面铣削"对话框中

的 确定 按钮，完成参数的设置。

一般
设置
切割数据
BOM
偏移表
名称:
T0004
类型:
球铣削
材料:
-
单位:
毫米
凹槽编号:
-
几何
80
8

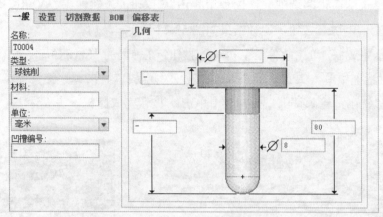

图 53.25 设定刀具一般参数

Step6. 系统弹出 SURF PICK（曲面拾取）菜单，依次选择 Model（模型） → Done（完成）命令，在系统弹出的 SELECT SRFS（选择曲面）菜单中选择 Add（添加）命令，然后选取图 53.27 所示的模型表面，最后选择 Done/Return（完成/返回）命令，在系统弹出的 SELECT SRFS（选择曲面）菜单中选择 Done/Return（完成/返回）命令，系统弹出“切削定义”对话框，采用默认设置，单击 确定 按钮。

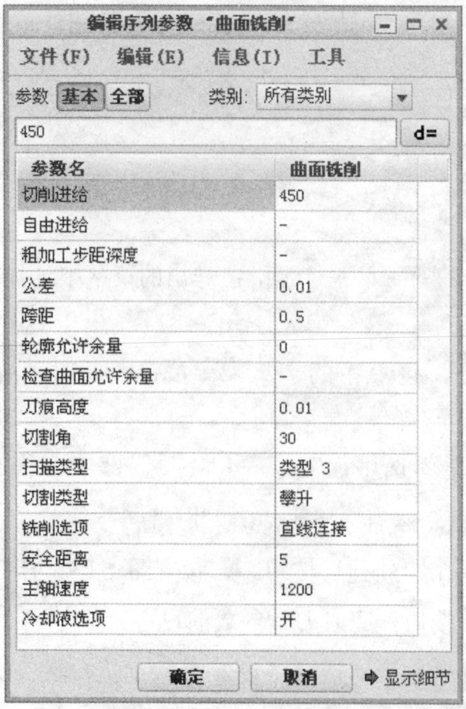

编辑序列参数“曲面铣削”
文件(F) 编辑(E) 信息(I) 工具
参数 基本 全部 类别: 所有类别
450 d=
参数名 曲面铣削
切削进给 450
自由进给 -
粗加工步距深度 -
公差 0.01
跨距 0.5
轮廓允许余量 0
检查曲面允许余量 -
刀痕高度 0.01
切割角 30
扫描类型 类型 3
切割类型 攀升
铣削选项 直线连接
安全距离 5
主轴速度 1200
冷却液选项 开
确定 取消 显示细节

图 53.26 编辑序列参数“曲面铣削”对话框

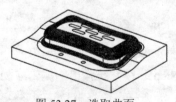

图 53.27 选取曲面

Stage2. 演示刀具轨迹及加工仿真

Step1. 在弹出的 ▼ NC SEQUENCE (NC 序列) 菜单中选择 Play Path (播放路径) 命令,此时系统弹出 ▼ PLAY PATH (播放路径) 菜单。

Step2. 在 ▼ PLAY PATH (播放路径) 菜单中选择 Screen Play (屏幕演示) 命令,弹出"播放路径"对话框。

Step3. 单击"播放路径"对话框中的 ▶ 按钮,观测刀具的路径,其刀具路径如图 53.28 所示;单击 ▶ CL 数据 栏可以查看生成的 CL 数据。

Step4. 演示完成后,单击"播放路径"对话框中的 关闭 按钮。

Step5. 切换到 视图 功能选项卡,选中模型树中的 MOLD_WORKPIECE.PRT 节点,单击 可见性 区域的 取消隐藏 按钮,取消工件隐藏。

Step6. 在 ▼ PLAY PATH (播放路径) 菜单中选择 NC Check (NC 检查) 命令,系统弹出"VERICUT 7.1.2 by CGTECH"窗口,单击 按钮,观察刀具切割工件的运行情况,仿真结果如图 53.29 所示。

Step7. 演示完成后,单击软件右上角的 ✕ 按钮,在弹出的"Save Changes Before Exiting VERICUT?"对话框中单击 Save Checked Files 按钮,关闭仿真软件。

Step8. 在 ▼ NC SEQUENCE (NC 序列) 菜单中选择 Done Seq (完成序列) 命令。

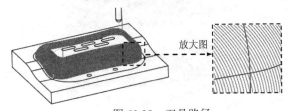

图 53.28 刀具路径

图 53.29 仿真结果

Stage3. 切减材料

Step1. 单击 铣削 功能选项卡中的 制造几何 ▼ 按钮,在弹出的菜单中选择 材料移除切削 命令,然后在弹出的 ▼ NC 序列列表 菜单中选择 4: 曲面铣削,操作: OP010 选项,依次选择 ▼ MAT REMOVAL (材料移除) ➡ Automatic (自动) ➡ Done (完成) 命令。

Step2. 系统弹出"相交元件"对话框,依次单击 自动添加 按钮和 ≡ 按钮,最后单击 确定 按钮,完成材料切减。

Task8. 曲面铣削

Stage1. 创建曲面特征

Step1. 右击模型树中的 MOLD_WORKPIECE.PRT 节点,在弹出的快捷菜单中选择 隐藏 命令。

Step2. 复制曲面特征。

（1）设置"选择"类型。在 "智能"选取栏的下拉列表中选择 几何 选项。

（2）按住 Ctrl 键，选取图 53.30 所示的模型表面；切换到 模型 功能选项卡，依次单击 操作▼ 区域的 复制 和 粘贴 按钮。

（3）单击"曲面：复制"操控板中的"完成"按钮 ✓。

Step3. 创建拉伸特征。

（1）在 模型 功能选项卡中单击 切口和曲面▼ 区域的 拉伸 按钮，在出现的"拉伸"操控板中确认"曲面"按钮 被按下，并保证"去除材料"按钮 为弹起状态。

（2）在"拉伸"操控板中单击 放置 按钮，然后在弹出的界面中单击 定义... 按钮，系统弹出"草绘"对话框；选取 NC_ASM_FRONT 基准平面为草绘平面，选取 NC_ASM_RIGHT 基准平面为参照平面，方向为 右，单击 反向 按钮调整草图方向；单击 草绘 按钮，系统进入草绘环境。

（3）进入草绘环境后，绘制图 53.31 所示的特征截面，完成后单击"完成"按钮 ✓。

（4）在"拉伸"操控板中选择深度类型为 ，输入深度值 50.0，单击 按钮调整拉伸方向；单击"完成"按钮 ✓，完成特征的创建，如图 53.32 所示。

图 53.30 复制对象

图 53.31 绘制草图轮廓

Step4. 合并曲面。在模型树中选取 复制 2 和 拉伸 2，然后在 模型 功能选项卡中单击 修饰符▼ 按钮，在弹出的快捷菜单中选择 合并 命令，合并方向如图 53.33 所示；单击 按钮，预览合并后的面组；确认无误后，单击 ✓ 按钮，完成面组的合并。

Step5. 右击模型树中的 复制 2 节点 ，在弹出的快捷菜单中选择 隐藏 命令。

Stage2. 加工方法设置

Step1. 单击 铣削 功能选项卡 铣削▼ 区域中的 曲面铣削 按钮，此时系统弹出"序列设置"菜单。

Step2. 在弹出的 Seq Setup (序列设置) 菜单中，选中 ☑ Tool (刀具)、☑ Parameters (参数)、☑ Surfaces (曲面) 和 ☑ Define Cut (定义切削) 复选项，然后选择 Done (完成) 命令，系统弹出 "刀具设定" 对话框。

Step3. 在弹出的"刀具设定"对话框中选取 `4 T0004　球铣削`，然后单击 `确定` 按钮，完成刀具参数的设定。

Step4. 在系统弹出的编辑序列参数"曲面铣削"对话框中设置 `基本` 加工参数，结果如图 53.34 所示；选择下拉菜单 `文件(F)` ➡ `另存为...` 命令，将文件命名为 milprm03，单击"保存副本"对话框中的 `确定` 按钮，然后再次单击编辑序列参数"曲面铣削"对话框中的 `确定` 按钮，完成参数的设置。

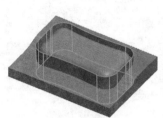

图 53.32　创建拉伸曲面

图 53.33　合并方向

编辑序列参数"曲面铣削"	
文件(F)　编辑(E)　信息(I)　工具	
参数 基本 全部　　类别: 所有类别	
参数名	**曲面铣削**
切削进给	450
自由进给	-
粗加工步距深度	-
公差	0.01
跨距	0.5
轮廓允许余量	0
检查曲面允许余量	-
刀痕高度	-
切割角	0
扫描类型	类型 3
切割类型	攀升
铣削选项	直线连接
安全距离	5
主轴速度	1200
冷却液选项	开

图 53.34　编辑序列参数"曲面铣削"对话框

Step5. 在系统弹出的 `SURF PICK (曲面拾取)` 菜单中，依次选择 `Model (模型)` ➡ `Done (完成)` 命令，在系统弹出的 `SELECT SRFS (选择曲面)` 菜单中选择 `Add (添加)` 命令，然后选取图 53.35 所示的模型表面，最后选择 `Done/Return (完成/返回)` 命令，在系统弹出的 `NCSEQ SURFS (NC 序列 曲面)` 菜单中选择 `Done/Return (完成/返回)` 命令。

Step6. 在系统弹出的图 53.36 所示的"切削定义"对话框中，选中 ⦿ `自曲面等值线` 单选项，在"曲面列表"中依次选中曲面标识，然后单击 按钮，调整切削方向，最后的调整结果如图 53.37 所示。

Step7. 单击 `预览` 按钮，在铣削曲面上显示刀具轨迹，确认刀具轨迹后，单击 `确定` 按钮。

Stage3. 演示刀具轨迹及加工仿真

Step1. 在弹出的 ▼ NC SEQUENCE (NC 序列) 菜单中选择 Play Path (播放路径) 命令，此时系统弹出 ▼ PLAY PATH (播放路径) 菜单。

Step2. 在 ▼ PLAY PATH (播放路径) 菜单中选择 Screen Play (屏幕演示) 命令，弹出"播放路径"对话框。

图 53.35　选取曲面

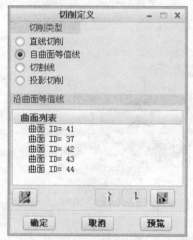

图 53.36　"切削定义"对话框

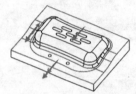

图 53.37　切削方向

Step3. 单击"播放路径"对话框中的 ▶ 按钮，观测刀具的路径，其刀具路径如图 53.38 所示。

Step4. 演示完成后，单击"播放路径"对话框中的 关闭 按钮。

Step5. 右击模型树中的 MOLD_WORKPIECE.PRT，在弹出的快捷菜单中选择 取消隐藏 命令，取消工件隐藏，否则不能观察仿真加工。

Step6. 在 ▼ PLAY PATH (播放路径) 菜单中选择 NC Check (NC 检查) 命令，系统弹出"VERICUT 7.1.2 by CGTECH"窗口；单击 ● 按钮，观察刀具切割工件的运行情况，仿真结果如图 53.39 所示。

Step7. 演示完成后，单击软件右上角的 ✕ 按钮，在弹出的"Save Changes Before Exiting VERICUT?"对话框中单击 Save Checked Files 按钮，关闭仿真软件。

Step8. 在 ▼ NC SEQUENCE (NC 序列) 菜单中选择 Done Seq (完成序列) 命令。

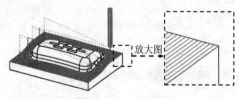

图 53.38　刀具路径

图 53.39　仿真结果

Stage4．切减材料

Step1．单击 铣削 功能选项卡中的 制造几何 ▾ 按钮，在弹出的菜单中选择 🎯材料移除切削 命令，然后再选择 ▾ NC 序列列表 ➡ 5: 曲面铣削, 操作: OP010 ，此时系统弹出 ▾ MAT REMOVAL (材料移除) 菜单，依次选择 Construct (构造) ➡ Done (完成) 命令。

Step2．右击模型树中的 ⌒复制 2 节点，在弹出的快捷菜单中选择 取消隐藏 命令。

Step3．此时在系统弹出的 ▾ FEAT CLASS (特征类) 菜单中依次选择 Solid (实体) ➡ ▾ SOLID (实体) ➡ Cut (切减材料) 命令，系统弹出 ▾ SOLID OPTS (实体选项) 菜单，在此菜单中依次选择 Use Quilt (使用面组) ➡ Done (完成) 命令。

Step4．此时系统弹出"实体化"操控板，在系统 ➡选择实体中要添加或移除材料的面组或曲面. 提示下，选取合并曲面 2，并定义图 53.40 所示的切减材料方向；然后单击 ✔ 按钮，完成材料切减，如图 53.41 所示。

Step5．在系统弹出的 ▾ FEAT CLASS (特征类) 菜单中选择 Done/Return (完成/返回) 命令。

图 53.40 切减方向

图 53.41 材料切减后的工件

Step6．选择下拉菜单 文件 ▾ ➡ 🖫保存(S) 命令，保存文件。

实例 54 凹 模 加 工

实例概述：

下面介绍图 54.1 所示的凹模零件的加工过程，其加工工艺路线如图 54.2、图 54.3 所示。

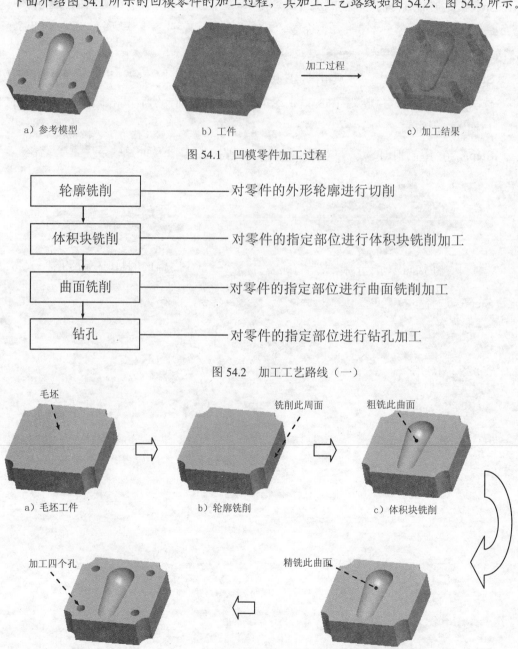

a) 参考模型   b) 工件   加工过程 ⟶   c) 加工结果

图 54.1 凹模零件加工过程

轮廓铣削	—— 对零件的外形轮廓进行切削
体积块铣削	—— 对零件的指定部位进行体积块铣削加工
曲面铣削	—— 对零件的指定部位进行曲面铣削加工
钻孔	—— 对零件的指定部位进行钻孔加工

图 54.2 加工工艺路线（一）

毛坯

a) 毛坯工件   铣削此周面 b) 轮廓铣削   粗铣此曲面 c) 体积块铣削

加工四个孔 e) 打孔   精铣此曲面 d) 曲面铣削

图 54.3 加工工艺路线（二）

其加工操作过程如下。

Task1．新建一个数控制造模型文件

Step1. 设置工作目录。选择下拉菜单 文件▾ ➡ 管理会话(M) ▸ ➡ 选择工作目录(W) 更改工作目录. 命令，将工作目录设置至 D:\creoins3\work\ch13\ins54。

Step2. 在工具栏中单击"新建"按钮 □，弹出"新建"对话框。

Step3. 在"新建"对话框的 类型 选项组中选中 ◉ ⬜ 制造 单选项，在 子类型 选项组中选中 ◉ NC装配 单选项，在 名称 文本框中输入文件名称 VOLUME_MILLING，取消选中 □ 使用默认模板 复选框，单击该对话框中的 确定 按钮。

Step4. 在系统弹出的"新文件选项"对话框的 模板 选项组中选择 mmns_mfg_nc 模板，然后在该对话框中单击 确定 按钮。

Task2．建立制造模型

Stage1．引入参照模型

Step1. 单击 制造 功能选项卡 元件▾ 区域中的"装配参考模型"按钮 ⬚。

Step2. 从弹出的"打开"对话框中选取三维零件模型——VOLUME_MILLING.prt 作为参照零件模型，并将其打开。

Step3. 在"元件放置"操控板中选择 ⯃ 默认 选项，然后单击 ✓ 按钮，放置后如图 54.4 所示。

Stage2．引入工件模型

Step1. 单击 制造 功能选项卡 元件▾ 区域中的 工件 按钮，在弹出的菜单中选择 ⬚ 装配工件 命令。

Step2. 从弹出的文件"打开"对话框中选取三维零件模型——workpiece.prt 作为参照工件模型，并将其打开。

Step3. 在"元件放置"操控板中选择 ⯃ 默认 选项，然后单击 ✓ 按钮，放置后如图 54.5 所示。

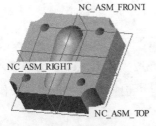

图 54.4　参考模型

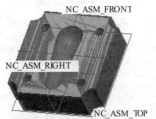

图 54.5　毛坯工件

Task3. 制造设置

Step1. 单击 制造 功能选项卡 工艺▾ 区域中的"操作"按钮 ，此时系统弹出"设置：操作"操控板。

Step2. 单击"设置：操作"操控板中的"制造设置"按钮 ，在弹出的菜单中选择 铣削 选项，系统弹出"设置：铣削工作中心"对话框，在 轴数 下拉列表中选择 3 轴 选项。

Step3. 在"设置：铣削工作中心"对话框中单击 刀具 选项卡，然后单击 刀具... 按钮，弹出"刀具设定"对话框。在"刀具设定"对话框的 一般 选项卡中设置图 54.6 所示的刀具参数，设置完毕后依次单击 应用 和 确定 按钮；在"设置：铣削工作中心"对话框中单击 ✓ 按钮，返回到"设置：操作"操控板。

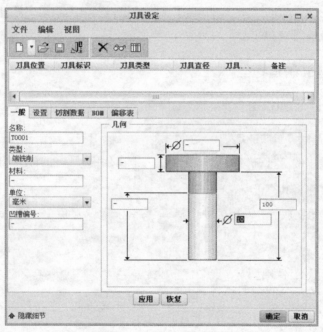

图 54.6 "刀具设定"对话框

Step4. 在"设置：操作"操控板中单击 基准 按钮，在弹出的菜单中选择 ✗ 命令，系统弹出"坐标系"对话框；然后依次选取 NC_ASM_FRONT、NC_ASM_RIGHT 和图 54.7 所示的曲面 1 作为创建坐标系的三个参照平面，最后单击 确定 按钮完成坐标系的创建；单击 ▶ 按钮，此时系统自动选择新创建的坐标系作为加工坐标系。

注意：在选取多个面时，需要按住 Ctrl 键。

Step5. 在"设置：操作"操控板中单击 间隙 按钮，在"间隙"设置界面的 类型 下拉列表中选择 平面 选项，单击 参考 文本框，在模型树中选取坐标系 ACS0 为参照，在 值 文本框中输入值 10.0，在 公差 文本框后输入加工的公差值 0.01；单击"设置：操作"操控板中的 ✓ 按钮，完成操作设置。

Task4．轮廓加工

Stage1．加工方法设置

Step1. 单击 **铣削** 功能选项卡 铣削 ▼ 区域中的 轮廓铣削 按钮，在"铣削：轮廓铣削"操控板的 ⊺ 下拉列表中选择 01：T0001 选项，单击 "暂停"按钮 ⏸ ，然后在模型树中右击 ▶ ⌸WORKPIECE.PRT 节点，在弹出的快捷菜单中选择 隐藏 命令，单击 ▶ 按钮继续进行设置。

Step2. 在"铣削：轮廓铣削"操控板中单击 参考 按钮，在弹出的"参考"设置界面的 类型 下拉列表中选择 曲面 选项，单击加工参考：下的"选择项"，按住 Ctrl 键选取图 54.8 所示的所有轮廓面（参照模型的侧面）。

Step3. 切换到 视图 功能卡，然后在模型树中选中前面隐藏的 ▶ ⌸WORKPIECE.PRT 节点，在 可见性 区域中选择 ⊙取消隐藏 命令。

Step4. 在"铣削：轮廓铣削"操控板中单击 参数 按钮，在弹出的"参数"设置界面中设置图 54.9 所示的切削参数。

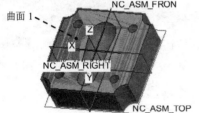

图 54.7　创建坐标系

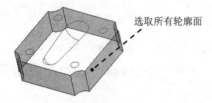

图 54.8　所选取的轮廓面

切削进给	800
弧形进给	-
自由进给	-
RETRACT_FEED	-
切入进给量	-
步长深度	2
公差	0.01
轮廓允许余量	0
检查曲面允许余量	-
壁刀痕高度	0
切割类型	攀升
安全距离	5
主轴速度	1200
冷却液选项	开

图 54.9　设置切削参数

Stage2．演示刀具轨迹

Step1. 在"铣削：轮廓铣削"操控板中单击 🗊 按钮，系统弹出"播放路径"对话框。

Step2. 单击"播放路径"对话框中的 ▶ 按钮，观测刀具的行走路线，结果如图 54.10 所示；演示完成后，单击 关闭 按钮。

Stage3．加工仿真

Step1. 在"铣削：轮廓铣削"操控板中单击 🗊 按钮右侧的 ˇ 按钮，在弹出的菜单中单击 🗊 按钮，系统弹出"VERICUT 7.1.2 by CGTECH"窗口；单击 🗊 按钮，运行结果如图 54.11 所示。

Step2. 演示完成后，单击软件右上角的 ✕ 按钮，在弹出的 "Save Changes Before Exiting VERICUT?" 对话框中单击 Save Checked Files 按钮，关闭仿真软件。

Step3. 在 "铣削：轮廓铣削" 操控板中单击 ✓ 按钮完成操作。

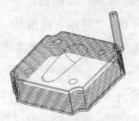

图 54.10　刀具行走路线

图 54.11　仿真结果

Stage4. 切减材料

Step1. 单击 铣削 功能选项卡中的 制造几何 ▾ 按钮，在弹出的菜单中选择 🔆 材料移除切削 命令，系统弹出 "NC 序列列表" 菜单，然后在此菜单中选择 1: 轮廓铣削 1, 操作: OP010 ，此时系统弹出 ▼ MAT REMOVAL（材料移除）菜单。

Step2. 在弹出的 ▼ MAT REMOVAL（材料移除）菜单中选择 Automatic（自动） ➡ Done（完成）命令，系统弹出 "相交元件" 对话框；依次单击 自动添加 按钮和 ☰ 按钮，最后单击 确定 按钮。

Task5. 体积块粗加工

Stage1. 加工方法设置

Step1. 单击 铣削 功能选项卡 铣削 ▾ 区域中的 "粗加工" 按钮 🔩，然后在弹出的菜单中选择 🔩 体积块粗加工 选项，此时系统弹出 "体积块铣削" 操控板。

Step2. 在 "体积块铣削" 操控板的 ● 无刀具 ▾ 下拉列表中选择 🗓 编辑刀具... 选项，系统弹出 "刀具设定" 对话框。

Step3. 在 "刀具设定" 对话框中单击 "新建" 按钮 🗋，设置图 54.12 所示的刀具参数，依次单击 应用 和 确定 按钮。

Step4. 在系统弹出的编辑序列参数 "体积块铣削" 对话框中单击 基本 选项卡，设置图 54.13 所示的加工参数；选择下拉菜单 文件(F) ➡ 另存为... 命令，将文件命名为 milprm01，单击 "保存副本" 对话框中的 确定 按钮，然后再次单击编辑序列参数 "体积块铣削" 对话框中的 确定 按钮，完成参数的设置。

Step5. 在系统 ➡ 选择先前定义的铣削体积块. 的提示下，单击 铣削 功能选项卡 制造几何 ▾ 区域中的 🔲 铣削体积块 按钮，系统弹出 "铣削体积块" 操控板；单击操控板中的 "收集体积块" 按钮 🔲，系统弹出 "聚合步骤" 菜单；选中 ✓ Select（选择）和 ✓ Close（封闭）复选项，然后选择

Done (完成) 命令。

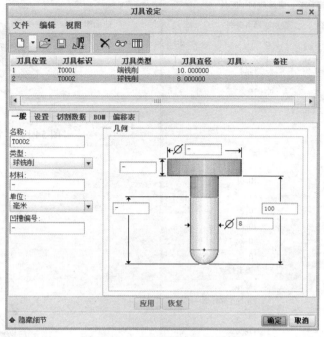

图 54.12　"刀具设定"对话框

Step6. 在系统弹出的 ▼ GATHER SEL (聚合选取) 菜单中依次选择 Surfaces (曲面) ➡ Done (完成) 命令，系统弹出"选择"菜单，然后在工作区中选取图 54.14 所示的曲面组 1（为了方便选取，可将工件隐藏），然后在工作区中选取图 54.14 所示的曲面组 1，完成后单击 ▼ FEATURE REFS (特征参考) 菜单中的 Done Refs (完成参考) 命令，此时系统弹出 ▼ CLOSURE (封合) 菜单。

Step7. 在系统弹出的 ▼ CLOSURE (封合) 菜单中选中 ☑ Cap Plane (顶平面) 和 ☑ All Loops (全部环) 复选项，然后选择 Done (完成) 命令。

Step8. 系统弹出"封闭环"菜单，然后在工作区中选择图 54.15 所示的模型表面，系统自动返回到 ▼ CLOSURE (封合) 菜单中，在 ▼ CLOSURE (封合) 菜单中选中 ☑ Cap Plane (顶平面) 和 ☑ Sel Loops (选取环) 复选项，选择 Done (完成) 命令，再次选取前面所选取的模型曲面 2，如图 54.15 所示，然后选择 Done/Return (完成/返回) 命令。

Step9. 在系统弹出的 ▼ VOL GATHER (聚合体积块) 菜单中选择 Show Volume (显示体积块) 命令，可以查看创建的体积块。

Step10. 在 ▼ VOL GATHER (聚合体积块) 菜单中选择 Done (完成) 命令。

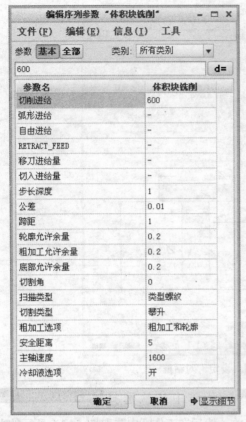

图 54.13　编辑序列参数 "体积块铣削" 对话框

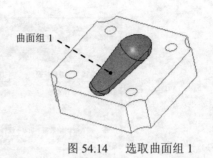

图 54.14　选取曲面组 1

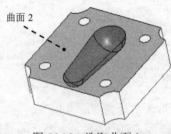

图 54.15　选取曲面 2

Step11. 在 "铣削体积块" 操控板中单击 "完成" 按钮，则完成体积块的创建，如图 54.16 所示。

Stage2. 演示刀具轨迹

Step1. 在系统弹出的 ▼ NC SEQUENCE (NC 序列) 菜单中选择 Play Path (播放路径) 命令，此时系统弹出 ▼ PLAY PATH (播放路径) 菜单。

Step2. 在弹出的 ▼ PLAY PATH (播放路径) 菜单中选择 Screen Play (屏幕演示) 命令，系统弹出 "播放路径" 对话框。

Step3. 单击 "播放路径" 对话框中的 ▶ 按钮，可以观察刀具的行走路线，如图 54.17 所示，单击 ▶ CL 数据 栏可以查看生成的 CL 数据。

Step4. 演示完成后，单击 "播放路径" 对话框中的 关闭 按钮。

Stage3. 观察仿真加工

Step1. 在 ▼ PLAY PATH (播放路径) 菜单中选择 NC Check (NC 检查) 命令，系统弹出 "VERICUT 7.1.2 by CGTECH" 窗口，单击 按钮，观察刀具切割工件的运行情况，仿真结果如图 54.18

所示。

Step2. 演示完成后，单击软件右上角的 ✕ 按钮，在弹出的"Save Changes Before Exiting VERICUT?"对话框中单击 Save Checked Files 按钮，关闭仿真软件。

Step3. 在 ▼ NC SEQUENCE (NC 序列) 菜单中选择 Done Seq (完成序列) 命令。

图 54.16　创建的体积块

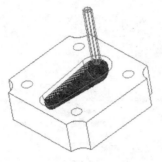
图 54.17　刀具行走路线

图 54.18　仿真结果

Stage4．切减材料

Step. 单击 铣削 功能选项卡中的 制造几何▼ 按钮，在弹出的菜单中选择 ⚙️材料移除切削 命令，系统弹出图 54.19 所示的"NC 序列列表"菜单，然后在此菜单中选择 2: 体积块铣削, 操作: OP010，此时系统弹出 ▼ MAT REMOVAL (材料移除) 菜单，选择 Automatic (自动) ➡️ Done (完成) 命令，系统弹出"相交元件"对话框；在"相交元件"对话框中单击 自动添加 按钮和 ☰ 按钮，最后单击 确定 按钮，完成材料切减，切减后的模型如图 54.20 所示。

说明：图 54.20 所示的结果是在模型树中已将聚集标识隐藏起来。

Task6．曲面铣削

Stage1．创建曲面。

在图形区选取图 54.21 所示的模型表面为被复制的平面，单击 铣削 功能选项卡 操作▼ 区域中的"复制"按钮 📋，单击 铣削 功能选项卡 操作▼ 区域中的"粘贴" 按钮 📋▼，系统弹出"曲面：复制"操控板 ，在此操控板中单击 ✓ 按钮。

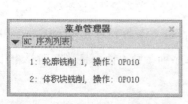
图 54.19　"NC 序列列表"菜单

图 54.20　移除材料后的模型

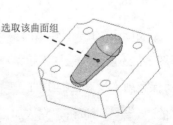
图 54.21　选取曲面组

Stage2. 加工方法设置

Step1. 单击 铣削 功能选项卡 铣削 ▼ 区域中的 曲面铣削 按钮,此时系统弹出"序列设置"菜单,选中 ☑ Tool (刀具) 、 ☑ Parameters (参数) 、 ☑ Surfaces (曲面) 和 ☑ Define Cut (定义切削) 复选框,然后选择 Done (完成) 命令。

Step2. 在弹出的"刀具设定"对话框中单击"新建"按钮 □ ,设置图 54.22 所示的刀具参数,依次单击 应用 和 确定 按钮。

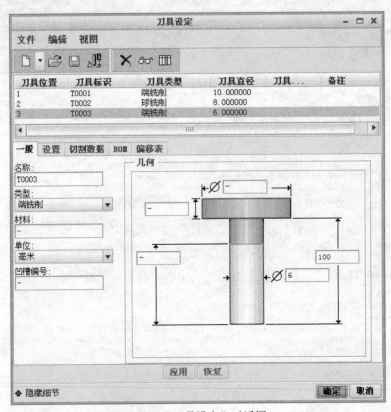

图 54.22 "刀具设定"对话框

Step3. 在系统弹出的编辑序列参数"曲面铣削"对话框中设置 基本 加工参数,结果如图 54.23 所示;选择下拉菜单 文件(F) ➡ 另存为… 命令,将文件命名为 milprm02,单击"保存副本"对话框中的 确定 按钮,然后再次单击编辑序列参数"曲面铣削"对话框中的 确定 按钮,完成加工参数的设置。

图 54.23　编辑序列参数"曲面铣削"对话框

Step4. 在系统弹出的 ▼ SURF PICK（曲面拾取）菜单中选择 Model（模型） ➡ Done（完成）命令，在弹出的 ▼ SELECT SRFS（选择曲面）菜单中选择 Add（添加）命令，然后在模型树中选取图 54.24 所示的一组曲面，在"选择"对话框中单击 确定 按钮。

Step5. 在菜单中选择 Done/Return（完成/返回）命令，此时系统弹出图 54.25 所示的"切削定义"对话框。

Step6. 选中 ◉ 自曲面等值线 单选项，如图 54.25 所示。

Step7. 在"曲线列表"中依次选中曲面标识，然后单击 ⬚ 按钮，调整切削方向，最后的调整结果如图 54.26 所示。

Step8. 单击 预览 按钮，在铣削曲面上显示图 54.27 所示的刀具轨迹，确认刀具轨迹后，单击 确定 按钮。

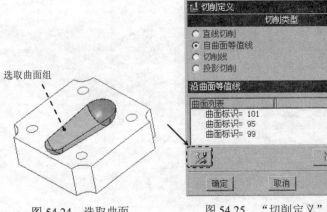

选取曲面组

图 54.24　选取曲面　　　　图 54.25　"切削定义"对话框

图 54.26　调整切削方向

Stage3. 演示刀具轨迹

Step1. 在系统弹出的 ▼ NC SEQUENCE (NC 序列) 菜单中选择 Play Path (播放路径) 命令,此时系统弹出 ▼ PLAY PATH (播放路径) 菜单。

Step2. 在 ▼ PLAY PATH (播放路径) 菜单中选择 Screen Play (屏幕演示) 命令,此时弹出"播放路径"对话框。

Step3. 单击"播放路径"对话框中的 ▶ 按钮,可以观察刀具的行走路线,如图 54.28 所示,单击 ▶ CL 数据 栏可以查看生成的 CL 数据。

Step4. 演示完成后,单击"播放路径"对话框中的 关闭 按钮。

Stage4. 观察仿真加工

Step1. 在 ▼ PLAY PATH (播放路径) 菜单中选择 NC Check (NC 检查) 命令,系统弹出 "VERICUT 7.1.2 by CGTECH"窗口;单击 🔵 按钮,观察刀具切割工件的运行情况,仿真结果如图 54.29 所示(注:加工仿真前需要把工件显示出来)。

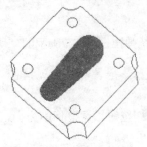

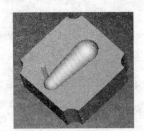

图 54.27　预览刀具轨迹　　　　图 54.28　刀具行走路线　　　　图 54.29　仿真结果

Step2. 演示完成后,单击软件右上角的 ✕ 按钮,在弹出的 "Save Changes Before Exiting VERICUT?"对话框中单击 Save Checked Files 按钮,关闭仿真软件。

Step3. 在▼ NC SEQUENCE（NC 序列）菜单中选择 Done Seq（完成序列）命令。

Stage5. 切减材料

Step1. 单击 铣削 功能选项卡中的 制造几何 ▼ 按钮，在弹出的菜单中选择 材料移除切削 命令，然后再选择 ▼ NC 序列列表 ➡ 3：曲面铣削，操作：OP010，此时系统弹出 ▼ MAT REMOVAL（材料移除）菜单，依次选择 Construct（构造）➡ Done（完成）命令。

Step2. 此时在系统弹出的 ▼ FEAT CLASS（特征类）菜单中依次选择 Solid（实体）➡ ▼ SOLID（实体）➡ Cut（切减材料）命令，系统弹出 ▼ SOLID OPTS（实体选项）菜单，在此菜单中依次选择 Use Quilt（使用面组）➡ Done（完成）命令。

Step3. 此时系统弹出"实体化"操控板，在系统 ➡选择实体中要添加或移除材料的面组或曲面. 的提示下，选取图 54.30 所示的铣削曲面，选取图 54.31 所示的切减方向；然后单击操控板中的 ✔ 按钮，完成材料切减。

Step4. 在系统弹出的 ▼ FEAT CLASS（特征类）菜单中选择 Done/Return（完成/返回）命令。

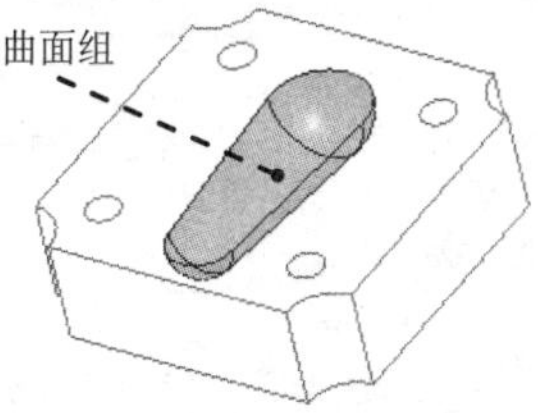

图 54.30　选取曲面组

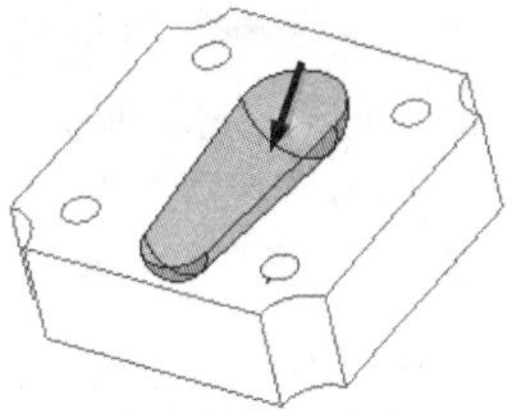

图 54.31　切减方向

Task7. 钻孔

Stage1. 加工方法设置

Step1. 单击 铣削 功能选项卡 孔加工循环 ▼ 区域中的"标准"按钮，此时系统弹出"孔加工：钻孔"操控板。

Step2. 在"孔加工：钻孔"操控板的 下拉列表中选择 编辑刀具... 选项，系统弹出的"刀具设定"对话框。

Step3. 单击"新建"按钮，设置新的刀具参数。在 一般 选项卡中设置图 54.32 所示的刀具参数，然后依次单击 应用 和 确定 按钮，返回到"孔加工：钻孔"操控板。

Step4. 在"孔加工：钻孔"操控板中单击 参数 按钮，在弹出的"参数"设置界面中设置图 54.33 所示的切削参数。

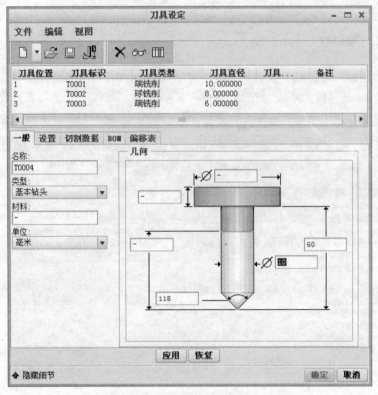

图 54.32 设定刀具一般参数

切削进给	200
自由进给	-
公差	0.01
破断线距离	2
扫描类型	最短
安全距离	5
拉伸距离	-
主轴速度	800
冷却液选项	开

图 54.33 设置孔加工切削参数

Step5. 在"孔加工：钻孔"操控板中单击 参考 按钮，在弹出的"参考"设置界面中单击 详细信息... 按钮，系统弹出"孔"对话框；在"孔"对话框的 孔 选项卡中选择 规则: 直径 选项，在 可用: 列表中选择 10，然后单击 >> 按钮，将其加入到 选定: 列表中，单击 ✔ 按钮，系统返回到"参考"设置界面；在"参考"设置界面中单击 终止 下拉列表右侧的 按钮，在弹出的菜单中选择 ‖ 命令。

Stage2. 演示刀具轨迹

Step1. 在"孔加工：钻孔"操控板中单击 ▦ 按钮，系统弹出"播放路径"对话框。

Step2. 单击"播放路径"对话框中的 [image] 按钮，观测刀具的行走路线，结果如图54.34所示。

Step3. 演示完成后，单击"播放路径"对话框中的 关闭 按钮。

Stage3．观察仿真加工

Step1. 在"孔加工:钻孔"操控板中单击 按钮，系统弹出"VERICUT 7.1.2 by CGTECH"窗口，单击 按钮，运行结果如图54.35所示。

Step2. 演示完成后，单击软件右上角的 按钮，在弹出的"Save Changes Before Exiting VERICUT?"对话框中单击 Save Checked Files 按钮，关闭仿真软件。

Step3. 在"孔加工:钻孔"操控板中单击 按钮完成操作。

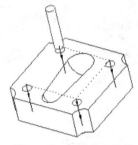

图 54.34 刀具行走路线

图 54.35 仿真结果

Stage4．切减材料

Step1. 单击 铣削 功能选项卡中的 制造几何 ▼ 按钮，在弹出的菜单中选择 材料移除切削 命令，然后再选择 ▼ NC 序列列表 ➡ 4: 钻孔 1, 操作: OP010 ，此时系统弹出 ▼ MAT REMOVAL (材料移除) 菜单，依次选择 Automatic (自动) ➡ Done (完成) 命令。

Step2. 在弹出的"相交元件"对话框中依次单击 自动添加 按钮和 ☰ 按钮，然后单击 确定 按钮，完成材料切减。

Task8．镗孔

Stage1．加工方法设置

Step1. 单击 铣削 功能选项卡 孔加工循环 ▼ 区域中的"镗孔"按钮 镗孔 ，此时系统弹出"孔加工:镗孔"操控板。

Step2. 在"孔加工:镗孔"操控板的 下拉列表中选择 编辑刀具... 选项，系统弹出"刀具设定"对话框。

Step3.单击"新建"按钮 ，设置新的刀具参数。在 一般 选项卡中设置图54.36所示的刀具参数，然后依次单击 应用 和 确定 按钮，返回到"孔加工:镗孔"操控板。

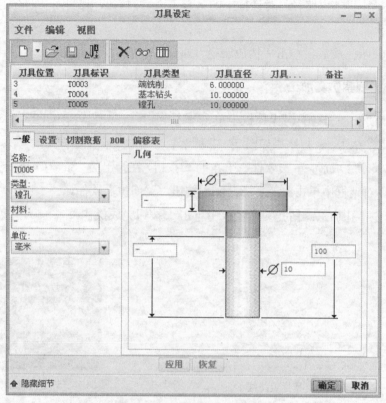

图 54.36　设定刀具一般参数

Step4. 在"孔加工：镗孔"操控板中单击 参数 按钮，在弹出的"参数"设置界面中设置图 54.37 所示的切削参数。

切削进给	300
自由进给	-
公差	0.01
破断线距离	2
扫描类型	最短
安全距离	5
拉伸距离	-
快速进给距离	-
定向角	-
角拐距离	-
主轴速度	1200
冷却液选项	开

图 54.37　设置孔加工切削参数

Step5. 在"孔加工：镗孔"操控板中单击 参考 按钮，在弹出的"参考"设置界面中单击 详细信息... 按钮，系统弹出"孔"对话框；在"孔"对话框的 孔 选项卡中选择 规则: 直径 选项，在 可用: 列表中选择 10，然后单击 >> 按钮，将其加入到 选定: 列表中，然后单击 ✔ 按钮，系统返回到"参考"设置界面；在"参考"设置界面中单击 ^{终止} 下拉列表右侧的 按钮，在弹出的菜单中选择 命令。

Stage2．演示刀具轨迹

Step1. 在"孔加工：镗孔"操控板中单击 按钮，系统弹出"播放路径"对话框。

Step2. 单击"播放路径"对话框中的 ▶ 按钮，观测刀具的行走路线，结果如图 54.38 所示。

Step3. 演示完成后，单击"播放路径"对话框中的 关闭 按钮。

Stage3．加工仿真

Step1. 在"孔加工:镗孔"操控板中单击 按钮，系统弹出"VERICUT 7.1.2 by CGTECH"窗口，单击 按钮，运行结果如图 54.39 所示。

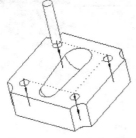

图 54.38　刀具行走路线

图 54.39　仿真结果

Step2. 演示完成后，单击软件右上角的 按钮，在弹出的"Save Changes Before Exiting VERICUT?"对话框中单击 Save Checked Files 按钮，关闭仿真软件。

Step3. 在"孔加工：镗孔"操控板中单击 按钮完成操作。

Stage4．切减材料

Step1. 单击 铣削 功能选项卡中的 制造几何 ▼ 按钮，在弹出的菜单中选择 材料移除切削 命令。

Step2. 在弹出的 ▼ NC 序列列表 菜单中选择 5: 镗孔 1, 操作: OP010 选项，然后依次选择 ▼ MAT REMOVAL（材料移除）➡ Automatic（自动）➡ Done（完成）命令。

Step3. 在弹出的"相交元件"对话框中依次单击 自动添加 按钮和 按钮，然后单击 确定 按钮，完成材料切减。

Step4. 选择下拉菜单 文件 ▼ ➡ 保存(S) 命令，保存文件。

实例 55　两轴线切割加工

实例概述：

　　两轴线切割加工主要用于任意类型的二维轮廓切割，加工时刀具（钼丝或铜丝）沿着指定的路径切割工件，在工件上留下细丝切割所形成的轨迹线，使一部分工件与另一部分工件分离，从而达到最终加工结果。

　　下面通过图 55.1 所示的零件介绍两轴线切割加工的一般过程。

a）参照模型　　　　　　　　　b）工件　　　　　　　　　c）加工结果

图 55.1　两轴线切割加工过程

Task1．新建一个数控制造模型文件

　　Step1．选择下拉菜单 文件▼ ➡ 管理会话(M) ▶ ➡ 选择工作目录(W) 更改工作目录。命令，将工作目录设置至 D:\creoins3\work\ch13\ins55。

　　Step2．在工具栏中单击"新建"按钮 □，弹出"新建"对话框。

　　Step3．在"新建"对话框中，选中 类型 选项组中的 ⦿ 👍 制造 单选项，选中 子类型 选项组中的 ⦿ NC装配 单选项，在 名称 文本框中输入文件名 wedming，取消 □ 使用默认模板 复选框中的"√"号，单击该对话框中的 确定 按钮。

　　Step4．在系统弹出的"新文件选项"对话框的"模板"选项组中选择 mmns_mfg_nc 模板，然后在该对话框中单击 确定 按钮。

Task2．建立制造模型

Stage1．引入参照模型

　　Step1．选取命令。单击 制造 功能选项卡 元件▼ 区域中的"装配参考模型"按钮 🔩（或单击 参考模型▼ 按钮，然后在弹出的菜单中选择 🔩 装配参考模型 选项）。

　　Step2．从弹出的 "打开"对话框中选取零件模型——wedming.prt 作为参照零件模型，并将其打开，系统弹出"元件放置"操控板。

Step3. 在"元件放置"操控板中选择 $\boxed{\text{凵 默认}}$ 命令，然后单击 $\boxed{✓}$ 按钮，完成参考模型的放置，放置后如图 55.2 所示。

Stage2．引入工件

Step1. 单击 $\boxed{\text{制造}}$ 功能选项卡 $\boxed{\text{元件 ▾}}$ 区域中的 $\boxed{\text{工件}}$ 按钮，在弹出的菜单中选择 $\boxed{\text{装配工件}}$ 命令，系统弹出"打开"对话框。

Step2. 从弹出的文件"打开"对话框中选取零件模型——workpiece_wedming.pr 作为工件，并将其打开，系统弹出"元件放置"操控板。

Step3. 在"元件放置"操控板中选择 $\boxed{\text{凵 默认}}$ 命令，然后单击 $\boxed{✓}$ 按钮，完成毛坯工件的放置，放置后如图 55.3 所示。

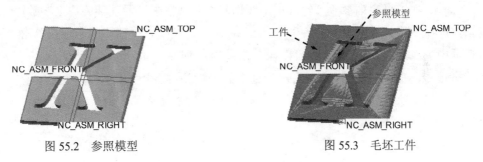

图 55.2　参照模型　　　　　　　　图 55.3　毛坯工件

Task3．制造设置

Step1. 单击 $\boxed{\text{制造}}$ 功能选项卡 $\boxed{\text{工艺 ▾}}$ 区域中的"操作"按钮 $\boxed{\text{╝}}$ ，此时系统弹出"设置：操作"操控板。

Step2. 在"设置：操作"操控板中单击 $\boxed{\text{📠}}$ 按钮，然后在 $\boxed{\text{制造设置 ▾}}$ 界面中选择 $\boxed{\text{线切割}}$ 选项，系统弹出"设置：WEDM 工作中心"对话框，在 $\boxed{\text{轴数}}$ 下拉列表中选择 $\boxed{\text{2 个轴}}$ 选项，在"设置：WEDM 工作中心"对话框中单击 $\boxed{✓}$ 按钮，返回到"设置：操作"操控板。

Step3. 在"设置：操作"操控板中单击 $\boxed{\text{基准}}$ 按钮，在弹出的菜单中选择 $\boxed{\text{※}}$ 命令，系统弹出"坐标系"对话框；按住 Ctrl 键依次选取 NC_ASM_FRONT、NC_ASM_RIGHT 和图 55.4 所示的曲面 1 作为创建坐标系的三个参照平面，最后单击 $\boxed{\text{确定}}$ 按钮完成坐标系的创建；单击 $\boxed{▶}$ 按钮，此时系统自动选择新创建的坐标系作为加工坐标系；单击"设置：操作"操控板中的 $\boxed{✓}$ 按钮，完成操作的设置。

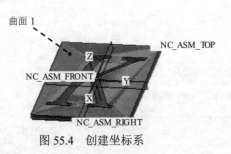

图 55.4　创建坐标系

Task4. 加工方法设置

Step1. 单击 **线切割** 功能选项卡 线切割▼ 区域中的 按钮。

Step2. 在弹出的 ▼ SEQ SETUP (序列设置) 菜单中选中 ☑Tool (刀具) 和 ☑Parameters (参数) 复选项，然后选择 Done (完成) 命令，系统弹出"刀具设定"对话框。

Step3. 在"刀具设定"对话框中设定刀具参数，如图 55.5 所示；单击 应用 按钮，然后再单击 确定 按钮，完成刀具的设定，此时系统弹出编辑序列参数"仿形线切割"对话框。

注意： 线切割刀具直径设为 2，是为了后面的加工检测更明显而特意设置的。实际上，线切割刀具直径的设置范围在 0.02~0.03 之间。

Step4. 在编辑序列参数"轮廓加工线切割"对话框中设置基础的加工参数，如图 55.6 所示；选择下拉菜单 文件(F) ➡ 另存为... 命令，接受系统默认的名称，单击"另存为"对话框中的 确定 按钮，然后再次单击编辑序列参数"轮廓加工线切割"对话框中的 确定 按钮，单击"自定义"对话框中的 插入 按钮。

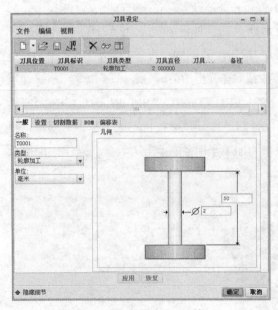

图 55.5 "刀具设定"对话框

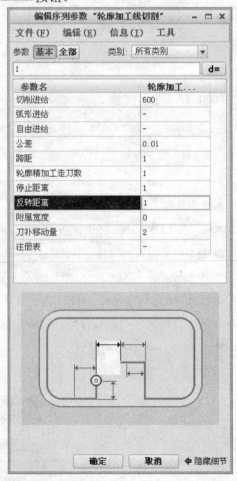

图 55.6 编辑序列参数"轮廓加工线切割"对话框

Step5. 在系统弹出的 ▼ WEDM OPT (WEDM选项) 菜单中选中 ☑ Rough (粗加工) 和 ☑ Finish (精加工) 复选框，然后依次选择 Surface (曲面) ➡ Done (完成) 命令。

Step6. 在弹出的 ▼ CUT ALONG (切减材料) 菜单中选中 ☑ Thread Point (螺纹点)、☑ Surface (曲面)、☑ Direction (方向)、☑ Height (高度)、☑ Rough (粗加工)、☑ Finish (精加工) 和 ☑ Detach (分离) 复选框，单击 Done (完成) 命令，系统弹出 ▼ DEFN POINT (定义点) 菜单。

Step7. 创建螺纹点。单击 **线切割** 功能选项卡 基准 ▼ 区域中的 ×× 点 ▼ 按钮，选取图 55.7 所示边线为点的放置参照，选取点的约束类型为 居中，单击 确定 按钮；然后在系统弹出的 ▼ DEFN POINT (定义点) 菜单中选择 Done/Return (完成/返回) 命令，完成螺纹点的创建。

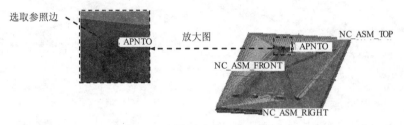

图 55.7　创建基准点 APNT0

Step8. 选择曲面。在系统弹出的 ▼ SURF PICK (曲面拾取) 菜单中选择 Model (模型) ➡ Done (完成) 命令，系统弹出 ▼ SELECT SRFS (选择曲面) 菜单和 ▼ SURF/LOOP (曲面/环) 菜单，选择 Surface (曲面) 命令。

说明：为了便于切割面的选取，可将基准平面、基准轴、基准点以及工件隐藏。

Step9. 依次选取图 55.8 所示的各面作为切割面。单击"选择"对话框中的 确定 按钮，然后在 ▼ SURF/LOOP (曲面/环) 菜单中选择 Done (完成) 命令，在 ▼ SELECT SRFS (选取曲面) 菜单中选择 Done/Return (完成/返回) 命令。

注意：一定要依次选取各面，否则系统无法完成切割过程。

Step10. 定义方向。在弹出的 ▼ DIRECTION (方向) 菜单中选择 Okay (确定) 命令，以系统给出的方向为正方向，如图 55.9 所示。

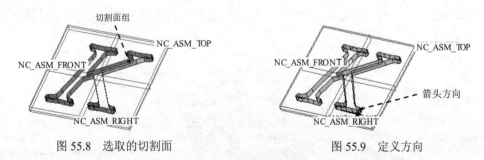

图 55.8　选取的切割面　　　　　　　　　图 55.9　定义方向

Step11. 定义高度。在弹出的 ▼ HEIGHT (高度) 和 ▼ CTM DEPTH (CTM深度) 菜单中，依次选择

Add (添加) ➡ Specify Plane (指定平面) 命令，然后选择图 55.10 所示的曲面，在 ▼ HEIGHT (高度) 菜单中选择 Done/Return (完成/返回) 命令。

Step12. 在 ▼ INT CUT (切割) 菜单中选择 Play Cut (演示切割) 命令，系统弹出 ▼ CL CONTROL (CL控制) 菜单，可以观察切削路径演示，如图 55.11 所示。

Step13. 在 ▼ CL CONTROL (CL控制) 菜单中选择 Done (完成) 命令，在 ▼ INT CUT (切割) 菜单中选择 Done Cut (确认切减材料) 命令，此时系统弹出"跟随切削"对话框；单击该对话框中的 确定 按钮，单击"自定义"对话框中的 确定 按钮。

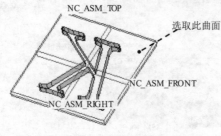

图 55.10 选取深度基准面

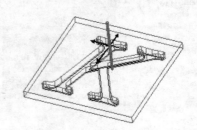

图 55.11 路径演示

Task5. 演示刀具轨迹

Step1. 在系统弹出的 ▼ NC SEQUENCE (NC 序列) 菜单中选择 Play Path (播放路径) 命令，此时系统弹出 ▼ PLAY PATH (播放路径) 菜单。

Step2. 在 ▼ PLAY PATH (播放路径) 菜单中选择 Screen Play (屏幕演示) 命令，系统弹出"播放路径"对话框。

Step3. 单击对话框中的 ▶ 按钮，观测刀具的行走路线，如图 55.12 所示。

Step4. 演示完成后，单击"播放路径"对话框中的 关闭 按钮。

Task6. 加工仿真

Step1. 在 ▼ PLAY PATH (播放路径) 菜单中选择 NC Check (NC 检查) 命令，系统弹出图 55.13 所示的"VERICUT 7.1.2 by CGTECH"窗口；单击 ⏩ 按钮，观察刀具切割工件的运行情况，如图 55.14 所示。

图 55.12 刀具行走路线

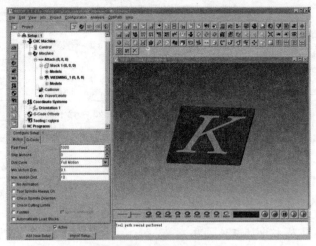

图 55.13　"VERICUT 7.1.2 by CGTECH"窗口

图 55.14　仿真结果

Step2. 演示完成后，单击软件右上角的 ⊠ 按钮，在弹出的"Save Changes Before Exiting VERICUT?"对话框中单击 Save Checked Files 按钮，关闭仿真软件。

Step3. 在 ▼ NC SEQUENCE (NC 序列) 菜单中选择 Done Seq (完成序列) 命令。

Step4. 保存设计结果。

读者意见反馈卡

书名：《Creo 3.0 实例宝典》

1. 读者个人资料：

姓名：_____ 性别：___ 年龄：____ 职业：_____ 职务：_____ 学历：_____

专业：_____ 单位名称：_____ 办公电话：_____ 手机：_____

QQ：_____ 微信：_____ E-mail：_____

2. 影响您购买本书的因素（可以选择多项）：

☐内容   ☐作者   ☐价格

☐朋友推荐   ☐出版社品牌   ☐书评广告

☐工作单位（就读学校）指定   ☐内容提要、前言或目录   ☐封面封底

☐购买了本书所属丛书中的其他图书   ☐其他_____

3. 您对本书的总体感觉：

☐很好   ☐一般   ☐不好

4. 您认为本书的语言文字水平：

☐很好   ☐一般   ☐不好

5. 您认为本书的版式编排：

☐很好   ☐一般   ☐不好

6. 您认为 Creo（Pro/E）其他哪些方面的内容是您所迫切需要的？

_____

7. 其他哪些 CAD/CAM/CAE 方面的图书是您所需要的？

_____

8. 您认为我们的图书在叙述方式、内容选择等方面还有哪些需要改进的？

_____

读者购书回馈活动：

活动一：本书"随书光盘"中含有该"读者意见反馈卡"的电子文档，请认真填写本反馈卡，并 E-mail 给我们。E-mail：兆迪科技 zhanygjames@163.com，丁锋 fengfener@qq.com。

活动二：扫一扫右侧二维码，关注兆迪科技官方公众微信（或搜索公众号 zhaodikeji），参与互动，也可进行答疑。

凡参加以上活动，即可获得兆迪科技免费奉送的价值 48 元的在线课程一门，同时有机会获得价值 780 元的精品在线课程。